Java核心技术系列

Core Java, Volume I : Fundamentals, Twelfth Edition

Java
核心技术

卷I 开发基础 （原书第12版）

[美] 凯 · S. 霍斯特曼（Cay S. Horstmann）著
林琪 苏钰涵 译

机械工业出版社
CHINA MACHINE PRESS

图书在版编目（CIP）数据

Java 核心技术：原书第 12 版. 卷 I，开发基础 /（美）凯・S. 霍斯特曼（Cay S. Horstmann）著；林琪，苏钰涵译 . -- 北京：机械工业出版社，2022.5（2024.5 重印）
（Java 核心技术系列）
书名原文：Core Java, Volume I: Fundamentals, 12e
ISBN 978-7-111-70641-0

I. ① J… II. ①凯… ②林… ③苏… III. ① JAVA 语言 - 程序设计 IV. ① TP312.8

中国版本图书馆 CIP 数据核字（2022）第 068396 号

北京市版权局著作权合同登记 图字：01-2022-1597 号。

Authorized translation from the English language edition, entitled *Core Java, Volume I: Fundamentals, Twelfth Edition*, ISBN: 9780137673629, by Cay S. Horstmann, published by Pearson Education, Inc., Copyright © 2022 Pearson Education Inc., Portions copyright. 1996-2013 Oracle and/or its affiliates.

All rights reserved. No part of this book may be reproduced or transmitted in any form or by any means, electronic or mechanical, including photocopying, recording or by any information storage retrieval system, without permission from Pearson Education, Inc.

Chinese simplified language edition published by China Machine Press, Copyright © 2022.

本书中文简体字版由 Pearson Education（培生教育出版集团）授权机械工业出版社在中国大陆地区（不包括香港、澳门特别行政区及台湾地区）独家出版发行。未经出版者书面许可，不得以任何方式抄袭、复制或节录本书中的任何部分。

本书封底贴有 Pearson Education（培生教育出版集团）激光防伪标签，无标签者不得销售。

Java 核心技术 卷 I 开发基础（原书第 12 版）

出版发行：机械工业出版社（北京市西城区百万庄大街 22 号 邮政编码：100037）

责任编辑：王 颖 冯秀泳	责任校对：马荣敏
印 刷：河北宝昌佳彩印刷有限公司	版 次：2024 年 5 月第 1 版第 5 次印刷
开 本：186mm × 240mm 1/16	印 张：43
书 号：ISBN 978-7-111-70641-0	定 价：149.00 元

客服电话：（010）88361066 68326294

版权所有・侵权必究
封底无防伪标均为盗版

奥斯卡

Java 高级开发工程师，CSDN 博客专家，公众号“Java 李杨勇”作者

《Java 核心技术》这本书非常值得推荐，里面的很多基础知识讲解得比较细化，代码知识、图形界面以及一些应用实例都讲得简单明了，适合初学者学习参考，同时里面也有一些高级 API，为初学者拓展 Java 技术知识提供了不少参考。

百度 Java 编码规范委员会

初拿到本书时，不知道有没有读者与我们一样，着实被此书内容量所惊到。对编程从业人员而言，体系化学习一门编程技术，历来不是一件易事。从 1995 年第一个版本发布到现在，Java 语言已走过 28 年，最新 Java 版本也迭代到 JDK 18。尽管很多新兴语言涌现，但 Java 不是“廉颇老矣”，而是正值壮年，在坚持初心的同时还在积极进化。对追求稳定性、易维护性、适用面和人才培养的企业用户来说，Java 依然是被大量采用的语言。对 Java 初学者或从其他语言转到 Java 的技术人员来说，一部全面细致的 Java 特性参考工具书，一定非《Java 核心技术》莫属，类似牛津词典之于英语学习者，《Java 核心技术》针对 Java 语言的方方面面都有丰富介绍和代码示例，包括 JDK 17 新特性，帮助 Java 开发者快速查阅需要使用的特性的正确用法。

鲍春霖

企业架构师，CSDN 博客专家，公众号“小鲍侃 Java”作者

《Java 核心技术》内容详尽，相较于其他基础书籍，远离“八股文”，更加贴近实战与企业开发应用，且叙述简明清晰，代码实用易懂。

卷 I 为基础技能，卷 II 注重原理与技能拓展。这不是一本普通的基础书，更是一本 Java 岗位宝典，值得反复咀嚼回味。

冰　河

互联网资深技术专家，《深入理解分布式事务：原理与实战》《MySQL 技术大全：开发、优化与运维实战》《海量数据处理与大数据技术实战》作者

《Java 核心技术》详尽介绍了 Java 的相关知识，从简单的面向对象知识、环

境搭建到反射与图形化开发，再到 Java 底层的核心技术和高级特性，都进行了细致的描述。无论你是刚刚步入 Java 领域的初学者，还是有一定经验的 Java 开发工程师，抑或是在 Java 领域有一定建树的架构师和技术专家，这本书都值得一看。

曹　锋

从事 Java 开发 10 年，www.Java1234.vip 站长，公众号“Java1234”作者

作为一名工作多年的 Java 老师，我一直在给学员推荐《Java 核心技术》，因为这是一本很有内涵、很有思想的书。这本书从 Java 基础语法到 Java 高级特性都有深度的讲解，可以帮助读者非常透彻地理解与应用，对新手和成熟的 Java 开发人员都有很大的帮助。

陈　文

江苏大学计算机硕士，有十多年技术开发和管理实践经验

工欲善其事，必先利其器。入门，是一件非常重要的事情。《Java 核心技术》读下来有三个体会：首先，学习曲线比较平缓，讲解循序渐进，是适合入门的选择；其次，方方面面的知识都有涉及，可为进一步学习打下很好的基础；再次，有丰富的工程案例，对生产中用到的经验也有很好的总结。希望大家能够多读多用《Java 核心技术》这本书。

程序猿 DD

《Spring Cloud 微服务实战》作者，公众号“程序猿 DD”作者

《Java 核心技术》系列一直都是 Java 开发者的必读经典图书之一。这次更新的第 12 版更是推荐每位新老 Java 开发者阅读，因为该版本的内容基于最新的 Java 17。虽然在开发者中一直流传着一句名言“版本任你发，我用 Java 8”，然而从整个 Java 开发生态的发展来看，Java 17 是大势所趋。因为整个 Java 生态已开始拥抱 Java 17，所以毫不夸张地说，这个版本将是接下来几年每个 Java 开发者都必须学习、了解和掌握的。这里，我也是非常推荐大家学习，因为这是一个绝佳的弯道超车机会！

崔　康

51CTO 副总裁兼总编辑

我是一位技术出身的媒体人，刚毕业的时候在 IBM 做过 7 年的企业级软件产品的开发，工作后学习的第一门语言就是 Java。

当时先后用过几本讲 Java 编程的书，后来发现《Java 核心技术》这套书最适合我，虽然看起来比较厚，但开发者不必望而却步，作者想要把知识点梳理清楚，就需要足够的篇幅来支撑。本书主要有两大用途：一是用于入门学习，特别是卷 I 和卷 II 的前半部分，初学者可以循序渐进地了解 Java 的基础知识；二是用作日常工具书，因为 Java 语言的博大精深，即使学过几遍，也不太可能完全记住每个知识点，所以在日常工作中，需要将《Java 核心技术》作为频繁查阅的工具书。

不断更新的《Java 核心技术》也再次证明了 Java 语言的强大生命力、广泛的应用场景以及不断进化的功能，虽然现在不断有新的编程语言诞生，但是在企业级软件开发领域，Java 依然占据了主导地位。

大　尧

公众号“Java 旅途”作者

《Java 核心技术》通过简单通俗的语言讲解了 Java 晦涩难懂的知识，也是我开始学习 Java 语言时接触的第一本书，每次翻读都会有不一样的感受，书中内容详细且宽泛，分为卷 I 和卷 II，卷 I 讲基础，卷 II 讲高级用法，全书通过详细的实例对 Java 常用的方法进行解析，可使初学者快速入门，值得一读。

杜云飞

阿里云 MVP，《Akka 实战：快速构建高可用分布式应用》作者，
《软件开发实践：项目驱动式的 Java 开发指南》译者

十几年前，Java 在国内迎来发展的高潮，那时候互联网上的技术资料并不多，中文书籍良莠不齐，我本人还是刚入门 Java 的迷茫小菜鸟。后来在一次偶然逛书店的时候，发现了《Java 核心技术》，看了目录和前两章后果断购买全书，一共两卷，我记得很清楚，当时是第 5 版。事实证明，这书太超值了，初学

者最容易迷惑的各种概念及其适用案例，在书中都可以一一找到答案。经过几个月的苦读和练习，我终于有了一种拨云见日的感觉，它也由此成为我真正意义上的第一本 Java 启蒙书，一直到现在，我仍然感激。本书是基于 Java 17 进行讲解的，我建议初学者直接从本书开始 Java 之旅，而对于有经验的工程师，可以将其作为了解 Java 新版内容的参考书。

Guide

公众号“JavaGuide”作者

《Java 核心技术》内容深入且全面，非常适合初学者阅读。我在大学的时候就买了两本放在寝室学习，工作后也一直放在案头作为工具书，碰到一些 Java 基础方面的问题，经常会翻看。本次更新升级包含了 Java 17 的新特性，不管用哪个版本的 Java，都应该好好了解一下更新的 Java ！

高洪涛

Tetrate 创始工程师，Apache SkyWalking&ShardingShpere 核心贡献者

《Java 核心技术》不仅仅是一把进入 Java 大厦的钥匙，更是一部助你遨游 Java 世界的百科全书。仅仅将它放置于案头，就代表你与 Java 已经结下不解之缘。我相信，你也会如我一样喜爱上这部巨作，在它的帮助下，走进 Java 的核心，成为真正的 Java 专家。

程序员 cxuan

公众号“程序员 cxuan”作者

《Java 核心技术》无疑是 Java 界一部伟大的著作！这本书分为 I、II 两卷，卷 I 侧重于基础知识，对新手和查漏补缺的开发者来说非常友好，卷 II 将 Java 类库和核心特性融为一体，为你在企业开发中保驾护航！这本书还有一个非常大的优势就是更新速度很快，目前已经出到第 12 版了，让你在学习的同时注入新的思想，学 Java 选这本书，没错的！

黄振原

快手小程序引擎开发高级工程师

《Java 核心技术》是一本很好的入门书，作者霍斯特曼教授曾在硅谷圣何塞州立大学授课，熟知一线大厂用人标准，所以他的书紧紧把握 Java 核心概念，由浅入深，从理论到实操都有涉及。书中有数百个实际的工程案例，全面系统地讲解了 Java 语言的核心概念、语法、重要特性与开发方法，涉及了封装、继承、接口、异常处理、泛型等 Java 核心的内容。利用这些知识及案例，你完全可以编写实用的程序来解决实际问题。对于有经验的开发者，本书也是很好的手册，学完本书不仅能掌握开发 Java 程序所需的全部基础技能，更将成为一名真正的 Java 程序员，牢牢掌握 Java 语言的核心概念与特性，不会因多种语言而混淆，更能举一反三，快速上手其他语言。

霍太稳

极客邦科技创始人和 CEO，InfoQ 中国创始人

《Java 核心技术》是素有技术图书界奥斯卡之称的“Jolt 大奖”获奖图书，而 Jolt 大奖的评选标准一直是实用、简洁，用这四个字来评论《Java 核心技术》绝对是实至名归。如果说每个工程师都应该有几本属于自己的案头书，在我看来，Java 工程师的案头有《Java 核心技术》《Java 编程思想》就够了。

姜　宁

Apache 软件基金会会员，Apache Camel、Apache CXF 等多个 Apache Java 中间件项目的 PMC 成员

从 1995 年 Java 语言诞生，1996 年正式发布 JDK1.0, 到 2022 年发布的 JDK18，Java 已经陪着我们走过了 28 年的时间。

Java 依托 JVM 实现了“一次编写、到处运行”的承诺，并以其简洁易懂的语法、良好的兼容性和丰富的运行时性能调优工具，赢得了众多软件开发者的青睐。

从桌面开发到移动端开发，从企业开发到现代云与大数据开发，大家都能看到 Java 的身影。

在这里我向大家隆重推荐新近出版的《Java 核心技术》第 12 版，本书不但

介绍了 Java 语言的核心技术，而且涵盖了 JDK 17 的最新功能。希望这本书能对 Java 初学者和从业者都有所帮助！

君三思
一名银行业老码农

欣闻大名鼎鼎的《Java 核心技术》又出新版，在此隆重推荐！这套丛书全球畅销多年，可谓经久不衰，是非常不错的 Java 入门教材，内容全面翔实，讲解深入浅出，读完卷 I 中的基础知识就能上手干活，卷 II 更是 Java 进阶的必备书目，对于精通 Java 的专家同样有很大帮助，适合作为工具书摆在案头，常翻常新。

李海翔
腾讯分布式数据库 TDSQL 的首席架构师，《数据库查询优化器的艺术》《数据库事务处理的艺术》《分布式数据库原理、架构与实践》作者

大约 20 年前，我开发了一套面向数据库的管理工具集，这套工具集包括了七个工具，它们刚好是用 Java 语言开发的。当年学 Java 的时候，我看的第一本书就是《Java 核心技术》，可以说是这本书指引了我走向程序员的职业道路。《Java 核心技术》并非市面那些零基础速成的书，它很好地避免了开发基础书容易有的“大而泛”的问题，尽管内容繁多，但对知识点的介绍非常详尽清晰。虽然全面但并非简单的罗列，而是通过周密组织，从 Java 繁杂的内容中整理出一条清晰的主线，构成一个完整的知识体系。如果你在入门 Java 时没有读过这本书，建议一定要回过头来系统学习一下，整本书不仅让你深入了解设计和实现 Java 应用涉及的所有基础知识和 Java 特性，还会帮助你掌握开发 Java 程序所需的全部基本技能。

李健青
公众号“码哥字节”作者

《Java 核心技术》是 Java 开发者必备书籍之一，最新版针对 Java 17 全面更新，让读者像设计者一样去思考和编程，让我们学得更快、更精准、更深入，缩短自己的摸索过程，快速地建立一个全局系统观。高级工程师与初级工程师之间

的差距，恰恰在于基础知识的积累和丰富的实战经验。所谓“根基不稳，地动山摇”。通读本书，打下扎实的基础，黄昏的时候，翻开书，写上几行代码，载着落日的余晖和银河的浪漫，当成功运行的那一刻，我看到的是 JVM 对我的温柔。

李柯俊

天融信高级 Web 安全研究员，《Java 代码审计入门篇》作者之一

作为一名 Java 自学者，我对自学过程深有感悟：遍布在学习道路上的大大小小的坑不计其数。《Java 核心技术》作为 Java 领域最有影响力和价值的著作之一，不论是从广度还是深度上来说都恰到好处，从最简单的环境搭建开始，到最后的一些 Java 的高级特性，每个章节都描写详尽，做到了把知识串联成体系。我相信在学习 Java 的道路上，有了《Java 核心技术》这本书的辅助，大家一定可以做到事半功倍。

李　鑫

天弘基金线上渠道技术负责人，《微服务治理：体系、架构及实践》作者

《Java 核心技术》是 Java 开发领域的经典之作，权威性极高。本书作者霍斯特曼教授在每个 Java 稳定版本发布后，会坚持同步更新，以保证内容的时效性，这也是此书经久不衰的最大原因。本书的优势不仅在于其理论内容的体系性和时效性，而且贴合工程实际，全书用大量的典型实际案例将抽象的 Java 核心技术讲解得通俗易懂、深入浅出。不论你是懵懂的 Java 初学者，还是经验丰富的 Java 高手，相信都能从本书的内容中获益。

李　艺

腾讯云 TVP，视频号“网络榨知机”作者

对于刚完成人生第一个 Java 项目的朋友，此时选择读《Java 核心技术》正逢其时。每本书都有它最适合的读者群体和最适合阅读的阶段，这套书非常适合初级程序员快速而系统地建立对 Java 技术世界的整体认知，是初级程序员夯实 Java 编程技能的首选。

李智慧

从事软件开发工作 20 多年，曾在阿里巴巴和 Intel 担任架构师，
《架构师的自我修炼：技术、架构和未来》的作者

我最早知道《Java 核心技术》这本书是在招聘面试过程中，当时问了几个面试表现不错、Java 知识扎实的应聘者，他们学习 Java 看什么书。结果，这些人几乎不约而同都回答说《Java 核心技术》。这就引起了我的好奇心。之后我找到了这本神奇的书，发现它把 Java 语言基础、核心的知识讲解得非常透彻，而且书中的示例代码特别实用，几乎可以直接应用到开发实践中。这样就能够让我们把理论和实践很好地联系起来。学习不是一蹴而就的事，阅读一本书最难得的是能让你不停地想起它，用到它，在实践中学习，在学习中实践。《Java 核心技术》就是这样一本书。

林子熠

阿里技术专家，《GraalVM 与 Java 静态编译：原理与应用》作者

英文第 6 版的《Java 核心技术》是我在大学本科时的 Java 课程教材，是我学习 Java 的启蒙书，之后也常作为 API 手册使用。时隔多年仍能记得初读时那种从浅入深、酣畅淋漓的阅读体验，学习起来全然不觉得枯燥乏味。现在非常高兴地看到中文版也紧跟原书演进到了第 12 版，为国内读者学习 Java 又新增了一件利器，希望更多的技术爱好者能从中受益。

陆泽西

《Unity3D 高级编程：主程手记》作者

我曾担任游戏项目的客户端 / 服务器双端主程，当年学 Java 看的第一本书就是《Java 核心技术》。这本书将 Java 技术讲解得通俗易懂，不仅有知识要点、实战例子，还有与 C++ 的对比分析，提高了学习的效率，非常适合想要学习 Java 的朋友们。我们读书的目标不是为了读完它，而是学到真正的知识，这本书能提高你的学习效率，帮助你快速掌握 Java 技术。我现在还在不断地从《Java 核心技术》中汲取大量营养来反哺自己的项目。《Java 核心技术》不仅是初学者的首选，就连拥有多年经验的高手也能通过这本书获得很多新的启发。

罗培羽

《百万在线：大型游戏服务端开发》作者

在游戏服务器端领域，尽管编程语言五花八门，但开发者的专业根基无非是 Java 和 C++ 两门语言，要做好开发工作，就必须熟悉其中一门。《Java 核心技术》是 Java 领域必读书籍，分为两卷，非常全面，涉及面很广。它从 Java 语言的基础讲起，基本覆盖了 Java 语言的常用特性。都说 IT 行业发展很快，但掌握了核心的内容，就能够以不变应万变。而这些核心内容，往往就潜藏在一些“大块头”的书籍里。《Java 核心技术》就是这样一本书，它内容全面，讲解细致，值得花时间去阅读。

宁　楠

《Java 零基础实战》作者，B 站“楠哥教你学 Java”UP 主

一本优秀的书籍对 Java 学习者非常重要，可以让学习事半功倍，我给大家推荐的是《Java 核心技术》。这本书内容翔实，涵盖的知识点非常丰富，从 Java 基础到高级特性应有尽有，语言简练，通俗易懂，是学习 Java 的一本佳作。

沈　剑

58 同城前技术委员会主席，公众号“架构师之路”作者

最近有朋友问我，想要学 Java，有没有什么书可以推荐。这里，我旗帜鲜明且立场坚定地推荐霍斯特曼的 *Core Java*，中文译本叫《Java 核心技术》，全书分为 I 、II 两卷。如果你是刚刚上手 Java，那我重点推荐你读卷 I ，该卷非常专业细致地讲解了 Java 的基础知识，包括基本语法、函数与接口、调试技巧、泛型编程、标准库与内部类，以及典型用法与最佳实践。如果你想进一步进阶，深入学习 Java，那我重点推荐你读卷 II，该卷主要介绍了 Java 开发的若干高级主题，包括正则表达式、对象序列化、注解与反射、网络编程、站点应用与服务等很多 Java 的高级特性。另外，每当 Java 有新特性出现时，*Core Java* 都会及时再版更新，让我们随时掌握当下最新的，而不是 5 年前的 Java 知识。最后，也是我认为最帅气的一点，本书作者亲自录制了学习视频，对书里的重点和难点一一作了讲解，相关资源在 B 站“Java 核心技术站”可以免费观看。

史海峰

贝壳金服小微企业生态前 CTO，公众号“IT 民工闲话”作者

作为一名工作了 20 年的 IT“民工”，这么多年摸爬滚打，我做过各种各样的项目和系统，见证了 Java 作为主流开发语言持续演进、越来越成熟的过程。而这本《Java 核心技术》也伴随一代代开发者从入门到精通，进而成长为行家里手。随着 Java 17 的发布，新版《Java 核心技术》随之发行，经典常读常新，好书会伴我们一路同行。

帅　地

公众号“帅地玩编程”作者

我是在大一时看的《Java 核心技术》，看过之后，我感觉自己以前通过视频学的是假的 Java，这本书让我明白了很多之前从未思考过且非常重要的原理，比如字符集编码，而且这本书对新手很友好，讲得也很有深度。《Java 核心技术》的卷 I 是为数不多的一本既适合新手又具有深度的书，对于未来想要学习 Java 的小伙伴来说，这绝对是一本值得你阅读的好书！

陶　辉

杭州智链达数据有限公司 CTO

如果你准备开始学 Java，那么我强烈推荐阅读《Java 核心技术》。如果一本编程语言入门书专注于语法糖、过时无用的技巧，知识点又不成体系、不接地气，那就会指错方向，不但会让读者事倍功半，还很容易被“劝退”。而《Java 核心技术》对初学者非常友好，它既会放下身段为你解释 Java 与 JavaScript 的区别，也会严谨地告诉你 Unicode 字符内编码与外编码的方式；既能不厌其烦地讲解各种操作系统下大概率会遇到的问题及其解法，也会高屋建瓴地剖析面向对象编程思想、UML 在 Java 上的具体应用，这些知识会使你在未来的工程实践中游刃有余。而这正是霍斯特曼教授作为多年的教育从业者，与很多一线编程语言图书作者间的区别！学习 Java，一定要看这本书！

王大伟

公众号“数据科学杂谈”作者，《ECharts 数据可视化：入门、实战与进阶》作者

《Java 核心技术》是入门和进阶 Java 编程的经典书籍，分为卷 I 和卷 II 两本，系统讲解了 Java 开发中的重要概念和特性，并给出了大量实战案例，是学习 Java 的必备好书！

王玉亮

公众号“Java 专栏”作者

如果说只选择一本 Java 书籍，那我一定推荐《Java 核心技术》！如果你是一个新手，那么推荐你读卷 I，书中对 Java 各种特性的讲解非常细致，还有很多通俗易懂的代码示例供大家学习。如果你掌握了 Java 基础，可以通过阅读卷 II 来加深自己对 Java 语言的理解。《Java 核心技术》被很多人称为 Java 界的“神书”，而且在不断地迭代新版本，所以绝对是 Java 程序员的必备指南！

肖　力

新钛云服技术副总裁

《Java 核心技术》的作者霍斯特曼对 Java 的理解非常透彻，是 Java 技术坚定的倡导者，从未远离工业界，至今仍常年在国际上的各类计算机峰会上进行技术分享。

他紧紧跟随技术发展，Java 的每个稳定版本发布后，他都会将《Java 核心技术》一并更新！每个渴望系统学习 Java，渴望编写实用程序，渴望实现真实应用的程序员都应常备该书。

肖　晟

架构师

这本书就像一张高精地图，展示了 Java 编程语言这座“热门城市”的知识体系全貌，从 Java 语言的核心概念、基础语法、学习路线，到各个重要特性、异常处理、开发方法等都有全面和详细的介绍。

对学习者而言最重要的是动手实践，实践是最好的老师，本书提供了不少示例代码，读者可以跟着这些示例由浅入深地进行实践。书中还给出了大量注释、提示和警告，以帮助读者写出高质量代码。

所以，无论是想要系统学习编程技能的 Java 初学者，还是想要跟进最新特性的 Java 老手，相信都能在这本书中有所收获。

肖　宇

Dromara 开源组织创始人，Apache ShenYu（incubating）创始人，Hmily 等分布式事务框架作者，《深入理解分布式事务：原理与实战》作者

《Java 核心技术》是一款内容丰富、基础与实战兼备、不可多得的好书。在刚入门 Java 世界的时候，我总会遨游在简单易懂的章节中，这让我深刻理解了 Java 语言的特性，学会了封装、继承、多态、泛型等重要基础知识，为我日后学习优秀框架，以及自己动手写框架打下了坚实的基础。

杨晓峰

腾讯 JDK 负责人，曾领导 Java Core Library 北京团队，OpenJDK Committer

通常大部分从业者有疑问：学好 Java 是不是找到好工作的撒手锏呢？这里我可以明确地说：是的。在整个行业内，我们可以充分体会到，Java 生态在互联网、云计算和企业软件领域的应用深度和广度超乎想象，其核心竞争力和活力非常强，就业市场竞争愈发激烈是不争的事实，直到今天天花板依旧非常高。在这种形势下，如何脱颖而出？我将《Java 核心技术》这本经典书籍推荐给大家，这是一本再版十余次的经典书，作者是行业内久负盛名的专家，本书的内容组织非常合理，配合数百个可上手实践的案例，不仅可以让我们深入了解 Java 的基础知识和语言特性，还能够掌握很全面的实战开发技能，值得广大开发者拥有并深入阅读。

叶志远

某国有大型金融机构架构师，《重新定义 Spring Cloud 实战》作者

Java 这门编程语言，从发布至今已有二十余年，"Write once, run anywhere"是它的灵魂，强大的可移植性与兼容性，赢得了开发者们的青睐，风靡世界，造就了如今庞大的生态。Java 似乎很难过时，时至今日，它仍旧是软件工程相关专业的必修课之一。《Java 核心技术》既适合 Java 初学者学习，又适合作为案头工具书时常翻阅，精准的翻译、细致入微的讲解，都能为你提供足够的参考。

一　条

某大厂后端工程师，CSDN 优质创作者

书不在多而在精，如果只能给 Java 初学者推荐一本书，那一定是《Java 核心技术》。从基础知识到高级特性，作者提供了大量完整且具有实际意义的应用实例，可帮助读者轻松学 Java，掌握核心技术。称之为 Java 学习"白皮书"可谓实至名归。

硬核老王

Linux 中国开源社区创始人

作为一个"非典型"程序员，Perl、PHP、JavaScript 是我所喜欢并擅长的语言，而对于 Java 语言，无论是其冗长的类名、变量名，还是它庞大的框架和浩如烟海的文档，都令我望而生畏。

在看到这两卷厚重的《Java 核心技术》时，我想，这可能又是两块垫显示器的"砖头"了。本着尊重知识的想法，在将它们束之高阁前我还是粗略地翻阅了一下。然而，出乎预料的是，这两卷书却非常"耐看"，以至于我在随手翻开一个章节后就读了下去。本书虽然涉及的内容极其广泛，但是却能做到深入浅出地从很基础的 Java 元素开始介绍。最令我感到高兴的是，这并不是一本罗列语法要素的"手册"，而是凝聚了作者实际编程和工程经验的手札。对于诸多知识点，作者能够旁征博引地介绍其来龙去脉，并针对各个疑难点和常见的误区，将自己在实践中得来的经验娓娓道来。如果你是一位有志于在编程这条路上走得更远的人，无论你喜欢或使用的是哪种类型的编程语言，Java 语言及其编程思想，都是你该投入精力去精研的，这对于培养良好的编程和工程能力，大有裨益。

曾惠武（笔名：小虚竹）

架构师，华为云专家，阿里云专家博主，CSDN 博客专家

《Java 核心技术》不仅仅是一本书，更是学习 Java 语言的进阶路径指导。它高屋建瓴地介绍了 Java 语言的核心概念、语法、重要特性，又对 Java 语言的基础知识进行了专业级详解。既照顾了新手对易入门、易上手的需求，也照顾了中高级 Java 开发人员对高级主题的需求。本次最新修订版增加了 Java 17 的特性介绍，刚好响应了技术更新换代的市场需求。对于开发人员来说，学习有用的新技术是很有必要的。选择大于努力，一本优秀的书籍可以让我们不走弯路，而《Java 核心技术》正是值得我们花时间去学习研究的一本好书。

张　坚

科大讯飞架构师，公众号“java 日知录”作者

学习 Java，读哪些书能快速提高自己？我相信不少学 Java 的人都问过类似的问题。

在我看来，只要掌握《Java 核心技术》，只要吃透这本书就够了！本书内容深入浅出，知识点简明扼要。将复杂而庞大的知识体系拆解得极其透彻，实属少见，这绝对是 Java 兵器谱上的必选书籍！

张晋涛

云原生技术专家 /Apache APISIX PMC，公众号“Moelove”作者

本书是 Java 圈的“名著”，涵盖了丰富的 Java 核心技术，是每个 Java 工程师必看的书籍，强烈推荐！

张　亚

《深入理解 JVM 字节码》作者，公众号“张师傅的博客”作者

《Java 核心技术》是我大学期间开始学习 Java 的第一本书，工作后，每隔一段时间，我都会拿出来翻一翻，常读常新。本书篇幅宏大，覆盖了非常多的 Java 核心特性，不仅讲解了 Java 的语法，更重要的是，循序渐进、浅显易懂地

讲述了 OOP 的编程思想。

它既是一本基础的入门书，也是一本手边的工具书，对于刚入门的初学者来说，本书的内容足够丰富，可以作为参考书，当你遇到不懂的问题时，能快速地检索到答案。书里面很多的细节都非常详尽，如果你已经入门 Java，想要更深入地了解 Java 实现细节，也可深入阅读本书。

赵宏田

大数据架构师，《用户画像：方法论与工程化解决方案》作者

《Java 核心技术》是我开启 Java 之旅的第一本书，希望大家能够好好研读。从中可以学到很多东西，既包括基础知识，又包括高级应用，不论你是自己编程，还是做企业级的系统开发，这本书都可以给你足够的参考。

周　为

公众号“技术最 TOP”作者

《Java 核心技术》是 Java 界的经典佳作，全书分为 I 、II 两卷，内容丰富，卷 I 重点讲基础语法、类与对象、继承、异常处理、集合、泛型、多线程等基础知识。卷 II 重点讲 Java 流库、网络、数据库、编译注解、安全等高级特性。从 Java 基础知识到高级特性，循序渐进，面面俱到，讲解详细，并附有大量的代码示例，不管是对初学者还是有开发经验的 Java 程序员，都是一本不可多得的好书。

朱　凯

《企业级大数据平台：架构实践》《ClickHouse 原理解析与应用实践》和公众号“ClickHouse 的秘密基地”作者

Java 语言诞生至今数十年，不论是从用户群体的基数还是从持续的热度来看，在众多编程语言中一直都是名列前茅，是棵常青树。同样，在 Java 领域的书籍里面，也有一棵常青树，那就是为众人所熟知的《Java 核心技术》。这本书全面地、体系化地介绍了 Java 的方方面面，从基础概念、语法、特性到高级应用。无论是 Java 新人，还是职场老兵，你都能通过阅读这本书获益。本次再版涵盖了 Java 17 中的新特性，特此向大家推荐。

朱 翔

阿里巴巴高级开发工程师，公众号“Java 极客技术”作者，
B 站“浅析计算广告”UP 主

每一个 Java 领域的朋友，不管是刚入门，还是已经有三五年抑或七八年的工作经验，我都推荐你看一看《Java 核心技术》这本书。如果你是刚入门 Java 的朋友，推荐你从卷 I 开始看起，通过 I 、 II 两卷的内容完全可以系统地学习到 Java 的基础知识以及高级特性；如果你已经有多年工作经验，那建议你手头上也一定要有这本书，便于工作和学习中时常进行查阅，相信经历过实际线上高并发项目的你更能体会到基础的重要性！

朱志兵（Richard）

东方智测（北京）科技有限公司高级运营工程师

一直以来，《Java 核心技术》都被认为是面向高级程序员的经典教程和参考书，是程序员为实际应用编写健壮 Java 代码的首选。这本书是 Java 领域最重要的一本书，也是我开始 Java 之旅的第一本书，希望大家能够好好研读，从中可以学到很多东西，书里所涵盖的内容比其他类似的书要多得多，既包括基础知识，又包括高级的应用，无论你是自己编程，还是做企业级的开发系统，这本书都可以给你足够的参考。

朱智胜

《Spring Boot 技术内幕：架构设计与实现原理》作者

每每有人让我推荐 Java 方向的书，我都会推荐这本《Java 核心技术》，它内容丰富全面，在 Java 基础知识方面，市面上几乎找不到如此全面的书，本书对初学者非常友好，对中高级技术人员来说，也是查漏补缺的宝典，值得你拥有。

扫码回复 Java
获取本书源码、作者讲解视频、学习路线图
读者交流群等增值资源

译 者 序

书写 Java 传奇的 Sun 公司曾经堪称“日不落”帝国，但服务器市场的萎缩让这个声名赫赫的庞大帝国从蓬勃走向没落。在 2009 年被 Oracle 公司收购之后，Sun 公司逐渐淡出了人们的视线，而与此同时，我们也在很长一段时间内没能看到 Java 当初活跃的身影。

Java 就这样退出历史舞台了吗？当然不是！ Sun 公司从 2006 年 12 月发布 Java 6 后，经过 5 年多的不懈努力，2011 年 7 月底发布了 Java 7 正式版。3 年后，被冠名为“跳票王”的 Oracle 公司终于发布了 Java 8 的正式版。又是 3 年后，Java 9 发布。从 2018 年开始，为了更快地引入新特性，每 6 个月就会发布一个 Java 版本，目前最新的长期支持版本是 Java 17。

值得一提的是，伴随着 Java 的成长，《 Java 核心技术》也从第 1 版到第 11 版一路走来，得到了广大 Java 程序设计人员的青睐，成为一本畅销不衰的 Java 经典图书。2022 年，针对 Java 17，《 Java 核心技术》第 12 版问世。这一版涵盖了 Java 17 的最新特性，相应调整了部分内容结构，同时延续之前版本的优良传统，利用清晰明了的示例加以解释，并提供了全部示例代码，以便读者学习和灵活应用。它将续写从前的辉煌，使人们能及时跟上 Java 前进的步伐。

本书由林琪、苏钰涵翻译。书中文字与内容力求忠实原书，不过由于译者水平有限，译文肯定有不当之处，敬请批评指正。

译者

2022 年 4 月于北京

前　言

致读者

1995年年底，Java语言在Internet舞台一亮相便名声大噪。Java技术承诺成为连接用户与信息的万能胶，而不论这些信息来自Web服务器、数据库、信息提供商，还是任何其他可以想象的渠道。事实上，就兑现这个承诺而言，Java具有独特的优势和地位。它是一种完全可信赖的程序设计语言，并得到了广泛认可。其固有的可靠性与安全特性不仅令Java程序员放心，也令使用Java程序的用户放心。Java内建了对网络编程、数据库连接和并发等高级程序设计任务的支持。

1995年以来，已经发布了Java开发工具包（Java Development Kit）的12个主要版本，在过去的25年中，应用程序编程接口（API）也从200个类扩展到超过4000个类。现在这些API覆盖了用户界面构建、数据库管理、国际化、安全性以及XML处理等各个不同的领域。

你手上的这本书是《Java核心技术》第12版的卷Ⅰ。《Java核心技术》的每个版本都紧随Java开发工具包的最新版本，并进行全面修订，以涵盖Java的最新特性。这一版经过更新，将反映Java 17的特性。

与本书以前的版本一样，这一版仍然将读者群定位为那些打算将Java应用到实际项目中的程序员。这里假设读者是具有程序设计语言（除Java之外）坚实背景知识的程序员，而且不希望书中充斥着玩具式的示例（诸如，烤面包机、动物园的动物或神经质的跳动文本）。这些绝对不会在这本书中出现。本书的目标是让读者充分理解Java语言及Java类库，而不是让读者产生误解。

本书提供大量示例代码来演示Java的几乎每一个语言特性和类库特性。这里有意使用简单的示例程序以突出重点，不过，大部分示例都不是虚构的，也没有偷工减料。在编写代码时，这些示例可以作为很好的起点。

我们假定读者愿意（甚至渴望）学习Java提供的所有高级特性。例如，本书将详细介绍以下内容：

- 面向对象程序设计
- 反射与代理
- 接口与内部类
- 异常处理
- 泛型程序设计
- 集合框架
- 事件监听器模型

- 图形用户界面设计
- 并发

随着 Java 类库的爆炸式增长，只用一卷无法涵盖程序员需要了解的所有 Java 特性。因此，我们决定将本书分为两卷。卷Ⅰ（本书）集中介绍 Java 语言的基本概念以及用户界面程序设计的基础知识。卷Ⅱ（高级特性）进一步介绍企业特性以及高级的用户界面程序设计，其中详细讨论以下内容：

- 流 API
- 文件处理与正则表达式
- 数据库
- XML 处理
- 注解
- 国际化
- 网络编程
- 高级 GUI 组件
- 高级图形
- 原生方法

写书时难免出现错误和不准确的地方。我们很想知道有哪些错误，不过，也希望同一个问题只被告知一次。我们在 `http://horstmann.com/corejava` 中给出了一个常见问题和 bug 修正列表。在勘误页的最后（建议先阅读勘误页）附有一个表单，可以用来报告 bug 和提出改进意见。如果我们没能回答每一个问题或者没有及时回复，请不要失望。我们确实会阅读所有电子邮件，而且非常感谢你的建议，这会使本书后续版本更清晰、更全面。

关于本书

第 1 章概述 Java 与其他程序设计语言不同的功能，解释这种语言的设计初衷，以及在哪些方面达到了预期。然后，简要叙述 Java 的历史，介绍 Java 是如何诞生和演进的。

第 2 章介绍如何下载和安装 JDK 以及本书的程序示例，然后指导读者编译和运行一个控制台应用和一个图形应用。你将了解如何使用 JDK、Java IDE 和 JShell 工具。

第 3 章开始讨论 Java 语言。这一章会介绍一些基础知识，包括变量、循环和简单的函数。对于 C 或 C++ 程序员来说，学习这一章的内容会感觉一帆风顺，因为这些语言特性的语法基本上与 C 语言相同。如果你没有 C 语言背景，但使用过其他程序设计语言（如 Visual Basic），可能需要仔细阅读这一章。

面向对象程序设计（Object-Oriented Programming，OOP）是当今程序设计的主流，而 Java 是一种面向对象程序设计语言。第 4 章将介绍面向对象两大基石中的第一个概念——封装，以及 Java 语言实现封装的机制，即类与方法。除了 Java 语言规则之外，还对如何实现完善的 OOP 给出了建议。最后，会介绍奇妙的 `javadoc` 工具，它能将代码注释转换为一组包含超链接的网页。熟悉 C++ 的程序员可以快速浏览这一章，而对于没有面向对象程序设计背景的程序员，在进一步学习 Java 之前应当先花一些时间了解 OOP 的有关概念。

类和封装只是 OOP 的一部分，第 5 章将介绍另一部分——继承（inheritance）。继承允许利用现有的类，并根据需要进行修改。这是 Java 程序设计中的一个基础技术。Java 中的继承机制与 C++ 的继承机制十分相似。重申一次，C++ 程序员可以只关注这两种语言的不同之处。

第 6 章介绍如何使用 Java 的接口（interface）。接口允许你超越第 5 章中的简单继承模型。掌握接口会让你充分获得 Java 面向对象程序设计方法的强大能力。介绍接口之后，我们将转而介绍 lambda 表达式（lambda expression），这是一种简洁的表示方法，用来表示可以在以后某个时间点执行的代码块。接下来还会讲解 Java 的一个有用的技术特性——内部类（inner class）。

第 7 章讨论异常处理（exception handling），这是 Java 处理异常情况的一种健壮机制，用于处理正常程序可能出现意外的情况。异常提供了一种将正常处理代码与错误处理代码分开的有效手段。当然，即使通过处理所有异常条件来强化程序，程序仍然有可能不按预期的方式工作。这一章的最后一节将给出一组实用的调试技巧。

第 8 章概要介绍泛型程序设计。泛型程序设计可以让程序更可读、更安全。我们会展示如何使用强类型机制，而舍弃不好看也不安全的强制类型转换，以及如何处理与 Java 老版本兼容所带来的复杂问题。

第 9 章讨论的是 Java 平台的集合框架。如果希望收集多个对象，并在以后获取这些对象，就应当使用最适用的集合，而不是简单地把这些元素放在一个数组中。这一章会介绍如何充分利用预建的标准集合。

第 10 章介绍 GUI 程序设计，展示如何创建窗口、如何在窗口中绘图、如何利用几何图形绘图、如何采用多种字体格式化文本，以及如何显示图像。接下来介绍如何编写代码来响应事件，如鼠标单击事件或按键事件。

第 11 章详细讨论 Swing GUI 工具包。Swing 工具包允许你建立跨平台的图形用户界面。还将介绍各种按钮、文本组件、边框、滑动条、列表框、菜单以及对话框的有关内容。不过，一些更高级的组件会在卷 Ⅱ 中讨论。

第 12 章是本书的最后一章，这一章将讨论并发，即编写并行执行的任务。当前，大多数处理器都有多个内核，而且我们希望这些内核都保持忙碌，所以并发是 Java 技术的一个重要且令人振奋的应用。

附录列出了 Java 语言的保留字。

约定

与很多计算机图书一样，本书使用等宽字体（`monospace type`）表示计算机代码。

注释：“注释”信息会用这样的图标标志。

提示：“提示”信息会用这样的图标标志。

警告：对于可能出现的危险，我们用这样的图标做出警示。

C++ 注释：在本书中有许多用来解释 Java 与 C++ 之间差别的 C++ 注释。没有 C++ 背景或者不擅长 C++ 编程并把它当作一场噩梦不愿再想起的程序员可以跳过这些注释。

Java 提供了一个庞大的程序设计库，即应用程序编程接口（API）。第一次使用 API 调用时，我们会在那一节末尾给出它的概要描述。这些描述不太正式，但我们希望它们能够比官方的联机 API 文档提供更多信息。类、接口或方法名后面的编号是引入该特性的 JDK 版本号，如下例所示：

API 应用程序编程接口 9

本书英文版网站上提供了书中一些程序的源代码，这些程序在书中会以程序清单的形式给出，例如：

程序清单 1-1 `InputTest/InputTest.java`

示例代码

本书英文版网站 `http://horstmann.com/corejava` 提供了书中的所有示例代码。有关安装 Java 开发工具包和示例代码的详细信息请参看第 2 章。

致　谢

写一本书需要投入大量的精力，升级一本书也不像想象的那样轻松，尤其是 Java 技术一直在持续不断地更新。出版一本书会让很多人耗费大量心血，在此衷心地感谢《Java 核心技术》团队的每一位成员。

Pearson 公司的许多人提供了非常有价值的帮助，却甘愿做幕后英雄。在此，希望大家都能知道我对他们辛勤工作的感谢。与以往一样，我要衷心感谢本书编辑 Greg Doench，从本书的写作到出版，他一直在给予指导，同时感谢那些不知姓名的为本书做出贡献的人们。非常感谢 Julie Nahil 在图书制作方面给予的支持，感谢 Dmitry Kirsanov 和 Alina Kirsanova 完成手稿的编辑与排版工作。还要感谢早期版本中我的合作者 Gary Cornell，他已经投身到其他行业。

感谢早期版本的许多读者，他们指出了很多错误，并给出了很多有建设性的改进意见。我还要特别感谢优秀的审校团队，他们极其仔细地审阅了我的手稿，避免了很多令人尴尬的错误。

本书及早期版本的审校人员包括：Chuck Allison（尤他谷大学）、Lance Andersen（Oracle）、Gail Anderson（Anderson Software Group）、Paul Anderson（Anderson Software Group）、Alec Beaton（IBM）、Cliff Berg、Andrew Binstock（Oracle）、Joshua Bloch、David Brown、Corky Cartwright、Frank Cohen（PushToTest）、Chris Crane（devXsolution）、Dr. Nicholas J. De Lillo（曼哈顿学院）、Rakesh Dhoopar（Oracle）、David Geary（Clarity Training）、Jim Gish（Oracle）、Brian Goetz（Oracle）、Angela Gordon、Dan Gordon（Electric Cloud）、Rob Gordon、John Gray（哈特福德大学）、Cameron Gregory（olabs.com）、Marty Hall（coreservlets.com 公司）、Vincent Hardy（Adobe Systems）、Dan Harkey（圣何塞州立大学）、William Higgins（IBM）、Marc Hoffmann（mtrail）、Vladimir Ivanovic（PointBase）、Jerry Jackson（CA Technologies）、Heinz Kabutz（Java Specialists）、Stepan V. Kalinin（I-Teco/Servionica LTD）、Tim Kimmet（Walmart）、Chris Laffra、Charlie Lai（Apple）、Angelika Langer、Jeff Langr（Langr Software Solutions）、Doug Langston、Hang Lau（麦吉尔大学）、Mark Lawrence、Doug Lea（SUNY Oswego）、Gregory Longshore、Bob Lynch（Lynch Associates）、Philip Milne（顾问）、Mark Morrissey（俄勒冈州研究生院）、Mahesh Neelakanta（佛罗里达大西洋大学）、José Paumard (Oracle)、Hao Pham、Paul Philion、Blake Ragsdell、Stuart Reges（亚利桑那大学）、Simon Ritter（Azul Systems）、Rich Rosen（Interactive Data Corporation）、Peter Sanders（法国尼斯索菲亚安提波利斯大学）、Dr. Paul Sanghera（圣何塞州立大学布鲁克斯学院）、Paul Sevinc（Teamup AG）、Devang Shah（Sun Microsystems）、Yoshiki Shibata、Bradley A. Smith、Steven Stelting（Oracle）、Christopher Taylor、Luke Taylor（Valtech）、George Thiruvathukal、Kim Topley（StreamingEdge）、Janet Traub、Paul Tyma（顾问）、Peter van der Linden、Christian Ullenboom、Burt Walsh、Dan Xu（Oracle）和 John Zavgren（Oracle）。

Cay Horstmann

2021 年 10 月于德国柏林

目 录

第 1 章　Java 程序设计概述

- ▲ Java 程序设计平台
- ▲ Java 白皮书的关键术语
- ▲ Java applet 与 Internet
- ▲ Java 发展简史
- ▲ 关于 Java 的常见误解

1996 年 Java 第一次发布就引起了人们的极大兴趣。关注 Java 的人士不仅限于计算机出版界，还有诸如《纽约时报》《华盛顿邮报》和《商业周刊》这样的主流媒体。Java 是第一个也是唯一一个在 National Public Radio 上占用了 10 分钟时间进行介绍的程序设计语言，并且还得到了 100 000 000 美元的风险投资基金。这些基金全部用来支持用这种特别的计算机语言开发的产品。你可能想了解 Java 语言的发展，这一章就会带你简单地重温这段历史。

1.1　Java 程序设计平台

在本书的第 1 版中，我和合著者 Gary Cornell 是这样描述 Java 的：

> "作为一种计算机语言，Java 的广告词确实有点夸大其词。当然，Java 的确是一种**优秀的**程序设计语言。作为一个名副其实的程序设计人员，使用 Java 无疑是一个比较好的选择。我们认为：Java 本来**有潜力**成为一种卓越的程序设计语言，但可能有些为时过晚。一旦一种语言得到广泛应用，与现存代码尴尬的兼容性问题就摆在了人们的面前。"

关于这段文字，我们的编辑受到 Sun 公司某高层人士的严厉批评（Sun 是最早开发 Java 的公司）。Java 有许多非常优秀的语言特性，本章稍后会详细地讨论这些特性。但它确实也有缺点，由于兼容性需求，新增的一些特性就没有原有的特性那么精巧。

但是，正像我们在第 1 版中所说的，Java 并不只是一种语言。在此之前出现的那么多种语言都没有引起那么大的轰动。Java 是一个完整的平台，有一个庞大的库，其中包含了大量可重用的代码，还有一个提供诸如安全性、跨操作系统的可移植性以及自动垃圾收集等服务的执行环境。

作为一名程序设计人员，你可能希望能有这样一种语言，既要有令人舒适的语法，也要有易于理解的语义（C++ 就不是这样的语言）。Java 完全满足这些要求，另外还有很多其他优秀语言也能满足要求。不过尽管有些语言提供了可移植性、垃圾收集等特性，但它们没有提供一个丰富的库。如果你想要酷炫的绘图功能、网络连接或数据库存取特性，就必须自己动手编写代码。而 Java 一应俱全，它具备所有这些特性，是一种功能齐全的出色语言和一个高质量的执行环境，同时有一个庞大的库。正是因为 Java 集多种优势于一身，所以对广大程序设计人员有着不可抗拒的吸引力。

1.2　Java 白皮书的关键术语

Java 的设计者编写了一个颇有影响力的白皮书，来解释设计初衷以及完成的情况，他们还发布了一个简短的摘要。这个摘要按以下 11 个关键术语进行组织：

1）简单性
2）面向对象
3）分布式
4）健壮性
5）安全性
6）体系结构中立
7）可移植性
8）解释性
9）高性能
10）多线程
11）动态性

在后面的小节中，我们将提供一个小结，给出白皮书中的相关说明（这是 Java 设计者对各个关键术语的描述），另外我还会根据使用 Java 当前版本的经验，给出对这些术语的理解。

> **注释：** 白皮书可以在 www.oracle.com/technetwork/java/langenv-140151.html 上找到。关于 11 个关键术语的概述请参见 http://horstmann.com/corejava/java-an-overview/7Gosling.pdf。

1.2.1　简单性

> 我们希望构建一个无须深奥的专业训练就可以进行编程的系统，并且要符合当今的标准惯例。因此，尽管我们发现 C++ 不太适用，但在设计 Java 的时候还是尽可能地接近 C++，以使系统更易于理解。Java 剔除了 C++ 中许多很少使用、难以理解、容易混淆的特性。在我们看来，这些特性带来的问题远远多于它们的好处。

的确，Java 语法是 C++ 语法的一个“纯净”版本。这里没有头文件、指针运算（甚至没有指针语法）、结构、联合、操作符重载、虚基类等（请参阅本书各个章节给出的 C++ 注释，其中比较详细地解释了 Java 与 C++ 之间的区别）。不过，Java 设计者并没有试图修正 C++ 中所有不适当的特性。例如，switch 语句的语法在 Java 中就没有改变。如果你了解 C++，会发现可以轻而易举地转换到 Java 语法。

Java 发布时，实际上 C++ 并不是最常用的程序设计语言。很多开发人员都在使用 Visual Basic 和它的拖放式编程环境。这些开发人员并不觉得 Java 简单。很多年之后 Java 开发环境才迎头赶上。如今，Java 开发环境已经远远超越了大多数其他编程语言的开发环境。

> “简单”的另一面是“小”。Java 的目标之一是支持开发能够在小型机器上独立运行的软件。基本的解释器和类支持大约仅为 40KB，再加上基础的标准类库和线程支持（基本上是一个自包含的微内核），大约需要增加 175KB。

在当时，这是一个了不起的成就。当然，由于不断的扩展，类库已经相当庞大了。现在还有一些带有较小类库的独立版本，这些版本适用于嵌入式设备和智能卡。

1.2.2　面向对象

> 简单地讲，面向对象设计是一种程序设计技术。它将重点放在数据（即对象）和对象的接口上。用木匠打一个比方：一个“面向对象的”木匠主要关注的是所制作的椅子，其次才是使用的工具；一个“非面向对象的”木匠主要考虑的则是使用的工具。在本质上，Java 的面向对象能力与 C++ 是一样的。

开发 Java 时面向对象技术已经相当成熟。Java 的面向对象特性与 C++ 旗鼓相当。Java 与 C++ 的主要不同点在于多重继承，在 Java 中，取而代之的是更简单的接口概念。与 C++ 相比，Java 提供了更丰富的运行时自省功能（有关内容将在第 5 章中讨论）。

1.2.3　分布式

> Java 有一个丰富的例程库，用于处理 HTTP 和 FTP 之类的 TCP/IP 协议。Java 应用程序能够通过 URL 打开和访问网上的对象，其便捷程度就好像访问本地文件一样。

如今，这一点被认为是理所当然的，不过在 1995 年主要还是从 C++ 或 Visual Basic 程序连接 Web 服务器。

1.2.4　健壮性

> Java 的设计目标之一是要让用 Java 编写的程序具有多方面的可靠性。Java 非常强调进行早期的问题检测、后期的动态（运行时）检测，以及消除容易出错的情况……Java 与 C/C++ 最大的不同在于 Java 采用的指针模型可以消除重写内存和损坏数据的可能性。

Java 编译器能够检测许多其他语言中仅在运行时才能够检测出来的问题。至于第二点，对于曾经花费几个小时来检查由于指针 bug 而引起内存冲突的人来说，一定很喜欢 Java 的这一特性。

1.2.5　安全性

> Java 要适用于网络 / 分布式环境。为了实现这个目标，安全性颇受重视。使用 Java 可以构建防病毒、防篡改的系统。

从一开始，Java 就设计成能够防范各种攻击，其中包括：

- 运行时堆栈溢出，这是蠕虫和病毒常用的攻击手段。
- 破坏自己的进程空间之外的内存。
- 未经授权读写文件。

起初，Java 对下载代码的态度是“尽管来吧！”不可信代码在沙箱环境中执行，在这里它不会影响主系统。用户可以确信不会发生不好的事情，因为 Java 代码不论来自哪里，都不能逃离这个沙箱。

不过，Java 的安全模型很复杂。Java 开发包（Java Development Kit，JDK）的第一版发布之后不久，普林斯顿大学的一些安全专家就发现一些小 bug 会允许不可信的代码攻击主系统。

最初安全 bug 可以快速修复。遗憾的是，经过一段时间之后，黑客已经很擅长找出安全体系结构实现中的小漏洞。Sun 公司以及之后的 Oracle 公司为不断修复 bug 经历了一段很是艰难的日子。

遭遇多次高调攻击之后，浏览器开发商和 Oracle 公司变得越来越谨慎。有一段时间，远程代码必须有数字签名。如今，通过浏览器交付 Java 应用已经是很遥远的记忆。

> **注释：** 现在看来，尽管 Java 安全模型没有原先预想的那么成功，但 Java 在那个时代确实相当超前。微软公司提出了一种与之竞争的代码交付机制，称为 ActiveX，其安全性完全依赖于数字签名。显然这是不够的，因为微软公司的产品的任何用户都可以证实，一些知名开发商的程序确实会崩溃并对系统产生危害。

1.2.6　体系结构中立

> 编译器生成一个体系结构中立的目标文件格式，这是一种编译型代码，这些编译型代码可以在很多处理器上运行（只要它们有 Java 运行时系统）。Java 编译器通过生成与特定计算机体系结构无关的字节码指令来实现这一特性。精心设计的字节码不仅可以很容易地在任何机器上解释执行，而且可以很容易地动态转换为原生机器代码。

当时，为“虚拟机”生成代码并不是一个新思路，诸如 Lisp、Smalltalk 和 Pascal 等编程语言多年前就已经采用了这种技术。

当然，解释虚拟机指令肯定比全速运行机器指令慢很多。不过，虚拟机有一个选项，可以将执行最频繁的字节码序列转换成机器码，这一过程称为即时编译（just-in-time compilation）。

Java 虚拟机还有其他一些优点。它可以检查指令序列的行为，从而增强安全性。

1.2.7　可移植性

> 与 C 和 C++ 不同，Java 规范中没有“依赖具体实现”的地方。基本数据类型的大小以及有关运算的行为都是明确的。

例如，Java 中的 int 总是 32 位整数，而在 C/C++ 中，`int` 可能是 16 位整数、32 位整数，也可能是编译器开发商指定的任何其他大小。唯一的限制是，`int` 类型的字节数不能低于 `short int`，并且不能高于 `long int`。在 Java 中，数值类型有固定的字节数，这消除了代码移植时一个令人头痛的主要问题。二进制数据以固定的格式进行存储和传输，消除了有关字节顺序的困扰。字符串则采用标准的 Unicode 格式存储。

> 作为系统组成部分的类库定义了可移植的接口。例如，有一个抽象Window类，并给出了面向UNIX、Windows和Macintosh环境的不同实现。

选择Window类作为例子可能并不太合适。凡是尝试过的人都知道，要编写一个在Windows、Macintosh和10种不同风格的UNIX上看起来都不错的程序是多么困难。Java 1.0就尝试着做了这么一个壮举，发布了一个简单的工具包，为多个不同平台提供了常用的用户界面元素。遗憾的是，尽管花费了大量的心血，结果却不尽如人意，这个库并不能在不同系统上都提供让人接受的结果。原先的用户界面工具包已经重写，而且后来又再次重写，跨平台的可移植性仍然是个问题。

不过，除了与用户界面有关的部分外，所有其他Java库确实能很好地支持平台独立性。你可以处理文件、正则表达式、XML、日期和时间、数据库、网络连接、线程等，而不用操心底层操作系统。不仅程序是可移植的，Java API往往也比原生API质量更高。

1.2.8 解释性

> Java解释器可以在任何移植了解释器的机器上直接执行Java字节码。由于链接（linking）是一个增量式的轻量级过程，所以，开发过程也会更加快捷，更具有探索性。

这看上去很不错。用过Lisp、Smalltalk、Visual Basic、Python、R或Scala的人都知道"快捷而且具有探索性"的开发过程是怎样的。你可以做些尝试，然后立即就能看到结果。在Java发展的前20年里，开发环境并没有把重点放在这种体验上。直到Java 9才提供了jshell工具来支持快捷而且具有探索性的编程。

1.2.9 高性能

> 尽管解释型字节码的性能通常已经足够让人满意，但在有些场合下还需要更高的性能。字节码可以（在运行时）动态转换为面向运行这个应用的特定CPU的机器码。

使用Java的头几年，许多用户不同意"性能已经足够让人满意"的说法。不过，现在的即时编译器已经非常出色，可以与传统编译器相媲美，而且在某些情况下甚至超越了传统编译器，原因是它们有更多的可用信息。例如，即时编译器可以监控哪些代码频繁执行，并优化这些代码以提高速度。更为复杂的优化是消除函数调用（即"内联"）。即时编译器知道已经加载了哪些类。基于当前加载的类集合，如果一个特定的函数不会被覆盖，就可以使用内联。必要时，以后还可以撤销这种优化。

1.2.10 多线程

> 多线程可以带来更好的交互响应和实时行为。

如今，我们非常关注并发性，因为摩尔定律即将走到尽头。我们不再追求更快的处理器，而是着眼于获得更多的处理器，而且要让它们保持繁忙。不过，可以看到，大多数编程语言对于这个问题并没有显示出足够的重视。

Java 在当时很超前。它是第一个支持并发程序设计的主流语言。从白皮书中可以看到，它的出发点稍有些不同。当时，多核处理器还很神秘，而 Web 编程才刚刚起步，处理器要花很长时间等待服务器的响应，需要并发程序设计来确保用户界面没有“冻住”。

并发程序设计绝非易事，不过 Java 在这方面表现很出色，可以很好地管理这个工作。

1.2.11 动态性

> 从很多方面来看，Java 与 C 或 C++ 相比更具有动态性。Java 设计为能够适应不断演进的环境。库可以自由地添加新方法和实例变量，而对客户端没有任何影响。在 Java 中找出运行时类型信息十分简单。

需要为正在运行的程序增加代码时，动态性将是一个非常重要的特性。一个很好的例子是：在浏览器中运行从 Internet 下载的代码。如果使用 C 或 C++，这确实难度很大，不过 Java 设计者很清楚动态语言可以很容易地让一个正在运行的程序实现演进。最终，他们将这一特性引入到这个主流程序设计语言中。

注释： Java 成功地推出后不久，微软就发布了一个叫作 J++ 的产品，它与 Java 有几乎相同的编程语言和虚拟机。现在，微软不再支持 J++，取而代之的是另一个名为 C# 的语言。C# 与 Java 有很多相似之处，不过在一个不同的虚拟机上运行。本书不准备介绍 J++ 或 C# 语言。

1.3 Java applet 与 Internet

这里的想法很简单：用户从 Internet 下载 Java 字节码，并在自己的机器上运行。在网页中运行的 Java 程序称为 applet。要使用 applet，只需要一个启用 Java 的 Web 浏览器，它会为你执行字节码。不需要安装任何软件。只要你访问包含 applet 的网页，都会得到这个程序的最新版本。最重要的是，归功于虚拟机的安全性，我们不必担心来自恶意代码的攻击。

在网页中插入一个 applet 就如同在网页中嵌入一幅图片。applet 会成为页面的一部分。文本环绕在 applet 占据的空间周围。关键是，这个图片是*活动的*（alive）。它会对用户命令做出响应，改变外观，在显示它的计算机和提供它的计算机之间交换数据。

图 1-1 展示了 Jmol applet，它会显示分子结构。可以利用鼠标旋转和放大各个分子，从而更好地理解分子结构。在发明 applet 的时代，用网页是无法实现这种直接的操作的，那时只有基本的 JavaScript 而没有 HTML 画布。

applet 首次出现时，人们欣喜若狂。许多人相信 applet 的魅力会让 Java 迅速流行起来。然而，初期的兴奋很快就变成了沮丧。不同版本的 Netscape 与 Internet Explorer 运行不同版本的 Java，其中有些早已过时。这种糟糕的情况导致更加难以利用 Java 的最新版本开发 applet。实际上，为了在浏览器中得到动态效果，Adobe 的 Flash 技术变得相当流行。后来，Java 受到严重安全问题的困扰时，浏览器也放弃了对 applet 的支持。当然，Flash 的命运也好不到哪里去。

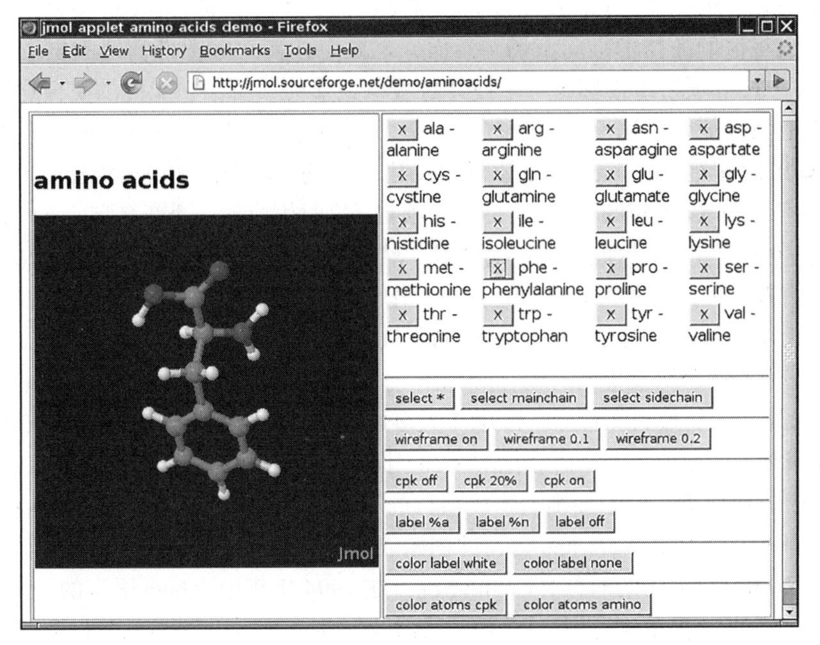

图 1-1　Jmol applet

1.4　Java 发展简史

本节将介绍 Java 的发展简史。这些内容来自很多已发布的资料（最重要的是 *SunWorld* 的在线杂志 1995 年 7 月刊上对 Java 创始人的专访）。

Java 的历史要追溯到 1991 年。由 Patrick Naughton 和 James Gosling（一个全能的计算机奇才，Sun 公司会士）带领的 Sun 公司的一个工程师小组想要设计一种小型的计算机语言，希望用于有线电视转换盒之类的消费设备。由于这些消费设备的处理能力和内存都很有限，所以这个语言必须非常小，而且要能够生成很紧凑的代码。另外，由于不同的厂商会选择不同的中央处理器（CPU），因此很重要的一点是这种语言不应与任何特定的体系结构绑定。这个项目被命名为“Green”。

代码短小、紧凑且与平台无关，这些要求促使开发团队设计出一个可移植的语言，可以为虚拟机生成中间代码。

Sun 公司的人都有 UNIX 的应用背景。因此，所开发的语言以 C++ 为基础，而不是 Lisp、Smalltalk 或 Pascal。不过，正如 Gosling 在专访中谈道：“毕竟，语言只是实现目标的工具，而不是目标本身。”Gosling 把这种语言称为“Oak”（这么起名大概是因为他非常喜欢他在 Sun 公司的办公室窗外的一棵橡树）。Sun 公司的人后来发现，已经有另外一个计算机语言取名为 Oak，于是，他们将这个语言改名为 Java。事实证明这是一个很有灵感的选择。

1992年，Green项目发布了它的第一个产品，称之为“*7”。这个产品可以提供非常智能的远程控制。遗憾的是，Sun公司对生产这个产品并不感兴趣，Green项目组的人员必须找到其他方法将他们的技术推向市场。然而，也没有任何一家标准消费品电子公司对此感兴趣。于是，Green项目组投标了一个设计有线电视盒的项目，它能提供视频点播等新型有线服务，但他们没能拿到这个合同（有趣的是，得到这个项目的公司的领导人恰恰是开创Netscape公司的Jim Clark。Netscape公司后来对Java的成功做出了很大贡献）。

在1993年以及1994年的上半年，Green项目（这时候换了一个新名字——“First Person公司”）一直在苦苦寻求买家购买他们的技术。然而，一个也没有找到（Patrick Naughton——项目组的创始人之一，也是完成大部分营销工作的人，声称为了销售这项技术，累计飞行了300 000英里[㊀]）。1994年First Person公司解散了。

当这一切在Sun公司发生的时候，Internet的万维网也在日渐发展壮大。万维网的关键是浏览器把超文本页面转换到屏幕上。1994年大多数人都在使用Mosaic，这是1993年出自伊利诺伊大学超级计算中心的一个非商业化的Web浏览器（Mosaic的一部分是由Marc Andreessen编写的。当时，他作为一名参加半工半读项目的本科生，编写了这个软件，每小时的薪水只有6.85美元。他后来成为Netscape公司的创始人之一和技术总监，可谓名利双收）。

在接受*SunWorld*采访的时候，Gosling说，在1994年年中，Java语言的开发者意识到：“我们能建立一个相当酷的浏览器。在客户/服务器主流框架中，浏览器恰好需要我们已经完成的一些工作：体系结构中立、实时、可靠、安全——这些问题在工作站环境并不太重要，所以，我们决定开发浏览器。”

实际的浏览器是由Patrick Naughton和Jonathan Payne开发的，并演变为HotJava浏览器。HotJava浏览器采用Java编写，以炫耀Java语言超强的能力。这个浏览器能够在网页中执行内嵌的Java代码。这一“技术证明”在1995年5月23日的SunWorld’95大会上展示，引发了人们对Java的狂热追逐并延续至今。

1996年年初，Sun公司发布了Java的第1个版本。人们很快地意识到Java 1.0不能用来完成真正的应用开发。的确，可以使用Java 1.0实现在画布上随机跳动的“神经质文本”applet，但它没有提供打印功能。坦率地说，Java 1.0的确没有为其黄金时期的到来做好准备。后来的Java 1.1弥补了大多明显的缺陷，大大改进了反射能力，并为GUI编程增加了新的事件处理模型。不过它仍然有很大的局限性。

1998年JavaOne会议的头号新闻是即将发布Java 1.2版。这个版本将早期玩具式的GUI和图形工具包代之以复杂而且可伸缩的工具包。在1998年12月Java 1.2发布仅3天之后，Sun公司市场部将它改名为更加吸引人的“Java 2标准版软件开发包1.2版”。

除了“标准版”（Standard Edition）之外，Sun公司还推出了另外两个版本：一个是用于手机等嵌入式设备的“微型版”（Micro Edition）；另一个是用于服务器端处理的“企业版”（Enterprise Edition）。本书主要介绍标准版。

㊀ 1英里约为1609米。——编辑注

标准版的1.3和1.4版本对最初的Java 2版本做出了增量式的改进，提供了不断扩展的标准类库，提高了性能，当然，还修正了一些bug。在此期间，原先对Java applet和客户端应用的炒作逐渐消退，但Java成了服务器端应用的首选平台。

5.0版是自1.1版以来第一个对Java语言做出重大改进的版本（这一版本原来定为1.5版，但在2004年的JavaOne会议之后，版本号直接升至5.0）。经过多年的研究，这个版本添加了泛型类型（generic type，大致相当于C++的模板），其挑战性在于添加这一特性而不需要对虚拟机做任何修改。另外，受到C#的启发，还增加了几个很有用的语言特性："for each"循环、自动装箱和注解。

6版（没有后缀.0）于2006年年底发布。同样，这个版本没有对语言方面再进行修改，而是做了另外一些性能改进，并增强了类库。

随着数据中心越来越依赖于商业硬件而不是专用服务器，Sun公司终于陷入困境，于2009年被Oracle公司收购。Java的开发停滞了很长一段时间。直到2011年Oracle公司发布了Java的一个新版本——Java 7，其中只做了一些简单的改进。

2014年，Java 8终于发布，在近20年中这个版本的改变最大。Java 8包含了一种"函数式"编程方式，可以很容易地表述能并发执行的计算。所有编程语言都必须与时俱进，Java在这方面显示出了非凡的能力。

Java 9的主要特性要一直追溯到2008年。那时，Java平台的首席工程师Mark Reinhold开始着力解析这个庞大的Java平台。为此引入了模块（module），模块是提供一个特定功能的自包含代码单元。设计和实现一个适用于Java平台的模块系统前后用了11年，而它是否也适用于Java应用和类库还有待观察。Java 9于2017年发布，它还提供了另外一些吸引人的特性，我们将在本书中介绍这些特性。

从2018年开始，每6个月就会发布一个Java版本，以支持更快地引入新特性。每过一段时间，会把某个版本（如Java 11和Java 17）指定为长期支持版本。中间版本提供了一种试验新特性的机制。

表1-1展示了Java语言及类库的演进。可以看到，API的规模有了惊人的增长。

表1-1　Java语言及类库的演进

版　本	年　份	新语言特性	类与接口的数量
1.0	1996	语言本身	211
1.1	1997	内部类	477
1.2	1998	strictfp修饰符	1 524
1.3	2000	无	1 840
1.4	2002	断言	2 723
5.0	2004	泛型类、"for each"循环、可变参数、自动装箱、元数据、枚举、静态导入	3 279
6	2006	无	3 793
7	2011	基于字符串的Switch语句、菱形运算符、二进制字面量、异常处理增强	4 024

（续）

版 本	年 份	新语言特性	类与接口的数量
8	2014	Lambda 表达式、包含默认方法的接口、流和日期 / 时间库	4 240
9	2017	模块、其他的语言和类库增强	6 005
11	2018	局部变量类型推导（var）、HTTP 客户端、移除 Java FX、JNLP、Java EE 重叠模块和 CORBA	4 410
17	2021	Switch 表达式、文本块、instanceof 模式匹配、记录、密封类	4 859

1.5 关于 Java 的常见误解

在结束本章之前，我们将列出关于 Java 的一些常见误解，同时给出解释。

1. Java 是 HTML 的扩展。

Java 是一种程序设计语言，HTML 是一种描述网页结构的方式。除了用于在网页上放置 Java applet 的 HTML 扩展之外，两者没有任何共同之处。

2. 我使用 XML，所以不需要 Java。

Java 是一种程序设计语言，XML 是一种描述数据的方式。可以使用任何一种程序设计语言处理 XML 数据，而 Java API 对 XML 处理提供了很好的支持。此外，许多重要的 XML 工具都是用 Java 实现的。有关的更多信息请参见卷Ⅱ。

3. Java 是一种非常容易学习的程序设计语言。

像 Java 这种功能强大的语言大多都不太容易学习。首先，必须将编写玩具式程序的轻松与开发实际项目的艰难区分开来。另外，需要注意的是：本书只用了 7 章讨论 Java 语言，其余几章和卷Ⅱ都在介绍如何使用 Java 类库来具体应用 Java 语言。Java 类库包含数千个类和接口，还有数万个函数。好在，你不需要知道其中的每一个类或函数，不过，要想用 Java 解决实际问题，还是需要了解不少内容的。

4. Java 将成为适用于所有平台的通用编程语言。

从理论上讲，这是完全有可能的。但在实际中，某些领域其他语言有更出色的表现，比如，Objective C 和后来的 Swift 在 iOS 设备上就有着无可取代的地位。浏览器中的处理几乎完全由 JavaScript 掌控。Windows 程序通常都用 C++ 或 C# 编写。Java 在服务器端编程和跨平台客户端应用领域则很有优势。

5. Java 只不过是另外一种程序设计语言。

Java 是一种很好的程序设计语言，很多程序设计人员喜欢 Java 胜过 C、C++ 和 C#。有几百种很好的程序设计语言没有广泛流行，而有明显缺陷的语言（如 C++ 和 Visual Basic）却大行其道。

这是为什么呢？程序设计语言的成功更多地取决于其*支持系统*（support system）的能力，而不是语法的精巧性。人们主要关注的是：是否提供了有用、便捷和标准的库来实现所需要的特性？是否有工具开发商建立了强大的编程和调试环境？语言和工具集是否与计算基础架构的其他部分有效整合？ Java 的成功缘于其类库能够让人们轻松地完成原本有一定难度的工作，例如网络连接、Web 应用和并发。Java 减少了指针错误，这是一个额外的好处，因此使用 Java 编程的效率更高。但这些并不是 Java 成功的全部原因。

6. Java 是专用的，应该避免使用。

最初创建 Java 时，Sun 公司为发布者和最终用户提供了免费许可。尽管 Sun 公司对 Java 拥有最终的控制权，不过在语言版本的不断发展和新库的设计过程中还涉及很多其他公司。虚拟机和类库的源代码可以免费获得，不过仅限于查看，而不能修改和再发布。Java 是"闭源的，不过可以很好地使用"。

这种状况在 2007 年发生了巨大变化，Sun 公司宣布 Java 未来的版本将在 General Public License（GPL）下发布（Linux 也使用同样的开放源代码许可）。Oracle 公司一直致力于保持 Java 开源。目前有多个开源 Java 实现提供商，分别提供不同级别的承诺和支持。

7. Java 是解释性的，因此对于关键应用速度太慢了。

早期的 Java 确实是解释性的。现在 Java 虚拟机使用了即时编译器，因此用 Java 编写的"热点"代码运行速度与 C++ 相差无几，有些情况下甚至更快。

8. 所有的 Java 程序都在网页中运行。

有一段时间，Java applet 在 Web 浏览器中运行。如今，Java 程序是运行在 Web 浏览器之外的独立应用。实际上，大多数 Java 程序都在服务器上运行，为网页生成代码或者计算业务逻辑。

9. Java 程序存在重大安全风险。

对于早期的 Java，有过关于 Java 安全系统失效的报道，曾经引起过公众关注。研究人员努力找出 Java 的漏洞，并质疑 applet 安全模型的强度和复杂度，将这视为一种挑战。人们很快就解决了所发现的技术问题。后来又发现了更严重的漏洞，而 Sun 公司以及后来的 Oracle 公司反应却很迟缓。浏览器制造商禁用了 Java applet 支持。促成 applet 的安全管理器体系结构现在已经过时。如今，Java 应用与其他应用同样安全。由于虚拟机提供的保护，Java 应用比用 C 或 C++ 编写的应用要安全得多。

10. JavaScript 是 Java 的简易版。

JavaScript 是一种可以在网页中使用的脚本语言，它由 Netscape 发明，最初的名字是 LiveScript。JavaScript 的语法让人想到 Java，因为名字也有些相像，但除此之外，两者并无任何关系。尤其是，Java 是强类型的，编译器能捕获类型滥用导致的很多错误。而在 JavaScript 中，只有当程序运行时才能发现这些错误，所以消除错误要费劲得多。

11. 使用 Java 时，可以用廉价的"Internet 设备"取代桌面计算机。

Java 刚刚发布的时候，一些人打赌这肯定会发生。一些公司已经生产出支持 Java 的网络计算机原型，不过用户还不打算放弃功能强大且方便的桌面计算机，而去使用没有本地存储而且功能有限的网络计算机。当然，如今世界已经发生改变，对于大多数最终用户，常用的平台往往是手机或平板电脑。这些设备大多使用 Android（安卓）平台。学习 Java 编程对 Android 编程也很有帮助。

第 2 章　Java 编程环境

▲ 安装 Java 开发工具包　　▲ 使用集成开发环境
▲ 使用命令行工具　　▲ JShell

这一章主要介绍如何安装 Java 开发工具包（JDK），以及如何编译和运行 Java 程序。可以在终端窗口中键入命令来运行 JDK 工具。不过，很多程序员更喜欢使用集成开发环境。你会了解如何使用一个免费的开发环境编译和运行 Java 程序。一旦掌握了本章的技术，并选定开发工具，就可以继续学习第 3 章，开始研究 Java 程序设计语言。

2.1　安装 Java 开发工具包

原先，Oracle 公司会提供最新、最完备的 Java 开发工具包（JDK）版本。如今，很多不同公司（包括 Microsoft、Amazon、Red Hat 和 Azul）都提供了最新的 OpenJDK 构建版本，有些公司的许可条件比 Oracle 公司更宽松。我写这一章时，最喜欢访问的网站是 https://adoptium.net，这个网站由开发商、开发人员和用户组共同组成的一个社区运营，为 Linux、Mac OS 和 Windows 提供了免费的构建版本。

2.1.1　下载 JDK

可以从 `https://adoptium.net` 下载 Java 开发工具包，或者也可以从 Oracle 公司网站 `www.oracle.com/technetwork/java/javase/downloads` 或其他提供商下载。要使用 Java SE 17 (LTS) JDK。表 2-1 总结了在下载网站上可能遇到的缩略语和术语。

表 2-1　Java 术语

术语名	缩　写	解　释
Java Development Kit（Java 开发工具包）	JDK	编写 Java 程序的程序员使用的软件
Java Runtime Environment（Java 运行时环境）	JRE	用来运行 Java 程序的软件，不带开发工具。这不是你想要的
Standard Edition（标准版）	SE	用于桌面或简单服务器应用的 Java 平台。这是你想要的
Micro Edition（微型版）	ME	用于小型设备的 Java 平台
OpenJDK	—	Java SE 的一个免费开源实现
Hotspot	—	Oracle 开发的“即时”编译器。如果要你选择，请选择这个选项
OpenJ9	—	IBM 开发的另一个“即时”编译器
Long Term Support（长期支持版本）	LTS	很多年都支持的一个版本，这不同于每 6 个月发布的那些展示新特性的版本。要选择最新的 LTS 版本

2.1.2 设置 JDK

下载 JDK 之后，需要安装这个开发工具包并确定要安装在哪里，后面还会需要这个信息。

- 在 Windows 上，启动安装程序，会询问你要把 JDK 安装到哪里。最好不要接受默认位置（这个路径名中有空格），如 c:\Program Files\Java\jdk-17.0.*x*。取出路径名中的 Program Files 部分就可以了。
- 在 Mac 上，运行安装程序。这会把软件安装到 /Library/Java/JavaVirtualMachines/jdk-17.0.*x*.jdk/Contents/Home。可以用 Finder 找到这个目录。
- 在 Linux 上，只需要把 .tar.gz 文件解压缩到你选择的某个位置，如你的主目录或者 /opt。如果从 RPM 文件安装，则要仔细确认安装到 /usr/java/jdk-17.0.*x* 中。

在本书中，安装目录用 *jdk* 表示。例如，涉及 *jdk* 的 bin 目录时，是指 /opt/jdk-17.0.4/bin 或 c:\Java\jdk-17.0.4\bin 目录。

可以如下测试安装是否成功。打开一个终端窗口，键入

```
javac --version
```

然后按回车键。应该能看到显示以下信息：

```
javac 17.0.4
```

如果得到诸如"javac: command not found"（javac：命令未找到）或"The name specified is not recognized as an internal or external command, operable program or batch file"（指定名不是一个内部或外部命令、可执行程序或批文件）的信息，则需要仔细检查安装。

在 Windows 或 Linux 上安装 JDK 时，还需要完成另外一个步骤：将 *jdk* 的 bin 目录添加到可执行路径中——可执行路径是操作系统查找可执行文件时所遍历的目录列表。

- 在 Linux 中，需要在 ~/.bashrc 或 ~/.bash_profile 文件的最后增加这样一行：

  ```
  export PATH=jdk/bin:$PATH
  ```

  一定要使用正确的 JDK 路径，如 /opt/jdk-17.0.4。

- 在 Windows 10 中，在 Windows Settings（Windows 设置）的搜索栏中键入 environment（环境），选择 Edit environment variables for your account（编辑账户的环境变量，参见图 2-1）。会出现一个 Environment Variables（环境变量）对话框。（它可能隐藏在 Windows 设置对话框后面。如果实在找不到，可以同时按住 Windows 和 R 键打开 Run（运行）对话框，从这个对话框运行 sysdm.cpl，然后选择 Advanced（高级）标签页，再单击 Environment Variables（环境变量）按钮。）在 User Variables（用户变量）列表中找到并选择一个名为 Path 的变量。单击 Edit（编辑）按钮，再单击 New（新建）按钮，增加一个变量，值为 jdk 的 bin 目录（参见图 2-2）。

  保存所做的设置。之后新打开的所有命令提示窗口都会有正确的路径。

图 2-1　在 Windows 10 中设置系统属性

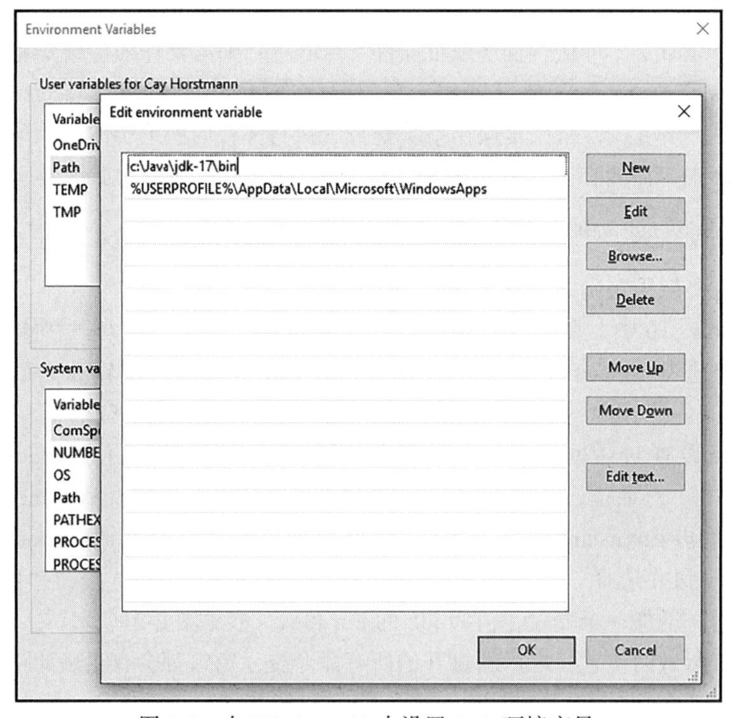

图 2-2　在 Windows 10 中设置 Path 环境变量

2.1.3 安装源文件和文档

类库源文件在 JDK 中以压缩文件 lib/src.zip 的形式发布，解压缩这个文件来得到源代码。为此只需完成以下步骤：

1. 确保 JDK 已经安装，而且 *jdk*/bin 目录在可执行路径中。
2. 在主目录中创建一个目录 javasrc。如果愿意，可以从一个终端窗口创建这个目录。

```
mkdir javasrc
```

3. 在 *jdk*/lib 目录下找到文件 src.zip。
4. 将 src.zip 文件解压缩到 javasrc 目录。在一个终端窗口中，可以执行以下命令：

```
cd javasrc
jar xvf jdk/lib/src.zip
cd ..
```

提示：src.zip 文件中包含了所有公共类库的源代码。要想获得更多的源代码（例如编译器、虚拟机、原生方法以及私有辅助类的源代码），请访问网站 http://openjdk.java.net。

文档包含在独立于 JDK 的一个压缩文件中。可以直接从网站 www.oracle.com/technetwork/java/javase/downloads 下载文档。步骤如下：

1. 下载文档压缩文件。这个文件名为 jdk-17.0.x_doc-all.zip。
2. 解压缩这个文件，将 doc 目录重命名为一个更有描述性的名字，如 javadoc。如果愿意，可以从命令行完成这个工作：

```
jar xvf Downloads/jdk-17.0.x_doc-all.zip
mv docs jdk-17-docs
```

3. 在浏览器中导航到 jdk-17-docs/index.html，将这个页面增加到书签。

还要安装本书的程序示例。可以从 http://horstmann.com/corejava 下载示例。这些程序打包在一个 zip 文件 corejava.zip 中。可以将程序解压缩到主目录。它们会放在目录 corejava 中。如果愿意，可以从命令行完成这个工作：

```
jar xvf Downloads/corejava.zip
```

2.2 使用命令行工具

如果以前有过使用 Microsoft Visual Studio 等开发环境编程的经验，你可能会习惯于开发系统有一个内置的文本编辑器、用于编译和启动程序的菜单以及一个调试工具。JDK 完全没有这些功能。所有工作都要在终端窗口中通过键入命令来完成。这看起来很麻烦，不过确实是一个基本技能。第一次安装 Java 时，希望在安装开发环境之前先检查 Java 的安装是否正确。另外，通过执行这些基本步骤，可以更好地理解开发环境在后台的工作。

不过，掌握了编译和运行 Java 程序的基本步骤之后，你可能就会希望使用专业的开发环境。下一节会介绍如何使用开发环境。

首先介绍比较难的方法：从命令行编译并运行 Java 程序。

1. 打开一个终端窗口。

2. 进入 corejava/v1ch02/Welcome 目录（corejava 是安装本书示例源代码的目录，请参见 2.1.3 节的解释）。

3. 键入下面的命令：

```
javac Welcome.java
java Welcome
```

然后，将会在终端窗口中看到图 2-3 所示的输出。

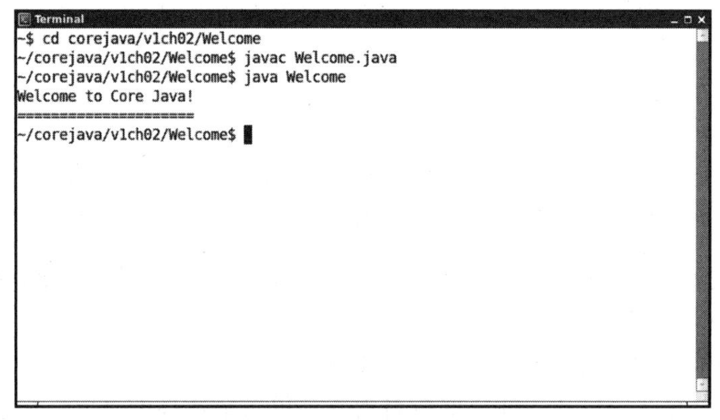

图 2-3　编译并运行 Welcome.java

祝贺你！你已经编译并运行了第一个 Java 程序。

那么，刚才都发生了什么？ javac 程序是一个 Java 编译器，它将文件 Welcome.java 编译成 Welcome.class。java 程序启动 Java 虚拟机，虚拟机执行编译器编译到类文件中的字节码。

Welcome 程序非常简单，它只是向终端输出了一条消息。你可能想查看这个程序中的代码，如程序清单 2-1 所示。下一章中将解释它是如何工作的。

程序清单 2-1　Welcome/Welcome.java

```
1 /**
2  * This program displays a greeting for the reader.
3  * @version 1.30 2014-02-27
4  * @author Cay Horstmann
5  */
6 public class Welcome
7 {
8    public static void main(String[] args)
9    {
10      String greeting = "Welcome to Core Java!";
11      System.out.println(greeting);
12      for (int i = 0; i < greeting.length(); i++)
13         System.out.print("=");
14      System.out.println();
15   }
16 }
```

在使用集成开发环境的年代，许多程序员对于在终端窗口中运行程序已经很生疏了。常常会出现很多错误，最后得到令人沮丧的结果。

一定要注意以下几点：

- 如果手动输入源程序，一定要确保正确地输入大小写。例如，类名为 Welcome，而不是 welcome 或 WELCOME。
- 编译器需要一个文件名（Welcome.java），而运行程序时，只需要指定类名（Welcome），不要带扩展名 .java 或 .class。
- 如果看到诸如“Bad command or file name”或“javac:command not found”之类的消息，就要返回去仔细检查安装是否有问题，特别是可执行路径的设置。
- 如果 javac 报告了一个错误，指出无法找到 Welcome.java，就应该检查目录中是否存在这个文件。

  在 Linux 环境下，检查 Welcome.java 是否正确地以大写字母开头。

  在 Windows 环境下，使用命令 dir，而不要使用图形化资源管理器工具。有些文本编辑器（特别是 Notepad）会在每个文件名后面添加扩展名 .txt。如果使用 Notepad 编辑 Welcome.java，实际上会把它保存为 Welcome.java.txt。如果采用默认的 Windows 设置，资源管理器会与 Notepad“勾结”，隐藏 .txt 扩展名，因为这属于“已知的文件类型”。对于这种情况，需要使用命令 ren 重新命名这个文件，或是另存一次，在文件名两边加双引号，如："Welcome.java"。
- 运行程序之后，如果收到关于 java.lang.NoClassDefFoundError 的错误消息，就应该仔细检查出问题的类名。

  如果收到关于 welcome（w 为小写）的错误消息，就应该重新执行命令：java Welcome（W 为大写）。记住，Java 区分大小写。

  如果收到有关 Welcome/java 的错误信息，这说明你错误地键入了 java Welcome.java，应该重新执行命令 java Welcome。
- 如果键入 java Welcome，而虚拟机没有找到 Welcome 类，就应该检查是否有人设置了系统的 CLASSPATH 环境变量（不提倡全局设置这个变量，不过 Windows 中有些比较差的软件安装程序确实会这样做）。可以像设置 Path 环境变量一样设置 CLASSPATH，不过这里将删除这个设置。

> **提示：** 在 http://docs.oracle.com/javase/tutorial/getStarted/cupojava/ 上有一个很好的教程，其中更详细地介绍了初学者容易犯的一些错误。

> **注释：** 如果只有一个源文件，可以不执行 javac 命令。这个特性是为了支持 shell 脚本（以“shebang”行 #!/path/to/java 开头的脚本），可能也用于简单的学生程序。一旦程序变得更复杂，就需要使用 javac 命令了。

这个 Welcome 程序没有太大意思。接下来再来尝试一个图形化应用。这个程序是一个简单的图像文件查看器，可以加载和显示一个图像。与前面一样，从命令行编译和运行这个程序。

1. 打开一个终端窗口。
2. 切换到目录 corejava/v1ch02/ImageViewer。
3. 输入以下命令：

```
javac ImageViewer.java
java ImageViewer
```

会弹出一个新的程序窗口（ImageViewer 应用）。现在选择 File → Open，找到一个要打开的图像文件。（这个目录下有两个示例文件。）然后会显示这个文件（参见图 2-4）。要关闭这个程序，可以单击标题栏上的关闭钮，或者从菜单选择 File → Exit。

图 2-4　运行 ImageViewer 应用

可以简单浏览这个源代码（程序清单 2-2）。这个程序比第一个程序长多了，但只要想一想用 C 或 C++ 编写类似功能的应用程序所需要的代码量，就不会觉得它复杂了。当然，如今编写带图形用户界面的桌面应用并不常见，不过，如果你感兴趣，可在第 10 章学习更多详细内容。

程序清单 2-2　ImageViewer/ImageViewer.java

```
1 import java.awt.*;
2 import java.io.*;
3 import javax.swing.*;
4
5 /**
6  * A program for viewing images.
7  * @version 1.31 2018-04-10
8  * @author Cay Horstmann
9  */
10 public class ImageViewer
11 {
12    public static void main(String[] args)
13    {
14       EventQueue.invokeLater(() ->
15          {
16             var frame = new ImageViewerFrame();
17             frame.setTitle("ImageViewer");
18             frame.setDefaultCloseOperation(JFrame.EXIT_ON_CLOSE);
19             frame.setVisible(true);
20          });
21    }
22 }
23
24 /**
25  * A frame with a label to show an image.
26  */
27 class ImageViewerFrame extends JFrame
```

```
28 {
29    private static final int DEFAULT_WIDTH = 300;
30    private static final int DEFAULT_HEIGHT = 400;
31 
32    public ImageViewerFrame()
33    {
34       setSize(DEFAULT_WIDTH, DEFAULT_HEIGHT);
35 
36       // use a label to display the images
37       var label = new JLabel();
38       add(label);
39 
40       // set up the file chooser
41       var chooser = new JFileChooser();
42       chooser.setCurrentDirectory(new File("."));
43 
44       // set up the menu bar
45       var menuBar = new JMenuBar();
46       setJMenuBar(menuBar);
47 
48       var menu = new JMenu("File");
49       menuBar.add(menu);
50 
51       var openItem = new JMenuItem("Open");
52       menu.add(openItem);
53       openItem.addActionListener(event ->
54          {
55             // show file chooser dialog
56             int result = chooser.showOpenDialog(null);
57 
58             // if file selected, set it as icon of the label
59             if (result == JFileChooser.APPROVE_OPTION)
60             {
61                String name = chooser.getSelectedFile().getPath();
62                label.setIcon(new ImageIcon(name));
63             }
64          });
65 
66       var exitItem = new JMenuItem("Exit");
67       menu.add(exitItem);
68       exitItem.addActionListener(event -> System.exit(0));
69    }
70 }
```

2.3　使用集成开发环境

上一节中，你已经了解了如何从命令行编译和运行一个 Java 程序。这是一个很有用的排错技能，不过对于大多数日常工作来说，还是应当使用集成开发环境。这些环境非常强大，也很方便，不使用这些集成开发环境简直有些不合情理。我们可以免费得到一些很棒的开发环境，如 Eclipse、IntelliJ IDEA 和 NetBeans。这一章中，我们将学习如何从 Eclipse 起步。

当然，如果你喜欢其他开发环境，学习本书时也完全可以使用你喜欢的环境。

首先从网站 `http://eclipse.org/downloads` 下载 Eclipse。Eclipse 提供了面向 Linux、Mac OS X 和 Windows 的版本。运行安装程序，并选择“Eclipse IDE for Java Developers”。

下面是用 Eclipse 编写程序的一般步骤：

1. 启动 Eclipse 之后，从菜单选择 File → New → Project。

2. 从向导对话框中选择“Java Project”（如图 2-5 所示）。

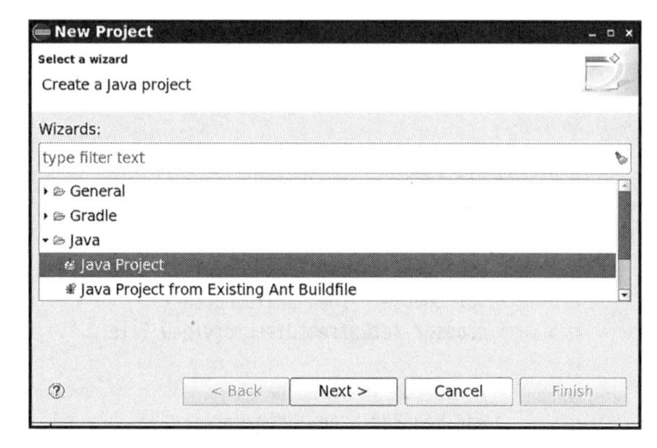

图 2-5　Eclipse 中的 New Project（新建项目）对话框

3. 单击 Next 按钮，不选中“Use default location”复选框。单击 Browse 导航到 `corejava/v1ch02/Welcome` 目录（见图 2-6）。

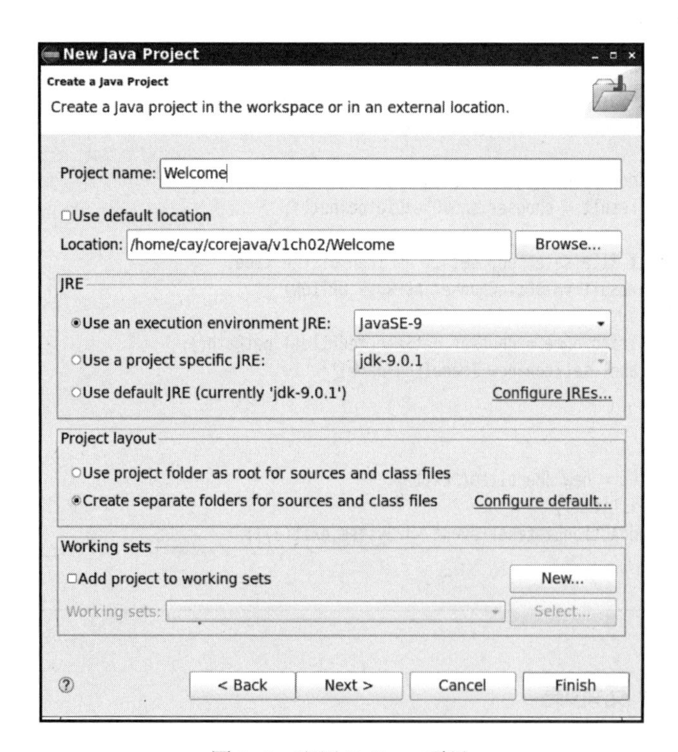

图 2-6　配置 Eclipse 项目

4. 单击 Finish 按钮。这样就创建了这个项目。

5. 单击项目左边窗格中的三角，直到找到 `Welcome.java` 并双击这个文件。现在应该会看到

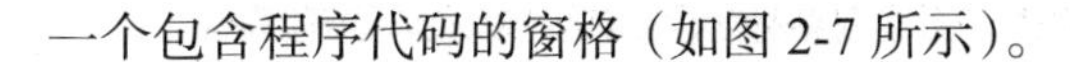

一个包含程序代码的窗格（如图 2-7 所示）。

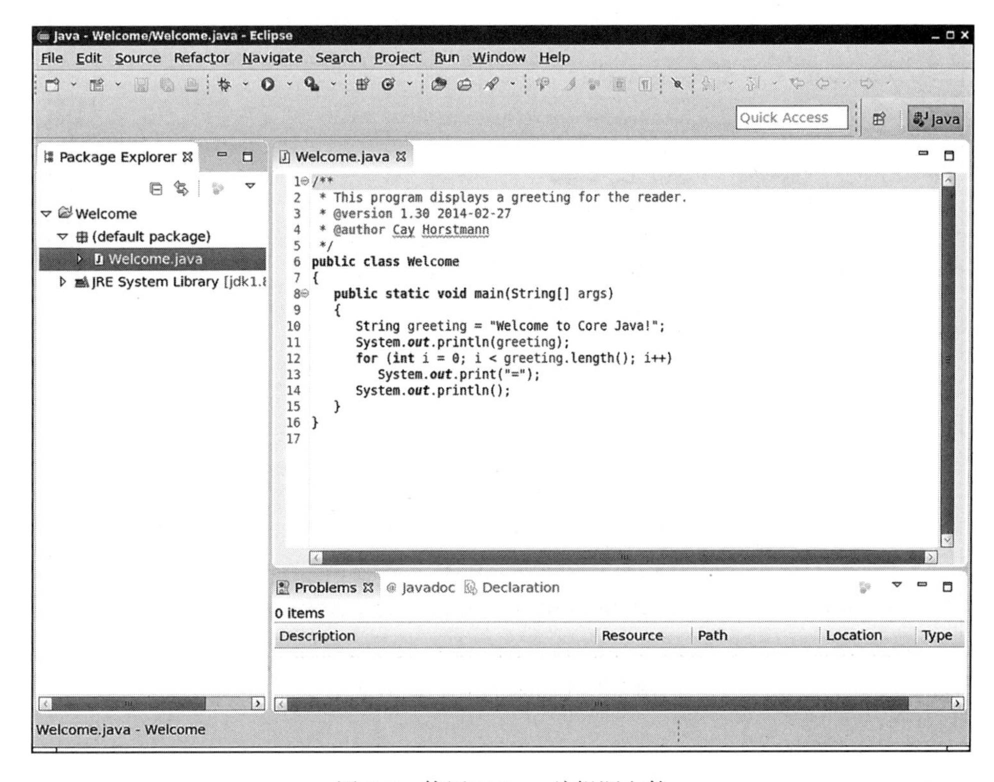

图 2-7　使用 Eclipse 编辑源文件

6. 用鼠标右键单击左侧窗格中的项目名（Welcome），选择 Run → Run As → Java Application。程序输出会显示在控制台窗格中。

之前我们假定这个程序没有输入错误或 bug（毕竟，这里只有几行代码）。不过为了说明问题，假设代码中意外包含一个录入错误（或者甚至一个语法错误）。试着修改原来的程序，例如，故意将 `String` 的大小写弄错：

```
string greeting = "Welcome to Core Java!";
```

注意图 2-8 中 `string` 下面的波浪线。单击源代码下面的 Problems 标签页，展开小三角，直到看到一个错误消息指出有一个未知的 `string` 类型（见图 2-8）。单击这个错误消息。光标会移到编辑窗格中相应的代码行，可以在这里纠正错误。利用这个特性可以快速地修正错误。

> **提示**：通常，Eclipse 错误报告会伴随一个灯泡图标。单击灯泡图标可以得到修正这个错误的一组建议方案。

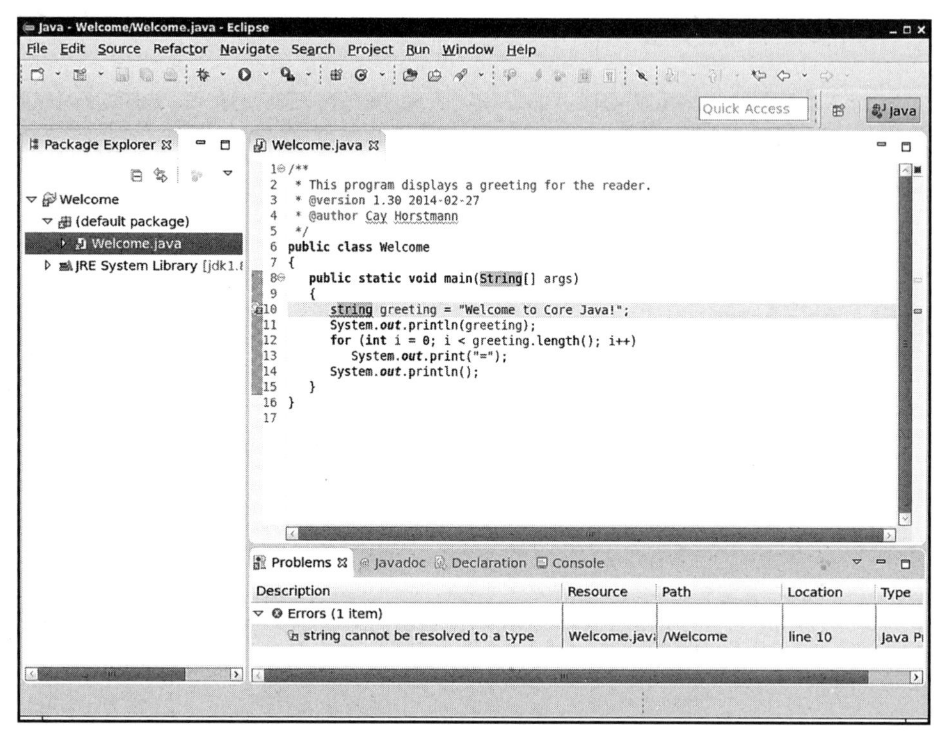

图 2-8　Eclipse 中的错误消息

2.4　JShell

上一节中，你已经看到了如何编译和运行一个 Java 程序。Java 9 引入了另一种使用 Java 的方法。JShell 程序提供了一个“读取－评估－打印循环”（Read-Evaluate-Print Loop，REPL）。键入一个 Java 表达式，JShell 会评估输入，打印结果，并等待下一个输入。

要启动 JShell，只需要在终端窗口中键入 jshell（参见图 2-9）。

JShell 首先显示一个问候语，后面是一个提示符：

```
|  Welcome to JShell -- Version 17.0.4
|  For an introduction type: /help intro

jshell>
```

现在键入一个表达式，如下：

```
"Core Java".length()
```

JShell 会回应一个结果——在这里就是字符串“Core Java”中的字符个数。

```
$1 ==> 9
```

注意，你并没有键入 System.out.println。JShell 会自动打印你输入的每一个表达式的值。

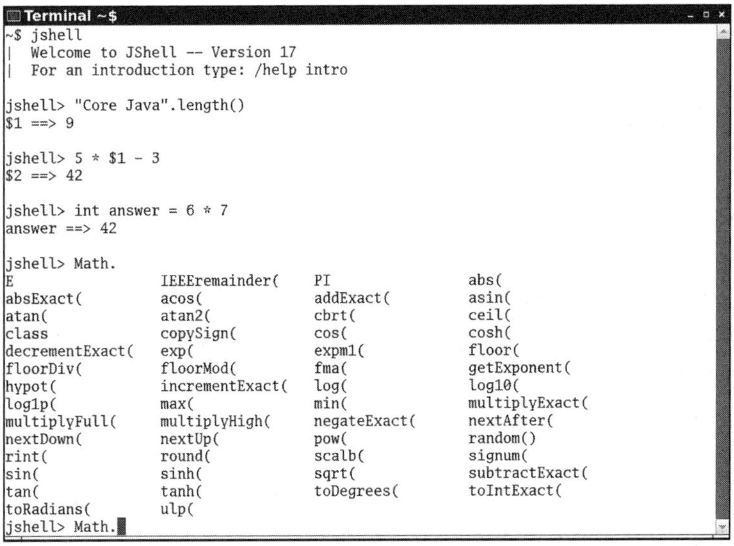

```
Terminal ~$
~$ jshell
|  Welcome to JShell -- Version 17
|  For an introduction type: /help intro

jshell> "Core Java".length()
$1 ==> 9

jshell> 5 * $1 - 3
$2 ==> 42

jshell> int answer = 6 * 7
answer ==> 42

jshell> Math.
E                 IEEEremainder(    PI                abs(
absExact(         acos(             addExact(         asin(
atan(             atan2(            cbrt(             ceil(
class             copySign(         cos(              cosh(
decrementExact(   exp(              expm1(            floor(
floorDiv(         floorMod(         fma(              getExponent(
hypot(            incrementExact(   log(              log10(
log1p(            max(              min(              multiplyExact(
multiplyFull(     multiplyHigh(     negateExact(      nextAfter(
nextDown(         nextUp(           pow(              random()
rint(             round(            scalb(            signum(
sin(              sinh(             sqrt(             subtractExact(
tan(              tanh(             toDegrees(        toIntExact(
toRadians(        ulp(
jshell> Math.
```

图 2-9　运行 JShell

输出中的 $1 表示这个结果可以用于进一步的计算。例如，如果你键入：

```
5 * $1 - 3
```

就会得到：

```
$2 ==> 42
```

如果需要多次使用一个变量，可以给它指定一个容易记忆的名字。一定要遵循 Java 语法（我们将在第 3 章介绍语法），指定类型，然后指定变量名。例如，

```
jshell> int answer = 6 * 7
answer ==> 42
```

另一个有用的特性是“tab 补全”。如果键入：

```
Math.
```

然后再按一次 Tab 键。你会得到用 Math 类调用的所有方法的一个列表：

```
jshell> Math.
E                 IEEEremainder(    PI                abs(
absExact(         acos(             addExact(         asin(
atan(             atan2(            cbrt(             ceil(
class             copySign(         cos(              cosh(
decrementExact(   exp(              expm1(            floor(
floorDiv(         floorMod(         fma(              getExponent(
hypot(            incrementExact(   log(              log10(
log1p(            max(              min(              multiplyExact(
multiplyFull(     multiplyHigh(     negateExact(      nextAfter(
nextDown(         nextUp(           pow(              random()
rint(             round(            scalb(            signum(
sin(              sinh(             sqrt(             subtractExact(
tan(              tanh(             toDegrees(        toIntExact(
toRadians(        ulp(
```

现在键入 l，然后再按一次 Tab 键。方法名会补全为 log，现在你会得到一个比较小的列表：

```
jshell> Math.log
log(     log10(   log1p(
```

接下来你可以手动填入其余的代码：

```
jshell> Math.log10(0.001)
$3 ==> -3.0
```

要重复运行一个命令，可以连续按↑键，直到看到想要重新运行或编辑的命令行。可以用←和→键移动命令行中的光标位置，然后增加或删除字符。编辑完命令后再按回车键。例如，把命令行中的 0.001 替换为 1000，然后按回车键：

```
jshell> Math.log10(1000)
$4 ==> 3.0
```

JShell 会让 Java 语言和类库的学习变得轻松而有趣，它不要求你启动一个庞大的开发环境，不会让你再为 public static void main 而困扰。

在本章中，我们学习了编译和运行 Java 程序的机制。现在可以进入第 3 章开始学习 Java 语言了。

第 3 章　Java 的基本程序设计结构

- ▲ 一个简单的 Java 程序
- ▲ 注释
- ▲ 数据类型
- ▲ 变量与常量
- ▲ 运算符
- ▲ 字符串
- ▲ 输入与输出
- ▲ 控制流程
- ▲ 大数
- ▲ 数组

现在，你应该已经成功地安装了 JDK，并且能够执行第 2 章中的示例程序。下面开始介绍程序设计。本章主要介绍如何在 Java 中实现基本程序设计概念（如数据类型、分支以及循环）。

3.1　一个简单的 Java 程序

下面仔细分析一个最简单的 Java 程序，它只是向控制台打印一个消息：

```
public class FirstSample
{
   public static void main(String[] args)
   {
      System.out.println("We will not use 'Hello, World!'");
   }
}
```

这个程序虽然很简单，但这些内容在所有 Java 应用中都会出现，因此还是值得花一些时间来研究的。首先，Java 区分大小写。如果出现了大小写拼写错误（例如，将 main 拼写成 Main），程序将无法运行。

下面逐行地查看这段源代码。关键字 public 称为访问修饰符（access modifier），这些修饰符用于控制程序的其他部分对这段代码的访问级别。在第 5 章中将会更详细地介绍访问修饰符的有关内容。关键字 class 表明 Java 程序中的全部内容都包含在类中。下一章你会更多地了解 Java 类，不过现在只需要将类看作是程序逻辑的一个容器，定义了应用程序的行为。正如第 1 章所述，类是所有 Java 应用的构建模块。Java 程序中的所有内容都必须放在类中。

关键字 class 后面紧跟类名。Java 中定义类名的规则很宽松。类名必须以字母开头，后面可以跟字母和数字的任意组合。长度基本上没有限制。但是不能使用 Java 保留字（例如，public 或 class）作为类名（保留字列表请参见附录）。

标准命名约定为：类名是以大写字母开头的名词（类名 FirstSample 就使用了这个命名约定）。如果名字由多个单词组成，每个单词的第一个字母都应该大写。这种在一个单词中间使用大写字母的方式有时称为骆驼命名法（camel case）。以其自身为例，应该写为CamelCase。

源代码的文件名必须与公共类的类名相同，并用.java作为扩展名。因此，存储这个代码时，文件名必须为FirstSample.java（再次提醒大家注意，大小写非常重要，千万不能写成firstsample.java）。

如果已经正确地命名文件，并且源代码中没有任何录入错误，在编译这个源代码之后，会得到一个包含这个类字节码的文件。Java编译器将这个字节码文件自动地命名为FirstSample. class，并存储在源文件所在的同一个目录下。最后，使用下面这个命令运行这个程序：

```
java FirstSample
```

（请记住，不要加 .class 扩展名。）程序执行之后，控制台上将会显示“We will not use 'Hello,World'!”。

当使用以下命令

```
java ClassName
```

运行一个已编译的程序时，Java虚拟机总是从指定类中 main 方法的代码开始执行（这里的“方法”就是Java中对“函数”的叫法），因此为了能够执行代码，类的源代码中必须包含一个 main 方法。当然，也可以将你自己的方法添加到类中，并从 main 方法调用这些方法（第4章将介绍如何编写你自己的方法）。

> **注释：**根据Java语言规范，main 方法必须声明为 public（Java语言规范是描述Java语言的官方文档。可以从网站 http://docs.oracle.com/javase/specs 阅读或下载）。
>
> 不过，即使 main 方法没有声明为 public，有些版本的Java解释器也会执行Java程序。有个程序员报告了这个bug。如果感兴趣，可以访问 https://bugs.openjdk.java.net/browse/JDK-4252539 查看这个bug。1999年，这个bug被标记为“关闭，不予修复”（Closed，Will not be fixed）。Sun公司的一个工程师解释说：Java虚拟机规范并没有强制要求 main 方法一定是 public，并且“修复这个bug有可能带来其他的隐患”。好在，这个问题最终得到了解决。在Java 1.4及以后的版本中，Java解释器强制要求 main 方法必须是 public。
>
> 当然，让质量保证工程师对bug报告做出决定不仅让人生疑，也让他们自己很头疼，因为他们的工作量很大，而且他们对Java的所有细节也未必了解得很清楚。不过，Sun公司在Java开源很久以前就把bug报告及其解决方案放在网站上让所有人监督检查，这是一个非常了不起的举措。

注意源代码中的大括号{ }。在Java中，像在C/C++中一样，用大括号划分程序的各个部分（通常称为块）。Java中任何方法的代码都必须以“{”开始，用“}”结束。

大括号的使用风格曾经引发过许多无意义的争论。我们的习惯是把匹配的大括号对齐。不过，由于Java编译器会忽略空白符，所以你可以选用自己喜欢的任何大括号风格。

我们暂且不考虑关键字 static void，只把它们当作编译 Java 程序必要的部分就行了。在学习完第 4 章后，这些部分的作用就会揭晓。现在需要记住的重点是：每个 Java 应用都必须有一个 main 方法，其声明格式如下所示：

```
public class ClassName
{
   public static void main(String[] args)
   {
      program statements
   }
}
```

C++ 注释： 作为一名 C++ 程序员，你一定知道类是什么。Java 的类与 C++ 的类很相似，但有些差异还是会使人感到困惑。例如，Java 中的所有函数都是某个类的方法（标准术语将其称为方法，而不是成员函数）。因此，Java 中的 main 方法必须有一个外壳（shell）类。你可能对 C++ 中的**静态成员函数**（static member function）也很熟悉。它们是类中定义的成员函数，而且不对对象进行操作。Java 中的 main 方法总是静态的。最后，与 C/C++ 一样，关键字 void 表示这个方法不返回值，但与 C/C++ 不同的是，main 方法不会为操作系统返回一个“退出码”。如果 main 方法正常退出，那么 Java 程序的退出码为 0，表示成功地运行了程序。如果要以其他退出码终止程序，则需要使用 System.exit 方法。

来看以下代码片段：

```
{
   System.out.println("We will not use 'Hello, World!'");
}
```

一对大括号表示方法体的开始与结束，这个方法中只包含一条语句。与大多数程序设计语言一样，可以将 Java 语句看成是这个语言中的句子。在 Java 中，每个语句必须用分号结束。特别需要说明，回车不是语句的结束标志，因此，如果需要，一条语句可以跨多行。

这个 main 方法体中只包含一条语句，其功能是将一个文本行输出到控制台。

在这里，我们使用 System.out 对象并调用了它的 println 方法。注意，点号（.）用于调用方法。Java 使用的通用语法是

object.method(parameters)

这等价于一个函数调用。

在这个示例中，println 方法接收一个字符串参数。这个方法将这个字符串参数显示在控制台上。然后，终止这个输出行，所以每次调用 println 都会在新的一行上显示输出。需要注意一点，Java 与 C/C++ 一样，都使用双引号界定字符串。（本章稍后会介绍更多有关字符串的知识。）

与其他程序设计语言中的函数一样，Java 中的方法可以没有参数，也可以有一个或多个参数（有的程序员把参数叫作实参（argument））。即使一个方法没有参数，也需要使用空括号。例如，不带参数的 println 方法只打印一个空行。可以使用下面的语句来调用：

```
System.out.println();
```

> **注释：** System.out 还有一个 print 方法，它不在输出之后增加换行符。例如，System.out.print("Hello") 打印 "Hello" 之后不换行，下一个输出将紧跟在字母"o"之后。

3.2 注释

与大多数程序设计语言一样，Java 中的注释不会出现在可执行程序中。因此，可以在源程序中根据需要添加任意多的注释，而不必担心代码膨胀。在 Java 中，有 3 种标记注释的方式。最常用的方式是使用 //。使用这种方式时，从 // 开始到本行结尾都是注释。

```
System.out.println("We will not use 'Hello, World!'"); // is this too cute?
```

当需要更长的注释时，可以在每一行注释的前面加 //，或者也可以使用 /* 和 */ 注释界定符将一段比较长的注释括起来。

最后，第 3 种注释可以用来自动生成文档。这种注释以 /** 开始，以 */ 结束。在程序清单 3-1 中可以看到这种注释。有关这种注释以及自动生成文档的更多内容请参见第 4 章。

程序清单 3-1　FirstSample/FirstSample.java

```
 1 /**
 2  * This is the first sample program in Core Java Chapter 3
 3  * @version 1.01 1997-03-22
 4  * @author Gary Cornell
 5  */
 6 public class FirstSample
 7 {
 8    public static void main(String[] args)
 9    {
10       System.out.println("We will not use 'Hello, World!'");
11    }
12 }
```

> **警告：** 在 Java 中，/* */ 注释不能嵌套。也就是说，不能简单地把代码用 /* 和 */ 括起来作为注释，因为这段代码本身可能包含一个 */ 界定符。

3.3 数据类型

Java 是一种强类型语言。这就意味着必须为每一个变量声明一个类型。在 Java 中，一共有 8 种基本类型（primitive type），其中有 4 种整型、2 种浮点类型、1 种字符类型 char（用于表示 Unicode 编码的代码单元，请参见 3.3.3 节"char 类型"）和 1 种用于表示真值的 boolean 类型。

> **注释：** Java 有一个能够表示任意精度的算术包，所谓的"大数"（big number）是 Java **对象**，而不是一个基本 Java 类型。本章稍后将会详细地介绍如何使用大数。

3.3.1 整型

整型用于表示没有小数部分的数，可以是负数。Java 提供了 4 种整型，如表 3-1 所示。

表 3-1 Java 整型

类　型	存储需求	取值范围
int	4 字节	–2 147 483 648 ～ 2 147 483 647（略高于 20 亿）
short	2 字节	–32 768 ～ 32 767
long	8 字节	–9 223 372 036 854 775 808 ～ 9 223 372 036 854 775 807
byte	1 字节	–128 ～ 127

在通常情况下，int 类型最常用。但如果想要表示整个地球的居住人口，就需要使用 long 类型了。byte 和 short 类型主要用于特定的应用场合，例如，底层的文件处理或者存储空间有限时的大数组。

在 Java 中，整型的范围与运行 Java 代码的机器无关。这就解决了软件从一个平台移植到另一个平台时（或者甚至在同一个平台中不同操作系统之间移植时）让程序员头疼的主要问题。与此相反，C 和 C++ 程序会针对不同的处理器选择最高效的整型，这样一来，一个在 32 位处理器上运行得很好的 C 程序在 16 位系统上运行时可能会发生整数溢出。由于 Java 程序必须保证在所有机器上都能够得到相同的运行结果，所以各种数据类型的取值范围是固定的。

长整型数值有一个后缀 L 或 l（如 4000000000L）。十六进制数值有一个前缀 0x 或 0X（如 0xCAFE）。八进制有一个前缀 0（例如，010 对应十进制中的 8）。显然，八进制表示法比较容易混淆，所以很少有程序员使用八进制常数。

加上前缀 0b 或 0B 还可以写二进制数。例如，0b1001 就是 9。另外，可以为数字字面量加下画线，如用 1_000_000（或 0b1111_0100_0010_0100_0000）表示 100 万。这些下画线只是为了让人更易读。Java 编译器会去除这些下画线。

C++ 注释： 在 C 和 C++ 中，int 和 long 等类型的大小与目标平台相关。在 8086 这样的 16 位处理器上，整数占 2 字节；不过，在 32 位处理器上（比如 Pentium 或 SPARC），整数则为 4 字节。类似地，在 32 位处理器上 long 值为 4 字节，在 64 位处理器上则为 8 字节。由于存在这些差别，这给编写跨平台程序带来了很大难度。在 Java 中，所有数值类型的大小都与平台无关。

注意，Java 没有无符号（unsigned）形式的 int、long、short 或 byte 类型。

注释： 如果使用不可能为负的整数值而且确实需要额外的一位（bit），也可以把有符号整数值解释为无符号数，但是要非常仔细。例如，一个 byte 值 b 可以不表示 –128 ～ 127 的范围，如果你想表示 0 ～ 255 的范围，也可以存储在一个 byte 中。基于二进制算术运算的性质，只要不溢出，加法、减法和乘法都能正常计算。但对于其他运算，需要调用 Byte.toUnsignedInt(b) 来得到一个 0 ～ 255 的 int 值，然后处理这个整数值，再把它转换回 byte。Integer 和 Long 类都提供了处理无符号除法和求余数的方法。

3.3.2 浮点类型

浮点类型用于表示有小数部分的数值。在Java中有两种浮点类型，如表3-2所示。

表3-2 浮点类型

类型	存储需求	取值范围
float	4字节	大约 $\pm 3.402\ 823\ 47 \times 10^{38}$（6～7位有效数字）
double	8字节	大约 $\pm 1.797\ 693\ 134\ 862\ 315\ 70 \times 10^{308}$（15位有效数字）

double表示这种类型的数值精度是float类型的两倍（有人称之为双精度数（double-precision））。很多情况下，float类型的精度（6～7位有效数字）都不能满足需求。实际上，只有很少的情况适合使用float类型，例如，所使用的库需要单精度数，或者需要存储大量单精度数时。

float类型的数值有一个后缀F或f（例如，3.14F）。没有后缀F的浮点数值（如3.14）总是默认为double类型。可选地，也可以在double数值后面添加后缀D或d（例如，3.14D）。

注释： 可以使用十六进制表示浮点数字面量。例如，$0.125 = 2^{-3}$ 可以写为0x1.0p-3。在十六进制表示法中，使用p表示指数，而不是e。（e是一个十六进制数位。）注意，尾数采用十六进制，指数采用十进制。指数的基数是2，而不是10。

所有的浮点数计算都遵循IEEE 754规范。具体来说，有3个特殊的浮点数值表示溢出和出错情况：

- 正无穷大
- 负无穷大
- NaN（不是一个数）

例如，一个正整数除以0的结果为正无穷大。计算0/0或者负数的平方根结果为NaN。

注释： 常量Double.POSITIVE_INFINITY、Double.NEGATIVE_INFINITY和Double.NaN（以及相应的Float类型常量）分别表示这三个特殊的值，但在实际中很少用到。特别要说明的是，不能如下检测一个特定结果是否等于Double.NaN：

```
if (x == Double.NaN) // is never true
```

所有NaN的值都认为是不相同的。不过，可以使用Double.isNaN方法来判断：

```
if (Double.isNaN(x)) // check whether x is "not a number"
```

警告： 浮点数值不适用于无法接受舍入误差的金融计算。例如，命令System.out.println(2.0-1.1)将打印出0.8999999999999999，而不是我们期望的0.9。这种舍入误差的主要原因是浮点数值采用二进制表示，而在二进制系统中无法精确地表示分数1/10。这就好像十进制无法精确地表示分数1/3一样。如果需要精确的数值计算，不允许有舍入误差，则应该使用BigDecimal类，本章稍后将介绍这个类。

3.3.3　char 类型

char 类型原本用于表示单个字符。不过，现在情况已经有所变化。如今，有些 Unicode 字符可以用一个 char 值描述，另外一些 Unicode 字符则需要两个 char 值。有关的详细信息请阅读下一节。

char 类型的字面量值要用单引号括起来。例如：'A' 是编码值为 65 的字符常量。它与 "A" 不同，"A" 是包含一个字符的字符串。char 类型的值可以表示为十六进制值，其范围从 \u0000 ～ \uFFFF。例如，\u2122 表示商标符号（™），\u03C0 表示希腊字母 π。

除了转义序列 \u 之外，还有一些用于表示特殊字符的转义序列，请见表 3-3。可以在加引号的字符字面量或字符串中使用这些转义序列。例如，'\u2122' 或 "Hello\n"。转义序列 \u 还可以在加引号字符常量或字符串之外使用（而其他所有转义序列不可以）。例如：

```
public static void main(String\u005B\u005D args)
```

就是完全合法的，\u005B 和 \u005D 分别是 [和] 的编码。

表 3-3　特殊字符的转义序列

转义序列	名　称	Unicode 值	转义序列	名　称	Unicode 值
\b	退格	\u0008	\'	单引号	\u0027
\t	制表	\u0009	\\	反斜线	\u005c
\n	换行	\u000a	\s	空格。在文本块中用来保留末尾空白符	\u0020
\r	回车	\u000d	*newline*	只在文本块中使用：连接这一行和下一行	—
\f	换页	\u000c	—		—
\"	双引号	\u0022	—		—

警告： Unicode 转义序列会在解析代码之前处理。例如，"\u0022+\u0022" 并不是一个由引号（U+0022）包围加号构成的字符串。实际上，\u0022 会在解析之前转换为 "，这会得到 ""+""，也就是一个空串。

更隐秘地，一定要当心注释中的 \u。以下注释

```
// \u000A is a newline
```

会产生一个语法错误，因为读程序时 \u000A 会替换为一个换行符。类似地，下面这个注释

```
// look inside c:\users
```

也会产生一个语法错误，因为 \u 后面并没有跟着 4 位十六进制数。

3.3.4　Unicode 和 char 类型

要想弄清 char 类型，就必须了解 Unicode 编码机制，它打破了传统字符编码机制的限制。在 Unicode 出现之前，已经有许多种不同的标准：美国的 ASCII、西欧语言的 ISO 8859-

1、俄罗斯的KOI-8、中国的GB 18030和BIG-5等。这样就产生了下面两个问题：一个是对于一个特定的代码值，在不同的编码机制中可能对应不同的字母；二是采用大字符集的语言其编码长度有可能不同。例如，有些常用的字符采用单字节编码，而另外一些字符则需要两个或多个字节编码。

设计Unicode编码的目的就是要解决这些问题。在20世纪80年代开始启动统一工作时，人们认为两字节的代码宽度足以对世界上各种语言的所有字符进行编码，并有足够的空间留给未来扩展，当时所有人都这么想。在1991年发布了Unicode 1.0，当时仅占用65 536个代码值中不到一半的部分。设计Java时决定采用16位的Unicode字符集，这比使用8位字符集的其他程序设计语言有了很大的改进。

遗憾的是，经过一段时间后，不可避免的事情发生了。Unicode字符超过了65 536个，其主要原因是增加了汉语、日语和韩语中的大量表意文字。现在，16位的`char`类型已经不足以描述所有Unicode字符了。

下面利用一些专用术语来解释Java语言是如何解决这个问题的。*码点*（code point）是指与一个编码表中的某个字符对应的代码值。在Unicode标准中，码点采用十六进制书写，并加上前缀`U+`，例如`U+0041`就是拉丁字母A的码点。Unicode的码点可以分成17个*代码平面*（code plane）。第一个代码平面称为*基本多语言平面*（basic multilingual plane），包括码点从`U+0000`到`U+FFFF`的“经典”Unicode代码；其余的16个平面的码点从`U+10000`到`U+10FFFF`，包含各种*辅助字符*（supplementary character）。

UTF-16编码采用不同长度的代码表示所有Unicode码点。在基本多语言平面中，每个字符用16位表示，通常称为*代码单元*（code unit）；而辅助字符编码为一对连续的代码单元。采用这种编码对表示的每个值都属于基本多语言平面中未用的2048个值范围，通常称为*替代区域*（surrogate area）（`U+D800`～`U+DBFF`用于第一个代码单元，`U+DC00`～`U+DFFF`用于第二个代码单元）。这样设计十分巧妙，因为我们可以很快知道一个代码单元是一个字符的编码，还是一个辅助字符的第一或第二部分。例如，𝕆是八元数集（`http://math.ucr.edu/home/baez/octonions`）的数学符号，码点为`U+1D546`，编码为两个代码单元`U+D835`和`U+DD46`。（关于编码算法的具体描述见`https://tools.ietf.org/html/rfc2781`。）

在Java中，`char`类型描述了采用UTF-16编码的一个代码单元。

强烈建议不要在程序中使用`char`类型，除非确实需要处理UTF-16代码单元。最好将字符串作为抽象数据类型来处理（有关这方面的内容将在3.6节讨论）。

3.3.5 `boolean`类型

`boolean`（布尔）类型有两个值：`false`和`true`，用来判定逻辑条件。整型值和布尔值之间不能进行相互转换。

> **C++注释：** 在C++中，数值甚至指针可以代替布尔值。值`0`相当于布尔值`false`，非`0`值相当于布尔值`true`。在Java中则**不是**这样。因此，Java程序员不会遇到以下麻烦：

```
if (x = 0) // oops... meant x == 0
```

在 C++ 中这个测试可以编译运行，其结果总是 false。而在 Java 中，这个测试将不能通过编译，其原因是整数表达式 x = 0 不能转换为布尔值。

3.4　变量与常量

与所有程序设计语言一样，Java 也使用变量来存储值。常量就是值不变的变量。在下面几节中，你会了解如何声明变量和常量。

3.4.1　声明变量

在 Java 中，每个变量都有一个类型（type）。声明一个变量时，先指定变量的类型，然后是变量名。这里给出一些声明变量的示例：

```
double salary;
int vacationDays;
long earthPopulation;
boolean done;
```

注意每个声明都以分号结束。由于声明是一个完整的 Java 语句，而所有 Java 语句都以分号结束，所以这里的分号是必须的。

作为变量名（以及其他名字）的标识符由字母、数字、货币符号以及“标点连接符”组成。第一个字符不能是数字。

'+' 和 '©' 之类的符号不能出现在变量名中，空格也不行。字母区分大小写：main 和 Main 是不同的标识符。标识符的长度基本上没有限制。

与大多数程序设计语言相比，Java 中“字母”“数字”和“货币符号”的范围更大。字母是指一种语言中表示字母的任何 Unicode 字符。例如，德国用户可以在变量名中使用字母 'ä'；讲希腊语的人可以使用 π。类似地，数字包括 '0'~'9' 和表示一位数字的任何 Unicode 字符。货币符号为 $、€、¥等。标点连接符包括下画线字符 _、“波浪线” ‿ 以及其他一些符号。实际上大多数程序员都总是使用 A~Z、a~z、0~9 和下画线 _。

✔ **提示：** 如果想要知道标识符中可以使用哪些 Unicode 字符，可以使用 Character 类的 isJavaIdentifierStart 和 isJavaIdentifierPart 方法来检查。

✔ **提示：** 尽管 $ 是一个合法的标识符字符，但不要在你自己的代码中使用这个字符。它只用于 Java 编译器或其他工具生成的名字。

另外，不能使用 Java 关键字作为变量名。

在 Java 9 中，单下画线 _ 是一个保留字。将来的版本可能使用 _ 作为通配符。

可以在一行中声明多个变量：

```
int i, j; // both are integers
```

不过，不提倡使用这种风格。分别声明每一个变量可以提高程序的可读性。

注释：如前所述，名字是区分大小写的，例如，hireday 和 hireDay 是两个不同的名字。一般来讲，两个名字不应该只是大小写有区别。不过，有些时候，可能确实很难给变量取一个好名字。于是，许多程序员就以类型名为变量命名，例如：

```
Box box; // "Box" is the type and "box" is the variable name
```

还有一些程序员更喜欢在变量名前加上前缀“a”：

```
Box aBox;
```

3.4.2 初始化变量

声明一个变量之后，必须用赋值语句显式地初始化变量，千万不要使用未初始化的变量的值。例如，Java 编译器会认为下面的语句序列有错误：

```
int vacationDays;
System.out.println(vacationDays); // ERROR--variable not initialized
```

要想对一个已声明的变量进行赋值，需要将变量名放在等号（=）左侧，再把一个有适当值的 Java 表达式放在等号的右侧。

```
int vacationDays;
vacationDays = 12;
```

也可以将变量的声明和初始化放在同一行中。例如：

```
int vacationDays = 12;
```

最后，Java 中可以将声明放在代码中的任何地方。例如，以下代码在 Java 中都是合法的：

```
double salary = 65000.0;
System.out.println(salary);
int vacationDays = 12; // OK to declare a variable here
```

在 Java 中，变量的声明要尽可能靠近第一次使用这个变量的地方，这是一种很好的编程风格。

注释：从 Java 10 开始，对于局部变量，如果可以从变量的初始值推断出它的类型，就不再需要声明类型。只需要使用关键字 var 而无须指定类型：

```
var vacationDays = 12; // vacationDays is an int
var greeting = "Hello"; // greeting is a String
```

下一章会看到，这个特性可以让对象声明更为简洁。

C++ 注释：C 和 C++ 区分变量的声明和定义。例如：

```
int i = 10;
```

是一个定义，而

```
extern int i;
```

是一个声明。在 Java 中，并不区分变量的声明和定义。

3.4.3　常量

在 Java 中，可以用关键字 final 指示常量。例如：

```
public class Constants
{
   public static void main(String[] args)
   {
      final double CM_PER_INCH = 2.54;
      double paperWidth = 8.5;
      double paperHeight = 11;
      System.out.println("Paper size in centimeters: "
         + paperWidth * CM_PER_INCH + " by " + paperHeight * CM_PER_INCH);
   }
}
```

关键字 final 表示这个变量只能被赋值一次。一旦赋值，就不能再更改了。习惯上，常量名使用全大写。

在 Java 中，可能经常需要创建一个常量以便在一个类的多个方法中使用，通常将这些常量称为类常量（class constant）。可以使用关键字 static final 设置一个类常量。下面是使用类常量的一个例子：

```
public class Constants2
{
   public static final double CM_PER_INCH = 2.54;

   public static void main(String[] args)
   {
      double paperWidth = 8.5;
      double paperHeight = 11;
      System.out.println("Paper size in centimeters: "
         + paperWidth * CM_PER_INCH + " by " + paperHeight * CM_PER_INCH);
   }
}
```

需要注意，类常量的定义位于 main 方法之外。这样一来，同一个类的其他方法也可以使用这个常量。另外，如果一个常量被声明为 public（如这个例子中所示），那么其他类的方法也可以使用这个常量。对于这个例子，其他类可以通过 Constants2.CM_PER-INCH 使用这个类常量。

C++ 注释： const 是 Java 保留的关键字，但目前并没有使用。在 Java 中，必须使用 final 声明常量。

3.4.4　枚举类型

有时候，一个变量只包含有限的一组值。例如，销售的服装或比萨只有小、中、大和超大这四种尺寸。当然，可以将这些尺寸分别编码为整数 1、2、3、4 或字符 S、M、L、X。但这种设置很容易出错。很可能在变量中保存一个错误的值（如 0 或 m）。

针对这种情况，可以自定义枚举类型（enumerated type）。枚举类型包括有限个命名值。例如，

```
enum Size { SMALL, MEDIUM, LARGE, EXTRA_LARGE };
```

现在，可以声明这种类型的变量：

```
Size s = Size.MEDIUM;
```

Size 类型的变量只能存储这个类型声明中所列的某个值，或者特殊值 null，null 表示这个变量没有设置任何值。

第 5 章将更详细地讨论枚举类型。

3.5 运算符

运算符用于连接值。在后面几节可以看到，Java 提供了一组丰富的算术和逻辑运算符以及数学函数。

3.5.1 算术运算符

在 Java 中，使用通常的算术运算符 +、-、*、/ 分别表示加、减、乘、除运算。当参与 / 运算的两个操作数都是整数时，/ 表示整数除法；否则，这表示浮点除法。整数的求余操作（有时称为取模（modulus））用 % 表示。例如，15/2 等于 7，15%2 等于 1，15.0/2 等于 7.5。

需要注意，整数被 0 除将产生一个异常，而浮点数被 0 除将会得到一个无穷大或 NaN 结果。

> **注释：** 可移植性是 Java 程序设计语言的设计目标之一。无论在哪个虚拟机上运行，同一运算应该得到同样的结果。对于浮点数的算术运算，实现这样的可移植性是相当困难的。double 类型使用 64 位存储一个数值，而有些处理器使用 80 位浮点寄存器。这些寄存器增加了中间步骤的计算精度。
>
> 不过，结果可能与始终使用 64 位计算的结果不一样。为了提高可移植性，Java 虚拟机的最初规范规定所有的中间计算都必须完成截断。这种做法遭到了数值社区的反对。常用处理器上的截断操作会耗费时间，所以计算速度会减慢。因此，Java 程序设计语言认识到最优性能与理想的可再生性之间存在冲突，并做出了相应改进。允许虚拟机设计者对中间计算采用扩展精度。不过，用 strictfp 关键字标记的方法必须使用严格的浮点计算来生成可再生的结果。
>
> 如今，处理器已经非常灵活，它们可以高效地完成 64 位运算。在 Java 17 中，再次要求虚拟机完成严格的 64 位运算，strictfp 关键字现在已经过时了。

3.5.2 数学函数与常量

Math 类中包含你可能会用到的各种数学函数，这取决于你要编写什么类型的程序。

要想计算一个数的平方根，可以使用 sqrt 方法：

```
double x = 4;
double y = Math.sqrt(x);
System.out.println(y); // prints 2.0
```

注释：println 方法和 sqrt 方法有一个微小的差异。println 方法处理 System.out 对象，而 Math 类中的 sqrt 方法并不处理任何对象，这样的方法被称为**静态方法**（static method）。有关静态方法的详细内容请参见第 4 章。

在 Java 中，没有完成幂运算的运算符，因此必须使用 Math 类的 pow 方法。以下语句：

```
double y = Math.pow(x, a);
```

将 y 的值设置为 x 的 a 次幂（x^a）。pow 方法有两个 double 类型的参数，其返回结果也为 double 类型。

floorMod 方法是为了解决一个长期存在的有关整数余数的问题。考虑表达式 n % 2。所有人都知道，如果 n 是偶数，这个表达式为 0；如果 n 是奇数，这个表达式则为 1。当然，除非 n 是负奇数。如果是这样，这个表达式则为 -1。为什么呢？设计最早的计算机时，必须有人制定规则，明确整数除法和求余操作对负数操作数该如何处理。数学家们几百年来都知道这样一个最优规则（或称“欧几里得规则”）：余数总是要≥ 0。不过，最早制定规则的人并没有翻开数学书好好研究，而是提出了一些看似合理但实际上很不方便的规则。

下面考虑这样一个问题：计算一个时钟时针的位置。这里要做一个调整，你想归一化为一个 0 ～ 11 之间的数。这很简单：(position + adjustment) % 12。不过，如果这个调整为负数会怎么样呢？你可能会得到一个负数。所以要引入一个分支，或者使用 ((position + adjustment) % 12 + 12) % 12。不管怎样都很麻烦。

floorMod 方法就让这个问题变得容易了：floorMod(position + adjustment, 12) 总会得到一个 0 ～ 11 之间的数。（遗憾的是，对于负除数，floorMod 会得到负数结果，不过这种情况在实际中不常出现。）

Math 类提供了一些常用的三角函数：

```
Math.sin
Math.cos
Math.tan
Math.atan
Math.atan2
```

还提供了指数函数以及它的反函数——自然对数和以 10 为底的对数：

```
Math.exp
Math.log
Math.log10
```

最后，还提供了两个常量来表示 π 和 e 常量最接近的近似值：

```
Math.PI
Math.E
```

提示：不必在数学方法名和常量名前添加前缀“Math”，只要在源文件最上面加上下面这行代码就可以了。

```
import static java.lang.Math.*;
```

例如：

```
System.out.println("The square root of \u03C0 is " + sqrt(PI));
```

第 4 章中将讨论静态导入。

注释： 在 Math 类中，为了达到最佳的性能，所有的方法都使用计算机浮点单元中的例程。如果得到一个完全可预测的结果比运行速度更重要的话，就应该使用 StrictMath 类。它实现了“可自由分发数学库（Freely Distributable Math Library，FDLIBM）”（www.netlib.org/fdlibm）的算法，确保在所有平台上得到相同的结果。

注释： Math 类提供了一些方法使整数运算更安全。如果一个计算溢出，数学运算符只是悄悄地返回错误的结果而不做任何提醒。例如，10 亿乘以 3（1000000000 * 3）的计算结果将是 -1 294 967 296，因为最大的 int 值也只是刚刚超过 20 亿。不过，如果调用 Math.multiplyExact(1000000000, 3)，就会生成一个异常。你可以捕获这个异常或者让程序终止，而不是允许它给出一个错误的结果然后悄无声息地继续运行。另外，还有一些方法（addExact、subtractExact、incrementExact、decrementExact、negateExact 和 absExact）也可以正确地处理 int 和 long 参数。

3.5.3 数值类型之间的转换

经常需要将一种数值类型转换为另一种数值类型。图 3-1 给出了数值类型之间的合法转换。

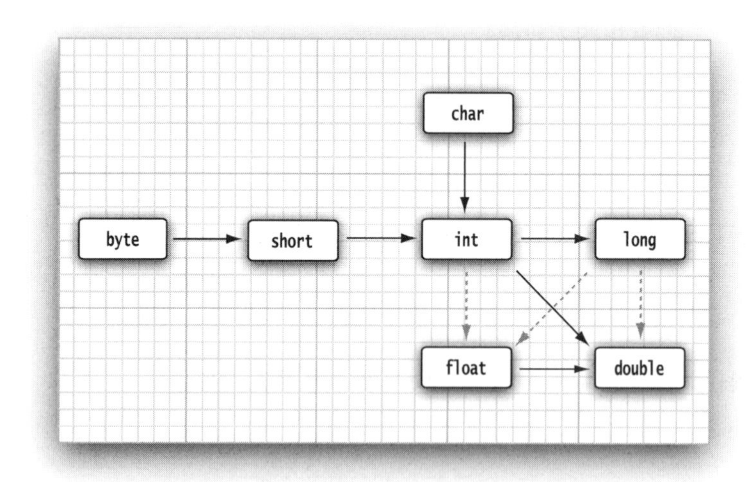

图 3-1 数值类型之间的合法转换

在图 3-1 中有 6 个实线箭头，表示无信息丢失的转换；另外有 3 个虚线箭头，表示可能有精度损失的转换。例如，123456789 是一个大整数，它包含的位数多于 float 类型所能表示的位数。将这个整数转换为float类型时，数量级是正确的，但是会损失一些精度。

```
int n = 123456789;
float f = n; // f is 1.23456792E8
```

当用一个二元运算符连接两个值时（例如n + f，n是整数，f是浮点数），先要将两个操作数转换为同一种类型，然后再进行计算。

- 如果两个操作数中有一个是double类型，另一个操作数就会转换为double类型。
- 否则，如果其中一个操作数是float类型，另一个操作数将会转换为float类型。
- 否则，如果其中一个操作数是long类型，另一个操作数将会转换为long类型。
- 否则，两个操作数都将被转换为int类型。

3.5.4 强制类型转换

在上一小节中我们看到，在必要的时候，int类型的值将会自动地转换为double类型。但另一方面，有时也需要将double类型转换成int类型。在Java中，允许进行这种数值转换，不过当然可能会丢失一些信息。这种可能损失信息的转换要通过强制类型转换（cast）来完成。强制类型转换的语法格式是在圆括号中指定想要转换的目标类型，后面紧跟待转换的变量名。例如：

```
double x = 9.997;
int nx = (int) x;
```

这样，变量nx的值为9，因为强制类型转换通过截断小数部分将浮点值转换为整型。

如果想舍入（round）一个浮点数来得到最接近的整数（大多数情况下，这种操作更有用），可以使用Math.round方法：

```
double x = 9.997;
int nx = (int) Math.round(x);
```

现在，变量nx的值为10。调用round时，仍然需要使用强制类型转换（int）。原因是round方法的返回值是long类型，由于存在信息丢失的可能性，所以只有使用显式的强制类型转换才能够将一个long值赋给int类型的变量。

警告：如果试图将一个数从一种类型强制转换为另一种类型，而又超出了目标类型的表示范围，结果就会截断成一个完全不同的值。例如，(byte) 300实际上会得到44。

C++注释：不要在boolean类型与任何数值类型之间进行强制类型转换，这样可以防止发生一些常见的错误。只有极少数的情况下需要将一个boolean值转换为一个数，此时可以使用条件表达式b? 1:0。

3.5.5 赋值

可以在赋值中使用二元运算符，为此有一种很方便的简写形式。例如，

```
x += 4;
```

等价于：

```
x = x + 4;
```

（一般来说，要把运算符放在 = 号左边，如 *= 或 %=）。

> **警告：** 如果运算符得到一个值，其类型与左侧操作数的类型不同，就会发生**强制**类型转换。例如，如果 x 是一个 int，则以下语句
>
> ```
> x += 3.5;
> ```
>
> 是合法的，将把 x 设置为 (int)(x + 3.5)。

需要说明，在 Java 中，赋值是一个表达式（expression）。也就是说，它有一个值，具体来讲就是所赋的那个值。可以使用这个值完成一些操作，例如，可以把它赋给另一个变量。考虑以下语句：

```
int x = 1;
int y = x += 4;
```

x += 4 的值是 5，因为这是赋给 x 的值。然后将这个值赋给 y。

很多程序员发现这种嵌套赋值很容易混淆，他们更喜欢分别清楚地写出这些赋值，如下所示：

```
int x = 1;
x += 4;
int y = x;
```

3.5.6　自增与自减运算符

当然，程序员都知道加 1、减 1 是数值变量最常见的操作。在 Java 中，借鉴了 C 和 C++ 中的做法，也提供了自增、自减运算符：n++ 将变量 n 的当前值加 1，n-- 则将 n 的值减 1。例如，以下代码：

```
int n = 12;
n++;
```

将 n 的值改为 13。由于这些运算符会改变变量的值，所以不能对数值本身应用这些运算符。例如，4++ 就不是一个合法的语句。

这些运算符有两种形式；上面介绍的是运算符放在操作数后面的“后缀”形式。还有一种“前缀”形式：++n。后缀和前缀形式都会使变量值加 1 或减 1。但用在表达式中时，二者就有区别了。前缀形式会先完成加 1；而后缀形式会使用变量原来的值。

```
int m = 7;
int n = 7;
int a = 2 * ++m; // now a is 16, m is 8
int b = 2 * n++; // now b is 14, n is 8
```

很多程序员认为这种行为容易让人困惑。在 Java 中，很少在表达式中使用 ++。

3.5.7　关系和 boolean 运算符

Java 包含丰富的关系运算符。要检测相等性，可以使用两个等号 ==。例如，

```
3 == 7
```

的值为 false。

另外可以使用 != 检测不相等。例如,

```
3 != 7
```

的值为 true。

最后，还有经常使用的 < (小于)、> (大于)、<= (小于等于) 和 >= (大于等于) 运算符。

Java 沿用了 C++ 的做法，使用 && 表示逻辑“与”运算符，使用 || 表示逻辑“或”运算符。从 != 运算符可以想到，感叹号 ! 就是逻辑非运算符。&& 和 || 运算符是按照“短路”方式来求值的：如果第一个操作数已经能够确定表达式的值，第二个操作数就不必计算了。如果用 && 运算符结合两个表达式，

$expression_1$ && $expression_2$

而且已经计算得到第一个表达式的真值为 false，那么结果就不可能为 true。因此，第二个表达式就不必计算了。可以利用这种行为来避免错误。例如，在下面的表达式中：

```
x != 0 && 1 / x > x + y // no division by 0
```

如果 x 等于 0，那么第二部分就不会计算。因此，如果 x 为 0，也就不会计算 1 / x，就不会出现除以 0 的错误。

类似地，如果第一个表达式为 true，$expression_1$ || $expression_2$ 的值就自动为 true，而无须计算第二个表达式。

3.5.8 条件运算符

Java 提供了 *conditional* ?: 运算符，可以根据一个布尔表达式选择一个值。如果条件 (condition) 为 true，表达式

condition ? $expression_1$: $expression_2$

就计算为第一个表达式的值，否则为第二个表达式的值。例如，

```
x < y ? x : y
```

会返回 x 和 y 中较小的一个。

3.5.9 switch 表达式

需要在两个以上的值中做出选择时，可以使用 switch 表达式（这是 Java 14 中引入的）。如下所示：

```
String seasonName = switch (seasonCode)
   {
      case 0 -> "Spring";
      case 1 -> "Summer";
      case 2 -> "Fall";
      case 3 -> "Winter";
      default -> "???";
   };
```

case 标签还可以是字符串或枚举类型常量。

> **注释：**与所有表达式类似，switch 表达式也有一个值。注意各个分支中箭头 -> 放在值前面。

> **注释：**在 Java 14 中，switch 有 4 种形式。这一节重点讨论最有用的一种形式。参见 3.8.5 节，其中全面讨论了所有不同形式的 switch 表达式和语句。

可以为各个 case 提供多个标签，用逗号分隔：

```
int numLetters = switch (seasonName)
   {
      case "Spring", "Summer", "Winter" -> 6;
      case "Fall" -> 4;
      default -> -1;
   };
```

switch 表达式中使用枚举常量时，不需要为各个标签提供枚举名，这可以从 switch 值推导得出。例如：enum Size { SMALL, MEDIUM, LARGE, EXTRA_LARGE };

```
enum Size { SMALL, MEDIUM, LARGE, EXTRA_LARGE };
. . .
Size itemSize = . . .;
String label = switch (itemSize)
   {
      case SMALL -> "S"; // no need to use Size.SMALL
      case MEDIUM -> "M";
      case LARGE -> "L";
      case EXTRA_LARGE -> "XL";
   };
```

在这个例子中，完全可以省略 default，因为每一个可能的值都有相应的一个 case。

> **警告：**使用整数或 String 操作数的 switch 表达式必须有一个 default，因为不论操作数值是什么，这个表达式都必须生成一个值。

> **警告：**如果操作数为 null，会抛出一个 NullPointerException。

3.5.10 位运算符

处理整型类型时，还有一些运算符可以直接处理组成整数的各个位。这意味着可以使用掩码技术得到一个数中的各个位。位运算符包括：

& (*"and"*)　| (*"or"*)　^ (*"xor"*)　~ (*"not"*)

这些运算符按位模式操作。例如，如果 n 是一个整数变量，而且 n 的二进制表示中从右边数第 4 位为 1，则

```
int fourthBitFromRight = (n & 0b1000) / 0b1000;
```

会返回 1，否则返回 0。利用 & 并结合适当的 2 的幂，可以屏蔽其他位，而只留下其中的某一位。

注释：应用在布尔值上时，& 和 | 运算符也会得到一个布尔值。这些运算符与 && 和 || 运算符很类似，不过 & 和 | 运算符不采用“短路”方式来求值，也就是说，计算结果之前，两个操作数都需要计算。

另外，还有 >> 和 << 运算符可以将位模式左移或右移。需要建立位模式来完成位掩码时，这两个运算符会很方便：

```
int fourthBitFromRight = (n & (1 << 3)) >> 3;
```

最后，>>> 运算符会用 0 填充高位，这与 >> 不同，>> 会用符号位填充高位。不存在 <<< 运算符。

警告：移位运算符的右操作数要完成模 32 的运算（除非左操作数是 long 类型，在这种情况下需要对右操作数完成模 64 运算）。例如，1 << 35 的值等同于 1 << 3 或 8。

C++ 注释：在 C/C++ 中，不能保证 >> 是完成算术移位（扩展符号位）还是逻辑移位（填充 0）。实现者可以选择其中更高效的任何一种做法。这意味着 C/C++ 中的 >> 运算符对负数生成的结果可能会依赖于具体的实现。Java 则消除了这种不确定性。

3.5.11　括号与运算符级别

表 3-4 给出了运算符的优先级。如果不使用圆括号，就按照这里给出的运算符优先级次序进行计算。同一个级别的运算符按照从左到右的次序进行计算（但右结合运算符除外，如表中所示）。例如，由于 && 的优先级比 || 的优先级高，所以表达式

```
a && b || c
```

等价于

```
(a && b) || c
```

因为 += 是右结合运算符，所以表达式

```
a += b += c
```

等价于

```
a += (b += c)
```

也就是将 b += c 的结果（完成加法后 b 的值）加到 a 上。

C++ 注释：与 C 或 C++ 不同，Java 不使用逗号运算符。不过，可以在 for 语句的第 1 和第 3 部分中使用逗号分隔表达式列表。

表 3-4　运算符优先级

运算符	结合性
[] . ()（方法调用）	从左向右
! ~ ++ -- +（一元运算） -（一元运算） ( )（强制类型转换） new	从右向左
* / %	从左向右

（续）

<table>
<tr><th>运算符</th><th>结合性</th></tr>
<tr><td>+ -</td><td>从左向右</td></tr>
<tr><td><< >> >>></td><td>从左向右</td></tr>
<tr><td>< <= > >= instanceof</td><td>从左向右</td></tr>
<tr><td>== !=</td><td>从左向右</td></tr>
<tr><td>&</td><td>从左向右</td></tr>
<tr><td>^</td><td>从左向右</td></tr>
<tr><td>|</td><td>从左向右</td></tr>
<tr><td>&&</td><td>从左向右</td></tr>
<tr><td>||</td><td>从左向右</td></tr>
<tr><td>?:</td><td>从右向左</td></tr>
<tr><td>= += -= *= /= %= &= |= ^= <<= >>= >>>=</td><td>从右向左</td></tr>
</table>

3.6 字符串

从概念上讲，Java 字符串就是 Unicode 字符序列。例如，字符串 "Java\u2122" 由 5 个 Unicode 字符 J、a、v、a 和 ™ 组成。Java 没有内置的字符串类型，而是标准 Java 类库中提供了一个预定义类，很自然地叫作 String。每个用双引号括起来的字符串都是 String 类的一个实例：

```
String e = ""; // an empty string
String greeting = "Hello";
```

3.6.1 子串

String 类的 substring 方法可以从一个较大的字符串提取出一个子串。例如：

```
String greeting = "Hello";
String s = greeting.substring(0, 3);
```

会创建一个由字符 "Hel" 组成的字符串。

注释：类似于 C 和 C++，Java 字符串中的代码单元和码点从 0 开始计数。

substring 方法的第二个参数是你不想复制的第一个位置。这里要复制位置为 0、1 和 2（从 0 到 2，包括 0 和 2）的字符。substring 会计数，这说明会从 0 开始，直到 3 为止，但不包含 3。

substring 的工作方式有一个优点：很容易计算子串的长度。字符串 s.substring(a, b) 的长度为 b-a。例如，子串 "Hel" 的长度为 3-0=3。

3.6.2 拼接

与绝大多数程序设计语言一样，Java 语言允许使用 + 号连接（拼接）两个字符串。

```
String expletive = "Expletive";
String PG13 = "deleted";
String message = expletive + PG13;
```

上述代码将字符串 "Expletivedeleted" 赋给变量 message（注意，单词之间没有空格，+ 号完全按照给定的次序将两个字符串拼接起来）。

当将一个字符串与一个非字符串的值进行拼接时，后者会转换成字符串（在第 5 章中可以看到，任何一个 Java 对象都可以转换成字符串）。例如：

```
int age = 13;
String rating = "PG" + age;
```

将把 rating 设置为 "PG13"。

这个特性通常用在输出语句中。例如：

```
System.out.println("The answer is " + answer);
```

这是一条合法的语句，会打印出你希望的结果（因为单词 is 后面加了一个空格，输出时也会有这个空格）。

如果需要把多个字符串放在一起，用一个界定符分隔，可以使用静态 join 方法：

```
String all = String.join(" / ", "S", "M", "L", "XL");
   // all is the string "S / M / L / XL"
```

在 Java 11 中，还提供了一个 repeat 方法：

```
String repeated = "Java".repeat(3); // repeated is "JavaJavaJava"
```

3.6.3 字符串不可变

String 类没有提供任何方法来修改字符串中的某个字符。如果希望将 greeting 的内容修改为 "Help!"，不能直接将 greeting 的最后两个位置的字符修改为 'p' 和 '!'。对于 C 程序员来说，这会让他们茫然无措。如何修改这个字符串呢？在 Java 中这很容易实现。可以提取想要保留的子串，再与希望替换的字符拼接：

```
String greeting = "Hello";
greeting = greeting.substring(0, 3) + "p!";
```

上面这条语句将把 greeting 变量的当前值修改为 "Help!"。

由于不能修改 Java 字符串中的单个字符，所以在 Java 文档中将 String 类对象称为是不可变的（immutable），如同数字 3 永远是数字 3 一样，字符串 "Hello" 永远包含字符 H、e、l、l 和 o 的代码单元序列。你不能修改这些值，不过，我们已经看到，可以修改字符串变量 greeting 的内容，让它指向另外一个字符串，这就如同可以让原本存放 3 的数值变量改成存放 4 一样。

这样做难道不会大大降低效率吗？看起来好像修改代码单元要比从头创建一个新字符串更简单。答案是：也对，也不对。的确，通过拼接 "Hel" 和 "p!" 来生成一个新字符串的效率确实不高。但是，不可变字符串有一个很大的优点：编译器可以让字符串共享。

为了弄清具体如何工作，可以想象各个字符串存放一个在公共存储池中。字符串变量指向存储池中相应的位置。如果复制一个字符串变量，原始字符串和复制的字符串共享相同的字符。

总而言之，Java 的设计者认为共享带来的高效率远远超过编辑字符串（提取子串和拼接字符串）所带来的低效率。可以看看你自己的程序，你会发现，大多数情况下都不会修改字符串，而只是需要对字符串进行比较。（有一种例外情况，将来自文件或键盘的单个字符或较短字符串组装成更大的字符串。为此，Java 提供了一个单独的类，在 3.6.9 节中将详细介绍）。

C++ 注释：C 程序员第一次接触 Java 字符串的时候，常常会感到迷惑，因为他们总是将字符串认为是字符数组：

```
char greeting[] = "Hello";
```

这样对比是错误的，实际上，Java 字符串大致类似于 char* 指针，

```
char* greeting = "Hello";
```

当把 greeting 替换为另一个字符串的时候，Java 代码大致完成以下操作：

```
char* temp = malloc(6);
strncpy(temp, greeting, 3);
strncpy(temp + 3, "p!", 3);
greeting = temp;
```

的确，现在 greeting 指向字符串 "Help!"。即使最顽固的 C 程序员也得承认 Java 语法比一连串的 strncpy 调用要简洁得多。不过，如果再对 greeting 赋值会怎么样呢？

```
greeting = "Howdy";
```

不会产生内存泄漏吗？毕竟，原始字符串在堆中分配。十分幸运，Java 会自动完成垃圾回收。如果一个内存块不再使用了，系统最终会将其回收。

如果你是 C++ 程序员，并使用 ANSI C++ 定义的 string 类，会感觉使用 Java 的 String 类型更舒服。C++ string 对象也会自动完成内存的分配与回收。要通过构造器、赋值操作符和析构器显式完成内存管理。不过，C++ 字符串是可修改的，也就是说，可以修改字符串中的单个字符。

3.6.4 检测字符串是否相等

可以使用 equals 方法检测两个字符串是否相等。对于表达式：

```
s.equals(t)
```

如果字符串 s 与字符串 t 相等，则返回 true；否则，返回 false。需要注意的是，s 与 t 可以是字符串变量，也可以是字符串字面量。例如，以下表达式是合法的：

```
"Hello".equals(greeting)
```

要想检测两个字符串是否相等，而不区分大小写，可以使用 equalsIgnoreCase 方法。

```
"Hello".equalsIgnoreCase("hello")
```

不要使用 == 运算符检测两个字符串是否相等！这个运算符只能够确定两个字符串是否存放在同一个位置上。当然，如果字符串在同一个位置上，它们必然相等。但是，完全有可能将多个相等的字符串副本存放在不同的位置上。

```
String greeting = "Hello"; // initialize greeting to a string
if (greeting == "Hello") . . .
   // probably true
if (greeting.substring(0, 3) == "Hel") . . .
   // probably false
```

如果虚拟机总是共享相等的字符串，则可以使用 == 运算符检测字符串是否相等。但实际上只有字符串字面量会共享，而 + 或 substring 等操作得到的字符串并不共享。因此，千万不要使用 == 运算符测试字符串的相等性，否则程序中会出现最糟糕的一种 bug，这种 bug 可能会间歇性地随机出现。

C++ 注释： 对于习惯使用 C++ string 类的人来说，在完成相等性检测时一定要特别小心。C++ 的 string 类重载了 == 运算符，从而能检测字符串内容的相等性。可惜 Java 没有采用这种方式，尽管它的字符串“外观”看起来就像数值一样，但进行相等性测试时，则表现得类似于指针。Java 语言的设计者也可以像对 + 那样进行特殊处理，为字符串重新定义 == 运算符。当然，每一种语言都会存在一些不太一致的地方。

C 程序员从不使用 == 对字符串进行比较，而是使用 strcmp 函数。Java 的 compareTo 方法就类似于 strcmp，因此，可以如下这样使用：

```
if (greeting.compareTo("Hello") == 0) . . .
```

不过，使用 equals 看起来更为清晰。

3.6.5 空串与 Null 串

空串 "" 是长度为 0 的字符串。可以调用以下代码检查一个字符串是否为空：

```
if (str.length() == 0)
```

或

```
if (str.equals(""))
```

空串是一个 Java 对象，有自己的串长度（0）和内容（空）。不过，String 变量还可以存放一个特殊的值，名为 null，表示目前没有任何对象与该变量关联（关于 null 的更多信息请参见第 4 章）。要检查一个字符串是否为 null，可以使用以下代码：

```
if (str == null)
```

有时要检查一个字符串既不是 null 也不是空串，这种情况下可以使用：

```
if (str != null && str.length() != 0)
```

首先要检查 str 不为 null。在第 4 章会看到，如果在一个 null 值上调用方法，会出现错误。

3.6.6 码点与代码单元

Java 字符串是一个 char 值序列。从 3.3.3 节已经看到，char 数据类型是采用 UTF-16 编码表示 Unicode 码点的一个代码单元。最常用的 Unicode 字符可以用一个代码单元表示，而辅助字符需要一对代码单元表示。

length 方法将返回采用 UTF-16 编码表示给定字符串所需要的代码单元个数。例如：

```
String greeting = "Hello";
int n = greeting.length(); // is 5
```

要想得到实际长度，即码点个数，可以调用：

```
int cpCount = greeting.codePointCount(0, greeting.length());
```

调用 s.charAt(n) 将返回位置 n 的代码单元，n 介于 0 ~ s.length()-1 之间。例如：

```
char first = greeting.charAt(0); // first is 'H'
char last = greeting.charAt(4); // last is 'o'
```

要想得到第 i 个码点，可以使用以下语句：

```
int index = greeting.offsetByCodePoints(0, i);
int cp = greeting.codePointAt(index);
```

为什么会对代码单元如此大惊小怪？请考虑下面这个句子：

𝕆 is the set of octonions.

使用 UTF-16 编码表示字符𝕆 (U+1D546) 需要两个代码单元。调用

```
char ch = sentence.charAt(1)
```

返回的不是一个空格，而是𝕆的第二个代码单元。为了避免这个问题，不要使用 char 类型。这太底层了。

注释： 不要以为可以忽略代码单元在 U+FFFF 以上的奇怪字符，喜欢 emoji 表情符号的用户可能会在字符串中加入类似🍺（U+1F37A，啤酒杯）的字符。

如果想要遍历一个字符串，并且依次查看每一个码点，可以使用以下语句：

```
int cp = sentence.codePointAt(i);
i += Character.charCount(cp);
```

可以使用以下语句实现反向遍历：

```
i--;
if (Character.isSurrogate(sentence.charAt(i))) i--;
int cp = sentence.codePointAt(i);
```

显然，这很麻烦。更容易的办法是使用 codePoints 方法，它会生成 int 值的一个“流”，每个 int 值对应一个码点。（流在卷 II 中介绍。）可以将流转换为一个数组（见 3.10 节），再完成遍历。

```
int[] codePoints = str.codePoints().toArray();
```

反之，要把一个码点数组转换为一个字符串，可以使用构造器（我们将在第 4 章详细讨论构造器和 new 操作符）。

```
String str = new String(codePoints, 0, codePoints.length);
```

要把单个码点转换为一个字符串，可以使用 Character.toString(int) 方法：

```
int codePoint = 0x1F37A;
str = Character.toString(codePoint);
```

> 注释：虚拟机不一定把字符串实现为代码单元序列。在 Java 9 中使用了一个更紧凑的表示。只包含单字节代码单元的字符串使用 byte 数组实现，所有其他字符串使用 char 数组。

3.6.7 String API

Java 中的 String 类包含近 100 个方法。下面的 API 注释汇总了最常用的一些方法。

本书中给出的 API 注释可以帮助你理解 Java 应用程序编程接口（API）。每一个 API 注释首先给出类名，如 java.lang.String。（java.lang 包名的重要性将在第 4 章给出解释。）类名之后是一个或多个方法的名字、解释和参数描述。

API 注释不会列出一个特定类的所有方法，而是会以简洁的方式给出最常用的一些方法，完整的方法列表请参见联机文档（请参见 3.6.8 节）。

类名后面的编号是引入这个类的 JDK 版本号。如果某个方法是之后添加的，那么这个方法后面还会给出一个单独的版本号。

API java.lang.String 1.0

- `char charAt(int index)`
  返回给定位置的代码单元。除非对底层的代码单元感兴趣，否则不需要调用这个方法。
- `int codePointAt(int index)` **5**
  返回从给定位置开始的码点。
- `int offsetByCodePoints(int startIndex, int cpCount)` **5**
  返回从 startIndex 码点开始，cpCount 个码点后的码点索引。
- `int compareTo(String other)`
  按照字典顺序，如果字符串位于 other 之前，返回一个负数；如果字符串位于 other 之后，返回一个正数；如果两个字符串相等，返回 0。
- `IntStream codePoints()` **8**
  将这个字符串的码点作为一个流返回。调用 toArray 将它们放在一个数组中。
- `new String(int[] codePoints, int offset, int count)` **5**
  用数组中从 offset 开始的 count 个码点构造一个字符串。
- `boolean isEmpty()`
  `boolean isBlank()` **11**
  如果字符串为空或者由空白符组成，返回 true。
- `boolean equals(Object other)`
  如果字符串与 other 相等，返回 true。
- `boolean equalsIgnoreCase(String other)`
  如果字符串与 other 相等（忽略大小写），返回 true。
- `boolean startsWith(String prefix)`
- `boolean endsWith(String suffix)`

如果字符串以 prefix 开头或以 suffix 或结尾，则返回 true。

- int indexOf(String str)
- int indexOf(String str, int fromIndex)
- int indexOf(int cp)
- int indexOf(int cp, int fromIndex)

  返回与字符串 str 或码点 cp 相等的第一个子串的开始位置。从索引 0 或 fromIndex 开始匹配。如果 str 或 cp 不在字符串中，则返回 -1。
- int lastIndexOf(String str)
- int lastIndexOf(String str, int fromIndex)
- int lastindexOf(int cp)
- int lastindexOf(int cp, int fromIndex)

  返回与字符串 str 或码点 cp 相等的最后一个子串的开始位置。从字符串末尾或 fromIndex 开始匹配。如果 str 或 cp 不在字符串中，则返回 -1。
- int length()

  返回字符串代码单元的个数。
- int codePointCount(int startIndex, int endIndex) **5**

  返回 startIndex 到 endIndex-1 之间的码点个数。
- String replace(CharSequence oldString, CharSequence newString)

  返回一个新字符串，这是用 newString 替换原始字符串中与 oldString 匹配的所有子串得到的。可以用 String 或 StringBuilder 对象作为 CharSequence 参数。
- String substring(int beginIndex)
- String substring(int beginIndex, int endIndex)

  返回一个新字符串，这个字符串包含原始字符串中从 beginIndex 到字符串末尾或 endIndex-1 的所有代码单元。
- String toLowerCase()
- String toUpperCase()

  返回一个新字符串，这个字符串包含原始字符串中的所有字符，不过将原始字符串中的大写字母改为小写，或者将原始字符串中的小写字母改成大写母。
- String strip() **11**

  String stripLeading() **11**

  String stripTrailing() **11**

  返回一个新字符串，这个字符串要删除原始字符串头部和尾部或者只是头部或尾部的空白符。要使用这些方法，而不要使用古老的 trim 方法删除小于等于 U+0020 的字符。
- String join(CharSequence delimiter, CharSequence... elements) **8**

  返回一个新字符串，用给定的定界符连接所有元素。

- `String repeat(int count)` **11**

  返回一个字符串，将当前字符串重复 count 次。

> **注释：** 在 API 注释中，有一些 CharSequence 类型的参数。这是一种接口类型，所有字符串都属于这个**接口**。第 6 章将介绍更多有关接口类型的内容。现在只需要知道，当看到一个 CharSequence 形参（parameter）时，完全可以传入 String 类型的实参（argument）。

3.6.8 阅读联机 API 文档

正如前面看到的，String 类包含许多方法。而且，标准库中有几千个类，方法数量更加惊人。要想记住所有有用的类和方法显然不太可能。因此，学会使用联机 API 文档十分重要，从中可以查找标准类库的所有类和方法。可以从 Oracle 下载 API 文档，并保存在本地。也可以在浏览器中访问 https://docs.oracle.com/en/java/javase/17/docs/api。

在 Java 9 中，API 文档有一个搜索框（见图 3-2）。较老的版本会有一些帧窗口包含包列表和类列表。仍然可以单击 Frames 菜单项得到这些列表。例如，要获得有关 String 类方法的更多信息，可以在搜索框中键入“String”，选择类型 java.lang.String，或者在帧窗口中找到类名的相应链接，并单击这个链接。你会看到这个类的描述，如图 3-3 所示。

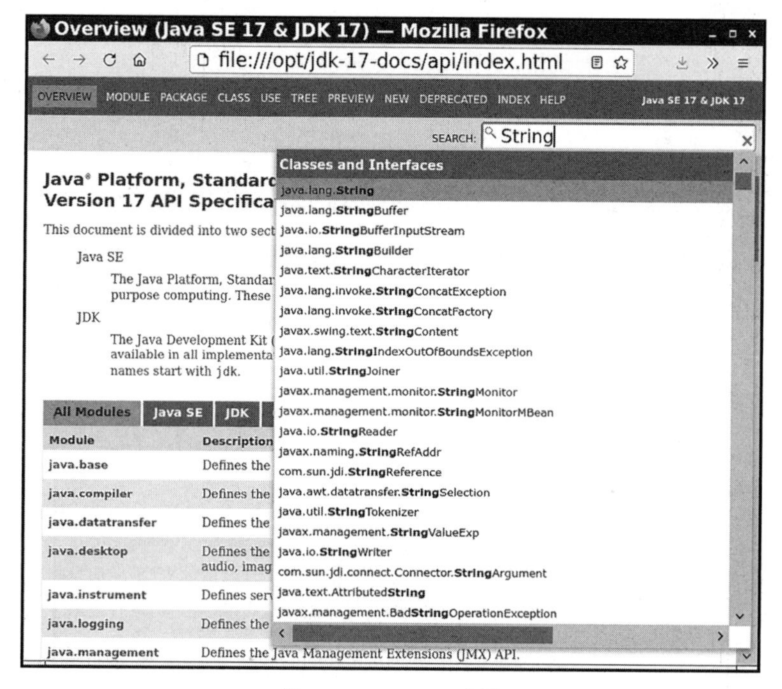

图 3-2 Java API 文档

接下来，向下滚动，直到看见按字母顺序排列的所有方法的小结（参见图 3-4）。单击任何一个方法名可以查看这个方法的详细描述（参见图 3-5）。例如，如果单击 compareToIgnoreCase

链接，就会看到 compareToIgnoreCase 方法的描述。

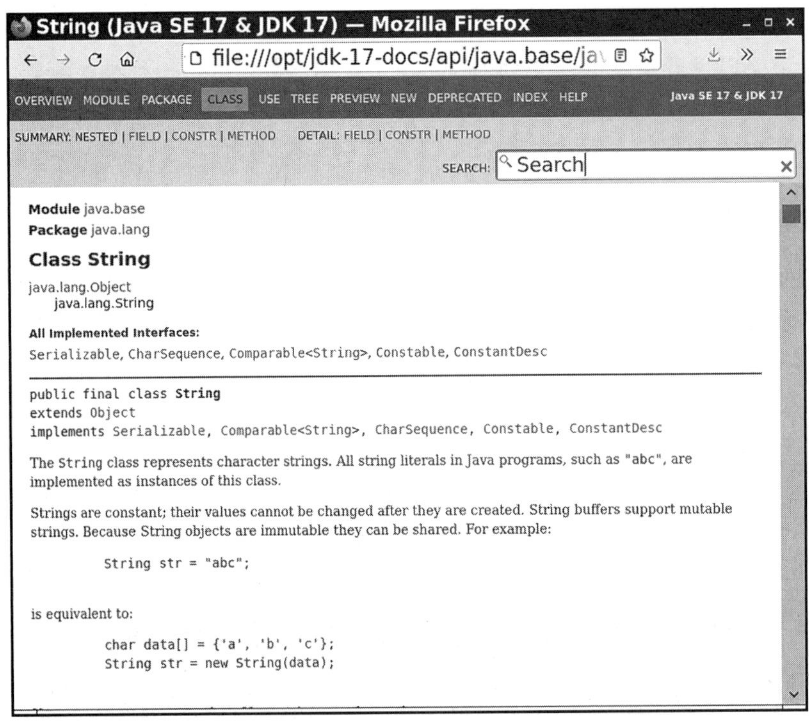

图 3-3　String 类的描述

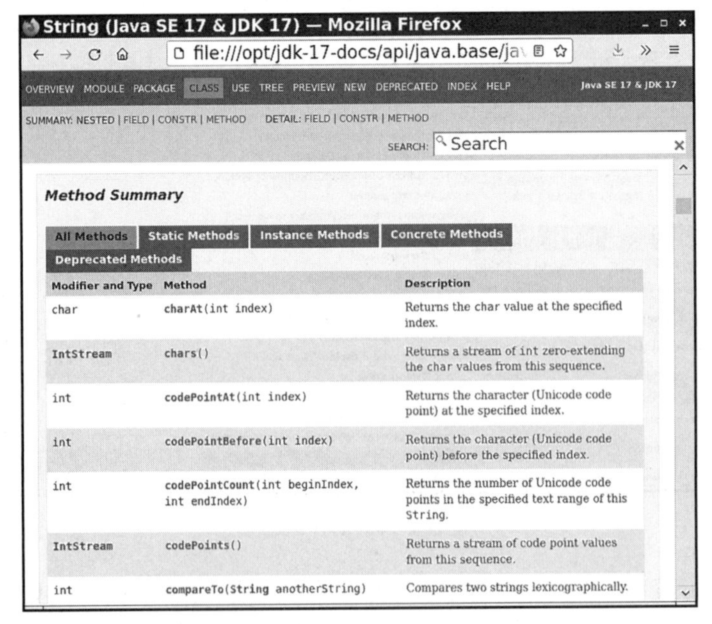

图 3-4　String 类方法的小结

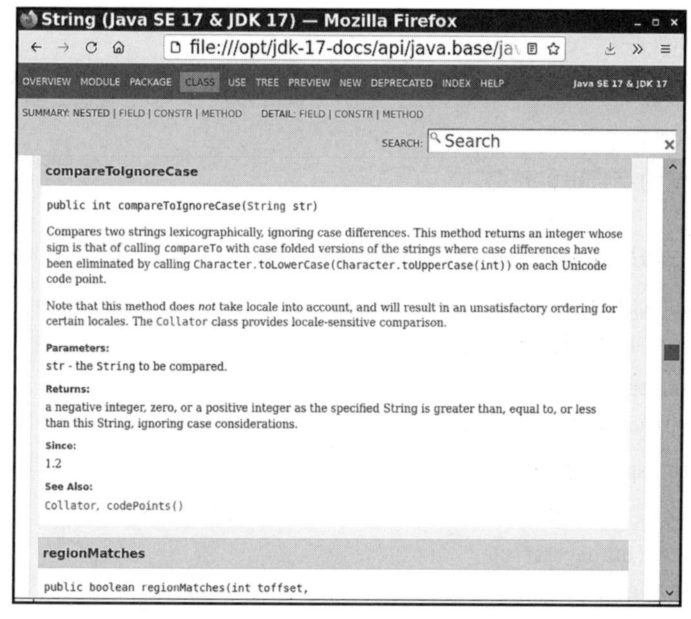

图 3-5　一个 String 方法的详细描述

提示：如果还没有下载 JDK 文档，现在就请按第 2 章中的介绍下载 JDK 文档。在浏览器中为这个文档的 index.html 页面建一个书签，就是现在，不要迟疑！

3.6.9　构建字符串

有些时候，需要由较短的字符串构建字符串，例如，按键或文件中的单词。如果采用字符串拼接的方式来达到这个目的，效率会比较低。每次拼接字符串时，都会构建一个新的 String 对象，既耗时，又浪费空间。使用 StringBuilder 类就可以避免这个问题。

如果需要用许多小字符串来构建一个字符串，可以采用以下步骤。首先，构建一个空的字符串构建器：

```
StringBuilder builder = new StringBuilder();
```

当每次需要添加另外一部分时，就调用 append 方法。

```
builder.append(ch); // appends a single character
builder.append(str); // appends a string
```

字符串构建完成时，调用 toString 方法。你会得到一个 String 对象，其中包含了构建器中的字符序列。

```
String completedString = builder.toString();
```

注释：StringBuffer 类的效率不如 StringBuilder 类，不过它允许采用多线程的方式添加或删除字符。如果所有字符串编辑操作都在单个线程中执行（通常都是这样），则应当使用 StringBuilder 类。这两个类的 API 是一样的。

下面的 API 注释包含了 StringBuilder 类中最重要的方法。

API java.lang.StringBuilder 5

- StringBuilder()
  构造一个空的字符串构建器。
- int length()
  返回构建器或缓冲器中的代码单元个数。
- StringBuilder append(String str)
  追加一个字符串并返回 this。
- StringBuilder append(char c)
  追加一个代码单元并返回 this。
- StringBuilder appendCodePoint(int cp)
  追加一个码点，将它转换为一个或两个代码单元并返回 this。
- void setCharAt(int i, char c)
  将第 i 个代码单元设置为 c。
- StringBuilder insert(int offset, String str)
  在 offset 位置插入一个字符串并返回 this。
- StringBuilder insert(int offset, char c)
  在 offset 位置插入一个代码单元并返回 this。
- StringBuilder delete(int startIndex, int endIndex)
  删除从 startIndex 到 endIndex-1 的代码单元并返回 this。
- String toString()
  返回一个字符串，其数据与构建器或缓冲器内容相同。

3.6.10　文本块

利用 Java 15 新增的文本块（text block）特性，可以很容易地提供跨多行的字符串字面量。文本块以 """ 开头（这是开始 """），后面是一个换行符，并以另一个 """ 结尾（这是结束 """）：

```
String greeting = """
Hello
World
""";
```

文本块比相应的字符串字面量更易于读写：

```
"Hello\nWorld\n"
```

这个字符串包含两个 \n：一个在 Hello 后面，另一个在 World 后面。开始 """ 后面的换行符不作为字符串字面量的一部分。

如果不想要最后一行后面的换行符，可以让结束 """ 紧跟在最后一个字符后面：

```
String prompt = """
```

```
Hello, my name is Hal.
Please enter your name: """;
```

文本块特别适合包含用其他语言编写的代码，如 SQL 或 HTML。可以直接将那些代码粘贴到一对三重引号之间：

```
String html = """
<div class="Warning">
   Beware of those who say "Hello" to the world
</div>
""";
```

需要说明的是，一般不用对引号转义。只有两种情况下需要对引号转义：

- 文本块以一个引号结尾。
- 文本块中包含三个或更多引号组成的一个序列。

遗憾的是，所有反斜线都需要转义。

常规字符串中的所有转义序列在文本块中也有同样的作用。

有一个转义序列只能在文本块中使用。行尾的 \ 会把这一行与下一行连接起来。例如：

```
"""
Hello, my name is Hal. \
Please enter your name: """;
```

等同于：

```
"Hello, my name is Hal. Please enter your name: "
```

文本块会对行结束符进行标准化，删除末尾的空白符，并把 Windows 的行结束符（\r\n）改为简单的换行符（\n）。尽管不太可能，不过假如确实需要保留末尾的空格，这种情况下可以把最后一个空格转换为一个 \s 转义序列。

对于前导空白符则更为复杂。考虑一个从左边界缩进的典型的变量声明。文本块也可以缩进：

```
String html = """
   <div class="Warning">
      Beware of those who say "Hello" to the world
   </div>
   """;
```

将去除文本块中所有行的公共缩进。实际字符串为：

```
"<div class=\"Warning\">\n   Beware of those who say \"Hello\" to the world\n</div>\n"
```

注意，第一行和第三行没有缩进。

你的 IDE 很可能会使用制表符、空格或者制表符以及空格缩进所有文本块。

Java 很明智，它没有规定制表符的宽度。空白符前缀必须与文本块中的所有行完全匹配。

去除缩进过程中不考虑空行。不过，结束 """ 前面的空白符很重要。一定要缩进到想要去除的空白符的末尾。

> **警告：** 要当心缩进文本块的公共前缀中混用制表符和空格的情况。不小心漏掉一个空格很容易得到一个缩进错误的字符串。

✔ **提示：** 如果一个文本块中包含非 Java 代码，实际上最好沿左边界放置。这样可以与 Java 代码区分开，而且可以为长代码行留出更多空间。

3.7　输入与输出

为了增加后面示例程序的趣味性，我们希望程序能够接收输入，并适当地格式化程序输出。当然，现代的程序都使用 GUI 收集用户输入，然而，编写这样一个界面需要使用更多工具与技术，目前还不具备这些条件。我们的第一要务是熟悉 Java 程序设计语言，因此我们将使用基本的控制台来实现输入和输出。

3.7.1　读取输入

前面已经看到，将输出打印到“标准输出流”（即控制台窗口）是一件非常容易的事情，只需要调用 System.out.println。不过，读取“标准输入流”System.in 就没有那么简单了。要想读取控制台输入，首先需要构造一个与“标准输入流”System.in 关联的 Scanner 对象。

```
Scanner in = new Scanner(System.in);
```

（构造器和 new 操作符将在第 4 章中详细介绍。）

现在，就可以使用 Scanner 类的各种方法读取输入了。例如，nextLine 方法将读取一行输入。

```
System.out.print("What is your name? ");
String name = in.nextLine();
```

在这里，使用 nextLine 方法是因为输入行中有可能包含空格。要想读取一个单词（以空白符作为分隔符），可以调用

```
String firstName = in.next();
```

要想读取一个整数，要使用 nextInt 方法。

```
System.out.print("How old are you? ");
int age = in.nextInt();
```

与此类似，nextDouble 方法可以读取下一个浮点数。

在程序清单 3-2 的程序中，首先询问用户姓名和年龄，然后打印一条如下的消息：

```
Hello, Cay. Next year, you'll be 57
```

最后，在程序的最前面添加一行代码：

```
import java.util.*;
```

Scanner 类在 java.util 包中定义。当使用的类不是定义在基本 java.lang 包中时，需要使用 import 指令导入相应的包。有关包与 import 指令的详细描述请参见第 4 章。

程序清单 3-2　InputTest/InputTest.java

```
1 import java.util.*;
2
```

```
3  /**
4   * This program demonstrates console input.
5   * @version 1.10 2004-02-10
6   * @author Cay Horstmann
7   */
8  public class InputTest
9  {
10    public static void main(String[] args)
11    {
12       Scanner in = new Scanner(System.in);
13
14       // get first input
15       System.out.print("What is your name? ");
16       String name = in.nextLine();
17
18       // get second input
19       System.out.print("How old are you? ");
20       int age = in.nextInt();
21
22       // display output on console
23       System.out.println("Hello, " + name + ". Next year, you'll be " + (age + 1));
24    }
25 }
```

注释： 因为输入对所有人都可见，所以 Scanner 类不适用于从控制台读取密码。可以使用 Console 类来达到这个目的。要想读取一个密码，可以使用以下代码：

```
Console cons = System.console();
String username = cons.readLine("User name: ");
char[] passwd = cons.readPassword("Password: ");
```

为安全起见，将返回的密码存放在一个字符数组中，而不是字符串中。完成对密码的处理之后，应该马上用一个填充值覆盖数组元素（数组处理将在 3.10 节介绍）。

使用 Console 对象处理输入不如使用 Scanner 方便。必须一次读取一行输入，而且 Console 类没有提供方法来读取单个单词或数字。

API java.util.Scanner 5

- Scanner(InputStream in)

  用给定的输入流构造一个 Scanner 对象。
- String nextLine()

  读取下一行输入。
- String next()

  读取输入的下一个单词（以空白符作为分隔符）。
- int nextInt()
- double nextDouble()

  读取并转换下一个表示整数或浮点数的字符序列。

- boolean hasNext()

  检测输入中是否还有其他单词。
- boolean hasNextInt()
- boolean hasNextDouble()

  检测下一个字符序列是否表示一个整数或浮点数。

API java.lang.System 1.0

- static Console console() **6**

  如果有可能进行交互操作，就通过控制台窗口为交互的用户返回一个 Console 对象，否则返回 null。对于任何一个在控制台窗口启动的程序，都可使用 Console 对象。否则，是否可用取决于所使用的系统。

API java.io.Console 6

- static char[] readPassword(String prompt, Object... args)
- static String readLine(String prompt, Object... args)

  显示提示符（prompt）并读取用户输入，直到输入行结束。可选的 args 参数用来提供格式参数。有关这部分内容将在下一节中介绍。

3.7.2 格式化输出

可以使用 System.out.print(x) 语句将数值 x 输出到控制台。这个命令将以 x 的类型所允许的最大非 0 位数打印 x。例如：

```
double x = 10000.0 / 3.0;
System.out.print(x);
```

会打印

```
3333.3333333333335
```

如果希望显示美元、美分数，这就会有问题。

这个问题可以利用 printf 方法来解决，它沿用了 C 语言函数库中的古老约定。例如，以下调用

```
System.out.printf("%8.2f", x);
```

打印 x 时字段宽度（field width）为 8 个字符，精度为 2 个字符。也就是说，结果包含一个前导的空格和 7 个字符，如下所示：

```
 3333.33
```

可以为 printf 提供多个参数，例如：

```
System.out.printf("Hello, %s. Next year, you'll be %d", name, age);
```

每一个以 % 字符开头的格式说明符（format specifiers）都替换为相应的参数。格式说明符末尾的转换字符（conversion character）指示要格式化的数值的类型：f 表示浮点数，s 表示

字符串，d 表示十进制整数。表 3-5 列出了用于 printf 的转换字符。

大写形式会生成大写字母。例如，"%8.2E" 将 3333.33 格式化为 3.33E+03，这里有一个大写的 E。

表 3-5　用于 printf 的转换字符

转换字符	类　型	示　例	转换字符	类　型	示　例
d	十进制整数	159	s 或 S	字符串	Hello
x 或 X	十六进制整数。要想对十六进制格式化有更多控制，可以使用 HexFormat 类	9f	c 或 C	字符	H
o	八进制整数	237	b 或 B	布尔	true
f 或 F	定点浮点数	15.9	h 或 H	散列码	42628b2
e 或 E	指数浮点数	1.59e+01	tx 或 Tx	遗留的日期时间格式化。应当改为使用 java.time 类，参见卷Ⅱ第 6 章	—
g 或 G	通用浮点数（e 和 f 中较短的一个）	—	%	百分号	%
a 或 A	十六进制浮点数	0x1.fccdp3	n	与平台有关的行分隔符	—

注释： 可以使用 s 转换字符格式化任意的对象。如果一个任意对象实现了 Formattable 接口，会调用这个对象的 formatTo 方法。否则，会调用 toString 方法将这个对象转换为一个字符串。toString 方法将在第 5 章讨论，第 6 章将介绍接口。

另外，还可以指定控制格式化输出外观的各种标志（flag）。表 3-6 列出了用于 printf 的标志。例如，逗号标志会增加分组分隔符。即

```
System.out.printf("%,.2f", 10000.0 / 3.0);
```

会打印

```
3,333.33
```

可以使用多个标志，例如，"%,(.2f" 会使用分组分隔符，并将负数包围在括号内。

表 3-6　用于 printf 的标志

标　志	作　用	示　例
+	打印正数和负数的符号	+3333.33
空格	在正数前面增加一个空格	| 3333.33|
0	增加前导 0	003333.33
-	字段左对齐	|3333.33 |
(	将负数包围在括号内	(3333.33)
,	增加分组分隔符	3,333.33
#（对于 f 格式）	总是包含一个小数点	3,333.
#（对于 x 或 0 格式）	添加前缀 0x 或 0	0xcafe
$	指定要格式化的参数索引。例如，%1$d %1$x 将以十进制和十六进制格式打印第 1 个参数	159 9F
<	格式化前面指定的同一个值。例如，%d%<x 将以十进制和十六进制打印同一个数	159 9F

可以使用静态的 String.format 方法创建一个格式化的字符串，而不打印输出：

```
String message = String.format("Hello, %s. Next year, you'll be %d", name, age + 1);
```

> **注释：** 在 Java 15 中，可以使用 formatted 方法，这样可以少敲 5 个字符：
> ```
> String message = "Hello, %s. Next year, you'll be %d".formatted(name, age + 1);
> ```

现在，我们已经了解了 printf 方法的所有特性。图 3-6 给出了格式说明符的语法图。

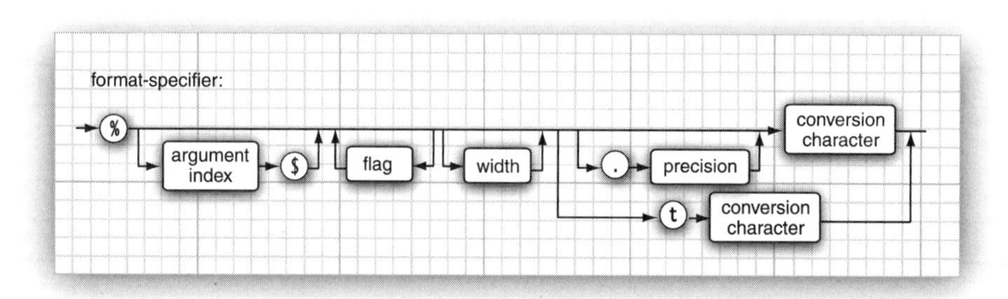

图 3-6　格式说明符语法

> **注释：格式化规则**是特定于**本地化环境**的。例如，在德国，分组分隔符是点号而不是逗号。在卷 II 第 7 章中将介绍如何控制应用的国际化行为。

3.7.3　文件输入与输出

要想读取一个文件，需要构造一个 Scanner 对象，如下所示：

```
Scanner in = new Scanner(Path.of("myfile.txt"), StandardCharsets.UTF_8);
```

如果文件名中包含反斜线符号，记住要在每个反斜线之前再加一个额外的反斜线转义："c:\\mydirectory\\myfile.txt"。

现在就可以使用之前见过的任何 Scanner 方法读取这个文件了。

> **注释：** 这里指定了 UTF-8 字符编码，这对于互联网上的文件很常见（不过并不是普遍适用）。读取一个文本文件时，要知道它的字符编码（更多信息参见卷 II 第 2 章）。如果省略字符编码，则会使用运行这个 Java 程序的机器的“默认编码”。这不是一个好主意，如果在不同的机器上运行这个程序，可能会有不同的表现。

> **警告：** 可以提供一个字符串参数来构造一个 Scanner，但这个 Scanner 会把字符串解释为数据，而不是文件名。例如，如果调用：
> ```
> Scanner in = new Scanner("myfile.txt"); // ERROR?
> ```
> 这个 scanner 会将参数看作是包含 10 个字符（'m'、'y'、'f' 等）的数据。这可能不是我们的原意。

要想写入文件，需要构造一个 PrintWriter 对象。在构造器（constructor）中，需要提供文件名和字符编码：

```
PrintWriter out = new PrintWriter("myfile.txt", StandardCharsets.UTF_8);
```

如果文件不存在，则创建该文件。可以像输出到 System.out 一样使用 print、println 以及 printf 命令。

注释： 当指定一个相对文件名时，例如，"myfile.txt"、"mydirectory/myfile.txt" 或 "../myfile.txt"，文件将相对于启动 Java 虚拟机的那个目录放置。如果从一个命令 shell 执行以下命令启动程序：

```
java MyProg
```

启动目录就是命令 shell 的当前目录。不过，如果使用集成开发环境，那么启动目录将由 IDE 控制。可以使用下面的调用找到这个目录的位置：

```
String dir = System.getProperty("user.dir");
```

如果觉得文件定位太麻烦，可以考虑使用绝对路径名，例如："c:\\mydirectory\\myfile.txt" 或者 "/home/me/mydirectory/myfile.txt"。

如你所见，访问文件与使用 System.in 和 System.out 一样容易。要记住一点：如果用一个不存在的文件构造一个 Scanner，或者用一个无法创建的文件名构造一个 PrintWriter，就会产生异常。Java 编译器认为这些异常比“被零除”异常更严重。在第 7 章中，你会学习各种处理异常的方法。至于现在，只需要告诉编译器：你已经知道有可能出现“输入 / 输出”异常。为此，要用一个 throws 子句标记 main 方法，如下所示：

```
public static void main(String[] args) throws IOException
{
   Scanner in = new Scanner(Path.of("myfile.txt"), StandardCharsets.UTF_8);
   . . .
}
```

现在你已经学习了如何读写包含文本数据的文件。对于更高级的内容，例如，处理不同的字符编码、处理二进制数据、读取目录以及写 zip 压缩文件，请参见卷 II 第 2 章。

注释： 从命令 shell 启动一个程序时，可以利用 shell 的重定向语法将任意文件关联到 System.in 和 System.out：

```
java MyProg < myfile.txt > output.txt
```

这样，就不必担心处理 IOException 异常了。

API java.util.Scanner 5

- Scanner(Path p, String encoding)

  构造一个 Scanner 使用给定字符编码从给定路径读取数据。

- Scanner(String data)

  构造一个 Scanner 从给定字符串读取数据。

java.io.PrintWriter 1.1

- PrintWriter(String fileName)

  构造一个 PrintWriter 将数据写入指定文件。

java.nio.file.Path

- static Path of(String pathname) **11**

  由给定的路径名构造一个 Path。

3.8 控制流程

与任何程序设计语言一样，Java 支持使用条件语句和循环结构来确定控制流程。这里首先讨论条件语句，然后介绍循环语句，最后介绍 switch 语句，它可以用来检测一个表达式的多个值。

C++ 注释： Java 的控制流程结构与 C 和 C++ 的控制流程结构基本相同，只有很少几个例外。Java 中没有 goto 语句，但 break 语句可以带标签，可以利用它从嵌套循环中跳出（对于这种情况，C 语言中可能就要使用 goto 语句了）。最后，还有一种变形的 for 循环，有点类似于 C++ 中基于范围的 for 循环和 C# 中的 foreach 循环。

3.8.1 块作用域

在学习控制结构之前，需要了解块（block）的概念。

块（即复合语句）由若干条 Java 语句组成，并用一对大括号括起来。块确定了变量的作用域。一个块可以嵌套在另一个块中。下面就是嵌套在 main 方法块中的一个块。

```
public static void main(String[] args)
{
   int n;
   . . .
   {
      int k;
      . . .
   } // k is only defined up to here
}
```

但是，不能在嵌套的两个块中声明同名的变量。例如，下面的代码就有错误，而无法通过编译：

```
public static void main(String[] args)
{
   int n;
   . . .
   {
      int k;
      int n; // ERROR--can't redeclare n in inner block
      . . .
   }
}
```

> **C++ 注释**：在 C++ 中，可以在嵌套的块中重定义一个变量。在内层定义的变量会遮蔽（shadow）在外层定义的变量。这就有可能带来编程错误，因此 Java 中不允许这样做。

3.8.2 条件语句

在 Java 中，条件语句的形式为

```
if (condition) statement
```

这里的条件必须用小括号括起来。

与大多数程序设计语言一样，在 Java 中，常常希望在某个条件为真时执行多条语句。在这种情况下，就可以使用块语句（block statement），形式如下：

```
{
   statement1
   statement2
   . . .
}
```

例如：

```
if (yourSales >= target)
{
   performance = "Satisfactory";
   bonus = 100;
}
```

当 yourSales 大于或等于 target 时，将执行大括号中的所有语句（请参见图 3-7）。

> **注释**：使用块（有时称为复合语句）可以在 Java 程序结构中原本只能放置一条（简单）语句的地方放置多条语句。

在 Java 中，更一般的条件语句如下所示（请参见图 3-8）：

```
if (condition) statement1 else statement2
```

例如：

```
if (yourSales >= target)
{
   performance = "Satisfactory";
   bonus = 100 + 0.01 * (yourSales - target);
}
else
{
   performance = "Unsatisfactory";
   bonus = 0;
}
```

其中 else 部分总是可选的。else 子句与最邻近的 if 构成一组。因此，在以下语句中：

```
if (x <= 0) if (x == 0) sign = 0; else sign = -1;
```

else 与第 2 个 if 配对。当然，使用大括号可以让这段代码更加清晰：

```
if (x <= 0) { if (x == 0) sign = 0; else sign = -1; }
```

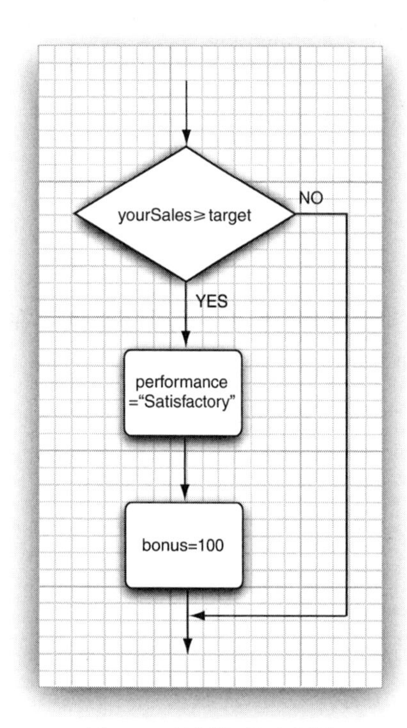

图 3-7　if 语句的流程图

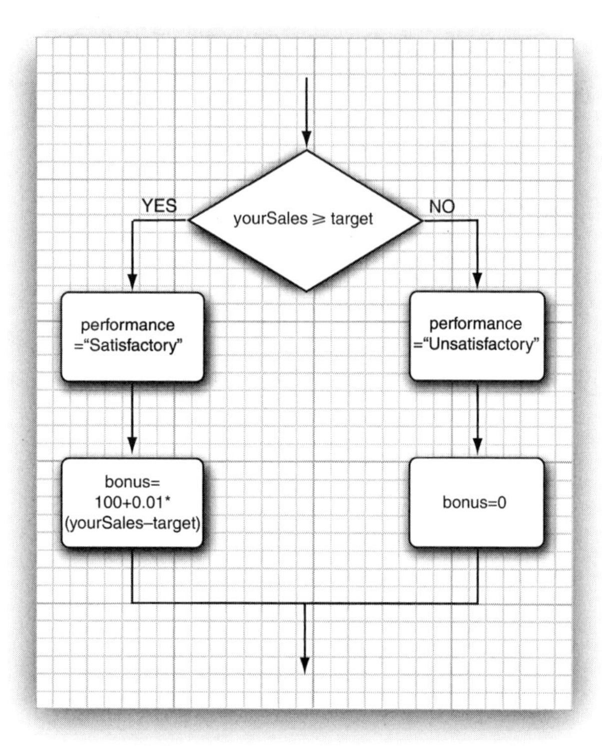

图 3-8　if/else 语句的流程图

反复使用 if...else if... 很常见（如图 3-9 所示）。例如：

```
if (yourSales >= 2 * target)
{
   performance = "Excellent";
   bonus = 1000;
}
else if (yourSales >= 1.5 * target)
{
   performance = "Fine";
   bonus = 500;
}
else if (yourSales >= target)
{
   performance = "Satisfactory";
   bonus = 100;
}
else
{
   System.out.println("You're fired");
}
```

3.8.3　循环

while 循环会在条件为 true 时执行一个语句（也可以是一个块语句）。一般形式如下：

```
while (condition) statement
```

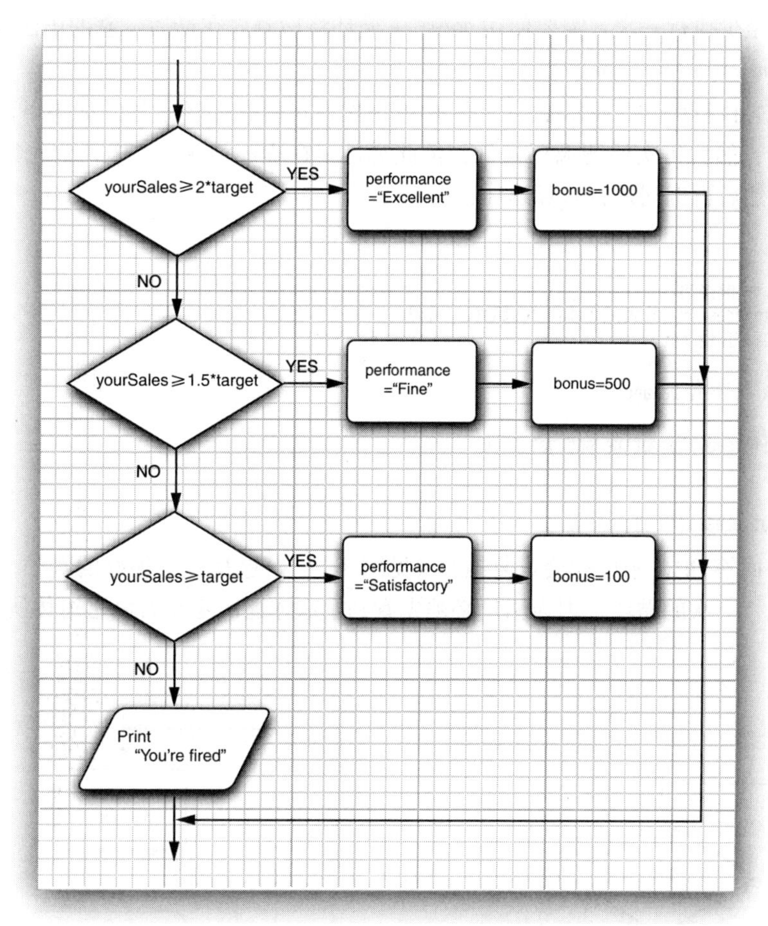

图 3-9　if/else if（多分支）的流程图

如果开始时循环条件就为 false，那么 while 循环一次也不执行（请参见图 3-10）。

程序清单 3-3 中的程序将计算需要多长时间才能够存下一定数量的退休金，假定每年存入相同金额，而且利率是固定的。

在这个示例中，我们会让一个计数器递增，并在循环体中更新当前的累积金额，直到总金额超过目标金额为止。

```
while (balance < goal)
{
   balance += payment;
   double interest = balance * interestRate / 100;
   balance += interest;
   years++;
}
System.out.println(years + " years.");
```

（千万不要依赖这个程序安排退休计划。这里没有考虑通货膨胀和你期望的生活水准。）

while 循环语句在最前面检测循环条件。因此，循环体中的代码有可能一次都不执行。如果希望循环体至少执行一次，需要使用 do/while 循环将检测放在最后。它的语法如下：

```
do statement while (condition);
```

这种循环先执行语句（通常是一个语句块），然后再检查循环条件。如果条件为 true，就重复执行语句，然后再次检测循环条件，依此类推。在程序清单 3-4 中，首先计算退休账户中新的余额，然后再询问是否打算退休：

```
do
{
   balance += payment;
   double interest = balance * interestRate / 100;
   balance += interest;
   years++;
   // print current balance
   . . .
   // ask if ready to retire and get input
   . . .
}
while (input.equals("N"));
```

只要用户回答 "N"，循环就会重复执行（见图 3-11）。这是一个很好的例子，它展示了一个至少需要执行一次的循环，因为用户必须先看到余额才能决定是否满足退休所用。

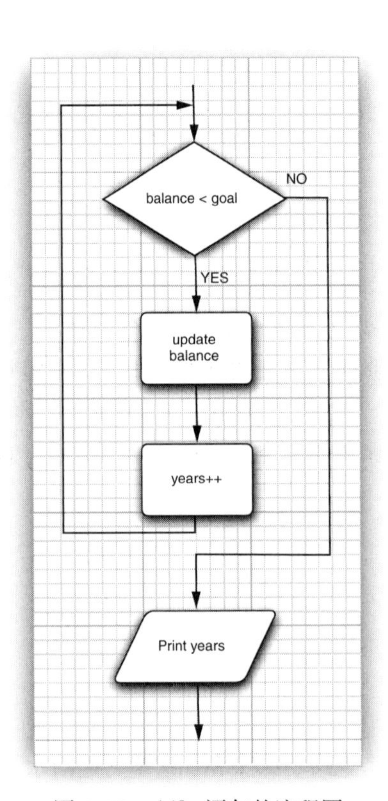

图 3-10　while 语句的流程图

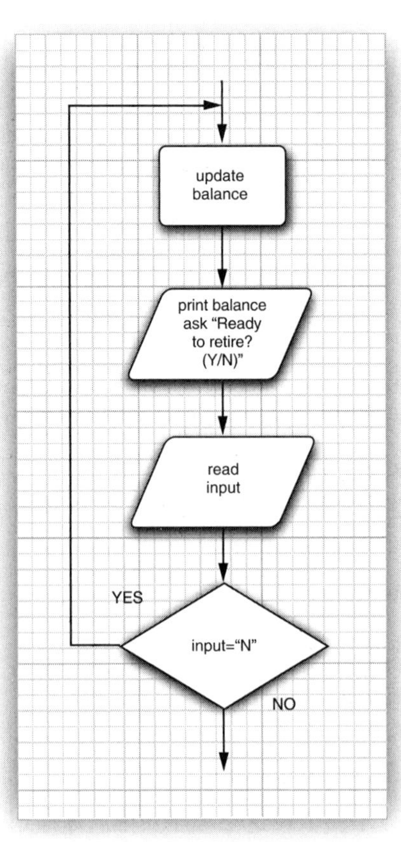

图 3-11　do/while 语句的流程图

程序清单 3-3 Retirement/Retirement.java

```
1 import java.util.*;
2
3 /**
4  * This program demonstrates a <code>while</code> loop.
5  * @version 1.20 2004-02-10
6  * @author Cay Horstmann
7  */
8 public class Retirement
9 {
10    public static void main(String[] args)
11    {
12       // read inputs
13       Scanner in = new Scanner(System.in);
14
15       System.out.print("How much money do you need to retire? ");
16       double goal = in.nextDouble();
17
18       System.out.print("How much money will you contribute every year? ");
19       double payment = in.nextDouble();
20
21       System.out.print("Interest rate in %: ");
22       double interestRate = in.nextDouble();
23
24       double balance = 0;
25       int years = 0;
26
27       // update account balance while goal isn't reached
28       while (balance < goal)
29       {
30          // add this year's payment and interest
31          balance += payment;
32          double interest = balance * interestRate / 100;
33          balance += interest;
34          years++;
35       }
36
37       System.out.println("You can retire in " + years + " years.");
38    }
39 }
```

程序清单 3-4 Retirement2/Retirement2.java

```
1 import java.util.*;
2
3 /**
4  * This program demonstrates a <code>do/while</code> loop.
5  * @version 1.20 2004-02-10
6  * @author Cay Horstmann
7  */
8 public class Retirement2
9 {
10    public static void main(String[] args)
```

```
11    {
12       Scanner in = new Scanner(System.in);
13
14       System.out.print("How much money will you contribute every year? ");
15       double payment = in.nextDouble();
16
17       System.out.print("Interest rate in %: ");
18       double interestRate = in.nextDouble();
19
20       double balance = 0;
21       int year = 0;
22
23       String input;
24
25       // update account balance while user isn't ready to retire
26       do
27       {
28          // add this year's payment and interest
29          balance += payment;
30          double interest = balance * interestRate / 100;
31          balance += interest;
32
33          year++;
34
35          // print current balance
36          System.out.printf("After year %d, your balance is %,.2f%n", year, balance);
37
38          // ask if ready to retire and get input
39          System.out.print("Ready to retire? (Y/N) ");
40          input = in.next();
41       }
42       while (input.equals("N"));
43    }
44 }
```

3.8.4 确定性循环

for 循环语句是支持迭代的一种通用结构，它由一个计数器或类似的变量控制迭代次数，每次迭代后这个变量将会更新。如图 3-12 所示，下面的循环将在屏幕上显示出打印数字 1 ～ 10：

```
for (int i = 1; i <= 10; i++)
   System.out.println(i);
```

for 语句的第 1 部分通常是对计数器初始化；第 2 部分给出每次新一轮循环执行前要检测的循环条件；第 3 部分指定如何更新计数器。

与 C++ 类似，尽管 Java 允许在 for 循环的各个部分放置任何表达式，但有一条不成文的规则：for 语句的 3 个部分应该对同一个计数器变量进行初始化、检测和更新。若不遵守这一规则，所写的循环很可能晦涩难懂。

即使受这个规则所限，仍有无尽可能，你可以写各种各样的 for 循环。例如，可以编写下面这个倒计数的循环：

```
for (int i = 10; i > 0; i--)
   System.out.println("Counting down . . . " + i);
System.out.println("Blastoff!");
```

> **警告：** 在循环中，检测两个浮点数是否相等需要格外小心。下面的 for 循环：
>
> ```
> for (double x = 0; x != 10; x += 0.1) . . .
> ```
>
> 可能永远不会结束。由于存在舍入误差，可能永远达不到精确的最终值。在这个例子中，因为 0.1 无法精确地用二进制表示，所以，x 将从 9.99999999999998 跳到 10.09999999999998。

在 for 语句的第 1 部分中声明一个变量之后，这个变量的作用域会扩展到这个 for 循环体的末尾。

```
for (int i = 1; i <= 10; i++)
{
   . . .
}
// i no longer defined here
```

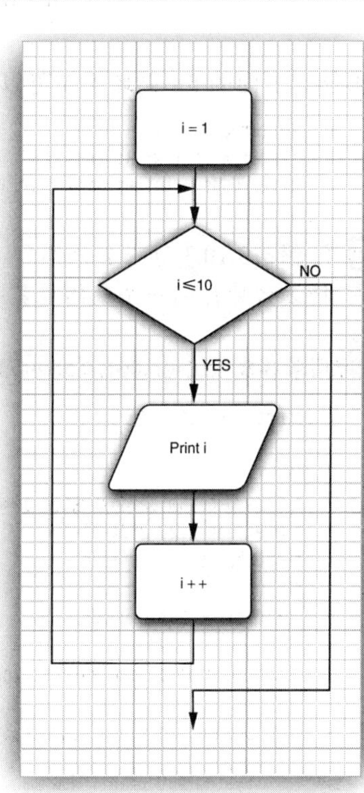

图 3-12　for 语句的流程图

特别指出，如果在 for 语句内部定义一个变量，这个变量就不能在循环体之外使用。因此，如果希望在 for 循环体之外使用循环计数器的最终值，就要确保在循环体之外声明这个变量。

```
int i;
for (i = 1; i <= 10; i++)
{
   . . .
}
// i is still defined here
```

另一方面，可以在不同的 for 循环中定义同名的变量：

```
for (int i = 1; i <= 10; i++)
{
   . . .
}
. . .
for (int i = 11; i <= 20; i++) // OK to define another variable named i
{
   . . .
}
```

for 循环语句只是 while 循环的一种简化形式。例如，

```
for (int i = 10; i > 0; i--)
   System.out.println("Counting down . . . " + i);
```

可以重写为：

```
int i = 10;
```

```
while (i > 0)
{
   System.out.println("Counting down . . . " + i);
   i--;
}
```

程序清单 3-5 给出了一个 for 循环的典型示例。

这个程序用来计算抽奖中奖的概率。例如，如果必须从 1 ～ 50 的数字中取 6 个数字来抽奖，那么会有（$50 \times 49 \times 48 \times 47 \times 46 \times 45$）/（$1 \times 2 \times 3 \times 4 \times 5 \times 6$）种可能的结果，所以中奖的概率是 1/15 890 700。祝你好运！

一般情况下，如果从 n 个数字中抽取 k 个数字，就会有

$$\frac{n \times (n-1) \times (n-2) \times \cdots \times (n-k+1)}{1 \times 2 \times 3 \times 4 \times \cdots \times k}$$

种可能。下面的 for 循环语句可以计算这个值：

```
int lotteryOdds = 1;
for (int i = 1; i <= k; i++)
   lotteryOdds = lotteryOdds * (n - i + 1) / i;
```

> **注释**：3.10.3 节将会介绍“泛型 for 循环”（又称为 for each 循环），利用这个循环可以很方便地访问一个数组或集合中的所有元素。

程序清单 3-5 LotteryOdds/LotteryOdds.java

```
1 import java.util.*;
2
3 /**
4  * This program demonstrates a <code>for</code> loop.
5  * @version 1.20 2004-02-10
6  * @author Cay Horstmann
7  */
8 public class LotteryOdds
9 {
10    public static void main(String[] args)
11    {
12       Scanner in = new Scanner(System.in);
13
14       System.out.print("How many numbers do you need to draw? ");
15       int k = in.nextInt();
16
17       System.out.print("What is the highest number you can draw? ");
18       int n = in.nextInt();
19
20       /*
21        * compute binomial coefficient n*(n-1)*(n-2)*...*(n-k+1)/(1*2*3*...*k)
22        */
23
24       int lotteryOdds = 1;
25       for (int i = 1; i <= k; i++)
26          lotteryOdds = lotteryOdds * (n - i + 1) / i;
27
```

```
28          System.out.println("Your odds are 1 in " + lotteryOdds + ". Good luck!");
29      }
30  }
```

3.8.5　多重选择：switch 语句

在处理同一个表达式的多个选项时，使用 if/else 结构会显得有些笨拙。switch 语句会让这个工作变得容易，特别是采用 Java 14 引入的形式时会更简单。

例如，如果建立一个如图 3-13 所示的菜单系统，其中包含 4 个选项，可以使用以下代码：

```
Scanner in = new Scanner(System.in);
System.out.print("Select an option (1, 2, 3, 4) ");
int choice = in.nextInt();
switch (choice)
{
   case 1 ->
      . . .
   case 2 ->
      . . .
   case 3 ->
      . . .
   case 4 ->
      . . .
   default ->
      System.out.println("Bad input");
}
```

case 标签可以是：

- 类型为 char、byte、short 或 int 的常量表达式
- 枚举常量
- 字符串字面量
- 多个字符串，用逗号分隔

例如：

```
String input = . . .;
switch (input.toLowerCase())
{
   case "yes", "y" ->
      . . .
   case "no", "n" ->
      . . .
   default ->
      . . .
}
```

switch 语句的“经典”形式可以追溯到 C 语言，从 Java 1.0 开始就支持这种形式。具体形式如下：

```
int choice = . . .;
switch (choice)
{
   case 1:
      . . .
      break;
```

```
   case 2:
      . . .
      break;
   case 3:
      . . .
      break;
   case 4:
      . . .
      break;
   default:
      // bad input
      . . .
      break;
}
```

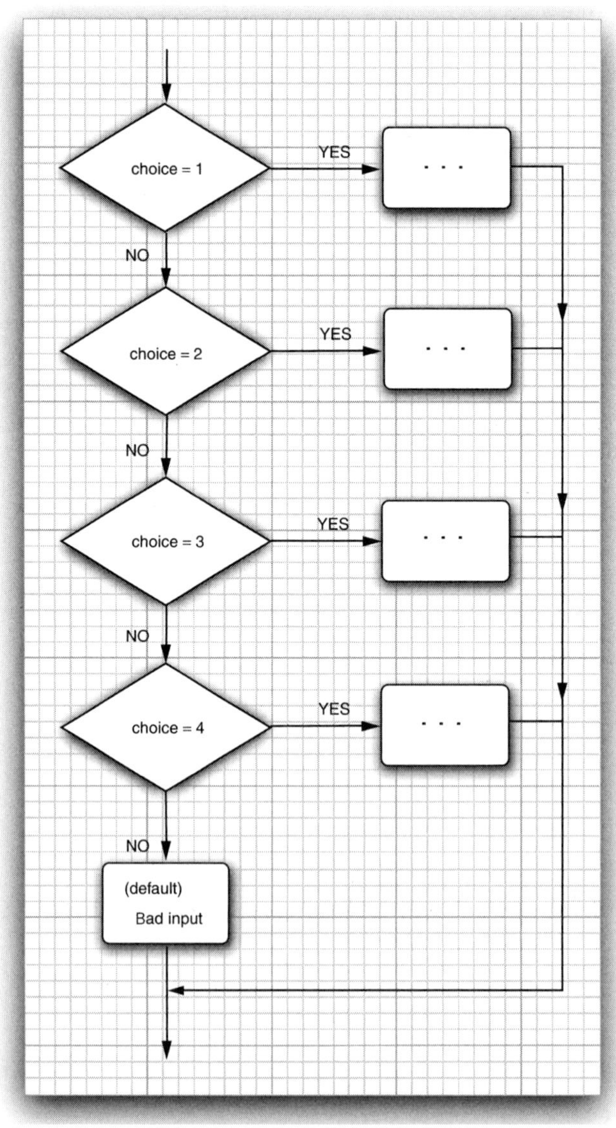

图 3-13 switch 语句的流程图

switch 语句从与选项值相匹配的 case 标签开始执行，直到遇到下一个 break 语句，或者执行到 switch 语句结束。如果没有匹配的 case 标签，则执行 default 子句（如果有 default 子句）。

警告： 有可能触发多个分支。如果忘记在一个分支末尾增加 break 语句，就会接着执行下一个分支！这种情况相当危险，常常会引发错误。

为了检测这种问题，编译代码时可以加上 -Xlint:fallthrough 选项，如下所示：

```
javac -Xlint:fallthrough Test.java
```

这样一来，如果某个分支最后缺少一个 break 语句，编译器就会给出一个警告。

如果你确实是想使用这种“直通式”（fallthrough）行为，可以为其外围方法加一个注解@SuppressWarnings("fallthrough")。这样就不会对这个方法生成警告了。（注解是为编译器或处理 Java 源文件或类文件的工具提供信息的一种机制。卷Ⅱ会深入介绍注解。）

这两种 switch 形式都是语句。在 3.5.9 节中，我们已经见过一个 switch 表达式，它会生成一个值。switch 表达式没有“直通式”行为。

为了对称，Java 14 还引入了一个有直通行为的 switch 表达式，所以总共有 4 种不同形式的 switch。表 3-7 给出了这 4 种形式。

在有直通行为的形式中，每个 case 以一个冒号结束。如果 case 以箭头 -> 结束，则没有直通行为。不能在一个 switch 语句中混合使用冒号和箭头。

注意 switch 表达式中的 yield 关键字。与 break 类似，yield 会终止执行。但与 break 不同的是，yield 还会生成一个值，这就是表达式的值。

要在 switch 表达式的一个分支中使用语句而不想有直通行为，就必须使用大括号和 yield，如表中示例所示，这个例子将为一个分支增加日志语句：

```
case "Spring" ->
   {
      System.out.println("spring time!");
      yield 6;
   }
```

switch 表达式的每个分支必须生成一个值。最常见的做法是，各个值跟在一个箭头 -> 后面：

```
case "Summer", "Winter" -> 6;
```

如果无法做到，则使用 yield 语句。

表 3-7　4 种 switch 形式

<table>
<tr><th></th><th>表达式</th><th>语　句</th></tr>
<tr><td>无直通行为</td><td><pre>
int numLetters = switch (seasonName)
   {
      case "Spring" ->
         {
            System.out.println(
               "spring time!");
            yield 6;
         }
      case "Summer", "Winter" -> 6;
      case "Fall" -> 4;
      default -> -1;
   };
</pre></td><td><pre>
switch (seasonName)
{
   case "Spring" ->
      {
         System.out.println(
            "spring time!");
         numLetters = 6;
      }
   case "Summer", "Winter" ->
      numLetters = 6;
   case "Fall" ->
      numLetters = 4;
   default ->
      numLetters = -1;
}
</pre></td></tr>
</table>

（续）

<table>
<tr><th></th><th>表达式</th><th>语　句</th></tr>
<tr><td>有直通行为</td><td><pre>int numLetters = switch (seasonName)
   {
      case "Spring":
         System.out.println(
            "spring time!");
      case "Summer", "Winter":
         yield 6;
      case "Fall":
         yield 4;
      default:
         yield -1;
   };</pre></td><td><pre>switch (seasonName)
{
   case "Spring":
      System.out.println(
         "spring time!");
   case "Summer", "Winter":
      numLetters = 6;
      break;
   case "Fall":
      numLetters = 4;
      break;
   default:
      numLetters = -1;
}</pre></td></tr>
</table>

注释：完全可以在 switch 表达式的一个分支中抛出异常。例如：

```
default -> throw new IllegalArgumentException("Not a valid season");
```

异常将在第 7 章详细介绍。

警告：switch 表达式的关键是生成一个值（或者产生一个异常而失败）。不允许“跳出”switch 表达式：

```
default -> { return -1; } // ERROR
```

具体来讲，不能在 switch 表达式中使用 return、break 或 continue 语句。（后面两个语句参见 3.8.6 节的介绍）。

switch 有这么多种形式，要如何选择呢？

switch 表达式优于语句。如果每个分支会为一个变量赋值或方法调用计算值，则用一个表达式生成值，然后使用这个值。例如：

```
numLetters = switch (seasonName)
   {
      case "Spring", "Summer", "Winter" -> 6
      case "Fall" -> 4
      default -> -1
   };
```

要优于

```
switch (seasonName)
{
   case "Spring", "Summer", "Winter" ->
      numLetters = 6;
   case "Fall" ->
      numLetters = 4;
   default ->
      numLetters = -1;
}
```

只有在确实需要直通行为时，或者必须为一个 switch 表达式增加语句时，才需要使用

break 或 yield。不过这些情况非常少见。

3.8.6 中断控制流程的语句

尽管 Java 的设计者将 goto 仍作为一个保留字，但实际上并不打算在语言中包含 goto。通常，使用 goto 语句会被认为是一种拙劣的程序设计风格。也有一些程序员认为反对 goto 的呼声似乎有些过分（例如，Donald Knuth 就曾写过一篇名为 *Structured Programming with goto statements* 的著名文章）。他们认为，无限制地使用 goto 语句确实很容易导致错误，但在有些情况下，偶尔使用 goto 跳出循环还是有益处的。Java 设计者同意这种看法，甚至在 Java 语言中增加了一条新的语句：带标签的 break，以此来支持这种程序设计风格。

下面首先来看不带标签的 break 语句。与用于退出 switch 语句的 break 语句一样，它也可以用于退出循环。例如，

```
while (years <= 100)
{
   balance += payment;
   double interest = balance * interestRate / 100;
   balance += interest;
   if (balance >= goal) break;
   years++;
}
```

循环开始时，如果 years > 100，或者如果循环中间 balance ≥ goal，则退出循环。当然，也可以在不使用 break 的情况下计算 years 的值，如下所示：

```
while (years <= 100 && balance < goal)
{
   balance += payment;
   double interest = balance * interestRate / 100;
   balance += interest;

   if (balance < goal)
      years++;
}
```

但是需要注意，在这个版本中，检测了两次 balance < goal。为了避免重复检测，有些程序员更偏爱使用 break 语句。

与 C++ 不同，Java 还提供了一种带标签的 break 语句，允许跳出多重嵌套的循环。有时候，在嵌套很深的循环语句中会发生一些不可预料的事情。此时你可能希望完全跳出所有嵌套循环。如果只是为各层循环检测添加一些额外的条件，这会很不方便。

下面的例子展示了 break 语句如何工作。请注意，标签必须放在你想跳出的最外层循环之前，并且必须紧跟一个冒号。

```
Scanner in = new Scanner(System.in);
int n;
read_data:
while (. . .) // this loop statement is tagged with the label
{
   . . .
```

```
   for (. . .) // this inner loop is not labeled
   {
      System.out.print("Enter a number >= 0: ");
      n = in.nextInt();
      if (n < 0) // should never happen—can't go on
         break read_data;
         // break out of read_data loop
      . . .
   }
}
// this statement is executed immediately after the labeled break
if (n < 0) // check for bad situation
{
   // deal with bad situation
}
else
{
   // carry out normal processing
}
```

如果输入有误，执行带标签的break会跳转到带标签的语句块末尾。与任何使用break语句的代码一样，接下来需要检测循环是正常退出，还是由于break提前退出。

> **注释：** 有意思的是，可以将标签应用到任何语句，甚至可以应用到if语句或者块语句，如下所示：
>
> ```
> label:
> {
>    . . .
>    if (condition) break label; // exits block
>    . . .
> }
> // jumps here when the break statement executes
> ```
>
> 因此，如果确实希望使用goto语句，而且一个代码块恰好在你想要跳转到的位置之前结束，就可以使用break语句！当然，我并不提倡使用这种方法。另外需要注意，只能跳出语句块，而不能跳入语句块。

最后，还有一个continue语句。与break语句一样，它将中断正常的控制流程。continue语句将控制转移到最内层外围循环的首部。例如：

```
Scanner in = new Scanner(System.in);
while (sum < goal)
{
   System.out.print("Enter a number: ");
   n = in.nextInt();
   if (n < 0) continue;
   sum += n; // not executed if n < 0
}
```

如果n<0，则continue语句会越过当前循环体的剩余部分，直接跳到循环首部。

如果在for循环中使用continue语句，会跳转到for循环的“更新”部分。例如：

```
for (count = 1; count <= 100; count++)
```

```
{
   System.out.print("Enter a number, -1 to quit: ");
   n = in.nextInt();
   if (n < 0) continue;
   sum += n; // not executed if n < 0
}
```

如果 n<0，则 continue 语句将跳转到 count++ 语句。

还有一种带标签的 continue 语句，将跳转到有匹配标签的循环的首部。

> **提示：** 许多程序员发现 break 和 continue 语句很容易混淆。这些语句完全是可选的，即不使用这些语句也能表达同样的逻辑。在本书中，所有程序都不会使用 break 和 continue。

3.9 大数

如果基本的整数和浮点数精度不足以满足需求，那么可以使用 java.math 包中两个很有用的类：BigInteger 和 BigDecimal。这两个类可以处理包含任意长度数字序列的数值。BigInteger 类实现任意精度的整数运算，BigDecimal 实现任意精度的浮点数运算。

使用静态的 valueOf 方法可以将一个普通的数转换为大数：

```
BigInteger a = BigInteger.valueOf(100);
```

对于更长的数，可以使用一个带字符串参数的构造器：

```
BigInteger reallyBig
   = new BigInteger("222232244629420445529739893461909967206666939096499764990979600");
```

另外还有一些常量：BigInteger.ZERO、BigInteger.ONE 和 BigInteger.TEN，Java 9 之后还增加了 BigInteger.TWO。

> **警告：** 对于 BigDecimal 类，总是应当使用带一个字符串参数的构造器。还有一个 BigDecimal(double) 构造器，不过这个构造器本质上很容易产生舍入误差，例如，new BigDecimal(0.1) 会得到以下数位：
>
> ```
> 0.1000000000000000055511151231257827021181583404541015625
> ```

遗憾的是，不能使用人们熟悉的算术运算符（如：+ 和 *）来组合大数，而需要使用大数类中的 add 和 multiply 方法。

```
BigInteger c = a.add(b); // c = a + b
BigInteger d = c.multiply(b.add(BigInteger.valueOf(2))); // d = c * (b + 2)
```

> **C++ 注释：** 与 C++ 不同，Java 不能通过编程实现运算符重载。使用 BigInteger 类的程序员无法重定义 + 和 * 运算符来提供 BigInteger 类的 add 和 multiply 运算。Java 语言的设计者重载了 + 运算符来完成字符串的拼接，但没有重载其他的运算符，也没有给 Java 程序员提供机会在他们自己的类中重载运算符。

程序清单 3-6 是对程序清单 3-5 中彩概率程序的改进，更新为使用大数。例如，假设你被邀请参加抽奖活动，并从 490 个可能的数中抽取 60 个，这个程序会告诉你中彩的概率是 1/716395843461995557415116222540092933411717612789263493493351013459481104668848。祝你好运！

在程序清单 3-5 中，会计算以下语句：

```
lotteryOdds = lotteryOdds * (n - i + 1) / i;
```

如果对 lotteryOdds 和 n 使用大数，则相应的语句为：

```
lotteryOdds = lotteryOdds
   .multiply(n.subtract(BigInteger.valueOf(i - 1)))
   .divide(BigInteger.valueOf(i));
```

程序清单 3-6 BigIntegerTest/BigIntegerTest.java

```
 1 import java.math.*;
 2 import java.util.*;
 3 
 4 /**
 5  * This program uses big numbers to compute the odds of winning the grand prize in a lottery.
 6  * @version 1.20 2004-02-10
 7  * @author Cay Horstmann
 8  */
 9 public class BigIntegerTest
10 {
11    public static void main(String[] args)
12    {
13       Scanner in = new Scanner(System.in);
14 
15       System.out.print("How many numbers do you need to draw? ");
16       int k = in.nextInt();
17 
18       System.out.print("What is the highest number you can draw? ");
19       BigInteger n = in.nextBigInteger();
20 
21       /*
22        * compute binomial coefficient n*(n-1)*(n-2)*...*(n-k+1)/(1*2*3*...*k)
23        */
24 
25       BigInteger lotteryOdds = BigInteger.ONE;
26 
27       for (int i = 1; i <= k; i++)
28          lotteryOdds = lotteryOdds
29             .multiply(n.subtract(BigInteger.valueOf(i - 1)))
30             .divide(BigInteger.valueOf(i));
31 
32       System.out.printf("Your odds are 1 in %s. Good luck!%n", lotteryOdds);
33    }
34 }
```

API java.math.BigInteger 1.1

- BigInteger add(BigInteger other)
- BigInteger subtract(BigInteger other)

- BigInteger multiply(BigInteger other)
- BigInteger divide(BigInteger other)
- BigInteger mod(BigInteger other)

  返回这个大整数和另一个大整数 other 的和、差、积、商以及余数。
- BigInteger sqrt() 9

  得到这个 BigInteger 的平方根。
- int compareTo(BigInteger other)

  如果这个大整数与另一个大整数 other 相等，返回 0；如果这个大整数小于另一个大整数 other，返回负数；否则，返回正数。
- static BigInteger valueOf(long x)

  返回值等于 x 的大整数。

API java.math.BigDecimal 1.1

- BigDecimal(String digits)

  用给定数位构造一个大实数。
- BigDecimal add(BigDecimal other)
- BigDecimal subtract(BigDecimal other)
- BigDecimal multiply(BigDecimal other)
- BigDecimal divide(BigDecimal other)
- BigDecimal divide(BigDecimal other, RoundingMode mode) 5

  返回这个大实数与另一个大实数 other 的和、差、积、商。如果商是一个无限小数，第一个 divide 方法会抛出一个异常。要得到一个舍入的结果，就要使用第二个方法。RoundingMode.HALF_UP 是我们在学校里学习的四舍五入方式（即，0 到 4 舍去，5 到 9 进位）。它适用于常规的计算。其他舍入方式请参见 API 文档。
- int compareTo(BigDecimal other)

  如果这个大实数与另一个大实数 other 相等，返回 0；如果这个大实数小于 other，返回负数；否则，返回正数。

3.10 数组

数组存储相同类型值的序列。下面几小节中，我们将学习在 Java 中如何使用数组。

3.10.1 声明数组

数组是一种数据结构，用来存储同一类型值的集合。通过一个整型索引（index，或称下标）可以访问数组中的每一个值。例如，如果 a 是一个整型数组，a[i] 就是数组中索引为 i 的整数。

在声明数组变量时，需要指出数组类型（元素类型后面紧跟[]）和数组变量名。例如，下面声明了整型数组a：

```
int[] a;
```

不过，这条语句只声明了变量a，并没有将a初始化为一个真正的数组。应该使用new操作符创建数组。

```
int[] a = new int[100]; // or var a = new int[100];
```

这条语句声明并初始化了一个可以存储100个整数的数组。

数组长度不要求是常量：new int[n]会创建一个长度为n的数组。

一旦创建了数组，就不能再改变它的长度（不过，当然可以改变单个数组元素）。如果程序运行中需要经常扩展数组的大小，就应该使用另一种数据结构——数组列表（array list）。有关数组列表的详细内容请参见第5章。

注释：可以使用下面两种形式定义一个数组变量：

```
int[] a;
```

或

```
int a[];
```

大多数Java程序员喜欢使用第一种风格，因为它可以将类型int[]（整型数组）与变量名清晰地分开。

在Java中，提供了一种创建数组对象并同时提供初始值的简写形式。下面是一个例子：

```
int[] smallPrimes = { 2, 3, 5, 7, 11, 13 };
```

请注意，这个语法中不需要使用new，甚至不用指定长度。

最后一个值后面允许有逗号，如果你要不断为数组增加值，这样会很方便：

```
String[] authors =
   {
      "James Gosling",
      "Bill Joy",
      "Guy Steele",
      // add more names here and put a comma after each name
   };
```

还可以声明一个*匿名数组*（anonymous array）：

```
new int[] { 17, 19, 23, 29, 31, 37 };
```

这个表达式会分配一个新数组并填入大括号中提供的值。它会统计初始值个数，并相应地设置数组大小。可以使用这种语法重新初始化一个数组而无须创建新变量。例如：

```
smallPrimes = new int[] { 17, 19, 23, 29, 31, 37 };
```

这是以下语句的简写形式：

```
int[] anonymous = { 17, 19, 23, 29, 31, 37 };
smallPrimes = anonymous;
```

注释：在 Java 中，允许有长度为 0 的数组。编写一个结果为数组的方法时，如果碰巧结果为空，这样一个长度为 0 的数组就很有用。可以如下构造一个长度为 0 的数组：

```
new elementType[0]
```

或

```
new elementType[] {}
```

注意，长度为 0 的数组与 null 并不相同。

3.10.2 访问数组元素

数组元素从 0 开始编号。最后一个合法的索引为数组长度减 1。在下面的例子中，索引值为 0 ~ 99。一旦创建了数组，就可以在数组中填入元素。例如，可以使用一个循环：

```
int[] a = new int[100];
for (int i = 0; i < 100; i++)
   a[i] = i; // fills the array with numbers 0 to 99
```

创建一个数字数组时，所有元素都初始化为 0。boolean 数组的元素会初始化为 false。对象数组的元素则初始化为一个特殊值 null，表示这些元素（还）未存放任何对象。初学者对此可能有些不解。例如，

```
String[] names = new String[10];
```

会创建一个包含 10 个字符串的数组，所有字符串都为 null。如果希望这个数组包含空串，则必须为元素提供空串：

```
for (int i = 0; i < 10; i++) names[i] = "";
```

警告：如果创建了一个包含 100 个元素的数组，然后试图访问元素 a[100]（或在 0 ~ 99 之外的任何其他索引），就会出现“array index out of bounds”（数组索引越界）异常。

要想获得数组中的元素个数，可以使用 array.length。例如，

```
for (int i = 0; i < a.length; i++)
   System.out.println(a[i]);
```

3.10.3 for each 循环

Java 有一种功能很强的循环结构，可以用来依次处理数组（或者任何其他元素集合）中的每个元素，而不必考虑指定索引值。

这种增强的 for 循环形式如下：

```
for (variable : collection) statement
```

它将给定变量（variable）设置为集合中的每一个元素，然后执行语句（statement）（当然，也可以是语句块）。collection 表达式必须是一个数组或者是一个实现了 Iterable 接口的类对象（例如 ArrayList）。有关数组列表的内容将在第 5 章中讨论，另外 Iterable 接口将在第 9 章中讨论。

例如，

```
for (int element : a)
   System.out.println(element);
```

会打印数组 a 的每一个元素，一个元素占一行。

这个循环应该读作“循环 a 中的每一个元素”(for each element in a)。Java 语言的设计者也曾考虑过使用诸如 foreach 和 in 这样的关键字，但这种循环并不是最初就包含在 Java 语言中，而是后来添加的，没有人希望破坏已经包含同名方法或变量（例如 System.in）的老代码。

当然，使用传统的 for 循环也可以获得同样的效果：

```
for (int i = 0; i < a.length; i++)
   System.out.println(a[i]);
```

但是，“for each”循环更加简洁、更不易出错，因为你不必为起始和终止索引值而操心。

注释：“for each”循环的循环变量将会遍历数组中的每个元素，而不是索引值。

如果需要处理一个集合中的所有元素，相比传统循环，“for each”循环是个让人欣喜的改进。不过，很多情况下还是需要使用传统的 for 循环。例如，可能不希望遍历整个集合，或者可能需要在循环内部使用索引值。

提示：有一个更容易的方法可以打印数组中的所有值，即利用 Arrays 类的 toString 方法。调用 Arrays.toString(a) 会返回一个包含数组元素的字符串，这些元素包围在中括号内，并用逗号分隔，例如，"[2,3,5,7,11,13]"。要想打印数组，只需要调用

```
System.out.println(Arrays.toString(a));
```

3.10.4 数组拷贝

在 Java 中，允许将一个数组变量拷贝到另一个数组变量。这时，两个变量将引用同一个数组：

```
int[] luckyNumbers = smallPrimes;
luckyNumbers[5] = 12; // now smallPrimes[5] is also 12
```

图 3-14 显示了拷贝的结果。

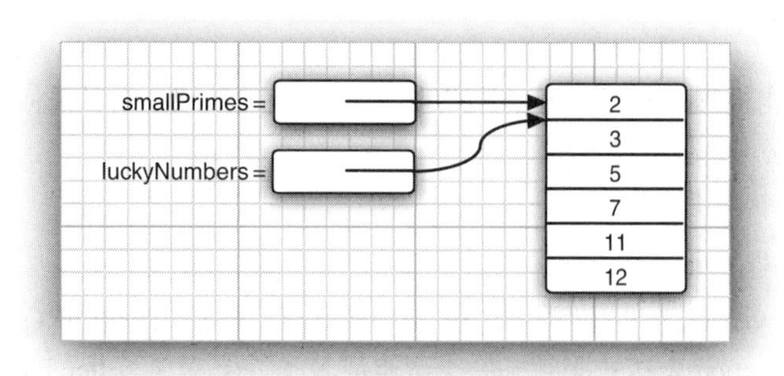

图 3-14 拷贝一个数组变量

如果确实希望将一个数组的所有值拷贝到一个新的数组中，就要使用 Arrays 类的 copyOf 方法：

```
int[] copiedLuckyNumbers = Arrays.copyOf(luckyNumbers, luckyNumbers.length);
```

第 2 个参数是新数组的长度。这个方法通常用来增加数组的大小：

```
luckyNumbers = Arrays.copyOf(luckyNumbers, 2 * luckyNumbers.length);
```

如果数组元素是数值型，那么新增的元素将填入 0；如果数组元素是布尔型，则填入 false。相反，如果长度小于原数组的长度，则只拷贝前面的值。

C++ 注释： Java 数组与堆栈上的 C++ 数组有很大不同，但基本上与在**堆**（heap）上分配的数组指针一样。也就是说，

```
int[] a = new int[100]; // Java
```

不同于

```
int a[100]; // C++
```

而等同于

```
int* a = new int[100]; // C++
```

Java 中的 [] 运算符预定义为会完成**越界检查**（bounds checking）。另外，没有指针运算，就意味着不能通过 a 加 1 得到数组中的下一个元素。

3.10.5 命令行参数

前面已经看到一个例子，其中一个 Java 数组重复出现过很多次。每一个 Java 程序都有一个带 String arg[] 参数的 main 方法。这个参数表明 main 方法将接收一个字符串数组，也就是命令行上指定的参数。

例如，来看下面这个程序：

```
public class Message
{
   public static void main(String[] args)
   {
      if (args.length == 0 || args[0].equals("-h"))
         System.out.print("Hello,");
      else if (args[0].equals("-g"))
         System.out.print("Goodbye,");
      // print the other command-line arguments
      for (int i = 1; i < args.length; i++)
         System.out.print(" " + args[i]);
      System.out.println("!");
   }
}
```

如果如下调用这个程序：

```
java Message -g cruel world
```

args 数组将包含以下内容：

```
args[0]: "-g"
args[1]: "cruel"
args[2]: "world"
```

这个程序会显示下面这个消息：

```
Goodbye, cruel world!
```

> **C++ 注释**：在 Java 程序的 main 方法中，程序名并不存储在 args 数组中。例如，从命令行如下运行一个程序时
>
> ```
> java Message -h world
> ```
>
> args[0] 是 "-h"，而不是 "Message" 或 "java"。

3.10.6 数组排序

要想对数值型数组进行排序，可以使用 Arrays 类中的 sort 方法：

```
int[] a = new int[10000];
. . .
Arrays.sort(a)
```

这个方法使用了优化的快速排序（QuickSort）算法。快速排序算法对于大多数数据集都很高效。Arrays 类还提供了另外一些很便捷的方法，在这一节最后的 API 注释中将介绍这些方法。

程序清单 3-7 中的程序具体使用了数组，它会为一个抽彩游戏生成一个随机的数字组合。例如，假如从 49 个数字中抽取 6 个数，那么程序可能的输出结果为：

```
Bet the following combination. It'll make you rich!
   4
   7
   8
   19
   30
   44
```

要想选择这样一组随机的数字，首先将值 1,2,…,n 填入数组 numbers 中：

```
int[] numbers = new int[n];
for (int i = 0; i < numbers.length; i++)
   numbers[i] = i + 1;
```

第二个数组存放抽取出来的数：

```
int[] result = new int[k];
```

现在可以开始抽取 k 个数了。Math.random 方法将返回一个 0 到 1 之间（包含 0、不包含 1）的随机浮点数。用 n 乘以这个浮点数，可以得到从 0 到 n-1 之间的一个随机数。

```
int r = (int) (Math.random() * n);
```

下面将 result 的第 i 个元素设置为该索引对应的数（numbers[r]），最初是 r+1，但正如所看到的，numbers 数组的内容在每一次抽取之后都会发生变化。

```
result[i] = numbers[r];
```

现在，必须确保不会再次抽到那个数，因为所有抽彩数字必须各不相同。因此，这里用数组中的最后一个数覆盖 number[r]，并将 n 减 1。

```
numbers[r] = numbers[n - 1];
n--;
```

关键在于每次抽取的都是索引，而不是实际的值。这个索引指向一个数组，其中包含尚未抽取过的值。

在抽取了 k 个数之后，可以对 result 数组进行排序，来得到更美观的输出：

```
Arrays.sort(result);
for (int r : result)
   System.out.println(r);
```

程序清单 3-7 LotteryDrawing/LotteryDrawing.java

```
1 import java.util.*;
2
3 /**
4  * This program demonstrates array manipulation.
5  * @version 1.20 2004-02-10
6  * @author Cay Horstmann
7  */
8 public class LotteryDrawing
9 {
10    public static void main(String[] args)
11    {
12       Scanner in = new Scanner(System.in);
13
14       System.out.print("How many numbers do you need to draw? ");
15       int k = in.nextInt();
16
17       System.out.print("What is the highest number you can draw? ");
18       int n = in.nextInt();
19
20       // fill an array with numbers 1 2 3 . . . n
21       int[] numbers = new int[n];
22       for (int i = 0; i < numbers.length; i++)
23          numbers[i] = i + 1;
24
25       // draw k numbers and put them into a second array
26       int[] result = new int[k];
27       for (int i = 0; i < result.length; i++)
28       {
29          // make a random index between 0 and n - 1
30          int r = (int) (Math.random() * n);
31
32          // pick the element at the random location
33          result[i] = numbers[r];
34
35          // move the last element into the random location
36          numbers[r] = numbers[n - 1];
37          n--;
```

```
38        }
39
40        // print the sorted array
41        Arrays.sort(result);
42        System.out.println("Bet the following combination. It'll make you rich!");
43        for (int r : result)
44           System.out.println(r);
45     }
46  }
```

API java.util.Arrays 1.2

- static String toString(*xxx*[] a) **5**

  返回一个字符串，其中包含 a 中的元素，这些元素用中括号包围，并用逗号分隔。在这个方法以及后面的方法中，数组元素类型 xxx 可以是 int、long、short、char、byte、boolean、float 或 double。
- static *xxx*[] copyOf(*xxx*[] a, int end) **6**
- static *xxx*[] copyOfRange(*xxx*[] a, int start, int end) **6**

  返回与 a 类型相同的一个数组，其长度为 end 或者 end-start，并填入 a 的值。如果 end 大于 a.length，结果会填充 0 或 false 值。
- static void sort(*xxx*[] a)

  使用优化的快速排序算法对数组进行排序。
- static int binarySearch(*xxx*[] a, *xxx* v)
- static int binarySearch(*xxx*[] a, int start, int end, *xxx* v) **6**

  使用二分查找算法在有序数组 a 中查找值 v。如果找到 v，则返回相应的索引；否则，返回一个负数值 r。-r-1 是 v 应插入的位置（为保持 a 有序）。
- static void fill(*xxx*[] a, *xxx* v)

  将数组的所有元素设置为 v。
- static boolean equals(*xxx*[] a, *xxx*[] b)

  如果两个数组长度相同，并且相同索引对应的元素都相同，则返回 true。

3.10.7 多维数组

多维数组使用多个索引访问数组元素，它适用于表格或其他更复杂的排列形式。你可以先跳过这一节的内容，等真正需要使用这种存储机制时再返回来学习。

假设需要建立一个数值表格，用来显示在不同利率下投资 10 000 美元有多少收益，利息每年兑现并复投（见表 3-8）。

表 3-8 不同利率下的投资收益情况

10%	11%	12%	13%	14%	15%
10 000.00	10 000.00	10 000.00	10 000.00	10 000.00	10 000.00
11 000.00	11 100.00	11 200.00	11 300.00	11 400.00	11 500.00

（续）

10%	11%	12%	13%	14%	15%
12 100.00	12 321.00	12 544.00	12 769.00	12 996.00	13 225.00
13 310.00	13 676.31	14 049.28	14 428.97	14 815.44	15 208.75
14 641 00	15 180.70	15 735.19	16 304.74	16 889.60	17 490.06
16 105.10	16 850.58	17 623.42	18 424 .35	19 254.15	20 113.57
17 715.61	18 704.15	19 738.23	20 819.52	21 949.73	23 130.61
19 487.17	20 761.60	22 106.81	23 526.05	25 022.69	26 600.20
21 435.89	23 045.38	24 759.63	26 584.44	28 525.86	30 590.23
23 579.48	25 580.37	27 730.79	30 040.42	32 519.49	35 178.76

可以使用一个二维数组（也称为矩阵）来存储这些信息，名为 balances。

在 Java 中，声明一个二维数组相当简单。例如：

```
double[][] balances;
```

数组在进行初始化之前是不能使用的。在这里可以如下初始化：

```
balances = new double[NYEARS][NRATES];
```

其他情况下，如果知道数组元素，可以不调用 new，而直接使用一种简写形式对多维数组进行初始化。例如：

```
int[][] magicSquare =
   {
      {16, 3, 2, 13},
      {5, 10, 11, 8},
      {9, 6, 7, 12},
      {4, 15, 14, 1}
   };
```

一旦初始化数组，就可以利用两对中括号访问单个元素，例如，balances[i][j]。

在示例程序中用到了一个存储利率的一维数组 interest 和一个存储账户余额的二维数组 balances（对应每个年度和利率分别有一个余额），使用初始余额来初始化这个数组的第一行：

```
for (int j = 0; j < balances[0].length; j++)
   balances[0][j] = 10000;
```

然后计算其他行，如下所示：

```
for (int i = 1; i < balances.length; i++)
{
   for (int j = 0; j < balances[i].length; j++)
   {
      double oldBalance = balances[i - 1][j];
      double interest = . . .;
      balances[i][j] = oldBalance + interest;
   }
}
```

程序清单 3-8 给出了完整的程序。

注释：“for each”循环语句不会自动循环处理二维数组的所有元素。它会循环处理行，而这些行本身就是一维数组。要想访问二维数组a的所有元素，需要使用两个嵌套的循环，如下所示：

```
for (double[] row : a)
   for (double value : row)
      do something with value
```

提示：要想快速地打印一个二维数组的元素列表，可以调用：

```
System.out.println(Arrays.deepToString(a));
```

输出格式为：

```
[[16, 3, 2, 13], [5, 10, 11, 8], [9, 6, 7, 12], [4, 15, 14, 1]]
```

程序清单 3-8 CompoundInterest/CompoundInterest.java

```
 1 /**
 2  * This program shows how to store tabular data in a 2D array.
 3  * @version 1.40 2004-02-10
 4  * @author Cay Horstmann
 5  */
 6 public class CompoundInterest
 7 {
 8    public static void main(String[] args)
 9    {
10       final double STARTRATE = 10;
11       final int NRATES = 6;
12       final int NYEARS = 10;
13 
14       // set interest rates to 10 . . . 15%
15       double[] interestRate = new double[NRATES];
16       for (int j = 0; j < interestRate.length; j++)
17          interestRate[j] = (STARTRATE + j) / 100.0;
18 
19       double[][] balances = new double[NYEARS][NRATES];
20 
21       // set initial balances to 10000
22       for (int j = 0; j < balances[0].length; j++)
23          balances[0][j] = 10000;
24 
25       // compute interest for future years
26       for (int i = 1; i < balances.length; i++)
27       {
28          for (int j = 0; j < balances[i].length; j++)
29          {
30             // get last year's balances from previous row
31             double oldBalance = balances[i - 1][j];
32 
33             // compute interest
34             double interest = oldBalance * interestRate[j];
35 
36             // compute this year's balances
37             balances[i][j] = oldBalance + interest;
38          }
```

```
39         }
40 
41         // print one row of interest rates
42         for (int j = 0; j < interestRate.length; j++)
43            System.out.printf("%9.0f%%", 100 * interestRate[j]);
44 
45         System.out.println();
46 
47         // print balance table
48         for (double[] row : balances)
49         {
50            // print table row
51            for (double b : row)
52               System.out.printf("%10.2f", b);
53 
54            System.out.println();
55         }
56      }
57   }
```

3.10.8　不规则数组

到目前为止，我们看到的数组与其他程序设计语言中的数组没有多大区别。但在底层实际存在着一些细微的差异，有时你可以充分利用这一点：Java 实际上没有多维数组，只有一维数组。多维数组被解释为“数组的数组”。

例如，在前面的示例中，balances 数组实际上是一个包含 10 个元素的数组，而每个元素又是一个由 6 个浮点数组成的数组（请参见图 3-15）。

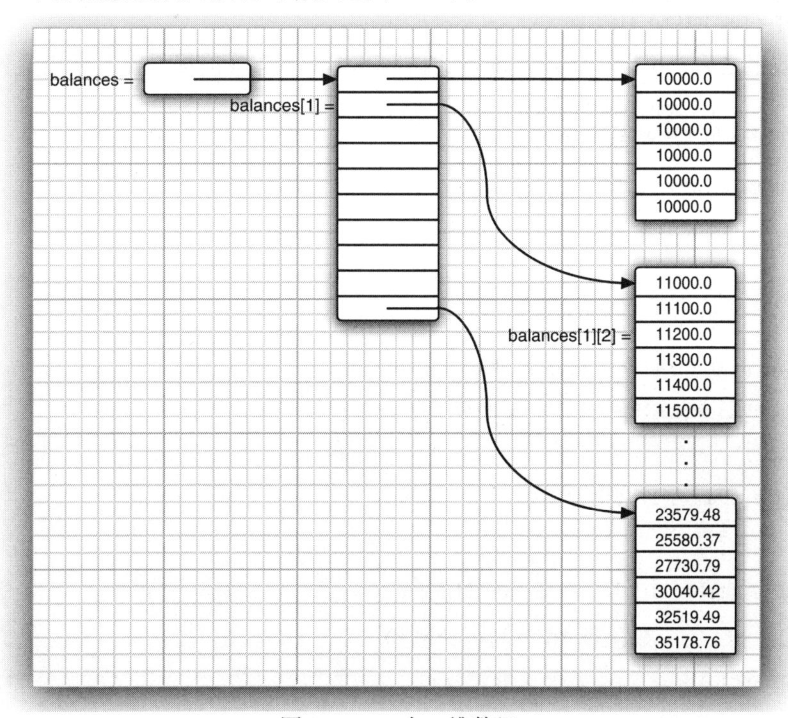

图 3-15　一个二维数组

表达式 balances[i] 指示第 i 个子数组，也就是表格的第 i 行。它本身也是一个数组，balances[i][j] 指示这个数组的第 j 个元素。

由于可以单独地访问数组的某一行，所以可以让两行交换。

```
double[] temp = balances[i];
balances[i] = balances[i + 1];
balances[i + 1] = temp;
```

还可以很容易地构造一个“不规则”数组，即数组的每一行有不同的长度。下面是一个标准的示例。我们将创建一个数组，第 i 行第 j 列的元素将存放“从 i 个数中抽取 j 个数”可能的结果数。

```
1
1  1
1  2  1
1  3  3  1
1  4  6  4  1
1  5 10 10  5 1
1  6 15 20 15 6 1
```

由于 j 不可能大于 i，所以矩阵是三角形的。第 i 行有 i + 1 个元素（允许抽取 0 个元素，这种选择只有一种可能）。要想创建这样一个不规则的数组，首先需要分配一个数组包含这些行：

```
final int NMAX = 10;
int[][] odds = new int[NMAX + 1][];
```

接下来，分配这些行：

```
for (int n = 0; n <= NMAX; n++)
   odds[n] = new int[n + 1];
```

分配了数组之后，可以采用通常的方式访问其中的元素（前提是没有超出边界）：

```
for (int n = 0; n < odds.length; n++)
   for (int k = 0; k < odds[n].length; k++)
   {
      // compute lotteryOdds
      . . .
      odds[n][k] = lotteryOdds;
   }
```

程序清单 3-9 给出了完整的程序。

C++ 注释：在 C++ 中，Java 声明

```
double[][] balances = new double[10][6]; // Java
```

不同于

```
double balances[10][6]; // C++
```

也不同于

```
double (*balances)[6] = new double[10][6]; // C++
```

而是分配了一个包含 10 个指针的数组：

```
double** balances = new double*[10]; // C++
```

然后，这个指针数组的每一个元素会填充一个包含6个数字的数组：

```
for (i = 0; i < 10; i++)
   balances[i] = new double[6];
```

庆幸的是，当调用 new double[10][6] 时，这个循环是自动的。需要不规则的数组时，只能单独地分配行数组。

程序清单 3-9　LotteryArray/LotteryArray.java

```
1  /**
2   * This program demonstrates a triangular array.
3   * @version 1.20 2004-02-10
4   * @author Cay Horstmann
5   */
6  public class LotteryArray
7  {
8     public static void main(String[] args)
9     {
10       final int NMAX = 10;
11 
12       // allocate triangular array
13       int[][] odds = new int[NMAX + 1][];
14       for (int n = 0; n <= NMAX; n++)
15          odds[n] = new int[n + 1];
16 
17       // fill triangular array
18       for (int n = 0; n < odds.length; n++)
19          for (int k = 0; k < odds[n].length; k++)
20          {
21             /*
22              * compute binomial coefficient n*(n-1)*(n-2)*...*(n-k+1)/(1*2*3*...*k)
23              */
24             int lotteryOdds = 1;
25             for (int i = 1; i <= k; i++)
26                lotteryOdds = lotteryOdds * (n - i + 1) / i;
27 
28             odds[n][k] = lotteryOdds;
29          }
30 
31       // print triangular array
32       for (int[] row : odds)
33       {
34          for (int odd : row)
35             System.out.printf("%4d", odd);
36          System.out.println();
37       }
38    }
39 }
```

现在，我们已经了解了Java语言的基本程序结构，下一章将介绍Java面向对象程序设计。

第4章 对象与类

- ▲ 面向对象程序设计概述
- ▲ 使用预定义类
- ▲ 自定义类
- ▲ 静态字段与静态方法
- ▲ 方法参数
- ▲ 对象构造
- ▲ 记录
- ▲ 包
- ▲ JAR 文件
- ▲ 文档注释
- ▲ 类设计技巧

这一章将主要介绍如下内容：

- 面向对象程序设计入门；
- 如何创建标准 Java 类库中类的对象；
- 如何编写自己的类。

如果你没有面向对象程序设计背景，那么一定要认真地阅读本章的内容。面向对象程序设计与面向过程的语言在思维方式上存在着很大的差别。改变思维方式并不是一件很容易的事情，但是为了继续学习 Java，一定要熟悉对象的概念。

对于有经验的 C++ 程序员来说，与上一章一样，对本章的内容不会感到太陌生，但这两种语言还是存在着很多不同之处，所以要认真阅读本章的后半部分内容，你将发现"C++ 注释"对于你转换思维方式会很有帮助。

4.1 面向对象程序设计概述

面向对象程序设计（Object-Oriented Programming，OOP）是当今的主流程序设计范型，它取代了 20 世纪 70 年代的"结构化"或过程式编程技术。由于 Java 是面向对象的，所以你必须熟悉 OOP 才能够很好地使用 Java。

面向对象的程序是由对象组成的，每个对象包含对用户公开的特定功能和隐藏的实现。程序中的很多对象是来自标准类库的"成品"，还有一些是自定义的。究竟是自己构造对象，还是从外界购买，这完全取决于开发项目的预算和时间。但是，从根本上说，只要对象能够满足要求，就不必关心其功能到底是如何实现的。

传统的结构化程序设计通过设计一系列的过程（即算法）来求解问题。一旦确定了这些过程，下一步往往要考虑存储数据的适当方式。这就是 Pascal 语言的设计者 Niklaus Wirth 将其著作命名为《算法 + 数据结构 = 程序》（*Algorithms + Data Structures = Programs*, Prentice Hall, 1975）的原因。需要注意的是，在 Wirth 的这个书名中，算法是第一位的，数据结构排在第二位，这也反映了当时程序员的工作方式。首先，他们会确定操作数据的过程，然后再决定如何组织数据的结构，以便于操作数据。而 OOP 却调换了这个次序，将数据放在第一位，然后再考虑操作数据的算法。

对于一些规模较小的问题，将其分解为过程的做法是合适的，而对象更适合解决规模较大的问题。考虑一个简单的 Web 浏览器，实现这个浏览器可能需要大约 2000 个过程，这些过程需要对一组全局数据进行操作。采用面向对象风格时，可能需要大约 100 个类，每个类平均包含 20 个方法（如图 4-1 所示）。这种结构更易于程序员掌握，也更容易查找 bug。假设一个特定对象的数据出错了，在访问这个数据项的 20 个方法中查找“罪魁祸首”要比在 2000 个过程中查找容易得多。

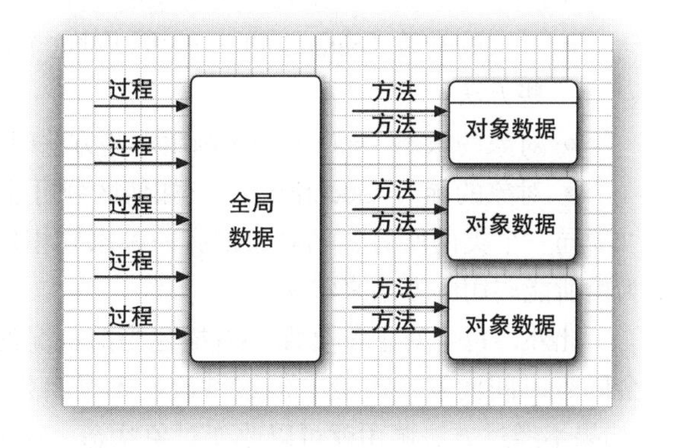

图 4-1　过程式程序设计与面向对象程序设计

4.1.1　类

类（class）指定了如何构造对象。可以将类想象成制作小甜饼的模具，将对象想象为小甜饼。由一个类构造（construct）对象的过程称为创建这个类的一个*实例*（instance）。

正如前面所看到的，用 Java 编写的所有代码都在某个类中。标准 Java 库提供了几千个类，可用于各种目的，如用户界面设计、日期和日历，以及网络编程。尽管如此，在 Java 中你还需要创建一些自己的类，来描述你的应用相应问题领域中的对象。

封装（encapsulation，有时称为*信息隐藏*）是处理对象的一个重要概念。从形式上看，封装就是将数据和行为组合在一个包中，并对对象的使用者隐藏具体的实现细节。对象中的数据称为*实例字段*（instance field），操作数据的过程称为*方法*（method）。作为一个类的实例，一个特定对象有一组特定的实例字段值。这些值的集合就是这个对象的当前*状态*（state）。只要在对象上调用一个方法，它的状态就有可能发生改变。

实现封装的关键在于，绝对不能让其他类中的方法直接访问这个类的实例字段。程序*只*能通过对象的方法与对象数据进行交互。封装为对象赋予了“黑盒”特征，这是提高重用性和可靠性的关键。这意味着一个类可以完全改变存储数据的方式，只要仍旧使用同样的方法操作数据，其他对象就不会知道也不用关心这个类所发生的变化。

OOP 的另一个原则会让用户自定义 Java 类变得更为容易，这就是：可以通过*扩展*其他类来构建新类。事实上，Java 提供了一个“神通广大的超类”，名为 `Object`。所有其他类都扩展自这个 `Object` 类。在下一章中，你会了解更多有关 `Object` 类的内容。

扩展一个已有的类时，这个新类具有被扩展的那个类的全部属性和方法。你只需要在新类中提供适用于这个新类的新方法和实例字段。通过扩展一个类来得到另外一个类的概念称为继承（inheritance），有关继承的详细内容请参见下一章。

4.1.2　对象

要想使用OOP，一定要清楚对象的三个主要特性：

- 对象的行为（behavior）——可以对这个对象做哪些操作，或者可以对这个对象应用哪些方法？
- 对象的状态（state）——调用那些方法时，对象会如何响应？
- 对象的标识（identity）——如何区分可能有相同行为和状态的不同对象？

同一个类的所有实例对象都有一种家族相似性，它们都支持相同的行为。一个对象的行为由所能调用的方法来定义。

此外，每个对象都会保存着描述当前状况的信息，这就是对象的状态。对象的状态可能会随着时间而发生改变，但这种改变不是自发的。对象状态的改变必然是调用方法的结果（如果不经过方法调用就可以改变对象状态，这说明破坏了封装性）。

但是，对象的状态并不能完全描述一个对象，因为每个对象都有一个唯一的标识（identity，或称身份）。例如，在一个订单处理系统中，任何两个订单都是不同的，即使它们订购的商品完全相同。需要注意，作为同一个类的实例，每个对象的标识总是不同的，状态也通常有所不同。

对象的这些关键特性会彼此相互影响。例如，对象的状态会影响它的行为（如果一个订单“已发货”或“已付款”，就应该拒绝要求增删商品的方法调用。反过来，如果订单是“空的”，即还没有订购任何商品，就不应该允许“发货”）。

4.1.3　识别类

传统的过程式程序中，必须从最上面的`main`函数开始编写程序。设计一个面向对象系统时，则没有所谓的“最上面”。因此，学习OOP的初学者常常会感觉无从下手。答案是：首先从识别类开始，然后再为各个类添加方法。

识别类的一个简单经验是在分析问题的过程中寻找名词，而方法对应动词。

例如，在订单处理系统中，有这样一些名词：

- 商品（Item）；
- 订单（Order）；
- 发货地址（Shipping address）；
- 付款（Payment）；
- 账户（Account）。

从这些名词就可以得到类Item、Order等。

接下来查找动词。商品要添加（add）到订单中，订单可以发货（ship）或取消（cancel），另外可以对订单完成付款（apply）。对于每一个动词，如“添加”“发货”“取消”或者“完成付款”，要识别出负责完成相应动作的对象。例如，当一个新商品添加到订单中时，订单对象就是负责的对象，因为它知道如何存储商品以及如何对商品进行排序。也就是说，add 应该是 Order 类的一个方法，它接受一个 Item 对象作为参数。

当然，这种“名词与动词”原则只是一种经验，在创建类的时候，只有经验能帮助你确定哪些名词和动词重要。

4.1.4 类之间的关系

类之间最常见的关系有

- 依赖（“uses-a”）；
- 聚合（“has-a”）；
- 继承（“is-a”）。

依赖（dependence），即“uses-a”关系，是一种最明显的也最一般的关系。例如，Order 类使用了 Account 类，因为 Order 对象需要访问 Account 对象来查看信用状态。但是 Item 类不依赖于 Account 类，因为 Item 对象不需要考虑客户账户。因此，如果一个类的方法要使用或操作另一个类的对象，我们就说前一个类依赖于后一个类。

应当尽可能减少相互依赖的类。这里的关键是，如果类 A 不知道 B 的存在，它就不会关心 B 的任何改变（这意味着 B 的改变不会在 A 中引入 bug）。用软件工程的术语来说，就是要尽可能减少类之间的耦合（coupling）。

聚合（aggregation），即“has-a”关系，很容易理解，因为这种关系很具体。例如，一个 Order 对象包含一些 Item 对象。包含关系意味着类 A 的对象包含类 B 的对象。

注释：有些方法学家不喜欢聚合这个概念，而更喜欢使用更一般的“关联”关系。从建模的角度看，这是可以理解的。但对于程序员来说，“has-a”关系更加形象。我喜欢使用聚合还有另一个原因：关联的标准记法不是很清楚，请参见表 4-1。

表 4-1 表达类关系的 UML 记法

关 系	UML 连接符
继承	————————▷
接口实现	- - - - - - - -▷
依赖	- - - - - - - ->
聚合	◇————————
关联	————————
直接关联	————————>

继承（inheritance），即“is-a”关系，表示一个更特殊的类与一个更一般的类之间的关系。例如，RushOrder 类继承了 Order 类。在特殊化的 RushOrder 类中包含一些用于优先处理的特殊方法，还提供了一个计算运费的不同方法；而其他的方法，如添加商品、生成账单等都是从 Order 类继承来的。一般而言，如果类 D 扩展了类 C，类 D 会继承类 C 的方法，另外还会

有一些额外的功能（下一章将详细讨论这个重要的概念）。

很多程序员采用 UML（Unified Modeling Language，统一建模语言）绘制类图，来描述类之间的关系。图 4-2 就是这样一个例子。类用矩形表示，类之间的关系用带有各种修饰的箭头表示。表 4-1 给出了 UML 中最常见的箭头样式。

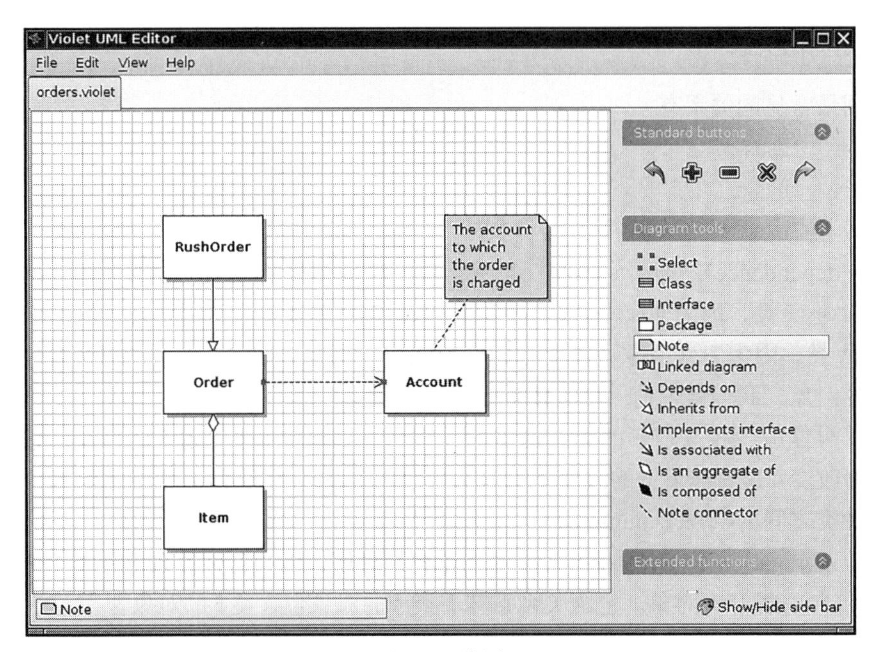

图 4-2　类图

4.2　使用预定义类

在 Java 中，没有类就无法做任何事情，我们前面曾经接触过几个类。然而，并不是所有的类都表现出面向对象的典型特征。以 Math 类为例。你已经看到，可以直接使用 Math 类的方法，如 Math.random，而不必了解它具体是如何实现的，你只需要知道方法名和参数（如果有的话）。这正是封装的关键所在，当然所有类都是这样。但 Math 类只封装了功能，它不需要也不必隐藏数据。由于没有数据，因此也不必考虑创建对象和初始化它们的实例字段，因为根本没有实例字段！

下一节将会介绍一个更典型的类——Date 类，从中可以了解如何构造对象，以及如何调用类的方法。

4.2.1　对象与对象变量

要想使用对象，首先必须构造对象，并指定其初始状态。然后对对象应用方法。

在 Java 程序设计语言中，要使用*构造器*（constructor，或称*构造函数*）构造新实例。构造器是一种特殊的方法，其作用是构造并初始化对象。下面来看一个例子。标准 Java 库中包含一个 Date 类。它的对象可以描述一个时间点，例如，“December 31, 1999, 23:59:59 GMT”。

注释： 你可能会感到奇怪：为什么用类表示日期，而不是像其他语言中那样用一个内置（built-in）类型来表示？例如，Visual Basic 中有一个内置的 date 类型，程序员可以采用 #12/31/1999# 格式指定日期。看起来这似乎很方便，程序员只需要使用内置的 date 类型，而不用考虑类。但实际上，Visual Basic 这样设计合适吗？在有些地区，日期表示为月 / 日 / 年，而另外一些地区则表示为日 / 月 / 年。语言设计者是否能够预见这些问题呢？如果没有处理好这类问题，语言就有可能陷入混乱，对此感到不满的程序员也会丧失使用这种语言的热情。如果使用类，这些设计任务就交给了类库的设计者。如果类设计得不完善，那么其他程序员可以很容易地编写自己的类，改进或替代（replace）这些系统类（作为印证：Java 的日期类库开始时有些混乱，现在已经重新设计了两次）。

构造器总是与类同名。因此，Date 类的构造器就名为 Date。要想构造一个 Date 对象，需要在构造器前面加上 new 操作符，如下所示：

```
new Date()
```

这个表达式会构造一个新对象。这个对象初始化为当前的日期和时间。

如果需要的话，可以将这个对象传递给一个方法：

```
System.out.println(new Date());
```

或者，可以对刚构造的对象应用一个方法。Date 类中有一个 toString 方法。这个方法将生成日期的一个字符串描述。可以如下对新构造的 Date 对象应用 toString 方法：

```
String s = new Date().toString();
```

在这两个例子中，构造的对象仅使用了一次。通常，你可能希望保留所构造的对象从而能继续使用，为此，需要将对象存放在一个变量中：

```
Date rightNow = new Date();
```

图 4-3 显示了对象变量 rightNow，它引用了新构造的对象。

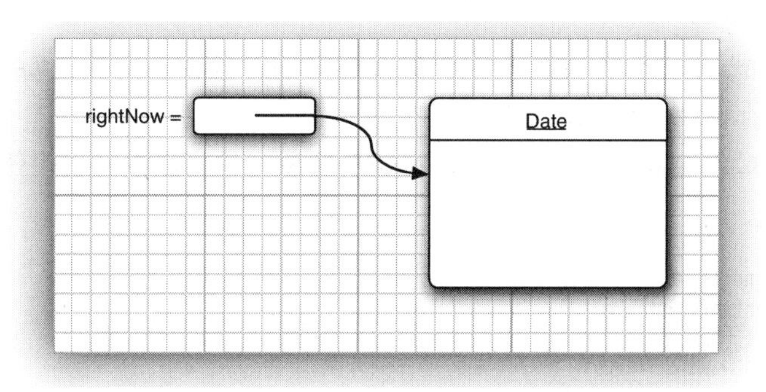

图 4-3　创建一个新对象

对象与对象变量之间存在着一个重要的区别。例如，以下语句

```
Date startTime; // startTime doesn't refer to any object
```

定义了一个对象变量 startTime，它可以引用 Date 类型的对象。但是，一定要认识到：变量 startTime 不是一个对象，而且实际上它甚至还没有引用任何对象。此时不能在这个变量上使用任何 Date 方法。下面的语句

```
s = startTime.toString(); // not yet
```

将产生编译错误。

必须首先初始化 startTime 变量，这里有两个选择。当然，可以初始化这个变量，让它引用一个新构造的对象：

```
startTime = new Date();
```

也可以设置这个变量，让它引用一个已有的对象：

```
startTime = rightNow;
```

现在，这两个变量都引用同一个对象（如图 4-4 所示）。

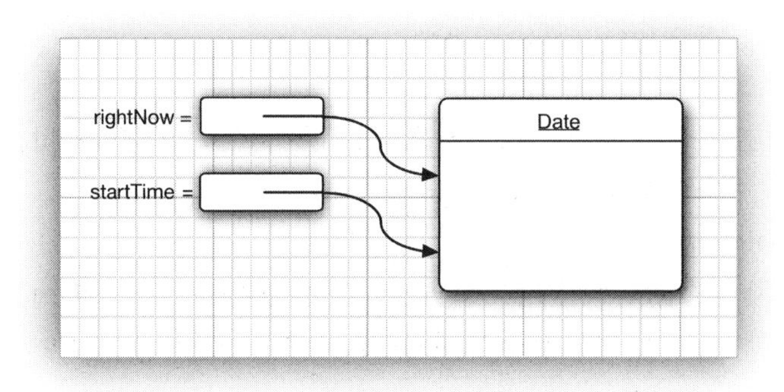

图 4-4　对象变量引用同一个对象

要认识到重要的一点：对象变量并不实际包含一个对象，它只是引用一个对象。

在 Java 中，任何对象变量的值都是一个引用，指向存储在另外一个地方的某个对象。new 操作符的返回值也是一个引用。下面的语句：

```
Date startTime = new Date();
```

有两个部分。表达式 new Date() 构造了一个 Date 类型的对象，它的值是新创建对象的一个引用。再将这个引用存储在 startTime 变量中。

可以显式地将对象变量设置为 null，指示这个对象变量目前没有引用任何对象。

```
startTime = null;
. . .
if (startTime != null)
   System.out.println(startTime);
```

我们将在 4.3.6 节更详细地讨论 null。

C++ 注释：很多人错误地认为 Java 中的对象变量就相当于 C++ 中的引用。然而，C++ 中没有 null 引用，而且引用不能赋值。应当把 Java 中的对象变量看作类似于 C++ 的**对象指针**。例如，

```
Date rightNow; // Java
```

实际上等同于

```
Date* rightNow; // C++
```

一旦建立了这种关联，一切就清楚了。当然，只有使用了new调用后Date*指针才会初始化。就这一点而言，C++与Java的语法几乎是一样的。

```
Date* rightNow = new Date(); // C++
```

如果把一个变量复制到另一个变量，两个变量就指向同一个日期，即它们是同一个对象的指针。Java中的null引用对应于C++中的NULL指针。

所有的Java对象都存储在堆中。当一个对象包含另一个对象变量时，它只是包含另一个堆对象的指针。

在C++中，指针十分令人头疼，因为它们很容易出错。稍不小心就会创建一个错误的指针，或者使内存管理出问题。在Java语言中，这些问题都不复存在。如果使用一个没有初始化的指针，那么运行时系统将会产生一个运行时错误，而不是生成随机的结果。另外，你不必担心内存管理问题，垃圾回收器会处理相关的事宜。

C++确实做了很大的努力，它通过支持复制构造器和赋值运算符来实现对象的自动复制。例如，一个链表（linked list）的副本是一个新链表，其内容与原始链表相同，但是有一组独立的链接。这样一来就可以适当地设计类，使它们与内置类型有相同的复制行为。在Java中，必须使用clone方法获得一个对象的完整副本。

4.2.2 Java类库中的LocalDate类

在前面的例子中，我们使用了Java标准类库中的Date类。Date类的实例有一个状态，也就是一个特定的时间点。

尽管在使用Date类时不必知道这一点，但时间是用距离一个固定时间点的毫秒数（可正可负）表示的，这个时间点就是所谓的纪元（epoch），它是UTC时间1970年1月1日00:00:00。UTC就是Coordinated Universal Time（国际协调时间），与大家熟悉的GMT（即Greenwich Mean Time，格林尼治时间）一样，是一种实用的科学标准时间。

但是，Date类对于处理人类记录日期的日历信息并不是很有用，如“December 31, 1999”。这个特定的日期描述遵循Gregorian阳历，这是世界上大多数国家使用的日历。但是，同样的这个时间点采用中国或希伯来的阴历来描述会大不相同，倘若我们有来自火星的顾客，基于他们使用的火星历来描述这个时间点就更不一样了。

注释： 有史以来，人类的文明与历法的设计息息相关，日历要为日期指定名字，指定太阳和月亮的周期次序。要了解有关世界上各种日历的有趣解释，从法国大革命的日历到玛雅人计算日期的方法，请参见Nachum Dershowitz和Edward M. Reingold编写的《Calendrical Calculations》第4版（剑桥大学出版社，2018年）。

类库设计者决定将保存时间与给时间点命名分开。所以，标准 Java 类库分别包含了两个类：一个是用来表示时间点的 Date 类；另一个是用大家熟悉的日历表示法表示日期的 LocalDate 类。Java 8 引入了另外一些类来处理日期和时间的不同方面——有关内容参见卷Ⅱ第 6 章。

将时间度量与日历分开是一种很好的面向对象设计。通常，最好使用不同的类表示不同的概念。

不要使用构造器来构造 LocalDate 类的对象。实际上，应当使用静态工厂方法（factory method），它会代表你调用构造器。下面的表达式：

```
LocalDate.now()
```

会构造一个新对象，表示构造这个对象时的日期。

可以提供年、月和日来构造对应一个特定日期的对象：

```
LocalDate.of(1999, 12, 31)
```

当然，通常我们都希望将构造的对象保存在一个对象变量中：

```
LocalDate newYearsEve = LocalDate.of(1999, 12, 31);
```

一旦有了一个 LocalDate 对象，可以用方法 getYear、getMonthValue 和 getDayOfMonth 得到年、月和日：

```
int year = newYearsEve.getYear(); // 1999
int month = newYearsEve.getMonthValue(); // 12
int day = newYearsEve.getDayOfMonth(); // 31
```

看起来这似乎没有多大的意义，因为这正是构造对象时使用的那些值。不过，有时可能有一个计算得到的日期，然后你希望调用这些方法来了解它的更多信息。例如，plusDays 方法会生成一个新的 LocalDate，如果把应用这个方法的对象称为当前对象，那么这个新日期对象则是距当前对象指定天数的一个新日期：

```
LocalDate aThousandDaysLater = newYearsEve.plusDays(1000);
year = aThousandDaysLater.getYear(); // 2002
month = aThousandDaysLater.getMonthValue(); // 09
day = aThousandDaysLater.getDayOfMonth(); // 26
```

LocalDate 类封装了一些实例字段来维护所设置的日期。如果不查看源代码，就不可能知道类内部的日期表示。当然，封装的意义就在于内部表示并不重要，重要的是类对外提供的方法。

> **注释：** 实际上，Date 类也有得到日、月、年的方法，分别是 getDay、getMonth 以及 getYear，不过这些方法已经**废弃**。当类库设计者意识到某个方法最初就不该引入时，就把它标记为废弃，不鼓励使用。
>
> 类库设计者意识到应当单独提供类来处理日历，不过在此之前这些方法已经是 Date 类的一部分了。Java 1.1 中引入较早的一组日历类时，Date 方法被标记为废弃。虽然仍然可以在程序中使用这些方法，不过如果这样做，编译时会出现警告。最好不要使用废弃的方法，因为将来的某个类库版本很有可能会将它们完全删除。

> 提示：JDK 提供了 jdeprscan 工具来检查你的代码中是否使用了 Java API 已经废弃的特性。有关说明参见 https://docs.oracle.com/en/java/javase/17/docs/specs/man/jdeprscan.html。

4.2.3　更改器方法与访问器方法

再来看上一节中的 plusDays 方法调用：

```
LocalDate aThousandDaysLater = newYearsEve.plusDays(1000);
```

这个调用之后 newYearsEve 会有什么变化？它会改为 1000 天之后的日期吗？事实上，并没有。plusDays 方法会生成一个新的 LocalDate 对象，然后把这个新对象赋给 aThousandDaysLater 变量。原来的对象不做任何改动。我们说 plusDays 方法没有*更改*（mutate）调用这个方法的对象。（这类似于第 3 章中见过的 String 类的 toUpperCase 方法。在一个字符串上调用 toUpperCase 时，这个字符串仍保持不变，并返回一个包含大写字符的新字符串。）

Java 库的一个较早版本曾经有另一个处理日历的类，名为 GregorianCalendar。可以如下为这个类表示的一个日期增加 1000 天：

```
GregorianCalendar someDay = new GregorianCalendar(1999, 11, 31);
   // odd feature of that class: month numbers go from 0 to 11
someDay.add(Calendar.DAY_OF_MONTH, 1000);
```

与 LocalDate.plusDays 方法不同，GregorianCalendar.add 方法是一个*更改器方法*（mutator method）。调用这个方法后，someDay 对象的状态会改变。可以如下查看新状态：

```
year = someDay.get(Calendar.YEAR); // 2002
month = someDay.get(Calendar.MONTH) + 1; // 09
day = someDay.get(Calendar.DAY_OF_MONTH); // 26
```

正是因为这个原因，我们将变量命名为 someDay 而不是 newYearsEve——调用这个更改器方法之后，它不再是新年前夜。

相反，只访问对象而不修改对象的方法有时称为*访问器方法*（accessor method）。例如，LocalDate.getYear 和 GregorianCalendar.get 就是访问器方法。

> **C++ 注释：**在 C++ 中，带有 const 后缀的方法是访问器方法；没有声明为 const 的方法默认为更改器方法。但是，在 Java 语言中，访问器方法与更改器方法在语法上没有明显的区别。

下面用一个具体应用 LocalDate 类的程序来结束这一节。这个程序将显示当前月的日历，格式如下：

```
Mon Tue Wed Thu Fri Sat Sun
                          1
  2   3   4   5   6   7   8
  9  10  11  12  13  14  15
 16  17  18  19  20  21  22
 23  24  25  26* 27  28  29
 30
```

当前日期标记有一个 * 号。可以看到，这个程序需要知道如何计算某月份的天数以及一个给定日期是星期几。

下面来看这个程序的关键步骤。首先构造一个对象，并用当前的日期初始化。

```
LocalDate date = LocalDate.now();
```

下面获得当前的月份和日期。

```
int month = date.getMonthValue();
int today = date.getDayOfMonth();
```

然后，将 date 设置为这个月的第一天，并得到这一天为星期几。

```
date = date.minusDays(today - 1); // set to start of month
DayOfWeek weekday = date.getDayOfWeek();
int value = weekday.getValue(); // 1 = Monday, . . . , 7 = Sunday
```

变量 weekday 设置为 DayOfWeek 类型的对象。我们调用这个对象的 getValue 方法来得到对应星期几的一个数值。这会得到一个整数，这里遵循国际惯例，即周末是一周的结束，星期一就返回 1，星期二返回 2，依此类推。星期日则返回 7。

注意，日历的第一行是缩进的，使当月第一天对应正确的星期几。下面的代码会打印表头和第一行的缩进：

```
System.out.println("Mon Tue Wed Thu Fri Sat Sun");
for (int i = 1; i < value; i++)
   System.out.print("    ");
```

现在我们来打印日历的主体。进入一个循环，其中 date 遍历一个月中的每一天。

每次迭代中，我们要打印日期值。如果 date 是当前日期，这个日期则用一个 * 标记。接下来，把 date 推进到下一天。如果到达新的一周的第一天，则换行打印：

```
while (date.getMonthValue() == month)
{
   System.out.printf("%3d", date.getDayOfMonth());
   if (date.getDayOfMonth() == today)
      System.out.print("*");
   else
      System.out.print(" ");
   date = date.plusDays(1);
   if (date.getDayOfWeek().getValue() == 1) System.out.println();
}
```

什么时候结束呢？我们不知道这个月有几天，是 31 天、30 天、29 天还是 28 天？实际上，只要 date 还在当月就要继续迭代。

程序清单 4-1 给出了完整的程序。

可以看到，利用 LocalDate 类可以编写一个日历程序，它能处理星期几以及各月天数不同等复杂问题。你并不需要知道 LocalDate 类如何计算月和星期几，只需要使用这个类的*接口*，也就是诸如 plusDays 和 getDayOfWeek 等方法。

这个示例程序的重点是向你展示如何使用一个类的接口来完成相当复杂的任务，而无须了解实现细节。

程序清单 4-1 CalendarTest/CalendarTest.java

```
 1 import java.time.*;
 2 
 3 /**
 4  * @version 1.5 2015-05-08
 5  * @author Cay Horstmann
 6  */
 7 public class CalendarTest
 8 {
 9    public static void main(String[] args)
10    {
11       LocalDate date = LocalDate.now();
12       int month = date.getMonthValue();
13       int today = date.getDayOfMonth();
14 
15       date = date.minusDays(today - 1); // set to start of month
16       DayOfWeek weekday = date.getDayOfWeek();
17       int value = weekday.getValue(); // 1 = Monday, . . . , 7 = Sunday
18 
19       System.out.println("Mon Tue Wed Thu Fri Sat Sun");
20       for (int i = 1; i < value; i++)
21          System.out.print("    ");
22       while (date.getMonthValue() == month)
23       {
24          System.out.printf("%3d", date.getDayOfMonth());
25          if (date.getDayOfMonth() == today)
26             System.out.print("*");
27          else
28             System.out.print(" ");
29          date = date.plusDays(1);
30          if (date.getDayOfWeek().getValue() == 1) System.out.println();
31       }
32       if (date.getDayOfWeek().getValue() != 1) System.out.println();
33    }
34 }
```

API java.time.LocalDate 8

- `static LocalDate now()`

  构造一个表示当前日期的对象。

- `static LocalDate of(int year, int month, int day)`

  构造一个表示给定日期的对象。

- `int getYear()`
- `int getMonthValue()`
- `int getDayOfMonth()`

  得到当前日期的年、月和日。

- `DayOfWeek getDayOfWeek()`

  得到当前日期是星期几，作为 DayOfWeek 类的一个实例返回。在 DayOfWeek 实例上调用

getValue 来得到 1 ～ 7 之间的一个数，表示这是星期几，1 表示星期一，7 表示星期日。

- LocalDate plusDays(int n)
- LocalDate minusDays(int n)

  生成当前日期之后或之前 n 天的日期。

4.3 自定义类

在第 3 章中，我们已经开始编写一些简单的类。但是，那些类都只包含一个简单的 main 方法。现在来学习如何编写更复杂的应用所需要的那种主力类（workhorse class）。通常，这些类没有 main 方法，而有自己的实例字段和实例方法。要想构建一个完整的程序，会结合使用多个类，其中只有一个类有 main 方法。

4.3.1 Employee 类

在 Java 中，最简单的类定义形式为：

```
class ClassName
{
   field1
   field2
   . . .
   constructor1
   constructor2
   . . .
   method1
   method2
   . . .
}
```

下面看一个非常简单的 Employee 类，编写工资管理系统时可能会用到：

```
class Employee
{
   // instance fields
   private String name;
   private double salary;
   private LocalDate hireDay;

   // constructor
   public Employee(String n, double s, int year, int month, int day)
   {
      name = n;
      salary = s;
      hireDay = LocalDate.of(year, month, day);
   }

   // a method
   public String getName()
   {
      return name;
   }
```

```
   // more methods
   . . .
}
```

这里将这个类的实现分成以下几个部分，并分别在稍后的几节中介绍。不过，首先来看程序清单 4-2，这个程序展示了 Employee 类的实际使用。

程序清单 4-2 EmployeeTest/EmployeeTest.java

```
1 import java.time.*;
2 
3 /**
4  * This program tests the Employee class.
5  * @version 1.13 2018-04-10
6  * @author Cay Horstmann
7  */
8 public class EmployeeTest
9 {
10    public static void main(String[] args)
11    {
12       // fill the staff array with three Employee objects
13       Employee[] staff = new Employee[3];
14 
15       staff[0] = new Employee("Carl Cracker", 75000, 1987, 12, 15);
16       staff[1] = new Employee("Harry Hacker", 50000, 1989, 10, 1);
17       staff[2] = new Employee("Tony Tester", 40000, 1990, 3, 15);
18 
19       // raise everyone's salary by 5%
20       for (Employee e : staff)
21          e.raiseSalary(5);
22 
23       // print out information about all Employee objects
24       for (Employee e : staff)
25          System.out.println("name=" + e.getName() + ",salary=" + e.getSalary() + ",hireDay="
26             + e.getHireDay());
27    }
28 }
29 
30 class Employee
31 {
32    private String name;
33    private double salary;
34    private LocalDate hireDay;
35 
36    public Employee(String n, double s, int year, int month, int day)
37    {
38       name = n;
39       salary = s;
40       hireDay = LocalDate.of(year, month, day);
41    }
42 
43    public String getName()
44    {
45       return name;
46    }
47 
```

```
48     public double getSalary()
49     {
50        return salary;
51     }
52
53     public LocalDate getHireDay()
54     {
55        return hireDay;
56     }
57
58     public void raiseSalary(double byPercent)
59     {
60        double raise = salary * byPercent / 100;
61        salary += raise;
62     }
63  }
```

在这个程序中，我们构造了一个 Employee 数组，并填入了 3 个 Employee 对象：

```
Employee[] staff = new Employee[3];

staff[0] = new Employee("Carl Cracker", . . .);
staff[1] = new Employee("Harry Hacker", . . .);
staff[2] = new Employee("Tony Tester", . . .);
```

接下来，使用 Employee 类的 raiseSalary 方法将每个员工的薪水提高 5%：

```
for (Employee e : staff)
   e.raiseSalary(5);
```

最后，调用 getName 方法、getSalary 方法和 getHireDay 方法打印各个员工的信息：

```
for (Employee e : staff)
   System.out.println("name=" + e.getName()
      + ",salary=" + e.getSalary()
      + ",hireDay=" + e.getHireDay());
```

注意，在这个示例程序中包含两个类：Employee 类和带有 public 访问修饰符的 EmployeeTest 类。EmployeeTest 类包含 main 方法，其中使用了前面介绍的代码。

源文件名是 EmployeeTest.java，这是因为文件名必须与 public 类的名字匹配。一个源文件中只能有一个公共类，但可以有任意数目的非公共类。

接下来，编译这段源代码的时候，编译器将在目录中创建两个类文件：EmployeeTest.class 和 Employee.class。

然后启动这个程序，为字节码解释器提供程序中包含 main 方法的那个类的类名：

```
java EmployeeTest
```

字节码解释器开始运行 EmployeeTest 类的 main 方法中的代码。这个代码会先后构造 3 个新 Employee 对象，并显示它们的状态。

4.3.2　使用多个源文件

在程序清单 4-2 中，一个源文件包含了两个类。许多程序员习惯将各个类放在一个单独的源文件中。例如，将 Employee 类存放在文件 Employee.java 中，而将 EmployeeTest 类存放在文件 EmployeeTest.java 中。

如果喜欢这样组织文件，可以有两种编译源程序的方法。一种是使用通配符调用 Java 编译器：

```
javac Employee*.java
```

这样一来，所有与通配符匹配的源文件都将被编译成类文件。或者可以简单地键入以下命令：

```
javac EmployeeTest.java
```

你可能会感到惊讶，使用第二种方式时并没有显式地编译 Employee.java。不过，当 Java 编译器发现 EmployeeTest.java 中使用了 Employee 类时，它会查找名为 Employee.class 的文件。如果没有找到这个类文件，就会自动搜索 Employee.java 并编译这个文件。另外，如果 Employee.java 的版本较已有的 Employee.class 文件版本更新，Java 编译器就会自动地重新编译这个文件。

> **注释：** 如果熟悉 UNIX 的 make 工具（或者是 Windows 中的相应工具，如 nmake），那么可以认为 Java 编译器内置了 make 功能。

4.3.3 剖析 Employee 类

下面各小节将对 Employee 类进行剖析。首先从这个类的方法开始。通过查看源代码会发现，这个类包含一个构造器和 4 个方法：

```
public Employee(String n, double s, int year, int month, int day)
public String getName()
public double getSalary()
public LocalDate getHireDay()
public void raiseSalary(double byPercent)
```

这个类的所有方法都被标记为 public。关键字 public 意味着任何类的任何方法都可以调用这些方法（共有 4 种访问级别，将在本章和下一章中介绍）。

接下来，需要注意在 Employee 类的实例中有 3 个实例字段，用来存放将要操作的数据：

```
private String name;
private double salary;
private LocalDate hireDay;
```

关键字 private 确保只有 Employee 类本身的方法能够访问这些实例字段，任何其他类的方法都不能读写这些字段。

> **注释：** 可以用 public 标记实例字段，但这是一种很不好的做法。public 实例字段允许程序的任何部分都能对其进行读取和修改，这就完全破坏了封装。任何类的任何方法都可以修改 public 字段，从我们的经验来看，有些代码将利用这种做法存取权限，而这是我们最不希望看到的。因此，这里强烈建议将实例字段标记为 private。

最后，请注意，有两个实例字段本身就是对象：name 字段是 String 类对象的引用，

hireDay 字段是 LocalDate 类对象的引用。类经常包含类类型的实例字段。

4.3.4 从构造器开始

下面先看看 Employee 类的构造器：

```
public Employee(String n, double s, int year, int month, int day)
{
   name = n;
   salary = s;
   hireDay = LocalDate.of(year, month, day);
}
```

可以看到，构造器与类同名。构造 Employee 类的对象时，构造器会运行，这会将实例字段初始化为所希望的初始状态。

例如，使用下面这个代码创建 Employee 类的一个实例时：

```
new Employee("James Bond", 100000, 1950, 1, 1)
```

将如下设置实例字段：

```
name = "James Bond";
salary = 100000;
hireDay = LocalDate.of(1950, 1, 1); // January 1, 1950
```

构造器与其他方法有一个重要的不同。构造器总是结合 new 操作符来调用。不能对一个已经存在的对象调用构造器来重新设置实例字段。例如，

```
james.Employee("James Bond", 250000, 1950, 1, 1) // ERROR
```

将产生编译错误。

本章稍后还会更详细地介绍有关构造器的内容。现在只需要记住：

- 构造器与类同名。
- 每个类可以有一个以上的构造器。
- 构造器可以有 0 个、1 个或多个参数。
- 构造器没有返回值。
- 构造器总是结合 new 操作符一起调用。

C++ 注释： Java 中构造器的工作方式与 C++ 中相同。但是，要记住所有 Java 对象都是在堆中构造的，构造器总是结合 new 操作符一起使用。C++ 程序员最易犯的错误就是忘记 new 操作符：

```
Employee number007("James Bond", 100000, 1950, 1, 1); // C++, not Java
```

这条语句在 C++ 中能够正常运行，但在 Java 中却不行。

警告： 请注意，不要引入与实例字段同名的局部变量。例如，下面的构造器将不会设置 name 或 salary 实例字段：

```
public Employee(String n, double s, . . .)
{
   String name = n; // ERROR
```

```
        double salary = s; // ERROR
        . . .
    }
```

这个构造器声明了**局部**变量 name 和 salary。这些变量只能在构造器内部访问，它们会**遮蔽**（shadow）同名的实例字段。有些程序员偶尔会不假思索地写出这类代码，因为他们的手指会不自觉地增加数据类型。这种错误很难检查出来，因此，必须注意在所有的方法中都不要使用与实例字段同名的变量。

4.3.5 用 var 声明局部变量

在 Java 10 中，如果可以从变量的初始值推导出它们的类型，那么可以用 var 关键字声明局部变量，而无须指定类型。例如，可以不这样声明：

```
Employee harry = new Employee("Harry Hacker", 50000, 1989, 10, 1);
```

只需要写为：

```
var harry = new Employee("Harry Hacker", 50000, 1989, 10, 1);
```

这一点很好，因为这样可以避免重复写类型名 Employee。

从现在开始，倘若无须了解 Java API 就能从等号右边明显看出类型，在这种情况下我们都将使用 var 表示法。不过我们不会对数值类型使用 var，如 int、long 或 double，这样你就不用当心 0、0L 和 0.0 之间的区别。对 Java API 有了更多经验后，你可能会希望更多地使用 var 关键字。

注意 var 关键字只能用于方法中的局部变量。参数和字段的类型必须声明。

4.3.6 使用 null 引用

在 4.2.1 节中我们已经了解到，对象变量包含一个对象的引用，或者包含一个特殊值 null，后者表示没有引用任何对象。

听上去这是一种处理特殊情况的便捷机制，如未知的名字或雇用日期。不过使用 null 值时要非常小心。

如果对 null 值应用一个方法，会产生一个 NullPointerException 异常。

```
LocalDate rightNow = null;
String s = rightNow.toString(); // NullPointerException
```

这是一个很严重的错误，类似于“索引越界”异常。如果你的程序没有“捕获”异常，那么程序就会终止。正常情况下，程序并不捕获这些异常，而是依赖于程序员从一开始就不要带来异常。

提示：程序因 NullPointerException 异常终止时，栈轨迹会显示问题出现在哪一行代码中。从 Java 17 开始，错误消息会包含有 null 值的变量或方法名。例如，在以下调用中：

```
String s = e.getHireDay().toString();
```

错误消息会告诉你 e 是否为 null 或者 getHireDay 是否返回 null。

定义一个类时，最好清楚地知道哪些字段可能为null。在我们的例子中，我们不希望name或hireDay字段为null。(不用担心salary字段，这个字段是基本类型，所以不可能是null。)

hireDay字段肯定是非null的，因为它初始化为一个新的LocalDate对象。但是name可能为null，如果调用构造器时为n提供的实参是null，name就会是null。

对此有两种解决方法。“宽容”方法是把null参数转换为一个适当的非null值：

```
if (n == null) name = "unknown"; else name = n;
```

Objects类对此提供了一个便利方法：

```
public Employee(String n, double s, int year, int month, int day)
{
   name = Objects.requireNonNullElse(n, "unknown");
   . . .
}
```

“严格”方法则干脆拒绝null参数：

```
public Employee(String n, double s, int year, int month, int day)
{
   name = Objects.requireNonNull(n, "The name cannot be null");
   . . .
}
```

如果用null名字构造一个Employee对象，就会产生NullPointerException异常。乍看上去这种补救方法好像不太有用，不过这种方法有两个好处：

1. 异常报告会提供这个问题的描述。

2. 异常报告会准确地指出问题所在的位置，否则NullPointerException异常会出现在其他地方，而很难追踪到真正导致问题的构造器参数。

注释： 如果要接受一个对象引用作为构造参数，就要问问自己：是不是真的希望接受可有可无的值。如果不是，那么“严格”方法更合适。

4.3.7　隐式参数与显式参数

方法会操作对象并访问它们的实例字段。例如，以下方法

```
public void raiseSalary(double byPercent)
{
   double raise = salary * byPercent / 100;
   salary += raise;
}
```

将调用这个方法的对象的salary实例字段设置为一个新值。考虑下面这个调用：

```
number007.raiseSalary(5);
```

其作用是将number007.salary字段的值增加5%。具体地说，这个调用将执行以下指令：

```
double raise = number007.salary * 5 / 100;
number007.salary += raise;
```

raiseSalary方法有两个参数。第一个参数称为隐式（implicit）参数，是出现在方法名

前的Employee类型的对象。第二个参数是位于方法名后面括号中的数值，这是一个显式(explicit)参数。(有人把隐式参数称为方法调用的目标或接收者。)

可以看到，显式参数显式地列在方法声明中，例如double byPercent。隐式参数则没有出现在方法声明中。

在每一个方法中，关键字this指示隐式参数。如果愿意，可以如下改写raiseSalary方法：

```
public void raiseSalary(double byPercent)
{
   double raise = this.salary * byPercent / 100;
   this.salary += raise;
}
```

有些程序员更偏爱这样的风格，因为这样可以将实例字段与局部变量明显地区分开来。

C++注释：在C++中，通常在类的外面定义方法：

```
void Employee::raiseSalary(double byPercent) // C++, not Java
{
   . . .
}
```

如果在类的内部定义方法，那么这个方法将自动成为内联(inline)方法。

```
class Employee
{
   . . .
   int getName() { return name; } // inline in C++
}
```

在Java中，所有的方法都必须在类的内部定义，但这并不表示它们是内联方法。是否将某个方法设置为内联方法是Java虚拟机的任务。即时编译器会关注那些简短、经常调用而且没有被覆盖的方法调用，并进行优化。

4.3.8 封装的优点

最后再仔细看一下非常简单的getName方法、getSalary方法和getHireDay方法。

```
public String getName()
{
   return name;
}

public double getSalary()
{
   return salary;
}

public LocalDate getHireDay()
{
   return hireDay;
}
```

这些都是典型的访问器方法。由于它们只返回实例字段的值，因此又称为字段访问器

(field accessor)。

如果将 name、salary 和 hireDay 字段标记为公共，而不是编写单独的访问器方法，不是更容易一些吗？

不过，name 是一个只读字段，一旦在构造器中设置，就没有办法能够修改这个字段。这样我们可以确保 name 字段不会受到外界的破坏。

虽然 salary 不是只读字段，但是它只能用 raiseSalary 方法修改。具体地，如果这个值出现了错误，那么只需要调试这个 raiseSalary 方法就可以了。如果 salary 字段是公共的，破坏这个字段值的罪魁祸首有可能出没在任何地方（那就很难调试了）。

有些时候，可能想要获得或设置实例字段的值，那么你需要提供下面三项内容：

- 一个私有的实例字段；
- 一个公共的字段访问器方法；
- 一个公共的字段更改器方法。

这样做要比提供一个简单的公共实例字段复杂些，但有很多明显的好处。

首先，可以改变内部实现，而不影响该类方法之外的任何其他代码。例如，如果将存储姓名的字段改为：

```
String firstName;
String lastName;
```

那么 getName 方法可以改为返回

```
firstName + " " + lastName
```

这个修改对于程序的其余部分是完全不可见的。

当然，为了进行新旧数据表示之间的转换，访问器方法和更改器方法可能需要做许多工作。这将为我们带来第二点好处：更改器方法可以完成错误检查，而只对字段赋值的代码不会费心这么做。例如，setSalary 方法可以检查工资是否小于 0。

警告： 注意不要编写返回可变对象引用的访问器方法。在本书之前的一版中，我们的 Employee 类就违反了这个设计原则，其中的 getHireDay 方法返回了一个 Date 类对象：

```
class Employee
{
   private Date hireDay;
   . . .
   public Date getHireDay()
   {
      return hireDay; // BAD
   }
   . . .
}
```

LocalDate 类没有更改器方法，与之不同，Date 类有一个更改器方法 setTime，可以设置毫秒数。

Date 对象是可变的，这一点就破坏了封装性！考虑下面这段有问题的代码：

```
Employee harry = . . .;
Date d = harry.getHireDay();
double tenYearsInMilliseconds = 10 * 365.25 * 24 * 60 * 60 * 1000;
d.setTime(d.getTime() - (long) tenYearsInMilliseconds);
// let's give Harry ten years of added seniority
```

出错的原因很微妙。d 和 harry.hireDay 引用同一个对象（如图 4-5 所示）。对 d 调用更改器方法会自动改变这个 Employee 对象的私有状态！

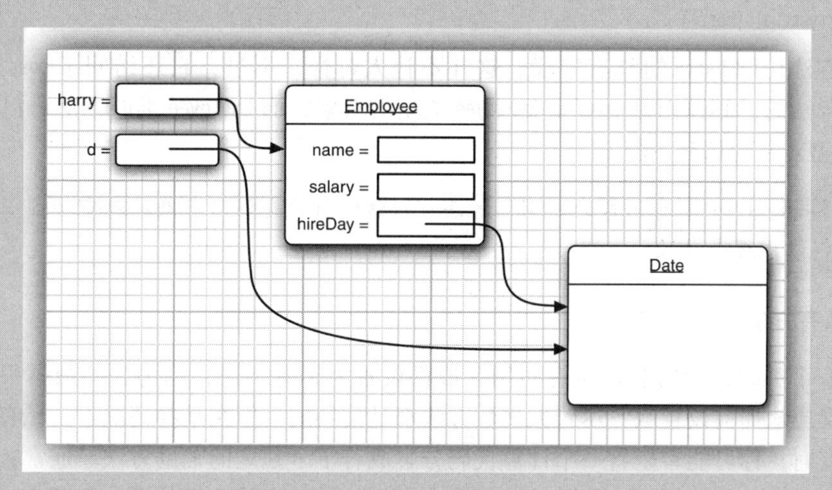

图 4-5　返回可变实例字段的引用

如果需要返回一个可变对象的引用，首先应该对它进行**克隆**（clone）。对象克隆是指存放在另一个新位置上的对象副本。有关对象克隆的详细内容将在第 6 章中讨论。下面是修改后的代码：

```
class Employee
{
   . . .
   public Date getHireDay()
   {
      return (Date) hireDay.clone(); // OK
   }
   . . .
}
```

这里有一个经验，如果需要返回一个可变字段的副本，就应该使用 clone。

4.3.9　基于类的访问权限

从前面已经知道，方法可以访问调用这个方法的对象的私有数据。一个类的方法可以访问这个类的所有对象的私有数据，这令很多人感到奇怪。例如，下面来看用来比较两个员工的 equals 方法。

```
class Employee
```

```
{
   . . .
   public boolean equals(Employee other)
   {
      return name.equals(other.name);
   }
}
```

下面是一个典型的调用：

```
if (harry.equals(boss)) . . .
```

这个方法访问harry的私有字段，这并不让人奇怪，不过，它还访问了boss的私有字段。这是合法的，其原因是boss是Employee类型的对象，而Employee类的方法可以访问任何Employee类型对象的私有字段。

> **C++注释**：C++也有同样的规则。方法可以访问所属类任何对象的私有特性（feature），而不仅限于隐式参数。

4.3.10　私有方法

实现一个类时，我们会将所有实例字段都设置为私有字段，因为公共数据很危险。不过，方法又应该如何设置呢？尽管大多数方法都是公共的，但在某些情况下，私有方法可能很有用。有时，你可能希望将一个计算代码分解成若干个独立的辅助方法。通常，这些辅助方法不应该成为公共接口的一部分，这是因为它们往往与当前实现关系非常紧密，或者需要一个特殊协议或调用次序。最好将这样的方法实现为私有方法。

在Java中，要实现一个私有方法，只需将关键字public改为private即可。

如果将一个方法设置为私有，倘若你改变了方法的具体实现，并没有义务保证这个方法依然可用。如果数据的表示发生了变化，那么这个方法可能变得更难实现，或者不再需要；这并不重要。重点在于，只要方法是私有的，类的设计者就可以确信它不会在别处使用，所以可以将其删去。如果一个方法是公共的，就不能简单地将其删除，因为可能会有其他代码依赖这个方法。

4.3.11　final实例字段

可以将实例字段定义为final。这样的字段必须在构造对象时初始化。也就是说，必须确保在每一个构造器执行之后，这个字段的值已经设置，并且以后不能再修改这个字段。例如，可以将Employee类中的name字段声明为final，因为在对象构造之后，这个值不会再改变，即没有setName方法。

```
class Employee
{
   private final String name;
   . . .
}
```

final修饰符对于类型为基本类型或者不可变类的字段尤其有用。（如果类中的所有方法都不会改变其对象，这样的类就是不可变类。例如，String类就是不可变的。）

对于可变类，使用 final 修饰符可能会造成混乱。例如，考虑以下字段：

```
private final StringBuilder evaluations;
```

它在 Employee 构造器中初始化为

```
evaluations = new StringBuilder();
```

final 关键字只是表示存储在 evaluations 变量中的对象引用不会再指示另一个不同的 StringBuilder 对象。不过这个对象可以更改：

```
public void giveGoldStar()
{
   evaluations.append(LocalDate.now() + ": Gold star!\n");
}
```

4.4 静态字段与静态方法

在前面给出的示例程序中，main 方法都标记了 static 修饰符。下面来讨论这个修饰符的含义。

4.4.1 静态字段

如果将一个字段定义为 static，那么这个字段并不出现在每个类的对象中。每个静态字段只有一个副本。可以认为静态字段属于类，而不属于单个对象。例如，假设需要为每一个员工分配唯一的标识码，这里为 Employee 类添加一个实例字段 id 和一个静态字段 nextId：

```
class Employee
{
   private static int nextId = 1;

   private int id;
   . . .
}
```

现在，每一个 Employee 对象都有自己的 id 字段，但这个类的所有实例将共享一个 nextId 字段。换句话说，如果有 1000 个 Employee 类对象，则有 1000 个实例字段 id，每个对象有一个实例字段 id。但是，只有一个静态字段 nextId。即使没有 Employee 对象，静态字段 nextId 也存在。它属于类，而不属于任何单个对象。

注释： 在一些面向对象程序设计语言中，静态字段被称为**类字段**。术语“静态”只是沿用了 C++ 的叫法，并无实际意义。

在构造器中，我们为新 Employee 对象分配下一个可用的 ID，然后将其增 1：

```
id = nextId;
nextId++;
```

假设我们构造了对象 harry。harry 的 id 字段设置为静态字段 nextId 的当前值，并将静态字段 nextId 的值加 1：

```
harry.id = Employee.nextId;
Employee.nextId++;
```

4.4.2 静态常量

静态变量使用得比较少，但静态常量却很常用。例如，Math 类中定义了一个静态常量：

```
public class Math
{
   . . .
   public static final double PI = 3.14159265358979323846;
   . . .
}
```

在你的程序中，可以用 Math.PI 来访问这个常量。

如果省略关键字 static，那么 PI 就变成了 Math 类的一个实例字段。也就是说，需要通过 Math 类的一个对象来访问 PI，并且每一个 Math 对象都有它自己的一个 PI 副本。

另一个你已经多次使用的静态常量是 System.out。它在 System 类中声明如下：

```
public class System
{
   . . .
   public static final PrintStream out = . . .;
   . . .
}
```

前面曾经多次提到过，最好不要有公共字段，因为谁都可以修改公共字段。不过，公共常量（即 final 字段）却没问题。因为 out 被声明为 final，所以，不允许再将它重新赋值为另一个打印流：

```
System.out = new PrintStream(. . .); // ERROR--out is final
```

> **注释：** 如果查看 System 类，就会发现有一个 setOut 方法可以将 System.out 设置为不同的流。你可能会感到奇怪，为什么这个方法可以修改 final 变量的值。原因在于，setOut 方法是一个**原生**方法，而不是在 Java 语言中实现的。原生方法可以绕过 Java 语言的访问控制机制。这是一种特殊的解决方法，你自己编写程序时不要模仿这种做法。

4.4.3 静态方法

静态方法是不操作对象的方法。例如，Math 类的 pow 方法就是一个静态方法。以下表达式：

```
Math.pow(x, a)
```

会计算幂 x^a。它并不使用任何 Math 对象来完成这个任务。换句话说，它没有隐式参数。

可以认为静态方法是没有 this 参数的方法（在一个非静态方法中，this 参数指示这个方法的隐式参数，参见 4.3.7 节）。

Employee 类的静态方法不能访问 id 实例字段，因为它并不操作对象。但是，静态方法可以访问静态字段。下面是这样一个静态方法的示例：

```
public static int advanceId()
{
   int r = nextId; // obtain next available id
   nextId++;
   return r;
}
```

要调用这个方法，需要提供类名：

```
int n = Employee.advanceId();
```

这个方法可以省略关键字 static 吗？答案是肯定的。但是，这样一来，你就需要通过 Employee 类型的对象引用来调用这个方法。

注释：可以使用对象调用静态方法，这是合法的。例如，如果 harry 是一个 Employee 对象，那么可以调用 harry.advanceId() 而不是 Employee.advanceId()。不过，我发现这种写法很容易造成混淆，其原因是 advanceId 方法计算的结果与 harry 毫无关系。我们建议使用类名而不是对象来调用静态方法。

下面两种情况可以使用静态方法：

- 方法不需要访问对象状态，因为它需要的所有参数都通过显式参数提供（例如 Math.pow）。
- 方法只需要访问类的静态字段（例如 Employee. advanceId）。

C++ 注释：Java 中的静态字段与静态方法在功能上与 C++ 相同。但是，语法稍有所不同。在 C++ 中，要使用 :: 操作符访问作用域之外的静态字段或静态方法，如 Math::PI。

术语“静态”有一段不寻常的历史。起初，C 引入关键字 static 是为了表示退出一个块后依然存在的局部变量。在这种情况下，术语“静态”是有意义的：变量一直保留，当再次进入这个块时它仍然存在。随后，static 在 C 中有了第二种含义，表示不能从其他文件访问的全局变量和函数。重用关键字 static 只是为了避免引入一个新的关键字。最后，C++ 第三次重用了这个关键字，与之前赋予的含义完全无关，它指示属于类而不属于任何特定类对象的变量和函数。这与 Java 中这个关键字的含义相同。

4.4.4 工厂方法

静态方法还有另外一种常见的用途。类似 LocalDate 和 NumberFormat 的类使用静态工厂方法（factory method）来构造对象。你已经见过工厂方法 LocalDate.now 和 LocalDate.of。可以如下得到不同样式的格式化对象：

```
NumberFormat currencyFormatter = NumberFormat.getCurrencyInstance();
NumberFormat percentFormatter = NumberFormat.getPercentInstance();
double x = 0.1;
System.out.println(currencyFormatter.format(x)); // prints $0.10
System.out.println(percentFormatter.format(x)); // prints 10%
```

为什么 NumberFormat 类不使用构造器来创建对象呢？这有两个原因：

- 无法为构造器命名。构造器的名字总是要与类名相同。但是，这里希望有两个不同的名字，分别得到货币实例和百分比实例。

● 使用构造器时，无法改变所构造对象的类型。而工厂方法实际上将返回 DecimalFormat 类的对象，这是继承 NumberFormat 的一个子类（有关继承的更多详细内容请参见第 5 章）。

4.4.5 main 方法

需要指出，可以调用静态方法而不需要任何对象。例如，不需要构造 Math 类的任何对象就可以调用 Math.pow。

同理，main 方法也是一个静态方法。

```
public class Application
{
   public static void main(String[] args)
   {
      // construct objects here
      . . .
   }
}
```

main 方法不对任何对象进行操作。事实上，启动程序时还没有任何对象。将执行静态 main 方法，并构造程序所需要的对象。

> **提示：** 每一个类都可以有一个 main 方法。这是为类增加演示代码的一个技巧。例如，可以在 Employee 类中添加一个 main 方法：
>
> ```
> class Employee
> {
>    public Employee(String n, double s, int year, int month, int day)
>    {
>       name = n;
>       salary = s;
>       hireDay = LocalDate.of(year, month, day);
>    }
>    . . .
>    public static void main(String[] args) // unit test
>    {
>       var e = new Employee("Romeo", 50000, 2003, 3, 31);
>       e.raiseSalary(10);
>       System.out.println(e.getName() + " " + e.getSalary());
>    }
>    . . .
> }
> ```
>
> 要看 Employee 类的演示，只需要执行
>
> ```
> java Employee
> ```
>
> 如果 Employee 类是一个更大的应用的一部分，那么可以使用以下命令运行这个应用：
>
> ```
> java Application
> ```
>
> Employee 类的 main 方法永远不会执行。

程序清单 4-3 中的程序包含了 Employee 类的一个简单版本，其中有一个静态字段 nextId 和一个静态方法 advanceId。这里将三个 Employee 对象填入一个数组，然后打印员工信息。最后，

打印下一个可用的员工标识码来展示静态方法。

程序清单 4-3　StaticTest/StaticTest.java

```
1  /**
2   * This program demonstrates static methods.
3   * @version 1.02 2008-04-10
4   * @author Cay Horstmann
5   */
6  public class StaticTest
7  {
8     public static void main(String[] args)
9     {
10       // fill the staff array with three Employee objects
11       var staff = new Employee[3];
12
13       staff[0] = new Employee("Tom", 40000);
14       staff[1] = new Employee("Dick", 60000);
15       staff[2] = new Employee("Harry", 65000);
16
17       // print out information about all Employee objects
18       for (Employee e : staff)
19       {
20          System.out.println("name=" + e.getName() + ",id=" + e.getId() + ",salary="
21             + e.getSalary());
22       }
23
24       int n = Employee.getNextId(); // calls static method
25       System.out.println("Next available id=" + n);
26    }
27 }
28
29 class Employee
30 {
31    private static int nextId = 1;
32
33    private String name;
34    private double salary;
35    private int id;
36
37    public Employee(String n, double s)
38    {
39       name = n;
40       salary = s;
41       id = advanceId();
42    }
43
44    public String getName()
45    {
46       return name;
47    }
48
49    public double getSalary()
50    {
51       return salary;
```

```
52    }
53
54    public int getId()
55    {
56       return id;
57    }
58
59    public static int advanceId()
60    {
61       int r = nextId; // obtain next available id
62       nextId++;
63       return r;
64    }
65
66    public static void main(String[] args) // unit test
67    {
68       var e = new Employee("Harry", 50000);
69       System.out.println(e.getName() + " " + e.getSalary());
70    }
71 }
```

需要注意，Employee 类也有一个静态 main 方法用于单元测试。试着运行

```
java Employee
```

和

```
java StaticTest
```

执行两个 main 方法。

API java.util.Objects 7

- static <T> void requireNonNull(T obj)
- static <T> void requireNonNull(T obj, String message)
- static <T> void requireNonNull(T obj, Supplier<String> messageSupplier) **8**

  如果 obj 为 null，这些方法会抛出一个 NullPointerException 异常而没有任何消息，或者有给定的消息。(第 6 章会解释如何利用供应者以懒方式得到一个值。第 8 章会解释 <T> 语法。)
- static <T> T requireNonNullElse(T obj, T defaultObj) **9**
- static <T> T requireNonNullElseGet(T obj, Supplier<T> defaultSupplier) **9**

  如果 obj 不为 null 则返回 obj，或者如果 obj 为 null 则返回默认对象。

4.5 方法参数

首先来回顾在程序设计语言中关于如何将参数传递到方法（或函数）的一些专业术语。*按值调用*（call by value）表示方法接收的是调用者提供的值。而*按引用调用*（call by reference）表示方法接收的是调用者提供的变量*位置*（location）。所以，方法可以修改按引用传递的变量的值，而不能修改按值传递的变量的值。“按……调用”（call by）是一个标准的计算机科学

术语，用来描述各种程序设计语言（不只是 Java）中方法参数的行为（事实上，以前还有一种按名调用（call by name），Algol 程序设计语言是最古老的高级语言之一，它就采用了按名调用方式。不过，这种传递方式已经成为历史）。

Java 程序设计语言总是采用按值调用。也就是说，方法会得到所有参数值的一个副本。具体来讲，方法不能修改传递给它的任何参数变量的内容。

例如，考虑下面的调用：

```
double percent = 10;
harry.raiseSalary(percent);
```

不论这个方法具体如何实现，我们知道，在这个方法调用之后，percent 的值还是 10。

下面再仔细研究一下这种情况。假定一个方法试图将一个参数值增加至 3 倍：

```
public static void tripleValue(double x) // doesn't work
{
   x = 3 * x;
}
```

然后调用这个方法：

```
double percent = 10;
tripleValue(percent);
```

不过，这并不起作用。调用这个方法之后，percent 的值还是 10。下面来看发生了什么：

1. x 初始化为 percent 值的一个副本（也就是 10）。

2. x 乘以 3 后等于 30，但是 percent 仍然是 10（如图 4-6 所示）。

3. 这个方法结束之后，参数变量 x 不再使用。

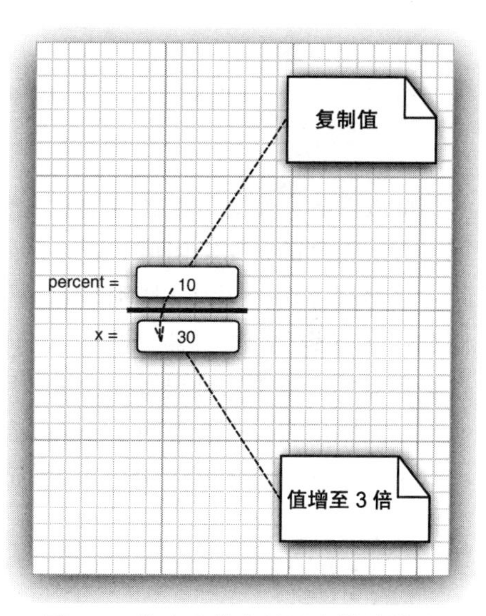

图 4-6　修改参数变量没有持续效果

不过，有两种不同类型的方法参数：

- 基本数据类型（数字、布尔值）。
- 对象引用。

你已经看到，一个方法不可能修改基本数据类型的参数，而对象参数就不同了，可以很容易地实现一个方法将一个员工的工资增至 3 倍：

```
public static void tripleSalary(Employee x) // works
{
   x.raiseSalary(200);
}
```

如下调用这个方法时，

```
harry = new Employee(. . .);
tripleSalary(harry);
```

具体的执行过程为：

1. x 初始化为 harry 值的一个副本，这里就是一个对象引用。

2. raiseSalary 方法应用于这个对象引用。x 和 harry 同时引用的那个 Employee 对象的工资提高了 200%。

3. 方法结束后，参数变量 x 不再使用。当然，对象变量 harry 继续引用那个工资增至 3 倍的员工对象（如图 4-7 所示）。

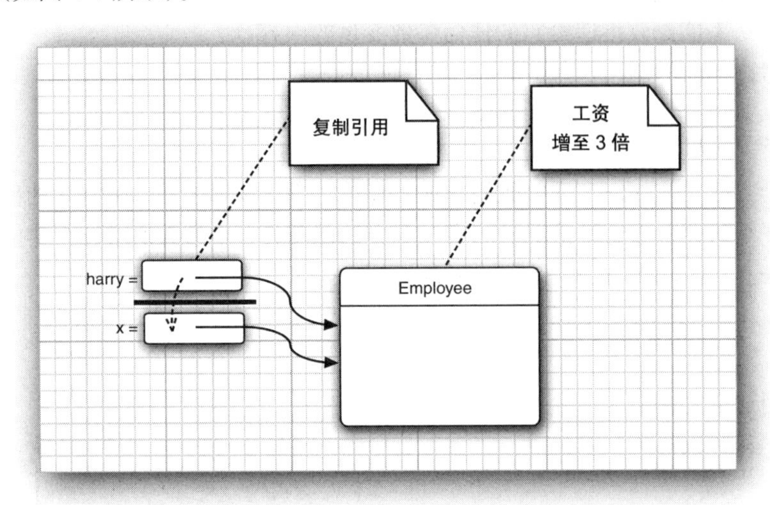

图 4-7 修改参数引用的对象有持续效果

可以看到，实现方法改变对象参数的状态是完全可以的，实际上也相当常见。理由很简单，方法得到的是对象引用的副本，原来的对象引用和这个副本都引用同一个对象。

很多程序设计语言（特别是 C++ 和 Pascal）提供了两种参数传递方式：按值调用和按引用调用。有些程序员（甚至有些书的作者）声称 Java 对对象采用的是按引用调用，实际上，这是不对的。由于这种误解很常见，所以很有必要给出一个反例来详细地说明这个问题。

下面来编写一个交换两个 Employee 对象的方法：

```
public static void swap(Employee x, Employee y) // doesn't work
{
   Employee temp = x;
   x = y;
   y = temp;
}
```

如果 Java 对对象采用的是按引用调用，那么这个方法就应该能够实现交换：

```
var a = new Employee("Alice", . . .);
var b = new Employee("Bob", . . .);
swap(a, b);
// does a now refer to Bob, b to Alice?
```

但是，这个方法并没有改变存储在变量 a 和 b 中的对象引用。swap 方法的参数 x 和 y 初始化为两个对象引用的副本，这个方法交换的是这两个副本。

```
// x refers to Alice, y to Bob
Employee temp = x;
x = y;
```

```
y = temp;
// now x refers to Bob, y to Alice
```

最终，白费力气。方法结束时，参数变量 x 和 y 被丢弃了。原来的变量 a 和 b 仍然引用这个方法调用之前所引用的对象（如图 4-8 所示）。

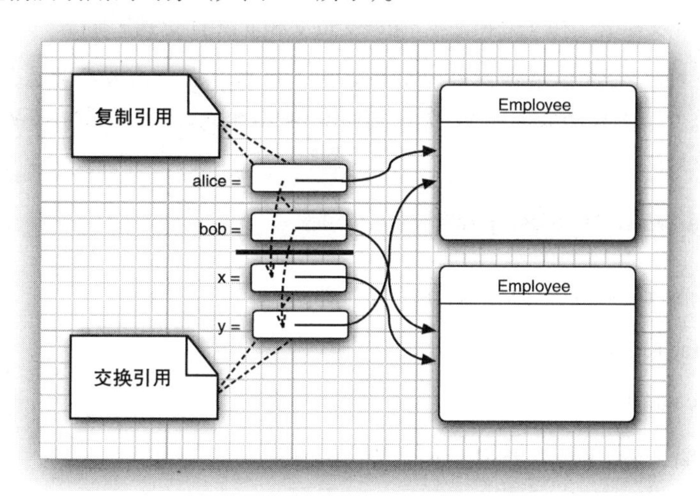

图 4-8　交换参数变量没有持续效果

这说明：Java 程序设计语言对对象采用的不是按引用调用。实际上，*对象引用*（object reference）*是按值传递的*。

下面来总结在 Java 中对方法参数能做什么和不能做什么：

- 方法不能修改基本数据类型的参数（即数值型或布尔型）。
- 方法可以改变对象参数的*状态*。
- 方法不能让一个对象参数引用一个新对象。

程序清单 4-4 中的程序展示了这几点。在这个程序中，首先试图将一个数值参数的值增至 3 倍，但没有成功：

```
Testing tripleValue:
Before: percent=10.0
End of method: x=30.0
After: percent=10.0
```

随后，成功地将一个员工的工资增至 3 倍：

```
Testing tripleSalary:
Before: salary=50000.0
End of method: salary=150000.0
After: salary=150000.0
```

方法结束之后，harry 引用的对象的状态发生了改变。这是因为这个方法可以通过对象引用的副本修改所引用对象的状态。

最后，程序演示了 swap 方法的失败结果：

```
Testing swap:
Before: a=Alice
```

```
Before: b=Bob
End of method: x=Bob
End of method: y=Alice
After: a=Alice
After: b=Bob
```

可以看出，参数变量 x 和 y 交换了，但是变量 a 和 b 没有受到影响。

> **C++ 注释：** C++ 中有按值调用和按引用调用。引用参数标有 & 符号。例如，可以轻松地实现 void tripleValue(double& x) 方法或 void swap(Employee& x, Employee& y) 方法来修改它们的引用参数。

程序清单 4-4 ParamTest/ParamTest.java

```
1 /**
2  * This program demonstrates parameter passing in Java.
3  * @version 1.01 2018-04-10
4  * @author Cay Horstmann
5  */
6 public class ParamTest
7 {
8    public static void main(String[] args)
9    {
10       /*
11        * Test 1: Methods can't modify numeric parameters
12        */
13       System.out.println("Testing tripleValue:");
14       double percent = 10;
15       System.out.println("Before: percent=" + percent);
16       tripleValue(percent);
17       System.out.println("After: percent=" + percent);
18
19       /*
20        * Test 2: Methods can change the state of object parameters
21        */
22       System.out.println("\nTesting tripleSalary:");
23       var harry = new Employee("Harry", 50000);
24       System.out.println("Before: salary=" + harry.getSalary());
25       tripleSalary(harry);
26       System.out.println("After: salary=" + harry.getSalary());
27
28       /*
29        * Test 3: Methods can't attach new objects to object parameters
30        */
31       System.out.println("\nTesting swap:");
32       var a = new Employee("Alice", 70000);
33       var b = new Employee("Bob", 60000);
34       System.out.println("Before: a=" + a.getName());
35       System.out.println("Before: b=" + b.getName());
36       swap(a, b);
37       System.out.println("After: a=" + a.getName());
38       System.out.println("After: b=" + b.getName());
39    }
40
41    public static void tripleValue(double x) // doesn't work
```

```
42     {
43        x = 3 * x;
44        System.out.println("End of method: x=" + x);
45     }
46
47     public static void tripleSalary(Employee x) // works
48     {
49        x.raiseSalary(200);
50        System.out.println("End of method: salary=" + x.getSalary());
51     }
52
53     public static void swap(Employee x, Employee y)
54     {
55        Employee temp = x;
56        x = y;
57        y = temp;
58        System.out.println("End of method: x=" + x.getName());
59        System.out.println("End of method: y=" + y.getName());
60     }
61  }
62
63  class Employee // simplified Employee class
64  {
65     private String name;
66     private double salary;
67
68     public Employee(String n, double s)
69     {
70        name = n;
71        salary = s;
72     }
73
74     public String getName()
75     {
76        return name;
77     }
78
79     public double getSalary()
80     {
81        return salary;
82     }
83
84     public void raiseSalary(double byPercent)
85     {
86        double raise = salary * byPercent / 100;
87        salary += raise;
88     }
89  }
```

4.6 对象构造

前面已经学习了如何编写简单的构造器来定义对象的初始状态。不过，由于对象构造非常重要，所以 Java 提供了多种编写构造器的机制。下面几节将详细介绍这些机制。

4.6.1　重载

有些类有多个构造器。例如，可以如下构造一个空的 StringBuilder 对象：

```
var messages = new StringBuilder();
```

或者，可以指定一个初始字符串：

```
var todoList = new StringBuilder("To do:\n");
```

这种功能叫作重载（overloading）。如果多个方法（比如，StringBuilder 构造器方法）有相同的方法名但有不同的参数，便出现了重载。编译器必须挑选出具体调用哪个方法。它用各个方法首部中的参数类型与特定方法调用中所使用的值类型进行匹配，来选出正确的方法。如果编译器无法匹配参数，就会产生编译时错误，这可能因为根本不存在匹配，或者所有重载方法中没有一个相对更好的方法（这个查找匹配的过程称为重载解析（overloading resolution））。

> **注释**：Java 允许重载任何方法，而不只是构造器方法。因此，要完整地描述一个方法，需要指定方法名以及参数类型，这叫作方法的**签名**（signature）。例如，String 类有 4 个名为 indexOf 的公共方法。它们的签名是
>
> ```
> indexOf(int)
> indexOf(int, int)
> indexOf(String)
> indexOf(String, int)
> ```
>
> 返回类型不是方法签名的一部分。也就是说，不能有两个名字相同、参数类型也相同却有不同返回类型的方法。

4.6.2　默认字段初始化

如果在构造器中没有显式地为一个字段设置初始值，就会将它自动设置为默认值：数值将设置为 0，布尔值为 false，对象引用为 null。有些人认为依赖默认值的做法是一种不好的编程实践。确实，如果不明确地对字段进行初始化，就会影响程序代码的可读性。

> **注释**：这是字段与局部变量的一个重要区别。方法中的局部变量必须明确地初始化。但是在类中，如果没有初始化类中的字段，将会自动初始化为默认值（0、false 或 null）。

例如，考虑 Employee 类。假定没有在构造器中指定如何初始化某些字段，默认情况下，就会将 salary 字段初始化为 0，将 name 和 hireDay 字段初始化为 null。

但是，这并不是一个好主意。如果有人调用 getName 方法或 getHireDay 方法，就会得到一个 null 引用，这可能不是他们想要的结果：

```
LocalDate h = harry.getHireDay();
int year = h.getYear(); // throws exception if h is null
```

4.6.3　无参数的构造器

很多类都包含无参数的构造器，由无参数构造器创建对象时，对象的状态会设置为适当

的默认值。例如，以下是 Employee 类的一个无参数构造器：

```
public Employee()
{
   name = "";
   salary = 0;
   hireDay = LocalDate.now();
}
```

如果你写的类没有构造器，就会为你提供一个无参数构造器。这个构造器将所有的实例字段设置为相应的默认值。所以，实例字段中的所有数值型数据会设置为 0，所有布尔值设置为 false，所有对象变量将设置为 null。

如果类中提供了至少一个构造器，但是没有提供无参数构造器，那么构造对象时就必须提供参数，否则就是不合法的。例如，程序清单 4-2 中的 Employee 类提供了一个构造器：

```
public Employee(String n, double s, int year, int month, int day)
```

对于这个类，构造默认的员工就是不合法的。也就是说，以下调用

```
e = new Employee();
```

将产生错误。

警告：请记住，**仅**当类没有任何其他构造器的时候，你才会得到一个默认的无参数构造器。编写类的时候，如果写了一个你自己的构造器，要想让这个类的使用者能够通过以下调用创建一个实例：

```
new ClassName()
```

你就必须提供一个无参数的构造器。当然，如果接受所有字段设置为默认值，则只需要提供以下代码：

```
public ClassName()
{
}
```

C++ 注释：C++ 对于构造字段有一种特殊的初始化器列表语法，如下所示：

```
Employee::Employee(String n, double s, int y, int m, int d) // C++
:  name(n),
   salary(s),
   hireDay(y, m, d)
{
}
```

C++ 使用这种特殊语法来避免不必要地调用无参数构造器。在 Java 中，不需要这种语法，因为对象没有子对象，只有其他对象的引用。

4.6.4 显式字段初始化

通过重载类的构造器方法，可以采用多种形式设置类实例字段的初始状态。不论调用哪个构造器，每个实例字段都要设置为一个有意义的初始值，确保这一点总是一个好主意。

可以在类定义中直接为任何字段赋值。例如：

```
class Employee
{
   private String name = "";
   . . .
}
```

在执行构造器之前完成这个赋值。如果一个类的所有构造器都需要把某个特定的实例字段设置为同一个值，那么这个语法尤其有用。

初始值不一定是常量值。在下面的例子中，就是利用方法调用初始化一个字段。考虑以下 Employee 类，其中每个员工有一个 id 字段。可以使用以下方式进行初始化：

```
class Employee
{
   private static int nextId;
   private int id = advanceId();
   . . .
   private static int advanceId()
   {
      int r = nextId;
      nextId++;
      return r;
   }
   . . .
}
```

4.6.5 参数名

在编写很小的构造器时（这十分常见），在为参数命名时可能有些困惑。

我们通常喜欢用单个字母作为参数名：

```
public Employee(String n, double s)
{
   name = n;
   salary = s;
}
```

但这样做有一个缺点：只有阅读代码才能够了解参数 n 和参数 s 的含义。

有些程序员在每个参数前面加上一个前缀“a”：

```
public Employee(String aName, double aSalary)
{
   name = aName;
   salary = aSalary;
}
```

这样更好一些。读者一眼就能够看懂参数的含义。

还一种常用的技巧，它基于这样的事实：参数变量会遮蔽同名的实例字段。例如，如果将参数命名为 salary，那么 salary 将指示这个参数，而不是实例字段。但是，还是可以用 this.salary 访问实例字段。回想一下，this 指示隐式参数，也就是所构造的对象。下面来看一个示例：

```
public Employee(String name, double salary)
{
   this.name = name;
   this.salary = salary;
}
```

C++ 注释：在 C++ 中，经常用下画线或某个固定的字母（一般选用 m 或 x）作为实例字段的前缀。例如，salary 字段可能被命名为 _salary、mSalary 或 xSalary。Java 程序员通常不这样做。

4.6.6 调用另一个构造器

关键字 this 指示一个方法的隐式参数。不过，这个关键字还有另外一个含义。

如果构造器的第一个语句形如 this(...)，这个构造器将调用同一个类的另一个构造器。下面是一个典型的例子：

```
public Employee(double s)
{
   // calls Employee(String, double)
   this("Employee #" + nextId, s);
   nextId++;
}
```

当调用 new Employee(60000) 时，Employee(double) 构造器将调用 Employee(String, double) 构造器。

采用这种方式使用 this 关键字非常有用，这样只需要写一次公共构造代码。

C++ 注释：在 Java 中，this 引用等价于 C++ 中的 this 指针。但是，在 C++ 中，一个构造器不能调用另一个构造器。如果在 C++ 中想抽取出公共的初始化代码，则必须编写一个单独的方法。

4.6.7 初始化块

前面已经介绍过两种初始化实例字段的方法：

- 在构造器中设置值；
- 在声明中赋值。

实际上，Java 还有第三种机制，称为*初始化块*（initialization block）。在一个类的声明中，可以包含任意的代码块。构造这个类的对象时，这些块就会执行。例如，

```
class Employee
{
   private static int nextId;

   private int id;
   private String name;
   private double salary;

   // object initialization block
```

```
   {
      id = nextId;
      nextId++;
   }

   public Employee(String n, double s)
   {
      name = n;
      salary = s;
   }

   public Employee()
   {
      name = "";
      salary = 0;
   }
   . . .
}
```

在这个示例中，无论使用哪个构造器构造对象，id 字段都会在对象初始化块中初始化。首先运行初始化块，然后才运行构造器的主体部分。

这种机制不是必需的，也不常见。通常会直接将初始化代码放在构造器中。

> **注释：** 可以在初始化块中设置字段，即使这些字段在类后面才定义，这是合法的。但是，为了避免循环定义，不允许读取在后面初始化的字段。具体规则请参见 Java 语言规范的 8.3.3 节（http://docs.oracle.com/javase/specs）。这些规则太过复杂，让编译器的实现者都很头疼，所以较早的 Java 版本中这些规则的实现存在一些小错误。因此，建议总是将初始化块放在字段定义之后。

由于初始化实例字段有多种途径，所以列出构造过程的所有路径可能让人很费解。下面是调用构造器时的具体处理步骤：

1. 如果构造器的第一行调用了另一个构造器，则基于所提供的参数执行第二个构造器。

2. 否则，

a）所有实例字段初始化为其默认值（0、false 或 null）。

b）按照在类声明中出现的顺序，执行所有字段初始化方法和初始化块。

3. 执行构造器主体代码。

当然，最好精心地组织初始化代码，以便其他程序员轻松理解，而不要求他们都是语言专家。例如，如果让类的构造器依赖于实例字段声明的顺序，那就会显得很奇怪并且容易引起错误。

可以通过提供一个初始值，或者使用一个静态的初始化块来初始化静态字段。前面已经介绍过第一种机制：

```
private static int nextId = 1;
```

如果类的静态字段需要很复杂的初始化代码，那么可以使用静态的初始化块。

将代码放在一个块中，并标记关键字 static。下面是一个示例。我们希望将员工 ID 的起始值赋为一个小于 10 000 的随机整数。

```
private static Random generator = new Random();
// static initialization block
static
{
   nextId = generator.nextInt(10000);
}
```

在类第一次加载的时候，会完成静态字段的初始化。与实例字段一样，除非将静态字段显式地设置成其他值，否则默认的初始值为 0、false 或 null。所有的静态字段初始化方法以及静态初始化块都将依照类声明中出现的顺序执行。

注释： 让人惊讶的是，在 JDK 6 之前，完全可以用 Java 编写一个没有 main 方法的“Hello, World”程序。

```
public class Hello
{
   static
   {
      System.out.println("Hello, World");
   }
}
```

当用 java Hello 调用这个类时，就会加载这个类，静态初始化块将会打印“Hello, World”。在此之后才会显示一个消息指出 main 未定义。从 Java 7 以后，java 程序会首先检查是否有一个 main 方法。

这个例子使用了 Random 类来生成随机数。从 JDK 17 开始，java.util.random 包提供了考虑多种因素的强算法的实现。阅读 java.util.random 包的 API 文档，其中对如何选择算法给出了建议。然后通过提供算法名来得到一个实例，如下所示：

```
RandomGenerator generator = RandomGenerator.of("L64X128MixRandom");
```

调用 generator.nextInt(n) 或其他 RandomGenerator 方法来生成随机数。(RandomGenerator 是一个接口，第 6 章将介绍接口概念。Random 类的对象可以使用所有 RandomGenerator 方法。)

程序清单 4-5 中的程序展示了本节讨论的很多特性：

- 重载构造器；
- 用 this(...) 调用另一个构造器；
- 无参数构造器；
- 对象初始化块；
- 静态初始化块；
- 实例字段初始化。

程序清单 4-5 ConstructorTest/ConstructorTest.java

```
1 import java.util.*;
2 
3 /**
4  * This program demonstrates object construction.
5  * @version 1.02 2018-04-10
```

```
6   * @author Cay Horstmann
7   */
8  public class ConstructorTest
9  {
10    public static void main(String[] args)
11    {
12       // fill the staff array with three Employee objects
13       var staff = new Employee[3];
14
15       staff[0] = new Employee("Harry", 40000);
16       staff[1] = new Employee(60000);
17       staff[2] = new Employee();
18
19       // print out information about all Employee objects
20       for (Employee e : staff)
21          System.out.println("name=" + e.getName() + ",id=" + e.getId() + ",salary="
22             + e.getSalary());
23    }
24 }
25
26 class Employee
27 {
28    private static int nextId;
29
30    private int id;
31    private String name = ""; // instance field initialization
32    private double salary;
33
34    private static Random generator = new Random();
35
36    // static initialization block
37    static
38    {
39       // set nextId to a random number between 0 and 9999
40       nextId = generator.nextInt(10000);
41    }
42
43    // object initialization block
44    {
45       id = nextId;
46       nextId++;
47    }
48
49    // three overloaded constructors
50    public Employee(String n, double s)
51    {
52       name = n;
53       salary = s;
54    }
55
56    public Employee(double s)
57    {
58       // calls the Employee(String, double) constructor
59       this("Employee #" + nextId, s);
60    }
```

```
61
62    // the default constructor
63    public Employee()
64    {
65       // name initialized to ""--see above
66       // salary not explicitly set--initialized to 0
67       // id initialized in initialization block
68    }
69
70    public String getName()
71    {
72       return name;
73    }
74
75    public double getSalary()
76    {
77       return salary;
78    }
79
80    public int getId()
81    {
82       return id;
83    }
84 }
```

API java.util.Random 1.0

- Random()

  构造一个新的随机数生成器。

API java.util.random.RandomGenerator 17

- int nextInt(int n)

  返回一个 0 ～ n-1 之间的随机数。

- static RandomGenerator of(String name)

  由给定算法名生成一个随机数生成器。算法“L64X128MixRandom”对大多数应用都适用。

4.6.8 对象析构与 finalize 方法

有些面向对象的程序设计语言（特别是 C++）有显式的析构器方法，其中放置一些清理代码，当对象不再使用可能需要执行这些清理代码。在析构器中，最常见的操作是回收分配给对象的存储空间。由于 Java 会完成自动的垃圾回收，不需要人工回收内存，所以 Java 不支持析构器。

当然，某些对象使用了内存之外的其他资源，例如，文件或使用系统资源的另一个对象的句柄。在这种情况下，当资源不再需要时，将其回收和再利用就十分重要。

如果一个资源一旦使用完就需要立即关闭，那么应当提供一个 close 方法来完成必要的清理工作。可以在对象使用完时调用这个 close 方法。第 7 章将介绍如何确保自动调用这个方法。

如果可以等到虚拟机退出，那么可以用方法 Runtime.addShutdownHook 增加一个“关闭钩”（shutdown hook）。在 Java 9 中，可以使用 Cleaner 类注册一个动作，当对象不再可达时（除了清洁器还能访问，其他对象都无法访问这个对象），就会完成这个动作。在实际中这些情况很少见。可以参见 API 文档来了解这两种方法的详细内容。

警告： 不要使用 finalize 方法来完成清理。这个方法原本要在垃圾回收器清理对象之前调用。不过，你并不能知道这个方法到底什么时候调用，而且该方法已经被废弃。

4.7 记录

有时，数据就只是数据，而面向对象程序设计提供的数据隐藏有些碍事。考虑一个类 Point，这个类描述平面上的一个点，有 x 和 y 坐标。

当然，可以如下创建一个类：

```
class Point
{
   private final double x;
   private final double y;
   public Point(double x, double y) { this.x = x; this.y = y; }
   public getX() { return x; }
   public getY() { return y; }
   public String toString() { return "Point[x=%d, y=%d]".formatted(x, y); }
   // More methods . . .
}
```

这里隐藏了 x 和 y，然后通过获取方法来获得这些值，不过，这种做法对我们确实有好处吗？

我们将来想改变 Point 的实现吗？当然，还有极坐标，不过对于图形 API，你可能不会使用极坐标。在实际中，平面上的一个点就用 x 和 y 坐标来描述。

为了更简洁地定义这些类，JDK 14 引入了一个预览特性：“记录”。最终版本在 JDK 16 中发布。

4.7.1 记录概念

记录（record）是一种特殊形式的类，其状态不可变，而且公共可读。可以如下将 Point 定义为一个记录：

```
record Point(double x, double y) { }
```

其结果是有以下实例字段的类：

```
private final double x;
private final double y;
```

在 Java 语言规范中，一个记录的实例字段称为组件（component）。

这个类有一个构造器：

```
Point(double x, double y)
```

和以下访问器方法：

```
public double x()
public double y()
```

注意，访问器方法名为 x 和 y，而不是 getX 和 getY。（Java 中实例字段可以与方法同名，这是合法的。）

```
var p = new Point(3, 4);
System.out.println(p.x() + " " + p.y());
```

注释： Java 没有遵循 get 约定，因为那有些麻烦。对于布尔字段，通常使用 is 而不是 get。而且首字母大写可能有问题。如果一个类既有 x 字段又有 X 字段，会发生什么？有些程序员不太满意，因为他们原先的类不能轻松地变为记录。不过实际上，那些遗留类中，很多都是可变的，所以并不适合转换为记录。

除了字段访问器方法，每个记录有 3 个自动定义的方法：toString、equals 和 hashCode。下一章会更多地了解这些方法。

警告： 对于这些自动提供的方法，也可以定义你自己的版本，只要它们有相同的参数和返回类型。例如，下面的定义就是合法的：

```
record Point(double x, double y)
{
   public double x() { return y; } // BAD
}
```

不过，这并不是一个好主意。

可以为一个记录增加你自己的方法：

```
record Point(double x, double y)
{
   public double distanceFromOrigin() { return Math.hypot(x, y); }
}
```

与所有其他类一样，记录可以有静态字段和方法：

```
record Point(double x, double y)
{
   public static Point ORIGIN = new Point(0, 0);
   public static double distance(Point p, Point q)
   {
      return Math.hypot(p.x - q.x, p.y - q.y);
   }
   . . .
}
```

不过，不能为记录增加实例字段：

```
record Point(double x, double y)
{
   private double r; // ERROR
   . . .
}
```

警告：记录的实例字段自动为 final 字段。不过，它们可能是可变对象的引用。

```
record PointInTime(double x, double y, Date when) { }
```

这样记录实例将是可变的：

```
var pt = new PointInTime(0, 0, new Date());
pt.when().setTime(0);
```

如果希望记录实例是不可变的，那么字段就不能使用可变的类型。

提示：对于完全由一组变量表示的不可变数据，要使用记录而不是类。如果数据是可变的，或者数据表示可能随时间改变，则使用类。记录更易读、更高效，而且在并发程序中更安全。

4.7.2 构造器：标准、自定义和简洁

自动定义地设置所有实例字段的构造器称为标准构造器（canonical constructor）。

还可以定义另外的自定义构造器（custom constructor）。这种构造器的第一个语句必须调用另一个构造器，所以最终会调用标准构造器。下面来看一个例子：

```
record Point(double x, double y)
{
   public Point() { this(0, 0); }
}
```

这个记录有两个构造器：标准构造器和一个生成原点的无参数构造器。

如果标准构造器需要完成额外的工作，那么可以提供你自己的实现：

```
record Range(int from, int to)
{
   public Range(int from, int to)
   {
      if (from <= to)
      {
         this.from = from;
         this.to = to;
      }
      else
      {
         this.from = to;
         this.to = from;
      }
   }
}
```

不过，实现标准构造器时，建议使用一种简洁（compact）形式（见程序清单 4-6）。不用指定参数列表：

```
record Range(int from, int to)
{
   public Range // Compact form
   {
      if (from > to) // Swap the bounds
      {
         int temp = from;
```

```
         from = to;
         to = temp;
      }
   }
}
```

简洁形式的主体是标准构造器的“前奏”。它只是在为实例字段 this.from 和 this.to 赋值之前修改参数变量 from 和 to。不能在简洁构造器的主体中读取或修改实例字段。

程序清单 4-6　RecordTest/RecordTest.java

```
 1 import java.util.*;
 2 
 3 /**
 4  * This program demonstrates records.
 5  * @version 1.0 2021-05-13
 6  * @author Cay Horstmann
 7  */
 8 public class RecordTest
 9 {
10    public static void main(String[] args)
11    {
12       var p = new Point(3, 4);
13       System.out.println("Coordinates of p: " + p.x() + " " + p.y());
14       System.out.println("Distance from origin: " + p.distanceFromOrigin());
15       // Same computation with static field and method
16       System.out.println("Distance from origin: " + Point.distance(Point.ORIGIN, p));
17 
18       // A mutable record
19       var pt = new PointInTime(3, 4, new Date());
20       System.out.println("Before: " + pt);
21       pt.when().setTime(0);
22       System.out.println("After: " + pt);
23 
24       // Invoking a compact constructor
25 
26       var r = new Range(4, 3);
27       System.out.println("r: " + r);
28    }
29 }
30 
31 record Point(double x, double y)
32 {
33    // A custom constructor
34    public Point() { this(0, 0); }
35    // A method
36    public double distanceFromOrigin()
37    {
38       return Math.hypot(x, y);
39    }
40    // A static field and method
41    public static Point ORIGIN = new Point();
42    public static double distance(Point p, Point q)
43    {
44       return Math.hypot(p.x - q.x, p.y - q.y);
```

```
45    }
46 }
47
48 record PointInTime(double x, double y, Date when) { }
49
50 record Range(int from, int to)
51 {
52    // A compact constructor
53    public Range
54    {
55       if (from > to) // Swap the bounds
56       {
57          int temp = from;
58          from = to;
59          to = temp;
60       }
61    }
62 }
```

4.8 包

Java 允许使用包（package）将类组织在一个集合中。借助包可以方便地组织你的代码，并将你自己的代码与其他人提供的代码库分开。下面我们将介绍如何使用和创建包。

4.8.1 包名

使用包的主要原因是确保类名的唯一性。假如两个程序员不约而同地提供了 Employee 类，只要他们将自己的类放置在不同的包中，就不会产生冲突。事实上，为了保证包名的绝对唯一性，可以使用一个因特网域名（这显然是唯一的）以逆序的形式作为包名，然后对于不同的项目使用不同的子包。例如，考虑域名 horstmann.com。如果逆序来写，就得到了包名 com.horstmann。然后可以追加一个项目名，如 com.horstmann.corejava。如果再把 Employee 类放在这个包里，那么这个类的"完全限定"名就是 com.horstmann.corejava.Employee。

> **注释：** 从编译器的角度来看，嵌套的包之间没有任何关系。例如，java.util 包与 java.util.jar 包毫无关系。每一个包都是独立的类集合。

4.8.2 类的导入

一个类可以使用所属包（这个类所在的包）中的所有类，以及其他包中的公共类（public class）。

我们可以采用两种方式访问另一个包中的公共类。第一种方式是使用*完全限定名*（fully qualified name），也就是包名后面跟着类名。例如：

```
java.time.LocalDate today = java.time.LocalDate.now();
```

这显然很烦琐。更简单且更常用的方式是使用 import 语句。import 语句的关键是可以提供一种简写方式来引用包中各个类。一旦增加了 import 语句，在使用类时，就不必写出类的全名了。

可以使用 import 语句导入一个特定的类或者整个包。import 语句应该位于源文件的顶部（但位于 package 语句的后面）。例如，可以使用下面这条语句导入 java.time 包中的所有类。

```
import java.time.*;
```

然后，就可以使用

```
LocalDate today = LocalDate.now();
```

而不需要在前面加上包前缀。还可以导入一个包中的特定类：

```
import java.time.LocalDate;
```

java.time.* 的语法比较简单，对代码的规模也没有任何负面影响。不过，如果能够明确地指出所导入的类，那么代码的读者就能更加准确地知道你使用了哪些类。

提示： 在 Eclipse 中，可以使用菜单选项 Source → Organize Imports。诸如 import java.util.*; 等包语句将会自动扩展为一组特定的导入语句，如：

```
import java.util.ArrayList;
import java.util.Date;
```

这是一个十分便捷的特性。

但是，需要注意的是，只能使用星号（*）导入一个包，而不能使用 import java.* 或 import java.*.* 导入以 java 为前缀的所有包。

在大多数情况下，可以只导入你需要的包，并无须过多考虑。但在发生命名冲突的时候，就要注意包了。例如，java.util 和 java.sql 包都有 Date 类。假设在程序中导入了这两个包：

```
import java.util.*;
import java.sql.*;
```

在程序中使用 Date 类的时候，就会出现一个编译错误：

```
Date today; // ERROR--java.util.Date or java.sql.Date?
```

此时，编译器无法确定你想使用的是哪一个 Date 类。可以增加一个特定的 import 语句来解决这个问题：

```
import java.util.*;
import java.sql.*;
import java.util.Date;
```

如果这两个 Date 类都需要使用，又该怎么办呢？答案是，在每个类名的前面加上完整的包名。

```
var startTime = new java.util.Date();
var today = new java.sql.Date(. . .);
```

在包中定位类是编译器（compiler）的工作。类文件中的字节码总是使用完整的包名来引用其他类。

C++ 注释： C++ 程序员有时会将 import 与 #include 弄混。实际上，这两者之间并没有共同之处。在 C++ 中，必须使用 #include 来包含外部特性的声明，这是因为，除了正在编译的文件以及显式包含的头文件，C++ 编译器不会查看任何其他文件。Java 编译器则不同，只要你告诉它文件在哪里，它很乐于查看其他文件。

在 Java 中，通过显式地给出完整的类名，如 java.util.Date，可以完全避免使用 import 机制；而在 C++ 中，则无法避免使用 #include 指令。

import 语句唯一的好处是简捷。可以使用简短的名字而不是完整的包名来引用一个类。例如，在 import java.util.*（或 import java.util.Date）语句之后，可以只用 Date 来引用 java.util.Date 类。

在 C++ 中，与包机制类似的是命名空间（namespace）特性。可以认为 Java 中的 package 和 import 语句类似于 C++ 中的 namespace 和 using 指令。

4.8.3 静态导入

有一种 import 语句允许导入静态方法和静态字段，而不只是类。

例如，如果在源文件最上面添加一条指令：

```
import static java.lang.System.*;
```

就可以使用 System 类的静态方法和静态字段，而不必加类名前缀：

```
out.println("Goodbye, World!"); // i.e., System.out
exit(0); // i.e., System.exit
```

另外，还可以导入特定的方法或字段：

```
import static java.lang.System.out;
```

实际上，是否有很多程序员想要用简写 System.out 或 System.exit，这一点很让人怀疑。这样写出的代码看起来不太清晰。不过，

```
sqrt(pow(x, 2) + pow(y, 2))
```

看起来则比

```
Math.sqrt(Math.pow(x, 2) + Math.pow(y, 2))
```

简洁得多。

4.8.4 在包中增加类

要想将类放入包中，就必须将包名放在源文件的开头，即放在定义这个包中各个类的代码之前。例如，程序清单 4-8 中的文件 Employee.java 开头是这样的：

```
package com.horstmann.corejava;

public class Employee
{
   . . .
}
```

如果没有在源文件中放置 package 语句，那么这个源文件中的类就属于无名包（unnamed package）。无名包没有包名。到目前为止，我们定义的所有类都在无名包中。

将源文件放到与完整包名匹配的子目录中。例如，com.horstmann.corejava 包中的所有源文件应该放置在子目录 com/horstmann/corejava 中（Windows 中则是 com\horstmann\corejava）。编译器将类文件也放在相同的目录结构中。

程序清单 4-7 和程序清单 4-8 中的程序分别放在两个包中：PackageTest 类属于无名包；Employee 类属于 com.horstmann.corejava 包。因此，Employee.java 文件必须在子目录 com/horstmann/corejava 中。换句话说，目录结构如下所示：

```
. (base directory)
├ PackageTest.java
├ PackageTest.class
└ com/
   └ horstmann/
      └ corejava/
         ├ Employee.java
         └ Employee.class
```

要想编译这个程序，只需切换到基目录，并运行以下命令

```
javac PackageTest.java
```

编译器就会自动地查找文件 com/horstmann/corejava/Employee.java 并进行编译。

下面看一个更加实际的例子。在这里没有使用无名包，而是将类分别放在不同的包中（com.horstmann.corejava 和 com.mycompany）。

```
. (base directory)
└ com/
   ├ horstmann/
   │  └ corejava/
   │     ├ Employee.java
   │     └ Employee.class
   └ mycompany/
      ├ PayrollApp.java
      └ PayrollApp.class
```

在这种情况下，仍然要从基目录编译和运行类，即包含 com 目录的目录：

```
javac com/mycompany/PayrollApp.java
java com.mycompany.PayrollApp
```

再次强调，编译器处理文件（带有文件分隔符和扩展名 .java 的文件），而 Java 解释器加载类（带有 . 分隔符）。

> **提示：** 从下一章开始，我们将对源代码使用包。这样一来，就可以为各章建立一个 IDE 项目，而不是各小节分别建立项目。

> **警告：** 编译器在编译源文件的时候**不**检查目录结构。例如，假设一个源文件开头有以下指令：
>
> ```
> package com.mycompany;
> ```

即使这个源文件不在子目录com/mycompany下，这个文件也可以编译。**如果它不依赖于其他包**，就可以通过编译而不会出现编译错误。但是，最终的程序将无法运行，除非先将所有类文件移到正确的位置上。如果包与目录不匹配，**虚拟机**就找不到这些类。

程序清单4-7 PackageTest/PackageTest.java

```
1 import com.horstmann.corejava.*;
2 // the Employee class is defined in that package
3
4 import static java.lang.System.*;
5
6 /**
7  * This program demonstrates the use of packages.
8  * @version 1.11 2004-02-19
9  * @author Cay Horstmann
10  */
11 public class PackageTest
12 {
13    public static void main(String[] args)
14    {
15       // because of the import statement, we don't have to use
16       // com.horstmann.corejava.Employee here
17       var harry = new Employee("Harry Hacker", 50000, 1989, 10, 1);
18
19       harry.raiseSalary(5);
20
21       // because of the static import statement, we don't have to use System.out here
22       out.println("name=" + harry.getName() + ",salary=" + harry.getSalary());
23    }
24 }
```

程序清单4-8 PackageTest/com/horstmann/corejava/Employee.java

```
1 package com.horstmann.corejava;
2
3 // the classes in this file are part of this package
4
5 import java.time.*;
6
7 // import statements come after the package statement
8
9 /**
10  * @version 1.11 2015-05-08
11  * @author Cay Horstmann
12  */
13 public class Employee
14 {
15    private String name;
16    private double salary;
17    private LocalDate hireDay;
18
19    public Employee(String name, double salary, int year, int month, int day)
```

```
20    {
21       this.name = name;
22       this.salary = salary;
23       hireDay = LocalDate.of(year, month, day);
24    }
25
26    public String getName()
27    {
28       return name;
29    }
30
31    public double getSalary()
32    {
33       return salary;
34    }
35
36    public LocalDate getHireDay()
37    {
38       return hireDay;
39    }
40
41    public void raiseSalary(double byPercent)
42    {
43       double raise = salary * byPercent / 100;
44       salary += raise;
45    }
46 }
```

4.8.5 包访问

前面已经见过访问修饰符 public 和 private。标记为 public 的部分可以由任意类使用；标记为 private 的部分只能由定义它们的类使用。如果没有指定 public 或 private，这个部分（类、方法或变量）可以由同一个包中的所有方法访问。

下面再来考虑程序清单 4-2。在这个程序中，没有将 Employee 类定义为公共类，因此只有在同一个包（在此是无名包）中的其他类（例如 EmployeeTest）可以访问这个类。对于类来说，这种默认方式是合乎情理的。但是，对于变量来说就有些不适宜了，变量必须显式地标记为 private，不然的话将默认为包可访问。显然，这样会破坏封装性。问题是人们经常忘记键入关键字 private。以 java.awt 包中的 Window 类为例（java.awt 包是 JDK 提供的源代码的一部分）：

```
public class Window extends Container
{
   String warningString;
   . . .
}
```

请注意，这里的 warningString 变量不是 private！这意味着 java.awt 包中的所有类的方法都可以访问该变量，并将它设置为任意值（例如，"Trust me!"）。实际上，只有 Window 类的方法访问这个变量，因此本应该将它设置为私有变量才合适。可能是程序员敲代码时匆忙之中忘记 private 修饰符了？也可能没有人关心这个问题？已经 20 多年了，这个变量仍然不是私有变量。不仅如此，这个类还陆续增加了一些新的字段，而其中大约有一半也不是私有的。

这可能会成为一个问题。在默认情况下，包不是封闭的实体。也就是说，任何人都可以向包中添加更多的类。当然，有恶意或糟糕的程序员很可能利用包访问添加一些能修改变量的代码。例如，在Java程序设计语言的早期版本中，只需要将以下这条语句放在类文件的开头，就可以很容易地在java.awt包中混入其他类：

```
package java.awt;
```

然后，把得到的类文件放置在类路径上某处的java/awt子目录下，这样就可以访问java.awt包的内部了。使用这一手段，完全可以修改警告字符串（如图4-9所示）。

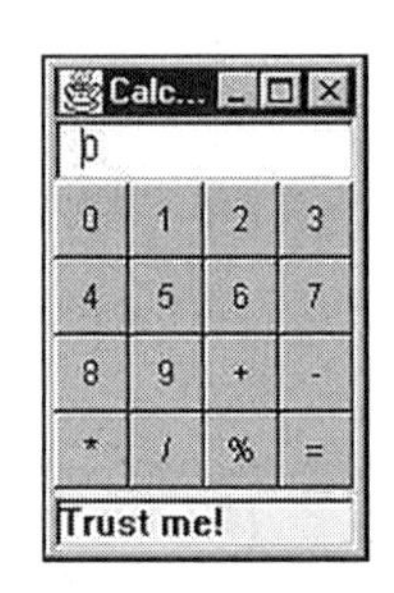

图4-9 在一个applet窗口中修改警告字符串

从1.2版开始，JDK的实现者修改了类加载器，明确地禁止加载包名以"java."开头的用户自定义的类！当然，用户自定义的类无法从这种保护中受益。另一种机制是让JAR文件声明包为密封的（sealed），以防止第三方修改，但这种机制已经过时。现在应当使用模块封装包。我们会在卷Ⅱ的第9章详细讨论模块。

4.8.6 类路径

在前面已经看到，类存储在文件系统的子目录中。类的路径必须与包名匹配。

另外，类文件也可以存储在JAR（Java归档）文件中。在一个JAR文件中，可以包含多个压缩格式的类文件和子目录，这样既可以节省空间又可以改善性能。在程序中用到第三方的库时，你通常会得到一个或多个需要包含的JAR文件。第11章将介绍如何创建你自己的JAR文件。

> **提示：** JAR文件使用ZIP格式组织文件和子目录。可以使用任何ZIP工具查看JAR文件。

为了使类能够被多个程序共享，需要做到下面几点：

1. 把类文件放到一个目录中，例如/home/user/classdir。需要注意，这个目录是包树状结构的基目录。如果希望增加com.horstmann.corejava.Employee类，那么Employee.class类文件就必须位于子目录/home/user/classdir/com/horstmann/corejava中。

2. 将JAR文件放在一个目录中，例如/home/user/archives。

3. 设置类路径（class path）。类路径是所有包含类文件的路径的集合。

在UNIX环境中，类路径中的各项之间用冒号（:）分隔：

```
/home/user/classdir:.:/home/user/archives/archive.jar
```

而在Windows环境中，则以分号（;）分隔：

```
c:\classdir;.;c:\archives\archive.jar
```

不论是UNIX还是Windows，都用句点（.）表示当前目录。

类路径包括：

- 基目录/home/user/classdir或c:\classdir；

- 当前目录(.);
- JAR 文件 /home/user/archives/archive.jar 或 c:\archives\archive.jar。

从 Java 6 开始，可以为 JAR 文件目录指定一个通配符，如下：

```
/home/user/classdir:.:/home/user/archives/'*'
```

或者

```
c:\classdir;.;c:\archives\*
```

在 UNIX 中，* 必须转义以防止 shell 扩展。

archives 目录中的所有 JAR 文件（但不包括 .class 文件）都包含在这个类路径中。

由于总是会搜索 Java API 的类，所以不必显式地包含在类路径中。

> **警告：** javac 编译器总是在当前目录中查找文件，但只有当类路径中包含“.”目录时，java 虚拟机才会查看当前目录。如果你没有设置类路径，那么没有什么问题，因为默认的类路径会包含“.”目录。但是如果你设置了类路径却忘记包含“.”目录，那么尽管你的程序可以没有错误地通过编译，但不能运行。

类路径所列出的目录和归档文件是搜寻类的起始点。下面看一个类路径示例：

```
/home/user/classdir:.:/home/user/archives/archive.jar
```

假定虚拟机要搜寻 com.horstmann.corejava.Employee 类的类文件。它首先要查看 Java API 类。显然，在那里找不到相应的类文件，所以转而查看类路径。它会查找以下文件：

- /home/user/classdir/com/horstmann/corejava/Employee.class
- com/horstmann/corejava/Employee.class（从当前目录开始）
- com/horstmann/corejava/Employee.class（/home/user/archives/archive.jar 中）

编译器查找文件要比虚拟机复杂得多。如果引用了一个类，而没有指定这个类的包，那么编译器将首先查找包含这个类的包。它会查看所有的 import 指令，确定其中是否包含这个类。例如，假定源文件包含指令：

```
import java.util.*;
import com.horstmann.corejava.*;
```

并且源代码引用了 Employee 类。编译器将尝试查找 java.lang.Employee（因为总是会默认导入 java.lang 包）、java.util.Employee、com.horstmann.corejava.Employee 和当前包中的 Employee。它会在类路径所有位置中搜索以上各个类。如果找到了一个以上的类，就会产生编译时错误（因为完全限定类名必须是唯一的，所以 import 语句的次序并不重要）。

编译器的任务不止这些，它还要查看源文件是否比类文件新。如果是这样的话，那么源文件就会自动地重新编译。在前面已经知道，只可以导入其他包中的公共类。一个源文件只能包含一个公共类，并且文件名与公共类名必须匹配。因此，编译器很容易找到公共类的源文件。不过，还可以从当前包中导入非公共类。这些类有可能在与类名不同的源文件中定义。如果从当前包中导入一个类，那么编译器就要搜索当前包中的所有源文件，查看哪个源文件定义了这个类。

4.8.7 设置类路径

最好使用 -classpath（或 -cp，或者 Java 9 中的 --class-path）选项指定类路径：

```
java -classpath /home/user/classdir:.:/home/user/archives/archive.jar MyProg
```

或者

```
java -classpath c:\classdir;.;c:\archives\archive.jar MyProg
```

整个指令必须写在一行中。将这样一个很长的命令行放在一个 shell 脚本或一个批处理文件中是个不错的主意。

利用 -classpath 选项设置类路径是首选的方法，另一种方法是通过设置 CLASSPATH 环境变量来指定类路径。具体细节依赖于所使用的 shell。在 Bourne Again shell（bash）中，命令如下：

```
export CLASSPATH=/home/user/classdir:.:/home/user/archives/archive.jar
```

在 Windows shell 中，命令如下：

```
set CLASSPATH=c:\classdir;.;c:\archives\archive.jar
```

直到退出 shell 为止，类路径设置均有效。

警告：有人建议永久地设置 CLASSPATH 环境变量。一般来说这是一个糟糕的想法。人们有可能会忘记全局设置，因此，当他们的类没有正确地加载时，就会感到很奇怪。一个颇受诟病的示例是 Windows 中 Apple QuickTime 安装程序。很多年来，它都将 CLASSPATH 全局设置为指向它需要的一个 JAR 文件，而没有在类路径中包含当前目录。因此，当程序编译后却不能运行时，无数 Java 程序员不得不花费很多精力去解决这个问题。

警告：过去，有人建议完全绕过类路径，将所有的 JAR 文件都放在 jre/lib/ext 目录中。这种机制在 Java 9 中已经过时，不过不管怎样这都是一个不好的建议。从扩展目录加载一些已经遗忘很久的类时，这会让人非常困惑。

注释：在 Java 9 中，还可以从**模块路径**加载类。本书卷 II 的第 9 章将讨论模块和模块路径。

4.9 JAR 文件

在将应用程序打包时，你希望只向用户提供一个单独的文件，而不是一个包含大量类文件的目录结构，Java 归档（JAR）文件就是为此目的而设计的。JAR 文件既可以包含类文件，也可以包含诸如图像和声音等其他类型的文件。此外，JAR 文件是压缩的，它使用了我们熟悉的 ZIP 压缩格式。

4.9.1 创建 JAR 文件

可以使用 jar 工具制作 JAR 文件（在默认的 JDK 安装中，这个工具位于 *jdk*/bin 目录下）。创建一个新 JAR 文件最常用的命令使用以下语法：

```
jar cvf jarFileName file1 file2 . . .
```

例如：

```
jar cvf CalculatorClasses.jar *.class icon.gif
```

通常，jar 命令的格式如下：

```
jar options file1 file2 . . .
```

表 4-2 列出了 jar 程序的所有选项。它们类似于 UNIX tar 命令的选项。

表 4-2 jar 程序选项

选项	说 明
c	创建一个新的或者空的存档文件并加入文件。如果指定的文件名是目录，jar 程序将会对它们进行递归处理
C	临时改变目录，例如： jar cvf jarFileName.jar -C classes *.class 切换到 classes 子目录以便增加类文件
e	在清单文件中创建一个入口点（请参见 4.9.3 节）
f	指定 JAR 文件名作为第二个命令行参数。如果没有这个参数，jar 命令会将结果写至标准输出（在创建 JAR 文件时）或者从标准输入读取输入（在解压或者列出 JAR 文件内容时）
i	创建索引文件（用于加快大型归档中的查找）
m	将一个清单文件添加到 JAR 文件中。清单文件是对归档内容和来源的一个说明。每个归档有一个默认的清单文件。但是，如果想验证归档文件的内容，可以提供你自己的清单文件
M	不为条目创建清单文件
t	显示内容表
u	更新一个已有的 JAR 文件
v	生成详细的输出
x	解压文件。如果提供一个或多个文件名，只解压这些文件；否则，解压所有文件
0	存储，但不进行 ZIP 压缩

可以将应用程序和代码库打包在 JAR 文件中。例如，如果想在一个 Java 程序中发送邮件，可以使用打包在文件 javax.mail.jar 中的一个库。

4.9.2 清单文件

除了类文件、图像和其他资源外，每个 JAR 文件还包含一个清单文件（manifest），用于描述归档文件的特殊特性。

清单文件被命名为 MANIFEST.MF，它位于 JAR 文件的一个特殊的 META-INF 子目录中。合法的最小清单文件极其简单：

```
Manifest-Version: 1.0
```

复杂的清单文件可能包含更多条目。这些清单条目被分组为多个节。第一节被称为主节

（main section）。它作用于整个 JAR 文件。随后的条目可以指定命名实体的属性，如单个文件、包或者 URL。它们都必须以一个 Name 条目开始。节与节之间用空行分开。例如：

```
Manifest-Version: 1.0
lines describing this archive

Name: Woozle.class
lines describing this file
Name: com/mycompany/mypkg/
lines describing this package
```

要想编辑清单文件，需要将希望添加到清单文件中的行放到文本文件中，然后运行

```
jar cfm jarFileName manifestFileName . . .
```

例如，要创建一个包含清单文件的 JAR 文件，应该运行

```
jar cfm MyArchive.jar manifest.mf com/mycompany/mypkg/*.class
```

要想更新一个已有的 JAR 文件的清单，则需要将增加的部分放置到一个文本文件中，然后执行以下命令：

```
jar ufm MyArchive.jar manifest-additions.mf
```

注释： 请参见 https://docs.oracle.com/javase/10/docs/specs/jar/jar.html 获得有关 JAR 文件和清单文件格式的更多信息。

4.9.3　可执行 JAR 文件

可以使用 jar 命令中的 e 选项指定程序的入口点，即通常调用 java 执行程序时指定的类：

```
jar cvfe MyProgram.jar com.mycompany.mypkg.MainAppClass files to add
```

或者，可以在清单文件中指定程序的主类，包括以下形式的语句：

```
Main-Class: com.mycompany.mypkg.MainAppClass
```

不要为主类名加扩展名 .class。

警告： 清单文件的最后一行必须以换行符结束。否则，将无法正确地读取清单文件。常见的一个错误是创建了一个只包含 Main-Class 行而没有行结束符的文本文件。

不论使用哪一种方法，用户都可以简单地通过下面的命令来启动程序：

```
java -jar MyProgram.jar
```

取决于操作系统的配置，用户甚至可以通过双击 JAR 文件图标来启动应用程序。下面是各种操作系统的操作方式：

- 在 Windows 平台中，Java 运行时安装程序将为 ".jar" 扩展名创建一个文件关联，会用 javaw -jar 命令启动文件（与 java 命令不同，javaw 命令不打开 shell 窗口）。
- 在 Mac OS X 平台中，操作系统能够识别 ".jar" 扩展名文件。双击 JAR 文件时就会执行 Java 程序。

不过，人们对 JAR 文件中的 Java 程序与原生应用还是感觉不同。在 Windows 平台中，可以使用第三方的包装器工具将 JAR 文件转换成 Windows 可执行文件。包装器是一个 Windows 程序，有大家熟悉的扩展名 .exe，它可以查找和加载 Java 虚拟机（JVM），或者在没有找到 JVM 时会告诉用户应该做些什么。有许多商业的和开源的产品，例如，Launch4J（http://launch4j.sourceforge.net）和 IzPack（http://izpack.org）。

4.9.4 多版本 JAR 文件

随着模块和包强封装的引入，之前可以访问的一些内部 API 不再可用。这可能要求库提供商为不同 Java 版本发布不同的代码。为此，Java 9 引入了*多版本 JAR*（multi-release JAR）。

为了保证向后兼容，特定于版本的类文件放在 META-INF/versions 目录中：

```
Application.class
BuildingBlocks.class
Util.class
META-INF
 ├ MANIFEST.MF (with line Multi-Release: true)
 └ versions
    ├ 9
    │  ├ Application.class
    │  └ BuildingBlocks.class
    └ 10
       └ BuildingBlocks.class
```

假设 Application 类使用了 CssParser 类，那么遗留版本的 Application.class 文件可以使用 com.sun.javafx.css.CssParser，而 Java 9 版本可以使用 javafx.css.CssParser。

Java 8 完全不知道 META-INF/versions 目录，它只会加载遗留的类。Java 9 读取这个 JAR 文件时，则会使用新版本。

要增加不同版本的类文件，可以使用 --release 标志：

```
jar uf MyProgram.jar --release 9 Application.class
```

要从头构建一个多版本 JAR 文件，可以使用 -C 选项，对应每个版本要切换到一个不同的类文件目录：

```
jar cf MyProgram.jar -C bin/8 . --release 9 -C bin/9 Application.class
```

面向不同版本编译时，要使用 --release 标志和 -d 标志来指定输出目录：

```
javac -d bin/8 --release 8 . . .
```

在 Java 9 中，-d 选项会创建这个目录（如果原先该目录不存在）。

--release 标志也是 Java 9 新增的。在较早的版本中，需要使用 -source、-target 和 -bootclasspath 标志。JDK 现在为之前的两个 API 版本提供了符号文件。在 Java 9 中，编译时可以将 --release 设置为 9、8 或 7。

多版本 JAR 并不适用于不同版本的程序或库。对于不同的版本，所有类的公共 API 都应当是一样的。多版本 JAR 的唯一作用是使你的某个特定版本的程序或库能够使用多个不同的 JDK 版本。如果你增加了功能或者改变了一个 API，就应当提供一个新版本的 JAR。

> **注释：** javap之类的工具并没有改造为可以处理多版本JAR文件。如果调用
>
> ```
> javap -classpath MyProgram.jar Application.class
> ```
>
> 你会得到类的基本版本（毕竟，它与更新的版本应该有相同的公共API）。如果必须查看更新的版本，则可以调用：
>
> ```
> javap -classpath MyProgram.jar\!/META-INF/versions/9/Application.class
> ```

4.9.5 关于命令行选项的说明

Java开发包（JDK）的命令行选项一直以来都使用单个短横线加多字母选项名的形式，如：

```
java -jar . . .
javac -Xlint:unchecked -classpath . . .
```

但jar命令是个例外，这个命令遵循经典的tar命令选项格式，而没有短横线：

```
jar cvf . . .
```

从Java 9开始，Java工具开始转向一种更常用的选项格式，多字母选项名前面加两个短横线，另外对于常用的选项可以使用单字母快捷方式。例如，调用Linux ls命令时可以提供一个“human-readable”选项：

```
ls --human-readable
```

或者

```
ls -h
```

在Java 9中，可以使用--version而不是-version，另外可以使用--class-path而不是-classpath。在本书卷Ⅱ的第9章中可以看到，--module-path选项有一个快捷方式-p。

详细内容可以参见JEP 293增强请求（http://openjdk.java.net/jeps/293）。在所有清理工作中，作者还提出要标准化选项参数。带--和多字母选项的参数用空格或者一个等号（=）分隔：

```
javac --class-path /home/user/classdir . . .
```

或

```
javac --class-path=/home/user/classdir . . .
```

单字母选项的参数可以用空格分隔，或者直接跟在选项后面：

```
javac -p moduledir . . .
```

或

```
javac -pmoduledir . . .
```

> **警告：** 后一种方式现在不能使用，而且一般来讲这也不是一个好主意。如果模块目录恰好是arameters或rocessor，这就很容易与遗留的选项（parameters或processor）发生冲突，这又何必呢？

无参数的单字母选项可以组合在一起：

```
jar -cvf MyProgram.jar -e mypackage.MyProgram */*.class
```

> **警告：** 目前不能使用这种方式，这肯定会带来混淆。假设 javac 有一个 -c 选项，那么 javac -cp 是指 javac -c -p 还是 -cp ？

这就会带来一些混乱，希望过段时间能够解决这个问题。尽管我们想要远离这些古老的 jar 选项，但最好还是等到尘埃落定为妙。不过，如果你想做到最现代化，那么可以安全地使用 jar 命令的长选项：

jar --create --verbose --file *jarFileName* $file_1$ $file_2$ . . .

对于单字母选项，如果不组合，也是可以使用的：

jar -c -v -f *jarFileName* $file_1$ $file_2$ . . .

4.10 文档注释

JDK 包含一个很有用的工具，叫作 javadoc，它可以由源文件生成一个 HTML 文档。事实上，在第 3 章介绍的联机 API 文档就是通过对标准 Java 类库的源代码运行 javadoc 生成的。

如果在源代码中添加以特殊定界符 /** 开始的注释，那么你也可以很容易地生成一个看上去具有专业水准的文档。这是一种很好的方法，因为这样可以将代码与注释放在一个地方。应该知道，如果将文档存放在一个单独的文件中，随着时间的推移，代码和注释很可能出现不一致。不过，如果文档注释与源代码在同一个文件中，就可以很容易地同时修改源代码和注释，然后重新运行 javadoc。

4.10.1 注释的插入

javadoc 实用工具从下面几项中抽取信息：

- 模块；
- 包；
- 公共类与接口；
- 公共的和受保护的字段；
- 公共的和受保护的构造器及方法。

第 5 章中将介绍受保护特性，第 6 章中将介绍接口，模块在卷Ⅱ的第 9 章介绍。

可以（而且应该）为以上各个特性编写注释。各个注释放置在所描述特性的前面。注释以 /** 开始，并以 */ 结束。

每个 /** . . . */ 文档注释包含标记以及之后紧跟着的自由格式文本（free-form text）。标记以 @ 开始，如 @since 或 @param。

自由格式文本的第一个句子应该是一个概要陈述。javadoc 工具自动地将这些句子抽取出来生成概要页。

在自由格式文本中，可以使用 HTML 修饰符，例如，用于强调的 <em>...</em>、用于着重强调的 <strong>...</strong>、用于项目符号列表的 <ul>/<li> 以及用于包含图像的 <img . . ./> 等。要键入等宽代码，需要使用 {@code ... } 而不是 <code>...</code>——这样一来，就不用操心对代码中的 < 字符转义了。

注释：如果文档中有到其他文件的链接，如图像文件（例如，图表或用户界面组件的图像），就应该将这些文件放到包含源文件的目录下的一个子目录 doc-files 中。javadoc 工具将从源目录将 doc-files 目录及其内容复制到文档目录中。在链接中需要使用 doc-files 目录，例如 <img src="doc-files/uml.png" alt="UML diagram"/>。

4.10.2　类注释

类注释必须放在 import 语句之后，class 定义之前。

下面是一个类注释的例子：

```
/**
 * A {@code Card} object represents a playing card, such
 * as "Queen of Hearts". A card has a suit (Diamond, Heart,
 * Spade or Club) and a value (1 = Ace, 2 . . . 10, 11 = Jack,
 * 12 = Queen, 13 = King)
 */
public class Card
{
   . . .
}
```

注释：没有必要在每一行的开始都添加 *，例如，以下注释同样是合法的：

```
/**
   A <code>Card</code> object represents a playing card, such
   as "Queen of Hearts". A card has a suit (Diamond, Heart,
   Spade or Club) and a value (1 = Ace, 2 . . . 10, 11 = Jack,
   12 = Queen, 13 = King).
*/
```

不过，大部分 IDE 会自动提供星号，而且换行改变时，还会重新放置星号。

4.10.3　方法注释

每个方法注释必须放在所描述的方法之前。除了通用标记之外，还可以使用下面的标记：

- @param *variable description*

这个标记将给当前方法的“parameters”（参数）部分添加一个条目。这个描述可以占据多行，并且可以使用 HTML 标记。一个方法的所有 @param 标记必须放在一起。

- @return *description*

这个标记将给当前方法添加“returns”（返回）部分。这个描述可以跨多行，并且可以使用 HTML 标记。

- @throws *class description*

这个标记将添加一个注释，表示这个方法有可能抛出异常。有关异常的详细内容将在第 7 章中讨论。

下面是一个方法注释的示例：

```
/**
 * Raises the salary of an employee.
 * @param  byPercent the percentage by which to raise the salary (e.g., 10 means 10%)
 * @return  the amount of the raise
 */
public double raiseSalary(double byPercent)
{
   double raise = salary * byPercent / 100;
   salary += raise;
   return raise;
}
```

4.10.4　字段注释

只需要对公共字段（通常指的是静态常量）增加文档注释。例如，

```
/**
 * The "Hearts" card suit
 */
public static final int HEARTS = 1;
```

4.10.5　通用注释

标记 @since *text* 会建立一个“since”（始于）条目。*text*（文本）可以是对引入这个特性的版本的描述。例如，@since 1.7.1。

类文档注释中可以使用下面的标记：

- @author *name*

这个标记将建立一个“author”（作者）条目。可以有多个 @author 标记，每个 @author 标记对应一个作者。并不是非得使用这个标记，你的版本控制系统能够更好地跟踪作者。

- @version *text*

这个标记将建立一个“version”（版本）条目。这里的 text 可以是对当前版本的任何描述。

通过 @see 和 @link 标记，可以使用超链接，链接到 javadoc 文档的相关部分或外部文档。

标记 @see *reference* 将在“see also”（参见）部分增加一个超链接。它可以用于类中，也可以用于方法中。这里的 *reference*（引用）可以有以下选择：

```
package.class#feature label
<a href=". . .">label</a>
"text"
```

第一种情况是最有用的。只要提供类、方法或变量的名字，javadoc 就在文档中插入一个超链接。例如，

```
@see com.horstmann.corejava.Employee#raiseSalary(double)
```

会建立一个超链接，链接到 com.horstmann.corejava.Employee 类的 raiseSalary(double) 方法。可以省略包名，甚至把包名和类名都省去，这样一来，这会位于当前包或当前类。

需要注意，一定要使用井号（#），而不要使用句号（.）分隔类名与方法名（或类名与变量名）。Java 编译器自身可以熟练地确定句点在分隔包、子包、类、内部类以及方法和变量时的不同含义。但是 javadoc 工具就没有这么聪明了，因此必须对它提供帮助。

如果 @see 标记后面有一个 < 字符，就需要指定一个超链接。可以超链接到任何 URL。例如：

```
@see <a href="www.horstmann.com/corejava.html">The Core Java home page</a>
```

在上述各种情况下，都可以指定一个可选的标签（label），这会显示为链接锚（link anchor）。如果省略了标签，则用户看到的锚就是目标代码名或 URL。

如果 @see 标记后面有一个双引号（"）字符，文本就会显示在“see also”部分。例如，

```
@see "Core Java 2 volume 2"
```

可以为一个特性添加多个 @see 标记，但必须将它们放在一起。

如果愿意，可以在任何文档注释中放置指向其他类或方法的超链接。可以在注释中的任何位置插入一个形式如下的特殊标记：

```
{@link package.class#feature label}
```

这里的特性描述规则与 @see 标记的规则相同。

最后，在 Java 9 中，还可以使用 {@index *entry*} 标记为搜索框增加一个条目。

4.10.6 包注释

可以直接将类、方法和变量的注释放置在 Java 源文件中，只要用 /** . . . */ 文档注释界定就可以了。但是，要想产生包注释，就需要在每一个包目录中添加一个单独的文件。可以有如下两个选择：

1. 提供一个名为 package-info.java 的 Java 文件。这个文件必须包含一个初始的 Javadoc 注释，以 /** 和 */ 界定，后面是一个 package 语句。它不能包含更多的代码或注释。

2. 提供一个名为 package.html 的 HTML 文件，抽取标记 <body>...</body> 之间的所有文本。

4.10.7 注释提取

在这里，假设你希望 HTML 文件将放在名为 *docDirectory* 的目录下。执行以下步骤：

1. 切换到源文件目录，其中包含想要生成文档的源文件。如果有嵌套的包要生成文档，例如 com.horstmann.corejava，就必须切换到包含子目录 com 的目录（如果提供 overview.html 文件的话，这就是这个文件所在的目录）。

2. 如果是一个包，应该运行命令：

```
javadoc -d docDirectory nameOfPackage
```

或者，如果要为多个包生成文档，运行：

```
javadoc -d docDirectory nameOfPackage1 nameOfPackage2. . .
```

如果你的文件在无名包中，则应该运行：

```
javadoc -d docDirectory *.java
```

如果省略了 -d *docDirectory* 选项，HTML 文件就会提取到当前目录下。这样可能很混乱，因此我不提倡这种做法。

可以使用很多命令行选项对 javadoc 程序进行微调。例如，可以使用 -author 和 -version 选项在文档中包含 @author 和 @version 标记（默认情况下，这些标记会被省略）。另一个很有用的选项是 -link，用来为标准类添加超链接。例如，如果使用命令

```
javadoc -link http://docs.oracle.com/javase/9/docs/api *.java
```

那么，所有的标准类库的类都会自动地链接到 Oracle 网站的文档。

如果使用 -linksource 选项，那么每个源文件将会转换为 HTML（不对代码着色，但包含行号），并且每个类和方法名将变为指向源代码的超链接。

还可以为所有源文件提供一个概要注释。把它放在一个类似 overview.html 的文件中，运行 javadoc 工具，并提供命令行选项 -overview *filename*。将抽取标记 <body>... </body> 之间的所有文本。当用户从导航栏中选择"Overview"时，就会显示这些内容。

有关其他的选项，请查阅 javadoc 工具的联机文档 https://docs.oracle.com/javase/9/javadoc/javadoc.htm。

4.11 类设计技巧

我们不会面面俱到，也不希望过于沉闷，所以在这一章结束之前再简单地介绍几点技巧。应用这些技巧可以使你设计的类更能得到专业 OOP 圈子的认可。

1. 一定要保证数据私有。

这是最重要的；绝对不要破坏封装性。有时候，可能需要编写一个访问器方法或更改器方法，但是最好还是保持实例字段的私有性。很多惨痛的教训告诉我们，数据的表示形式很可能会改变，但它们的使用方式却不会经常变化。当数据保持私有时，表示形式的变化不会对类的使用者产生影响，而且也更容易检测 bug。

2. 一定要初始化数据。

Java 不会为你初始化局部变量，但是会对对象的实例字段进行初始化。最好不要依赖于系统的默认值，而是应该显式地初始化所有变量，可以提供默认值，也可以在所有构造器中设置默认值。

3. 不要在类中使用过多的基本类型。

其想法是要用其他的类，而不是使用多个相关的基本类型。这样会使类更易于理解，也更易于修改。例如，可以用一个名为 Address 的新类替换一个 Customer 类中的以下实例字段：

```
private String street;
private String city;
private String state;
private int zip;
```

这样一来，可以很容易地处理地址的变化，例如，可能需要处理国际地址。

4. 不是所有的字段都需要单独的字段访问器和更改器。

你可能需要获得或设置员工的工资。而一旦构造了员工对象，肯定不需要更改雇用日期。另外，在对象中，常常包含一些不希望别人获得或设置的实例字段，例如，Address 类中的州缩写数组。

5. 分解有过多职责的类。

这样说似乎有点含糊，究竟多少算是“过多”？每个人的看法都不同。但是，如果明显地可以将一个复杂的类分解成两个概念上更为简单的类，就应该进行分解。（但另一方面，也不要走极端。如果设计 10 个类，每个类只有一个方法，显然就有些矫枉过正了。）

下面是一个反面的设计示例。

```
public class CardDeck // bad design
{
   private int[] value;
   private int[] suit;

   public CardDeck() { . . . }
   public void shuffle() { . . . }
   public int getTopValue() { . . . }
   public int getTopSuit() { . . . }
   public void draw() { . . . }
}
```

实际上，这个类实现了两个独立的概念：一副牌（包含 shuffle 方法和 draw 方法）和一张牌（包含查看面值和花色的方法）。最好引入一个表示一张牌的 Card 类。现在有两个类，每个类分别完成自己的职责：

```
public class CardDeck
{
   private Card[] cards;

   public CardDeck() { . . . }
   public void shuffle() { . . . }
   public Card getTop() { . . . }
   public void draw() { . . . }
}

public class Card
{
   private int value;
   private int suit;

   public Card(int aValue, int aSuit) { . . . }
   public int getValue() { . . . }
   public int getSuit() { . . . }
}
```

6. 类名和方法名要能够体现它们的职责。

变量应该有一个能够反映其含义的名字，类似地，类也应该如此（在标准类库中，确实存在着一些含义不明确的例子，如 Date 类实际上是一个描述时间的类）。

对此有一个很好的惯例：类名应当是一个名词（Order），或者是前面有形容词修饰的名词（RushOrder），或者是有动名词（有“-ing”后缀）修饰的名词（例如，BillingAddress）。对于方法来说，要遵循标准惯例：访问器方法用小写 get 开头（getSalary），更改器方法用小写的 set 开头（setSalary）。

7. 优先使用不可变的类。

LocalDate 类以及 java.time 包中的其他类是不可变的——没有方法能修改对象的状态。类似 plusDays 的方法并不会更改对象，而是会返回状态已修改的新对象。

更改对象的问题在于，如果多个线程试图同时更新一个对象，就会发生并发更改，其结果是不可预料的。如果类是不可变的，就可以安全地在多个线程间共享其对象。

因此，要尽可能让类是不可变的，这是一个很好的想法。对于表示值的类，如一个字符串或一个时间点，这尤其容易。计算会生成新值，而不是更新原来的值。

当然，并不是所有类都应当是不可变的。如果员工加薪时让 raiseSalary 方法返回一个新的 Employee 对象，这会很奇怪。

本章介绍了有关对象和类的基础知识，这使得 Java 可以作为一种“基于对象”的语言。要真正做到面向对象，程序设计语言还必须支持继承和多态。Java 提供了对这些特性的支持，具体内容将在下一章中介绍。

第5章　继　　承

- ▲ 类、超类和子类
- ▲ Object：所有类的超类
- ▲ 泛型数组列表
- ▲ 对象包装器与自动装箱
- ▲ 参数个数可变的方法
- ▲ 抽象类
- ▲ 枚举类
- ▲ 密封类
- ▲ 反射
- ▲ 继承的设计技巧

第4章介绍了类和对象的概念，本章将学习面向对象程序设计的另外一个基本概念：继承（inheritance）。继承的基本思想是，可以基于已有的类创建新的类。继承已存在的类就是复用（继承）这些类的方法，而且可以增加一些新的方法和字段，使新类能够适应新的情况。这是Java程序设计中的一项核心技术。

另外，本章还会介绍反射（reflection）的概念。反射是指在程序运行期间更多地了解类及其属性的能力。反射是一个功能强大的特性，不过，不可否认它也相当复杂。由于主要是开发软件工具而不是编写应用的程序员对反射更感兴趣，因此对于这部分内容，可以先浏览一下，待日后再返回来学习。

5.1　类、超类和子类

现在让我们回忆一下在前一章中讨论过的Employee类。假设你在某个公司工作，这个公司里经理的待遇与普通员工的待遇存在着一些差异。不过，当然他们之间也存在着很多相同的地方，例如，他们都领取薪水。只是普通员工在完成本职任务之后仅领取薪水，而经理在完成了预期的业绩之后还能得到奖金。这种情形就需要使用继承。为什么呢？因为需要为经理定义一个新类Manager，并增加一些新功能，但可以重用Employee类中已经编写的部分代码，并保留原来Employee类中的所有字段。从理论上讲，在Manager与Employee之间存在着明显的"is-a"（是）关系，每个经理都是一个员工："is-a"关系是继承的一个明显特征。

> **注释：** 本章中，我们使用了员工和经理的经典示例，不过必须提醒你的是对这个例子要有所保留。在真实世界里，员工也可能会成为经理，所以你建模时可能希望经理也是员工，而不是员工的一个子类。不过，在我们的例子中，假设公司里只有两类人：一类人永远是员工，另一类人一直是经理。

5.1.1　定义子类

可以使用如下代码继承Employee类来定义Manager类，这里使用关键字extends表示继承：

```
public class Manager extends Employee
{
   added methods and fields
}
```

C++ 注释： Java 与 C++ 定义继承的方式十分相似。Java 用关键字 extends 代替了 C++ 中的冒号（:）。在 Java 中，所有的继承都是公共继承，而没有 C++ 中的私有继承和保护继承。

关键字 extends 指示正在构造的新类派生于一个已存在的类。这个已存在的类称为*超类*（superclass）、*基类*（base class）或*父类*（parent class）；新类称为*子类*（subclass/child class）或*派生类*（derived class）。超类和子类是 Java 程序员最常用的两个术语，而了解其他语言的程序员可能更加偏爱父 / 子类的叫法，这也能很贴切地体现"继承"。

尽管 Employee 类是一个超类，但并不是因为它优于子类或者拥有比子类更多的功能。实际上恰恰相反，子类比超类拥有的功能更多。例如，看过 Manager 类的源代码之后就会发现，Manager 类比超类 Employee 封装了更多的数据，拥有更多的功能。

注释： 前缀"**超**"（super）和"**子**"（sub）来源于计算机科学与数学理论中集合语言的术语。所有员工组成的集合包含所有经理组成的集合。所以可以说，员工集合是经理集合的**超集**；也可以说，经理集合是员工集合的**子集**。

在 Manager 类中，增加了一个用于存储奖金信息的字段，以及一个用于设置这个字段的新方法：

```
public class Manager extends Employee
{
   private double bonus;
   . . .
   public void setBonus(double bonus)
   {
      this.bonus = bonus;
   }
}
```

这些方法和字段并没有什么特别之处。如果有一个 Manager 对象，就可以使用 setBonus 方法。

```
Manager boss = . . .;
boss.setBonus(5000);
```

当然，如果有一个 Employee 对象，则不能使用 setBonus 方法，这不是 Employee 类中定义的方法。

不过，尽管在 Manager 类中没有显式地定义 getName 和 getHireDay 等方法，但是可以对 Manager 对象使用这些方法，这是因为 Manager 类自动地继承了超类 Employee 中的这些方法。

每个 Manager 对象有 4 个字段：name、salary、hireDay 和 bonus。其中，name、salary 和 hireDay 字段是从超类得来的。

注释： Java 语言规范指出："声明为私有的类成员不会被这个类的子类继承"。多年来读者一直对此感到困惑。规范中狭义地使用了"继承"一词。它认为私有字段不会继承，因为 Manager 类不能直接访问这些私有字段。所以，每个 Manager 对象有超类中的 3 个字段，但是 Manager 类并没有“继承”这些字段。

通过扩展超类定义子类的时候，只需要指出子类与超类的不同之处。因此，在设计类的时候，应该将最一般的方法放在超类中，而将更特殊的方法放在子类中，这种将通用功能抽取到超类的做法在面向对象程序设计中十分普遍。

注释：第 4 章中我们学习了**记录**，也就是状态完全由构造器参数定义的类。不能扩展记录，而且记录也不能扩展其他类。

5.1.2　覆盖方法

超类中的有些方法对子类 Manager 并不一定适用。具体来说，Manager 类中的 getSalary 方法应该返回薪水和奖金的总和。为此，需要提供一个新的方法来*覆盖*（override）超类中的这个方法：

```
public class Manager extends Employee
{
   . . .
   public double getSalary()
   {
      . . .
   }
   . . .
}
```

应该如何实现这个方法呢？乍看起来似乎很简单，只要返回 salary 和 bonus 字段的总和就可以了：

```
public double getSalary()
{
   return salary + bonus; // won't work
}
```

不过，这样做是不行的。回想一下，只有 Employee 方法能直接访问 Employee 类的私有字段。这意味着，Manager 类的 getSalary 方法不能直接访问 salary 字段。如果 Manager 类的方法想要访问那些私有字段，就必须像所有其他方法一样使用公共接口，在这里就是要使用 Employee 类中的公共方法 getSalary。

现在，再试一下。你需要调用 getSalary 方法而不是直接访问 salary 字段：

```
public double getSalary()
{
   double baseSalary = getSalary(); // still won't work
   return baseSalary + bonus;
}
```

上面这段代码仍然有问题。问题出现在调用 getSalary 的语句上，它只是在调用自身，这是因为 Manager 类也有一个 getSalary 方法（就是我们正在实现的这个方法），所以这条语句将会导致无限地调用自己，直到整个程序最终崩溃。

这里需要指出：我们希望调用超类 Employee 中的 getSalary 方法，而不是当前类的这个方法。为此，可以使用特殊的关键字 super 解决这个问题：

```
super.getSalary()
```

这个语句调用的是 Employee 类中的 getSalary 方法。下面是 Manager 类中 getSalary 方法的正确版本：

```
public double getSalary()
{
   double baseSalary = super.getSalary();
   return baseSalary + bonus;
}
```

> **注释：** 有些人认为 super 与 this 引用是类似的概念，实际上，这样对比并不太恰当。这是因为 super 不是一个对象的引用，例如，不能将值 super 赋给另一个对象变量。事实上，super 只是一个指示编译器调用超类方法的特殊关键字。

正如前面所看到的那样，子类可以增加字段、增加方法或覆盖超类的方法，不过，继承绝对不会删除任何字段或方法。

> **C++ 注释：** 在 Java 中使用关键字 super 调用超类的方法，而在 C++ 中则采用超类名加 :: 操作符的形式。例如，Manager 类的 getSalary 方法要调用 Employee::getSalary 而不是 super.getSalary。

5.1.3　子类构造器

在这个例子的最后，我们来提供一个构造器。

```
public Manager(String name, double salary, int year, int month, int day)
{
   super(name, salary, year, month, day);
   bonus = 0;
}
```

这里的关键字 super 具有不同的含义。语句

```
super(name, salary, year, month, day);
```

是“调用超类 Employee 中带有 n、s、year、month 和 day 参数的构造器”的简写形式。

由于 Manager 类的构造器不能访问 Employee 类的私有字段，所以必须通过一个构造器来初始化这些私有字段。可以利用特殊的 super 语法调用这个构造器。使用 super 调用构造器的语句必须是子类构造器的第一条语句。

如果构造子类对象时没有显式地调用超类的构造器，那么超类必须有一个无参数构造器。这个构造器要在子类构造之前调用。

> **注释：** 回想一下，关键字 this 有两个含义：一是指示隐式参数的引用，二是调用该类的其他构造器。类似地，super 关键字也有两个含义：一是调用超类的方法，二是调用

超类的构造器。用来调用构造器的时候，this 和 super 这两个关键字紧密相关。调用构造器的语句只能作为另一个构造器的第一条语句出现。构造器参数可以传递给当前类（this）的另一个构造器，也可以传递给超类（super）的构造器。

C++ 注释：在 C++ 的构造器中，会使用初始化列表语法来构造超类，而不是调用 super。在 C++ 中，Manager 的构造器如下所示：

```
// C++
Manager::Manager(String name, double salary, int year, int month, int day)
: Employee(name, salary, year, month, day)
{
   bonus = 0;
}
```

重新定义 Manager 对象的 getSalary 方法之后，奖金就会自动地添加到经理的薪水中。

下面给出一个例子来说明这个类的使用。我们要创建一个新经理，并设置他的奖金：

```
Manager boss = new Manager("Carl Cracker", 80000, 1987, 12, 15);
boss.setBonus(5000);
```

下面定义一个包含 3 个员工的数组：

```
var staff = new Employee[3];
```

在数组中混合填入经理和员工：

```
staff[0] = boss;
staff[1] = new Employee("Harry Hacker", 50000, 1989, 10, 1);
staff[2] = new Employee("Tony Tester", 40000, 1990, 3, 15);
```

输出每个人的薪水：

```
for (Employee e : staff)
   System.out.println(e.getName() + " " + e.getSalary());
```

运行这条循环语句将会输出以下数据：

```
Carl Cracker 85000.0
Harry Hacker 50000.0
Tommy Tester 40000.0
```

这里的 staff[1] 和 staff[2] 仅输出了基本薪水，这是因为它们是 Employee 对象，而 staff[0] 是一个 Manager 对象，它的 getSalary 方法会将奖金与基本薪水相加。

令人赞叹的是，以下调用

```
e.getSalary()
```

会选出正确的 getSalary 方法。需要指出，尽管这里将 e 声明为 Employee 类型，但实际上 e 既可以引用 Employee 类型的对象，也可以引用 Manager 类型的对象。

当 e 引用 Employee 对象时，e.getSalary() 调用的是 Employee 类中的 getSalary 方法；当 e 引用 Manager 对象时，e.getSalary() 调用的则是 Manager 类中的 getSalary 方法。虚拟机知道 e 实际引用的对象类型，因此能够调用正确的方法。

一个对象变量（例如，变量e）可以指示多种实际类型，这一点称为多态（polymorphism）。在运行时能够自动地选择适当的方法，这称为动态绑定（dynamic binding）。在本章中将详细地讨论这两个概念。

> **C++注释：** 在C++中，如果希望实现动态绑定，则需要将成员函数声明为virtual。在Java中，动态绑定是默认的行为。如果不希望让一个方法是虚拟的，则可以将它标记为final（本章稍后将介绍关键字final）。

程序清单5-1的程序展示了Employee对象（见程序清单5-2）与Manager对象（见程序清单5-3）在薪水计算上的区别。

程序清单5-1 inheritance/ManagerTest.java

```
 1 package inheritance;
 2 
 3 /**
 4  * This program demonstrates inheritance.
 5  * @version 1.21 2004-02-21
 6  * @author Cay Horstmann
 7  */
 8 public class ManagerTest
 9 {
10    public static void main(String[] args)
11    {
12       // construct a Manager object
13       var boss = new Manager("Carl Cracker", 80000, 1987, 12, 15);
14       boss.setBonus(5000);
15 
16       var staff = new Employee[3];
17 
18       // fill the staff array with Manager and Employee objects
19 
20       staff[0] = boss;
21       staff[1] = new Employee("Harry Hacker", 50000, 1989, 10, 1);
22       staff[2] = new Employee("Tommy Tester", 40000, 1990, 3, 15);
23 
24       // print out information about all Employee objects
25       for (Employee e : staff)
26          System.out.println("name=" + e.getName() + ",salary=" + e.getSalary());
27    }
28 }
```

程序清单5-2 inheritance/Employee.java

```
1 package inheritance;
2 
3 import java.time.*;
4 
5 public class Employee
6 {
7    private String name;
8    private double salary;
```

```
 9     private LocalDate hireDay;
10
11     public Employee(String name, double salary, int year, int month, int day)
12     {
13        this.name = name;
14        this.salary = salary;
15        hireDay = LocalDate.of(year, month, day);
16     }
17
18     public String getName()
19     {
20        return name;
21     }
22
23     public double getSalary()
24     {
25        return salary;
26     }
27
28     public LocalDate getHireDay()
29     {
30        return hireDay;
31     }
32
33     public void raiseSalary(double byPercent)
34     {
35        double raise = salary * byPercent / 100;
36        salary += raise;
37     }
38  }
```

程序清单 5-3　inheritance/Manager.java

```
 1  package inheritance;
 2
 3  public class Manager extends Employee
 4  {
 5     private double bonus;
 6
 7     /**
 8      * @param name the employee's name
 9      * @param salary the salary
10      * @param year the hire year
11      * @param month the hire month
12      * @param day the hire day
13      */
14     public Manager(String name, double salary, int year, int month, int day)
15     {
16        super(name, salary, year, month, day);
17        bonus = 0;
18     }
19
20     public double getSalary()
21     {
```

```
22          double baseSalary = super.getSalary();
23          return baseSalary + bonus;
24       }
25
26       public void setBonus(double b)
27       {
28          bonus = b;
29       }
30 }
```

5.1.4 继承层次结构

继承并不仅限于一个层次。例如，可以由 Manager 类派生 Executive 类。由一个公共超类派生出来的所有类的集合称为*继承层次结构*（inheritance hierarchy），如图 5-1 所示。在继承层次结构中，从某个特定的类到其祖先的路径称为该类的*继承链*（inheritance chain）。

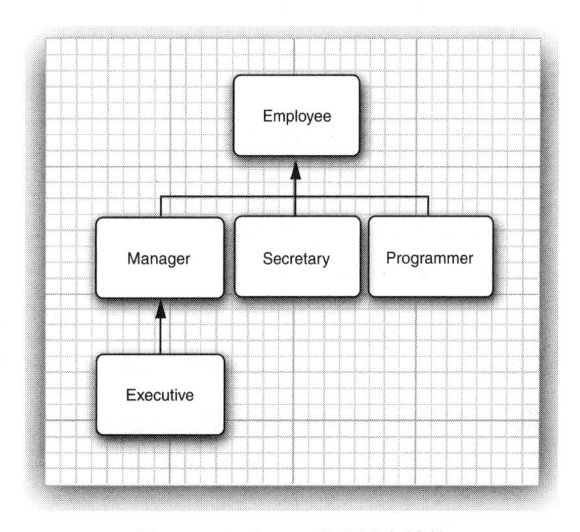

图 5-1 Employee 继承层次结构

通常，一个祖先类可以有多个子孙链。例如，可以由 Employee 类派生出子类 Programmer 和 Secretary，它们与 Manager 类没有任何关系（它们彼此之间也没有任何关系）。必要的话，可以将这个过程一直延续下去。

C++ 注释： 在 C++ 中，一个类可以有多个超类。Java 不支持多重继承，但提供了一些类似多重继承的功能，有关内容请参见 6.1 节有关接口的讨论。

5.1.5 多态

有一个简单的规则可以用来判断是否应该将数据设计为继承关系，这就是“is-a”规则，它指出子类的每个对象也是超类的对象。例如，每个经理都是员工，因此，将 Manager 类设计为 Employee 类的子类是有道理的；反之则不然，并不是每一名员工都是经理。

“is-a”规则的另一种表述是*替换原则*（substitution principle）。它指出程序中需要超类对象的任何地方都可以使用子类对象替换。

例如，可以将子类的对象赋给超类变量。

```
Employee e;
e = new Employee(. . .);  // Employee object expected
e = new Manager(. . .); // OK, Manager can be used as well
```

在 Java 程序设计语言中，对象变量是*多态的*（polymorphic）。一个 Employee 类型的变量既可以引用一个 Employee 类型的对象，也可以引用 Employee 类的任何一个子类的对象（例如

Manager、Executive、Secretary 等）。

在程序清单 5-1 中，我们就利用了这个替换原则：

```
Manager boss = new Manager(. . .);
Employee[] staff = new Employee[3];
staff[0] = boss;
```

在这个例子中，变量 staff[0] 与 boss 引用同一个对象。但编译器只将 staff[0] 看成是一个 Employee 对象。

这意味着，可以这样调用

```
boss.setBonus(5000); // OK
```

但不能这样调用

```
staff[0].setBonus(5000); // ERROR
```

这是因为 staff[0] 声明的类型是 Employee，而 setBonus 不是 Employee 类的方法。

不过，不能将超类的引用赋给子类变量。例如，下面的赋值是非法的：

```
Manager m = staff[i]; // ERROR
```

原因很清楚：不是所有的员工都是经理。如果赋值成功，那么 m 有可能引用了一个不是经理的 Employee 对象，而在后面有可能会调用 m.setBonus(...)，这就会发生运行时错误。

警告： 在 Java 中，子类引用数组可以转换成超类引用数组，而不需要使用强制类型转换。例如，下面是一个经理数组

```
Manager[] managers = new Manager[10];
```

将它转换成 Employee[] 数组完全是合法的：

```
Employee[] staff = managers; // OK
```

这样做肯定不会有问题，请思考一下其中的缘由。毕竟，如果 manager[i] 是一个 Manager，它也一定是一个 Employee。不过，实际上会发生一些令人惊讶的事情。要切记 managers 和 staff 引用的是同一个数组。现在看一下这条语句：

```
staff[0] = new Employee("Harry Hacker", . . .);
```

编译器竟然接纳了这个赋值操作。但在这里，staff[0] 与 manager[0] 是相同的引用，似乎我们把一个普通员工擅自归入经理行列中了。这非常糟糕，当调用 managers[0].setBonus(1000) 的时候，将会试图访问一个不存在的实例字段，进而搅乱相邻存储空间的内容。

为了确保不发生这类破坏，所有数组都要牢记创建时的元素类型，并负责监督仅将类型兼容的引用存储到数组中。例如，使用 new Manager[10] 创建的数组是一个经理数组。如果试图存储一个 Employee 类型的引用就会引发 ArrayStoreException 异常。

5.1.6　理解方法调用

准确地理解如何在对象上应用方法调用非常重要。下面假设要调用 x.f(args)，隐式参数

x 声明为类 C 的一个对象。下面是调用过程的详细描述：

1. 编译器查看对象的声明类型和方法名。需要注意的是：有可能存在多个名字为 f 但参数类型不一样的方法。例如，可能存在方法 f(int) 和方法 f(String)。编译器将会一一列举 C 类中所有名为 f 的方法和其超类中所有名为 f 而且可访问的方法（超类的私有方法不可访问）。

至此，编译器已知所有可能要调用的候选方法。

2. 接下来，编译器要确定方法调用中提供的参数类型。如果在所有名为 f 的方法中存在一个与所提供参数类型完全匹配的方法，就选择这个方法。这个过程称为*重载解析*（overloading resolution）。例如，对于调用 x.f("Hello")，编译器将会挑选 f(String)，而不是 f(int)。由于允许类型转换（int 可以转换成 double，Manager 可以转换成 Employee，等等），所以情况可能会变得很复杂。如果编译器没有找到与参数类型匹配的方法，或者发现经过类型转换后有多个方法与之匹配，编译器就会报告一个错误。

至此，编译器已经知道需要调用的方法的名字和参数类型。

> **注释：** 前面曾经说过，方法的名字和参数列表称为方法的**签名**（signature）。例如，f(int) 和 f(String) 是两个有相同名字、不同签名的方法。如果在子类中定义了一个与超类签名相同的方法，那么子类中的这个方法就会覆盖（override）超类中有相同签名的方法。
>
> 返回类型不是签名的一部分。不过在覆盖一个方法时，需要保证返回类型的兼容性。允许子类将覆盖方法的返回类型改为原返回类型的子类型。例如，假设 Employee 类有以下方法：
>
> ```
> public Employee getBuddy() { . . . }
> ```
>
> 经理不会想找底层员作为工作搭档。为了反映这一点，在子类 Manager 中，可以如下代码覆盖这个方法：
>
> ```
> public Manager getBuddy() { . . . } // OK to change return type
> ```
>
> 我们说，这两个 getBuddy 方法有**协变**（covariant）的返回类型。

3. 如果是 private 方法、static 方法、final 方法（final 修饰符将在下一节解释）或者构造器，那么编译器可以准确地知道应该调用哪个方法。这称为*静态绑定*（static binding）。与此对应的是，如果要调用的方法依赖于隐式参数的实际类型，那么必须在运行时使用动态绑定。在我们的示例中，编译器会利用动态绑定生成一个调用 f (String) 的指令。

4. 程序运行并且采用动态绑定调用方法时，虚拟机必须调用与 x 所引用对象的实际类型对应的那个方法。假设 x 的实际类型是 D，它是 C 类的子类。如果 D 类定义了方法 f(String)，就会调用这个方法；否则，将在 D 类的超类中寻找 f(String)，依此类推。

每次调用方法都要完成这个搜索，时间开销相当大。因此，虚拟机预先为每个类计算了一个*方法表*（method table），其中列出了所有方法的签名和要调用的实际方法。

虚拟机加载一个类之后可以构建这个方法表，为此要结合它在类文件中找到的方法以及超类的方法表。

这样一来，真正调用方法的时候，虚拟机仅查找这个表就行了。在前面的例子中，虚拟机搜索D类的方法表，寻找与f(Sting)相匹配的方法。这个方法既有可能是D.f(String)，也有可能是X.f(String)，这里的X是D的某个超类。这种情况下需要提醒一点，如果调用是super.f(param)，那么编译器将搜索超类的方法表。

现在来详细分析程序清单5-1中调用e.getSalary()的过程。e声明为Employee类型。Employee类只有一个名叫getSalary的方法，这个方法没有参数。因此，在这里不必担心重载解析的问题。

由于getSalary不是private方法、static方法或final方法，所以将采用动态绑定。虚拟机为Employee和Manager类生成方法表。在Employee的方法表中列出了这个Employee类本身定义的所有方法：

```
Employee:
   getName() -> Employee.getName()
   getSalary() -> Employee.getSalary()
   getHireDay() -> Employee.getHireDay()
   raiseSalary(double) -> Employee.raiseSalary(double)
```

实际上，上面列出的方法并不完整，稍后会看到Employee类有一个超类Object，Employee类从这个超类中还继承了大量方法，在此，我们略去了Object方法。

Manager方法表稍微有些不同。其中有三个方法是继承而来的，一个方法是重新定义的，还有一个方法是新增的。

```
Manager:
   getName() -> Employee.getName()
   getSalary() -> Manager.getSalary()
   getHireDay() -> Employee.getHireDay()
   raiseSalary(double) -> Employee.raiseSalary(double)
   setBonus(double) -> Manager.setBonus(double)
```

在运行时，调用e.getSalary()的解析过程为：

1. 首先，虚拟机获取e的实际类型的方法表。这可能是Employee、Manager的方法表，也可能是Employee类的其他子类的方法表。

2. 接下来，虚拟机查找定义了getSalary()签名的类。此时，虚拟机已经知道应该调用哪个方法。

3. 最后，虚拟机调用这个方法。

动态绑定有一个非常重要的特性：无须修改现有的代码就可以对程序进行扩展。假设增加一个新类Executive，并且变量e有可能引用这个类的对象，我们不需要对包含调用e.getSalary()的代码重新进行编译。如果e恰好引用一个Executive类的对象，就会自动地调用Executive.getSalary()方法。

> **警告：** 在覆盖一个方法的时候，子类方法**不能低于**超类方法的**可见性**。具体地，如果超类方法是public，子类方法必须也要声明为public。经常会发生这类错误：子类方法不小心遗漏了public修饰符。此时，编译器就会报错，指出你试图提供更严格的访问权限。

5.1.7 阻止继承：final 类和方法

有时候，我们可能希望阻止人们定义某个类的子类。不允许扩展的类被称为 final 类。如果在类定义中使用了 final 修饰符，就表明这个类是 final 类。例如，假设希望阻止人们派生 Executive 类的子类，只需要在声明这个类的时候使用 final 修饰符。声明格式如下所示：

```
public final class Executive extends Manager
{
   . . .
}
```

也可以将类中的某个特定方法声明为 final。如果这样做，那么所有子类都不能覆盖这个方法（final 类中的所有方法自动地成为 final 方法）。例如：

```
public class Employee
{
   . . .
   public final String getName()
   {
      return name;
   }
   . . .
}
```

> **注释**：前面曾经说过，字段也可以声明为 final。对于 final 字段来说，构造对象之后就不允许改变了。不过，如果将一个类声明为 final，只有其中的方法自动地成为 final，而不包括字段。

将方法或类声明为 final 只有一个原因：确保它们不会在子类中改变语义。例如，Calendar 类中的 getTime 和 setTime 方法都声明为 final。这表明 Calendar 类的设计者负责实现 Date 类与日历状态之间的转换，而不允许子类来添乱。类似地，String 类也是 final 类，这意味着不允许任何人定义 String 的子类。换言之，如果有一个 String 引用，它引用的一定是一个 String 对象，而不可能是其他类的对象。

有些程序员认为：除非有足够的理由使用多态性，否则应该将所有的方法都声明为 final。事实上，在 C++ 和 C# 中，如果没有特别声明，所有的方法都不使用多态性。这两种做法可能都有些偏激。我们提倡在设计类层次结构时，要仔细地考虑应该将哪些方法和类声明为 final。

在早期的 Java 中，有些程序员为了避免动态绑定带来的系统开销而使用 final 关键字。如果一个方法没有被覆盖并且很短，编译器就能够对它进行优化处理，则这个过程称为内联（inlining）。例如，内联调用 e.getName() 将把它替换为访问字段 e.name。这是一项很有意义的改进，CPU 在处理当前指令时，分支会扰乱预取指令的策略，所以，CPU 不喜欢分支。不过，如果 getName 可能在另外一个类中被覆盖，那么编译器就无法知道覆盖代码将会做什么操作，因此也就不能对它进行内联处理。

幸运的是，虚拟机中的即时编译器比传统编译器的处理能力强得多。即时编译器可以准确地知道哪些类扩展了一个给定类，并且能够检查是否有类确实覆盖了给定的方法。如果方法很简短、被频繁调用而且确实没有被覆盖，那么即时编译器就会对这个方法进行内联处理。如果虚拟机加载了另外一个子类，而这个子类覆盖了一个内联方法，那么将会发生什么情况呢？优化器必须取消对这个方法的内联。这很耗时，不过很少会发生这种情况。

注释： 枚举和记录总是 final，它们不允许扩展。

5.1.8　强制类型转换

第 3 章曾经讲过，将一个类型强制转换成另外一个类型的过程称为强制类型转换（casting）。Java 程序设计语言为强制类型转换提供了一种特殊的表示法。例如：

```
double x = 3.405;
int nx = (int) x;
```

将表达式 x 的值转换成整数类型，舍弃了小数部分。

正像有时候需要将浮点数转换成整数一样，可能还需要将某个类的对象引用转换成另外一个类的对象引用。再以混合有 Employee 和 Manager 对象的数组为例：

```
var staff = new Employee[3];
staff[0] = new Manager("Carl Cracker", 80000, 1987, 12, 15);
staff[1] = new Employee("Harry Hacker", 50000, 1989, 10, 1);
staff[2] = new Employee("Tony Tester", 40000, 1990, 3, 15);
```

要完成对象引用的强制类型转换，转换语法与数值表达式的强制类型转换类似。用一对圆括号将目标类名括起来，并放置在需要转换的对象引用之前。例如：

```
Manager boss = (Manager) staff[0];
```

进行强制类型转换的唯一原因是：要在暂时忘记对象的实际类型之后使用对象的全部功能。例如，在 ManagerTest 类中，staff 数组必须是 Employee 对象的数组，因为它的一些元素是普通员工。我们需要将数组中引用经理的元素复原成 Manager 对象，从而能够访问它的所有新变量（需要注意，在第一节的示例代码中，为了避免强制类型转换，我们做了一些特别的处理。将 boss 变量存入数组之前，先将它初始化为一个 Manager 对象。我需要正确的类型来设置经理的奖金）。

我们知道，在 Java 中，每个对象变量都有一个类型。类型描述了这个变量引用哪种对象以及它能做什么。例如，staff[i] 引用一个 Employee 对象（因此它还可以引用 Manager 对象）。

将一个值存入一个变量时，编译器将检查你是否承诺过多。如果将一个子类引用赋给一个超类变量，你的承诺较少，编译器是允许的。但将一个超类引用赋给一个子类变量时，就承诺过多了。必须进行强制类型转换，这样才能够通过运行时的检查。

如果试图在继承链上进行向下的强制类型转换，并且“谎报”对象包含的内容，会发生什么情况呢？

```
Manager boss = (Manager) staff[1]; // ERROR
```

运行这个程序时，Java 运行时系统将注意到你的承诺不符，并产生一个 ClassCastException 异常。如果没有捕获这个异常，那么程序就会终止。因此，应该养成这样一个良好的编程习惯：在进行强制类型转换之前，先查看是否能够成功地转换。为此只需要使用 instanceof 操作符。例如：

```
if (staff[i] instanceof Manager)
{
   boss = (Manager) staff[i];
   . . .
}
```

最后，如果这个类型转换不可能成功，那么编译器就不会让你完成这个转换。例如，下面这个强制类型转换：

```
String c = (String) staff[i];
```

将会产生编译错误，这是因为 String 不是 Employee 的子类。

综上所述：

- 只能在继承层次结构内进行强制类型转换。
- 在将超类强制转换成子类之前，应该使用 instanceof 进行检查。

注释：如果 x 为 null，则进行以下测试

```
x instanceof C
```

不会产生异常，只是返回 false。这样处理是有道理的：因为 null 没有引用任何对象，当然也不会引用 C 类型的对象。

实际上，通过强制类型转换来转换对象的类型通常并不是一个好主意。在我们的示例中，大多数情况并不需要将 Employee 对象强制转换成 Manager 对象，两个类的对象都能够正确地调用 getSalary 方法，这是因为实现多态性的动态绑定机制能够自动地找到正确的方法。

只有在使用 Manager 中特有的方法时才需要进行强制类型转换，例如 setBonus 方法。如果出于某种原因发现需要在 Employee 对象上调用 setBonus 方法，那么就应该自问超类的设计是否有问题。可能有必要重新设计超类，并添加一个 setBonus 方法。请记住，一个未捕获的 ClassCastException 异常就会导致程序终止。一般情况下，最好尽量少用强制类型转换和 instanceof 操作符。

C++ 注释：Java 使用的强制类型转换语法来源于 C 语言“古老的过去”，但处理过程却有些像 C++ 的安全 dynamic_cast 操作。例如，

```
Manager boss = (Manager) staff[i]; // Java
```

等价于

```
Manager* boss = dynamic_cast<Manager*>(staff[i]); // C++
```

它们之间只有一点重要的区别：当强制类型转换失败时，Java 不会生成 null 对象，而是抛出一个异常。从这个意义上讲，有点像 C++ 中的**引用**（reference）转换。真是令人头疼。在 C++ 中，可以在一个操作中完成类型测试和类型转换。

```
Manager* boss = dynamic_cast<Manager*>(staff[i]); // C++
if (boss != NULL) . . .
```

而在 Java 中，需要将 instanceof 操作符和强制类型转换结合起来使用：

```
if (staff[i] instanceof Manager)
{
   Manager boss = (Manager) staff[i];
   . . .
}
```

5.1.9 instanceof 模式匹配

下面的代码

```
if (staff[i] instanceof Manager)
{
   Manager boss = (Manager) staff[i];
   boss.setBonus(5000);
}
```

实在有些冗长。我们真的需要反复提到子类 Manager 3 次吗？

在 Java 16 中，还有一种更简便的方法。可以直接在 instanceof 测试中声明子类变量：

```
if (staff[i] instanceof Manager boss)
{
   boss.setBonus(5000);
}
```

如果 staff[i] 是 Manager 类的一个实例，则变量 boss 设置为 staff[i]，可以将其作为一个 Manager。这样可以跳过强制类型转换。

如果 staff[i] 并非引用一个 Manager，那么不会设置 boss，instanceof 操作符会生成 false 值。这样一来，将跳过 if 语句的主体。

提示： 使用 instanceof 的大多数情况下，都需要应用一个子类方法。这就可以使用 instanceof 的这种“模式匹配”形式，而不是使用强制类型转换。

没有用的 instanceof 模式会是个错误：

```
Manager boss = . . .;
if (boss instanceof Employee e) . . . // ERROR: Of course it's an Employee
```

注释： 为了与 Java 1.0 向后兼容，尽管

```
if (boss instanceof Employee) . . .
```

同样没有用，但这是允许的。

当 instanceof 模式引入一个变量时，可以立即在同一个表达式中使用这个变量：

```
Employee e;
if (e instanceof Manager m && m.getBonus() > 10000) . . .
```

这是可以的，因为只有当 && 表达式的左边为 true 时，才会计算 && 表达式的右边。如果会计算右边，说明 m 必然为一个 Manager 实例。

不过，下面的代码会生成一个编译错误：

```
if (e instanceof Manager m || m.getBonus() > 10000) . . . // ERROR
```

当 || 的左边为 false 时，才会计算 || 的右边，所以变量 m 并没有绑定到 Manager 实例。

下面是使用条件运算符的另一个例子：

```
double bonus = e instanceof Manager m ? m.getBonus() : 0;
```

变量 m 在 ? 后面的子表达式中定义，而不是在 : 后面的子表达式中定义。

注释： 声明变量的 instanceof 形式称为“模式匹配”，这是因为它类似于 switch 中的类型模式，这是 Java 17 中的一个“预览”特性。我不会详细讨论预览特性，不过可以给出这个语法的一个例子：

```
String description = switch (e)
{
   case Executive exec -> "An executive with a fancy title of " + exec.getTitle();
   case Manager m -> "A manager with a bonus of " + m.getBonus();
   default -> "A lowly employee with a salary of " + e.getSalary();
}
```

与 instanceof 模式类似，每个类型模式会声明一个变量。

警告： 类似于其他局部变量，instanceof 模式定义的局部变量会遮蔽字段。例如：

```
class Value
{
   private double v;
   public boolean equals(Value other)
   {
      if (other instanceof LabeledValue v)
         // v is the same as other
      else
         // v denotes the field
   }
   . . .
}
```

5.1.10 受保护访问

大家都知道，最好将类中的字段标记为 private，而方法标记为 public。任何声明为 private 的特性都不允许其他类访问。本章最前面已经解释过，这对于子类也同样适用，即子类也不能访问超类的私有字段。

不过，有些时候，你可能希望限制超类中的某个方法只允许子类访问，或者更少见地，可能希望允许子类的方法访问超类的某个字段。在这种情况下，可以将一个类特性（方法或字段）声明为受保护（protected）。例如，如果将超类 Employee 中的 hireDay 字段声明为 protected，而不是 private，Manager 方法就可以直接访问这个字段。

在 Java 中，受保护字段只能由同一个包中的类访问。现在考虑一个 Administrator 子类，这个子类在另一个不同的包中。Administrator 类中的方法只能查看 Administrator 对象自己的 hireDay 字段，而不能查看其他 Employee 对象的这个字段。有了这个限制，就能避免滥用

protected 机制随意地派生子类来访问受保护的字段。

在实际应用中，要谨慎使用受保护字段。假设你的类要提供给其他程序员使用，而你在设计这个类时设置了一些受保护字段。你不知道的是，其他程序员可能会由这个类派生新类，并开始访问你的受保护字段。在这种情况下，如果你想修改你的类的实现，就势必会影响那些程序员，招致他们的不满。这违背了 OOP 提倡数据封装的精神。

受保护的方法更有意义。如果一个类的某个方法使用很棘手，就可以将它声明为 protected。这表明可以相信子类（可能很熟悉祖先类）能正确地使用这个方法，而其他类则不行。

这种方法的一个很好的示例就是 Object 类中的 clone 方法，有关的详细内容请参见第 6 章。

> **C++ 注释：** 前面已经提到，Java 中的受保护特性允许所有子类以及同一个包中的所有其他类访问。这与 C++ 中受保护的含义稍有不同，Java 中的 protected 概念不如 C++ 中的安全。

下面对 Java 中的 4 个访问控制修饰符做个小结：

1. 仅本类可以访问——private。
2. 可由外部访问——public。
3. 本包和所有子类可以访问——protected。
4. 本包中可以访问——默认（很遗憾），不需要修饰符。

5.2 Object：所有类的超类

Object 类是 Java 中所有类的始祖，Java 中的每一个类都扩展了 Object。但是并不需要这样写：

```
public class Employee extends Object
```

如果没有明确地指出超类，那么理所当然 Object 就是这个类的超类。由于在 Java 中每个类都是由 Object 类扩展而来的，所以，熟悉这个类提供的服务十分重要。本章将介绍一些基本的内容，没有提到的部分请参见后面的章节或联机文档（Object 中有几个方法只在处理并发时才会用到，有关的内容请参见第 12 章）。

5.2.1 Object 类型的变量

可以使用 Object 类型的变量引用任何类型的对象：

```
Object obj = new Employee("Harry Hacker", 35000);
```

当然，Object 类型的变量只能用于作为任意值的一个泛型容器。要想对其中的内容进行具体的操作，还需要清楚对象的原始类型，并进行相应的强制类型转换：

```
Employee e = (Employee) obj;
```

在 Java 中，只有基本类型（primitive type）不是对象，例如，数值、字符和布尔类型的值都不是对象。

所有的数组类型（不管是对象数组还是基本类型的数组）都扩展了 Object 类的类类型。

```
Employee[] staff = new Employee[10];
obj = staff; // OK
obj = new int[10]; // OK
```

C++ 注释：在 C++ 中没有所有类的根类，不过，每个指针都可以转换成 void* 指针。

5.2.2 equals 方法

Object 类中的 equals 方法用于检测一个对象是否等于另外一个对象。Object 类中实现的 equals 方法将确定两个对象引用是否相同。这是一个合理的默认行为：如果两个对象相同，则这两个对象肯定就相等。对于很多类来说，这已经足够了。例如，比较两个 PrintStream 对象是否相等并没有多大的意义。不过，经常需要基于状态检测对象的相等性，也就是说，如果两个对象有相同的状态，则认为这两个对象是相等的。

例如，如果两个员工对象的姓名、薪水和雇用日期都一样，就认为它们是相等的（在实际的员工数据库中，比较 ID 才更有意义。我们主要用这个示例展示 equals 方法的实现机制）。

```
public class Employee
{
   . . .
   public boolean equals(Object otherObject)
   {
      // a quick test to see if the objects are identical
      if (this == otherObject) return true;

      // must return false if the explicit parameter is null
      if (otherObject == null) return false;

      // if the classes don't match, they can't be equal
      if (getClass() != otherObject.getClass())
         return false;
      // now we know otherObject is a non-null Employee
      Employee other = (Employee) otherObject;

      // test whether the fields have identical values
      return name.equals(other.name)
         && salary == other.salary
         && hireDay.equals(other.hireDay);
   }
}
```

getClass 方法将返回一个对象所属的类，有关这个方法的详细内容稍后进行介绍。在我们的检测中，只有当两个对象属于同一个类时，才有可能相等。

提示：为了防备 name 或 hireDay 可能为 null 的情况，需要使用 Objects.equals 方法。如果两个参数都为 null，Objects.equals(a, b) 调用将返回 true；如果其中一个参数为 null，则返回 false；否则，如果两个参数都不为 null，则调用 a.equals(b)。利用这个方法，Employee.equals 方法的最后一条语句要改写为：

```
return Objects.equals(name, other.name)
   && salary == other.salary
   && Objects.equals(hireDay, other.hireDay);
```

在子类中定义 equals 方法时，首先调用超类的 equals。如果检测失败，那么对象就不可能相等。如果超类中的字段都相等，则可以继续比较子类中的实例字段。

```
public class Manager extends Employee
{
   . . .
   public boolean equals(Object otherObject)
   {
      if (!super.equals(otherObject)) return false;
      // super.equals checked that this and otherObject belong to the same class
      Manager other = (Manager) otherObject;
      return bonus == other.bonus;
   }
}
```

> **注释**：第 4 章介绍过，记录是一种特殊形式的不可变类，其状态完全由“标准”构造器中设置的字段来定义。记录会自动定义一个比较字段的 equals 方法。两个记录实例中相应字段值相等时，这两个记录实例就相等。

5.2.3　相等测试与继承

如果隐式和显式的参数不属于同一个类，equals 方法将如何处理呢？这是一个很有争议的问题。在前面的例子中，如果发现类不能完全匹配，equals 方法就返回 false。但是，许多程序员喜欢使用 instanceof 进行检测：

```
if (!(otherObject instanceof Employee)) return false;
```

这样就允许 otherObject 属于一个子类。但是这种方法可能会招致一些麻烦。下面会解释原因。Java 语言规范要求 equals 方法具有下述性质。

1. 自反性：对于任何非 null 引用 x，x.equals(x) 应该返回 true。

2. 对称性：对于任何引用 x 和 y，当且仅当 y.equals(x) 返回 true 时，x.equals(y) 返回 true。

3. 传递性：对于任何引用 x、y 和 z，如果 x.equals(y) 返回 true，y.equals(z) 返回 true，则 x.equals(z) 也应该返回 true。

4. 一致性：如果 x 和 y 引用的对象没有发生变化，则反复调用 x.equals(y) 应该返回同样的结果。

5. 对于任意非 null 引用 x，x.equals(null) 应该返回 false。

这些规则当然很合理。你肯定不希望类库实现者在查找数据结构中的一个元素时纠结调用 x.equals(y) 还是调用 y.equals(x)。

不过，就对称性规则来说，当参数属于不同的类时会有一些微妙的结果。请看下面这个调用：

```
e.equals(m)
```

这里的 e 是一个 Employee 对象，m 是一个 Manager 对象，并且这两个对象恰好有相同的姓名、薪水和雇用日期。如果在 Employee.equals 使用 instanceof 进行检测，则这个调用将返回 true。不过这意味着，如果反过来调用：

```
m.equals(e)
```

也需要返回 true。对称性规则不允许这个方法调用返回 false 或者抛出异常。

这就使得 Manager 类陷入困境。这个类的 equals 方法必须愿意将自己与任何一个 Employee 对象进行比较，而不考虑经理特有的那部分信息！猛然间这让人感觉 instanceof 测试并不是那么好。

有些作者认为 getClass 检测是有问题的，因为它违反了替换原则。有一个经常提到的例子，就是 AbstractSet 类的 equals 方法，它将检测两个集合是否有相同的元素。AbstractSet 类有两个具体子类：TreeSet 和 HashSet。它们分别使用不同的算法查找集合元素。你肯定希望能够比较任意的两个集合，而不论它们如何实现。

不过，这个集合例子非常特殊，最好将 AbstractSet.equals 声明为 final，因为不应该重新定义集合的相等语义（但事实上，这个方法并没有声明为 final。这是为了让子类实现更高效的算法来完成相等性检测）。

就现在来看，有两种完全不同的情形：

- 如果子类可能有自己的相等性概念，则对称性需求强制使用 getClass 检测。
- 如果由超类决定相等性概念，那么可以使用 instanceof 检测，这样不同子类的对象也可能相等。

在员工和经理的例子中，只要对应的字段相等，就认为两个对象相等。如果两个 Manager 对象的姓名、薪水和雇用日期均相等，而奖金不相等，就认为它们不同，因此，我们要使用 getClass 检测。

但是，假设使用员工的 ID 来检测相等性，并且这个相等性概念适用于所有的子类，就可以使用 instanceof 检测，而且应该将 Employee.equals 声明为 final。

> **注释：** 在标准 Java 库中包含 150 多个 equals 方法的实现，包括使用 instanceof 检测、调用 getClass、捕获 ClassCastException 或者什么也不做等各种不同做法。可以查看 java.sql.Timestamp 类的 API 文档，在这里实现人员不无尴尬地指出，他们让自己陷入了困境。Timestamp 类继承自 java.util.Date，而后者的 equals 方法使用了一个 instanceof 检测，这样一来就无法覆盖 equals，使之同时做到对称且正确。

下面给出编写完美 equals 方法的技巧：

1. 将显式参数命名为 otherObject，稍后需要将它强制转换成另一个名为 other 的变量。

2. 检测 this 与 otherObject 是否相同：

```
if (this == otherObject) return true;
```

这条语句只是一个优化。实际上，这种情况很常见，因为检查同一性要比逐个比较字段开销小。

3. 检测 otherObject 是否为 null，如果为 null，则返回 false。这个检测是必要的。

```
if (otherObject == null) return false;
```

4. 比较 this 与 otherObject 的类。如果 equals 的语义可以在子类中改变，就使用 getClass 检测：

```
if (getClass() != otherObject.getClass()) return false;
ClassName other = (ClassName) otherObject;
```

如果所有的子类都有相同的相等性语义，则可以使用 instanceof 检测：

```
if (!(otherObject instanceof ClassName other)) return false;
```

注意，如果 instanceof 检测成功，它会把 other 设置为 otherObject。不再需要强制类型转换。

5. 现在根据相等性概念的要求来比较字段。使用 == 比较基本类型字段，使用 Objects.equals 比较对象字段。如果所有的字段都匹配，就返回 true；否则，返回 false。

```
return field1 == other.field1
   && Objects.equals(field2, other.field2)
   && . . .;
```

如果在子类中重新定义 equals，就要在其中包含一个 super.equals(other) 调用。

> **提示：** 对于数组类型的字段，可以使用静态的 Arrays.equals 方法检查相应的数组元素是否相等。对于多维数组，可以使用 Arrays.deepEquals 方法。

> **警告：** 下面是实现 equals 方法时常见的一个错误。你能找到其中的问题吗？
>
> ```
> public class Employee
> {
>    public boolean equals(Employee other)
>    {
>       return other != null
>          && getClass() == other.getClass()
>          && Objects.equals(name, other.name)
>          && salary == other.salary
>          && Objects.equals(hireDay, other.hireDay);
>    }
>    . . .
> }
> ```
>
> 这个方法声明的显式参数类型是 Employee。因此，它没有覆盖 Object 类的 equals 方法，而是定义了一个完全无关的方法。
>
> 为了避免发生这种错误，可以使用 @Override 标记要覆盖超类方法的那些子类方法：
>
> ```
> @Override public boolean equals(Object other)
> ```
>
> 如果犯了错误，没有覆盖方法而是在定义一个新方法，编译器就会报告一个错误。例如，假设将下面的声明添加到 Employee 类中：
>
> ```
> @Override public boolean equals(Employee other)
> ```
>
> 就会报告一个错误，因为这个方法并不会覆盖超类 Object 中的任何方法。

API java.util.Arrays 1.2

- static boolean equals(*xxx*[] a, *xxx*[] b) **5**

  如果两个数组长度相同，并且对应位置上的元素也相同，则返回 true。数组的元素类型 *xxx* 可以是 Object、int、long、short、char、byte、boolean、float 或 double。

java.util.Objects 7

- static boolean equals(Object a, Object b)

  如果 a 和 b 都为 null，则返回 true；如果只有其中之一为 null，则返回 false；否则，返回 a.equals(b)。

5.2.4 hashCode 方法

散列码（hash code）是由对象导出的一个整型值。散列码是没有规律的。如果 x 和 y 是两个不同的对象，那么 x.hashCode() 与 y.hashCode() 基本上不会相同。表 5-1 中列出了通过调用 String 类的 hashCode 方法得到的几个散列码示例。

表 5-1 hashCode 方法得到的散列码

字符串	散列码
Hello	69609650
Harry	69496448
Hacker	-2141031506

String 类使用以下算法计算散列码：

```
int hash = 0;
for (int i = 0; i < length(); i++)
   hash = 31 * hash + charAt(i);
```

由于 hashCode 方法定义在 Object 类中，因此每个对象都有一个默认的散列码，其值由对象的存储地址得出。来看下面这个例子：

```
var s = "Ok";
var sb = new StringBuilder(s);
System.out.println(s.hashCode() + " " + sb.hashCode());
var t = new String("Ok");
var tb = new StringBuilder(t);
System.out.println(t.hashCode() + " " + tb.hashCode());
```

表 5-2 列出了结果。

表 5-2 字符串和字符串构建器的散列码

对象	散列码	对象	散列码
s	2556	t	2556
sb	20526976	tb	20527144

请注意，字符串 s 与 t 有相同的散列码，这是因为字符串的散列码是由内容导出的。而字符串构建器 sb 与 tb 却有着不同的散列码，因为在 StringBuilder 类中没有定义 hashCode 方法，而 Object 类的默认 hashCode 方法会从对象的存储地址得出散列码。

如果重新定义了 equals 方法，还必须为用户可能插入散列表的对象重新定义 hashCode 方法（有关散列表的内容将在第 9 章中讨论）。

hashCode 方法应该返回一个整数（可以是负数）。要合理地组合实例字段的散列码，使得不同对象的散列码尽量分散开。

例如，下面是 Employee 类的 hashCode 方法：

```
public class Employee
{
   public int hashCode()
   {
      return 7 * name.hashCode()
         + 11 * Double.valueOf(salary).hashCode()
         + 13 * hireDay.hashCode();
   }
   . . .
}
```

不过，还可以做得更好。首先，最好使用 null 安全的方法 Objects.hashCode。如果其参数为 null，则这个方法会返回 0；否则，返回对参数调用 hashCode 的结果。另外，可以使用静态方法 Double.hashCode 来避免创建 Double 对象：

```
public int hashCode()
{
   return 7 * Objects.hashCode(name)
      + 11 * Double.hashCode(salary)
      + 13 * Objects.hashCode(hireDay);
}
```

还有更好的做法是，需要组合多个散列值时，可以调用 Objects.hash 并提供所有这些值作为参数。这个方法会对各个参数调用 Objects.hashCode，并组合这些散列值。这样，Employee.hashCode 方法可以简单地写为：

```
public int hashCode()
{
   return Objects.hash(name, salary, hireDay);
}
```

equals 与 hashCode 的定义必须相容：如果 x.equals(y) 返回 true，那么 x.hashCode() 就必须返回与 y.hashCode() 相同的值。例如，如果定义 Employee.equals 来比较员工的 ID，那么 hashCode 方法就需要对 ID 计算散列值，而不考虑员工姓名或存储地址。

提示： 如果有数组类型的字段，那么可以使用静态的 Arrays.hashCode 方法计算一个散列码，这个散列码由数组元素的散列码组成。

注释： record 类型会自动提供一个 hashCode 方法，它会由字段值的散列码得出一个散列码。

警告： 如果实例变量的取值范围很小，那么你需要得到尽可能不同的散列码。考虑对日历日期计算散列码。如果计算 7 * year + 11 * month + 13 * day，这会产生很多冲突。相比之下，31 * 12 * year + 31 * month + day 则是一个“完美的散列函数”。假设有一个合理的年份范围，任意两个日期都不会有相同的散列码（LocalDate 类实际的 hashCode 方法支持 ±999 999 999 范围内的年份，这个方法更为复杂）。

API java.lang.Object 1.0

- `int hashCode()`

  返回对象的散列码。散列码可以是任意的整数，包括正数或负数。两个相等的对象要求返回相同的散列码。

API java.util.Objects 7

- `static int hash(Object... objects)`

  返回散列码，由提供的所有对象的散列码组合得到。

- `static int hashCode(Object a)`

  如果 a 为 null，返回 0；否则，返回 a.hashCode()。

API java.lang.(Integer|Long|Short|Byte|Double|Float|Character|Boolean) 1.0

- `static int hashCode(`*xxx* `value)` **8**

  返回给定值的散列码。这里 *xxx* 是对应给定包装器类型的基本类型。

API java.util.Arrays 1.2

- `static int hashCode(`*xxx*`[] a)` **5**

  计算数组 a 的散列码。这个数组的元素类型 *xxx* 可以是 Object、int、long、short、char、byte、boolean、float 或 double。

5.2.5 toString 方法

Object 中还有一个重要的方法，就是 toString 方法，它会返回一个字符串，表示这个对象的值。下面是一个典型的例子。Point 类的 toString 方法将返回类似下面的字符串：

```
java.awt.Point[x=10,y=20]
```

绝大多数（但不是全部）toString 方法都遵循这样的格式：首先是类名，随后是一对方括号括起来的字段值。下面是 Employee 类中的 toString 方法的一个实现：

```
public String toString()
{
   return "Employee[name=" + name
      + ",salary=" + salary
      + ",hireDay=" + hireDay
      + "]";
}
```

实际上，最好通过调用 getClass().getName() 获得类名的字符串，而不要将类名硬编码写到 toString 方法中。

```
public String toString()
{
   return getClass().getName()
      + "[name=" + name
      + ",salary=" + salary
      + ",hireDay=" + hireDay
      + "]";
}
```

这样的 toString 方法也适用于子类。

当然，设计子类的程序员应该定义自己的 toString 方法，并加入子类的字段。如果超类使用了 getClass().getName()，那么子类只要调用 super.toString() 就可以了。例如，下面是 Manager 类中的 toString 方法：

```
public class Manager extends Employee
{
   . . .
   public String toString()
   {
      return super.toString()
         + "[bonus=" + bonus
         + "]";
   }
}
```

现在，Manager 对象将打印为：

```
Manager[name=. . .,salary=. . .,hireDay=. . .][bonus=. . .]
```

toString 方法无处不在，这有一个重要的原因：只要对象与一个字符串通过操作符“+”拼接起来，Java 编译器就会自动地调用 toString 方法来获得这个对象的字符串描述。例如：

```
var p = new Point(10, 20);
String message = "The current position is " + p;
   // automatically invokes p.toString()
```

> **提示**：可以不写为 x.toString()，而写作 ""+x。这条语句将一个空串与 x 的字符串表示（也就是 x.toString()）拼接起来。与 toString 不同的是，即使 x 是基本类型，这条语句也能正常工作。

如果 x 是一个任意对象，并调用

```
System.out.println(x);
```

println 方法就会简单地调用 x.toString()，并打印得到的字符串。

Object 类定义了 toString 方法，会打印对象的类名和散列码。例如，调用

```
System.out.println(System.out)
```

将生成以下输出：

```
java.io.PrintStream@2f6684
```

之所以得到这样的结果，是因为 PrintStream 类的实现者没有覆盖 toString 方法。

> **警告**：令人烦恼的是，数组继承了 Object 类的 toString 方法，更有甚者，数组类型将采用一种古老的格式打印。例如：
>
> ```
> int[] luckyNumbers = { 2, 3, 5, 7, 11, 13 };
> String s = "" + luckyNumbers;
> ```
>
> 会生成字符串 "[I@1a46e30"（前缀 [I 表示这是一个整型数组）。补救方法是调用静态方

法 Arrays.toString。以下代码：

```
String s = Arrays.toString(luckyNumbers);
```

将生成字符串 "[2,3,5,7,11,13]"。

要想正确地打印多维数组（即数组的数组），则需要调用 Arrays.deepToString 方法。

toString 方法是一种非常有用的调试工具。在标准类库中，许多类都定义了 toString 方法，以便用户能够获得有关对象状态的有用信息。这在记录日志消息时尤其有用：

```
System.out.println("Current position = " + position);
```

在第 7 章中将会看到，更好的解决方法是使用 Logger 类的一个对象并调用

```
Logger.global.info("Current position = " + position);
```

提示： 强烈建议为你自定义的每一个类添加 toString 方法。这样做不仅自己受益，而且使用这个类的其他程序员也会从这个日志记录支持中受益匪浅。

程序清单 5-4 的程序测试了 Employee 类（见程序清单 5-5）和 Manager 类（见程序清单 5-6）的 equals、hashCode 和 toString 方法。

程序清单 5-4 equals/EqualsTest.java

```
1 package equals;
2
3 /**
4  * This program demonstrates the equals method.
5  * @version 1.12 2012-01-26
6  * @author Cay Horstmann
7  */
8 public class EqualsTest
9 {
10    public static void main(String[] args)
11    {
12       var alice1 = new Employee("Alice Adams", 75000, 1987, 12, 15);
13       var alice2 = alice1;
14       var alice3 = new Employee("Alice Adams", 75000, 1987, 12, 15);
15       var bob = new Employee("Bob Brandson", 50000, 1989, 10, 1);
16
17       System.out.println("alice1 == alice2: " + (alice1 == alice2));
18
19       System.out.println("alice1 == alice3: " + (alice1 == alice3));
20
21       System.out.println("alice1.equals(alice3): " + alice1.equals(alice3));
22
23       System.out.println("alice1.equals(bob): " + alice1.equals(bob));
24
25       System.out.println("bob.toString(): " + bob);
26
27       var carl = new Manager("Carl Cracker", 80000, 1987, 12, 15);
28       var boss = new Manager("Carl Cracker", 80000, 1987, 12, 15);
29       boss.setBonus(5000);
```

```
30          System.out.println("boss.toString(): " + boss);
31          System.out.println("carl.equals(boss): " + carl.equals(boss));
32          System.out.println("alice1.hashCode(): " + alice1.hashCode());
33          System.out.println("alice3.hashCode(): " + alice3.hashCode());
34          System.out.println("bob.hashCode(): " + bob.hashCode());
35          System.out.println("carl.hashCode(): " + carl.hashCode());
36       }
37    }
```

程序清单 5-5 equals/Employee.java

```
1  package equals;
2  
3  import java.time.*;
4  import java.util.Objects;
5  
6  public class Employee
7  {
8     private String name;
9     private double salary;
10    private LocalDate hireDay;
11 
12    public Employee(String name, double salary, int year, int month, int day)
13    {
14       this.name = name;
15       this.salary = salary;
16       hireDay = LocalDate.of(year, month, day);
17    }
18 
19    public String getName()
20    {
21       return name;
22    }
23 
24    public double getSalary()
25    {
26       return salary;
27    }
28 
29    public LocalDate getHireDay()
30    {
31       return hireDay;
32    }
33 
34    public void raiseSalary(double byPercent)
35    {
36       double raise = salary * byPercent / 100;
37       salary += raise;
38    }
39 
40    public boolean equals(Object otherObject)
41    {
42       // a quick test to see if the objects are identical
43       if (this == otherObject) return true;
```

```
44
45        // must return false if the explicit parameter is null
46        if (otherObject == null) return false;
47
48        // if the classes don't match, they can't be equal
49        if (getClass() != otherObject.getClass()) return false;
50
51        // now we know otherObject is a non-null Employee
52        var other = (Employee) otherObject;
53
54        // test whether the fields have identical values
55        return Objects.equals(name, other.name)
56           && salary == other.salary && Objects.equals(hireDay, other.hireDay);
57     }
58
59     public int hashCode()
60     {
61        return Objects.hash(name, salary, hireDay);
62     }
63
64     public String toString()
65     {
66        return getClass().getName() + "[name=" + name + ",salary=" + salary + ",hireDay="
67           + hireDay + "]";
68     }
69  }
```

程序清单 5-6 equals/Manager.java

```
1  package equals;
2
3  public class Manager extends Employee
4  {
5     private double bonus;
6
7     public Manager(String name, double salary, int year, int month, int day)
8     {
9        super(name, salary, year, month, day);
10       bonus = 0;
11    }
12
13    public double getSalary()
14    {
15       double baseSalary = super.getSalary();
16       return baseSalary + bonus;
17    }
18
19    public void setBonus(double bonus)
20    {
21       this.bonus = bonus;
22    }
23
24    public boolean equals(Object otherObject)
25    {
```

```
26        if (!super.equals(otherObject)) return false;
27        var other = (Manager) otherObject;
28        // super.equals checked that this and other belong to the same class
29        return bonus == other.bonus;
30     }
31
32     public int hashCode()
33     {
34        return java.util.Objects.hash(super.hashCode(), bonus);
35     }
36
37     public String toString()
38     {
39        return super.toString() + "[bonus=" + bonus + "]";
40     }
41  }
```

API java.lang.Object 1.0

- `Class getClass()`

  返回一个类对象，其中包含有关对象的信息。本章稍后会看到 Java 提供了类的运行时表示，封装在 Class 类中。

- `boolean equals(Object otherObject)`

  比较两个对象是否相等，如果两个对象指向相同的存储区域，则这个方法返回 true；否则，返回 false。要在你自己的类中覆盖这个方法。

- `String toString()`

  返回一个字符串，表示这个对象的值。要在你自己的类中覆盖这个方法。

API java.lang.Class 1.0

- `String getName()`

  返回这个类的名字。

- `Class getSuperclass()`

  以 Class 对象的形式返回这个类的超类。

5.3 泛型数组列表

在一些程序设计语言（如 C 或 C++）中，必须在编译时就确定所有数组的大小。程序员对此十分反感，因为这样做将迫使他们做出一些不情愿的折中。例如，一个部门会有多少员工？肯定不会超过 100 人。一旦出现一个拥有 150 名员工的大型部门呢？另外，你愿意为那些仅有 10 名员工的部门浪费 90 个存储空间吗？

在 Java 中，情况就好多了。它允许在运行时确定数组的大小。

```
int actualSize = . . .;
var staff = new Employee[actualSize];
```

当然，这个代码并没有完全解决运行时动态修改数组的问题。一旦确定了数组的大小，就无法再轻松地改变了。在 Java 中，要处理这个常见的情况，可以使用 Java 中的另外一个类，名为 ArrayList。ArrayList 类与数组类似，但在添加或删除元素时，它能够自动地调整容量，而不需要为此额外编写代码。

ArrayList 是一个有类型参数（type parameter）的泛型类（generic class）。为了指定数组列表保存的元素对象的类型，需要用一对尖括号将类名括起来追加到 ArrayList 后面，例如 ArrayList<Employee>。在第 8 章中将看到如何自定义一个泛型类，不过使用 ArrayList 类型并不要求了解它的任何技术细节。

下面几节将介绍如何处理数组列表。

5.3.1 声明数组列表

可以如下声明和构造一个保存 Employee 对象的数组列表：

```
ArrayList<Employee> staff = new ArrayList<Employee>();
```

在 Java 10 中，最好使用 var 关键字以避免重复写类名：

```
var staff = new ArrayList<Employee>();
```

如果没有使用 var 关键字，则可以省略右边的类型参数：

```
ArrayList<Employee> staff = new ArrayList<>();
```

这称为“菱形”语法，因为空尖括号 <> 就像是一个菱形。可以结合 new 操作符使用菱形语法。编译器会检查新值要做什么。如果赋值给一个变量，或传递给某个方法，或者从某个方法返回，编译器会检查这个变量、参数或方法的泛型类型，然后将这个类型放在 <> 中。在这个例子中，new ArrayList<>() 将赋值给一个类型为 ArrayList<Employee> 的变量，所以泛型类型为 Employee。

警告： 如果使用 var 声明 ArrayList，就不要使用菱形语法。以下声明

```
var elements = new ArrayList<>();
```

会生成一个 ArrayList<Object>。

注释： Java 5 以前的版本没有提供泛型类，而是有一个保存 Object 类型元素的 ArrayList 类，它是一个“自适应大小”（one-size-fits-all）的集合。你仍然可以使用没有后缀 <. . .> 的 ArrayList。它被认为是一个擦除了类型参数的“原始”类型。

注释： 在更老的 Java 版本中，程序员使用 Vector 类实现动态数组。不过，ArrayList 类更加高效，没有任何理由再使用 Vector 类。

使用 add 方法可以将元素添加到数组列表中。例如，下面展示了如何将 Employee 对象添加到一个数组列表中：

```
staff.add(new Employee("Harry Hacker", . . .));
staff.add(new Employee("Tony Tester", . . .));
```

数组列表管理着一个内部的对象引用数组。最终，这个数组的空间有可能全部用尽。这时就显现出数组列表的魅力了：如果调用 add 而内部数组已经满了，数组列表就会自动地创建一个更大的数组，并将所有对象从较小的数组拷贝到较大的数组中。

如果已经知道或能够估计出数组可能存储的元素数量，就可以在填充数组之前调用 ensureCapacity 方法：

```
staff.ensureCapacity(100);
```

这个方法调用将分配一个包含 100 个对象的内部数组。这样一来，前 100 次 add 调用不会带来开销很大的重新分配空间。

另外，还可以把初始容量传递给 ArrayList 构造器：

```
ArrayList<Employee> staff = new ArrayList<>(100);
```

> **警告**：如下分配数组列表：
>
> ```
> new ArrayList<>(100) // capacity is 100
> ```
>
> 这与分配一个新数组有所**不同**：
>
> ```
> new Employee[100] // size is 100
> ```
>
> 数组列表的容量与数组的大小有一个非常重要的区别。如果分配一个有 100 个元素的数组，数组就有 100 个空位置（槽）可以使用。而容量为 100 个元素的数组列表只是**可能**保存 100 个元素（实际上也可以超过 100，不过要以重新分配空间为代价），但是在一开始，甚至完成初始化构造之后，数组列表并不包含任何元素。

size 方法将返回数组列表中包含的实际元素个数。例如，

```
staff.size()
```

将返回 staff 数组列表的当前元素个数，它等价于数组 a 的 a.length。

一旦能够确认数组列表的大小将保持恒定，不再发生变化，就可以调用 trimToSize 方法。这个方法将内存块的大小调整为保存当前元素数量所需要的存储空间。垃圾回收器将回收多余的存储空间。

一旦削减了数组列表的大小，添加新元素就需要再次移动内存块，这很耗费时间，所以应当只有在确认不会再向数组列表添加任何元素时才调用 trimToSize。

> **C++ 注释**：ArrayList 类似于 C++ 的 vector 模板。ArrayList 与 vector 都是泛型类型。但是 C++ 的 vector 模板重载了 [] 操作符以便于访问元素。由于 Java 没有操作符重载，所以必须调用显式的方法。此外，C++ 向量是按值复制。如果 a 和 b 是两个向量，赋值操作 a = b 将会构造一个与 b 长度相同的新向量 a，并将所有的元素由 b 复制到 a。而在 Java 中，这条赋值语句的操作结果是让 a 和 b 引用同一个数组列表。

API java.util.ArrayList<E> 1.2

- ArrayList<E>()

构造一个空数组列表。

- `ArrayList<E>(int initialCapacity)`

  构造一个有指定容量的空数组列表。

- `boolean add(E obj)`

  在数组列表的末尾追加 obj。总是返回 true。

- `int size()`

  返回当前存储在数组列表中的元素个数。（当然，这个值永远不会大于数组列表的容量。）

- `void ensureCapacity(int capacity)`

  确保数组列表在不重新分配内部存储数组的情况下，有足够的容量存储给定数量的元素。

- `void trimToSize()`

  将数组列表的存储容量削减到其当前大小。

5.3.2 访问数组列表元素

很遗憾，天下没有免费的午餐。为了提供数组列表自动扩展容量的便利，这要求使用一种更复杂的语法来访问元素。其原因是 ArrayList 类并不是 Java 程序设计语言的一部分，它只是由某个人编写并放在标准库中的一个实用工具类。

不能使用我们喜爱的 [] 语法格式访问或改变数组的元素，而要使用 get 和 set 方法。

例如，要设置第 i 个元素，可以使用

```
staff.set(i, harry);
```

它等价于对数组 a 的元素赋值（与数组一样，索引值从 0 开始）：

```
a[i] = harry;
```

警告： 只有当数组列表的**大小**大于 i 时，才能够调用 list.set(i,x)。例如，下面这段代码是错误的：

```
var list = new ArrayList<Employee>(100); // capacity 100, size 0
list.set(0, x); // no element 0 yet
```

要使用 add 方法为数组添加新元素，而不是 set 方法，set 方法只是用来替换数组中之前增加的一个元素。

要得到一个数组列表的元素，可以使用

```
Employee e = staff.get(i);
```

这等价于

```
Employee e = a[i];
```

注释： 没有泛型类时，原始 ArrayList 类提供的 get 方法别无选择，只能返回 Object。因此，get 方法的调用者必须将返回值强制转换为所需的类型：

```
Employee e = (Employee) staff.get(i);
```

原始 ArrayList 还存在一定的危险性。它的 add 和 set 方法接受任意类型的对象。对于下面这个调用

```
staff.set(i, "Harry Hacker");
```

它能正常编译而不会给出任何警告，只有在获取对象并试图对它进行强制类型转换时，才会发现有问题。如果使用 ArrayList<Employee>，编译器就会检测到这个错误。

下面这个技巧可以一举两得，既可以灵活地扩展数组，又可以方便地访问数组元素。首先，创建一个数组列表，并添加所有的元素：

```
var list = new ArrayList<X>();
while (. . .)
{
   x = . . .;
   list.add(x);
}
```

执行完上述操作后，使用 toArray 方法将数组元素复制到一个数组中：

```
var a = new X[list.size()];
list.toArray(a);
```

有时需要在数组列表的中间增加元素，为此可以使用 add 方法并提供一个索引参数：

```
int n = staff.size() / 2;
staff.add(n, e);
```

位置 n 及之后的所有元素都要向后移动一个位置，为新元素留出空间。插入新元素后，如果数组列表的新大小超过了容量，数组列表就会重新分配它的存储数组。

类似地，可以从数组列表中间删除一个元素：

```
Employee e = staff.remove(n);
```

位于这个位置之后的所有元素都向前移动一个位置，并且数组的大小减 1。

插入和删除元素的效率很低。对于较小的数组列表来说，不必担心这个问题。但如果存储的元素很多，又经常需要在中间插入和删除元素，就应该考虑使用链表了。有关如何用链表编程的内容将在第 9 章介绍。

可以使用“for each”循环遍历数组列表的内容：

```
for (Employee e : staff)
   do something with e
```

这个循环和以下代码具有相同的效果：

```
for (int i = 0; i < staff.size(); i++)
{
   Employee e = staff.get(i);
   do something with e
}
```

程序清单 5-7 对第 4 章中的 EmployeeTest 做了修改。在这里，将 Employee[] 数组替换成了

ArrayList<Employee>。请注意下面的变化：

- 不必指定数组的大小。
- 使用 add 增加任意多个元素。
- 使用 size() 而不是 length 统计元素个数。
- 使用 a.get(i) 而不是 a[i] 来访问元素。

程序清单 5-7　arrayList/ArrayListTest.java

```
1 package arrayList;
2 
3 import java.util.*;
4 
5 /**
6  * This program demonstrates the ArrayList class.
7  * @version 1.11 2012-01-26
8  * @author Cay Horstmann
9  */
10 public class ArrayListTest
11 {
12    public static void main(String[] args)
13    {
14       // fill the staff array list with three Employee objects
15       var staff = new ArrayList<Employee>();
16 
17       staff.add(new Employee("Carl Cracker", 75000, 1987, 12, 15));
18       staff.add(new Employee("Harry Hacker", 50000, 1989, 10, 1));
19       staff.add(new Employee("Tony Tester", 40000, 1990, 3, 15));
20 
21       // raise everyone's salary by 5%
22       for (Employee e : staff)
23          e.raiseSalary(5);
24 
25       // print out information about all Employee objects
26       for (Employee e : staff)
27          System.out.println("name=" + e.getName() + ",salary=" + e.getSalary() + ",hireDay="
28             + e.getHireDay());
29    }
30 }
```

API java.util.ArrayList<E> 1.2

- E set(int index, E obj)

  将值 obj 放置在数组列表的指定索引位置，返回之前的内容。

- E get(int index)

  得到指定索引位置存储的值。

- void add(int index, E obj)

  后移元素从而将 obj 插入指定索引位置。

- E remove(int index)

  删除指定索引位置的元素，并将后面的所有元素前移。返回所删除的元素。

5.3.3 类型化与原始数组列表的兼容性

在你自己的代码中，你可能总是想用类型参数来增加安全性。在本节中，你会了解如何与遗留代码（没有使用类型参数）互操作。

假设有以下遗留类：

```
public class EmployeeDB
{
   public void update(ArrayList list) { . . . }
   public ArrayList find(String query) { . . . }
}
```

可以将一个类型化的数组列表传递给 update 方法，但并不需要进行任何强制类型转换。

```
ArrayList<Employee> staff = . . .;
employeeDB.update(staff);
```

staff 对象直接传递到 update 方法。

> **警告：** 尽管编译器没有给出任何错误信息或警告，但是这样调用并不太安全。update 方法可能会在数组列表中增加不是 Employee 类型的元素。访问这些元素时就会出现异常。听起来似乎很吓人，但考虑一下就会发现，这种行为与 Java 中引入泛型之前是一样的。虚拟机的完整性并没有受到威胁。在这种情形下，没有降低安全性，但也没能从编译时检查中受益。

相反，将一个原始 ArrayList 赋给一个类型化 ArrayList 时，会得到一个警告。

```
ArrayList<Employee> result = employeeDB.find(query); // yields warning
```

> **注释：** 为了能够看到警告的文本信息，编译时要提供选项 -Xlint:unchecked。

使用强制类型转换并不能避免出现警告。

```
ArrayList<Employee> result = (ArrayList<Employee>) employeeDB.find(query);
   // yields another warning
```

这样将会得到另外一个警告信息，指出类型转换有误。

这就是 Java 中不尽如人意的泛型类型限制所带来的结果。出于兼容性的考虑，编译器检查到没有发现违反规则的现象之后，就将所有类型化数组列表转换成原始 ArrayList 对象。在程序运行时，所有的数组列表都是一样的，即虚拟机中没有类型参数。因此，强制类型转换（ArrayList）和（ArrayList<Employee>）将执行相同的运行时检查。

在这种情形下，你并不能做什么。在与遗留的代码交互时，要研究编译器的警告，确保这些警告不太严重。

一旦确保问题不太严重，可以用 @SuppressWarnings("unchecked") 注解来标记接受强制类型转换的变量，如下所示：

```
@SuppressWarnings("unchecked") ArrayList<Employee> result
     = (ArrayList<Employee>) employeeDB.find(query); // yields another warning
```

5.4 对象包装器与自动装箱

有时，需要将 int 这样的基本类型转换为对象。所有的基本类型都有一个与之对应的类。例如，Integer 类对应基本类型 int。通常，这些类称为包装器（wrapper）。这些包装器类有显而易见的名字：Integer、Long、Float、Double、Short、Byte、Character 和 Boolean（前 6 个类派生于公共超类 Number）。包装器类是不可变的，即一旦构造了包装器，就不允许更改包装在其中的值。同时，包装器类还是 final，因此不能派生它们的子类。

假设想要定义一个整型数组列表。遗憾的是，尖括号中的类型参数不允许是基本类型，也就是说，不允许写成 ArrayList<**int**>。这里就可以用到 Integer 包装器类。我们可以声明一个 Integer 对象的数组列表。

```
var list = new ArrayList<Integer>();
```

> **警告：** 由于每个值分别包装在一个对象中，所以 ArrayList<Integer> 的效率远远低于 int[] 数组。因此，只有当程序员操作的方便性比执行效率更重要的时候，才会考虑对较小的集合使用这种构造。

幸运的是，有一个很有用的特性，从而可以很容易地向 ArrayList<Integer> 添加 int 类型的元素。下面这个调用

```
list.add(3);
```

将自动地转换成

```
list.add(Integer.valueOf(3));
```

这种转换称为自动装箱（autoboxing）。

> **注释：** 你可能认为**自动包装**（autowrapping）与包装器更一致，不过“装箱”（boxing）这个词源于 C#。

反过来，当将一个 Integer 对象赋给一个 int 值时，将会自动拆箱（unboxed）。也就是说，编译器将以下语句

```
int n = list.get(i);
```

转换成

```
int n = list.get(i).intValue();
```

自动装箱和自动拆箱甚至也适用于算术表达式。例如，可以将自增运算符应用于一个包装器引用：

```
Integer n = 3;
n++;
```

编译器将自动地插入指令对对象拆箱，然后将结果值增 1，最后再将其装箱。

大多数情况下容易有一种假象，认为基本类型与它们的对象包装器是一样的。但它们有一点有很大不同：同一性。大家知道，== 运算符可以应用于包装器对象，不过检测的是对象

是否有相同的内存位置，因此，下面的比较可能会失败：

```
Integer a = 1000;
Integer b = 1000;
if (a == b) . . .
```

不过，Java实现可以（如果选择这么做）将经常出现的值包装到相同的对象中，这样一来，以上比较就可能成功。但这种不确定性并不是我们想要的。解决这个问题的办法是在比较两个包装器对象时调用equals方法。

注释： 自动装箱规范要求boolean、byte、char（≤127），介于-128和127之间的short和int包装到固定的对象中。例如，在前面的例子中，如果将a和b初始化为100，那么它们的比较结果一定会成功。

提示： 绝对不要依赖包装器对象的同一性。不要用==比较包装器对象，也不要将包装器对象作为锁（参见第12章）。

不要使用包装器类构造器，它们已被弃用，并将被完全删除。例如，可以使用Integer.valueOf(1000)，而绝对不要使用new Integer(1000)。或者，可以依赖自动装箱：Integer a = 1000。

关于自动装箱还有几点需要说明。首先，由于包装器类引用可以为null，所以自动装箱有可能会抛出一个NullPointerException异常：

```
Integer n = null;
System.out.println(2 * n); // throws NullPointerException
```

另外，如果在一个条件表达式中混合使用Integer和Double类型，则Integer值就会拆箱，提升为double，再装箱为Double：

```
Integer n = 1;
Double x = 2.0;
System.out.println(true ? n : x); // prints 1.0
```

最后强调一下，装箱和拆箱是编译器要做的工作，而不是虚拟机。编译器生成类的字节码时会插入必要的方法调用。虚拟机只是执行这些字节码。

注释： Java将来的版本可能允许类似基本类型的用户自定义类型，其值并不存储在对象中。例如，基本类型Point的值（包含double字段x和y）只是内存中一个16字节的块，并且有两个相邻的double值。可以复制这个值，但不能有它的引用。

如果需要一个引用，可以使用一个自动生成的伴随类（在当前提案中，这个类名为Point.ref）。装箱和拆箱是自动的，这与当前的基本类型相同。

将来某个时候，基本包装器类将与那些类统一起来。例如，Double将是double.ref的一个别名。

使用数值包装器通常还有一个原因。Java设计者发现，可以将某些基本方法放在包装器中，这会很方便，例如将一个数字字符串转换成数值。

要想将字符串转换成整型，可以使用下面这条语句：

```
int x = Integer.parseInt(s);
```

这里与 Integer 对象没有任何关系，parseInt 是一个静态方法。但 Integer 类是放置这个方法的一个好地方。

API 注释展示了 Integer 类中一些比较重要的方法。其他数值类也实现了相应的方法。

警告：有些人认为包装器类可以用来实现能修改数值参数的方法，不过这是错误的。在第 4 章中曾经讲到，由于 Java 方法的参数总是按值传递的，所以不可能编写一个能够让整型参数自增的 Java 方法。

```
public static void triple(int x) // won't work
{
   x = 3 * x; // modifies local variable
}
```

将 int 替换成 Integer 能解决这个问题吗？

```
public static void triple(Integer x) // won't work
{
   . . .
}
```

问题在于 Integer 对象是**不可变的**：包含在包装器中的信息不会改变。所以，不能使用这些包装器类来创建修改数值参数的方法。

API java.lang.Integer 1.0

- int intValue()

  将这个 Integer 对象的值作为一个 int 返回（覆盖 Number 类中的 intValue 方法）。
- static String toString(int i)

  返回一个新的 String 对象，表示指定数值 i 的十进制表示。
- static String toString(int i, int radix)

  返回数值 i 的一个表示（采用 radix 参数指定的进制）。
- static int parseInt(String s)
- static int parseInt(String s, int radix)

  返回一个整数，其数位包含在字符串 s 中。指定字符串必须表示一个十进制整数（第一种方法），或者采用 radix 参数指定的进制（第二种方法）。
- static Integer valueOf(String s)
- static Integer valueOf(String s, int radix)

  返回一个新的 Integer 对象，初始化为一个整数，其数位包含在字符串 s 中。指定字符串必须表示一个十进制整数（第一种方法），或者采用 radix 参数指定的进制（第二种方法）。

API java.text.NumberFormat 1.1

- Number parse(String s)

  返回一个数值，假设给定的 String 表示一个数。

5.5　参数个数可变的方法

可以提供参数个数可变的方法（有时，这些方法被称为“变参”(varargs) 方法）。

前面已经看到过这样一个方法：printf。例如，下面的方法调用

```
System.out.printf("%d", n);
```

和

```
System.out.printf("%d %s", n, "widgets");
```

这两条语句都调用同一个方法，不过一个调用有 2 个参数，另一个调用有 3 个参数。

printf 方法是这样定义的：

```
public class PrintStream
{
   public PrintStream printf(String fmt, Object... args)
   {
      return format(fmt, args);
   }
}
```

这里的省略号 ... 是 Java 代码的一部分，它表明这个方法可以接收任意数量的对象（除 fmt 参数以外）。

实际上，printf 方法接收两个参数，一个是格式字符串，另一个是 Object[] 数组，其中保存着所有其他参数（如果调用者提供的是整数或者其他基本类型的值，则会把它们自动装箱为对象）。现在，不可避免地要扫描 fmt 字符串，并将第 i 个格式说明符与 args[i] 的值匹配。

换句话说，对于 printf 的实现者来说，Object... 参数类型与 Object[] 完全一样。

编译器需要转换每个 printf 调用，将参数打包到一个数组中，并根据需要自动装箱：

```
System.out.printf("%d %s", new Object[] { Integer.valueOf(n), "widgets" } );
```

你自己也可以定义有可变参数的方法，可以为参数指定任意类型，甚至是基本类型。下面是一个简单的示例，这个函数会计算若干个数值中的最大值（数值个数可变）。

```
public static double max(double... values)
{
   double largest = Double.NEGATIVE_INFINITY;
   for (double v : values) if (v > largest) largest = v;
   return largest;
}
```

可以像下面这样调用这个函数：

```
double m = max(3.1, 40.4, -5);
```

编译器将 new double[] {3.1, 40.4, -5} 传递给 max 函数。

注释： 允许将数组作为最后一个参数传递给有可变参数的方法。例如：

```
System.out.printf("%d %s", new Object[] { Integer.valueOf(1), "widgets" } );
```

> 因此，如果一个已有函数的最后一个参数是数组，则可以把它重新定义为有可变参数的方法，而不会破坏任何已有的代码。例如，Java 5 中就采用这种方式增强了 MessageFormat.format。如果愿意，甚至可以将 main 方法声明为以下形式：
>
> ```
> public static void main(String... args)
> ```

5.6 抽象类

如果自下而上在类的继承层次结构中上移，那么位于上层的类更具有一般性，也可能更加抽象。从某种角度看，祖先类更有一般性，人们只将它作为派生其他类的基类，而不是用来构造你想使用的特定实例。例如，考虑扩展 Employee 类层次结构。员工是一个人，学生也是一个人。下面扩展我们的类层次结构来加入类 Person 和类 Student。图 5-2 显示了这三个类之间的继承关系。

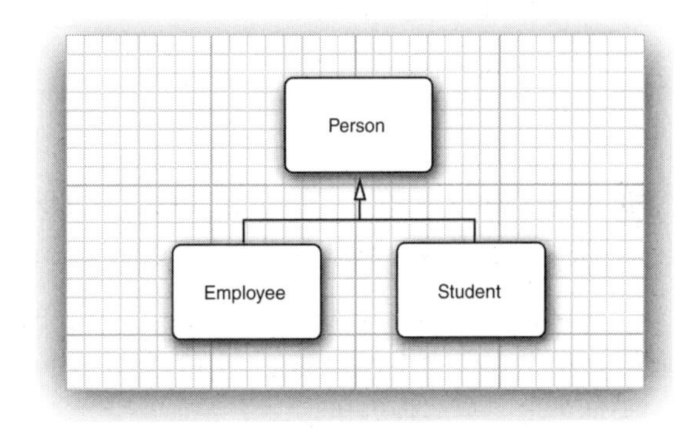

图 5-2 Person 及其子类的继承图

为什么要那么麻烦提供这样一个高层次的抽象呢？每个人都有一些属性，如姓名。学生与员工都有姓名，通过引入一个公共的超类，我们就可以把 getName 方法放在继承层次结构中更高的一层。

现在，再增加一个 getDescription 方法，它可以返回对一个人的简短描述，例如

```
an employee with a salary of $50,000.00
a student majoring in computer science
```

在 Employee 类和 Student 类中实现这个方法很容易。但是在 Person 类中你能提供什么信息呢？除了姓名之外，Person 类对这个人一无所知。当然，可以实现 Person.getDescription() 来返回一个空字符串。不过还有一个更好的方法，如果使用 abstract 关键字，这样就根本不需要实现这个方法了。

```
public abstract String getDescription();
   // no implementation required
```

为了提高程序的清晰性，包含一个或多个抽象方法的类本身必须被声明为抽象的。

```
public abstract class Person
{
   . . .
   public abstract String getDescription();
}
```

除了抽象方法之外，抽象类还可以包含字段和具体方法。例如，Person 类还保存着一个人的姓名，另外有一个返回姓名的具体方法。

```
public abstract class Person
{
   private String name;

   public Person(String name)
   {
      this.name = name;
   }

   public abstract String getDescription();

   public String getName()
   {
      return name;
   }
}
```

提示：有些程序员认为，在抽象类中不能包含具体方法。建议尽量将通用的字段和方法（不管是否为抽象类）放在超类（不管是否为抽象类）中。

抽象方法相当于子类中实现的具体方法的占位符。扩展一个抽象类时，可以有两种选择。一种是在子类中保留抽象类中的部分或所有抽象方法仍未定义，这样就必须将子类也标记为抽象类；另一种做法是定义全部方法，这样一来，子类就不再是抽象的。

例如，我们将定义 Student 类来扩展抽象 Person 类，并实现 getDescription 方法。由于在 Student 类中不再含有抽象方法，所以不需要将这个类声明为抽象类。

即使不含抽象方法，也可以将类声明为 abstract。

抽象类不能实例化。也就是说，如果将一个类声明为 abstract，就不能创建这个类的对象。例如，以下表达式

```
new Person("Vince Vu")
```

是错误的，但可以创建具体子类的对象。

需要注意，仍然可以创建一个抽象类的对象变量（object variable），但是这样一个变量只能引用非抽象子类的对象。例如，

```
Person p = new Student("Vince Vu", "Economics");
```

这里的 p 是抽象类型 Person 的一个变量，它引用了非抽象子类 Student 的一个实例。

C++ 注释：在 C++ 中，抽象方法称为**纯虚函数**（pure virtual function），要在末尾用 =0 标记，例如：

```
class Person // C++
{
public:
   virtual string getDescription() = 0;
   . . .
};
```

如果至少有一个纯虚函数，这个 C++ 类就是抽象类。在 C++ 中，没有用于表示抽象类的特殊关键字。

下面定义一个扩展抽象类 Person 的具体子类 Student：

```
public class Student extends Person
{
   private String major;

   public Student(String name, String major)
   {
      super(name);
      this.major = major;
   }

   public String getDescription()
   {
      return "a student majoring in " + major;
   }
}
```

Student 类定义了 getDescription 方法。因此，在 Student 类中的全部方法都是具体的，这个类不再是抽象类。

程序清单 5-8 中的程序中定义了抽象超类 Person（见程序清单 5-9）和两个具体子类 Employee（见程序清单 5-10）及 Student（见程序清单 5-11）。下面用员工和学生对象填充一个 Person 引用数组。

```
var people = new Person[2];
people[0] = new Employee(. . .);
people[1] = new Student(. . .);
```

然后，输出这些对象的姓名和描述：

```
for (Person p : people)
   System.out.println(p.getName() + ", " + p.getDescription());
```

有些人可能对下面这个调用感到困惑

```
p.getDescription()
```

这不是调用了一个没有定义的方法吗？要记住，由于不可能构造抽象类 Person 的对象，所以变量 p 永远不会引用 Person 对象，而总是引用一个具体子类（如 Employee 或 Student）的对象。这些对象中都定义了 getDescription 方法。

是否可以干脆省略 Person 超类中的抽象方法，而仅在 Employee 和 Student 子类中定义 getDescription 方法呢？如果这样做，就不能在变量 p 上调用 getDescription 方法了。编译器只允许调用在类中声明的方法。

在 Java 程序设计语言中，抽象方法是一个重要的概念。在接口（interface）中将会看到更多的抽象方法。有关接口的更多信息请参见第 6 章。

程序清单 5-8　abstractClasses/PersonTest.java

```
1 package abstractClasses;
2
3 /**
4  * This program demonstrates abstract classes.
5  * @version 1.01 2004-02-21
6  * @author Cay Horstmann
```

```
 7  */
 8 public class PersonTest
 9 {
10    public static void main(String[] args)
11    {
12       var people = new Person[2];
13 
14       // fill the people array with Student and Employee objects
15       people[0] = new Employee("Harry Hacker", 50000, 1989, 10, 1);
16       people[1] = new Student("Maria Morris", "computer science");
17 
18       // print out names and descriptions of all Person objects
19       for (Person p : people)
20          System.out.println(p.getName() + ", " + p.getDescription());
21    }
22 }
```

程序清单 5-9　abstractClasses/Person.java

```
 1 package abstractClasses;
 2 
 3 public abstract class Person
 4 {
 5    public abstract String getDescription();
 6    private String name;
 7 
 8    public Person(String name)
 9    {
10       this.name = name;
11    }
12 
13    public String getName()
14    {
15       return name;
16    }
17 }
```

程序清单 5-10　abstractClasses/Employee.java

```
 1 package abstractClasses;
 2 
 3 import java.time.*;
 4 
 5 public class Employee extends Person
 6 {
 7    private double salary;
 8    private LocalDate hireDay;
 9 
10    public Employee(String name, double salary, int year, int month, int day)
11    {
12       super(name);
13       this.salary = salary;
14       hireDay = LocalDate.of(year, month, day);
```

```
15    }
16
17    public double getSalary()
18    {
19       return salary;
20    }
21
22    public LocalDate getHireDay()
23    {
24       return hireDay;
25    }
26
27    public String getDescription()
28    {
29       return "an employee with a salary of $%.2f".formatted(salary);
30    }
31
32    public void raiseSalary(double byPercent)
33    {
34       double raise = salary * byPercent / 100;
35       salary += raise;
36    }
37 }
```

程序清单 5-11 abstractClasses/Student.java

```
 1 package abstractClasses;
 2
 3 public class Student extends Person
 4 {
 5    private String major;
 6
 7    /**
 8     * @param name the student's name
 9     * @param major the student's major
10     */
11    public Student(String name, String major)
12    {
13       // pass name to superclass constructor
14       super(name);
15       this.major = major;
16    }
17
18    public String getDescription()
19    {
20       return "a student majoring in " + major;
21    }
22 }
```

5.7 枚举类

我们在第 3 章已经看到如何定义枚举类型。下面是一个典型的例子：

```
public enum Size { SMALL, MEDIUM, LARGE, EXTRA_LARGE }
```

实际上，这个声明定义的类型是一个类，它刚好有4个实例，不可能构造新的对象。

因此，在比较枚举类型的值时，并不需要使用equals，可以直接使用==来比较。

如果需要的话，可以为枚举类型增加构造器、方法和字段。当然，构造器只是在构造枚举常量的时候调用。下面是一个示例：

```
public enum Size
{
   SMALL("S"), MEDIUM("M"), LARGE("L"), EXTRA_LARGE("XL");

   private String abbreviation;

   Size(String abbreviation) { this.abbreviation = abbreviation; }
      // automatically private

   public String getAbbreviation() { return abbreviation; }
}
```

枚举的构造器总是私有的。可以像前例中一样省略private修饰符。如果声明一个enum构造器为public或protected，则会出现语法错误。

所有的枚举类型都是抽象类Enum的子类。它们继承了这个类的许多方法。其中，最有用的一个是toString，这个方法会返回枚举常量名。例如，Size.SMALL.toString()将返回字符串"SMALL"。

toString的逆方法是静态方法valueOf。例如，以下语句

```
Size s = Enum.valueOf(Size.class, "SMALL");
```

将s设置成Size.SMALL。

每个枚举类型都有一个静态的values方法，它将返回一个包含全部枚举值的数组。例如，如下调用

```
Size[] values = Size.values();
```

将返回包含元素Size.SMALL、Size.MEDIUM、Size.LARGE和Size.EXTRA_LARGE的数组。

ordinal方法返回一个枚举常量在enum声明中的位置，位置从0开始计数。例如，Size.MEDIUM.ordinal()返回1。

程序清单5-12中的小程序演示了如何处理枚举类型。

> **注释**：Enum类有一个类型参数，不过为简单起见，我们省略了这个类型参数。例如，实际上枚举类型Size扩展了Enum<Size>。类型参数会在compareTo方法中使用（compareTo方法将在第6章中介绍，类型参数将在第8章中介绍）。

程序清单5-12 enums/EnumTest.java

```
1 package enums;
2 
3 import java.util.*;
4 
5 /**
6  * This program demonstrates enumerated types.
```

```
7    * @version 1.0 2004-05-24
8    * @author Cay Horstmann
9    */
10  public class EnumTest
11  {
12     public static void main(String[] args)
13     {
14        var in = new Scanner(System.in);
15        System.out.print("Enter a size: (SMALL, MEDIUM, LARGE, EXTRA_LARGE) ");
16        String input = in.next().toUpperCase();
17        Size size = Enum.valueOf(Size.class, input);
18        System.out.println("size=" + size);
19        System.out.println("abbreviation=" + size.getAbbreviation());
20        if (size == Size.EXTRA_LARGE)
21           System.out.println("Good job--you paid attention to the _.");
22     }
23  }
24
25  enum Size
26  {
27     SMALL("S"), MEDIUM("M"), LARGE("L"), EXTRA_LARGE("XL");
28
29     private Size(String abbreviation) { this.abbreviation = abbreviation; }
30     public String getAbbreviation() { return abbreviation; }
31
32     private String abbreviation;
33  }
```

API java.lang.Enum<E> 5

- `static Enum valueOf(Class enumClass, String name)`

  返回给定类中有指定名字的枚举常量。
- `String toString()`

  返回枚举常量名。
- `int ordinal()`

  返回枚举常量在 enum 声明中的位置，位置从 0 开始计数。
- `int compareTo(E other)`

  如果枚举常量出现在 other 之前，则返回一个负整数；如果 this==other，则返回 0；否则，返回一个正整数。枚举常量的出现次序在 enum 声明中给出。

5.8 密封类

除非一个类声明为 final，否则任何人都可以派生这个类的子类。如果想对它有更多控制权呢？例如，假设需要编写你自己的 JSON 库，因为现有的库都不能完全满足你的需要。

JSON 标准指出，JSON 值是一个数组、数值、字符串、布尔值、对象或 null。对此，显然可以使用 JSONArray、JSONNumber 等类来表示，它们都扩展一个抽象类 JSONValue：

```
public abstract class JSONValue
{
   // Methods that apply to all JSON values
}

public final class JSONArray extends JSONValue
{
   . . .
}

public final class JSONNumber extends JSONValue
{
   . . .
}
```

通过将 JSONArray、JSONNumber 等类声明为 final，可以确保没有人能派生它们的子类。但我们无法阻止人们派生 JSONValue 的另一个子类。

为什么我们想要控制这一点呢？考虑以下代码：

```
JSONValue v = . . .;
if (v instanceof JSONArray a) . . .
else if (v instanceof JSONNumber n) . . .
else if (v instanceof JSONString s) . . .
else if (v instanceof JSOBoolean b) . . .
else if (v instanceof JSONObject o) . . .
else . . . // Must be JSONNull
```

在这里，从控制流程可以看出，我们知道 JSONValue 的所有直接子类。这不是一个开放性的层次结构。JSON 标准不会改变，如果确实有改变，作为库实现者，我们完全可以增加第 7 个子类。我们不希望别人搅乱这个类层次结构。

在 Java 中，密封类（sealed class）会控制哪些类可以继承它。Java 15 中作为一个预览特性增加了密封类，并在 Java 17 中最终确定了这个特性。

可以如下将 JSONValue 类声明为密封类：

```
public abstract sealed class JSONValue
   permits JSONArray, JSONNumber, JSONString, JSONBoolean, JSONObject, JSONNull
{
   . . .
}
```

如果试图定义一个未经允许的子类，那么这将是一个错误：

```
public class JSONComment extends JSONValue { . . . } // Error
```

这是有道理的，因为 JSON 不支持注释。所以，密封类可以准确地描述领域约束。

一个密封类允许的子类必须是可访问的。它们不能是嵌套在另一个类中的私有类，也不能是位于另一个包中的包可见的类。

对于允许的公共子类，规则要更为严格。它们必须与密封类在同一个包中。不过，如果使用模块（参见卷Ⅱ的第 9 章），则必须在同一个模块中。

注释：声明密封类可以不加 permits 子句。这样一来，它的所有直接子类都必须在同一个文件中声明。不能访问这个文件的程序员就不能派生它的子类。

一个文件最多只能有一个 public 类，所以看起来只有当子类不会公共使用时，这种组织（即所有子类都在同一个文件中）才有用。

不过，下一章会看到，可以使用内联类作为公共子类。

使用密封类的一个重要原因是编译时检查。考虑 JSONValue 类的以下这个方法，其中使用了一个带模式匹配的 switch 表达式（这是 Java 17 中的一个预览特性）：

```
public String type()
{
   return switch (this)
   {
      case JSONArray j -> "array";
      case JSONNumber j -> "number";
      case JSONString j -> "string";
      case JSONBoolean j -> "boolean";
      case JSONObject j -> "object";
      case JSONNull j -> "null";
      // No default needed here
   };
}
```

编译器可以检查出这里不需要 default 子句，因为 JSONValue 的所有直接子类都已经出现在 case 分支中。

注释：前面的 type 方法看起来不太具有面向对象特点。按照 OOP 的精神，这 6 个类应当提供自己的 type 方法，应该依赖多态性而不是一个 switch。对于一个开放性的层次结构，这是一种好方法。不过，对于一组固定的类，通常更方便的做法是在一个方法中处理所有候选类。

乍一看，似乎密封类的子类必须是 final 类。但对于穷尽测试，我们只需要知道所有直接子类。如果那些类有自己的子类，那么这并没有问题。例如，我们的 JSON 层次结构如图 5-3 所示。

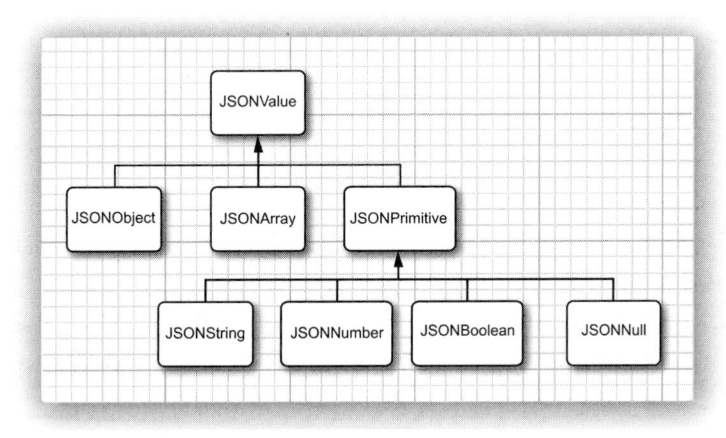

图 5-3　表示 JSON 值的类的完整层次结构

在这个层次结构中，JSONValue 允许有 3 个子类：

```
public abstract sealed class JSONValue permits JSONObject, JSONArray, JSONPrimitive
{
   . . .
}
```

JSONPrimitive 类也是密封的：

```
public abstract sealed class JSONPrimitive extends JSONValue
      permits JSONString, JSONNumber, JSONBoolean, JSONNull
{
   . . .
}
```

密封类的子类必须指定它是 sealed、final，还是允许继续派生子类。对于最后一种情况，必须声明为 non-sealed。

> **注释：** non-sealed 关键字是第一个带连字符的 Java 关键字。这可能是将来的一个趋势。在语言中增加关键字总是会带来风险。现有的代码可能无法再编译。由于这个原因，sealed 是一个“有上下文的”关键字。仍然可以声明名为 sealed 的变量或方法：
>
> ```
> int sealed = 1; // OK to use contextual keyword as identifier
> ```
>
> 利用带连字符的关键字，我们可以不用担心这个问题。唯一可能产生二义性的是减法：
>
> ```
> int non = 0;
> non = non-sealed; // Subtraction, not keyword
> ```

为什么想要使用一个 non-sealed 子类呢？考虑一个 XML 节点类，它有 6 个直接子类：

```
public abstract sealed class Node permits Element, Text, Comment,
      CDATASection, EntityReference, ProcessingInstruction
{
   . . .
}
```

我们允许任意派生 Element 的子类：

```
public non-sealed class Element extends Node
{
   . . .
}

public class HTMLDivElement extends Element
{
   . . .
}
```

本节介绍了密封类。下一章将介绍**接口**，接口是抽象类的泛化。Java 接口还可以有子类型。密封接口的做法与密封类完全相同，会控制直接子类型。

程序清单 5-13 实现了 JSON 层次结构。JSONObject 的实现使用了一个 HashMap，这会在第 9 章介绍。在这个例子中，我们使用了接口而不是抽象类，所以 JSONNumber 和 JSONString 可以是记录，JSONBoolean 和 JSONNull 类可以是枚举。记录和枚举可以实现接口，不过它们不能扩展类。

程序清单 5-13 sealed/SealedTest.java

```
 1 package sealed;
 2
 3 import java.util.*;
 4
 5 sealed interface JSONValue permits JSONArray, JSONObject, JSONPrimitive
 6 {
 7    public default String type()
 8    {
 9       if (this instanceof JSONArray) return "array";
10       else if (this instanceof JSONObject) return "object";
11       else if (this instanceof JSONNumber) return "number";
12       else if (this instanceof JSONString) return "string";
13       else if (this instanceof JSONBoolean) return "boolean";
14       else return "null";
15    }
16 }
17
18 final class JSONArray extends ArrayList<JSONValue>  implements JSONValue {}
19
20 final class JSONObject extends HashMap<String, JSONValue> implements JSONValue
21 {
22    public String toString()
23    {
24       StringBuilder result = new StringBuilder();
25       result.append("{");
26       for (Map.Entry<String, JSONValue> entry : entrySet())
27       {
28          if (result.length() > 1) result.append(",");
29          result.append(" \"");
30          result.append(entry.getKey());
31          result.append("\": ");
32          result.append(entry.getValue());
33       }
34       result.append(" }");
35       return result.toString();
36    }
37 }
38
39 sealed interface JSONPrimitive extends JSONValue
40       permits JSONNumber, JSONString, JSONBoolean, JSONNull
41 {
42 }
43
44 final record JSONNumber(double value) implements JSONPrimitive
45 {
46    public String toString() { return "" + value; }
47 }
48
49 final record JSONString(String value) implements JSONPrimitive
50 {
51    public String toString() { return "\"" + value.translateEscapes() + "\""; }
52 }
53
```

```
54 enum JSONBoolean implements JSONPrimitive
55 {
56    FALSE, TRUE;
57    public String toString() { return super.toString().toLowerCase(); }
58 }
59
60 enum JSONNull implements JSONPrimitive
61 {
62    INSTANCE;
63    public String toString() { return "null"; }
64 }
65
66 public class SealedTest
67 {
68    public static void main(String[] args)
69    {
70       JSONObject obj = new JSONObject();
71       obj.put("name", new JSONString("Harry"));
72       obj.put("salary", new JSONNumber(90000));
73       obj.put("married", JSONBoolean.FALSE);
74       JSONArray arr = new JSONArray();
75       arr.add(new JSONNumber(13));
76       arr.add(JSONNull.INSTANCE);
77
78       obj.put("luckyNumbers", arr);
79       System.out.println(obj);
80       System.out.println(obj.type());
81    }
82 }
```

5.9 反射

反射库（reflection library）提供了一个丰富且精巧的工具集，可以用来编写动态操纵 Java 代码的程序。使用反射，Java 可以支持用户界面生成器、对象关系映射器以及很多其他需要动态查询类能力的开发工具。

能够分析类能力的程序称为*可反射*（reflective）。反射机制的功能极其强大，如下几节所示，可以用它来：

- 在运行时分析类的能力。
- 在运行时检查对象，例如，编写一个适用于所有类的 `toString` 方法。
- 实现泛型数组操作代码。
- 利用 `Method` 对象，这个对象很像 C++ 中的函数指针。

反射是一种功能强大且复杂的机制，不过，主要是开发工具的程序员对它感兴趣，一般的应用程序员并不需要考虑反射机制。如果你只对编写应用程序感兴趣，而不是要为其他 Java 程序员构建工具，那么可以跳过本章的剩余部分，等以后再返回来学习。

5.9.1 Class 类

在程序运行期间，Java 运行时系统始终为所有对象维护一个运行时类型标识（runtime type identification）。这个信息会跟踪每个对象所属的类。虚拟机利用运行时类型信息选择要执行的正确方法。

不过，还可以使用一个特殊的 Java 类访问这些信息。保存这些信息的类名为 Class，这个名字有些让人困惑。Object 类中的 getClass() 方法将会返回一个 Class 类型的实例。

```
Employee e;
. . .
Class cl = e.getClass();
```

就像 Employee 对象描述一个特定员工的属性一样，Class 对象会描述一个特定类的属性。可能最常用的 Class 方法就是 getName。这个方法将返回类的名字。例如，下面这条语句：

```
System.out.println(e.getClass().getName() + " " + e.getName());
```

如果 e 是一个员工，则会输出：

```
Employee Harry Hacker
```

如果 e 是经理，则会输出：

```
Manager Harry Hacker
```

如果类在一个包里，包名也作为类名的一部分：

```
var generator = new Random();
Class cl = generator.getClass();
String name = cl.getName(); // name is set to "java.util.Random"
```

还可以使用静态方法 forName 获得类名对应的 Class 对象。

```
String className = "java.util.Random";
Class cl = Class.forName(className);
```

如果类名保存在一个字符串中，这个字符串会在运行时变化，就可以使用这个方法。如果 className 是一个类名或接口名，这个方法可以正常执行。否则，forName 方法将抛出一个检查型异常（checked exception）。无论何时使用这个方法，都应该提供一个异常处理器（exception handler）。关于如何提供异常处理器，请参见下一节。

获得 Class 类对象的第三种方法是一个很方便的快捷方式。如果 T 是任意的 Java 类型（或 void 关键字），T.class 将是匹配的类对象。例如：

```
Class cl1 = Random.class; // if you import java.util.*;
Class cl2 = int.class;
Class cl3 = Double[].class;
```

请注意，Class 对象实际上描述的是一个类型，这可能是类，也可能不是类。例如，int 不是类，但 int.class 确实是一个 Class 类型的对象。

注释： Class 类实际上是一个泛型类。例如，Employee.class 的类型是 Class<Employee>。我们没有深究这个问题，这是因为它会让已经很抽象的概念变得更加复杂。在大多数实际应用中，可以忽略类型参数，而使用原始的 Class 类。有关这个问题更详细的介绍请参见第 8 章。

警告： 鉴于历史原因，getName 方法对数组类型会返回有些奇怪的名字：

- Double[].class.getName() 返回 "[Ljava.lang.Double;"。
- int[].class.getName() 返回 "[I"。

虚拟机为每个类型管理一个唯一的 Class 对象。因此，可以使用 == 运算符比较两个类对象。例如，

```
if (e.getClass() == Employee.class) . . .
```

如果 e 是一个 Employee 实例，则这个测试将通过。与条件 e instanceof Employee 不同，如果 e 是某个子类（如 Manager）的实例，则这个测试将失败。

如果有一个 Class 类型的对象，可以用它构造类的实例。调用 getConstructor 方法将得到一个 Constructor 类型的对象，然后使用 newInstance 方法来构造一个实例。例如：

```
var className = "java.util.Random"; // or any other name of a class with
                                    // a no-arg constructor
Class cl = Class.forName(className);
Object obj = cl.getConstructor().newInstance();
```

如果这个类没有无参数的构造器，则 getConstructor 方法会抛出一个异常。可以参见 5.9.7 节了解如何调用其他构造器。

注释： 有一个已经废弃的 Class.toInstance 方法，它也可以利用无参数构造器构造一个实例。不过，如果构造器抛出一个检查型异常，那么这个异常将不做任何检查重新抛出。这违反了编译时异常检查的原则。与之不同，Constructor.newInstance 会把所有构造器异常包装到一个 InvocationTargetException 中。

C++ 注释： newInstance 方法相当于 C++ 中的**虚拟构造器**概念。不过，C++ 中的虚拟构造器不是一个语言特性，而是需要一个专业库支持的习惯用法。Class 类类似于 C++ 中的 type_info 类，getClass 方法则等价于 typeid 操作符。不过，Java 的 Class 比 type_info 功能更全面。C++ 的 type_info 只能给出表示类型名的一个字符串，而不能创建那个类型的新对象。

API java.lang.Class 1.0

- static Class forName(String className)

  返回一个 Class 对象，表示名为 className 的类。

- Constructor getConstructor(Class... parameterTypes) 1.1

  生成一个对象，描述有指定参数类型的构造器。参见 5.9.7 节了解如何提供参数类型的更多信息。

API java.lang.reflect.Constructor 1.1

- Object newInstance(Object... params)

  将 params 传递到构造器，来构造这个构造器声明类的一个新实例。参见 5.9.7 节更多地了解如何提供参数。

API java.lang.Throwable 1.0

- void printStackTrace()

  将 Throwable 对象和栈轨迹打印到标准错误流。

5.9.2 声明异常入门

我们将在第 7 章中全面地介绍异常处理机制，但现在时常遇到一些可能抛出异常的方法。

当运行时发生错误时，程序就会"抛出一个异常"。抛出异常比终止程序要灵活得多，这是因为你可以提供一个处理器（handler）"捕获"这个异常并进行处理。

如果没有提供处理器，程序就会终止，并在控制台上打印出一个消息，给出异常的类型。你可能在前面已经看到过一些异常报告，例如，不小心使用了 null 引用或者数组越界时。

异常有两种类型：非检查型（unchecked）异常和检查型（checked）异常。对于检查型异常，编译器将会检查你（程序员）是否知道这个异常并做好准备来处理后果。不过，有很多常见的异常（例如，越界错误或者访问 null 引用）都属于非检查型异常。编译器并不期望你为这些异常提供处理器。毕竟，你应该集中精力避免这些错误的发生，而不是为它们编写处理器。

不是所有的错误都是可以避免的。如果竭尽全力还是可能发生异常，大多数 Java API 都会抛出一个检查型异常。Class.forName 方法就是一个例子。没有办法确保有指定名字的类一定存在。在第 7 章中，将会看到几种异常处理策略。现在，我们只介绍最简单的一个策略。

如果一个方法包含一条可能抛出检查型异常的语句，则在方法名上增加一个 throws 子句。

```
public static void doSomethingWithClass(String name)
      throws ReflectiveOperationException
{
   Class cl = Class.forName(name); // might throw exception
   do something with cl
}
```

调用这个方法的任何方法也都需要一个 throws 声明，这也包括 main 方法。如果一个异常确实出现，则 main 方法将终止并提供一个栈轨迹。（在第 7 章中，你将了解如何捕获异常而不是因异常终止程序。）

只需要为检查型异常提供一个 throws 子句。很容易找出哪些方法会抛出检查型异常——只要你调用了一个可能抛出检查型异常的方法而没有提供相应的异常处理器，编译器就会报错。

5.9.3 资源

类通常有一些关联的数据文件，例如：

- 图像和声音文件。
- 包含消息字符串和按钮标签的文本文件。

在 Java 中，这些关联的文件被称为资源（resource）。

例如，考虑一个显示消息的对话框，如图 5-4 所示。

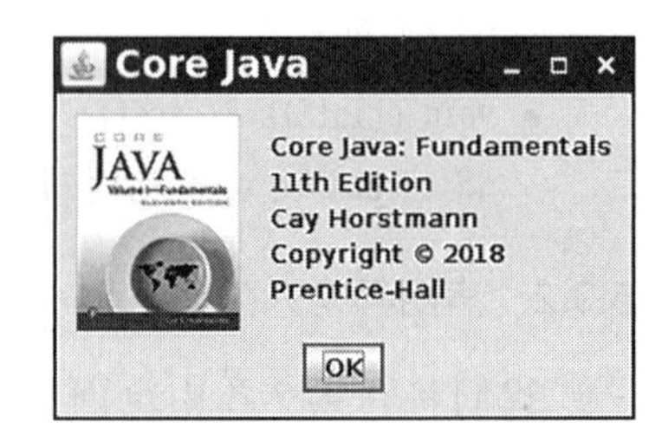

图 5-4 显示图像和文本资源

当然，对于本书的下一版，这个面板中显示的书名和版权年会改变。为了便于追踪这个变化，我们将把这个文本放在一个文件中，而不是作为一个字符串硬编码写到代码中。

但是，应该将类似 about.txt 的文件放在哪儿呢？当然，将它与其他程序文件一起放在 JAR 文件中会很方便。

Class 类提供了一个很有用的服务可以查找资源文件。下面给出必要的步骤：

1. 获得拥有资源的类的 Class 对象，例如 ResourceTest.class。
2. 有些方法（如 ImageIcon 类的 getImage 方法）接受描述资源位置的 URL。那么，可以调用

```
URL url = cl.getResource("about.gif");
```

3. 否则，使用 getResourceAsStream 方法得到一个输入流来读取文件中的数据。

这里的重点在于 Java 虚拟机知道如何查找一个类，所以它能搜索相同位置上的关联资源。例如，假设 ResourceTest 类在一个 resources 包中。ResourceTest.class 文件就位于 resources 目录中，可以把一个图标文件放在同一个目录下。

除了可以将资源文件与类文件放在同一个目录中，还可以提供一个相对或绝对路径，如：

```
data/about.txt
/corejava/title.txt
```

文件的自动装载是利用资源加载特性完成的。没有标准的方法来解释资源文件的内容。每个程序必须有自己的方法来解释它的资源文件。

另一个经常使用资源的地方是程序的国际化。与语言相关的字符串（如消息和用户界面标签）都存放在资源文件中，每种语言对应一个文件。国际化 API（internationalization API）将在卷 II 的第 7 章中讨论。它支持一种标准方法来组织和访问这些本地化文件。

程序清单 5-14 的程序展示了资源加载。（先不用担心读取文本和显示对话框的代码，这些内容稍后会详细介绍。）编译、构建一个 JAR 文件并执行：

```
javac resource/ResourceTest.java
jar cvfe ResourceTest.jar resources.ResourceTest \
   resources/*.class resources/*.gif resources/data/*.txt corejava/*.txt
java -jar ResourceTest.jar
```

将 JAR 文件移到另外一个不同的目录中，再次运行，以确认程序是从 JAR 文件而不是从当前目录读取资源。

程序清单 5-14　resources/ResourceTest.java

```
 1 package resources;
 2 
 3 import java.io.*;
 4 import java.net.*;
 5 import java.nio.charset.*;
 6 import javax.swing.*;
 7 
 8 /**
 9  * @version 1.5 2018-03-15
10  * @author Cay Horstmann
11  */
12 public class ResourceTest
13 {
14    public static void main(String[] args) throws IOException
15    {
16       Class cl = ResourceTest.class;
17       URL aboutURL = cl.getResource("about.gif");
18       var icon = new ImageIcon(aboutURL);
19 
20       InputStream stream = cl.getResourceAsStream("data/about.txt");
21       var about = new String(stream.readAllBytes(), "UTF-8");
22 
23       InputStream stream2 = cl.getResourceAsStream("/corejava/title.txt");
24       var title = new String(stream2.readAllBytes(), StandardCharsets.UTF_8).strip();
25 
26       JOptionPane.showMessageDialog(
27          null, about, title, JOptionPane.INFORMATION_MESSAGE, icon);
28    }
29 }
```

API java.lang.Class 1.0

- `URL getResource(String name)` **1.1**
- `InputStream getResourceAsStream(String name)` **1.1**

  找到与类位于同一位置的资源，然后返回一个 URL 或者输入流，可以用来加载这个资源。如果没有找到资源，则返回 null，所以不会对 I/O 错误抛出异常。

5.9.4　利用反射分析类的能力

下面简要介绍反射机制最重要的内容，这允许你检查类的结构。

java.lang.reflect 包中有三个类 Field、Method 和 Constructor，分别用于描述类的字段、方法和构造器。这三个类都有一个名为 getName 的方法，用来返回字段、方法或构造器的名字。Field 类有一个 getType 方法，用来返回描述字段类型的一个对象，这个对象的类型同样是 Class。Method 和 Constructor 类有报告参数类型的方法，Method 类还有一个报告返回类型的方法。这三个类都有一个名为 getModifiers 的方法，它将返回一个整数，用不同的 0/1 位描述所使用的修饰符，如 public 和 static。然后，可以利用 java.lang.reflect 包中 Modifier 类的静态方法分析 getModifiers 返回的这个整数。例如，可以使用 Modifier 类中的 isPublic、isPrivate 或

isFinal判断一个方法或构造器是public、private还是final。我们需要做的就是在getModifiers返回的整数上调用Modifier类中适当的方法。另外，还可以利用Modifier.toString方法打印修饰符。

Class类中的getFields、getMethods和getConstructors方法将分别返回这个类支持的公共字段、方法和构造器的数组，其中包括超类的公共成员。Class类的getDeclaredFields、getDeclaredMethods和getDeclaredConstructors方法将分别返回这个类中声明的全部字段、方法和构造器组成的数组，其中包括私有成员、包成员和受保护成员，以及有包访问权限的成员，但不包括超类的成员。

程序清单5-15显示了如何打印一个类的全部信息。这个程序提示用户输入一个类名，然后输出类中所有的方法和构造器的签名，以及全部实例字段名。例如，如果输入

```
java.lang.Double
```

这个程序将会输出：

```
public final class java.lang.Double extends java.lang.Number
{
   public java.lang.Double(double);
   public java.lang.Double(java.lang.String);

   public boolean equals(java.lang.Object);
   public static java.lang.String toString(double);
   public java.lang.String toString();
   public static int hashCode(double);
   public int hashCode();
   public static double min(double, double);
   public static double max(double, double);
   public static native long doubleToRawLongBits(double);
   public static long doubleToLongBits(double);
   public static native double longBitsToDouble(long);
   public int compareTo(java.lang.Double);
   public volatile int compareTo(java.lang.Object);
   public static int compare(double, double);
   public byte byteValue();
   public short shortValue();
   public int intValue();
   public long longValue();
   public float floatValue();
   public double doubleValue();
   public static java.lang.Double valueOf(java.lang.String);
   public static java.lang.Double valueOf(double);
   public static java.lang.String toHexString(double);
   public volatile java.lang.Object resolveConstantDesc(
     java.lang.invoke.MethodHandles$Lookup);
   public java.lang.Double resolveConstantDesc(java.lang.invoke.MethodHandles$Lookup);
   public java.util.Optional describeConstable();
   public boolean isNaN();
   public static boolean isNaN(double);
   public static double sum(double, double);
   public boolean isInfinite();
   public static boolean isInfinite(double);
   public static boolean isFinite(double);
```

```
   public static double parseDouble(java.lang.String);

   public static final double POSITIVE_INFINITY;
   public static final double NEGATIVE_INFINITY;
   public static final double NaN;
   public static final double MAX_VALUE;
   public static final double MIN_NORMAL;
   public static final double MIN_VALUE;
   public static final int MAX_EXPONENT;
   public static final int MIN_EXPONENT;
   public static final int SIZE;
   public static final int BYTES;
   public static final java.lang.Class TYPE;
   private final double value;
   private static final long serialVersionUID;
}
```

令人赞叹的是，这个程序可以分析 Java 解释器能加载的任何类，而不仅仅是编译程序时可用的类。在下一章中，还将使用这个程序查看 Java 编译器自动生成的内部类。

程序清单 5-15 reflection/ReflectionTest.java

```
 1 package reflection;
 2 
 3 import java.util.*;
 4 import java.lang.reflect.*;
 5 /**
 6  * This program uses reflection to print all features of a class.
 7  * @version 1.12 2021-06-15
 8  * @author Cay Horstmann
 9  */
10 public class ReflectionTest
11 {
12    public static void main(String[] args)
13          throws ReflectiveOperationException
14    {
15       // read class name from command line args or user input
16       String name;
17       if (args.length > 0) name = args[0];
18       else
19       {
20          var in = new Scanner(System.in);
21          System.out.println("Enter class name (e.g. java.util.Date): ");
22          name = in.next();
23       }
24 
25       // print class modifiers, name, and superclass name (if != Object)
26       Class cl = Class.forName(name);
27       String modifiers = Modifier.toString(cl.getModifiers());
28       if (modifiers.length() > 0) System.out.print(modifiers + " ");
29       if (cl.isSealed())
30          System.out.print("sealed ");
31       if (cl.isEnum())
32          System.out.print("enum " + name);
33       else if (cl.isRecord())
34          System.out.print("record " + name);
```

```
35       else if (cl.isInterface())
36          System.out.print("interface " + name);
37       else
38          System.out.print("class " + name);
39       Class supercl = cl.getSuperclass();
40       if (supercl != null && supercl != Object.class) System.out.print(" extends "
41             + supercl.getName());
42 
43       printInterfaces(cl);
44       printPermittedSubclasses(cl);
45 
46       System.out.print("\n{\n");
47       printConstructors(cl);
48       System.out.println();
49       printMethods(cl);
50       System.out.println();
51       printFields(cl);
52       System.out.println("}");
53    }
54 
55    /**
56     * Prints all constructors of a class
57     * @param cl a class
58     */
59    public static void printConstructors(Class cl)
60    {
61       Constructor[] constructors = cl.getDeclaredConstructors();
62 
63       for (Constructor c : constructors)
64       {
65          String name = c.getName();
66          System.out.print("   ");
67          String modifiers = Modifier.toString(c.getModifiers());
68          if (modifiers.length() > 0) System.out.print(modifiers + " ");
69          System.out.print(name + "(");
70 
71          // print parameter types
72          Class[] paramTypes = c.getParameterTypes();
73          for (int j = 0; j < paramTypes.length; j++)
74          {
75             if (j > 0) System.out.print(", ");
76             System.out.print(paramTypes[j].getName());
77          }
78          System.out.println(");");
79       }
80    }
81 
82    /**
83     * Prints all methods of a class
84     * @param cl a class
85     */
86    public static void printMethods(Class cl)
87    {
88       Method[] methods = cl.getDeclaredMethods();
89 
```

```
90        for (Method m : methods)
91        {
92           Class retType = m.getReturnType();
93           String name = m.getName();
94
95           System.out.print("   ");
96           // print modifiers, return type and method name
97           String modifiers = Modifier.toString(m.getModifiers());
98           if (modifiers.length() > 0) System.out.print(modifiers + " ");
99           System.out.print(retType.getName() + " " + name + "(");
100
101          // print parameter types
102          Class[] paramTypes = m.getParameterTypes();
103          for (int j = 0; j < paramTypes.length; j++)
104          {
105             if (j > 0) System.out.print(", ");
106             System.out.print(paramTypes[j].getName());
107          }
108          System.out.println(");");
109       }
110    }
111
112    /**
113     * Prints all fields of a class
114     * @param cl a class
115     */
116    public static void printFields(Class cl)
117    {
118       Field[] fields = cl.getDeclaredFields();
119
120       for (Field f : fields)
121       {
122          Class type = f.getType();
123          String name = f.getName();
124          System.out.print("   ");
125          String modifiers = Modifier.toString(f.getModifiers());
126          if (modifiers.length() > 0) System.out.print(modifiers + " ");
127          System.out.println(type.getName() + " " + name + ";");
128       }
129    }
130
131    /**
132     * Prints all permitted subtypes of a sealed class
133     * @param cl a class
134     */
135    public static void printPermittedSubclasses(Class cl)
136    {
137       if (cl.isSealed())
138       {
139          Class<?>[] permittedSubclasses = cl.getPermittedSubclasses();
140          for (int i = 0; i < permittedSubclasses.length; i++)
141          {
142             if (i == 0)
143                System.out.print(" permits ");
144             else
```

```
145                System.out.print(", ");
146             System.out.print(permittedSubclasses[i].getName());
147          }
148       }
149    }
150
151    /**
152     * Prints all directly implemented interfaces of a class
153     * @param cl a class
154     */
155    public static void printInterfaces(Class cl)
156    {
157       Class<?>[] interfaces = cl.getInterfaces();
158       for (int i = 0; i < interfaces.length; i++)
159       {
160          if (i == 0)
161             System.out.print(cl.isInterface() ? " extends " : " implements ");
162          else
163             System.out.print(", ");
164          System.out.print(interfaces[i].getName());
165       }
166    }
167 }
```

API java.lang.Class 1.0

- Field[] getFields() **1.1**
- Field[] getDeclaredFields() **1.1**

  getFields 方法将返回一个包含 Field 对象的数组，这些对象对应这个类或其超类的公共字段。getDeclaredField 方法也返回一个包含 Field 对象的数组，这些对象对应这个类的全部字段。如果类中没有这样的字段，或者如果 Class 对象表示基本类型或数组类型，则这些方法将返回一个长度为 0 的数组。

- Method[] getMethods() **1.1**
- Method[] getDeclaredMethods() **1.1**

  返回一个包含 Method 对象的数组：getMethods 将返回所有的公共方法，包括从超类继承的公共方法；getDeclaredMethods 返回这个类或接口的全部方法，但不包括由超类继承的方法。

- Constructor[] getConstructors() **1.1**
- Constructor[] getDeclaredConstructors() **1.1**

  返回一个包含 Constructor 对象的数组，其中包含所有公共构造器（getConstructors）或 Class 对象所表示的类的全部构造器（getDeclaredConstructors）。

- isInterface()

  如果这个 Class 对象描述一个 interface，则返回 true（参见第 6 章对接口的介绍）。

- isEnum() **1.5**

  如果这个 Class 对象描述一个 enum，则返回 true。

- isRecord() **16**

  如果这个 Class 对象描述一个 record，则返回 true。

- RecordComponent[] getRecordComponents() **16**

  返回一个包含 RecordComponent 对象的数组，这些对象描述了记录字段，或者如果这个类不是一个记录，则返回 null。

- String getPackageName() **9**

  得到包含这个类型的包的包名，如果这个类型是一个数组类型，则返回元素类型所属的包，或者如果这个类型是一个基本类型，则返回 "java.lang"。

API java.lang.reflect.Field 1.1
java.lang.reflect.Method 1.1
java.lang.reflect.Constructor 1.1

- Class getDeclaringClass()

  返回一个 Class 对象，表示定义了这个构造器、方法或字段的类。

- Class[] getExceptionTypes() (in Constructor and Method classes)

  返回一个 Class 对象数组，其中各个对象表示这个方法所抛出异常的类型。

- int getModifiers()

  返回一个整数，描述这个构造器、方法或字段的修饰符。使用 Modifier 类中的方法来分析这个返回值。

- String getName()

  返回一个表示构造器名、方法名或字段名的字符串。

- Class[] getParameterTypes() (in Constructor and Method classes)

  返回一个 Class 对象数组，其中各个对象表示参数的类型。

- Class getReturnType() (in Method class)

  返回一个表示返回类型的 Class 对象。

API java.lang.reflect.RecordComponent 16

- String getName()
- Class<?> getType()

  获得这个记录组件的名字和类型。

- Method getAccessor()

  返回 Method 对象来访问这个记录组件。

API java.lang.reflect.Modifier 1.1

- static String toString(int modifiers)

  返回一个字符串，包含 modifiers 中设置的二进制位所对应的修饰符。

- static boolean isAbstract(int modifiers)
- static boolean isFinal(int modifiers)

- static boolean isInterface(int modifiers)
- static boolean isNative(int modifiers)
- static boolean isPrivate(int modifiers)
- static boolean isProtected(int modifiers)
- static boolean isPublic(int modifiers)
- static boolean isStatic(int modifiers)
- static boolean isStrict(int modifiers)
- static boolean isSynchronized(int modifiers)
- static boolean isVolatile(int modifiers)

  这些方法将检测 modifiers 值中与方法名中修饰符对应的二进制位。

5.9.5 使用反射在运行时分析对象

从前面一节中，我们已经知道如何查看任意对象实例字段的名字和类型：

- 获得对应的 Class 对象。
- 在这个 Class 对象上调用 getDeclaredFields。

本节将进一步具体查看字段的内容。当然，在编写程序时，如果知道想要查看的字段名和类型，查看对象中指定字段的内容是一件很容易的事情。而利用反射机制可以查看在编译时还不知道的对象字段。

要做到这一点，关键方法是 Field 类中的 get 方法。如果 f 是一个 Field 类型的对象（例如，通过 getDeclaredFields 得到的对象），obj 是某个包含 f 字段的类的对象，则 f.get(obj) 将返回一个对象，其值为 obj 的当前字段值。这样说起来显得有点抽象，下面来看一个例子。

```
var harry = new Employee("Harry Hacker", 50000, 10, 1, 1989);
Class cl = harry.getClass();
   // the class object representing Employee
Field f = cl.getDeclaredField("name");
   // the name field of the Employee class
Object v = f.get(harry);
   // the value of the name field of the harry object, i.e.,
   // the String object "Harry Hacker"
```

当然，不仅可以获得值，也可以设置值。调用 f.set(obj,value) 将把对象 obj 中 f 表示的字段设置为新值。

实际上，这段代码存在一个问题。由于 name 是一个私有字段，所以 get 和 set 方法会抛出一个 IllegalAccessException。只能对可以访问的字段使用 get 和 set 方法。Java 安全机制允许查看一个对象有哪些字段，但是除非拥有访问权限，否则不允许读写那些字段的值。

反射机制的默认行为受限于 Java 的访问控制。不过，可以调用 Field、Method 或 Constructor 对象的 setAccessible 方法覆盖 Java 的访问控制。例如，

```
f.setAccessible(true); // now OK to call f.get(harry)
```

setAccessible 方法是 AccessibleObject 类中的一个方法，它是 Field、Method 和 Constructor 类

的公共超类。这个特性是为调试、持久存储和类似机制提供的。本节稍后将用它编写一个通用的 toString 方法。

如果不允许访问，setAccessible 调用会抛出一个异常。访问可能被模块系统（见卷Ⅱ的第 9 章）或安全管理器（卷Ⅱ的第 10 章）拒绝。安全管理器并不常用，而且在 Java 17 后已被废弃。不过，在 Java 9 中，由于 Java API 是模块化的，每个程序都包含模块。

例如，本节最后的示例程序会查看 ArrayList 和 Integer 对象的内部。在 Java 9 直到 Java 16 中运行这个程序时，会出现以下警告消息：

```
WARNING: An illegal reflective access operation has occurred
WARNING: Illegal reflective access by objectAnalyzer.ObjectAnalyzer (file:/home/cay
   /books/cj11/code/v1ch05/bin/) to field java.util.ArrayList.serialVersionUID
WARNING: Please consider reporting this to the maintainers of
   objectAnalyzer.ObjectAnalyzer
WARNING: Use --illegal-access=warn to enable warnings of further illegal
   reflective access operations
WARNING: All illegal access operations will be denied in a future release
```

在 Java 17 中运行这个程序时，会出现一个 InaccessibleObjectException 异常。

要让程序继续运行，需要把 java.base 模块中的 java.util 和 java.lang 包“打开”到“无名模块”。详细内容参见卷Ⅱ的第 9 章。语法如下：

```
java --add-opens java.base/java.util=ALL-UNNAMED \
   --add-opens java.base/java.lang=ALL-UNNAMED \
   objectAnalyzer.ObjectAnalyzerTest
```

注释：将来的库有可能使用**可变句柄**（variable handle）而不是反射来读写字段。VarHandle 与 Field 类似，可以用它读写一个特定类任意实例的特定字段。不过，要得到一个 VarHandle，库代码需要一个 Lookup 对象：

```
public Object getFieldValue(Object obj, String fieldName, Lookup lookup)
      throws NoSuchFieldException, IllegalAccessException
{
   Class<?> cl = obj.getClass();
   Field field = cl.getDeclaredField(fieldName);
   VarHandle handle = MethodHandles.privateLookupIn(cl, lookup)
      .unreflectVarHandle(field);
   return handle.get(obj);
}
```

如果生成这个 Lookup 对象的模块有访问这个字段的权限，那么这种做法是可行的。模块中有些方法会直接调用 MethodHandles.lookup()，这会得到封装了调用者访问权限的一个对象。采用这种方式，一个模块可以为另一个模块提供访问私有成员的权限。实际问题是如何能在提供这些权限的同时尽量减少麻烦。

尽管仍然可以这么做，不过我们来看一个可用于任意类的通用 toString 方法（见程序清单 5-16）。这个通用 toString 方法使用 getDeclaredFileds 获得所有实例字段，然后使用 setAccessible 便利方法将所有的字段设置为可访问的。对于每个字段，将获得名字和值。通过递归调用 toString 方法，将每个值转换成字符串。

这个通用的 toString 方法需要解决几个复杂的问题。引用循环有可能导致无限递归。因此，ObjectAnalyzer（见程序清单 5-17）会跟踪已访问过的对象。另外，为了能够查看数组内部，需要采用一种不同的方法。有关这种方法的具体内容将在下一节中详细介绍。

可以使用这个 toString 方法查看任意对象的内部信息。例如，下面这个调用

```
var squares = new ArrayList<Integer>();
for (int i = 1; i <= 5; i++) squares.add(i * i);
System.out.println(new ObjectAnalyzer().toString(squares));
```

将生成以下结果：

```
java.util.ArrayList[elementData=class java.lang.Object[]{java.lang.Integer[value=1][][],
java.lang.Integer[value=4][][],java.lang.Integer[value=9][][],
   java.lang.Integer[value=16][][],
java.lang.Integer[value=25][][],null,null,null,null,null},size=5][modCount=5][][]
```

还可以使用这个通用的 toString 方法实现你的自定义类的 toString 方法，如下所示：

```
public String toString()
{
   return new ObjectAnalyzer().toString(this);
}
```

这样可以轻松地提供一个通用 toString 方法，无疑也很有用。不过，先不要高兴得太早，不要以为再也不用实现 toString 了，记住：能够不受控地访问类内部的日子将屈指可数。

程序清单 5-16　objectAnalyzer/ObjectAnalyzerTest.java

```
1 package objectAnalyzer;
2 
3 import java.util.*;
4 
5 /**
6  * This program uses reflection to spy on objects.
7  * @version 1.13 2018-03-16
8  * @author Cay Horstmann
9  */
10 public class ObjectAnalyzerTest
11 {
12    public static void main(String[] args)
13          throws ReflectiveOperationException
14    {
15       var squares = new ArrayList<Integer>();
16       for (int i = 1; i <= 5; i++)
17          squares.add(i * i);
18       System.out.println(new ObjectAnalyzer().toString(squares));
19    }
20 }
```

程序清单 5-17　objectAnalyzer/ObjectAnalyzer.java

```
1 package objectAnalyzer;
2 
3 import java.lang.reflect.AccessibleObject;
4 import java.lang.reflect.Array;
```

```
5  import java.lang.reflect.Field;
6  import java.lang.reflect.Modifier;
7  import java.util.ArrayList;
8
9  public class ObjectAnalyzer
10 {
11    private ArrayList<Object> visited = new ArrayList<>();
12
13    /**
14     * Converts an object to a string representation that lists all fields.
15     * @param obj an object
16     * @return a string with the object's class name and all field names and values
17     */
18    public String toString(Object obj)
19          throws ReflectiveOperationException
20    {
21       if (obj == null) return "null";
22       if (visited.contains(obj)) return "...";
23       visited.add(obj);
24       Class cl = obj.getClass();
25       if (cl == String.class) return (String) obj;
26       if (cl.isArray())
27       {
28          String r = cl.getComponentType() + "[]{";
29          for (int i = 0; i < Array.getLength(obj); i++)
30          {
31             if (i > 0) r += ",";
32             Object val = Array.get(obj, i);
33             if (cl.getComponentType().isPrimitive()) r += val;
34             else r += toString(val);
35          }
36          return r + "}";
37       }
38
39       String r = cl.getName();
40       // inspect the fields of this class and all superclasses
41       do
42       {
43          r += "[";
44          Field[] fields = cl.getDeclaredFields();
45          AccessibleObject.setAccessible(fields, true);
46          // get the names and values of all fields
47          for (Field f : fields)
48          {
49             if (!Modifier.isStatic(f.getModifiers()))
50             {
51                if (!r.endsWith("[")) r += ",";
52                r += f.getName() + "=";
53                Class t = f.getType();
54                Object val = f.get(obj);
55                if (t.isPrimitive()) r += val;
56                else r += toString(val);
57             }
58          }
59          r += "]";
```

```
60            cl = cl.getSuperclass();
61         }
62         while (cl != null);
63 
64         return r;
65      }
66  }
```

API java.lang.reflect.AccessibleObject 1.2

- void setAccessible(boolean flag)

  设置或取消这个可访问对象的可访问标志，如果拒绝访问则抛出一个 IllegalAccessException 异常。

- boolean trySetAccessible() **9**

  为这个可访问对象设置可访问标志，如果拒绝访问则返回 false。

- boolean canAccess(Object obj) **9**

  检查调用者是否可以通过这个字段、方法或构造器对象访问 obj。对于静态字段或方法传入 null，另外对于构造器也要传入 null。

- static void setAccessible(AccessibleObject[] array, boolean flag)

  这是一个便利方法，用于设置一个对象数组的可访问标志。

API java.lang.Class 1.1

- Field getField(String name)
- Field[] getFields()

  得到指定名的公共字段，或所有字段的一个数组。

- Field getDeclaredField(String name)
- Field[] getDeclaredFields()

  得到类中声明的指定名的字段，或者所有字段的一个数组。

API java.lang.reflect.Field 1.1

- Object get(Object obj)

  返回 obj 对象中用这个 Field 对象描述的字段的值。

- void set(Object obj, Object newValue)

  将 obj 对象中这个 Field 对象描述的字段设置为一个新值。

5.9.6 使用反射编写泛型数组代码

java.lang.reflect 包中的 Array 类允许动态地创建数组。例如，Arrays 类的 copyOf 方法实现中就使用了这个类。应该记得，这个方法可以用于扩展一个已经填满的数组。

```
var a = new Employee[100];
. . .
// array is full
a = Arrays.copyOf(a, 2 * a.length);
```

如何编写这样一个通用的方法呢？好在 Employee[] 数组能够转换为 Object[] 数组，这听起来很有希望。下面进行第一次尝试：

```
public static Object[] badCopyOf(Object[] a, int newLength) // not useful
{
   var newArray = new Object[newLength];
   System.arraycopy(a, 0, newArray, 0, Math.min(a.length, newLength));
   return newArray;
}
```

不过，在实际使用得到的数组时会遇到一个问题。这段代码返回的数组类型是一个对象数组（Object[]），这是因为我们使用了下面这行代码来创建这个数组：

```
new Object[newLength]
```

对象数组不能强制转换成员工数组（Employee[]）。如果这样做，Java 虚拟机会在运行时生成一个 ClassCastException 异常。这里的关键是，前面已经提到，Java 数组会记住每个元素的类型，即创建数组时 new 表达式中使用的元素类型。将一个 Employee[] 临时转换成 Object[] 数组，然后再把它转换回来是可以的，但一个从开始就是 Object[] 的数组却永远不能转换成 Employee[] 数组。为了编写这类通用的数组代码，需要能够创建与原数组类型相同的新数组。为此，需要使用 java.lang.reflect 包中 Array 类的一些方法。其中，最关键的是 Array 类的静态方法 newInstance，这个方法能够构造一个新数组。在调用这个方法时必须提供两个参数，一个是数组的元素类型，另一个是期望的数组长度。

```
Object newArray = Array.newInstance(componentType, newLength);
```

为了具体执行这个调用，需要获得新数组的长度和元素类型。

可以通过调用 Array.getLength(a) 获得数组的长度。Array 类的静态 getLength 方法会返回一个数组的长度。要获得新数组的元素类型，需要完成以下工作：

1. 首先获得 a 的类对象。

2. 确认它确实是一个数组。

3. 使用 Class 类的 getComponentType 方法（只为表示数组的类对象定义了这个方法）得到数组的正确类型。

4. 反过来，对于表示类 C 的 Class 对象，arrayType 方法会生成表示 C[] 的 Class 对象。

为什么 getLength 是 Array 的方法，而 getComponentType 是 Class 的方法呢？我们也不清楚——反射方法的分布有时候确实显得有点古怪。

下面给出这段代码：

```
public static Object goodCopyOf(Object a, int newLength)
{
   Class cl = a.getClass();
   if (!cl.isArray()) return null;
   Class componentType = cl.getComponentType();
   int length = Array.getLength(a);
   Object newArray = Array.newInstance(componentType, newLength);
   System.arraycopy(a, 0, newArray, 0, Math.min(length, newLength));
   return newArray;
}
```

请注意，这个 CopyOf 方法可以用来扩展任意类型的数组，而不仅是对象数组。

```
int[] a = { 1, 2, 3, 4, 5 };
a = (int[]) goodCopyOf(a, 10);
```

为了使用这个方法，要将 goodCopyOf 的参数声明为 Object 类型，而不是一个对象数组（Object[]）。整型数组类型 int[] 可以转换为一个 Object，而不是转换成对象数组！

程序清单 5-18 展示了两个方法的具体使用。请注意，如果对 badCopyOf 的返回值进行强制类型转换，将抛出一个异常。

程序清单 5-18 arrays/CopyOfTest.java

```
1 package arrays;
2 
3 import java.lang.reflect.*;
4 import java.util.*;
5 
6 /**
7  * This program demonstrates the use of reflection for manipulating arrays.
8  * @version 1.2 2012-05-04
9  * @author Cay Horstmann
10  */
11 public class CopyOfTest
12 {
13    public static void main(String[] args)
14    {
15       int[] a = { 1, 2, 3 };
16       a = (int[]) goodCopyOf(a, 10);
17       System.out.println(Arrays.toString(a));
18 
19       String[] b = { "Tom", "Dick", "Harry" };
20       b = (String[]) goodCopyOf(b, 10);
21       System.out.println(Arrays.toString(b));
22 
23       System.out.println("The following call will generate an exception.");
24       b = (String[]) badCopyOf(b, 10);
25    }
26 
27    /**
28     * This method attempts to grow an array by allocating a new array and
29     * copying all elements.
30     * @param a the array to grow
31     * @param newLength the new length
32     * @return a larger array that contains all elements of a. However, the returned
33     * array has type Object[], not the same type as a
34     */
35    public static Object[] badCopyOf(Object[] a, int newLength) // not useful
36    {
37       var newArray = new Object[newLength];
38       System.arraycopy(a, 0, newArray, 0, Math.min(a.length, newLength));
39       return newArray;
40    }
41 
42    /**
43     * This method grows an array by allocating a new array of the same type and
```

```
44      * copying all elements.
45      * @param a the array to grow. This can be an object array or a primitive
46      * type array
47      * @return a larger array that contains all elements of a
48      */
49     public static Object goodCopyOf(Object a, int newLength)
50     {
51        Class cl = a.getClass();
52        if (!cl.isArray()) return null;
53        Class componentType = cl.getComponentType();
54        int length = Array.getLength(a);
55        Object newArray = Array.newInstance(componentType, newLength);
56        System.arraycopy(a, 0, newArray, 0, Math.min(length, newLength));
57        return newArray;
58     }
59  }
```

API java.lang.Class 1.1

- `boolean isArray()`

  如果这个对象表示一个数组类型，则返回 `true`。

- `Class<?> getComponentType()`

  `Class<?> componentType()` **12**

  如果这个对象表示一个数组类型，则返回描述元素类型的 `Class`；否则，返回 `null`。

- `Class<?> arrayType()` **12**

  返回描述数组类型的 `Class`（这个数组的元素类型由这个对象表示）。

API java.lang.reflect.Array 1.1

- `static Object get(Object array, int index)`
- `static` *xxx* `get`*Xxx*`(Object array, int index)`

  （*xxx* 是 `boolean`、`byte`、`char`、`double`、`float`、`int`、`long` 或 `short` 中的一种基本类型。）这些方法将返回给定数组中存储在给定索引位置上的值。

- `static void set(Object array, int index, Object newValue)`
- `static set`*Xxx*`(Object array, int index,` *xxx* `newValue)`

  （*xxx* 是 `boolean`、`byte`、`char`、`double`、`float`、`int`、`long` 或 `short` 中的一种基本类型。）这些方法将一个新值存储到给定数组中的给定索引位置上。

- `static int getLength(Object array)`

  返回给定数组的长度。

- `static Object newInstance(Class componentType, int length)`
- `static Object newInstance(Class componentType, int[] lengths)`

  返回一个有给定元素类型、给定大小的新数组。

5.9.7 调用任意方法和构造器

在 C 和 C++ 中，可以通过一个函数指针执行任意函数。从表面上看，Java 没有提供方法指针，也就是说，Java 没有提供途径将一个方法的存储地址传给另外一个方法，以便第二个方法以后调用。事实上，Java 的设计者曾说过：方法指针很危险，而且很容易出错。他们认为 Java 的接口（interface）和 lambda 表达式（将在下一章讨论）是一种更好的解决方案。不过，反射机制允许你调用任意的方法。

回想一下，可以用 Field 类的 get 方法查看一个对象的字段。与之类似，Method 类有一个 invoke 方法，允许你调用包装在当前 Method 对象中的方法。invoke 方法的签名为

```
Object invoke(Object obj, Object... args)
```

第一个参数是隐式参数，其余的对象提供了显式参数。

对于静态方法，第一个参数会忽略，即可以将它设置为 null。

例如，假设用 m1 表示 Employee 类的 getName 方法，下面这条语句显示了如何调用这个方法：

```
String n = (String) m1.invoke(harry);
```

如果返回类型是基本类型，则 invoke 方法会返回其包装器类型。例如，假设 m2 表示 Employee 类的 getSalary 方法，那么返回的对象实际上是一个 Double，必须相应地完成强制类型转换。可以使用自动拆箱将它转换为一个 double：

```
double s = (Double) m2.invoke(harry);
```

如何得到 Method 对象呢？当然，可以调用 getDeclaredMethods 方法，然后搜索返回的 Method 对象数组，直到发现想要的方法为止。也可以调用 Class 类的 getMethod 方法。这与 getField 方法类似。getField 方法接受一个表示字段名的字符串，返回一个 Field 对象。不过，有可能存在若干个同名的方法，因此要准确地得到想要的那个方法必须格外小心。有鉴于此，还必须提供想要的方法的参数类型。getMethod 的签名为

```
Method getMethod(String name, Class... parameterTypes)
```

例如，下面展示了如何获得 Employee 类的 getName 方法和 raiseSalary 方法的方法指针：

```
Method m1 = Employee.class.getMethod("getName");
Method m2 = Employee.class.getMethod("raiseSalary", double.class);
```

可以使用类似的方法调用任意的构造器。将构造器的参数类型提供给 Class.getConstructor 方法，并为 Constructor.newInstance 方法提供参数值：

```
Class cl = Random.class; // or any other class with a constructor that
                         // accepts a long parameter
Constructor cons = cl.getConstructor(long.class);
Object obj = cons.newInstance(42L);
```

> **注释：** Method 和 Constructor 类扩展了 Executable 类。在 Java 17 中，Executable 类是密封类，只允许 Method 和 Constructor 作为子类。

到此为止，我们已经了解了使用 Method 对象的规则。下面来看如何具体使用。程序清单 5-19 中的程序会打印一个数学函数（如 Math.sqrt 或 Math.sin）的取值表。打印的结果如下所示：

```
public static native double java.lang.Math.sqrt(double)
      1.0000 |      1.0000
      2.0000 |      1.4142
      3.0000 |      1.7321
```

```
    4.0000 |      2.0000
    5.0000 |      2.2361
    6.0000 |      2.4495
    7.0000 |      2.6458
    8.0000 |      2.8284
    9.0000 |      3.0000
   10.0000 |      3.1623
```

当然，打印表格的代码与表格中计算的数学函数无关。

```
double dx = (to - from) / (n - 1);
for (double x = from; x <= to; x += dx)
{
   double y = (Double) f.invoke(null, x);
   System.out.printf("%10.4f | %10.4f%n", x, y);
}
```

在这里，f 是一个 Method 类型的对象。由于我们调用的方法是一个静态方法，所以 invoke 的第一个参数是 null。

要打印 Math.sqrt 函数的取值表，可以如下设置 f：

```
Math.class.getMethod("sqrt", double.class)
```

这是 Math 类的一个方法，名为 sqrt，有一个 double 类型的参数。

程序清单 5-19 给出了这个通用取值表程序和两个测试的完整代码。

程序清单 5-19 methods/MethodTableTest.java

```
1 package methods;
2 
3 import java.lang.reflect.*;
4 
5 /**
6  * This program shows how to invoke methods through reflection.
7  * @version 1.2 2012-05-04
8  * @author Cay Horstmann
9  */
10 public class MethodTableTest
11 {
12    public static void main(String[] args)
13          throws ReflectiveOperationException
14    {
15       // get method pointers to the square and sqrt methods
16       Method square = MethodTableTest.class.getMethod("square", double.class);
17       Method sqrt = Math.class.getMethod("sqrt", double.class);
18 
19       // print tables of x- and y-values
20       printTable(1, 10, 10, square);
21       printTable(1, 10, 10, sqrt);
22    }
23 
24    /**
25     * Returns the square of a number
26     * @param x a number
27     * @return x squared
```

```
28        */
29       public static double square(double x)
30       {
31          return x * x;
32       }
33
34       /**
35        * Prints a table with x- and y-values for a method
36        * @param from the lower bound for the x-values
37        * @param to the upper bound for the x-values
38        * @param n the number of rows in the table
39        * @param f a method with a double parameter and double return value
40        */
41       public static void printTable(double from, double to, int n, Method f)
42             throws ReflectiveOperationException
43       {
44          // print out the method as table header
45          System.out.println(f);
46
47          double dx = (to - from) / (n - 1);
48
49          for (double x = from; x <= to; x += dx)
50          {
51             double y = (Double) f.invoke(null, x);
52             System.out.printf("%10.4f | %10.4f%n", x, y);
53          }
54       }
55    }
```

这个例子清楚地表明，利用 Method 对象可以实现 C 语言中函数指针（或 C# 中的委托）所能完成的所有操作。同 C 中一样，这种编程风格不是很方便，而且总是很容易出错。如果在调用方法的时候提供了错误的参数会发生什么？ invoke 方法将会抛出一个异常。

另外，invoke 的参数和返回值必须是 Object 类型。这就意味着必须来回进行多次强制类型转换。这样一来，编译器会丧失检查代码的机会，以至于等到测试阶段才会发现错误，而这个时候查找和修正错误会麻烦得多。不仅如此，使用反射获得方法指针的代码要比直接调用方法的代码慢得多。

有鉴于此，建议仅在绝对必要的时候才在你自己的程序中使用 Method 对象。通常，更好的做法是使用接口以及 Java 8 引入的 lambda 表达式（第 6 章中介绍）。特别要强调：我们建议 Java 开发人员不要使用回调函数的 Method 对象。可以使用回调的接口，这样不仅代码的执行速度更快，也更易于维护。

API　java.lang.reflect.Method 1.1

- public Object invoke(Object implicitParameter, Object[] explicitParameters)

  调用这个对象描述的方法，传入给定参数，并返回那个方法的返回值。对于静态方法，传入 null 作为隐式参数。使用包装器传递基本类型值。基本类型的返回值必须拆包。

5.10 继承的设计技巧

在本章的最后，我会给出使用继承时很有用的一些技巧。

1. 将公共操作和字段放在超类中。

正是因为这个原因，我们将姓名字段放在 Person 类中，而没有将它重复放在 Employee 和 Student 类中。

2. 不要使用受保护的字段。

有些程序员认为，将大多数的实例字段定义为 protected 是一个不错的主意，“以防万一”，这样子类就能够在需要的时候访问这些字段。不过，protected 机制并不能提供太多保护，这有两方面的原因。第一，子类集合是无限制的，任何一个人都能够由你的类派生一个子类，然后编写代码直接访问 protected 实例字段，从而破坏封装性。第二，在 Java 中，同一个包中的所有类都可以访问 proteced 字段，而不论它们是否为这个类的子类。

不过，有些方法不打算作为通用方法，要在子类中重新定义，protected 方法对于指示这种方法可能很有用。

3. 使用继承实现“is-a”关系。

使用继承很容易达到节省代码量的目的，但有时候也会被人们滥用。例如，假设需要定义一个 Contractor 类。钟点工有姓名和雇用日期，但是没有工资。他们按小时计薪，并且不会因为拖延时间而获得加薪。这似乎在诱导人们由 Employee 派生出子类 Contractor，然后再增加一个 hourlyWage 字段。

```
public class Contractor extends Employee
{
   private double hourlyWage;
   . . .
}
```

不过，这并不是一个好主意。因为这样一来，每个钟点工对象中都同时包含了工资和时薪这两个字段。在实现打印薪水或税单的方法时，这会带来无尽的麻烦。与不使用继承相比，使用继承的做法最后反而会多写很多代码。

钟点工与员工之间不是一种“is-a”关系。钟点工不是员工的一个特例。

4. 除非所有继承的方法都有意义，否则不要使用继承。

假设我们想编写一个 Holiday 类。毫无疑问，每个假日也是一天，并且一天可以用 GregorianCalendar 类的实例表示，因此可以使用继承。

```
class Holiday extends GregorianCalendar { . . . }
```

很遗憾，在继承的操作中，假日集合不是闭合的。GregorianCalendar 中有一个公共方法 add，这个方法可以将假日转换成非假日：

```
Holiday christmas;
christmas.add(Calendar.DAY_OF_MONTH, 12);
```

因此，继承对于这个例子来说不太适合。

需要指出，如果扩展一个不可变的类，就不会出现这个问题。假设有一个不可变的日期类，类似 LocalDate 但不是 final 类。如果派生一个 Holiday 子类，就没有任何方法能够把假日变成非假日。

5. *覆盖方法时，不要改变预期的行为。*

替换原则不仅应用于语法，更重要的是，它也适用于行为。覆盖一个方法的时候，不应该毫无缘由地改变它的行为。就这一点而言，编译器不会提供任何帮助，编译器不会检查你重新定义的行为是否有意义。例如，可以重新定义 add 来“修正”Holiday 类中 add 方法的问题，可能让它什么也不做，或者抛出一个异常，或者是前进到下一个假日。

不过，这种“修正”会违反替换原则。对于以下语句序列

```
int d1 = x.get(Calendar.DAY_OF_MONTH);
x.add(Calendar.DAY_OF_MONTH, 1);
int d2 = x.get(Calendar.DAY_OF_MONTH);
System.out.println(d2 - d1);
```

不管 x 的类型是 GregorianCalendar 还是 Holiday，执行上述语句都应该有*预期的行为*。

当然，这是个难题。理智和不理智的人们可能就预期行为是什么争论不休。例如，有些人争论说，替换原则要求 Manager.equals 忽略 bonus 字段，因为 Employee.equals 就忽略了这个字段。实际上，凭空讨论这些问题毫无意义。归根结底，关键在于在子类中覆盖方法时，不要偏离原先的设计初衷。

6. *使用多态，而不要使用类型信息。*

只要看到以下形式的代码

```
if (x is of type 1)
   action1(x);
else if (x is of type 2)
   action2(x);
```

都应该考虑使用多态。

$action_1$ 与 $action_2$ 表示的是一个通用概念吗？如果是，就应该将这个概念定义为这两个类型的公共超类或接口中的一个方法。然后，就可以调用

```
x.action();
```

并利用多态性固有的动态分派机制执行正确的动作。

与使用多个类型检测的代码相比，使用多态方法或接口实现的代码更易于维护和扩展。

7. *不要滥用反射。*

反射机制使人们可以在运行时查看字段和方法，从而能编写出极具通用性的程序。这种功能对于系统编程极其有用，但是通常并不适合编写应用程序。反射很脆弱，如果使用反射，编译器将无法帮助你查找编程错误，直到运行时才会发现错误并导致异常。

现在你已经了解了 Java 如何支持面向对象编程的基础：类、继承和多态。下一章中我们将介绍两个高级主题：接口和 lambda 表达式。它们对于有效地使用 Java 非常重要。

第 6 章　接口、lambda 表达式与内部类

- ▲ 接口
- ▲ lambda 表达式
- ▲ 内部类
- ▲ 服务加载器
- ▲ 代理

到目前为止，你已经学习了 Java 中面向对象编程的核心概念：类和继承。本章将介绍几种常用的高级技术。尽管这些内容可能不太容易理解，但一定要掌握，以完善你的 Java 工具箱。

首先介绍第一种技术，即*接口*（interface），接口用来描述类应该做什么，而不指定它们具体应该*如何*做。一个类可以*实现*（implement）一个或多个接口。只要符合所要求的接口，就可以使用实现了这个接口的类（即实现类）的对象。讨论接口以后，我们会继续介绍 *lambda 表达式*，这是一种简洁的方法，用来创建可以在将来某个时间点执行的代码块。通过使用 lambda 表达式，可以用一种精巧而简洁的方式表示使用回调或可变行为的代码。

接下来，我们将讨论*内部类*（inner class）机制。理论上讲，内部类有些复杂，内部类定义在另外一个类的内部，它们的方法可以访问其外部类的字段。内部类技术在设计合作类集合时很有用。

在本章的最后还将介绍*代理*（proxy），这是实现任意接口的对象。代理是一种非常专业的构造，可以用来构建系统级的工具。如果是第一次阅读本书，可以先跳过那一节。

6.1　接口

在下面的小节中，你会了解 Java 接口是什么以及如何使用，另外还会了解 Java 最新的几个版本中接口的功能有怎样的提升。

6.1.1　接口的概念

在 Java 程序设计语言中，接口不是类，而是对希望符合这个接口的类的一组*需求*。

我们经常听到某个服务的提供商这样说：“如果你的类符合某个特定接口，我就会履行这项服务。”下面给出一个具体的示例。Arrays 类中的 sort 方法承诺可以对对象数组进行排序，但要求满足下面这个条件：对象所属的类必须*实现* Comparable 接口。

下面是 Comparable 接口的代码：

```
public interface Comparable
{
   int compareTo(Object other);
}
```

在这个接口中，compareTo 方法是抽象的，它没有具体实现。任何实现 Comparable 接口的类都需要包含一个 compareTo 方法，这个方法必须接受一个 Object 参数，并返回一个整数。否则，这个类也应当是抽象的，也就是说，你不能构造这个类的对象。

注释：在 Java 5 中，Comparable 接口已经提升为一个泛型类型。

```
public interface Comparable<T>
{
   int compareTo(T other); // parameter has type T
}
```

例如，在实现 Comparable<Employee> 接口的类中，必须提供以下方法

```
int compareTo(Employee other)
```

仍然可以使用不带类型参数的“原始”Comparable 类型。这样一来，compareTo 方法就有一个 Object 类型的参数，你必须手动将 compareTo 方法的这个参数强制转换为所希望的类型。稍后我们再做这个工作，所以不用担心同时学习两个新概念。

接口中的所有方法都自动是 public 方法。因此，在接口中声明方法时，不必提供关键字 public。

当然，还有一个接口没有明确说明的额外要求：调用 x.compareTo(y) 的时候，这个 compareTo 方法实际上必须能够比较两个对象，并返回比较的结果，即 x 和 y 哪一个更大。当 x 小于 y 时，返回一个负数；当 x 等于 y 时，返回 0；否则返回一个正数。

这个特定接口只有一个方法，而有些接口可能包含多个方法。稍后可以看到，接口还可以定义常量。不过，更重要的是要知道接口不能提供什么。接口绝不会有实例字段，在 Java 8 之前，接口中的方法都是抽象方法。（在 6.1.4 节和 6.1.5 节中可以看到，现在接口中还可以有其他方法。当然，那些方法不能引用实例字段——接口没有实例。）

现在，假设希望使用 Arrays 类的 sort 方法对 Employee 对象数组进行排序，Employee 类就必须实现 Comparable 接口。

为了让类实现一个接口，需要完成下面两个步骤：

1. 将类声明为实现给定的接口。
2. 对接口中的所有方法提供定义。

要声明一个类实现某个接口，需要使用关键字 implements：

```
class Employee implements Comparable
```

当然，现在 Employee 类需要提供 compareTo 方法。假设我们希望根据员工的薪水进行比较。以下是 compareTo 方法的一个实现：

```
public int compareTo(Object otherObject)
{
   Employee other = (Employee) otherObject;
   return Double.compare(salary, other.salary);
}
```

在这里，我们使用了静态 Double.compare 方法。如果第一个参数小于第二个参数，它会返

回一个负值；如果二者相等则返回 0；否则返回一个正值。

> **警告**：在接口声明中，没有将 compareTo 方法声明为 public，这是因为，**接口**中的所有方法都自动是 public 方法。不过，在实现接口时，必须把方法声明为 public；否则，编译器将认为这个方法的访问属性是包可访问，这是**类**中默认的访问属性，之后编译器就会报错，指出你试图提供更严格的访问权限。

我们可以做得更好一些。可以为泛型 Comparable 接口提供一个类型参数。

```
class Employee implements Comparable<Employee>
{
   public int compareTo(Employee other)
   {
      return Double.compare(salary, other.salary);
   }
   . . .
}
```

请注意，对 Object 参数进行强制类型转换总是让人感觉不太顺眼，但现在已经不见了。

> **提示**：Comparable 接口中的 compareTo 方法将返回一个整数。如果两个对象不相等，返回哪个正值或者负值并不重要。在对两个整数字段进行比较时，这种灵活性非常有用。例如，假设每个员工都有一个唯一的整数 id，你希望根据员工 ID 号进行排序，那么可以直接返回 id-other.id。如果第一个 ID 号小于另一个 ID，这个值将是一个负值；如果两个 ID 相等，这个值就是 0；否则，这将是一个正值。但有一点需要注意：整数的范围要足够小，以避免减法运算溢出。如果能够确信 ID 为非负数，或者它们的绝对值不会超过 (Integer.MAX_VALUE-1)/2，就不会出现问题。否则，可以调用静态 Integer.compare 方法。

当然，这里的相减技巧不适用于浮点数。因为如果 salary 和 other.salary 很接近但又不相等，它们的差经过四舍五入后有可能变成 0。如果 x < y，Double.compare(x, y) 调用会返回 -1；如果 x > y 则返回 1。

> **注释**：Comparable 接口的文档建议 compareTo 方法应当与 equals 方法兼容。也就是说，当 x.equals(y) 时 x.compareTo(y) 就应当等于 0。Java API 中大多数实现 Comparable 接口的类都遵从了这个建议。不过有一个重要的例外，就是 BigDecimal。考虑 x = new BigDecimal("1.0") 和 y = new BigDecimal("1.00")。这里 x.equals(y) 为 false，因为两个数的精度不同。不过 x.compareTo(y) 为 0。理想情况下应该不返回 0，但是没有明确的方法能够确定这两个数哪一个更大。

现在，我们已经看到，要让一个类使用排序服务必须让它实现 compareTo 方法。这是理所当然的，因为要向 sort 方法提供对象的比较方式。但是为什么不能在 Employee 类中直接提供一个 compareTo 方法（而不实现 Comparable 接口）呢？

使用接口的主要原因在于：Java 程序设计语言是一种强类型（strongly typed）语言。调用方法时，编译器要能检查这个方法确实存在。在 sort 方法中可能会有类似下面的语句：

```
if (a[i].compareTo(a[j]) > 0)
{
   // rearrange a[i] and a[j]
   . . .
}
```

编译器必须确认 a[i] 一定有一个 compareTo 方法。如果 a 是一个 Comparable 对象的数组，就可以确保肯定有 compareTo 方法，因为每个实现 Comparable 接口的类都必须提供这个方法。

注释： 你可能认为，如果将 Arrays 类中的 sort 方法定义为接受一个 Comparable[] 数组，倘若有人调用 sort 方法时所提供数组的元素类型没有实现 Comparable 接口，编译器就能报错。遗憾的是，事实并非如此。实际上，sort 方法接受一个 Object[] 数组，并使用一个笨拙的强制类型转换：

```
// approach used in the standard library--not recommended
if (((Comparable) a[i]).compareTo(a[j]) > 0)
{
   // rearrange a[i] and a[j]
   . . .
}
```

如果 a[i] 不属于一个实现了 Comparable 接口的类，虚拟机就会抛出一个异常。

程序清单 6-1 给出了对 Employee 类（见程序清单 6-2）实例数组进行排序的完整代码。

程序清单 6-1　interfaces/EmployeeSortTest.java

```
1  package interfaces;
2  
3  import java.util.*;
4  
5  /**
6   * This program demonstrates the use of the Comparable interface.
7   * @version 1.30 2004-02-27
8   * @author Cay Horstmann
9   */
10 public class EmployeeSortTest
11 {
12    public static void main(String[] args)
13    {
14       var staff = new Employee[3];
15 
16       staff[0] = new Employee("Harry Hacker", 35000);
17       staff[1] = new Employee("Carl Cracker", 75000);
18       staff[2] = new Employee("Tony Tester", 38000);
19 
20       Arrays.sort(staff);
21 
22       // print out information about all Employee objects
23       for (Employee e : staff)
24          System.out.println("name=" + e.getName() + ",salary=" + e.getSalary());
25    }
26 }
```

程序清单 6-2　interfaces/Employee.java

```
1 package interfaces;
2 
3 public class Employee implements Comparable<Employee>
4 {
5    private String name;
6    private double salary;
7 
8    public Employee(String name, double salary)
9    {
10       this.name = name;
11       this.salary = salary;
12    }
13 
14    public String getName()
15    {
16       return name;
17    }
18 
19    public double getSalary()
20    {
21       return salary;
22    }
23 
24    public void raiseSalary(double byPercent)
25    {
26       double raise = salary * byPercent / 100;
27       salary += raise;
28    }
29 
30    /**
31     * Compares employees by salary
32     * @param other another Employee object
33     * @return a negative value if this employee has a lower salary than
34     * otherObject, 0 if the salaries are the same, a positive value otherwise
35     */
36    public int compareTo(Employee other)
37    {
38       return Double.compare(salary, other.salary);
39    }
40 }
```

API java.lang.Comparable<T> 1.0

- `int compareTo(T other)`

  对这个对象与 other 进行比较。如果这个对象小于 other 则返回一个负整数；如果二者相等则返回 0；否则返回一个正整数。

API java.util.Arrays 1.2

- `static void sort(Object[] a)`

  对数组 a 中的元素进行排序。要求数组中的元素必须属于实现了 Comparable 接口的类，并且元素之间必须是可比较的。

API java.lang.Integer 1.0

- static int compare(int x, int y) **7**

  如果 x < y 返回一个负整数；如果 x 和 y 相等，则返回 0；否则返回一个正整数。

API java.lang.Double 1.0

- static int compare(double x, double y) **1.4**

  如果 x < y 返回一个负整数；如果 x 和 y 相等则返回 0；否则返回一个正整数。

注释： 语言标准规定："对于任意的 x 和 y，实现者必须确保 sgn(x.compareTo(y)) = -sgn(y.compareTo(x))。（也就是说，如果 y.compareTo(x) 抛出一个异常，那么 x.compareTo(y) 也应该抛出一个异常。）" 这里的 sgn 是一个数的**符号**：如果 *n* 是负值，sgn(n) 为 -1；如果 *n* 等于 0，sgn(n) 为 0；如果 *n* 是正值，sgn(n) 为 1。简单地讲，如果翻转 compareTo 的参数，结果的符号也应该翻转（但具体值不一定）。

与 equals 方法一样，使用继承时有可能会出现问题。

这是因为 Manager 扩展了 Employee，而 Employee 实现了 Comparable<Employee>，而不是 Comparable<Manager>。如果 Manager 要覆盖 compareTo，就必须做好准备比较经理与员工，绝不能简单地将员工强制转换成经理：

```
class Manager extends Employee
{
   public int compareTo(Employee other)
   {
      Manager otherManager = (Manager) other; // NO
      . . .
   }
   . . .
}
```

违反了"反对称"规则。如果 x 是一个 Employee 对象，y 是一个 Manager 对象，调用 x.compareTo(y) 不会抛出异常，它只是将 x 和 y 都作为员工进行比较。但是反过来，y.compareTo(x) 将会抛出一个 ClassCastException。

这种情况与第 5 章中讨论的 equals 方法一样，补救方式也一样。有两种不同的情况。

如果不同子类中的比较有不同的含义，就应该将属于不同类的对象之间的比较视为非法。每个 compareTo 方法首先都应该进行以下检测：

```
if (getClass() != other.getClass()) throw new ClassCastException();
```

如果存在一个比较子类对象的通用算法，那么只需要在超类中提供一个 compareTo 方法，并将这个方法声明为 final。

例如，假设你希望经理大于普通员工，而不论薪水多少，那么诸如 Executive 和 Secretary 等其他子类呢？如果要按照职位排序，那就应该在 Employee 类中提供一个 rank 方法。让每个子类覆盖 rank，并实现一个考虑 rank 值的 compareTo 方法。

6.1.2 接口的属性

接口不是类。具体来说，不能使用 new 操作符实例化一个接口：

```
x = new Comparable(. . .); // ERROR
```

不过，尽管不能构造接口对象，但仍然能声明接口变量：

```
Comparable x; // OK
```

接口变量必须引用实现了这个接口的一个类对象：

```
x = new Employee(. . .); // OK provided Employee implements Comparable
```

接下来，如同使用 instanceof 检查一个对象是否属于某个特定类一样，也可以使用 instanceof 检查一个对象是否实现了某个特定的接口：

```
if (anObject instanceof Comparable) { . . . }
```

与建立类的继承层次结构一样，也可以扩展接口。这里允许有多条接口链，从通用性较高的接口扩展到专用性较高的接口。例如，假设有一个名为 Moveable 的接口：

```
public interface Moveable
{
   void move(double x, double y);
}
```

然后，可以假设一个名为 Powered 的接口扩展了以上 Moveable 接口：

```
public interface Powered extends Moveable
{
   double milesPerGallon();
}
```

虽然接口中不能包含实例字段，但是可以包含常量。例如：

```
public interface Powered extends Moveable
{
   double milesPerGallon();
   double SPEED_LIMIT = 95; // a public static final constant
}
```

接口中的方法都自动为 public，类似地，接口中的字段总是 public static final。

注释： 可以将接口方法显式标记为 public，将字段标记为 public static final，这是合法的。有些程序员出于习惯或者提高清晰度的考虑，可能会这样做。但 Java 语言规范建议不要提供冗余的关键字，本书也采纳了这个建议。

尽管每个类只能有一个超类，但可以实现多个接口。这就为定义类的行为提供了极大的灵活性。例如，Java 程序设计语言有一个非常重要的内置接口，名为 Cloneable（将在 6.1.9 节中详细讨论）。如果你的类实现了这个 Cloneable 接口，Object 类中的 clone 方法就可以创建你的类对象的一个完全副本。如果你希望自己设计的类既能够克隆又能够比较，只要实现这两个接口就可以了。可以使用逗号将想要实现的各个接口分隔开。

```
class Employee implements Cloneable, Comparable
```

> **注释：** 记录和枚举类不能扩展其他类（因为它们隐式地扩展了 Record 和 Enum 类）。不过，它们可以实现接口。

> **注释：** 接口可以是密封的（sealed.）。与密封类一样，直接子类型（可以是类或接口）必须在 permits 子句中声明，或者要放在同一个源文件中。

6.1.3 接口与抽象类

如果阅读了第5章中有关抽象类的那一节，可能会产生这样一个疑问：为什么 Java 程序设计语言的设计者要那么麻烦地引入接口概念呢？为什么不将 Comparable 直接设计成一个抽象类呢？如下所示：

```
abstract class Comparable // why not?
{
   public abstract int compareTo(Object other);
}
```

这样一来，Employee 类只需要扩展这个抽象类，并提供 compareTo 方法：

```
class Employee extends Comparable // why not?
{
   public int compareTo(Object other) { . . . }
}
```

非常遗憾，使用抽象基类表示通用属性存在一个严重的问题。每个类只能扩展一个类。假设 Employee 类已经扩展了另一个类，例如 Person，它就不能再扩展第二个类了。

```
class Employee extends Person, Comparable // ERROR
```

但每个类可以实现任意多个接口，如下所示：

```
class Employee extends Person implements Comparable // OK
```

其他程序设计语言（尤其是 C++）允许一个类有多个超类。这个特性称为多重继承（multiple inheritance）。Java 的设计者选择不支持多重继承，其主要原因是多重继承会让语言变得非常复杂（如 C++），或者效率会降低（如 Eiffel）。

实际上，接口可以提供多重继承的大多数好处，同时还能避免多重继承的复杂性和低效性。

> **C++ 注释：** C++ 允许多重继承，随之也带来了一些复杂的特性，如虚基类、控制规则和横向指针类型转换，等等。很少有 C++ 程序员使用多重继承，甚至有些人说就不应该使用多重继承。也有些程序员建议只对“混合”风格的继承使用多重继承。在“混合”风格中，一个主要基类描述父对象，其他的基类（所谓的混合类）提供辅助特性。这种风格类似于一个 Java 类扩展一个超类并实现多个接口。

> **提示：** 第3章中我们已经见过 CharSequence 接口。String 和 StringBuilder（以及另外一些神秘的“类字符串”（string-like）类）都实现了这个接口。这个接口包含所有管理字符

序列的类的公共方法。有一个共同的接口会鼓励程序员编写使用CharSequence接口的方法。那些方法可以处理String、StringBuilder和其他“类字符串”类的实例。

可惜CharSequence接口很简单。你可以得到字符序列的长度、迭代处理码点或代码单元，提取子序列以及按字典顺序比较两个序列。Java 17增加了一个isEmpty方法。

如果你要处理字符串，而那些操作已经能满足你的任务要求，则可以接受CharSequence实例而不是字符串。

6.1.4 静态和私有方法

在Java 8中，允许在接口中增加静态方法。理论上讲，没有任何理由认为这是不合法的。只是这似乎有违于将接口作为抽象规范的初衷。

目前为止，通常的做法都是将静态方法放在伴随类中。在标准库中，你会看到成对出现的接口和实用工具类，如Collection/Collections或Path/Paths。

可以由一个URI或者字符串序列构造一个文件或目录的路径，如Paths.get("jdk-17", "conf", "security")。在Java 11中，Path接口提供了等价的方法：

```
public interface Path
{
   public static Path of(URI uri) { . . . }
   public static Path of(String first, String... more) { . . . }
   . . .
}
```

这样一来，Paths类就不再是必要的了。

类似地，实现你自己的接口时，没有理由再为实用工具方法另外提供一个伴随类。

在Java 9中，接口中的方法可以是private方法。private方法可以是静态方法或实例方法。由于私有方法只能在接口本身的方法中使用，所以它们的用途很有限，只是作为接口中其他方法的辅助方法。

6.1.5 默认方法

可以为任何接口方法提供一个默认实现。必须用default修饰符标记这样一个方法。

```
public interface Comparable<T>
{
   default int compareTo(T other) { return 0; }
      // by default, all elements are the same
}
```

当然，这并没有太大用处，因为Comparable的每一个具体实现都会覆盖这个方法。不过有些情况下，默认方法可能很有用。例如，在第9章会看到一个Iterator接口，用于访问一个数据结构中的元素。这个接口声明了一个remove方法，如下所示：

```
public interface Iterator<E>
{
   boolean hasNext();
```

```
    E next();
    default void remove() { throw new UnsupportedOperationException("remove"); }
    . . .
}
```

如果你要实现一个迭代器，就需要提供 hasNext 和 next 方法。这些方法没有默认实现——它们依赖于你要遍历访问的数据结构。不过，如果你的迭代器是只读的，就不用操心实现 remove 方法。

默认方法可以调用其他方法。例如，Collection 接口可以定义一个便利方法：

```
public interface Collection
{
    int size(); // an abstract method
    default boolean isEmpty() { return size() == 0; }
    . . .
}
```

这样实现 Collection 的程序员就不用再操心实现 isEmpty 方法了。

> **注释：** Java API 中的 Collection 接口并没有这样做。实际上，有一个 AbstractCollection 类实现了 Collection，并利用 size 定义了 isEmpty。建议实现集合的程序员扩展 AbstractCollection。不过那个技术已经过时，现在可以直接在接口中实现方法。

默认方法的一个重要用法是“接口演化”（interface evolution）。以 Collection 接口为例，这个接口作为 Java 的一部分已经有很多年了。假设很久以前你提供了这样一个类：

```
public class Bag implements Collection
```

后来，在 Java 8 中，又为这个接口增加了一个 stream 方法。

假设 stream 方法不是一个默认方法，那么 Bag 类将不能编译，因为它没有实现这个新方法。为接口增加一个非默认方法不能保证“源代码兼容”(source compatible)。

不过，假设不重新编译这个类，而只是使用原先的一个包含这个类的 JAR 文件。这个类仍能正常加载，尽管没有这个新方法。程序仍然可以正常构造 Bag 实例，不会有意外发生。(为接口增加方法可以做到“二进制兼容”。) 不过，如果一个程序在一个 Bag 实例上调用 stream 方法，就会出现一个 AbstractMethodError。

将方法实现为一个默认（default）方法就可以解决这两个问题。Bag 类又能正常编译了。另外如果没有重新编译而直接加载这个类，并在一个 Bag 实例上调用 stream 方法，则会调用 Collection.stream 方法。

6.1.6 解决默认方法冲突

如果先在一个接口中将一个方法定义为默认方法，然后又在超类或另一个接口中定义了同样的方法，会发生什么情况？诸如 Scala 和 C++ 等语言对于解决这种二义性有一些复杂的规则。幸运的是，Java 的相应规则要简单得多。规则如下：

1. 超类优先。如果超类提供了一个具体方法，同名而且有相同参数类型的默认方法会被忽略。

2. 接口冲突。如果一个接口提供了一个默认方法，另一个接口提供了一个同名而且参数类型相同的方法（不论是否是默认方法），必须覆盖这个方法来解决冲突。

下面来看第二个规则。考虑两个包含 getName 方法的接口：

```
interface Person
{
   default String getName() { return ""; };
}

interface Named
{
   default String getName() { return getClass().getName() + "_" + hashCode(); }
}
```

如果有一个类同时实现了这两个接口会怎么样呢？

```
class Student implements Person, Named { . . . }
```

这个类会继承 Person 和 Named 接口提供的两个不一致的 getName 方法。并不是从中选择一个，Java 编译器会报告一个错误，让程序员来解决这个二义性问题。只需要在 Student 类中提供一个 getName 方法即可。在这个方法中，可以选择两个冲突方法中的一个，如下所示：

```
class Student implements Person, Named
{
   public String getName() { return Person.super.getName(); }
   . . .
}
```

现在假设 Named 接口没有为 getName 提供默认实现：

```
interface Named
{
   String getName();
}
```

Student 类会从 Person 接口继承默认方法吗？这好像挺合理，不过，Java 设计者决定更强调一致性。两个接口如何冲突并不重要。如果至少有一个接口提供了一个实现，编译器就会报告错误，必须由程序员解决这个二义性。

注释： 当然，如果两个接口都没有为共享方法提供默认实现，那么就与 Java 8 之前的情况一样，这里不存在冲突。实现类可以有两个选择：实现这个方法，或者干脆不实现。如果是后一种情况，这个类本身就是抽象的。

我们只讨论了两个接口的命名冲突。现在来考虑另一种情况，一个类扩展了一个超类，同时实现了一个接口，并从超类和接口继承了相同的方法。例如，假设 Person 是一个类，Student 定义为：

```
class Student extends Person implements Named { . . . }
```

在这种情况下，只会考虑超类方法，接口的所有默认方法都会被忽略。在我们的例子中，Student 从 Person 继承了 getName 方法，Named 接口是否为 getName 提供了默认实现并不会带来什么区别。这正是“类优先”规则。

“类优先”规则可以确保与Java 7的兼容性。如果为一个接口增加默认方法，这对于有默认方法之前能正常工作的代码不会有任何影响。

> **警告**：绝对不能创建一个默认方法重新定义Object类中的某个方法。例如，不能为toString或equals定义默认方法，尽管对于List之类的接口这可能很有吸引力。由于“类优先”规则，这样的方法绝对无法超越Object.toString或Objects.equals。

6.1.7　接口与回调

回调（callback）是一种常见的程序设计模式。在这种模式中，可以指定某个特定事件发生时应该采取的动作。例如，点击一个按钮或选择某个菜单项时，你可能希望完成某个特定的动作。不过，由于目前还没有介绍如何实现用户界面，所以我们来考虑一种类似但更简单的情况。

在java.swing包中有一个Timer类，如果希望经过一定时间间隔就得到通知，Timer类就很有用。例如，假如程序中有一个时钟，你可以请求每秒通知一次，以便更新时钟的表盘。

构造定时器时，需要设置一个时间间隔，并告诉定时器经过这个时间间隔时要做些什么。

如何告诉定时器要做什么呢？在很多程序设计语言中，可以提供一个函数名，定时器要定期地调用这个函数。但是，Java标准类库中的类采用了一种面向对象方法。你可以向定时器传入某个类的对象，然后，定时器调用这个对象的某个方法。由于对象可以携带额外的信息，所以传递一个对象比传递一个函数要灵活得多。

当然，定时器需要知道要调用哪一个方法。它要求你指定一个类的对象，这个类要实现java.awt.event包的ActionListener接口。下面是这个接口：

```
public interface ActionListener
{
   void actionPerformed(ActionEvent event);
}
```

当达到指定的时间间隔时，定时器就调用actionPerformed方法。

假设你希望每秒打印一条消息“At the tone, the time is . . .”，然后响一声，那么可以定义一个实现ActionListener接口的类，然后将想要执行的语句放在actionPerformed方法中。

```
class TimePrinter implements ActionListener
{
   public void actionPerformed(ActionEvent event)
   {
      System.out.println("At the tone, the time is "
         + Instant.ofEpochMilli(event.getWhen()));
      Toolkit.getDefaultToolkit().beep();
   }
}
```

需要注意actionPerformed方法的ActionEvent参数。这个参数提供了事件的相关信息，例如，发生这个事件的时间。event.getWhen()调用会返回这个事件时间，表示为“纪元”（1970

年 1 月 1 日）以来的毫秒数。如果把它传入静态方法 Instant.ofEpochMilli，可以得到一个更可读的描述。

接下来，构造这个类的一个对象，并将它传递到 Timer 构造器。

```
var listener = new TimePrinter();
Timer t = new Timer(1000, listener);
```

Timer 构造器的第一个参数是一个时间间隔（单位是毫秒），即经过多长时间通知一次。这里希望每秒通知一次。第二个参数是监听器对象。

最后，启动定时器：

```
t.start();
```

每过 1 秒就会显示下面的消息，然后响一声铃。

```
At the tone, the time is 2017-12-16T05:01:49.550Z
```

警告： 一定要导入 javax.swing.Timer。另外还有一个稍有区别的 java.util.Timer 类。

程序清单 6-3 展示了定时器和动作监听器的具体使用。定时器启动以后，程序将弹出一个消息对话框，并等待用户点击 Ok 按钮来终止程序。在程序等待用户操作的同时，每秒显示一次当前的时间。（如果关闭这个对话框，一旦 main 方法退出，程序就终止。）

程序清单 6-3　timer/TimerTest.java

```
1 package timer;
2 
3 /**
4    @version 1.02 2017-12-14
5    @author Cay Horstmann
6 */
7 
8 import java.awt.*;
9 import java.awt.event.*;
10 import java.time.*;
11 import javax.swing.*;
12 
13 public class TimerTest
14 {
15    public static void main(String[] args)
16    {
17       var listener = new TimePrinter();
18 
19       // construct a timer that calls the listener once every second
20       var timer = new Timer(1000, listener);
21       timer.start();
22 
23       // keep program running until the user selects "OK"
24       JOptionPane.showMessageDialog(null, "Quit program?");
25       System.exit(0);
26    }
27 }
28 
```

```
29 class TimePrinter implements ActionListener
30 {
31    public void actionPerformed(ActionEvent event)
32    {
33       System.out.println("At the tone, the time is " + Instant.ofEpochMilli(event.getWhen()));
34       Toolkit.getDefaultToolkit().beep();
35    }
36 }
```

API javax.swing.JOptionPane 1.2

- static void showMessageDialog(Component parent, Object message)

  显示一个对话框，包含一条提示消息和一个 OK 按钮。这个对话框位于 parent 组件的中央。如果 parent 为 null，对话框将显示在屏幕的中央。

API javax.swing.Timer 1.2

- Timer(int interval, ActionListener listener)

  构造一个定时器，每经过 interval 毫秒通知 listener 一次。

- void start()

  启动定时器。一旦启动，定时器将调用监听器的 actionPerformed。

- void stop()

  停止定时器。一旦停止，定时器将不再调用监听器的 actionPerformed。

API java.awt.Toolkit 1.0

- static Toolkit getDefaultToolkit()

  获得默认的工具箱。工具箱包含有关 GUI 环境的信息。

- void beep()

  发出一声铃响。

6.1.8　Comparator 接口

6.1.1 节中，我们已经了解了如何对一个对象数组进行排序，前提是这些对象是实现了 Comparable 接口的类的实例。例如，可以对一个字符串数组排序，因为 String 类实现了 Comparable<String>，而且 String.compareTo 方法可以按字典顺序比较字符串。

现在假设我们希望按长度递增的顺序对字符串进行排序，而不是按字典顺序进行排序。肯定不能让 String 类用两种不同的方式实现 compareTo 方法——更何况，String 类也不应由我们来修改。

要处理这种情况，Arrays.sort 方法还有第二个版本，接受一个数组和一个比较器（comparator）作为参数，比较器是实现了 Comparator 接口的类的实例。

```
public interface Comparator<T>
{
   int compare(T first, T second);
}
```

要按长度比较字符串，可以如下定义一个实现 Comparator<String> 的类：

```
class LengthComparator implements Comparator<String>
{
   public int compare(String first, String second)
   {
      return first.length() - second.length();
   }
}
```

具体完成比较时，需要建立一个实例：

```
var comp = new LengthComparator();
if (comp.compare(words[i], words[j]) > 0) . . .
```

将这个调用与 words[i].compareTo(words[j]) 做个比较。这个 compare 方法要在比较器对象上调用，而不是在字符串本身调用。

> **注释：** 尽管 LengthComparator 对象没有状态，不过还是需要创建一个对象实例。我们需要这个实例来调用 compare 方法——它不是一个静态方法。

要对一个数组排序，需要为 Arrays.sort 方法传入一个 LengthComparator 对象：

```
String[] friends = { "Peter", "Paul", "Mary" };
Arrays.sort(friends, new LengthComparator());
```

现在这个数组可能是 ["Paul", "Mary", "Peter"] 或 ["Mary", "Paul", "Peter"]。

在 6.2 节中我们会了解，利用 lambda 表达式可以更容易地使用 Comparator。

6.1.9 对象克隆

本节我们会讨论 Cloneable 接口，这个接口表示一个类提供了一个安全的 clone 方法。由于克隆并不太常见，而且有关的细节技术性很强，你可能只是想稍做了解，等真正需要时再深入学习。

要了解克隆的具体含义，先来回忆为一个包含对象引用的变量建立副本时会发生什么（这就是拷贝）。原变量和副本都是同一个对象的引用（见图 6-1）。这说明，任何一个变量的改变都会影响另一个变量。

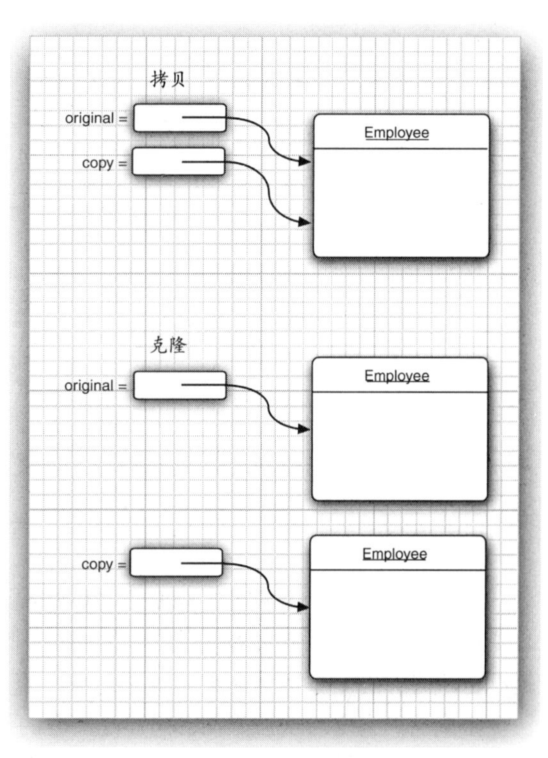

图 6-1 拷贝和克隆

```
var original = new Employee("John Public", 50000);
Employee copy = original;
copy.raiseSalary(10); // oops--also changed original
```

如果希望 copy 是一个新对象，它的初始状态与 original 相同，但是之后它们的状态可能不同，这种情况下就要使用 clone 方法（即克隆）。

```
Employee copy = original.clone();
copy.raiseSalary(10); // OK--original unchanged
```

不过并没有这么简单。clone 方法是 Object 的一个 protected 方法，这说明你的代码不能直接调用这个方法。只有 Employee 类可以克隆 Employee 对象。这个限制是有原因的。想想看 Object 类如何实现 clone。它对于这个对象一无所知，所以只能逐个字段地进行拷贝。如果对象中的所有实例字段都是数值或其他基本类型，拷贝这些字段没有任何问题。但是如果对象包含子对象的引用，拷贝字段就会得到相同子对象的另一个引用，这样一来，原对象和克隆的对象仍然会共享一些信息。

为了更直观地说明这个问题，考虑第 4 章介绍过的 Employee 类。图 6-2 显示了使用 Object 类的 clone 方法克隆这样一个 Employee 对象会发生什么。可以看到，默认的克隆操作是“浅拷贝”，并没有克隆对象中引用的其他对象。（这个图显示了一个共享的 Date 对象。出于某种原因（稍后就会解释这个原因），这个例子使用了 Employee 类的老版本，其中的雇佣日期仍用 Date 表示。）

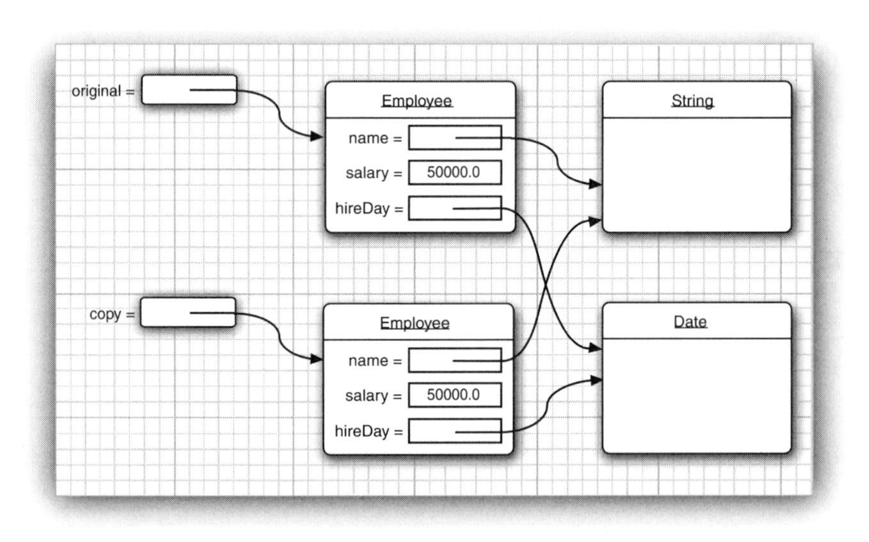

图 6-2　浅拷贝

浅拷贝会有什么影响吗？这要看具体情况。如果原对象和浅克隆对象共享的子对象是不可变的，那么这种共享就是安全的。如果子对象属于一个不可变的类，如 String，就是这种情况；或者，在对象的生命期中，子对象一直保持不变，没有更改器方法改变它，也没有方法会生成它的引用，这种情况下同样是安全的。

不过，通常子对象都是可变的，必须重新定义 clone 方法来建立一个深拷贝（deep copy），这会克隆所有子对象。在这个例子中，hireDay 字段是一个 Date，这是可变的，所以它也必须克隆。（正是由于这个原因，这个例子使用 Date 类型的字段而不是 LocalDate 来展示克隆过程。如果 hireDay 是不可变的 LocalDate 类的一个实例，就无须我们做任何操作了。）

对于每一个类，需要确定以下选项是否成立：

1. 默认的 clone 方法就能满足要求；
2. 可以在可变的子对象上调用 clone 来弥补默认的 clone 方法；
3. 不该使用 clone。

实际上第 3 个选项是默认选项。如果选择第 1 项或第 2 项，类必须：

1. 实现 Cloneable 接口；
2. 重新定义 clone 方法，并指定 public 访问修饰符。

> **注释：** Object 类中的 clone 方法声明为 protected，所以你的代码不能直接调用 anObject.clone()。但是，不是所有子类都能访问受保护方法吗？不是所有类都是 Object 的子类吗？幸运的是，受保护访问的规则比较微妙（见第 5 章）。子类只能调用受保护的 clone 方法来克隆**它自己的**对象。必须重新定义 clone 为 public 才允许所有方法克隆对象。

在这里，Cloneable 接口的出现与接口的正常使用并没有关系。具体来说，它没有指定 clone 方法，这个方法是从 Object 类继承的。这个接口只是作为一个标记，指示类设计者了解克隆过程。对象对于克隆很“偏执”，如果一个对象请求克隆，但是没有实现这个接口，就会生成一个检查型异常。

> **注释：** Cloneable 接口是 Java 提供的少数**标记接口**（tagging interface）之一。（有些程序员称之为**记号接口**（marker interface）。）应该记得，Comparable 等接口的通常用途是确保一个类实现一个特定的方法或一组方法。标记接口不包含任何方法，它唯一的作用就是允许在类型查询中使用 instanceof：
>
> ```
> if (obj instanceof Cloneable) . . .
> ```
>
> 建议你自己的程序中不要使用标记接口。

即使 clone 的默认（浅拷贝）实现能够满足要求，还是需要实现 Cloneable 接口，将 clone 重新定义为 public，再调用 super.clone()。下面给出一个例子：

```
class Employee implements Cloneable
{
   // public access, change return type
   public Employee clone() throws CloneNotSupportedException
   {
      return (Employee) super.clone();
   }
   . . .
}
```

> **注释：** 在 Java 1.4 之前，clone 方法的返回类型总是 Object，而现在可以为你的 clone 方法指定正确的返回类型。这是协变返回类型的一个例子（参见第 5 章）。

与Object.clone提供的浅拷贝相比，前面看到的clone方法并没有增加任何功能。这里只是让这个方法是公共的。要建立深拷贝，还需要做更多工作，克隆对象中可变的实例字段。

下面来看创建深拷贝的clone方法的一个例子：

```
class Employee implements Cloneable
{
   . . .
   public Employee clone() throws CloneNotSupportedException
   {
      // call Object.clone()
      Employee cloned = (Employee) super.clone();

      // clone mutable fields
      cloned.hireDay = (Date) hireDay.clone();
      return cloned;
   }
}
```

Object类的clone方法有可能抛出一个CloneNotSupportedException，如果在一个对象上调用clone，但这个对象的类并没有实现Cloneable接口，就会发生这种情况。当然，Employee和Date类实现了Cloneable接口，所以不会抛出这个异常。不过，编译器并不知道这一点，因此，我们声明了这个异常：

```
public Employee clone() throws CloneNotSupportedException
```

注释：捕获这个异常是不是更好一些？（关于捕获异常的详细介绍请参见第7章。）

```
public Employee clone()
{
   try
   {
      Employee cloned = (Employee) super.clone();
      . . .
   }
   catch (CloneNotSupportedException e) { return null; }
   // this won't happen, since we are Cloneable
}
```

这适用于final类。否则，最好还是保留throws说明符。这样就允许子类在不支持克隆时选择抛出一个CloneNotSupportedException。

必须当心子类的克隆。例如，一旦为Employee类定义了clone方法，任何人都可能用它来克隆Manager对象。Employee的克隆方法能完成这个任务吗？这取决于Manager类的字段。在这里是没有问题的，因为bonus字段是基本类型。但是Manager可能有需要深拷贝的字段或者不可克隆的字段。不能保证子类的实现者一定会修正clone方法让它正确地完成工作。出于这个原因，在Object类中clone方法声明为protected。不过，如果希望你的类的使用者调用clone，这就做不到了。

要不要在自己的类中实现clone呢？如果你的客户需要建立深拷贝，可能就应当实现这个方法。有些人认为应该完全避免使用clone，而实现另一个方法来达到同样的目的。clone

相当别扭，这一点我们也同意，不过如果让另一个方法来完成这个工作，还是会遇到同样的问题。毕竟，克隆没有你想象中那么常用。标准库中只有不到 5% 的类实现了 clone。

程序清单 6-4 中的程序克隆了 Employee 类（见程序清单 6-5）的一个实例，然后调用两个更改器方法。raiseSalary 方法会改变 salary 字段的值，而 setHireDay 方法会改变 hireDay 字段的状态。这两个更改器方法都不会影响原来的对象，因为 clone 定义为建立一个深拷贝。

注释：所有数组类型都有一个公共的 clone 方法，而不是受保护的。可以用这个方法建立一个新数组，包含原数组所有元素的副本。例如：

```
int[] luckyNumbers = { 2, 3, 5, 7, 11, 13 };
int[] cloned = luckyNumbers.clone();
cloned[5] = 12; // doesn't change luckyNumbers[5]
```

注释：卷 Ⅱ 的第 2 章将展示克隆对象的另一种机制，其中使用了 Java 的对象串行化特性。这个机制很容易实现，而且很安全，但效率不高。

程序清单 6-4　clone/CloneTest.java

```
1  package clone;
2
3  /**
4   * This program demonstrates cloning.
5   * @version 1.11 2018-03-16
6   * @author Cay Horstmann
7   */
8  public class CloneTest
9  {
10    public static void main(String[] args) throws CloneNotSupportedException
11    {
12       var original = new Employee("John Q. Public", 50000);
13       original.setHireDay(2000, 1, 1);
14       Employee copy = original.clone();
15       copy.raiseSalary(10);
16       copy.setHireDay(2002, 12, 31);
17       System.out.println("original=" + original);
18       System.out.println("copy=" + copy);
19    }
20 }
```

程序清单 6-5　clone/Employee.java

```
1  package clone;
2
3  import java.util.Date;
4  import java.util.GregorianCalendar;
5
6  public class Employee implements Cloneable
7  {
8     private String name;
```

```
9      private double salary;
10     private Date hireDay;
11
12     public Employee(String name, double salary)
13     {
14        this.name = name;
15        this.salary = salary;
16        hireDay = new Date();
17     }
18
19     public Employee clone() throws CloneNotSupportedException
20     {
21        // call Object.clone()
22        Employee cloned = (Employee) super.clone();
23
24        // clone mutable fields
25        cloned.hireDay = (Date) hireDay.clone();
26
27        return cloned;
28     }
29
30     /**
31      * Set the hire day to a given date.
32      * @param year the year of the hire day
33      * @param month the month of the hire day
34      * @param day the day of the hire day
35      */
36     public void setHireDay(int year, int month, int day)
37     {
38        Date newHireDay = new GregorianCalendar(year, month - 1, day).getTime();
39
40        // example of instance field mutation
41        hireDay.setTime(newHireDay.getTime());
42     }
43
44     public void raiseSalary(double byPercent)
45     {
46        double raise = salary * byPercent / 100;
47        salary += raise;
48     }
49
50     public String toString()
51     {
52        return "Employee[name=" + name + ",salary=" + salary + ",hireDay=" + hireDay + "]";
53     }
54  }
```

6.2　lambda 表达式

接下来几节中，你会了解如何使用 lambda 表达式采用一种简洁的语法定义代码块，以及如何编写处理 lambda 表达式的代码。

6.2.1 为什么引入 lambda 表达式

lambda 表达式是一个可传递的代码块，可以在以后执行一次或多次。在具体介绍语法（甚至解释这个让人好奇的名字）之前，下面先退一步，观察一下我们在 Java 中的哪些地方用过这种代码块。

在 6.1.7 节中，你已经了解了如何按指定时间间隔完成工作。将这个工作放在一个 ActionListener 的 actionPerformed 方法中：

```
class Worker implements ActionListener
{
   public void actionPerformed(ActionEvent event)
   {
      // do some work
   }
}
```

然后，想要反复执行这个代码时，可以构造 Worker 类的一个实例。再把这个实例提交到一个 Timer 对象。

这里的重点是 actionPerformed 方法包含希望以后执行的代码。

或者可以考虑如何用一个定制比较器完成排序。如果想按长度而不是默认的字典顺序对字符串进行排序，可以向 sort 方法传入一个 Comparator 对象：

```
class LengthComparator implements Comparator<String>
{
   public int compare(String first, String second)
   {
      return first.length() - second.length();
   }
}
. . .
Arrays.sort(strings, new LengthComparator());
```

compare 方法并不是立即调用。实际上，在数组完成排序之前，sort 方法会一直调用 compare 方法，只要元素的顺序不正确就会重新排列元素。将比较元素所需的代码段放在 sort 方法中，这个代码将与其余的排序逻辑集成（你可能不打算重新实现其余的这部分逻辑）。

这两个例子有一些共同点，都是将一个代码块传递到某个目标（一个定时器，或者一个 sort 方法）。这个代码块会在将来某个时间调用。

到目前为止，在 Java 中传递一个代码段并不容易，你不能直接传递代码段。Java 是一种面向对象语言，所以必须构造一个对象，这个对象的类要有一个方法包含所需的代码。

在其他语言中，可以直接处理代码块。Java 设计者很长时间以来一直拒绝增加这个特性。毕竟，Java 的强大之处就在于其简单性和一致性。倘若只要一个特性能够让代码稍简洁一些，就把这个特性增加到语言中，那么这个语言很快就会变得一团糟，无法管理。不过，在另外那些语言中，并不只是创建线程或注册按钮点击事件处理器更容易；它们的大部分 API 都更简单、更一致而且更强大。在 Java 中，也可以编写类似的 API 处理实现了某个特定接口的类对象，不过这种 API 使用可能很不方便。

就现在来说，问题已经不是是否增强 Java 来支持函数式编程，而是要如何做到这一点。设计者们做了多年的尝试，终于找到一种适合 Java 的设计。下一节中，你会了解在 Java 中如何处理代码块。

6.2.2　lambda 表达式的语法

再来考虑上一节讨论的排序例子。我们传入代码来检查一个字符串是否比另一个字符串短。这里要计算：

```
first.length() - second.length()
```

first 和 second 是什么？它们都是字符串。Java 是一种强类型语言，所以我们还要指定它们的类型：

```
(String first, String second) ->
   first.length() - second.length()
```

这就是你看到的第一个 lambda *表达式*。lambda 表达式就是一个代码块，以及必须传入代码的所有变量的规范。

为什么起这个名字呢？很多年前，那时还没有计算机，逻辑学家 Alonzo Church 想要形式化地表示能有效计算的数学函数。（奇怪的是，有些函数已经知道是存在的，但是没有人知道该如何计算这些函数的值。）他使用了希腊字母 lambda（λ）来标记参数。如果他知道 Java API，可能就会写为

```
λfirst.λsecond.first.length() - second.length()
```

> **注释：** 为什么是字母 λ？Church 已经把字母表里的所有其他字母都用完了吗？实际上，权威的《数学原理》(*Principia Mathematica*) 一书中就使用重音符 ^ 来表示自由变量，受此启发，Church 使用大写 lambda（Λ）表示参数。不过，最后他还是改为使用小写的 lambda(λ)。从那以后，带参数变量的表达式就被称为 lambda 表达式。

你已经见过 Java 中一种简单的 lambda 表达式形式：参数，箭头（->）以及一个表达式。如果代码要完成的计算无法放在一个表达式中，就可以像写方法一样，把这些代码放在 {} 中，并包含显式的 return 语句。例如：

```
(String first, String second) ->
   {
      if (first.length() < second.length()) return -1;
      else if (first.length() > second.length()) return 1;
      else return 0;
   }
```

即使 lambda 表达式没有参数，仍然要提供空括号，就像无参数方法一样：

```
() -> { for (int i = 100; i >= 0; i--) System.out.println(i); }
```

如果可以推导出一个 lambda 表达式的参数类型，则可以忽略其类型。例如：

```
Comparator<String> comp =
   (first, second) // same as (String first, String second) ->
      first.length() - second.length();
```

在这里，编译器可以推导出 first 和 second 必然是字符串，因为这个 lambda 表达式将赋给一个字符串比较器。（下一节会更详细地分析这个赋值。）

如果方法只有一个参数，而且这个参数的类型可以推导得出，那么甚至还可以省略小括号：

```
ActionListener listener = event ->
   System.out.println("The time is "
      + Instant.ofEpochMilli(event.getWhen()));
      // instead of (event) -> . . . or (ActionEvent event) -> . . .
```

无须指定 lambda 表达式的返回类型。lambda 表达式的返回类型总是会由上下文推导得出。例如，下面的表达式

```
(String first, String second) -> first.length() - second.length()
```

可以在需要 int 类型结果的上下文中使用。

最后，可以使用 var 指示一个推导的类型。这不常见。发明这个语法是为了关联注解（参见卷Ⅱ的第 8 章）：

```
(@NonNull var first, @NonNull var second) -> first.length() - second.length()
```

> **注释：** 如果一个 lambda 表达式只在某些分支返回一个值，而另外一些分支不返回值，这是不合法的。例如，(int x) -> { if (x >= 0) return 1; } 就不合法。

程序清单 6-6 中的程序显示了如何对一个比较器和一个动作监听器使用 lambda 表达式。

程序清单 6-6 lambda/LambdaTest.java

```
1  package lambda;
2
3  import java.util.*;
4  import javax.swing.*;
5  import javax.swing.Timer;
6
7  /**
8   * This program demonstrates the use of lambda expressions.
9   * @version 1.0 2015-05-12
10  * @author Cay Horstmann
11  */
12 public class LambdaTest
13 {
14    public static void main(String[] args)
15    {
16       var planets = new String[] { "Mercury", "Venus", "Earth", "Mars",
17          "Jupiter", "Saturn", "Uranus", "Neptune" };
18       System.out.println(Arrays.toString(planets));
19       System.out.println("Sorted in dictionary order:");
20       Arrays.sort(planets);
21       System.out.println(Arrays.toString(planets));
22       System.out.println("Sorted by length:");
23       Arrays.sort(planets, (first, second) -> first.length() - second.length());
24       System.out.println(Arrays.toString(planets));
25
```

```
26        var timer = new Timer(1000, event ->
27           System.out.println("The time is " + new Date()));
28        timer.start();
29
30        // keep program running until user selects "OK"
31        JOptionPane.showMessageDialog(null, "Quit program?");
32        System.exit(0);
33     }
34  }
```

6.2.3　函数式接口

前面已经讨论过，Java 中有很多封装代码块的接口，如 ActionListener 或 Comparator。lambda 表达式与这些接口是兼容的。

对于只有一个抽象方法的接口，需要这种接口的对象时，就可以提供一个 lambda 表达式。这种接口称为*函数式接口*（functional interface）。

> **注释：** 你可能想知道为什么函数式接口必须有一个**抽象**方法。不是接口中的所有方法都是抽象的吗？实际上，接口完全有可能重新声明 Object 类的方法，如 toString 或 clone，这些声明有可能会让方法不再是抽象的。（Java API 中的一些接口会重新声明 Object 方法来附加 javadoc 注释。Comparator API 就是这样一个例子。）更重要的是，正如 6.1.5 节所述，接口可以声明非抽象方法。

为了展示如何转换为函数式接口，下面考虑 Arrays.sort 方法。它的第二个参数需要一个 Comparator 实例，Comparator 就是只有一个方法的接口，所以可以提供一个 lambda 表达式：

```
Arrays.sort(words,
   (first, second) -> first.length() - second.length());
```

在底层，Arrays.sort 方法会接收实现了 Comparator<String> 的某个类的对象。在这个对象上调用 compare 方法会执行这个 lambda 表达式的体。这些对象和类的管理完全取决于具体实现，与使用传统的内联类相比，这样可能要高效得多。最好把 lambda 表达式看作是一个函数，而不是一个对象，另外要接受一个事实：lambda 表达式可以传递到函数式接口。

lambda 表达式可以转换为接口，这一点让 lambda 表达式很有吸引力。具体的语法很简短。下面再来看一个例子：

```
var timer = new Timer(1000, event ->
   {
      System.out.println("At the tone, the time is "
         + Instant.ofEpochMilli(event.getWhen()));
      Toolkit.getDefaultToolkit().beep();
   });
```

与使用实现了 ActionListener 接口的类相比，这段代码的可读性要好得多。

实际上，在 Java 中，对 lambda 表达式所能做的也只是转换为函数式接口。在其他支持函数字面量的程序设计语言中，可以声明函数类型（如 (String, String) -> int），声明这些类型的变量，还可以使用变量保存函数表达式。不过，Java 设计者还是决定保持我们熟悉的接口概念，而没有为 Java 语言增加函数类型。

> **注释**：甚至不能把 lambda 表达式赋给类型为 Object 的变量，Object 不是一个函数式接口。

Java API 在 java.util.function 包中定义了很多非常通用的函数式接口。其中一个接口 BiFunction<T, U, R> 描述了参数类型为 T 和 U 而且返回类型为 R 的函数。可以把我们的字符串比较 lambda 表达式保存在这个类型的变量中：

```
BiFunction<String, String, Integer> comp =
   (first, second) -> first.length() - second.length();
```

不过，这对于排序并没有帮助。没有哪个 Arrays.sort 方法想要接收一个 BiFunction。如果你之前用过某种函数式编程语言，可能会发现这很奇怪。不过，对于 Java 程序员而言，这非常自然。类似 Comparator 的接口往往有一个特定的用途，而不只是提供一个有指定参数和返回类型的方法。想要用 lambda 表达式做某些处理时，还是希望谨记表达式的用途，为它建立一个特定的函数式接口。

java.util.function 包中有一个尤其有用的接口 Predicate：

```
public interface Predicate<T>
{
   boolean test(T t);
   // additional default and static methods
}
```

ArrayList 类有一个 removeIf 方法，它的参数就是一个 Predicate。这个接口专门用来传递 lambda 表达式。例如，下面的语句将从一个数组列表删除所有 null 值：

```
list.removeIf(e -> e == null);
```

另一个有用的函数式接口是 Supplier<T>：

```
public interface Supplier<T>
{
   T get();
}
```

供应者（supplier）没有参数，调用时会生成一个 T 类型的值。供应者用于实现懒计算（lazy evaluation）。例如，考虑以下调用：

```
LocalDate hireDay = Objects.requireNonNullElse(day,
   LocalDate.of(1970, 1, 1));
```

这不是最优的。我们预计 day 很少为 null，所以希望只在必要时才构造默认的 LocalDate。通过使用供应者，我们就能延迟这个计算：

```
LocalDate hireDay = Objects.requireNonNullElseGet(day,
   () -> LocalDate.of(1970, 1, 1));
```

requireNonNullOrElseGet 方法只在需要值时才调用供应者。

6.2.4　方法引用

有时，lambda 表达式涉及一个方法。例如，假设你希望只要出现一个定时器事件就打印这个事件对象。当然，为此也可以调用：

```
var timer = new Timer(1000, event -> System.out.println(event));
```

但是，如果直接把 println 方法传递到 Timer 构造器就更好了。具体做法如下：

```
var timer = new Timer(1000, System.out::println);
```

表达式 System.out::println 是一个方法引用（method reference），它指示编译器生成一个函数式接口的实例，覆盖这个接口的抽象方法来调用给定的方法。在这个例子中，会生成一个 ActionListener，它的 actionPerformed(ActionEvent e) 方法要调用 System.out.println(e)。

> **注释：** 类似于 lambda 表达式，方法引用也不是一个对象。不过，为一个类型为函数式接口的变量赋值时会生成一个对象。

> **注释：** PrintStream 类（System.out 就是 PrintStream 类的一个实例）中有 10 个重载的 println 方法。编译器需要根据上下文确定使用哪一个方法。在我们的例子中，方法引用 System.out::println 必须转换为一个包含以下方法的 ActionListener 实例：
>
> ```
> void actionPerformed(ActionEvent e)
> ```
>
> 这样会从 10 个重载的 println 方法中选出 println(Object x) 方法，因为 Object 与 ActionEvent 最匹配。调用 actionPerformed 方法时，就会打印这个事件对象。
>
> 现在假设我们把同样的这个方法引用赋至一个不同的函数式接口：
>
> ```
> Runnable task = System.out::println;
> ```
>
> 这个 Runnable 函数式接口有一个无参数的抽象方法：
>
> ```
> void run()
> ```
>
> 在这种情况下，会选择无参数的 println() 方法。调用 task.run() 会向 System.out 打印一个空行。

再来看一个例子，假设你想对字符串进行排序，而不考虑字母的大小写。可以传递以下方法表达式：

```
Arrays.sort(strings, String::compareToIgnoreCase)
```

从这些例子可以看出，要用 :: 操作符分隔方法名与对象或类名。主要有 3 种情况：

1. *object::instanceMethod*
2. *Class::instanceMethod*
3. *Class::staticMethod*

在第 1 种情况下，方法引用等价于一个 lambda 表达式，其参数要传递到方法。对于 System.out::println，对象是 System.out，所以这个方法表达式等价于 x ->System.out.println(x)。

对于第 2 种情况，第 1 个参数会成为方法的隐式参数。例如，String::compareToIgnoreCase

等同于 (x, y) ->x.compareToIgnoreCase(y)。

在第 3 种情况下，所有参数都传递到静态方法：Math::pow 等价于 (x, y) ->Math.pow(x, y)。

表 6-1 提供了更多示例。

注意，只有当 lambda 表达式的体只调用一个方法而不做其他操作时，才能把 lambda 表达式重写为方法引用。考虑以下 lambda 表达式：

```
s -> s.length() == 0
```

这里有一个方法调用。但是还有一个比较，所以这里不能使用方法引用。

注释： 如果有多个同名的重载方法，编译器就会尝试从上下文中找出你指的是哪一个方法。例如，Math.max 方法有两个版本，一个用于整数，另一个用于 double 值。选择哪一个版本取决于 Math::max 转换为哪个函数式接口的方法参数。类似于 lambda 表达式，方法引用不会独立存在，总是会转换为函数式接口的实例。

注释： 有时 API 包含一些专门用作方法引用的方法。例如，Objects 类有一个方法 isNull，用于测试一个对象引用是否为 null。乍看上去这好像没有什么用，因为测试 obj == null 比 Objects.isNull(obj) 更有可读性。不过可以把方法引用传递到任何有 Predicate 参数的方法。例如，要从一个列表删除所有 null 引用，就可以调用：

```
list.removeIf(Objects::isNull);
   // A bit easier to read than list.removeIf(e -> e == null);
```

表 6-1 方法引用示例

方法引用	等价的 lambda 表达式	说 明
separator::equals	**x** ->separator.equals(**x**)	这是包含一个对象和一个实例方法的方法表达式。lambda 参数作为这个方法的显式参数传入
String::trim	**x** ->**x**.strip()	这是包含一个类和一个实例方法的方法表达式。lambda 表达式会成为隐式参数
String::concat	(**x**, **y**) ->**x**.concat(**y**)	同样，这里有一个实例方法，不过这一次有一个显式参数。与前面一样，第一个 lambda 参数会成为隐式参数，其余的参数会传递到方法
Integer.valueOf	**x** -> Integer.valueOf(**x**)	这是包含一个静态方法的方法表达式。lambda 参数会传递到这个静态方法
Integer.sum	(**x**, **y**) -> Integer.sum(**x**, **y**)	这是另一个静态方法，不过这一次有两个参数。两个 lambda 参数都传递到这个静态方法。Integer.sum 方法专门创建为作为一个方法引用。对于 lambda 表达式，可以直接写作 (x, y) -> x + y
String::new	**x** -> new String(**x**)	这是一个构造器引用，参见 6.2.5 节。lambda 参数传递到这个构造器
String[]::new	**n** -> new String[**n**]	这是一个数组构造器引用，参见 6.2.5 节。lambda 参数是数组长度

注释： 包含对象的方法引用与等价的 lambda 表达式还有一个细微的差别。考虑一个方

法引用，如 separator::equals。如果 separator 为 null，构造 separator::equals 时就会立即抛出一个 NullPointerException 异常。而 lambda 表达式 x ->separator.equals(x) 只在调用时才会抛出 NullPointerException。

可以在方法引用中使用 this 参数。例如，this::equals 等同于 x ->this.equals(x)。使用 super 也是合法的。下面的方法表达式

super::*instanceMethod*

使用 this 作为目标，会调用给定方法的超类版本。为了展示这一点，下面给出一个假想的例子：

```
class Greeter
{
   public void greet(ActionEvent event)
   {
      System.out.println("Hello, the time is "
         + Instant.ofEpochMilli(event.getWhen()));
   }
}

class RepeatedGreeter extends Greeter
{
   public void greet(ActionEvent event)
   {
      var timer = new Timer(1000, super::greet);
      timer.start();
   }
}
```

RepeatedGreeter.greet 方法开始执行时，会构造一个 Timer，每次定时器滴答时会执行 super::greet 方法。

6.2.5　构造器引用

构造器引用与方法引用很类似，只不过方法名为 new。例如，Person::new 是 Person 构造器的一个引用。哪一个构造器呢？这取决于上下文。假设你有一个字符串列表。可以在各个字符串上调用构造器，把这个字符串列表转换为一个 Person 对象数组，调用如下：

```
ArrayList<String> names = . . .;
Stream<Person> stream = names.stream().map(Person::new);
List<Person> people = stream.toList();
```

我们将在卷Ⅱ的第 1 章讨论 stream、map 和 toList 方法的详细内容。就现在来说，重点是 map 方法会为各个列表元素调用 Person(String) 构造器。如果有多个 Person 构造器，编译器会选择有一个 String 参数的构造器，因为它从上下文推导出这是在调用带一个字符串的构造器。

可以用数组类型建立构造器引用。例如，int[]::new 是一个构造器引用，它有一个参数：数组的长度。这等价于 lambda 表达式 x -> new int[x]。

第 8 章中将会看到，Java 有一个限制：无法构造泛型类型 T 的数组。数组构造器引用对

于克服这个限制很有用。(表达式 new T[n] 会产生错误，因为这会”擦除“为 new Object[n])。对于开发类库的人来说，这是一个问题。例如，假设我们需要一个 Person 对象数组。Stream 接口有一个 toArray 方法可以返回 Object 数组：

```
Object[] people = stream.toArray();
```

不过，这并不让人满意。用户希望得到一个 Person 引用数组，而不是 Object 引用数组。流库利用构造器引用解决了这个问题。可以把 Person[]::new 传入 toArray 方法：

```
Person[] people = stream.toArray(Person[]::new);
```

toArray 方法调用这个构造器来得到一个有正确类型的数组。然后填充并返回这个数组。

6.2.6　变量作用域

通常，你可能希望能够在 lambda 表达式中访问外围方法或类中的变量。考虑下面这个例子：

```
public static void repeatMessage(String text, int delay)
{
   ActionListener listener = event ->
      {
         System.out.println(text);
         Toolkit.getDefaultToolkit().beep();
      };
   new Timer(delay, listener).start();
}
```

来看这样一个调用：

```
repeatMessage("Hello", 1000); // prints Hello every 1,000 milliseconds
```

现在来看 lambda 表达式中的变量 text。注意这个变量并不是在这个 lambda 表达式中定义的。实际上，这是 repeatMessage 方法的一个参数变量。

再想想看，这里好像有问题，尽管不那么明显。lambda 表达式的代码可能在 repeatMessage 调用返回很久以后才运行，而那时这个参数变量已经不存在了。text 变量是如何保留下来的呢?

要了解到底发生了什么，下面来巩固一下我们对 lambda 表达式的理解。lambda 表达式有 3 个部分：

1. 一个代码块；
2. 参数；
3. 自由变量的值，这是指非参数而且不在代码中定义的变量。

在我们的例子中，这个 lambda 表达式有一个自由变量 text。表示 lambda 表达式的数据结构必须存储自由变量的值，在这里就是字符串 "Hello"。我们说这些值被 lambda 表达式捕获 (captured)。(这是一个具体的实现细节。例如，可以把一个 lambda 表达式转换为包含一个方法的对象，这样自由变量的值就会复制到这个对象的实例变量中。)

> **注释：**关于代码块连同自由变量值有一个术语：**闭包** (closure)。如果有人炫耀他们的语言有闭包，现在你也可以自信地说 Java 也有闭包。在 Java 中，lambda 表达式就是闭包。

可以看到，lambda 表达式可以捕获外围作用域中变量的值。在 Java 中，为了确保所捕获的值是明确定义的，这里有一个重要的限制。在 lambda 表达式中，只能引用值不会改变的变量。例如，下面的做法是不合法的：

```
public static void countDown(int start, int delay)
{
   ActionListener listener = event ->
      {
         start--; // ERROR: Can't mutate captured variable
         System.out.println(start);
      };
   new Timer(delay, listener).start();
}
```

这个限制是有原因的。如果在 lambda 表达式中更改变量，并发执行多个动作时就会不安全。对于目前为止我们看到的动作不会发生这种情况，不过一般来讲，这确实是一个严重的问题。关于这个重要问题的更多内容参见第 12 章。

另外如果在 lambda 表达式中引用一个变量，而这个变量可能在外部改变，这也是不合法的。例如，下面就是不合法的：

```
public static void repeat(String text, int count)
{
   for (int i = 1; i <= count; i++)
   {
      ActionListener listener = event ->
         {
            System.out.println(i + ": " + text);
               // ERROR: Cannot refer to changing i
         };
      new Timer(1000, listener).start();
   }
}
```

这里有一条规则：lambda 表达式中捕获的变量必须是事实最终变量（effectively final）。事实最终变量是指，这个变量初始化之后就不会再为它赋新值。在这里，text 总是指示同一个 String 对象，所以捕获这个变量是可以的。不过，i 的值会改变，因此不能捕获 i。

lambda 表达式的体与嵌套块有相同的作用域。这里同样适用命名冲突和遮蔽的有关规则。在 lambda 表达式中声明与一个局部变量同名的参数或局部变量是不合法的。

```
Path first = Path.of("/usr/bin");
Comparator<String> comp =
   (first, second) -> first.length() - second.length();
   // ERROR: Variable first already defined
```

在一个方法中，不能有两个同名的局部变量，因此，lambda 表达式中同样也不能有同名的局部变量。

在一个 lambda 表达式中使用 this 关键字时，是指创建这个 lambda 表达式的方法的 this 参数。例如，考虑下面的代码：

```
public class Application
```

```
{
   public void init()
   {
      ActionListener listener = event ->
         {
            System.out.println(this.toString());
            . . .
         }
      . . .
   }
}
```

表达式 this.toString() 会调用 Application 对象的 toString 方法，而不是 ActionListener 实例的方法。在 lambda 表达式中，this 的使用并没有任何特殊之处。lambda 表达式的作用域嵌套在 init 方法中，不论 this 在 lambda 表达式中，还是出现在这个方法中的其他位置，其含义并没有不同。

6.2.7　处理 lambda 表达式

到目前为止，你已经了解了如何生成 lambda 表达式，以及如何把 lambda 表达式传递到需要一个函数式接口的方法。下面来看如何编写方法处理 lambda 表达式。

使用 lambda 表达式的重点是*延迟执行*（deferred execution）。毕竟，如果想要立即执行代码，完全可以直接执行，而无须把它包装在一个 lambda 表达式中。之所以希望以后再执行代码，这有很多原因，如：

- 在一个单独的线程中运行代码；
- 多次运行代码；
- 在算法的适当位置运行代码（例如，排序中的比较操作）；
- 发生某种情况时运行代码（如，点击了一个按钮，数据已经到达，等等）；
- 只在必要时才运行代码。

下面来看一个简单的例子。假设你想要重复一个动作 n 次。将这个动作和重复次数传递到一个 repeat 方法：

```
repeat(10, () -> System.out.println("Hello, World!"));
```

要接受这个 lambda 表达式，需要选择（偶尔可能需要提供）一个函数式接口。表 6-2 列出了 Java API 中提供的最重要的函数式接口。在这里，我们可以使用 Runnable 接口：

```
public static void repeat(int n, Runnable action)
{
   for (int i = 0; i < n; i++) action.run();
}
```

表 6-2　常用函数式接口

函数式接口	参数类型	返回类型	抽象方法名	描　述	其他方法
Runnable	无	void	run	运行一个无参数或返回值的动作	

（续）

函数式接口	参数类型	返回类型	抽象方法名	描　述	其他方法
Supplier<T>	无	T	get	提供一个 T 类型的值	
Consumer<T>	T	void	accept	处理一个 T 类型的值	andThen
BiConsumer<T, U>	T, U	void	accept	处理 T 和 U 类型的值	andThen
Function<T, R>	T	R	apply	有一个 T 类型参数的函数	compose, andThen, identity
BiFunction<T, U, R>	T, U	R	apply	有 T 和 U 类型参数的函数	andThen
UnaryOperator<T>	T	T	apply	类型 T 上的一元操作符	compose, andThen, identity
BinaryOperator<T>	T, T	T	apply	类型 T 上的二元操作符	andThen, maxBy, minBy
Predicate<T>	T	boolean	test	布尔值函数	and, or, negate, isEqual
BiPredicate<T, U>	T, U	boolean	test	有两个参数的布尔值函数	and, or, negate

需要说明，调用 action.run() 时会执行这个 lambda 表达式的主体。

现在让这个例子更复杂一些。我们希望告诉这个动作它出现在哪一次迭代中。为此，需要选择一个合适的函数式接口，其中要包含一个方法，这个方法有一个 int 参数而且返回类型为 void。处理 int 值的标准接口如下：

```
public interface IntConsumer
{
   void accept(int value);
}
```

下面给出 repeat 方法的改进版本：

```
public static void repeat(int n, IntConsumer action)
{
   for (int i = 0; i < n; i++) action.accept(i);
}
```

可以如下调用：

```
repeat(10, i -> System.out.println("Countdown: " + (9 - i)));
```

表 6-3 列出了基本类型 int、long 和 double 的 34 个可用的特殊化接口。在第 8 章会了解到，使用这些特殊化接口比使用通用接口更高效。出于这个原因，我在上一节的例子中使用了 IntConsumer 而不是 Consumer<Integer>。

表 6-3　基本类型的函数式接口

函数式接口	参数类型	返回类型	抽象方法名
BooleanSupplier	无	boolean	getAsBoolean
*P*Supplier	无	*p*	getAs*P*
*P*Consumer	*p*	void	accept
Obj*P*Consumer<T>	T, *p*	void	accept
*P*Function<T>	*p*	T	apply
*P*To*Q*Function	*p*	*q*	applyAs*Q*
To*P*Function<T>	T	*p*	applyAs*P*

（续）

函数式接口	参数类型	返回类型	抽象方法名
To*P*BiFunction<T, U>	T, U	*p*	applyAs*P*
*P*UnaryOperator	*p*	*p*	applyAs*P*
*P*BinaryOperator	*p*, *p*	*p*	applyAs*P*
*P*Predicate	*p*	boolean	test

注：*p*、*q* 是 int、long、double；*P*、*Q* 是 Int、Long、Double

提示：最好使用表 6-2 或表 6-3 中的接口。例如，假设要编写一个方法来处理满足某个特定条件的文件。对此有一个遗留接口 java.io.FileFilter，不过最好使用标准的 Predicate<File>。只有一种情况下可以不这么做，那就是你已经有很多有用的方法可以生成 FileFilter 实例。

注释：大多数标准函数式接口都提供了非抽象方法来生成或合并函数。例如，Predicate.isEqual(a) 等同于 a::equals，不过如果 a 为 null 也能正常工作。已经提供了默认方法 and、or 和 negate 来合并谓词。例如，Predicate.isEqual(a).or(Predicate.isEqual(b)) 就等同于 x ->a.equals(x) || b.equals(x)。

注释：如果设计你自己的接口，其中只有一个抽象方法，可以用 @FunctionalInterface 注解来标记这个接口。这样做有两个优点。如果你无意中增加了另一个抽象方法，编译器会给出一个错误消息。另外 javadoc 页中会指出你的接口是一个函数式接口。

并不是必须使用注解。根据定义，任何只有一个抽象方法的接口都是函数式接口。不过使用 @FunctionalInterface 注解确实是一个好主意。

注释：有些程序员喜欢将方法调用串起来，如：

```
String input = " 618970019642690137449562111 ";
boolean isPrime = input.strip().transform(BigInteger::new).isProbablePrime(20);
```

String 类的 transform 方法（Java 12 中新增）对字符串应用一个 Function，并生成结果。同样地，这些调用也可以写为：

```
boolean prime = new BigInteger(input.strip()).isProbablePrime(20);
```

不过这样一来，你的视线必须左右跳来跳去，要找出哪一个先执行，哪一个后执行：首先调用 strip，然后构造 BigInteger，最后检测它是否是一个可能的素数。

我不确定视线左右跳来跳去算不算严重的问题，不过如果你更喜欢按顺序从左向右串链的方法调用，transform 会是你的能力助手。

遗憾的是，它只适用于字符串。为什么 Object 类中没有一个 transform(java.util.function.Function) 方法呢？ Java API 的设计者反应不够快。曾经有一个机会摆在他们面前——在 Java 8 中，在 API 中增加 java.util.function.Function 接口时完全可以增加这样一个方法。那时，没有人能够在自己的类中增加 transform(java.util.function.

> Function) 方法。不过到了 Java 12，就已经为时太晚了。也许有人在他们的类中定义了 transform(java.util.function.Function)，但有不同的含义。必须承认，这种情况不太可能发生，不过世事难料。
>
> 这就是 Java 的做法，它很认真地对待自己的承诺，不会为了方便而背弃承诺。

6.2.8　再谈 Comparator

Comparator 接口包含很多方便的静态方法来创建比较器。这些方法可以用于 lambda 表达式或方法引用。

静态 comparing 方法接受一个“键提取器”函数，它将类型 T 映射为一个可比较的类型（如 String）。对要比较的对象应用这个函数，然后对返回的键完成比较。例如，假设有一个 Person 对象数组，可以如下按名字对这些对象进行排序：

```
Arrays.sort(people, Comparator.comparing(Person::getName));
```

与手动实现一个 Comparator 相比，这当然要容易得多。另外，代码也更为清晰，因为显然我们都希望按人名来进行比较。

可以把比较器与 thenComparing 方法串起来，来处理比较结果相同的情况。例如，

```
Arrays.sort(people,
   Comparator.comparing(Person::getLastName)
   .thenComparing(Person::getFirstName));
```

如果两个人的姓相同，就会使用第二个比较器。

这些方法有很多变体形式。可以为 comparing 和 thenComparing 方法提取的键指定一个比较器。例如，可以如下根据人名长度完成排序：

```
Arrays.sort(people, Comparator.comparing(Person::getName,
   (s, t) -> Integer.compare(s.length(), t.length())));
```

另外，comparing 和 thenComparing 方法都有变体形式，可以避免 int、long 或 double 值的装箱。要完成前一个操作，还有一种更容易的做法：

```
Arrays.sort(people, Comparator.comparingInt(p -> p.getName().length()));
```

如果键函数可能返回 null，可能就要用到 nullsFirst 和 nullsLast 适配器。这些静态方法会修改现有的比较器，从而在遇到 null 值时不会抛出异常，而是将这个值标记为小于或大于正常值。例如，假设一个人没有中名时 getMiddleName 会返回一个 null，就可以使用 Comparator.comparing(Person::getMiddleName(), Comparator.nullsFirst(...))。

nullsFirst 方法需要一个比较器，在这里就是比较两个字符串的比较器。naturalOrder 方法可以为任何实现了 Comparable 的类建立一个比较器。在这里，Comparator.<String>naturalOrder() 正是我们需要的。下面是一个完整的调用，可以按可能为 null 的中名进行排序。这里使用了一个静态导入 java.util.Comparator.*，使这个表达式更为简洁，更便于阅读。注意 naturalOrder 的类型会推导得出。

```
Arrays.sort(people, comparing(Person::getMiddleName, nullsFirst(naturalOrder())));
```

静态 reverseOrder 方法会提供自然顺序的逆序。要让比较器逆序比较，可以使用 reversed 实例方法。例如 naturalOrder().reversed() 等同于 reverseOrder()。

6.3 内部类

内部类（inner class）是定义在另一个类中的类。为什么需要使用内部类呢？主要有两个原因：

- 内部类可以对同一个包中的其他类隐藏。
- 内部类方法可以访问定义这些方法的作用域中的数据，包括原本私有的数据。

内部类原先对于简洁地实现回调非常重要，不过如今 lambda 表达式在这方面可以做得更好。但内部类对于构建代码还是很有用的。下面几节将详细介绍内部类。

C++ 注释：C++ 有嵌套类（nested class）。被嵌套的类包含在外围类的作用域内。下面是一个典型的例子，一个链表类定义了一个类来保存链接，还包含一个类定义迭代器位置。

```
class LinkedList
{
public:
   class Iterator // a nested class
   {
   public:
      void insert(int x);
      int erase();
      . . .
   private:
      Link* current;
      LinkedList* owner;
   };
   . . .
private:
   Link* head;
   Link* tail;
};
```

嵌套类与 Java 中的内部类很类似。不过，Java 内部类还有一个额外的特性，这使得 Java 内部类比 C++ 的嵌套类功能更丰富、更有用。内部类的对象会有一个隐式引用，指向实例化这个对象的外部类对象。通过这个指针，它可以访问外部对象的全部状态。例如，在 Java 中，Iterator 类不需要它所指的 LinkedList 的一个显式指针。

在 Java 中，静态内部类没有这个附加的指针，所以 Java 的静态内部类就相当于 C++ 中的嵌套类。

6.3.1 使用内部类访问对象状态

内部类的语法相当复杂。鉴于这个原因，我们选择一个简单但不太实用的例子来说明内部类的使用。我们将重构 TimerTest 示例，提取出一个 TalkingClock 类。构造一个语音时钟时需要提供两个参数：发出通知的间隔和开关铃声的标志。

```
public class TalkingClock
{
   private int interval;
   private boolean beep;
   public TalkingClock(int interval, boolean beep) { . . . }
   public void start() { . . . }

   public class TimePrinter implements ActionListener
      // an inner class
   {
      . . .
   }
}
```

需要注意，这里的 TimePrinter 类位于 TalkingClock 类内部。这并不意味着每个 TalkingClock 都有一个 TimePrinter 实例字段。如前所示，TimePrinter 对象是由 TalkingClock 类的方法构造的。

下面是 TimePrinter 类的详细内容。需要注意一点，actionPerformed 方法在发出铃声之前会检查 beep 标志。

```
public class TimePrinter implements ActionListener
{
   public void actionPerformed(ActionEvent event)
   {
      System.out.println("At the tone, the time is "
         + Instant.ofEpochMilli(event.getWhen()));
      if (beep) Toolkit.getDefaultToolkit().beep();
   }
}
```

令人惊讶的事情发生了。TimePrinter 类没有实例字段或者名为 beep 的变量，实际上，beep 指示创建这个 TimePrinter 的 TalkingClock 对象中的字段。可以看到，一个内部类方法可以访问自身的实例字段，也可以访问创建它的外部类对象的实例字段。

为此，内部类的对象总有一个隐式引用，指向创建它的外部类对象，如图 6-3 所示。

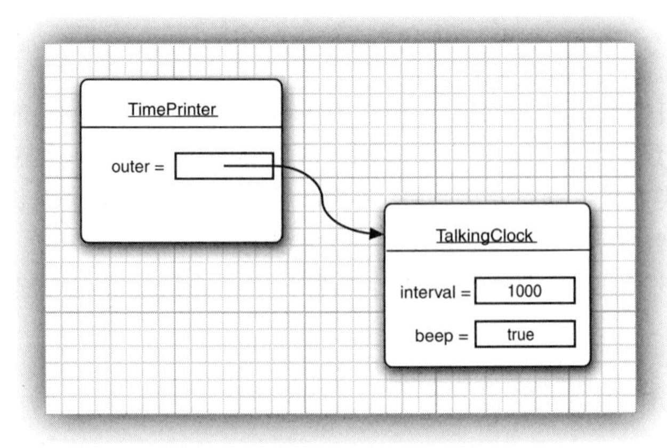

图 6-3　内部类对象有一个外部类对象的引用

这个引用在内部类的定义中是不可见的。不过，为了说明这个概念，我们将外部类对象的引用称为 *outer*。于是 actionPerformed 方法将等价于以下代码：

```
public void actionPerformed(ActionEvent event)
{
   System.out.println("At the tone, the time is "
      + Instant.ofEpochMilli(event.getWhen()));
   if (outer.beep) Toolkit.getDefaultToolkit().beep();
}
```

外部类的引用在构造器中设置。编译器会修改所有的内部类构造器，添加一个对应外部类引用的参数。因为 TimePrinter 类没有定义构造器，所以编译器为这个类生成了一个无参数构造器，生成的代码如下所示：

```
public TimePrinter(TalkingClock clock) // automatically generated code
{
   outer = clock;
}
```

再次强调，注意 *outer* 不是 Java 的关键字。我们只是用它说明内部类的有关机制。

在 start 方法中构造一个 TimePrinter 对象后，编译器就会将当前语音时钟的 this 引用传递给这个构造器：

```
var listener = new TimePrinter(this); // parameter automatically added
```

程序清单 6-7 给出了测试这个内部类的完整程序。下面我们再来看访问控制。如果 TimePrinter 类是一个普通的类，它就需要通过 TalkingClock 类的公共方法访问 beep 标志，而使用内部类是一个改进，现在就不再需要提供只有另外一个类感兴趣的访问器了。

> **注释：** 我们也可以把 TimePrinter 类声明为私有（private）。这样一来，只有 TalkingClock 方法才能够构造 TimePrinter 对象。只有内部类可以是私有的，而常规类可以有包可见性或公共可见性。

程序清单 6-7　innerClass/InnerClassTest.java

```
1 package innerClass;
2
3 import java.awt.*;
4 import java.awt.event.*;
5 import java.time.*;
6
7 import javax.swing.*;
8
9 /**
10  * This program demonstrates the use of inner classes.
11  * @version 1.11 2017-12-14
12  * @author Cay Horstmann
13  */
14 public class InnerClassTest
15 {
16    public static void main(String[] args)
```

```
17     {
18        var clock = new TalkingClock(1000, true);
19        clock.start();
20
21        // keep program running until the user selects "OK"
22        JOptionPane.showMessageDialog(null, "Quit program?");
23        System.exit(0);
24     }
25  }
26
27  /**
28   * A clock that prints the time in regular intervals.
29   */
30  class TalkingClock
31  {
32     private int interval;
33     private boolean beep;
34
35     /**
36      * Constructs a talking clock
37      * @param interval the interval between messages (in milliseconds)
38      * @param beep true if the clock should beep
39      */
40     public TalkingClock(int interval, boolean beep)
41     {
42        this.interval = interval;
43        this.beep = beep;
44     }
45
46     /**
47      * Starts the clock.
48      */
49     public void start()
50     {
51        var listener = new TimePrinter();
52        var timer = new Timer(interval, listener);
53        timer.start();
54     }
55
56     public class TimePrinter implements ActionListener
57     {
58        public void actionPerformed(ActionEvent event)
59        {
60           System.out.println("At the tone, the time is "
61              + Instant.ofEpochMilli(event.getWhen()));
62           if (beep) Toolkit.getDefaultToolkit().beep();
63        }
64     }
65  }
```

6.3.2 内部类的特殊语法规则

在上一节中，我们解释了内部类有一个外部类的引用，我们把它叫作*outer*。事实上，这

个外部类引用的正规语法还要更复杂一些。表达式

OuterClass.this

表示外部类引用。例如，可以像下面这样编写 TimePrinter 内部类的 actionPerformed 方法：

```
public void actionPerformed(ActionEvent event)
{
   . . .
   if (TalkingClock.this.beep) Toolkit.getDefaultToolkit().beep();
}
```

反过来，可以采用以下语法更加明确地编写内部类对象的构造器：

outerObject.new *InnerClass*(*construction parameters*)

例如，

```
ActionListener listener = this.new TimePrinter();
```

在这里，新构造的 TimePrinter 对象的外部类引用被设置为创建内部类对象的方法的 this 引用。这是最常见的情况。通常，this. 限定符是多余的。不过，也有可能通过显式地命名将外部类引用设置为其他对象。例如，由于 TimePrinter 是一个公共内部类，可以为任意的语音时钟构造一个 TimePrinter：

```
var jabberer = new TalkingClock(1000, true);
TalkingClock.TimePrinter listener = jabberer.new TimePrinter();
```

需要注意，在外部类的作用域之外，可以这样引用内部类：

OuterClass.*InnerClass*

注释：内部类中声明的所有静态字段都必须是 final，并初始化为一个编译时常量。如果这个字段不是一个常量，就可能不唯一。

内部类不能有 static 方法。Java 语言规范对这个限制没有做任何解释。按理说，也可以有只能访问外围类静态字段和方法的静态方法。但显然，Java 设计者认为相对于复杂性来说，它带来的好处有些得不偿失。

6.3.3 内部类是否有用、必要和安全

当 Java 语言在 Java 1.1 中增加内部类时，很多程序员认为这是一项很重要的新特性，但这违背了 Java 要比 C++ 更加简单的设计理念。不能否认，内部类的语法很复杂（本章稍后介绍匿名内部类时，语法还会更加复杂）。内部类与 Java 语言的其他特性（如访问控制和安全性）之间如何交互不是很明确。

内部类将转换为常规的类文件，用 $（美元符号）分隔外部类名与内部类名。例如，TalkingClock 类内部的 TimePrinter 类将转换成类文件 TalkingClock$TimePrinter.class。为了查看它的实际工作，可以尝试下面的实验：运行第 5 章中的程序 ReflectionTest，并提供类 TalkingClock$TimePrinter 来完成反射。或者，也可以直接使用 javap 工具，如下所示：

javap -private *ClassName*

注释：如果使用UNIX，并在命令行上提供类名，要记住将$字符进行转义。也就是说，应该如下运行ReflectionTest或javap程序：

```
java --classpath .:../v1ch05 reflection.ReflectionTest \
   innerClass.TalkingClock\$TimePrinter
```

或

```
javap -private innerClass.TalkingClock\$TimePrinter
```

会得到以下输出结果：

```
public class innerClass.TalkingClock$TimePrinter
      implements java.awt.event.ActionListener
{
   final innerClass.TalkingClock this$0;
   public innerClass.TalkingClock$TimePrinter(innerClass.TalkingClock);
   public void actionPerformed(java.awt.event.ActionEvent);
}
```

可以清楚地看到，编译器生成了一个额外的实例字段this$0，对应外部类的引用。（名字this$0是编译器合成的，在你自己编写的代码中不能引用这个字段。）另外，还可以看到构造器的TalkingClock参数。

如果编译器能够自动完成这个转换，那么能不能自己编写程序实现这种机制呢？让我们试试看。将TimePrinter定义成一个常规类，把它置于TalkingClock类的外部。在构造TimePrinter对象的时候，传入创建它的对象的this指针。

```
class TalkingClock
{
   . . .
   public void start()
   {
      var listener = new TimePrinter(this);
      var timer = new Timer(interval, listener);
      timer.start();
   }
}

class TimePrinter implements ActionListener
{
   private TalkingClock outer;
   . . .
   public TimePrinter(TalkingClock clock)
   {
      outer = clock;
   }
}
```

现在来看actionPerformed方法，它需要访问outer.beep。

```
if (outer.beep) . . . // ERROR
```

这就遇到了一个问题。内部类可以访问外部类的私有数据，但我们的外部TimePrinter类则不行。

可见，由于内部类拥有更大的访问权限，所以天生就比常规类功能更加强大。

可能有人会好奇，内部类如何得到那些额外的访问权限呢？在 Java 11 之前，内部类纯粹是一种编译器现象，虚拟机对它们并没有任何特别的了解。那时，如果用 ReflectionTest 程序查看 TalkingClock 类，或者使用 javap 并提供 -private 选项来查看，会显示以下结果：

```
class TalkingClock
{
   private int interval;
   private boolean beep;

   public TalkingClock(int, boolean);

   static boolean access$0(TalkingClock); // Prior to Java 11
   public void start();
}
```

请注意编译器在外部类中添加的静态方法 access$0。它将返回作为参数传递的那个对象的 beep 字段。（方法名可能稍有不同，如可能是 access$000，这取决于你的编译器。）

这会有一个潜在的安全风险，而且会让分析类文件的工具工作越发复杂。在 Java 11 中，虚拟机了解类之间的嵌套关系，不再生成访问方法。

6.3.4　局部内部类

如果仔细查看 TalkingClock 示例的代码就会发现，类型 TimePrinter 的名字只出现了一次：就是在 start 方法中创建这个类型的对象时使用了一次。

在类似这样的情况下，可以在一个*方法中局部地*定义这个类。

```
public void start()
{
   class TimePrinter implements ActionListener
   {
      public void actionPerformed(ActionEvent event)
      {
         System.out.println("At the tone, the time is "
            + Instant.ofEpochMilli(event.getWhen()));
         if (beep) Toolkit.getDefaultToolkit().beep();
      }
   }

   var listener = new TimePrinter();
   var timer = new Timer(interval, listener);
   timer.start();
}
```

声明局部类时不能有访问说明符（即 public 或 private）。局部类的作用域总是限定在声明这个局部类的块中。

局部类有一个很大的优势，即对外部世界完全隐藏，甚至 TalkingClock 类中的其他代码也不能访问它。除 start 方法之外，没有任何方法知道 TimePrinter 类的存在。

6.3.5　由外部方法访问变量

与其他内部类相比较，局部类还有另外一个优点。它们不仅能够访问外部类的字段，还可以访问局部变量！不过，那些局部变量必须是事实最终变量（effectively final）。这说明，它们一旦赋值就绝不会改变。

下面是一个典型的示例。这里，将 TalkingClock 构造器的参数 interval 和 beep 移至 start 方法。

```
public void start(int interval, boolean beep)
{
   class TimePrinter implements ActionListener
   {
      public void actionPerformed(ActionEvent event)
      {
         System.out.println("At the tone, the time is "
            + Instant.ofEpochMilli(event.getWhen()));
         if (beep) Toolkit.getDefaultToolkit().beep();
      }
   }

   var listener = new TimePrinter();
   var timer = new Timer(interval, listener);
   timer.start();
}
```

请注意，TalkingClock 类不再需要存储 beep 实例字段。它只是引用 start 方法的 beep 参数变量。

这看起来好像没什么值得大惊小怪的。毕竟，下面这行代码

```
if (beep) . . .
```

最后总会在 start 方法中，为什么不能访问 beep 变量的值呢？

为了能够清楚地看到这里一个微妙的问题，让我们仔细考虑这个控制流程。

1. 调用 start 方法。

2. 调用内部类 TimePrinter 的构造器，从而初始化对象变量 listener。

3. 将 listener 引用传递给 Timer 构造器，定时器开始计时，start 方法退出。此时，start 方法的 beep 参数变量不复存在。

4. 1 秒之后，actionPerformed 方法执行 if (beep)...。

要让 actionPerformed 方法中的代码正常工作，TimePrinter 类必须在 beep 参数值消失之前将 beep 字段复制为 start 方法的一个局部变量。实际上也是这样做的。在我们的例子中，编译器为局部内部类合成了名字 TalkingClock$TimePrinter。如果再次使用 ReflectionTest 程序或者 javap 工具查看 TalkingClock$Time Printer 类，就会看到以下结果：

```
class TalkingClock$1TimePrinter
{
   TalkingClock$1TimePrinter();

   public void actionPerformed(java.awt.event.ActionEvent);

   final boolean val$beep;
```

```
   final TalkingClock this$0;
}
```

创建一个对象的时候，beep 变量的当前值会存储在 val$beep 字段中。在 Java 11 中，可以利用“嵌套伴侣”（nest mate）访问来实现。之前，内部类构造器有一个额外的参数来设置这个字段。不论采用哪种方法，即使局部变量出了作用域，内部类字段都将持久保存。

6.3.6　匿名内部类

使用局部内部类时，通常还可以再进一步。假如只想创建这个类的一个对象，甚至不需要为类指定名字。这样一个类被称为*匿名内部类*（anonymous inner class）。

```
public void start(int interval, boolean beep)
{
   var listener = new ActionListener()
      {
         public void actionPerformed(ActionEvent event)
         {
            System.out.println("At the tone, the time is "
               + Instant.ofEpochMilli(event.getWhen()));
            if (beep) Toolkit.getDefaultToolkit().beep();
         }
      };
   var timer = new Timer(interval, listener);
   timer.start();
}
```

这个语法确实很晦涩难懂。它的含义是：创建一个类的新对象，这个类实现了 ActionListener 接口，需要实现的方法 actionPerformed 是大括号 {} 中定义的方法。

一般地，语法如下：

```
new SuperType(construction parameters)
   {
      inner class methods and data
   }
```

在这里，*SuperType* 可以是接口，如 ActionListener，如果是这样，内部类就要实现这个接口。*SuperType* 也可以是一个类，如果是这样，内部类就要扩展这个类。

由于构造器的名字必须与类名相同，而匿名内部类没有类名，所以，匿名内部类不能有构造器。实际上，构造参数要传递给*超类*（superclass）构造器。具体地，只要内部类实现一个接口，就不能有任何构造参数。不过，仍然要提供一组小括号，如下所示：

```
new InterfaceType()
   {
      methods and data
   }
```

必须仔细研究构造一个类的新对象与构造一个匿名内部类（扩展了那个类）的对象之间有什么区别。

```
var queen = new Person("Mary");
   // a Person object
var count = new Person("Dracula") { . . . };
   // an object of an inner class extending Person
```

如果构造参数列表的结束小括号后面跟一个开始大括号，就是在定义匿名内部类。

注释：尽管匿名类不能有构造器，但可以提供一个对象初始化块：

```
var count = new Person("Dracula")
   {
      { initialization }
      . . .
   };
```

程序清单6-8包含了有一个匿名内部类的语音时钟程序的完整源代码。将这个程序与程序清单6-7相比较，就会发现在这种情况下，使用匿名内部类的解决方案比较简短，而且多加练习之后，你会发现这也很容易理解。

多年来，Java程序员习惯的做法是用匿名内部类实现事件监听器和其他回调。如今最好还是使用lambda表达式。例如，本节最前面给出的start方法用lambda表达式来编写会简洁得多，如下所示：

```
public void start(int interval, boolean beep)
{
   var timer = new Timer(interval, event ->
      {
         System.out.println(
            "At the tone, the time is " + Instant.ofEpochMilli(event.getWhen()));
         if (beep) Toolkit.getDefaultToolkit().beep();
      });
   timer.start();
}
```

注释：如果将一个匿名类实例存储在用var定义的一个变量中，这个变量会了解增加的方法或字段：

```
var bob = new Object() { String name = "Bob"; }
System.out.println(bob.name);
```

如果声明bob的类型为Object，bob.name将无法编译。

用new Object() { String name = "Bob"; }构造的对象类型为“有一个Sting name字段的Object”。这是一个**“不可指示的”**（nondenotable）类型，即无法用Java语法表示的一个类型。不过，编译器理解这个类型，可以为bob变量设置这个类型。

注释：下面的技巧称为**“双括号初始化”**（double brace initialization），这里利用了内部类语法。假设你想构造一个数组列表，并将它传递到一个方法：

```
var friends = new ArrayList<String>();
friends.add("Harry");
friends.add("Tony");
invite(friends);
```

如果不再需要这个数组列表，最好让它作为一个匿名列表。不过作为一个匿名列表，该如何为它添加元素呢？方法如下：

```
invite(new ArrayList<String>() {{ add("Harry"); add("Tony"); }});
```

注意这里的双括号。外层括号建立了 ArrayList 的一个匿名子类。内层括号则是一个对象初始化块（见第 4 章）。

在实际中，这个技巧很少使用。大多数情况下，invite 方法会接受任何 List<String>，所以可以直接传入 List.of("Harry", "Tony")。

警告： 建立一个与超类大体类似（但不完全相同）的匿名子类通常会很方便。不过，对于 equals 方法要特别当心。第 5 章中，我们曾建议 equals 方法使用以下测试：

```
if (getClass() != other.getClass()) return false;
```

但是对于匿名子类，这个测试会失败。

提示： 生成日志或调试消息时，通常希望包含当前类的类名，如：

```
System.err.println("Something awful happened in " + getClass());
```

不过，这对于静态方法不奏效。毕竟，调用 getClass 时调用的是 this.getClass()，而静态方法没有 this。所以应该使用以下表达式：

```
new Object(){}.getClass().getEnclosingClass() // gets class of static method
```

在这里，new Object(){} 会建立 Object 的匿名子类的一个匿名对象，getEnclosingClass 则得到其外围类，也就是包含这个静态方法的类。

程序清单 6-8　anonymousInnerClass/AnonymousInnerClassTest.java

```
1  package anonymousInnerClass;
2  
3  import java.awt.*;
4  import java.awt.event.*;
5  import java.time.*;
6  
7  import javax.swing.*;
8  
9  /**
10  * This program demonstrates anonymous inner classes.
11  * @version 1.12 2017-12-14
12  * @author Cay Horstmann
13  */
14 public class AnonymousInnerClassTest
15 {
16    public static void main(String[] args)
17    {
18       var clock = new TalkingClock();
19       clock.start(1000, true);
20 
21       // keep program running until the user selects "OK"
22       JOptionPane.showMessageDialog(null, "Quit program?");
23       System.exit(0);
```

```
24    }
25 }
26
27 /**
28  * A clock that prints the time in regular intervals.
29  */
30 class TalkingClock
31 {
32    /**
33     * Starts the clock.
34     * @param interval the interval between messages (in milliseconds)
35     * @param beep true if the clock should beep
36     */
37    public void start(int interval, boolean beep)
38    {
39       var listener = new ActionListener()
40          {
41             public void actionPerformed(ActionEvent event)
42             {
43                System.out.println("At the tone, the time is "
44                   + Instant.ofEpochMilli(event.getWhen()));
45                if (beep) Toolkit.getDefaultToolkit().beep();
46             }
47          };
48       var timer = new Timer(interval, listener);
49       timer.start();
50    }
51 }
```

6.3.7 静态内部类

有时候，使用内部类只是为了把一个类隐藏在另外一个类的内部，并不需要内部类有外部类对象的一个引用。为此，可以将内部类声明为 static，这样就不会生成那个引用。

下面是一个想要使用静态内部类的典型例子。考虑这样一个任务：计算数组中的最小值和最大值。当然，可以编写两个方法，一个方法用于计算最小值，另一个方法用于计算最大值。在调用这两个方法的时候，数组被遍历两次。如果只遍历数组一次，同时计算出最小值和最大值，这样会更为高效。

```
double min = Double.POSITIVE_INFINITY;
double max = Double.NEGATIVE_INFINITY;
for (double v : values)
{
   if (min > v) min = v;
   if (max < v) max = v;
}
```

不过，这个方法必须返回两个数，为此，可以定义一个包含两个值的类 Pair：

```
class Pair
{
   private double first;
   private double second;
```

```
   public Pair(double f, double s)
   {
      first = f;
      second = s;
   }
   public double getFirst() { return first; }
   public double getSecond() {  return second; }
}
```

minmax 方法可以返回一个 Pair 类型的对象。

```
class ArrayAlg
{
   public static Pair minmax(double[] values)
   {
      . . .
      return new Pair(min, max);
   }
}
```

这个方法的调用者可以使用 getFirst 和 getSecond 方法获得答案：

```
Pair p = ArrayAlg.minmax(d);
System.out.println("min = " + p.getFirst());
System.out.println("max = " + p.getSecond());
```

当然，Pair 是一个十分大众化的名字。在大型项目中，其他程序员也很有可能使用这个名字，只不过可能会定义一个 Pair 类包含一对字符串。这样就会产生名字冲突，解决这个问题的办法是将 Pair 定义为 ArrayAlg 的一个公共内部类。这样一来，就可以通过 ArrayAlg.Pair 访问这个类了：

```
ArrayAlg.Pair p = ArrayAlg.minmax(d);
```

不过，与前面例子中所使用的内部类不同，我们不希望 Pair 对象中有其他对象的引用，为此，可以将这个内部类声明为 static，从而不生成那个引用：

```
class ArrayAlg
{
   public static class Pair
   {
      . . .
   }
   . . .
}
```

当然，只有内部类可以声明为 static。静态内部类就类似于其他内部类，只不过静态内部类的对象没有其外部类对象的引用。在我们的示例中，必须使用静态内部类，这是因为内部类对象是在一个静态方法中构造的：

```
public static Pair minmax(double[] d)
{
   . . .
   return new Pair(min, max);
}
```

如果没有将 Pair 类声明为 static，那么编译器将会报错，指出没有可用的 ArrayAlg 类型隐式对象来初始化内部类对象。

> **注释**：只要内部类不需要访问外部类对象，就应该使用静态内部类。有些程序员用**嵌套类**（nested class）表示静态内部类。

> **注释**：与常规内部类不同，静态内部类可以有静态字段和方法。

> **注释**：在接口中声明的内部类自动是 static 和 public。

> **注释**：类中声明的接口、记录和枚举都自动为 static。

程序清单 6-9 包含 ArrayAlg 类和嵌套 Pair 类的全部源代码。

程序清单 6-9　staticInnerClass/StaticInnerClassTest.java

```
 1 package staticInnerClass;
 2 
 3 /**
 4  * This program demonstrates the use of static inner classes.
 5  * @version 1.02 2015-05-12
 6  * @author Cay Horstmann
 7  */
 8 public class StaticInnerClassTest
 9 {
10    public static void main(String[] args)
11    {
12       var values = new double[20];
13       for (int i = 0; i < values.length; i++)
14          values[i] = 100 * Math.random();
15       ArrayAlg.Pair p = ArrayAlg.minmax(values);
16       System.out.println("min = " + p.getFirst());
17       System.out.println("max = " + p.getSecond());
18    }
19 }
20 
21 class ArrayAlg
22 {
23    /**
24     * A pair of floating-point numbers
25     */
26    public static class Pair
27    {
28       private double first;
29       private double second;
30 
31       /**
32        * Constructs a pair from two floating-point numbers
33        * @param f the first number
34        * @param s the second number
35        */
36       public Pair(double f, double s)
37       {
```

```
38            first = f;
39            second = s;
40         }
41 
42         /**
43          * Returns the first number of the pair
44          * @return the first number
45          */
46         public double getFirst()
47         {
48            return first;
49         }
50 
51         /**
52          * Returns the second number of the pair
53          * @return the second number
54          */
55         public double getSecond()
56         {
57            return second;
58         }
59      }
60 
61      /**
62       * Computes both the minimum and the maximum of an array
63       * @param values an array of floating-point numbers
64       * @return a pair whose first element is the minimum and whose second element
65       * is the maximum
66       */
67      public static Pair minmax(double[] values)
68      {
69         double min = Double.POSITIVE_INFINITY;
70         double max = Double.NEGATIVE_INFINITY;
71         for (double v : values)
72         {
73            if (min > v) min = v;
74            if (max < v) max = v;
75         }
76         return new Pair(min, max);
77      }
78   }
```

6.4 服务加载器

有时你会采用一个服务架构开发一个应用。有些平台支持这种方法，如 OSGi(http://osgi.org)，可以用于开发环境、应用服务器和其他复杂的应用。这些平台超出了本书讨论的范畴，不过 JDK 也提供了一个加载服务的简单机制（这里会介绍）。这种机制由 Java 平台模块系统提供支持，详细内容参见本书卷Ⅱ第 9 章。

提供一个服务时，程序通常希望服务设计者对于如何实现这个服务的特性能有一些自由。另外还希望有多个实现可供选择。利用 ServiceLoader 类可以很容易地加载符合一个公共接口的服务。

定义一个接口（或者，如果愿意，也可以定义一个超类），其中包含这个服务的各个实例应当提供的方法。例如，假设你的服务要提供加密。

```
package serviceLoader;

public interface Cipher
{
   byte[] encrypt(byte[] source, byte[] key);
   byte[] decrypt(byte[] source, byte[] key);
   int strength();
}
```

服务提供者可以提供一个或多个实现这个服务的类，例如：

```
package serviceLoader.impl;

public class CaesarCipher implements Cipher
{
   public byte[] encrypt(byte[] source, byte[] key)
   {
      var result = new byte[source.length];
      for (int i = 0; i < source.length; i++)
         result[i] = (byte)(source[i] + key[0]);
      return result;
   }

   public byte[] decrypt(byte[] source, byte[] key)
   {
      return encrypt(source, new byte[] { (byte) -key[0] });
   }
   public int strength() { return 1; }
}
```

实现类可以放在任意的包中，而不一定是服务接口所在的包。每个实现类必须有一个无参数构造器。

现在把这些类的类名增加到 META-INF/services 目录下的一个 UTF-8 编码的文本文件中，文件名必须与接口的完全限定名一致。在我们的例子中，文件 META-INF/services/serviceLoader.Cipher 必须包含这样一行：

```
serviceLoader.impl.CaesarCipher
```

在这个例子中，我们提供了一个实现类。你也可以提供多个类，以后可以从中选择。

完成这个准备工作之后，程序可以如下初始化一个服务加载器：

```
public static ServiceLoader<Cipher> cipherLoader = ServiceLoader.load(Cipher.class);
```

这个初始化工作只在程序中完成一次。

服务加载器的 iterator 方法会返回一个迭代器来迭代处理所提供的所有服务实现。（有关迭代器的更多信息参见第 9 章。）最容易的做法是使用一个增强的 for 循环进行遍历。在循环中，选择一个适当的对象来完成服务。

```
public static Cipher getCipher(int minStrength)
{
   for (Cipher cipher : cipherLoader) // implicitly calls cipherLoader.iterator()
   {
      if (cipher.strength() >= minStrength) return cipher;
   }
   return null;
}
```

或者，也可以使用流（见本书卷Ⅱ的第 1 章）查找所要的服务。stream 方法会生成 ServiceLoader.Provider 实例的一个流。这个接口包含 type 和 get 方法，可以用来得到提供者类和提供者实例。如果按类型选择一个提供者，只需要调用 type，而没有必要实例化任何服务实例。

```
public static Optional<Cipher> getCipher2(int minStrength)
{
   return cipherLoader.stream()
      .filter(descr -> descr.type() == serviceLoader.impl.CaesarCipher.class)
      .findFirst()
      .map(ServiceLoader.Provider::get);
}
```

最后，如果想要得到任何服务实例，只需要调用 findFirst：

```
Optional<Cipher> cipher = cipherLoader.findFirst();
```

Optional 类会在本书卷Ⅱ的第 1 章详细解释。

API java.util.ServiceLoader<S> 1.6

- static <S> ServiceLoader<S> load(Class<S> service)
  创建一个服务加载器来加载实现了给定服务接口的类。
- Iterator<S> iterator()
  生成一个以“懒”方式加载服务类的迭代器。也就是说，迭代器推进时才会加载类。
- Stream<ServiceLoader.Provider<S>> stream() 9
  返回提供者描述符的一个流，从而可以采用懒方式加载所需类的提供者。
- Optional<S> findFirst() 9
  查找第一个可用的服务提供者（如果有）。

API *java.util.ServiceLoader.Provider<S>* 9

- Class<? extends S> type()
  获得这个提供者的类型。
- S get()
  获得这个提供者的实例。

6.5 代理

在本章的最后，我们来讨论代理（proxy）。利用代理可以在运行时创建实现了一组给定接口的新类。只有在编译时无法确定需要实现哪个接口时才有必要使用代理。对于编写应用程序的程序员来说，这种情况很少见，所以如果对这种高级技术不感兴趣，完全可以跳过本节内容。不过，对于某些系统应用，代理提供的灵活性可能十分重要。

6.5.1 何时使用代理

假设你想构造一个类的对象，这个类实现了一个或多个接口，但是在编译时你可能并不知道这些接口到底是什么。这个问题确实有些难度。要想构造一个具体的类，只需要使用newInstance方法或者使用反射找出构造器。但是，不能实例化接口。需要在运行的程序中定义一个新类。

为了解决这个问题，有些程序会生成代码，将这些代码放在一个文件中，调用编译器，然后再加载得到的类文件。很自然地，这样做的速度会比较慢，并且需要部署编译器以及程序。而代理机制则是一种更好的解决方案。代理类可以在运行时创建全新的类。这样一个代理类能够实现你指定的接口。具体地，代理类包含以下方法：

- 指定接口所需要的全部方法。
- Object类中定义的全部方法（toString、equals等）。

不过，不能在运行时为这些方法定义新代码。实际上，必须提供一个调用处理器（invocation handler）。调用处理器是实现了InvocationHandler接口的类的对象。这个接口只有一个方法：

```
Object invoke(Object proxy, Method method, Object[] args)
```

无论何时调用代理对象的方法，都会调用这个调用处理器的invoke方法，并提供Method对象和原调用的参数。之后，调用处理器必须确定如何处理这个调用。

6.5.2 创建代理对象

要想创建一个代理对象，需要使用Proxy类的newProxyInstance方法。这个方法有三个参数：

- 一个类加载器（class loader）。作为Java安全模型的一部分，对于平台和应用类、从因特网下载的类等等可以使用不同的类加载器。有关类加载器的详细内容将在卷Ⅱ第9章中讨论。在这个例子中，我们指定了加载平台和应用类的“系统类加载器”。
- 一个Class对象数组，每个元素对应需要实现的各个接口。
- 一个调用处理器。

还有两个需要解决的问题。如何定义处理器？另外，对于得到的代理对象能够做些什么？当然，这两个问题的答案取决于我们想要用代理机制解决什么问题。使用代理可能出于很多目的，例如：

- 将方法调用路由到远程服务器。
- 将用户界面事件与正在运行的程序中的动作关联起来。
- 为了调试而跟踪方法调用。

在示例程序中，我们要使用代理和调用处理器跟踪方法调用。我们定义了一个 TraceHandler 包装器类存储一个包装的对象，其 invoke 方法会打印所调用方法的名字和参数，随后调用这个方法，并提供所包装的对象作为隐式参数。

```
class TraceHandler implements InvocationHandler
{
   private Object target;

   public TraceHandler(Object t)
   {
      target = t;
   }

   public Object invoke(Object proxy, Method m, Object[] args)
         throws Throwable
   {
      // print method name and parameters
      . . .
      // invoke actual method
      return m.invoke(target, args);
   }
}
```

可以如下构造一个代理对象，只要调用它的某个方法，就会触发跟踪行为：

```
Object value = . . .;
// construct wrapper
var handler = new TraceHandler(value);
// construct proxy for one or more interfaces
var interfaces = new Class[] { Comparable.class};
Object proxy = Proxy.newProxyInstance(
   ClassLoader.getSystemClassLoader(),
   new Class[] { Comparable.class } , handler);
```

现在，只要在 proxy 上调用了某个接口的方法，就会打印这个方法的名字和参数，之后再用 value 调用这个方法。

在程序清单 6-10 所示的程序中，我们使用代理对象跟踪一个二分查找。这里首先在数组中填充整数 1 ～ 1000 的代理，然后调用 Arrays 类的 binarySearch 方法在数组中查找一个随机整数。最后，打印出匹配的元素。

```
var elements = new Object[1000];
// fill elements with proxies for the integers 1 . . . 1000
for (int i = 0; i < elements.length; i++)
{
   Integer value = i + 1;
   elements[i] = Proxy.newProxyInstance(. . .); // proxy for value;
}

// construct a random integer
Integer key = (int) (Math.random() * elements.length) + 1;

// search for the key
int result = Arrays.binarySearch(elements, key);

// print match if found
if (result >= 0) System.out.println(elements[result]);
```

Integer类实现了Comparable接口。代理对象属于在运行时定义的一个类（它有一个类似$Proxy0的名字）。这个类也实现了Comparable接口。不过，它的compareTo方法调用了代理对象处理器的invoke方法。

> **注释：** 在本章前面已经看到，Integer类实际上实现了Comparable<Integer>。不过，在运行时，所有的泛型类型都会擦除，会用对应原始Comparable类的类对象构造代理。

binarySearch方法有以下调用：

```
if (elements[i].compareTo(key) < 0) . . .
```

由于数组中填充了代理对象，所以compareTo会调用TraceHander类中的invoke方法。这个方法会打印方法名和参数，之后在包装的Integer对象上调用compareTo。

最后，在示例程序的最后调用：

```
System.out.println(elements[result]);
```

这个println方法调用代理对象的toString，这个调用也会重定向到调用处理器。

下面是程序运行时完整的跟踪结果：

```
500.compareTo(288)
250.compareTo(288)
375.compareTo(288)
312.compareTo(288)
281.compareTo(288)
296.compareTo(288)
288.compareTo(288)
288.toString()
```

可以看到二分查找算法是如何查找key值的，每一步都会将查找区间缩减一半。注意，尽管toString方法不属于Comparable接口，但这个方法也会被代理。在下一节中会看到，某些Object方法总是会被代理。

程序清单6-10　proxy/ProxyTest.java

```
1 package proxy;
2 
3 import java.lang.reflect.*;
4 import java.util.*;
5 
6 /**
7  * This program demonstrates the use of proxies.
8  * @version 1.02 2021-06-16
9  * @author Cay Horstmann
10  */
11 public class ProxyTest
12 {
13    public static void main(String[] args)
14    {
15       var elements = new Object[1000];
16 
17       // fill elements with proxies for the integers 1 . . . 1000
```

```
18         for (int i = 0; i < elements.length; i++)
19         {
20            Integer value = i + 1;
21            var handler = new TraceHandler(value);
22            Object proxy = Proxy.newProxyInstance(
23               ClassLoader.getSystemClassLoader(),
24               new Class[] { Comparable.class }, handler);
25            elements[i] = proxy;
26         }
27
28         // construct a random integer
29         Integer key = (int) (Math.random() * elements.length) + 1;
30
31         // search for the key
32         int result = Arrays.binarySearch(elements, key);
33
34         // print match if found
35         if (result >= 0) System.out.println(elements[result]);
36      }
37   }
38
39   /**
40    * An invocation handler that prints out the method name and parameters, then
41    * invokes the original method
42    */
43   class TraceHandler implements InvocationHandler
44   {
45      private Object target;
46
47      /**
48       * Constructs a TraceHandler
49       * @param t the implicit parameter of the method call
50       */
51      public TraceHandler(Object t)
52      {
53         target = t;
54      }
55
56      public Object invoke(Object proxy, Method m, Object[] args) throws Throwable
57      {
58         // print implicit argument
59         System.out.print(target);
60         // print method name
61         System.out.print("." + m.getName() + "(");
62         // print explicit arguments
63         if (args != null)
64         {
65            for (int i = 0; i < args.length; i++)
66            {
67               System.out.print(args[i]);
68               if (i < args.length - 1) System.out.print(", ");
69            }
70         }
71         System.out.println(")");
72
```

```
73          // invoke actual method
74          return m.invoke(target, args);
75      }
76  }
```

6.5.3　代理类的特性

我们已经看到了代理类的具体使用，接下来了解它们的一些特性。需要记住，代理类是在程序运行过程中动态创建的。不过，一旦创建，它们就是常规的类，与虚拟机中的任何其他类没有什么区别。

所有的代理类都扩展 Proxy 类。一个代理类只有一个实例字段——即调用处理器，它在 Proxy 超类中定义。完成代理对象任务所需要的任何额外数据都必须存储在调用处理器中。例如，在程序清单 6-10 给出的程序中，代理 Comparable 对象时，TraceHandler 就包装了具体的对象。

所有的代理类都要覆盖 Object 类的 toString、equals 和 hashCode 方法。如同所有代理方法一样，这些方法只是在调用处理器上调用 invoke。Object 类中的其他方法（如 clone 和 getClass）没有重新定义。

没有定义代理类的名字，Oracle 虚拟机中的 Proxy 类会生成以字符串 $Proxy 开头的类名。

对于一个特定的类加载器和一组接口，只能有一个代理类。也就是说，如果使用同一个类加载器和接口数组调用两次 newProxyInstance 方法，将得到同一个类的两个对象。也可以利用 getProxyClass 方法获得这个类：

```
Class proxyClass = Proxy.getProxyClass(null, interfaces);
```

代理类总是 public 和 final。如果代理类实现的所有接口都是 public，这个代理类就不属于任何特定的包；否则，所有非公共的接口都必须属于同一个包，而且代理类也属于这个包。

可以通过调用 Proxy 类的 isProxyClass 方法检测一个特定的 Class 对象是否表示一个代理类。

注释： 调用一个目标代理的默认方法会触发调用处理器。要具体调用这个方法，可以使用 InvocationHandler 接口的静态方法 invokeDefault。例如，下面是一个调用处理器，它会调用默认方法，并把抽象方法传递到另一个目标：

```
InvocationHandler handler = (proxy, method, args) ->
   {
      if (method.isDefault())
         return InvocationHandler.invokeDefault(proxy, method, args)
      else
         return method.invoke(target, args);
   }
```

API ***java.lang.reflect.InvocationHandler*** **1.3**

- Object invoke(Object proxy, Method method, Object[] args)

  定义这个方法包含一个动作，你希望只要在代理对象上调用一个方法就完成这个动作。

- static Object invokeDefault(Object proxy, Method method, Object... args) **16**

  绕过调用处理器，用给定参数调用代理实例的一个默认方法。

API java.lang.reflect.Proxy 1.3

- static Class<?> getProxyClass(ClassLoader loader, Class<?>... interfaces)

  返回实现指定接口的代理类。

- static Object newProxyInstance(ClassLoader loader, Class<?>[] interfaces, InvocationHandler handler)

  构造实现指定接口的代理类的一个新实例。所有方法都调用给定处理器对象的 invoke 方法。

- static boolean isProxyClass(Class<?> cl)

  如果 cl 是一个代理类则返回 true。

到此为止，Java 程序设计语言的面向对象特性就介绍完毕了。接口、lambda 表达式和内部类是我们经常会遇到的几个概念，不过，克隆、服务加载器和代理等高级技术主要是设计库及构建工具的程序员感兴趣，开发应用程序的程序员对此可能不太关心。接下来可以在第 7 章学习如何处理程序中的异常情况。

第7章　异常、断言和日志

- ▲ 处理错误
- ▲ 捕获异常
- ▲ 使用异常的技巧
- ▲ 使用断言
- ▲ 日志
- ▲ 调试技巧

在理想世界里，用户输入数据的格式永远都是正确的，选择打开的文件也一定存在，代码永远不会出现bug。迄今为止，本书呈现给大家的代码似乎都处在这样一个理想世界中。不过，在现实世界中却充满了不良的数据和有问题的代码，现在该讨论Java程序设计语言中处理这些问题的机制了。

人们在遇到错误时会感觉不爽。如果由于程序的错误或一些外部环境的影响，导致用户在运行程序期间做的所有工作统统丢失，这个用户有可能永远不会再使用这个程序了。为了尽量避免这类事情的发生，至少应该做到以下几点：

- 向用户通知错误；
- 保存所有工作；
- 允许用户妥善地退出程序。

对于异常情况，例如，可能造成程序崩溃的糟糕的输入数据，Java使用了一种称为异常处理（exception handing）的错误捕获机制。Java中的异常处理与C++或Delphi中的异常处理十分类似。本章的第1部分先介绍Java的异常。

在测试期间，需要运行大量检查以确保程序操作的正确性。不过，这些检查可能非常耗时，在测试完成后也没有必要保留。你可以简单地将这些检查删除，需要另做测试时再将它们粘贴回来，不过这样做会很烦琐。本章的第2部分将介绍如何使用断言有选择地启用检查。

当程序出现错误时，你并不总能与用户或终端沟通。此时，我们可能希望记录出现的问题，以备日后进行分析。本章的第3部分将讨论标准Java日志框架。

7.1　处理错误

假设在Java程序运行期间出现了一个错误。这个错误可能是包含错误信息的文件导致的，或者是网络连接出现问题造成的，也有可能（我真是不想提到这一点）是因为使用了非法的数组索引，或者试图使用一个还没有指定对象的对象引用。用户期望在出现错误时，程序能够采取合理的行为。如果由于出现错误而导致一个操作无法完成，程序应该返回到一种安全状态，并允许用户执行其他的命令，或者允许用户保存所有工作，并妥善地终止程序。

要做到这些并不是一件容易的事情。其原因是检测（或者甚至引发）错误条件的代码通常与那些能够让数据回滚到安全状态或者能够保存用户工作并妥善退出程序的代码相距很远。异常处理的任务就是将控制权从产生错误的地方转移到能够处理这种情况的一个错误处理器。为了在程序中处理异常情况，必须考虑程序中可能出现的错误和问题。那么需要考虑哪些问题呢?

- *用户输入错误*。除了那些不可避免的键盘输入错误外，有些用户喜欢自行其是，而不遵守程序的要求。例如，假设有一个用户请求连接一个 URL，而提供的 URL 语法不正确。你的代码本应该检查语法，但如果没有检查，网络层就会报错。
- *设备错误*。硬件并不总是让它做什么，它就做什么。打印机可能被关掉了。网页可能临时不能浏览。设备经常在完成任务的过程中出问题。例如，打印机在打印过程中可能没有纸了。
- *物理限制*。磁盘已满，你可能已经用尽了所有可用内存。
- *代码错误*。方法有可能没有正确地完成工作。例如，方法可能返回了一个错误的答案，或者错误地使用了其他方法。计算一个非法的数组索引，试图在散列表中查找一个不存在的记录，或者试图让一个空栈执行弹出操作，这些都是代码错误的例子。

对于方法中的错误，传统的处理方法是返回一个特殊的错误码，由调用方法分析。例如，对于从文件中读取信息的方法，通常返回一个特殊值 -1（而不是一个标准字符）表示文件结束。这对于处理很多异常状况都是很高效的方法。还有一个表示错误状况的常用返回值是 `null` 引用。

遗憾的是，并不是任何情况下都能够返回一个错误码。有可能无法明确地区分合法数据与非法数据。一个返回整型的方法就不能简单地返回 -1 表示错误，因为 -1 很可能是一个完全合法的结果。

正如第 5 章中所提到的那样，Java 允许每个方法有一个候选的退出路径，如果这个方法不能以正常的方式完成它的任务，就会选择这个退出路径。在这种情况下，方法不会返回一个值，而是*抛出*（throw）一个封装了错误信息的对象。需要注意的是，这个方法会立刻退出，并不返回正常值（或任何值）。此外，也不会从调用这个方法的代码继续执行，取而代之的是，异常处理机制开始搜索一个能够处理这种异常状况的*异常处理器*（exception handler）。

异常有自己的语法和一个特殊的继承层次结构。下面首先介绍语法，然后再给出一些提示，告诉你如何有效地使用这种语言特性。

7.1.1 异常分类

在 Java 程序设计语言中，异常对象都是派生于 `Throwable` 类的一个类的实例。稍后还会看到，如果 Java 中内置的异常类不能满足需求，用户还可以创建自己的异常类。

图 7-1 是 Java 异常层次结构的一个简化示意图。

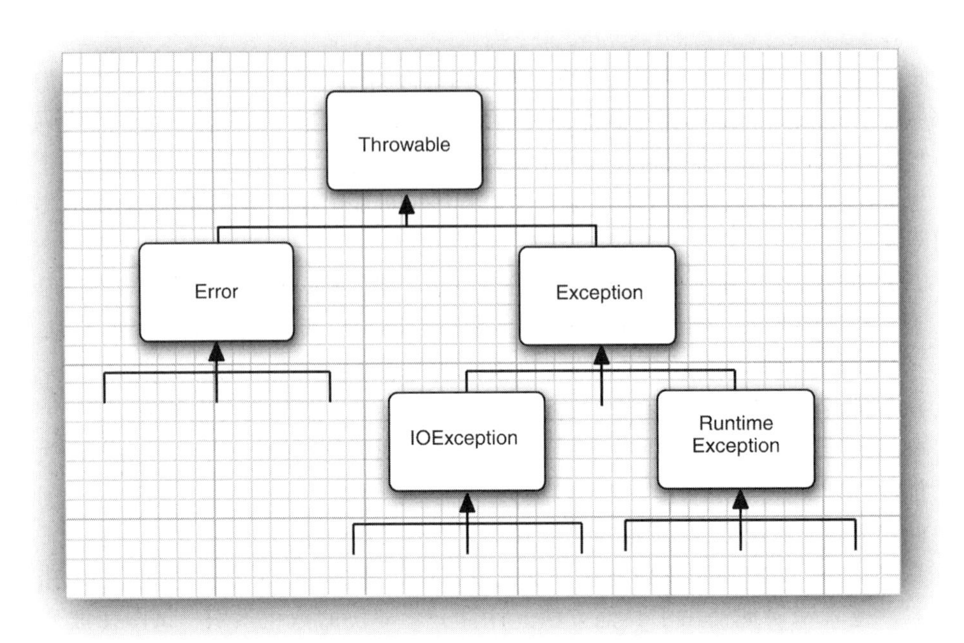

图 7-1 Java 中的异常层次结构

需要注意的是，所有的异常都是由 Throwable 继承而来，但在这个层次结构中，下一层立即分为两个分支：Error 和 Exception。

Error 类层次结构描述了 Java 运行时系统的内部错误和资源耗尽问题。你不应该抛出这种类型的对象。如果出现了这样的内部错误，除了通知用户，并尽力妥善地终止程序之外，你几乎无能为力。这种情况很少出现。

编写 Java 程序时，要重点关注 Exception 层次结构。这个 Exception 层次结构又分为两个分支：一个分支派生于 RuntimeException；另一个分支包括其他异常，不继承这个类。一般规则是：由编程错误导致的异常属于 RuntimeException；如果程序本身没有问题，但由于 I/O 错误之类的问题导致的异常属于其他异常。

继承自 RuntimeException 的异常包括以下问题：

- 错误的强制类型转换。
- 越界的数组访问。
- 访问 null 指针。

不继承自 RuntimeException 的异常包括：

- 试图越过文件末尾继续读取数据。
- 试图打开一个不存在的文件。
- 试图根据给定的字符串查找 Class 对象，而这个字符串表示的类并不存在。

"如果出现 RuntimeException 异常，那么一定是你的问题"，这个规则很有道理。应该通过检测数组索引是否越界来避免 ArrayIndexOutOfBoundsException 异常；如果你在使用变量之前先检查它是否为 null，NullPointerException 异常就不会发生。

如何处理不存在的文件呢？难道不能先检查文件是否存在再打开它吗？嗯，这个文件有可能在你检查它是否存在之后就被立即删除。因此，“是否存在”取决于环境，而不只是取决于你的代码。

Java 语言规范将派生于 Error 类或 RuntimeException 类的所有异常称为非检查型（unchecked）异常，所有其他异常称为检查型（checked）异常。这是很有用的术语，这本书中也会采用这些术语。编译器将检查你是否为所有的检查型异常提供了异常处理器。

> **注释：** RuntimeException 这个名字很容易让人混淆。当然了，我们讨论的所有错误都发生在运行时。这个名字可以追溯到很久很久以前，那时 Oak（Java 的前身）的“运行时”会生成越界异常和 null 指针异常。I/O 异常可能由某个其他组件生成。

> **C++ 注释：** 如果熟悉标准 C++ 类库中（更为受限）的异常层次结构，可能会很困惑。C++ 有两个基本的异常类，一个是 runtime_error；另一个是 logic_error。logic_error 类相当于 Java 中的 RuntimeException，也表示程序中的逻辑错误；runtime_error 类是所有由于不可预测的问题所引发的异常的基类。它相当于 Java 中非 RuntimeException 类型的异常。

7.1.2　声明检查型异常

如果遇到了无法处理的情况，Java 方法可以抛出一个异常。这个道理很简单：方法不仅需要告诉编译器将要返回什么值，还要告诉编译器有可能发生什么错误。例如，一段读取文件的代码知道读取的文件有可能不存在，或者文件可能为空，因此，试图处理文件信息的代码就需要通知编译器可能会抛出 IOException 类的异常。

要在方法的首部指出这个方法可能抛出一个异常，所以要修改方法首部，以反映这个方法可能抛出的检查型异常。例如，下面是标准类库中 FileInputStream 类的一个构造器的声明（有关输入和输出的更多信息请参见卷Ⅱ的第 1 章）。

```
public FileInputStream(String name) throws FileNotFoundException
```

这个声明表示这个构造器将根据给定的 String 参数生成一个 FileInputStream 对象，但也有可能出错而抛出一个 FileNotFoundException 异常。如果真的发生了这种糟糕的情况，构造器将不会初始化一个新的 FileInputStream 对象，而是抛出一个 FileNotFoundException 类对象。如果这个方法真的抛出了这样一个异常对象，运行时系统就会开始搜索知道如何处理 FileNotFoundException 对象的异常处理器。

编写你自己的方法时，不必声明你的方法可能抛出的所有 throwable 对象。至于什么时候需要在所写的方法中用 throws 子句声明异常，以及要用 throws 子句声明哪些异常，需要记住在遇到下面 4 种情况时会抛出异常：

- 调用了一个抛出检查型异常的方法，例如，FileInputStream 构造器。

- 检测到一个错误，并且利用throw语句抛出一个检查型异常（下一节将详细介绍throw语句）。
- 程序出现错误，例如，a[-1]=0会抛出一个非检查型异常（这里会抛出ArrayIndexOutOfBoundsException）。
- Java虚拟机或运行时库出现内部错误。

如果出现前两种情况，则必须告诉使用这个方法的程序员有可能抛出异常。为什么？因为任何一个抛出异常的方法都有可能是一个死亡陷阱。如果没有处理器捕获这个异常，当前的执行线程就会终止。

有些Java方法包含在对外提供的类中，对于这些方法，应该通过方法首部的异常规范（exception specification）声明这个方法可能抛出异常。

```
class MyAnimation
{
   . . .
   public Image loadImage(String s) throws IOException
   {
      . . .
   }
}
```

如果一个方法有可能抛出多个检查型异常类型，那么就必须在方法的首部列出所有的异常类。每个异常类之间用逗号隔开。如下面这个例子所示：

```
class MyAnimation
{
   . . .
   public Image loadImage(String s) throws FileNotFoundException, EOFException
   {
      . . .
   }
}
```

但是，不需要声明Java的内部错误，即从Error继承的异常。任何代码都有可能抛出那些异常，而我们对此完全无法控制。

类似地，也不应该声明从RuntimeException继承的那些非检查型异常。

```
class MyAnimation
{
   . . .
   void drawImage(int i) throws ArrayIndexOutOfBoundsException // bad style
   {
      . . .
   }
}
```

这些运行时错误完全在我们的控制之中。如果特别担心数组索引错误，就应该多花时间修正这些错误，而不只是声明这些错误有可能发生。

总之，一个方法必须声明所有可能抛出的检查型异常，而非检查型异常要么在你的控制之外（Error），要么是由从一开始就应该避免的情况导致的（RuntimeException）。如果你的方法没有诚实地声明所有可能发生的检查型异常，编译器就会发出一个错误消息。

当然，从前面的示例中可以知道：不只是声明异常，你还可以捕获异常。这样就不会从这个方法抛出这个异常，所以也没有必要使用 throws。本章后面将会讨论如何决定究竟是捕获一个异常，还是将其抛出由其他人捕获。

> **警告**：如果在子类中覆盖了超类的一个方法，子类方法中声明的检查型异常不能比超类方法中声明的异常更通用（子类方法可以抛出更特定的异常，或者根本不抛出任何异常）。特别需要说明的是，如果超类方法没有抛出任何检查型异常，子类也不能抛出任何检查型异常。例如，如果覆盖 JComponent.paintComponent 方法，由于超类中这个方法没有抛出任何检查型异常，所以，你的 paintComponent 也不能抛出任何检查型异常。

如果类中的一个方法声明它会抛出一个异常，而这个异常是某个特定类的实例，那么这个方法抛出的异常可能属于这个类，也可能属于这个类的任意一个子类。例如，FileInputStream 构造器声明有可能抛出一个 IOExcetion 异常，在这种情况下，你并不知道具体是哪种 IOException 异常。它既可能是 IOException，也可能是其某个子类的对象，例如，FileNotFoundException。

> **C++ 注释**：Java 中的 throws 说明符与 C++ 中的 throw 说明符基本类似，但有一点重要的区别。在 C++ 中，throw 说明符在运行时执行，而不是在编译时执行。也就是说，C++ 编译器并不关注异常规范。但是，如果函数抛出的异常没有出现在 throw 列表中，就会调用 unexpected 函数，默认情况下，程序会终止。
>
> 另外，在 C++ 中，如果没有给出 throw 异常规范，函数可能会抛出任何异常。而在 Java 中，没有 throws 说明符的方法根本不会抛出任何检查型异常。

7.1.3 如何抛出异常

现在假设在程序代码中发生了糟糕的事情。一个名为 readData 的方法正在读取一个文件，文件首部承诺文件长度为 1024 个字符：

```
Content-length: 1024
```

不过，读到 733 个字符之后文件就结束了。你可能认为这是一种不正常的情况，希望抛出一个异常。

首先要决定应该抛出什么类型的异常。可能某种 IOException 是个不错的选择。仔细地阅读 Java API 文档之后会发现，EOFException 异常的描述是：“指示输入过程中意外遇到了 EOF”。完美，这正是我们要抛出的异常。可以如下抛出这个异常：

```
throw new EOFException();
```

或者，也可以写为

```
var e = new EOFException();
throw e;
```

下面给出完整的代码：

```
String readData(Scanner in) throws EOFException
{
   . . .
   while (. . .)
   {
      if (!in.hasNext()) // EOF encountered
      {
         if (n < len)
            throw new EOFException();
      }
      . . .
   }
   return s;
}
```

EOFException类还有一个带一个字符串参数的构造器。你可以很好地利用这个构造器，更细致地描述异常情况。

```
String gripe = "Content-length: " + len + ", Received: " + n;
throw new EOFException(gripe);
```

在前面已经看到，如果一个已有的异常类能够满足你的要求，抛出这个异常非常容易。在这种情况下：

1. 找到一个合适的异常类。
2. 创建这个类的一个对象。
3. 将对象抛出。

一旦方法抛出了异常，这个方法就不会返回到调用者。也就是说，你不必操心建立一个默认的返回值或错误码。

> **C++注释：** 在C++与Java中，抛出异常的过程基本相同，只有一点微小的差别。在Java中，只能抛出Throwable子类的对象，而在C++中，却可以抛出任何类型的值。

7.1.4　创建异常类

你的代码可能会遇到任何标准异常类都无法描述清楚的问题。在这种情况下，创建自己的异常类就是一件顺理成章的事情了，这也很容易。我们要做的只是定义一个派生于Exception的类，或者派生于Exception的某个子类，如IOException。习惯做法是，自定义的这个类应该包含两个构造器，一个是默认的构造器，另一个是包含详细描述信息的构造器（超类Throwable的toString方法会返回一个字符串，其中包含这个详细信息，这在调试中非常有用）。

```
class FileFormatException extends IOException
{
   public FileFormatException() {}
   public FileFormatException(String gripe)
   {
      super(gripe);
   }
}
```

现在，就可以抛出你自己定义的异常类型了。

```
String readData(Scanner in) throws FileFormatException
{
   . . .
   while (. . .)
   {
      if (ch == -1) // EOF encountered
      {
         if (n < len)
            throw new FileFormatException();
      }
      . . .
   }
   return s;
}
```

API java.lang.Throwable 1.0

- `Throwable()`

  构造一个新的 Throwable 对象，但没有详细的描述信息。

- `Throwable(String message)`

  构造一个新的 Throwable 对象，带有指定的详细描述信息。按惯例，所有派生的异常类都支持一个默认构造器和一个带有详细描述信息的构造器。

- `String getMessage()`

  获得 Throwable 对象的详细描述信息。

7.2　捕获异常

你现在已经知道了如何抛出一个异常。这非常容易，只要将其抛出就不用理睬了。当然，有些代码必须捕获异常。捕获异常需要做更多规划。这正是下面几节要介绍的内容。

7.2.1　捕获异常概述

如果发生了某个异常，但没有在任何地方捕获这个异常，程序就会终止，并在控制台上打印一个消息，其中包括这个异常的类型和一个栈轨迹。不过，图形用户界面（GUI）程序可能会捕获异常，打印栈轨迹消息，然后返回用户界面处理循环。（在调试 GUI 程序时，最好保证控制台窗口可见，并且没有最小化。）

要想捕获一个异常，需要建立 try/catch 语句块。最简单的 try 语句块如下所示：

```
try
{
   code
   more code
   more code
}
catch (ExceptionType e)
{
   handler for this type
}
```

如果 try 语句块中的任何代码抛出了 catch 子句中指定的一个异常类，那么

1. 程序将跳过 try 语句块的其余代码。

2. 程序将执行 catch 子句中的处理器代码。

如果 try 语句块中的代码没有抛出任何异常，那么程序将跳过 catch 子句。

如果方法中的任何代码抛出了一个异常，但不是 catch 子句中指定的异常类型，那么这个方法会立即退出（希望它的调用者为这种类型的异常提供了 catch 子句）。

为了展示捕获异常的过程，下面给出一个很典型的读取数据的代码：

```
public void read(String filename)
{
   try
   {
      var in = new FileInputStream(filename);
      int b;
      while ((b = in.read()) != -1)
      {
         process input
      }
   }
   catch (IOException exception)
   {
      exception.printStackTrace();
   }
}
```

需要注意的是，try 子句中的大多数代码都很容易理解：读取并处理字节，直到遇到文件结束符为止。正如在 Java API 中看到的那样，read 方法有可能抛出一个 IOException 异常。在这种情况下，将跳出整个 while 循环，进入 catch 子句，并生成一个栈轨迹。对于一个“玩具类”的简单程序来说，这样处理异常看上去很有道理。还有其他的选择吗？

通常，最好的选择是什么也不做，而只是将异常继续传递给调用者。如果 read 方法出现了错误，就让 read 方法的调用者去操心这个问题！如果采用这种处理方式，就必须声明这个方法可能会抛出一个 IOException。

```
public void read(String filename) throws IOException
{
   var in = new FileInputStream(filename);
   int b;
   while ((b = in.read()) != -1)
   {
      process input
   }
}
```

请记住，编译器严格地执行 throws 说明符。如果调用了一个抛出检查型异常的方法，就必须处理这个异常，或者继续传递这个异常。

哪种方法更好呢？一般经验是，要捕获那些你知道如何处理的异常，而继续传播那些你不知道怎样处理的异常。

如果想传播一个异常，就必须在方法的首部添加一个 throws 说明符，提醒调用者这个方

法可能会抛出一个异常。

查看 Java API 文档，可以看到每个方法可能会抛出哪些异常，然后再决定是由自己处理，还是添加到 throws 列表中。对于后一种选择，不用感到难堪。将异常交给胜任的处理器进行处理要比压制这个异常更好。

同时请记住，前面曾经提到过，这个规则有一个例外。如果编写一个覆盖超类方法的方法，而这个超类方法没有抛出异常（如 JComponent 中的 paintComponent），就必须捕获你的方法代码中出现的每一个检查型异常。子类的 throws 列表中不允许出现超类方法中未列出的异常类。

C++ 注释： 在 Java 与 C++ 中，捕获异常的方式基本相同。严格地说，以下代码

```
catch (Exception e) // Java
```

与

```
catch (Exception& e) // C++
```

是一样的。

在 Java 中，没有与 C++ 中的 catch(...) 对应的东西。这在 Java 中并不需要，因为所有异常类都派生于一个公共的超类。

7.2.2 捕获多个异常

在一个 try 语句块中可以捕获多个异常类型，并对不同类型的异常做出不同的处理。要为每个异常类型使用一个单独的 catch 子句，如下例所示：

```
try
{
   code that might throw exceptions
}
catch (FileNotFoundException e)
{
   emergency action for missing files
}
catch (UnknownHostException e)
{
   emergency action for unknown hosts
}
catch (IOException e)
{
   emergency action for all other I/O problems
}
```

异常对象可能包含有关异常性质的信息。要想获得这个对象的更多信息，可以尝试使用

```
e.getMessage()
```

得到详细的错误消息（如果有的话），或者使用

```
e.getClass().getName()
```

得到异常对象的实际类型。

在 Java 7 中，同一个 catch 子句中可以捕获多个异常类型。例如，假设对应缺少文件和未知主机异常的动作是一样的，就可以合并 catch 子句：

```
try
{
   code that might throw exceptions
}
catch (FileNotFoundException | UnknownHostException e)
{
   emergency action for missing files and unknown hosts
}
catch (IOException e)
{
   emergency action for all other I/O problems
}
```

只有当捕获的异常类型彼此之间不存在子类关系时才需要这个特性。

> **注释：** 捕获多个异常时，异常变量隐含为 final 变量。例如，在以下子句体中不能为 e 赋一个不同的值：
>
> ```
> catch (FileNotFoundException | UnknownHostException e) { . . . }
> ```

> **注释：** 捕获多个异常不仅会让你的代码看起来更简单，还会更高效。生成的字节码只包含对应公共 catch 子句的一个代码块。

7.2.3　再次抛出异常与异常链

可以在 catch 子句中抛出一个异常。通常，希望改变异常的类型时会这样做。如果开发了一个供其他程序员使用的子系统，就可以使用一个指示子系统故障的异常类型，这很有道理。ServletException 就是这样一个异常类型的例子。执行一个 servlet 的代码可能不想知道发生错误的细节，但肯定希望知道这个 servlet 是否有问题。

可以如下捕获异常并将它再次抛出：

```
try
{
   access the database
}
catch (SQLException e)
{
   throw new ServletException("database error: " + e.getMessage());
}
```

在这里，构造 ServleException 时提供了异常的消息文本。

不过，还有一种更好的想法，可以把原始异常设置为新异常的“原因”：

```
try
{
   access the database
}
catch (SQLException original)
{
```

```
    var e = new ServletException("database error");
    e.initCause(original);
    throw e;
}
```

捕获到这个异常时，可以使用下面这条语句获取原始异常：

```
Throwable original = caughtException.getCause();
```

强烈建议使用这种包装技术。这样可以在子系统中抛出高层异常，而不会丢失原始异常的细节信息。

> **提示：** 如果在一个方法中出现了一个检查型异常，但这个方法不允许抛出检查型异常，这种情况下包装技术也很有用。我们可以捕获这个检查型异常，并将它包装成一个运行时异常。

有时你可能只想记录一个异常，再将它重新抛出，而不做任何改变：

```
try
{
    access the database
}
catch (Exception e)
{
    logger.log(level, message, e);
    throw e;
}
```

在 Java 7 之前，这种方法存在一个问题。假设这个代码在以下方法中：

```
public void updateRecord() throws SQLException
```

Java 编译器查看 catch 块中的 throw 语句，然后查看 e 的类型，会指出这个方法可能抛出任何 Exception 而不只是 SQLException。现在这个问题已经得到改进。编译器会跟踪到 e 来自 try 块。假设这个 try 块中仅有的检查型异常是 SQLException 实例，另外假设 e 在 catch 块中未改变，将外围方法声明为 throws SQLException 就是合法的。

7.2.4　finally 子句

代码抛出一个异常时，就会停止处理这个方法中剩余的代码，并退出这个方法。如果这个方法已经获得了只有它自己知道的一些本地资源，而且这些资源必须清理，这就会有问题。一种解决方案是捕获所有异常，完成资源的清理，再重新抛出异常。但是，这种解决方案比较烦琐，因为需要在两个地方清理资源分配，一个是在正常的代码中，另一个是在异常代码中。finally 子句可以解决这个问题。

> **注释：** 在 Java 7 之后，还有一种更精巧的解决方案，即 try-with-resources 语句（下一节将介绍这个内容）。我们之所以要详细讨论 finally 机制，是因为这是概念基础。不过在实际中，try-with-resources 语句可能比 finally 子句更常使用。

不管是否捕获到异常，finally 子句中的代码都会执行。在下面的示例中，所有情况下程序都将关闭输入流。

```
var in = new FileInputStream(. . .);
try
{
   // 1
   code that might throw exceptions
   // 2
}
catch (IOException e)
{
   // 3
   show error message
   // 4
}
finally
{
   // 5
   in.close();
}
// 6
```

下面来看这个程序执行 finally 子句的 3 种可能的情况：

1. 代码没有抛出异常。在这种情况下，程序首先执行 try 语句块中的全部代码，然后执行 finally 子句中的代码。随后，继续执行 finally 子句之后的第一条语句。也就是说，执行的顺序是 1、2、5、6。

2. 代码抛出一个异常，并在一个 catch 子句中捕获。在上面的示例中就是 IOException 异常。在这种情况下，程序将执行 try 语句块中的所有代码，直到抛出异常为止。此时，将跳过 try 语句块中的剩余代码，转去执行与该异常匹配的 catch 子句中的代码，然后执行 finally 子句中的代码。

如果 catch 子句没有抛出异常，程序将执行 finally 子句之后的第一条语句。在这种情况下，执行顺序是 1、3、4、5、6。

如果 catch 子句抛出了一个异常，异常将被抛回到这个方法的调用者。执行顺序则只是 1、3、5。

3. 代码抛出了一个异常，但没有任何 catch 子句捕获这个异常。在这种情况下，程序将执行 try 语句块中的所有语句，直到抛出异常为止。此时，将跳过 try 语句块中的剩余代码，然后执行 finally 子句中的语句，并将异常抛回给这个方法的调用者。在这里，执行顺序只是 1、5。

try 语句可以只有 finally 子句，而没有 catch 子句。例如，下面这条 try 语句：

```
InputStream in = . . .;
try
{
   code that might throw exceptions
}
finally
{
   in.close();
}
```

无论在 try 语句块中是否遇到异常，finally 子句中的 in.close() 语句都会执行。当然，如果真的遇到一个异常，这个异常将会被重新抛出，并且必须由另一个 catch 子句捕获。

```
InputStream in = . . .;
try
{
   try
   {
      code that might throw exceptions
   }
   finally
   {
      in.close();
   }
}
catch (IOException e)
{
   show error message
}
```

内层的 try 语句块只有一个职责，就是确保关闭输入流。外层的 try 语句块也只有一个职责，就是确保报告出现的错误。这种解决方案不仅更清楚，而且功能更强：将会报告 finally 子句中出现的错误。

> **警告：** 当 finally 子句包含 return 语句时，有可能产生意想不到的结果。假设由 return 语句从 try 语句块中间退出。在方法返回前，会执行 finally 子句块。如果 finally 块也有一个 return 语句，这个返回值将会遮蔽原来的返回值。来看下面这个例子：
>
> ```
> public static int parseInt(String s)
> {
>    try
>    {
>       return Integer.parseInt(s);
>    }
>    finally
>    {
>       return 0; // ERROR
>    }
> }
> ```
>
> 看起来在 parseInt("42") 调用中，try 块的体会返回整数 42。不过，这个方法真正返回之前，会执行 finally 子句，这就使得方法最后会返回 0，而忽略原先的返回值。
>
> 更糟糕的是，考虑调用 parseInt("zero")。Integer.parseInt 方法会抛出一个 NumberFormat-Exception，然后执行 finally 子句，return 语句甚至“吞掉”了这个异常！
>
> finally 子句的体要用于清理资源。不要把改变控制流的语句（return, throw, break, continue）放在 finally 子句中。

7.2.5　try-with-Resources 语句

在 Java 7 中，对于以下代码模式：

```
open a resource
try
{
   work with the resource
}
finally
{
   close the resource
}
```

假设这个资源属于一个实现了 AutoCloseable 接口的类，Java 7 为这种代码模式提供了一个很有用的快捷方式。AutoCloseable 接口有一个方法：

```
void close() throws Exception
```

> **注释：** 另外，还有一个 Closeable 接口。这是 AutoCloseable 的子接口，也只包含一个 close 方法。不过，这个方法声明为抛出一个 IOException。

try-with-resources 语句（带资源的 try 语句）的最简形式为：

```
try (Resource res = . . .)
{
   work with res
}
```

try 块退出时，会自动调用 res.close()。下面给出一个典型的例子，这里要读取一个文件中的所有单词：

```
try (var in = new Scanner(Path.of("in.txt"), StandardCharsets.UTF_8))
{
   while (in.hasNext())
      System.out.println(in.next());
}
```

这个块正常退出时，或者存在一个异常时，都会调用 in.close() 方法，就好像使用了 finally 块一样。

还可以指定多个资源。例如：

```
try (var in = new Scanner(Path.of("in.txt"), StandardCharsets.UTF_8);
      var out = new PrintWriter("out.txt", StandardCharsets.UTF_8))
{
   while (in.hasNext())
      out.println(in.next().toUpperCase());
}
```

不论这个块如何退出，in 和 out 都会关闭。如果用常规方式手动编程，就需要两个嵌套的 try/finally 语句。

在 Java 9 中，可以在 try 首部提供之前声明的事实最终变量：

```
public static void printAll(String[] lines, PrintWriter out)
{
   try (out)
   { // effectively final variable
      for (String line : lines)
```

```
            out.println(line);
        } // out.close() called here
    }
```

如果 try 块抛出一个异常，而且 close 方法也抛出一个异常，这就会带来一个难题。try-with-resources 语句可以很好地处理这种情况。原来的异常会重新抛出，而 close 方法抛出的所有异常会"被抑制"。这些异常将被自动捕获，并由 addSuppressed 方法添加到原来的异常中去。如果对这些异常感兴趣，可以调用 getSuppressed 方法，它会生成一个数组，其中包含从 close 方法抛出的被抑制的异常。

你肯定不想手动编程来处理这些问题。只要需要关闭资源，就要尽可能使用 try-with-resources 语句。

> **注释：** try-with-resources 语句自身也可以有 catch 子句，甚至还可以有一个 finally 子句。这些子句会在关闭资源之后执行。

7.2.6 分析栈轨迹元素

栈轨迹（stack trace）是程序执行过程中某个特定点上所有挂起的方法调用的一个列表。你肯定已经看到过这种栈轨迹列表，当 Java 程序因为一个未捕获的异常而终止时，就会显示栈轨迹。

可以调用 Throwable 类的 printStackTrace 方法访问栈轨迹的文本描述信息。

```
var t = new Throwable();
var out = new StringWriter();
t.printStackTrace(new PrintWriter(out));
String description = out.toString();
```

一种更灵活的方法是使用 StackWalker 类，它会生成一个 StackWalker.StackFrame 实例流，其中每个实例分别描述一个栈帧（stack frame）。可以利用以下调用迭代处理这些栈帧：

```
StackWalker walker = StackWalker.getInstance();
walker.forEach(frame -> analyze frame)
```

如果想要以懒方式处理 Stream<StackWalker.StackFrame>，可以调用：

```
walker.walk(stream -> process stream)
```

流处理将在本书卷 II 的第 1 章详细介绍。

StackWalker.StackFrame 类有一些方法可以得到正在执行的代码行的文件名和行号，以及类对象和方法名。toString 方法会生成一个格式化字符串，其中包含所有这些信息。

> **注释：** 在 Java 9 之前，Throwable.getStackTrace 方法会生成一个 StackTraceElement[] 数组，其中包含与 StackWalker.StackFrame 实例流类似的信息。不过，这个调用的效率不高，因为它要得到整个栈，即使调用者可能只需要几个栈帧。另外它只允许访问挂起方法的类名，而不能访问类对象。

程序清单 7-1 打印了递归阶乘函数的栈轨迹。例如，如果计算 factorial(3)，会有以下输出：

```
factorial(3):
stackTrace.StackTraceTest.factorial(StackTraceTest.java:20)
stackTrace.StackTraceTest.main(StackTraceTest.java:36)
factorial(2):
stackTrace.StackTraceTest.factorial(StackTraceTest.java:20)
stackTrace.StackTraceTest.factorial(StackTraceTest.java:26)
stackTrace.StackTraceTest.main(StackTraceTest.java:36)
factorial(1):
stackTrace.StackTraceTest.factorial(StackTraceTest.java:20)
stackTrace.StackTraceTest.factorial(StackTraceTest.java:26)
stackTrace.StackTraceTest.factorial(StackTraceTest.java:26)
stackTrace.StackTraceTest.main(StackTraceTest.java:36)
return 1
return 2
return 6
```

程序清单 7-1　stackTrace/StackTraceTest.java

```
1 package stackTrace;
2
3 import java.util.*;
4
5 /**
6  * A program that displays a trace feature of a recursive method call.
7  * @version 1.10 2017-12-14
8  * @author Cay Horstmann
9  */
10 public class StackTraceTest
11 {
12    /**
13     * Computes the factorial of a number
14     * @param n a non-negative integer
15     * @return n! = 1 * 2 * . . . * n
16     */
17    public static int factorial(int n)
18    {
19       System.out.println("factorial(" + n + "):");
20       var walker = StackWalker.getInstance();
21       walker.forEach(System.out::println);
22       int r;
23       if (n <= 1) r = 1;
24       else r = n * factorial(n - 1);
25       System.out.println("return " + r);
26       return r;
27    }
28
29    public static void main(String[] args)
30    {
31       try (var in = new Scanner(System.in))
32       {
33          System.out.print("Enter n: ");
34          int n = in.nextInt();
35          factorial(n);
36       }
37    }
38 }
```

java.lang.Throwable 1.0

- Throwable(Throwable cause) **1.4**
- Throwable(String message, Throwable cause) **1.4**

  用给定的 cause（原因）构造一个 Throwable 对象。
- Throwable initCause(Throwable cause) **1.4**

  为这个对象设置原因，如果这个对象已经有原因，则抛出一个异常。返回 this。
- Throwable getCause() **1.4**

  获得设置为这个对象的原因的异常对象。如果没有设置原因，则返回 null。
- StackTraceElement[] getStackTrace() **1.4**

  获得构造这个对象时调用栈的轨迹。
- void addSuppressed(Throwable t) **7**

  为这个异常添加一个“被抑制”的异常。这出现在 try-with-resources 语句中，其中 t 是 close 方法抛出的一个异常。
- Throwable[] getSuppressed() **7**

  得到这个异常的所有“被抑制”的异常。一般来说，这些是 try-with-resources 语句中 close 方法抛出的异常。

java.lang.Exception 1.0

- Exception(Throwable cause) **1.4**
- Exception(String message, Throwable cause)

  用给定的 cause（原因）构造一个 Exception 对象。

java.lang.RuntimeException 1.0

- RuntimeException(Throwable cause) **1.4**
- RuntimeException(String message, Throwable cause) **1.4**

  用给定的 cause（原因）构造一个 RuntimeException 对象。

java.lang.StackWalker 9

- static StackWalker getInstance()
- static StackWalker getInstance(StackWalker.Option option)
- static StackWalker getInstance(Set<StackWalker.Option> options)

  得到一个 StackWalker 实例。选项包括 StackWalker.Option 枚举中的 RETAIN_CLASS_REFERENCE、SHOW_HIDDEN_FRAMES 和 SHOW_REFLECT_FRAMES。
- forEach(Consumer<? super StackWalker.StackFrame> action)

  在每个栈帧上完成给定的动作，从最近调用的方法开始。
- walk(Function<? super Stream<StackWalker.StackFrame>,? extends T> function)

  对栈帧流应用给定的函数，返回这个函数的结果。

API java.lang.StackWalker.StackFrame 9

- `String getFileName()`
  得到包含该元素执行点的源文件的文件名，如果这个信息不可用则返回 null。
- `int getLineNumber()`
  得到包含该元素执行点的源文件的行号，如果这个信息不可用则返回 -1。
- `String getClassName()`
  对于包含该元素执行点的方法，得到这个方法所在的类的完全限定名。
- `String getDeclaringClass()`
  对于包含该元素执行点的方法，得到这个方法所在的类的 Class 对象。如果这个栈遍历器（stack walker）不是用 RETAIN_CLASS_REFERENCE 选项构造的，则会抛出一个异常。
- `String getMethodName()`
  得到包含该元素执行点的方法的方法名。构造器名为 <init>。静态初始化器名为 <clinit>。无法区分同名的重载方法。
- `boolean isNativeMethod()`
  如果这个元素的执行点在一个原生方法中，则返回 true。
- `String toString()`
  返回一个格式化字符串，包含类和方法名、文件名以及行号（如果这些信息可用）。

API java.lang.StackTraceElement 1.4

- `String getFileName()`
  得到包含该元素执行点的源文件的文件名，如果这个信息不可用则返回 null。
- `int getLineNumber()`
  得到包含该元素执行点的源文件的行号，如果这个信息不可用则返回 -1。
- `String getClassName()`
  得到包含该元素执行点的类的完全限定名。
- `String getMethodName()`
  得到包含该元素执行点的方法的方法名。构造器名为 <init>。静态初始化器名为 <clinit>。无法区分同名的重载方法。
- `boolean isNativeMethod()`
  如果这个元素的执行点在一个原生方法中，则返回 true。
- `String toString()`
  返回一个格式化字符串，包含类和方法名、文件名以及行号（如果这些信息可用）。

7.3　使用异常的技巧

关于如何适当地使用异常还有很大的争议。有些程序员认为所有检查型异常都令人厌恶，也有些程序员认为抛出的异常还不够多。我们认为异常（甚至是检查型异常）还是有其存在的意义。下面给出适当使用异常的一些技巧。

1. 异常处理不能代替简单的测试。

作为一个示例，假设有一段代码尝试将一个空栈弹出 10 000 000 次。第一种做法是：首先查看栈是否为空。

```
if (!s.empty()) s.pop();
```

再看第二种做法，我们强制要求不管怎样都执行弹出操作，然后捕获 EmptyStack-Exception 异常来告诉我们不该这样做。

```
try
{
   s.pop();
}
catch (EmptyStackException e)
{
}
```

在我的测试机器上，调用 isEmpty 的版本运行时间为 646 毫秒。捕获 EmptyStackException 的版本运行时间为 21 739 毫秒。

可以看出，与完成简单的测试相比，捕获异常所花费的时间大大超过了前者，因此使用异常的基本规则是：只在异常情况下使用异常。

2. 不要过分地细化异常。

很多程序员将每一条语句都分装在一个单独的 try 语句块中。

```
PrintStream out;
Stack s;

for (i = 0; i < 100; i++)
{
   try
   {
      n = s.pop();
   }
   catch (EmptyStackException e)
   {
      // stack was empty
   }
   try
   {
      out.writeInt(n);
   }
   catch (IOException e)
   {
      // problem writing to file
   }
}
```

这种编程方式将导致代码量的急剧膨胀。首先来看你希望这段代码完成的任务。在这里，我们希望从栈中弹出 100 个数，将它们存入一个文件中。(别考虑为什么这么做，这只是一个“玩具”例子。）如果出现问题，我们什么也做不了。如果栈是空的，它不会变成非空状态；如果文件包含错误，这个错误也不会神奇地消失。因此，合理的做法是将整个任务包在一个 try 语句块中，这样，当任何一个操作出现问题时，就可以取消整个任务。

```
try
{
   for (i = 0; i < 100; i++)
   {
      n = s.pop();
      out.writeInt(n);
   }
}
catch (IOException e)
{
   // problem writing to file
}
catch (EmptyStackException e)
{
   // stack was empty
}
```

这段代码看起来清晰多了。这样也满足了异常处理的一个承诺：将正常处理与错误处理分开。

3. 合理利用异常层次结构。

不要只抛出 RuntimeException 异常。应该寻找一个适合的子类或创建你自己的异常类。

不要只捕获 Throwable 异常，否则，这会使你的代码很难读、很难维护。

考虑检查型异常与非检查型异常的区别。检查型异常本质上开销较大，不要为逻辑错误抛出这些异常。（例如，反射库的做法就不正确。调用者经常需要捕获那些他们知道不可能发生的异常。）

如果能够将一种异常转换成另一种更加适合的异常，那么不要犹豫。例如，在解析某个文件中的一个整数时，可以捕获 NumberFormatException 异常，然后将它转换成 IOException 的一个子类或 MySubsystemException。

4. 不要压制异常。

在 Java 中，往往非常希望关闭异常。如果你编写了一个方法要调用另一个方法，而那个方法有可能 100 年才抛出一个异常，但是，如果没有在你的方法的 throws 列表中声明这个异常，编译器就会报错。你不想把它放在 throws 列表中，因为这样一来，编译器会对调用你的方法的所有方法都报错。因此，你会关闭这个异常：

```
public Image loadImage(String s)
{
   try
   {
      code that threatens to throw checked exceptions
   }
   catch (Exception e)
   {} // so there
}
```

现在你的代码可以顺利通过编译了。它能很好地运行，除非出现异常。然后这个异常会被悄无声息地忽略。如果你认为异常都非常重要，就应该适当地进行处理。

5. 在检测错误时，“苛刻”要比放任更好。

检测到错误的时候，有些程序员对抛出异常很担心。调用一个方法时，如果提供了非法的参数，返回一个虚拟值是不是比抛出一个异常更好？例如，当栈为空时，Stack.pop 是该返回 null，还是要抛出一个异常？我们认为：最好在出错的地方抛出一个 EmptyStackException 异常，这要好于以后出现一个 NullPointerException 异常。

6. 不要羞于传递异常。

很多程序员感觉应该捕获抛出的全部异常。如果他们调用了一个抛出异常的方法，例如，FileInputStream 构造器或 readLine 方法，他们就会本能地捕获可能产生的异常。其实，很多情况下，更好的做法是继续传递这个异常，而不是自己捕获：

```
public void readStuff(String filename) throws IOException // not a sign of shame!
{
   var in = new FileInputStream(filename, StandardCharsets.UTF_8);
   . . .
}
```

更高层的方法通常可以更好地通知用户发生了错误，或者放弃不成功的命令。

7. 使用标准方法报告 null 指针和越界异常。

Objects 包含以下方法：

```
requireNonNull
checkIndex
checkFromToIndex
checkFromIndexSize
```

来完成这些常见的检查。要用这些方法来完成参数检验：

```
public void putData(int position, Object newValue)
{
   Objects.checkIndex(position, data.length);
   Objects.requireNonNull(newValue);
   . . .
}
```

如果调用方法时提供了一个非法索引或一个 null 参数，要用我们熟悉的 Java 库使用的消息抛出一个异常。

8. 不要向最终用户显示栈轨迹。

如果你的程序遇到一个预料之外的异常，看起来显示一个栈轨迹是个好主意，这样用户就能报告这个错误，使你能更容易地找出问题所在。不过，栈轨迹可能包含你不想暴露给潜在攻击者的实现细节，例如你使用的库的版本。

应该将栈轨迹记入日志，以便以后获取，而只向用户显示一个总结消息。

> **注释**：规则 5、6 可以归纳为“早抛出，晚捕获”。

7.4 使用断言

在一个具有自我保护能力的程序中，断言很常用。在下面的小节中，你会了解如何有效地使用断言。

7.4.1 断言的概念

假设你确信满足某个特定属性，并且代码依赖于这个属性。例如，可能需要计算

```
double y = Math.sqrt(x);
```

你确信这里的 x 是一个非负数。原因可能是：x 是另外一个计算的结果，而这个计算的结果不可能为负；或者 x 是一个方法的参数，这个方法要求它的调用者只能提供一个正数输入。不过，你可能还是想再做一次检查，不希望计算中潜入让人困惑的“不是一个数”(NaN) 浮点值。当然，也可以抛出一个异常：

```
if (x < 0) throw new IllegalArgumentException("x < 0");
```

即使测试完成后，这个测试代码还一直保留在程序中。如果在程序中含有大量这种检查，程序运行起来会比应有的速度慢一些。

断言（assertion）机制允许你在测试期间在代码中插入一些检查，而在生产代码中自动删除这些检查。

Java 语言有一个关键字 assert。这个关键字有两种形式：

```
assert condition;
```

和

```
assert condition : expression;
```

这两个语句都会计算条件（condition），如果结果为 false，则抛出一个 AssertionError 异常。在第二个语句中，表达式（expression）将传入 AssertionError 对象的构造器，并转换成一个消息字符串。

> **注释：表达式**（expression）部分的唯一目的是生成一个消息字符串。AssertionError 对象并不存储具体的表达式值，因此，以后无法得到这个表达式值。正如 JDK 文档所描述的那样：如果能得到表达式的值，“就会鼓励程序员尝试从断言失败恢复，这有违于断言机制的初衷”。

要想断言 x 是一个非负数，只需要使用下面这条语句

```
assert x >= 0;
```

或者将 x 的具体值传递给 AssertionError 对象，以便以后显示。

```
assert x >= 0 : x;
```

> **C++ 注释：** C 语言中的 assert 宏将断言条件转换成一个字符串。当断言失败时，就会打印这个字符串。例如，若 assert(x>=0) 失败，就会打印失败条件“x>=0”。在 Java 中，条件并不会自动地成为错误报告中的一部分。如果希望看到这个条件，就必须将它作为字符串传递给 AssertionError 对象：assert x >= 0 : "x >= 0"。

7.4.2　启用和禁用断言

在默认情况下，断言是禁用的。可以在运行程序时用 -enableassertions 或 -ea 选项启用断言：

```
java -enableassertions MyApp
```

需要注意的是，不必重新编译程序来启用或禁用断言。启用或禁用断言是类加载器（class loader）的功能。禁用断言时，类加载器会去除断言代码，因此，不会降低程序运行的速度。

甚至可以在特定的类或整个包中启用断言，例如：

```
java -ea:MyClass -ea:com.mycompany.mylib MyApp
```

这条命令将为 MyClass 类以及 com.mycompany.mylib 包及其子包中的所有类打开断言。选项 -ea 将为无名包中的所有类打开断言。

也可以用选项 -disableassertions 或 -da 在特定的类和包中禁用断言：

```
java -ea:... -da:MyClass MyApp
```

有些类不是由类加载器加载，而是直接由虚拟机加载。可以使用这些开关有选择地启用或禁用那些类中的断言。

不过，启用和禁用所有断言的 -ea 和 -da 开关不能应用于那些没有类加载器的“系统类”。需要使用 -enablesystemassertions/-esa 开关启用系统类中的断言。

也可以通过编程控制类加载器的断言状态。有关这方面的内容请参见本节末尾的 API 注释。

注释： Java 类库的源代码有超过 400 个被注释掉的断言。有些程序员在完成测试之后会把断言注释掉，否则这会占据类文件的空间。如果你担心这样不妥，可以有选择地包含断言，如下所示：

```
public static final boolean asserts = true; // Recompile with false for production
. . .
if (asserts) assert x >= 0;
```

7.4.3　使用断言完成参数检查

在 Java 语言中，提供了 3 种处理系统错误的机制：

- 抛出一个异常。
- 记录日志。
- 使用断言。

什么时候应该选择使用断言呢？请记住下面几点：

- 断言失败是致命的、不可恢复的错误。
- 断言检查只在开发和测试阶段打开（这种做法有时候被戏称为“在靠近海岸时穿上救生衣，但在海里就把救生衣抛掉”）。

因此，不应该使用断言向程序的其他部分通知发生了可恢复性的错误，或者，不应该利用断言与程序用户沟通问题。断言只应该用于在测试阶段确定程序内部错误的位置。

下面看一个常见的场景：检查方法的参数。是否应该使用断言来检查非法的索引值或null引用呢？要想回答这个问题，首先来看这个方法的文档。假设你要实现一个排序方法。

```
/**
   Sorts the specified range of the specified array in ascending numerical order.
   The range to be sorted extends from fromIndex, inclusive, to toIndex, exclusive.
   @param a the array to be sorted.
   @param fromIndex the index of the first element (inclusive) to be sorted.
   @param toIndex the index of the last element (exclusive) to be sorted.
   @throws IllegalArgumentException if fromIndex > toIndex
   @throws ArrayIndexOutOfBoundsException if fromIndex < 0 or toIndex > a.length
*/
static void sort(int[] a, int fromIndex, int toIndex)
```

文档指出，如果索引值不正确，这个方法会抛出一个异常。这是方法与其调用者之间约定的行为。如果实现这个方法，那就必须要遵守这个约定，抛出表示索引值有误的异常。这里使用断言不太合适。

是否应该断言a不是null呢？这也不太合适。这个方法的文档没有指出当a是null时应该采取什么行为。在这种情况下，调用者可以认为这个方法将会成功地返回，而不会抛出一个断言错误。

不过，假设对这个方法的约定做一点微小的改动：

```
@param a the array to be sorted (must not be null).
```

现在，这个方法的调用者就必须注意：对null数组调用这个方法是不合法的。这样一来，就可以在这个方法的开头使用断言：

```
assert a != null;
```

计算机科学家将这种约定称为前置条件（Precondition）。原先的方法对参数没有前置条件，它承诺在任何情况下都有明确的行为。修改后的方法有一个前置条件，即a非null。如果调用者没有满足这个前置条件，断言会失败，这个方法就能“为所欲为”。事实上，由于有这个断言，当方法被非法调用时，它的行为将是难以预料的。有时候会抛出一个断言错误，有时候会产生一个null指针异常，这完全取决于它的类加载器如何配置。

7.4.4　使用断言提供假设文档

通常，很多程序员使用注释来提供底层假设的文档。考虑 http://docs.oracle.com/javase/8/docs/technotes/guides/language/assert.html 上的一个示例：

```
if (i % 3 == 0)
   . . .
else if (i % 3 == 1)
   . . .
else // (i % 3 == 2)
   . . .
```

在这种情况下，使用断言会更合适。

```
if (i % 3 == 0)
   . . .
else if (i % 3 == 1)
   . . .
else
{
   assert i % 3 == 2;
   . . .
}
```

当然，更好的做法是全面地考虑这个问题。i%3 的值会是什么？如果 i 是正值，那么余数肯定是 0、1 或 2。如果 i 是负值，余数可以是 -1 和 -2。因此，真正的假设是 i 是非负值。最好是在 if 语句之前使用以下断言：

```
assert i >= 0;
```

无论如何，这个示例说明了程序员应该充分使用断言来进行自我检查。你会看到，断言是一种用于测试和调试的战术性工具；与之不同，日志是一种用于程序整个生命周期的战略性工具。下一节将介绍日志。

API java.lang.ClassLoader 1.0

- void setDefaultAssertionStatus(boolean b) **1.4**
  为通过这个类加载器加载的所有类（没有显式的类或包断言状态）启用或禁用断言。
- void setClassAssertionStatus(String className, boolean b) **1.4**
  为给定的类和它的内部类启用或禁用断言。
- void setPackageAssertionStatus(String packageName, boolean b) **1.4**
  为给定包及其子包中的所有类启用或禁用断言。
- void clearAssertionStatus() **1.4**
  删除所有显式的类和包断言状态设置，并禁用通过这个类加载器加载的所有类的断言。

7.5 日志

每个 Java 程序员都很熟悉在有问题的代码中插入一些 System.out.println 方法调用来帮助观察程序的行为。当然，一旦发现问题的根源，就要将这些 print 语句从代码中删去。如果接下来又出现了问题，只好再插入几个 print 语句。日志 API 就是为了解决这个问题而设计的。下面先讨论这个 API 的主要优点。

- 可以很容易地抑制全部日志记录，或者只抑制某个级别以下的日志，而且再次打开这些日志也很容易。
- 被抑制的日志开销低廉，因此，将这些日志代码留在应用中只有很小的开销。
- 日志记录可以定向到不同的处理器，如在控制台显示、写至文件，等等。
- 日志记录器和处理器都可以对记录进行过滤。过滤器可以根据实现过滤器的程序员提供的标准丢弃那些无用的日志记录。

- 日志记录可以采用不同的方式格式化，例如，纯文本或 XML。
- 应用程序可以使用多个日志记录器，它们使用与包名类似的有层次的名字，例如，com.mycompany.myapp。
- 日志系统的配置由配置文件控制。

注释：很多应用会使用其他日志框架，如 Log4J 2（https://logging.apache.org/log4j/2.x）和 Logback（https://logback.qos.ch），它们能提供比标准 Java 日志框架更高的性能。这些框架的 API 稍有区别。SLF4J（https://www.slf4j.org）和 Commons Logging（https://commons.apache.org/proper/commons-logging）等日志门面（Logging façades）提供了一个统一的 API，利用这个 API，你无须重写应用就可以替换日志框架。让人更混乱的是，Log4J 2 也可以是使用 SLF4J 的组件的门面。在本书中，我们只介绍标准 Java 日志框架。对于很多用途来说，这个框架已经足够好，而且学习这个框架的 API 也可以让你做好准备去理解其他框架。

注释：在 Java 9 中，Java 平台有一个单独的轻量级日志系统，它不依赖于 java.logging 模块（这个模块包含标准 Java 日志框架）。这个系统只用于 Java API。如果有 java.logging 模块，日志消息会自动地转发给它。第三方日志框架可以提供适配器来接收平台日志消息。我们不打算介绍平台日志，因为开发应用程序的程序员不太会用到平台日志。

7.5.1　基本日志

对于简单的日志记录，可以使用全局日志记录器（global logger）并调用其 info 方法：

```
Logger.getGlobal().info("File->Open menu item selected");
```

在默认情况下，会如下打印这个记录：

```
May 10, 2013 10:12:15 PM LoggingImageViewer fileOpen
INFO: File->Open menu item selected
```

但是，如果在适当的地方（如 main 的最前面）调用

```
Logger.getGlobal().setLevel(Level.OFF);
```

将会抑制所有日志。

7.5.2　高级日志

既然已经了解了基本日志，下面再来看更高级的专业级日志。在一个专业的应用程序中，你肯定不想将所有的日志都记录到一个全局日志记录器中。你可以定义自己的日志记录器。

可以调用 getLogger 方法创建或获取一个日志记录器：

```
private static final Logger myLogger = Logger.getLogger("com.mycompany.myapp");
```

提示：未被任何变量引用的日志记录器可能会被垃圾回收。为了防止这种情况发生，要像上面的例子中一样，用静态变量存储日志记录器的一个引用。

与包名类似，日志记录器名也有层次。事实上，与包相比，日志记录器的层次性更强。对于包来说，包与父包之间没有语义关系，但是日志记录器的父与子之间会共享某些属性。例如，如果对日志记录器“com.mycompany”设置了日志级别，它的子日志记录器也会继承这个级别。

通常，有以下7个日志级别：

- SEVERE
- WARNING
- INFO
- CONFIG
- FINE
- FINER
- FINEST

在默认情况下，实际上只记录前3个级别。也可以设置一个不同的级别，例如，

```
logger.setLevel(Level.FINE);
```

现在，会记录FINE以及所有更高级别的日志。

另外，还可以使用Level.ALL开启所有级别的日志记录，或者使用Level.OFF关闭所有日志。

所有级别都有日志记录方法，如：

```
logger.warning(message);
logger.fine(message);
```

或者，还可以使用log方法并指定级别，例如：

```
logger.log(Level.FINE, message);
```

提示：默认的日志配置会记录INFO或更高级别的所有日志，因此，对于那些有助于诊断但对用户意义不大的调试信息，应该使用CONFIG、FINE、FINER和FINEST级别。

警告：如果将记录级别设置为比INFO更低的级别，还需要修改日志处理器的配置。默认的日志处理器会抑制低于INFO级别的消息。有关的详细内容请参见下一节。

默认的日志记录会显示包含日志调用的类和方法的名字（根据调用栈得出）。不过，如果虚拟机对执行过程进行了优化，就可能得不到准确的调用信息。此时，可以使用logp方法获得调用类和方法的确切位置，这个方法的签名为：

```
void logp(Level l, String className, String methodName, String message)
```

有一些用来跟踪执行流的便利方法：

```
void entering(String className, String methodName)
void entering(String className, String methodName, Object param)
void entering(String className, String methodName, Object[] params)
void exiting(String className, String methodName)
void exiting(String className, String methodName, Object result)
```

例如：

```
int read(String file, String pattern)
{
   logger.entering("com.mycompany.mylib.Reader", "read",
      new Object[] { file, pattern });
   . . .
   logger.exiting("com.mycompany.mylib.Reader", "read", count);
   return count;
}
```

这些调用将生成 FINER 级别而且以字符串 ENTRY 和 RETURN 开头的日志记录。

> **注释：** 在将来某个时候，带 Object[] 参数的日志记录方法可能会被重写，以支持可变参数列表（“varargs”）。那时就可以做出类似 logger.entering ("com.mycompany.mylib.Reader", "read", file, pattern) 的调用了。

记录日志的一个常见用途是记录那些预料之外的异常。可以使用下面两个便利方法在日志记录中包含异常的描述。

```
void throwing(String className, String methodName, Throwable t)
void log(Level l, String message, Throwable t)
```

典型的用法是：

```
if (. . .)
{
   var e = new IOException(". . .");
   logger.throwing("com.mycompany.mylib.Reader", "read", e);
   throw e;
}
```

和

```
try
{
   . . .
}
catch (IOException e)
{
   Logger.getLogger("com.mycompany.myapp").log(Level.WARNING, "Reading image", e);
}
```

throwing 调用可以记录一条 FINER 级别的日志记录和一个以 THROW 开头的消息。

7.5.3 修改日志管理器配置

可以通过编辑配置文件来修改日志系统的各个属性。默认的配置文件位于：*jdk*/conf/logging.properties（或者在 Java 9 之前，位于 *jre*/lib/logging.properties。）

要想使用另一个配置文件，就要将 java.util.logging.config.file 属性设置为那个文件的位置，为此要用以下命令启动你的应用程序：

```
java -Djava.util.logging.config.file=configFile MainClass
```

要想修改默认的日志级别，需要编辑配置文件，并修改下面这行设置：

```
.level=INFO
```

可以为你自己的日志记录器指定日志级别，例如，可以增加下面这行设置：

```
com.mycompany.myapp.level=FINE
```

也就是说，在日志记录器名后面追加后缀 .level。

稍后可以看到，日志记录器并不将消息发送到控制台，那是处理器的任务。处理器也有级别。要想在控制台上看到 FINE 级别的消息，就需要如下设置：

```
java.util.logging.ConsoleHandler.level=FINE
```

> **警告：** 日志管理器配置中的属性设置**不**是系统属性，因此，用 -Dcom.mycompany.myapp.level= FINE 启动程序不会对日志记录器产生任何影响。

日志管理器在虚拟机启动时初始化，也就是在 main 方法执行前。如果想要定制日志属性，但是没有用 -Djava.util.logging.config.file 命令行选项启动应用，可以在程序中调用 System.setProperty("java.util.logging.config.file", file)。不过，这样一来，你还必须调用 LogManager.getLogManager().readConfiguration() 重新初始化日志管理器。

在 Java 9 中，可以通过调用以下方法更新日志配置：

```
LogManager.getLogManager().updateConfiguration(mapper);
```

这样就会从 java.util.logging.config.file 系统属性指定的位置读取一个新配置。然后应用这个映射器来解析新老配置中所有键的值。映射器是一个 Function<String, BiFunction<String, String, String>>。它将现有配置中的键映射到替换函数。每个替换函数接收到与键关联的老值和新值（或者，如果没有关联的值则得到 null），生成一个替换，或者如果要在更新中删除这个键则返回 null。

这听起来相当复杂，所以我们来看几个例子。一种很有用的映射机制是合并老配置和新配置，如果一个键在老配置和新配置中都出现，则优先选择新值。这样一个映射器（mapper）就是：

```
key -> ((oldValue, newValue) -> newValue == null ? oldValue : newValue)
```

或者你可能只想更新以 com.mycompany 开头的键，而其他的键保持不变：

```
key -> key.startsWith("com.mycompany")
   ? ((oldValue, newValue) -> newValue)
   : ((oldValue, newValue) -> oldValue)
```

还可以使用 jconsole 程序改变一个正在运行的程序的日志级别。有关的信息参见 www.oracle.com/technetwork/articles/java/jconsole-1564139.html#LoggingControl。

> **注释**：日志属性文件由 java.util.logging.LogManager 类处理。可以通过将 java.util.logging.manager 系统属性设置为某个子类的名字来指定一个不同的日志管理器。或者，可以保留标准日志管理器，而绕过从日志属性文件初始化。可以将 java.util.logging.config.class 系统属性设置为某个类名，该类再以另外某种方式设置日志管理器属性。有关的更多信息请参见 LogManager 类的 API 文档。

7.5.4 本地化

你可能希望将日志消息本地化，以便全球用户都可以阅读。应用程序的国际化问题将在卷Ⅱ的第 7 章中讨论。下面简要说明本地化日志消息时需要牢记的一些要点。

本地化的应用程序包含资源包（resource bundle）中的本地特定信息。资源包包括一组映射，分别对应各个本地化环境（如美国或德国）。例如，一个资源包可能将字符串 "readingFile" 映射为英文的 "Reading file" 或者德文的 "Achtung! Datei wird eingelesen"。

一个程序可以包含多个资源包，例如一个用于菜单，另一个用于日志消息。每个资源包都有一个名字（如 "com.mycompany.logmessages"）。要想为资源包增加映射，需要对应每个本地化环境提供一个文件。英文消息映射位于 com/mycompany/logmessages_en.properties 文件中，德文消息映射位于 com/mycompany/logmessages_de.properties 文件中。（en 和 de 是语言编码。）可以将这些文件与应用程序的类文件放在一起，以便 ResourceBundle 类自动找到它们。这些文件都是纯文本文件，包含如下所示的条目：

```
readingFile=Achtung! Datei wird eingelesen
renamingFile=Datei wird umbenannt
. . .
```

请求一个日志记录器时，可以指定一个资源包：

```
Logger logger = Logger.getLogger(loggerName, "com.mycompany.logmessages");
```

然后，为日志消息指定资源包的键，而不是具体的日志消息字符串：

```
logger.info("readingFile");
```

通常需要在本地化的消息中包含一些参数，因此，消息可以包括占位符 {0}、{1} 等。例如，要想在日志消息中包含文件名，可以如下使用占位符：

```
Reading file {0}.
Achtung! Datei {0} wird eingelesen.
```

然后，通过调用下面的一个方法向占位符传递具体的值：

```
logger.log(Level.INFO, "readingFile", fileName);
logger.log(Level.INFO, "renamingFile", new Object[] { oldName, newName });
```

或者，在 Java 9 中，可以在 logrb 方法中指定资源包对象（而不是名字）：

```
logger.logrb(Level.INFO, bundle, "renamingFile", oldName, newName);
```

> **注释**：这是唯一一个可以为消息参数使用可变参数的日志记录方法。

7.5.5　处理器

在默认情况下，日志记录器将记录发送到 ConsoleHandler，它会将记录输出到 System.err 流。具体地，日志记录器会把记录发送到父处理器，而最终的祖先处理器（名为 ""）有一个 ConsoleHandler。

与日志记录器一样，处理器也有日志级别。对于一个要记录的日志记录，它的日志级别必须高于日志记录器和处理器二者的阈值。日志管理器配置文件将默认的控制台处理器的日志级别设置为

```
java.util.logging.ConsoleHandler.level=INFO
```

要想记录 FINE 级别的日志，就必须修改配置文件中的默认日志记录器级别和处理器级别。或者，还可以绕过配置文件，安装你自己的处理器。

```
Logger logger = Logger.getLogger("com.mycompany.myapp");
logger.setLevel(Level.FINE);
logger.setUseParentHandlers(false);
var handler = new ConsoleHandler();
handler.setLevel(Level.FINE);
logger.addHandler(handler);
```

在默认情况下，日志记录器将记录发送到自己的处理器和父日志记录器的处理器。我们的日志记录器是祖先日志记录器（名为 ""）的子类，而这个祖先日志记录器会把所有等于或高于 INFO 级别的记录发送到控制台。不过，我们并不想两次看到这些记录，因此应该将 useParentHandlers 属性设置为 false。

要想将日志记录发送到其他地方，就要添加其他的处理器。日志 API 为此提供了两个很有用的处理器，一个是 FileHandler，另一个是 SocketHandler。SocketHandler 将记录发送到指定的主机和端口。而更令人感兴趣的是 FileHandler，它可以将记录收集到一个文件中。

可以如下直接将记录发送到默认文件处理器：

```
var handler = new FileHandler();
logger.addHandler(handler);
```

这些记录被发送到用户主目录的 javan.log 文件中，n 是保证文件唯一的一个编号。如果用户系统没有主目录的概念（例如，在 Windows95/98/ME 中），文件就存储在一个默认位置（如 C:\Windows）。默认情况下，记录会格式化为 XML。一个典型的日志记录形式如下：

```
<record>
  <date>2002-02-04T07:45:15</date>
  <millis>1012837515710</millis>
  <sequence>1</sequence>
  <logger>com.mycompany.myapp</logger>
  <level>INFO</level>
  <class>com.mycompany.mylib.Reader</class>
  <method>read</method>
  <thread>10</thread>
  <message>Reading file corejava.gif</message>
</record>
```

可以通过设置日志管理器配置文件中的不同参数（请参见表 7-1），或者使用另一个构造

器（请参见本节后面给出的 API 注释），来修改文件处理器的默认行为。

表 7-1 文件处理器配置参数

配置属性	描 述	默认值
java.util.logging.FileHandler.level	处理器级别	Level.ALL
java.util.logging.FileHandler.append	控制应该将处理器追加到一个已经存在的文件末尾，还是应该为每个运行的程序打开一个新文件。	false
java.util.logging.FileHandler.limit	在打开另一个文件之前允许写入一个文件的近似最大字节数（0 表示无限制）	在 FileHandler 类中为 0（表示无限制），在默认日志管理器配置文件中为 50000
java.util.logging.FileHandler.pattern	日志文件名的模式，参见表 7-2 中的模式变量。	%h/java%u.log
java.util.logging.FileHandler.count	循环序列中的日志记录数	1（不循环）
java.util.logging.FileHandler.filter	要使用的过滤器类	不过滤
java.util.logging.FileHandler.encoding	要使用的字符编码	平台的编码
java.util.logging.FileHandler.formatter	记录格式化器	java.util.logging.XMLFormatter

也有可能不想使用默认的日志文件名，因此，应该使用另一种模式，例如，%h/myapp.log（有关模式变量的解释请参见表 7-2）。

表 7-2 日志记录文件模式变量

变量	描 述
%h	系统属性 user.home 的值
%t	系统临时目录
%u	用于解决冲突的唯一编号
%g	循环日志的生成编号（如果指定了循环而且模式不包含 %g，则使用 .%g 后缀）
%%	% 字符

如果多个应用程序（或者同一个应用程序的多个副本）使用同一个日志文件，就应该打开 append 标志。或者，应该在文件名模式中使用 %u，这样每个应用程序会创建日志的唯一副本。

打开文件循环功能也是一个不错的主意。日志文件以循环序列的形式保存（如 myapp.log.0，myapp.log.1，myapp.log.2 等）。只要文件超出了大小限制，最老的文件就会被删除，其他的文件将重新命名，同时创建一个新文件，其生成编号为 0。

> **提示：** 很多程序员将日志记录作为辅助文档提供给技术支持人员。如果程序的行为有误，用户可以发回日志文件来查看原因。在这种情况下，应该打开 append 标志，或者使用循环日志，也可以二者同时使用。

还可以通过扩展 Handler 类或 StreamHandler 类自定义处理器。在本节末尾的示例程序中就定义了这样一个处理器。这个处理器将在一个窗口中显示日志记录（如图 7-2 所示）。

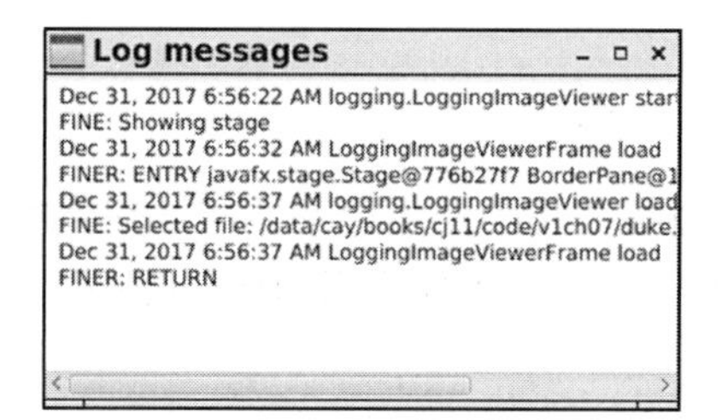

图 7-2 在窗口中显示日志记录的日志处理器

这个处理器扩展了 StreamHandler 类，并安装了一个流，这个流的 write 方法将流输出显示到一个文本区中。

```
class WindowHandler extends StreamHandler
{
   public WindowHandler()
   {
      . . .
      var output = new JTextArea();
      setOutputStream(new
         OutputStream()
         {
            public void write(int b) {} // not called
            public void write(byte[] b, int off, int len)
            {
               output.append(new String(b, off, len));
            }
         });
   }
   . . .
}
```

使用这种方式只有一个问题，这就是处理器会缓存记录，并且只有在缓冲区满的时候才将它们写入流中。因此，需要覆盖 publish 方法，使得处理器获得每个记录之后就会刷新输出缓冲区。

```
class WindowHandler extends StreamHandler
{
   . . .
   public void publish(LogRecord record)
   {
      super.publish(record);
      flush();
   }
}
```

如果希望编写更加复杂的流处理器，可以扩展Handler类，并定义publish、flush和close方法。

7.5.6 过滤器

在默认情况下，会根据日志记录的级别进行过滤。每个日志记录器和处理器都可以有一个可选的过滤器来完成额外的过滤。要定义一个过滤器，需要实现Filter接口并定义以下方法：

```
boolean isLoggable(LogRecord record)
```

在这个方法中，可以使用你喜欢的标准分析日志记录，对那些应该包含在日志中的记录返回true。例如，某个过滤器可能只对entering方法和exiting方法生成的消息感兴趣，这个过滤器就可以调用record.getMessage()方法，并检查消息是否以ENTRY或RETURN开头。

要想将一个过滤器安装到一个日志记录器或处理器中，只需要调用setFilter方法。注意，一次最多只能有一个过滤器。

7.5.7 格式化器

ConsoleHandler类和FileHandler类可以生成文本和XML格式的日志记录。不过，你也可以自定义格式。这需要扩展Formatter类并覆盖下面这个方法：

```
String format(LogRecord record)
```

可以用你喜欢的任何方式对记录中的信息进行格式化，并返回结果字符串。在format方法中，可能会调用下面这个方法：

```
String formatMessage(LogRecord record)
```

这个方法对记录中的消息部分进行格式化，将替换参数并应用本地化处理。

很多文件格式（如XML）需要在已格式化的记录的前后加上一个头部和尾部。为此，要覆盖下面两个方法：

```
String getHead(Handler h)
String getTail(Handler h)
```

最后，调用setFormatter方法将格式化器安装到处理器中。

7.5.8 日志技巧

面对日志记录如此之多的选项，很容易让人忘记了最基本的东西。下面的技巧总结了一些最常用的操作。

1. 对一个简单的应用，选择一个日志记录器。可以把日志记录器命名为与主应用包同名，例如，com.mycompany.myprog，这是一个好主意。总是可以通过以下调用得到日志记录器：

```
Logger logger = Logger.getLogger("com.mycompany.myprog");
```

为方便起见，你可能希望为有大量日志记录活动的类增加静态字段：

```
private static final Logger logger = Logger.getLogger("com.mycompany.myprog");
```

2. 默认的日志配置会把级别等于或高于 INFO 的所有消息记录到控制台。用户可以覆盖这个默认配置。但是正如前面所述，改变配置的过程有些复杂。因此，最好在你的应用中安装一个更合适的默认日志处理器。

以下代码确保将所有的消息记录到应用特定的一个文件中。可以将这段代码放置在应用程序的 main 方法中。

```
if (System.getProperty("java.util.logging.config.class") == null
      && System.getProperty("java.util.logging.config.file") == null)
{
   try
   {
      Logger.getLogger("").setLevel(Level.ALL);
      final int LOG_ROTATION_COUNT = 10;
      var handler = new FileHandler("%h/myapp.log", 0, LOG_ROTATION_COUNT);
      Logger.getLogger("").addHandler(handler);
   }
   catch (IOException e)
   {
      logger.log(Level.SEVERE, "Can't create log file handler", e);
   }
}
```

3. 现在，可以记录自己想要的内容了。需要牢记：所有级别为 INFO、WARNING 和 SEVERE 的消息都将显示到控制台上。因此，要记录对程序用户有意义的消息，可以使用这几个级别。对于程序员想要的日志消息，FINE 级别是一个很好的选择。

想要调用 System.out.println 时，可以换成发出以下日志消息：

```
logger.fine("File open dialog canceled");
```

记录那些预料之外的异常也是一个不错的想法，例如：

```
try
{
   . . .
}
catch (SomeException e)
{
   logger.log(Level.FINE, "explanation", e);
}
```

程序清单 7-2 具体使用了上述技巧，还稍做了一点调整：日志记录消息还会显示在一个日志窗口中。

程序清单 7-2　logging/LoggingImageViewer.java

```
1 package logging;
2
3 import java.awt.*;
4 import java.awt.event.*;
5 import java.io.*;
6 import java.util.logging.*;
7 import javax.swing.*;
```

```
8
9  /**
10  * A modification of the image viewer program that logs various events.
11  * @version 1.03 2015-08-20
12  * @author Cay Horstmann
13  */
14 public class LoggingImageViewer
15 {
16    public static void main(String[] args)
17    {
18       if (System.getProperty("java.util.logging.config.class") == null
19             && System.getProperty("java.util.logging.config.file") == null)
20       {
21          try
22          {
23             Logger.getLogger("com.horstmann.corejava").setLevel(Level.ALL);
24             final int LOG_ROTATION_COUNT = 10;
25             var handler = new FileHandler("%h/LoggingImageViewer.log", 0, LOG_ROTATION_COUNT);
26             Logger.getLogger("com.horstmann.corejava").addHandler(handler);
27          }
28          catch (IOException e)
29          {
30             Logger.getLogger("com.horstmann.corejava").log(Level.SEVERE,
31                "Can't create log file handler", e);
32          }
33       }
34
35       EventQueue.invokeLater(() ->
36          {
37             var windowHandler = new WindowHandler();
38             windowHandler.setLevel(Level.ALL);
39             Logger.getLogger("com.horstmann.corejava").addHandler(windowHandler);
40
41             var frame = new ImageViewerFrame();
42             frame.setTitle("LoggingImageViewer");
43             frame.setDefaultCloseOperation(JFrame.EXIT_ON_CLOSE);
44
45             Logger.getLogger("com.horstmann.corejava").fine("Showing frame");
46             frame.setVisible(true);
47          });
48    }
49 }
50
51 /**
52  * The frame that shows the image.
53  */
54 class ImageViewerFrame extends JFrame
55 {
56    private static final int DEFAULT_WIDTH = 300;
57    private static final int DEFAULT_HEIGHT = 400;
58
59    private JLabel label;
60    private static Logger logger = Logger.getLogger("com.horstmann.corejava");
61
```

```
62     public ImageViewerFrame()
63     {
64        logger.entering("ImageViewerFrame", "<init>");
65        setSize(DEFAULT_WIDTH, DEFAULT_HEIGHT);
66
67        // set up menu bar
68        var menuBar = new JMenuBar();
69        setJMenuBar(menuBar);
70
71        var menu = new JMenu("File");
72        menuBar.add(menu);
73
74        var openItem = new JMenuItem("Open");
75        menu.add(openItem);
76        openItem.addActionListener(new FileOpenListener());
77
78        var exitItem = new JMenuItem("Exit");
79        menu.add(exitItem);
80        exitItem.addActionListener(new ActionListener()
81           {
82              public void actionPerformed(ActionEvent event)
83              {
84                 logger.fine("Exiting.");
85                 System.exit(0);
86              }
87           });
88
89        // use a label to display the images
90        label = new JLabel();
91        add(label);
92        logger.exiting("ImageViewerFrame", "<init>");
93     }
94
95     private class FileOpenListener implements ActionListener
96     {
97        public void actionPerformed(ActionEvent event)
98        {
99           logger.entering("ImageViewerFrame.FileOpenListener", "actionPerformed", event);
100
101          // set up file chooser
102          var chooser = new JFileChooser();
103          chooser.setCurrentDirectory(new File("."));
104
105          // accept all files ending with .gif
106          chooser.setFileFilter(new javax.swing.filechooser.FileFilter()
107             {
108                public boolean accept(File f)
109                {
110                   return f.getName().toLowerCase().endsWith(".gif") || f.isDirectory();
111                }
112
113                public String getDescription()
114                {
115                   return "GIF Images";
```

```
116                 }
117              });
118
119           // show file chooser dialog
120           int r = chooser.showOpenDialog(ImageViewerFrame.this);
121
122           // if image file accepted, set it as icon of the label
123           if (r == JFileChooser.APPROVE_OPTION)
124           {
125              String name = chooser.getSelectedFile().getPath();
126              logger.log(Level.FINE, "Reading file {0}", name);
127              label.setIcon(new ImageIcon(name));
128           }
129           else logger.fine("File open dialog canceled.");
130           logger.exiting("ImageViewerFrame.FileOpenListener", "actionPerformed");
131        }
132     }
133 }
134
135 /**
136  * A handler for displaying log records in a window.
137  */
138 class WindowHandler extends StreamHandler
139 {
140    private JFrame frame;
141
142    public WindowHandler()
143    {
144       frame = new JFrame();
145       var output = new JTextArea();
146       output.setEditable(false);
147       frame.setSize(200, 200);
148       frame.add(new JScrollPane(output));
149       frame.setFocusableWindowState(false);
150       frame.setVisible(true);
151       setOutputStream(new OutputStream()
152          {
153             public void write(int b)
154             {
155             } // not called
156
157             public void write(byte[] b, int off, int len)
158             {
159                output.append(new String(b, off, len));
160             }
161          });
162    }
163
164    public void publish(LogRecord record)
165    {
166       if (!frame.isVisible()) return;
167       super.publish(record);
168       flush();
169    }
170 }
```

API java.util.logging.Logger 1.4

- `Logger getLogger(String loggerName)`
- `Logger getLogger(String loggerName, String bundleName)`

  获得给定名字的日志记录器。如果这个日志记录器不存在，就创建一个日志记录器。本地化消息位于名为 bundleName 的资源包中。
- `void severe(String message)`
- `void warning(String message)`
- `void info(String message)`
- `void config(String message)`
- `void fine(String message)`
- `void finer(String message)`
- `void finest(String message)`

  记录一个日志记录，包含方法名指示的级别和给定的消息。
- `void entering(String className, String methodName)`
- `void entering(String className, String methodName, Object param)`
- `void entering(String className, String methodName, Object[] param)`
- `void exiting(String className, String methodName)`
- `void exiting(String className, String methodName, Object result)`

  记录一个日志记录，描述进入 / 退出一个方法（有给定的参数和返回值）。
- `void throwing(String className, String methodName, Throwable t)`

  记录一个日志记录，描述抛出了给定的异常对象。
- `void log(Level level, String message)`
- `void log(Level level, String message, Object obj)`
- `void log(Level level, String message, Object[] objs)`
- `void log(Level level, String message, Throwable t)`

  记录一个有给定级别和消息的日志记录，其中可以包括对象或者一个可抛出对象（throwable）。要包括对象，消息中必须包含格式化占位符 {0}、{1} 等。
- `void logp(Level level, String className, String methodName, String message)`
- `void logp(Level level, String className, String methodName, String message, Object obj)`
- `void logp(Level level, String className, String methodName, String message, Object[] objs)`
- `void logp(Level level, String className, String methodName, String message, Throwable t)`

  记录一个有给定级别、准确的调用者信息和消息的日志记录，其中可以包括对象或一个可抛出对象。
- `void logrb(Level level, String className, String methodName, ResourceBundle bundle, String message, Object... params)` **9**
- `void logrb(Level level, String className, String methodName, ResourceBundle bundle, String`

message, Throwable thrown) **9**

记录一个有给定级别、准确调用者信息、资源包和消息的日志记录，其中可以包括对象或一个可抛出对象。

- Level getLevel()
- void setLevel(Level l)

获得和设置这个日志记录器的级别。

- Logger getParent()
- void setParent(Logger l)

获得和设置这个日志记录器的父日志记录器。

- Handler[] getHandlers()

获得这个日志记录器的所有处理器。

- void addHandler(Handler h)
- void removeHandler(Handler h)

为这个日志记录器增加或删除一个处理器。

- boolean getUseParentHandlers()
- void setUseParentHandlers(boolean b)

获得和设置“使用父处理器”属性。如果这个属性是 true，日志记录器会将全部日志记录转发给它的父日志记录器的处理器。

- Filter getFilter()
- void setFilter(Filter f)

获得和设置这个日志记录器的过滤器。

API java.util.logging.Handler 1.4

- abstract void publish(LogRecord record)

将日志记录发送到希望的目的地。

- abstract void flush()

刷新输出所有已缓冲的数据。

- abstract void close()

刷新输出所有已缓冲的数据，并释放所有相关的资源。

- Filter getFilter()
- void setFilter(Filter f)

获得和设置这个处理器的过滤器。

- Formatter getFormatter()
- void setFormatter(Formatter f)

获得和设置这个处理器的格式化器。

- Level getLevel()

- void setLevel(Level l)

  获得和设置这个处理器的级别。

API java.util.logging.ConsoleHandler 1.4

- ConsoleHandler()

  构造一个新的控制台处理器。

API java.util.logging.FileHandler 1.4

- FileHandler(String pattern)
- FileHandler(String pattern, boolean append)
- FileHandler(String pattern, int limit, int count)
- FileHandler(String pattern, int limit, int count, boolean append)
- FileHandler(String pattern, long limit, int count, boolean append) **9**

  构造一个文件处理器。模式格式参见表7-2。limit是在打开一个新日志文件之前，日志文件可以包含的近似最大字节数。count是循环序列的文件数量。如果append为true，记录则应该追加在一个已存在的日志文件末尾。

API java.util.logging.LogRecord 1.4

- Level getLevel()

  获得这个日志记录的日志级别。

- String getLoggerName()

  获得记录这个日志记录的日志记录器的名字。

- ResourceBundle getResourceBundle()
- String getResourceBundleName()

  获得用于本地化消息的资源包或资源包名。如果没有提供资源包，则返回null。

- String getMessage()

  获得本地化或格式化之前的"原始"消息。

- Object[] getParameters()

  获得参数对象。如果没有提供，则返回null。

- Throwable getThrown()

  获得所抛出的对象。如果没有提供，则返回null。

- String getSourceClassName()
- String getSourceMethodName()

  获得记录这个日志记录的代码位置。这个信息有可能是由日志记录代码提供的，也有可能是从运行时栈自动推导得出。如果日志记录代码提供的值有误，或者运行时代码由于优化而无法推导出确切的位置，这两个方法的返回值就有可能不准确。

- long getMillis()

  获得创建时间（从1970年开始），以毫秒为单位。

- Instant getInstant() **9**

  获得创建时间，作为 java.time.Instant 返回（参见本书卷Ⅱ的第 6 章）。

- long getSequenceNumber()

  获得这个日志记录的唯一序列号。

- long getLongThreadID() **16**

  获得创建这个日志记录的线程的唯一 ID。这些 ID 是由 LogRecord 类分配的，与其他线程的 ID 无关。(getThreadID 方法返回 int ID。现在这个方法已经废弃，因为一个长时间运行的程序生成的日志记录数量可能会超过 Integer.MAX_VALUE。)

API java.util.logging.LogManager 1.4

- static LogManager getLogManager()

  获得全局 LogManager 实例。

- void readConfiguration()
- void readConfiguration(InputStream in)

  从系统属性 java.util.logging.config.file 指定的文件或者给定的输入流读取日志配置。

- void updateConfiguration(InputStream in, Function<String,BiFunction<String,String,String>> mapper) **9**
- void updateConfiguration(Function<String,BiFunction<String,String,String>> mapper) **9**

  将日志配置与系统属性 java.util.logging.config.file 指定的文件或给定的输入流合并，参见 7.5.3 节，其中给出了 mapper 参数的描述。

API java.util.logging.Filter 1.4

- boolean isLoggable(LogRecord record)

  如果给定日志记录需要记录，则返回 true。

API java.util.logging.Formatter 1.4

- abstract String format(LogRecord record)

  返回格式化给定日志记录后得到的字符串。

- String getHead(Handler h)
- String getTail(Handler h)

  返回应该出现在包含日志记录的文档开头和结尾的字符串。Formatter 超类将这些方法定义为只返回空字符串。如果必要，可以覆盖这些方法。

- String formatMessage(LogRecord record)

  返回日志记录的本地化和格式化消息部分。

7.6 调试技巧

假设你写了一个程序，捕获并且恰当地处理了所有的异常以保证它万无一失。然后，运行这个程序，但还是出现问题，现在该怎么办呢？（如果你从来没有遇到过这种情况，可以跳过本章的剩余部分。）

当然，最好有一个方便且功能强大的调试器。像 Eclipse、IntelliJ 和 NetBeans 之类的专业集成开发环境都提供了调试器。不过在使用调试器之前，这一节中我们会告诉你一些值得尝试的技巧。

1. 可以用下面的代码打印或记录任意变量的值：

```
System.out.println("x=" + x);
```

或

```
Logger.getGlobal().info("x=" + x);
```

如果 x 是一个值，会转换成等价的字符串。如果 x 是一个对象，那么 Java 会调用这个对象的 toString 方法。要想获得隐式参数对象的状态，可以打印 this 对象的状态。

```
Logger.getGlobal().info("this=" + this);
```

Java 类库中的绝大多数类都覆盖了 toString 方法，从而能够提供有用的类信息。这样会使调试更加便捷。在你自定义的类中也应该这样做。

2. 还有一个不太为人所知但非常有效的技巧，可以在每一个类中放置一个单独的 main 方法。这样就可以提供一个单元测试桩（stub），允许你独立地测试类。

```
public class MyClass
{
   methods and fields
   . . .
   public static void main(String[] args)
   {
      test code
   }
}
```

可以创建一些对象，调用所有的方法，检查每个方法是否能够正确地完成工作。另外，可以保留所有这些 main 方法，然后分别对各个文件启动 Java 虚拟机来运行测试。运行 applet 时，这些 main 方法不会被调用，而在运行应用程序时，Java 虚拟机只调用启动类的 main 方法。

3. 如果喜欢使用前面介绍的那个技巧，可以在 http://junit.org 网站上查看 JUnit。JUnit 是一个非常流行的单元测试框架，利用它可以很容易地组织测试用例套件。只要对类做了修改，就需要运行测试。一旦发现 bug，则要再补充另一个测试用例。

4. 日志代理（logging proxy）是一个子类的对象，它可以截获方法调用，将这些调用记入日志，然后调用超类中的方法。例如，如果在调用 Random 类的 nextDouble 方法时出现了问题，可以如下创建一个代理对象，这是一个匿名子类的实例：

```
var generator = new Random()
   {
      public double nextDouble()
      {
         double result = super.nextDouble();
         Logger.getGlobal().info("nextDouble: " + result);
```

```
      return result;
   }
};
```

只要调用 nextDouble 方法，就会生成一个日志消息。

要想知道谁调用了这个方法，可以生成一个栈轨迹。

5. 利用 Throwable 类的 printStackTrace 方法，可以从任意的异常对象获得栈轨迹。下面的代码将捕获任意的异常，打印这个异常对象和栈轨迹，然后，重新抛出异常，以便找到相应的处理器。

```
try
{
   . . .
}
catch (Throwable t)
{
   t.printStackTrace();
   throw t;
}
```

甚至不需要捕获异常来生成栈轨迹。只要在代码的某个位置插入下面这条语句就可以获得栈轨迹：

```
Thread.dumpStack();
```

6. 一般来说，栈轨迹显示在 System.err 上。如果想要记录或显示栈轨迹，可以如下将它捕获到一个字符串中：

```
var out = new StringWriter();
new Throwable().printStackTrace(new PrintWriter(out));
String description = out.toString();
```

7. 通常，将程序错误记入一个文件会很有用。不过，错误会发送到 System.err，而不是 System.out。因此，不能通过运行下面的命令来获取错误：

```
java MyProgram > errors.txt
```

而应当如下捕获错误流：

```
java MyProgram 2> errors.txt
```

要想在同一个文件中同时捕获 System.err 和 System.out，需要使用以下命令：

```
java MyProgram 1> errors.txt 2>&1
```

这在 bash 和 Windows shell 中都有效。

8. 在 System.err 中显示未捕获的异常的栈轨迹并不是一个理想的方法。如果最终用户碰巧看到了这些消息，就会很慌乱，而且在真正需要诊断错误原因时却又无法得到这些消息。更好的方法是将这些消息记录到一个文件中。可以用静态方法 Thread.setDefaultUncaughtExceptionHandler 改变未捕获异常的处理器：

```
Thread.setDefaultUncaughtExceptionHandler(
   new Thread.UncaughtExceptionHandler()
```

```
{
   public void uncaughtException(Thread t, Throwable e)
   {
      save information in log file
   };
});
```

9. 要想观察类的加载过程，启动 Java 虚拟机时可以使用 -verbose 标志。这样就可以看到如下所示的输出：

```
[0.012s][info][class,load] opened: /opt/jdk-17.0.1/lib/modules
[0.034s][info][class,load] java.lang.Object source: jrt:/java.base
[0.035s][info][class,load] java.io.Serializable source: jrt:/java.base
[0.035s][info][class,load] java.lang.Comparable source: jrt:/java.base
[0.035s][info][class,load] java.lang.CharSequence source: jrt:/java.base
[0.035s][info][class,load] java.lang.String source: jrt:/java.base
[0.036s][info][class,load] java.lang.reflect.AnnotatedElement source: jrt:/java.base
[0.036s][info][class,load] java.lang.reflect.GenericDeclaration source: jrt:/java.base
[0.036s][info][class,load] java.lang.reflect.Type source: jrt:/java.base
[0.036s][info][class,load] java.lang.Class source: jrt:/java.base
[0.036s][info][class,load] java.lang.Cloneable source: jrt:/java.base
[0.037s][info][class,load] java.lang.ClassLoader source: jrt:/java.base
[0.037s][info][class,load] java.lang.System source: jrt:/java.base
[0.037s][info][class,load] java.lang.Throwable source: jrt:/java.base
[0.037s][info][class,load] java.lang.Error source: jrt:/java.base
[0.037s][info][class,load] java.lang.ThreadDeath source: jrt:/java.base
[0.037s][info][class,load] java.lang.Exception source: jrt:/java.base
[0.037s][info][class,load] java.lang.RuntimeException source: jrt:/java.base
[0.038s][info][class,load] java.lang.SecurityManager source: jrt:/java.base
. . .
```

有时候，这对诊断类路径问题会很有帮助。

10. -Xlint 选项告诉编译器找出常见的代码问题。例如，如果使用下面这条命令编译程序：

```
javac -Xlint sourceFiles
```

当 switch 语句中缺少 break 语句时，编译器就会报告这个问题（术语 “lint” 最初用来描述一种查找 C 程序中潜在问题的工具，不过现在通常用来描述查找问题代码的工具，这些工具可以找出代码中有问题但不违背语法规则的构造）。

你会得到类似下面的消息：

```
warning: [fallthrough] possible fall-through into case
```

中括号内的字符串标识了警告类别。可以启用和禁用各种类别的警告。因为它们大多数都很有用，所以最好还是保留这些警告，只禁用那些你不感兴趣的消息，如下所示：

```
javac -Xlint:all,-fallthrough,-serial sourceFiles
```

可以用以下命令得到所有警告的一个列表：

```
javac --help -X
```

11. Java 虚拟机提供了对 Java 应用的监控（monitoring）和管理（management）支持，允许在虚拟机中安装代理来跟踪内存消耗、线程使用、类加载等情况。这个特性对于规模很大而且长时间运行的 Java 程序（如应用服务器）尤其重要。作为展示这些功能的一个例子，

JDK 提供了一个名为 jconsole 的图形工具，可以显示有关虚拟机性能的统计结果，如图 7-3 所示。启动你的程序，然后启动 jconsole，从正在运行的 Java 程序列表中选择你的程序。

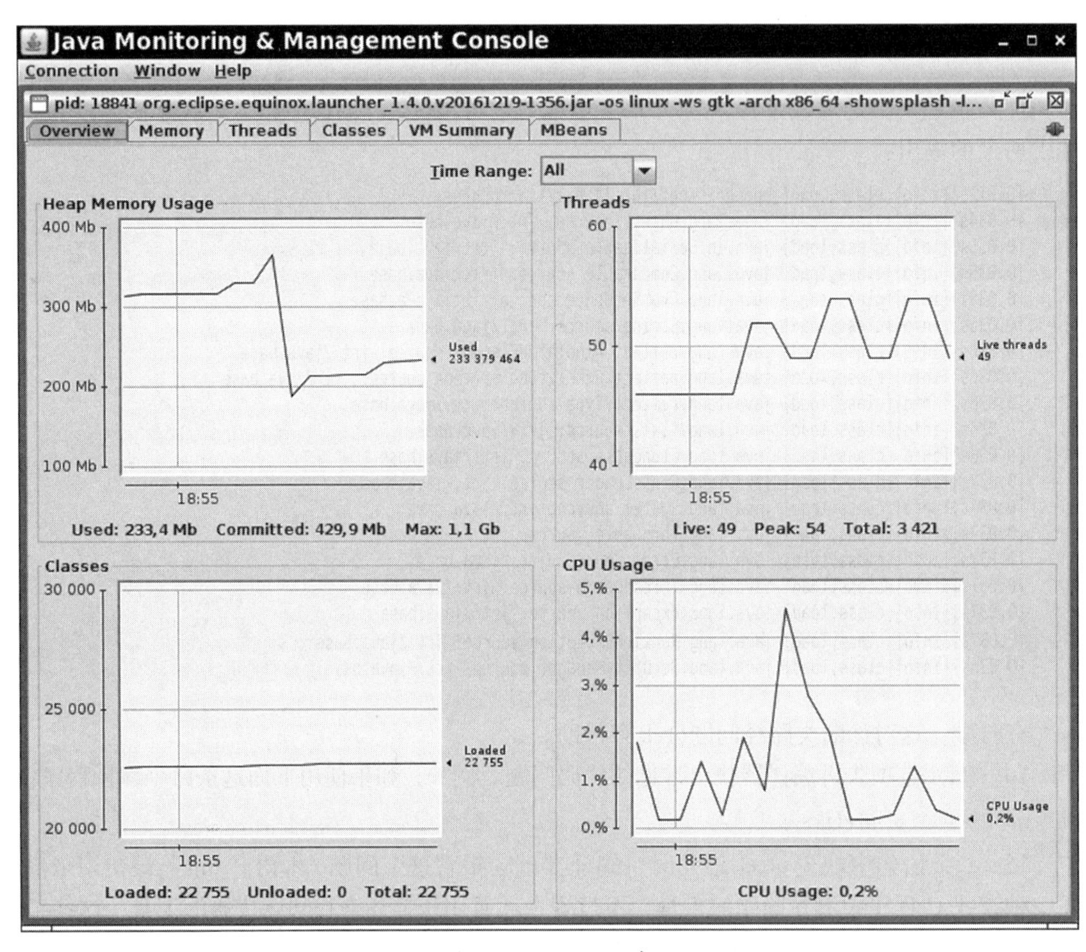

图 7-3 jconsole 程序

控制台会给出正在运行的这个程序的大量信息。更详细的信息参见 www.oracle.com/technetwork/articles/java/jconsole-1564139.html。

12. Java 任务控制器（Java Mission Control）是一个专业级性能分析和诊断工具，可以从 https://adoptopenjdk.net/jmc.html 得到。类似于 jconsole，Java Mission Control 可以关联到正在运行的虚拟机。它还能分析 Java 飞行记录器（Java Flight Recorder）的输出，这个工具可以从一个正在运行的 Java 应用收集诊断和性能分析数据。https://github.com/thegreystone/jmc-tutorial 提供了一个全面的教程。

本章介绍了异常处理和日志，另外还了解了关于测试和调试的一些有用的技巧。接下来两章会介绍泛型程序设计和它最重要的应用：Java 集合框架。

第 8 章　泛型程序设计

- ▲ 为什么要使用泛型程序设计
- ▲ 定义简单泛型类
- ▲ 泛型方法
- ▲ 类型变量的限定
- ▲ 泛型代码和虚拟机
- ▲ 限制与局限性
- ▲ 泛型类型的继承规则
- ▲ 通配符类型
- ▲ 反射和泛型

泛型类和泛型方法有类型参数，这使得它们可以准确地描述用特定类型实例化时会发生什么。在有泛型类之前，程序员必须使用 Object 编写适用于多种类型的代码。这很烦琐，也很不安全。

随着泛型的引入，Java 有了一个表述能力很强的类型系统，允许设计者详细地描述变量和方法的类型要如何变化。对于简单的情况，你会发现实现泛型代码很容易。不过，在更高级的情况下，对于实现者来说这会相当复杂。其目标是提供让其他程序员可以轻松使用的类和方法而不会出现意外。

Java 5 中泛型的引入成为 Java 程序设计语言自最初发行以来最显著的变化。Java 的一个主要设计目标是支持与之前版本的向后兼容性。因此，Java 的泛型有一些让人不快的局限性。在本章中，你会了解泛型程序设计的优点以及存在的问题。

8.1　为什么要使用泛型程序设计

泛型程序设计（generic programming）意味着编写的代码可以对多种不同类型的对象重用。例如，你并不希望为收集 String 和 File 对象分别编写不同的类。实际上，也不需要这样做，因为一个 ArrayList 类就可以收集任何类的对象。这就是泛型程序设计的一个例子。

实际上，在 Java 有泛型类之前已经有一个 ArrayList 类。下面来研究泛型程序设计的机制是如何演变的，另外还会介绍这对于用户和实现者来说意味着什么。

8.1.1　类型参数的好处

在 Java 中增加泛型类之前，泛型程序设计是用*继承*（inheritance）实现的。ArrayList 类只维护一个 Object 引用的数组：

```
public class ArrayList // before generic classes
{
   private Object[] elementData;
   . . .
```

```
    public Object get(int i) { . . . }
    public void add(Object o) { . . . }
}
```

这种方法存在两个问题。获取一个值时必须进行强制类型转换：

```
ArrayList files = new ArrayList();
. . .
String filename = (String) files.get(0);
```

此外，这里没有错误检查。可以向数组列表中添加任何类的值：

```
files.add(new File(". . ."));
```

对于这个调用，编译和运行都不会出错。不过在其他地方，如果将 get 的结果强制类型转换为 String 类型，就会产生一个错误。

泛型提供了一个更好的解决方案：*类型参数*（type parameter）。ArrayList 类现在有一个类型参数用来指示元素的类型：

```
var files = new ArrayList<String>();
```

这使得代码具有更好的可读性。人们一看就知道这个数组列表中包含的是 String 对象。

注释： 如果用一个明确的类型而不是 var 声明一个变量，则可以通过使用“菱形”语法省略构造器中的类型参数：

```
ArrayList<String> files = new ArrayList<>();
```

省略的类型可以从变量的类型推断得出。

Java 9 扩展了菱形语法的使用范围，原先不接受这种语法的地方现在也可以使用了。例如，现在可以对匿名子类使用菱形语法：

```
ArrayList<String> passwords = new ArrayList<>() // diamond OK in Java 9
   {
      public String get(int n) { return super.get(n).replaceAll(".", "*"); }
   };
```

编译器也可以充分利用这个类型信息。调用 get 的时候，不再需要强制类型转换。编译器知道返回值类型为 String，而不是 Object：

```
String filename = files.get(0);
```

编译器还知道 ArrayList<String> 的 add 方法有一个类型为 String 的参数，这比有一个 Object 类型的参数要安全得多。现在，编译器会检查，防止你插入错误类型的对象。例如，以下语句

```
files.add(new File(". . .")); // can only add String objects to an ArrayList<String>
```

是无法通过编译的。不过，得到编译错误要比运行时出现类的强制类型转换异常好得多。

这正是类型参数的魅力所在：它们会让你的程序更易读，也更安全。

8.1.2　谁想成为泛型程序员

使用类似 ArrayList 的泛型类很容易。大多数 Java 程序员使用 ArrayList<String> 之类的类

型时就好像它们是 Java 语言内置的类型一样（就像 String[] 数组）。（当然，数组列表比数组更好，因为数组列表可以自动扩展。）

但是，实现一个泛型类可没有那么容易。使用你的代码的程序员可能会插入各种各样的类作为类型参数。他们希望一切都能正常工作，不会有恼人的限制，也不会有让人混乱的错误消息。因此，作为一个泛型程序员，你的任务就是要预计到你的泛型类将来所有可能的用法。

这个任务会有多难呢？下面来看让标准类库的设计者饱受折磨的一个典型问题。ArrayList 类有一个方法 addAll，用来添加另一个集合的全部元素。一个程序员可能想要将一个 ArrayList<Manager> 中的所有元素添加到一个 ArrayList<Employee> 中去。不过，当然反过来应该不合法。如何允许前一个调用，而不允许后一个调用呢？Java 语言的设计者发明了一个具有独创性的新概念来解决这个问题，即*通配符类型*（wildcard type）。通配符类型非常抽象，不过，利用通配符类型，构建类库的程序员可以编写出尽可能灵活的方法。

泛型程序设计可以分为 3 个能力水平。基本水平是，仅仅使用泛型类（比较典型的是像 ArrayList 这样的集合），而不考虑它们如何工作以及为什么这样做。大多数应用程序员都希望保持在这一水平，除非出现了问题。不过，当混合使用不同的泛型类时，或者要与对类型参数一无所知的遗留代码交互时，你可能会看到让人困惑的错误消息。那时你就需要对 Java 泛型有足够的了解，才能系统地解决问题，而不是胡乱地猜测。当然，最终你可能想要实现自己的泛型类与泛型方法。

应用程序员很可能不会编写太多的泛型代码。JDK 开发人员已经做出了很大的努力，为所有的集合类提供了类型参数。凭经验来说，只有原本涉及大量通用类型（如 Object 或 Comparable 接口）的强制类型转换的代码才会因使用类型参数而受益。

本章将介绍实现自己的泛型代码所需了解的全部知识。不过，希望大多数读者主要利用这些知识来帮助排除代码的问题，以及满足想要了解参数化集合类内部工作原理的好奇心。

8.2 定义简单泛型类

泛型类（generic class）就是有一个或多个类型变量的类。本章使用一个简单的 Pair 类作为例子。这个类使我们可以只关注泛型，而不用为数据存储的细节而分心。下面是泛型 Pair 类的代码：

```
public class Pair<T>
{
   private T first;
   private T second;

   public Pair() { first = null; second = null; }
   public Pair(T first, T second) { this.first = first; this.second = second; }

   public T getFirst() { return first; }
   public T getSecond() { return second; }

   public void setFirst(T newValue) { first = newValue; }
   public void setSecond(T newValue) { second = newValue; }
}
```

Pair类引入了一个类型变量T，用尖括号（<>）括起来，放在类名的后面。泛型类可以有多个类型变量。例如，可以定义Pair类，其中第一个字段和第二个字段使用不同的类型：

```
public class Pair<T, U> { . . . }
```

类型变量在整个类定义中用于指定方法的返回类型以及字段和局部变量的类型。例如，

```
private T first; // uses the type variable
```

> **注释：** 常见的做法是类型变量使用大写字母，而且很简短。Java类库使用变量E表示集合的元素类型，K和V分别表示表的键和值的类型。T（必要时还可以用相邻的字母U和S）表示"任意类型"。

可以用具体的类型替换类型变量来实例化（instantiate）泛型类型，例如：

```
Pair<String>
```

可以把结果想象成一个普通类，它有以下构造器：

```
Pair<String>()
Pair<String>(String, String)
```

以及以下方法：

```
String getFirst()
String getSecond()
void setFirst(String)
void setSecond(String)
```

换句话说，泛型类相当于普通类的工厂。

程序清单8-1中的程序具体使用了Pair类。静态方法minmax会遍历数组并同时计算出最小值和最大值。它用一个Pair对象同时返回两个结果。回想一下：用compareTo方法比较两个字符串，如果字符串相同则返回0；按照字典顺序，如果第一个字符串比第二个字符串靠前，就返回一个负整数，否则返回一个正整数。

程序清单8-1　pair1/PairTest1.java

```
1  package pair1;
2  
3  /**
4   * @version 1.01 2012-01-26
5   * @author Cay Horstmann
6   */
7  public class PairTest1
8  {
9     public static void main(String[] args)
10    {
11       String[] words = { "Mary", "had", "a", "little", "lamb" };
12       Pair<String> mm = ArrayAlg.minmax(words);
13       System.out.println("min = " + mm.getFirst());
14       System.out.println("max = " + mm.getSecond());
15    }
16 }
```

```
17
18 class ArrayAlg
19 {
20    /**
21     * Gets the minimum and maximum of an array of strings.
22     * @param a an array of strings
23     * @return a pair with the min and max values, or null if a is null or empty
24     */
25    public static Pair<String> minmax(String[] a)
26    {
27       if (a == null || a.length == 0) return null;
28       String min = a[0];
29       String max = a[0];
30       for (int i = 1; i < a.length; i++)
31       {
32          if (min.compareTo(a[i]) > 0) min = a[i];
33          if (max.compareTo(a[i]) < 0) max = a[i];
34       }
35       return new Pair<>(min, max);
36    }
37 }
```

C++ 注释： 从表面上看，Java 的泛型类类似于 C++ 的模板类。唯一明显的不同是 Java 没有特殊的 template 关键字。但是，在本章中你将会看到，这两种机制有着本质的区别。

8.3 泛型方法

上一节已经介绍了如何定义一个泛型类。还可以定义一个带有类型参数的方法。

```
class ArrayAlg
{
   public static <T> T getMiddle(T... a)
   {
      return a[a.length / 2];
   }
}
```

这个方法是在普通类中定义的，而不是在泛型类中。不过，这是一个泛型方法，可以从尖括号和类型变量看出这一点。注意，类型变量放在修饰符（这里的修饰符就是 public static）的后面，并在返回类型的前面。

可以在普通类中定义泛型方法，也可以在泛型类中定义。

当调用一个泛型方法时，可以把具体类型包围在尖括号中，放在方法名前面：

```
String middle = ArrayAlg.<String>getMiddle("John", "Q.", "Public");
```

在这种情况下（实际也是大多数情况下），方法调用中可以省略 <String> 类型参数。编译器有足够的信息推断出你想要的方法。它将参数的类型与泛型类型 T... 进行匹配，推断出 T 一定是 String。也就是说，可以简单地调用

```
String middle = ArrayAlg.getMiddle("John", "Q.", "Public");
```

几乎在所有情况下，泛型方法的类型推导都能正常工作。偶尔，编译器也会提示错误，此时你就需要解译错误报告。考虑下面这个示例：

```
double middle = ArrayAlg.getMiddle(3.14, 1729, 0);
```

错误消息以晦涩的方式指出（不同的编译器版本给出的错误消息可能有所不同）：解释这个代码有两种方式，而且这两种方式都是合法的。简单地说，编译器将把参数自动装箱为 1 个 Double 和 2 个 Integer 对象，然后寻找这些类的共同超类型。事实上，它找到了 2 个超类型：Number 和 Comparable 接口，Comparable 接口本身也是一个泛型类型。在这种情况下，可以采取的补救措施是将所有的参数都写为 double 值。

提示：如果想知道编译器对一个泛型方法调用最终推断出哪种类型，Peter von der Ahé 推荐了这样一个窍门：故意引入一个错误，然后研究所得到的错误消息。例如，考虑调用 ArrayAlg.getMiddle("Hello", 0, null)。将结果赋给 JButton，这肯定是不对的。将会得到一个错误报告：

```
found:
java.lang.Object&java.io.Serializable&java.lang.Comparable<? extends
java.lang.Object&java.io.Serializable&java.lang.Comparable<?>>
```

大致的意思是：可以将结果赋给 Object、Serializable 或 Comparable。

C++ 注释：在 C++ 中，要将类型参数放在方法名后面。这有可能会导致烦人的解析二义性。例如，g(f<a, b>(c)) 可以理解为“用 f<a, b>(c) 的结果调用 g”，或者理解为“用两个布尔值 f<a 和 b>(c) 调用 g”。

8.4　类型变量的限定

有时，类或方法需要对类型变量加以约束。下面是一个典型的例子。我们要计算数组中的最小元素：

```
class ArrayAlg
{
   public static <T> T min(T[] a) // almost correct
   {
      if (a == null || a.length == 0) return null;
      T smallest = a[0];
      for (int i = 1; i < a.length; i++)
         if (smallest.compareTo(a[i]) > 0) smallest = a[i];
      return smallest;
   }
}
```

但是，这里有一个问题。请看 min 方法的代码。变量 smallest 的类型为 T，这意味着它可以是任何一个类的对象。如何知道 T 所属的类有一个 compareTo 方法呢？

解决这个问题的办法是限制 T 只能是实现了 Comparable 接口（包含一个方法 compareTo 的标准接口）的一个类。可以通过对类型变量 T 设置一个*限定*（bound）来实现这一点：

```
public static <T extends Comparable> T min(T[] a) . . .
```

实际上 Comparable 接口本身就是一个泛型类型。目前，我们先忽略其复杂性以及编译器产生的警告。8.8 节会讨论如何在 Comparable 接口中适当地使用类型参数。

现在，泛型方法 min 只能在实现了 Comparable 接口的类（如 String、LocalDate 等）的数组上调用。因为 Rectangle 类没有实现 Comparable 接口，所以在 Rectangle 数组上调用 min 将会得到一个编译错误。

C++ 注释：在 C++ 中，不能对模板参数的类型加以限制。如果程序员用一个不适当的类型实例化一个模板，将会在模板代码中报告一个（通常含糊不清的）错误消息。

你或许会感到奇怪——在这里我们为什么使用关键字 extends 而不是 implements ？毕竟，Comparable 是一个接口。下面的记法

```
<T extends BoundingType>
```

表示 T 应该是限定类型（bounding type）的子类型（subtype）。T 和限定类型可以是类，也可以是接口。选择关键字 extends 的原因是它更接近子类型的概念，并且 Java 的设计者也不打算在语言中再添加一个新的关键字（如 sub）。

一个类型变量或通配符可以有多个限定，例如：

```
T extends Comparable & Serializable
```

限定类型用“&”分隔，而逗号用来分隔类型变量。

按照 Java 继承机制，可以根据需要拥有多个接口超类型，但最多有一个限定可以是类。如果有一个类作为限定，它必须是限定列表中的第一个限定。

在程序清单 8-2 中，我们把 minmax 重写为一个泛型方法。这个方法可以计算泛型数组的最大值和最小值，并返回一个 Pair<T>。

程序清单 8-2 pair2/PairTest2.java

```
1 package pair2;
2 
3 import java.time.*;
4 
5 /**
6  * @version 1.02 2015-06-21
7  * @author Cay Horstmann
8  */
9 public class PairTest2
10 {
11    public static void main(String[] args)
12    {
13       LocalDate[] birthdays =
14          {
15             LocalDate.of(1906, 12, 9), // G. Hopper
```

```
16               LocalDate.of(1815, 12, 10), // A. Lovelace
17               LocalDate.of(1903, 12, 3), // J. von Neumann
18               LocalDate.of(1910, 6, 22), // K. Zuse
19            };
20         Pair<LocalDate> mm = ArrayAlg.minmax(birthdays);
21         System.out.println("min = " + mm.getFirst());
22         System.out.println("max = " + mm.getSecond());
23      }
24   }
25
26   class ArrayAlg
27   {
28      /**
29         Gets the minimum and maximum of an array of objects of type T.
30         @param a an array of objects of type T
31         @return a pair with the min and max values, or null if a is null or empty
32      */
33      public static <T extends Comparable> Pair<T> minmax(T[] a)
34      {
35         if (a == null || a.length == 0) return null;
36         T min = a[0];
37         T max = a[0];
38         for (int i = 1; i < a.length; i++)
39         {
40            if (min.compareTo(a[i]) > 0) min = a[i];
41            if (max.compareTo(a[i]) < 0) max = a[i];
42         }
43         return new Pair<>(min, max);
44      }
45   }
```

8.5 泛型代码和虚拟机

虚拟机没有泛型类型对象——所有对象都属于普通类。在泛型实现的早期版本中，甚至能够将使用泛型的程序编译为在 1.0 虚拟机上运行的类文件！在下面的小节中你会看到编译器如何“擦除”类型参数，以及这个过程对 Java 程序员有什么影响。

8.5.1 类型擦除

无论何时定义一个泛型类型，都会自动提供一个相应的*原始类型*（raw type）。这个原始类型的名字就是去掉类型参数后的泛型类型名。类型变量会被*擦除*（erased），并替换为其限定类型（或者，对于无限定的变量则替换为 Object）。

例如，Pair<T> 的原始类型如下所示：

```
public class Pair
{
   private Object first;
   private Object second;

   public Pair(Object first, Object second)
```

```
    {
        this.first = first;
        this.second = second;
    }

    public Object getFirst() { return first; }
    public Object getSecond() { return second; }

    public void setFirst(Object newValue) { first = newValue; }
    public void setSecond(Object newValue) { second = newValue; }
}
```

因为 T 是一个无限定的类型变量，所以直接替换为 Object。

其结果是一个普通类，就好像 Java 语言中引入泛型之前实现的类一样。

在程序中可以包含不同类型的 Pair，例如，Pair<String> 或 Pair<LocalDate>。不过擦除类型后，它们都会变成原始的 Pair 类型。

> **C++ 注释：** 就这点而言，Java 泛型与 C++ 模板有很大的区别。C++ 会为每个模板的实例化生成不同的类型，这一现象称为"模板代码膨胀"。Java 不受这个问题的困扰。

原始类型用第一个限定来替换类型变量，或者，如果没有给定限定，就替换为 Object。例如，类 Pair<T> 中的类型变量没有显式的限定，因此，原始类型用 Object 替换 T。假定我们声明了一个稍有不同的类型：

```
public class Interval<T extends Comparable & Serializable> implements Serializable
{
    private T lower;
    private T upper;
    . . .
    public Interval(T first, T second)
    {
        if (first.compareTo(second) <= 0) { lower = first; upper = second; }
        else { lower = second; upper = first; }
    }
}
```

原始类型 Interval 如下所示：

```
public class Interval implements Serializable
{
    private Comparable lower;
    private Comparable upper;
    . . .
    public Interval(Comparable first, Comparable second) { . . . }
}
```

> **注释：** 你可能想要知道限定切换为 class Interval<T extends Serializable & Comparable> 会发生什么。如果这样做，原始类型会用 Serializable 替换 T，而且编译器会在必要时插入转换为 Comparable 的强制类型转换。为了提高效率，应该将标记（tagging）接口（即没有方法的接口）放在限定列表的末尾。

8.5.2 转换泛型表达式

编写一个泛型方法调用时，如果擦除了返回类型，编译器会插入强制类型转换。例如，对于下面这个语句序列：

```
Pair<Employee> buddies = . . .;
Employee buddy = buddies.getFirst();
```

getFirst擦除类型后的返回类型是Object。编译器自动插入转换到Employee的强制类型转换。也就是说，编译器把这个方法调用转换为两条虚拟机指令：

- 调用原始方法Pair.getFirst。
- 将返回的Object类型强制转换为Employee类型。

访问一个泛型字段时也会插入强制类型转换。假设Pair类的first字段和second字段都是公共的（也许这不是一种好的编程风格，但在Java中是合法的）。以下表达式

```
Employee buddy = buddies.first;
```

也会在结果字节码中插入强制类型转换。

8.5.3 转换泛型方法

类型擦除也会出现在泛型方法中。程序员通常认为类似下面的泛型方法

```
public static <T extends Comparable> T min(T[] a)
```

是整个一组方法，而擦除类型之后，只剩下一个方法：

```
public static Comparable min(Comparable[] a)
```

注意，类型参数T已经被擦除了，只留下了它的限定类型Comparable。

方法的擦除带来了两个复杂问题。考虑下面这个示例：

```
class DateInterval extends Pair<LocalDate>
{
   public void setSecond(LocalDate second)
   {
      if (second.compareTo(getFirst()) >= 0)
         super.setSecond(second);
   }
   . . .
}
```

日期区间是一对LocalDate对象，而且我们想覆盖这个方法来确保第二个值永远不小于第一个值。这个类擦除后变成

```
class DateInterval extends Pair // after erasure
{
   public void setSecond(LocalDate second) { . . . }
   . . .
}
```

令人感到奇怪的是，还有另一个从Pair继承的setSecond方法，即

```
public void setSecond(Object second)
```

这显然是一个不同的方法，因为它有一个不同类型的参数——Object，而不是 LocalDate。不过，它不应该不一样。考虑下面的语句序列：

```
var interval = new DateInterval(. . .);
Pair<LocalDate> pair = interval; // OK--assignment to superclass
pair.setSecond(aDate);
```

这里，我们希望 setSecond 调用具有多态性，应该调用适当的方法。因为 pair 引用一个 DateInterval 对象，所以应该调用 DateInterval.setSecond。问题在于类型擦除与多态发生了冲突。为了解决这个问题，编译器在 DateInterval 类中生成一个*桥方法*（bridge method）：

```
public void setSecond(Object second) { setSecond((LocalDate) second); }
```

要想了解为什么这样可行，请仔细跟踪以下语句的执行：

```
pair.setSecond(aDate)
```

变量 pair 已经声明为类型 Pair<LocalDate>，并且这个类型只有一个名为 setSecond 的方法，即 setSecond(Object)。虚拟机在 pair 引用的对象上调用这个方法。这个对象是 DateInterval 类型，因而将会调用 DateInterval.setSecond(Object) 方法。这个方法是合成的桥方法。它会调用 DateInterval.setSecond(LocalDate)，这正是我们想要的。

桥方法可能会变得更奇怪。假设 DateInterval 类也覆盖了 getSecond 方法：

```
class DateInterval extends Pair<LocalDate>
{
   public LocalDate getSecond() { return (LocalDate) super.getSecond(); }
   . . .
}
```

在 DateInterval 类中，有两个 getSecond 方法：

```
LocalDate getSecond() // defined in DateInterval
Object getSecond() // overrides the method defined in Pair to call the first method
```

你不能编写这样的 Java 代码（两个方法有相同的参数类型是不合法的，在这里，两个方法都没有参数）。但是，在虚拟机中，会由参数类型*以及返回类型*共同指定一个方法。因此，编译器可以为两个仅返回类型不同的方法生成字节码，虚拟机能够正确地处理这种情况。

注释：桥方法不只是用于泛型类型。第 5 章已经讲过，一个方法覆盖另一个方法时，可以指定一个更严格的返回类型，这是合法的。例如：

```
public class Employee implements Cloneable
{
   public Employee clone() throws CloneNotSupportedException { . . . }
}
```

Object.clone 和 Employee.clone 方法被称为有**协变的返回类型**（covariant return type）。

实际上，Employee 类有两个克隆方法：

```
Employee clone() // defined above
Object clone() // synthesized bridge method, overrides Object.clone
```

合成的桥方法会调用新定义的方法。

总之，对于 Java 泛型的转换，需要记住以下几点：

- 虚拟机中没有泛型，只有普通的类和方法。
- 所有的类型参数都会替换为它们的限定类型。
- 会合成桥方法来保持多态。
- 为保持类型安全性，必要时会插入强制类型转换。

8.5.4 调用遗留代码

设计 Java 泛型时，主要目标是允许泛型代码和遗留代码之间能够互操作。下面看有关遗留代码的一个具体示例。Swing 用户界面工具包提供了一个 JSlider 类，它的“刻度”（tick）可以定制为包含文本或图像的标签。这些标签用以下调用设置：

```
void setLabelTable(Dictionary table)
```

Dictionary 类将整数映射到标签。在 Java 5 之前，这个类实现为一个 Object 实例映射。Java 5 把 Dictionary 实现为一个泛型类，不过 JSlider 从未更新。此时，没有类型参数的 Dictionary 是一个原始类型。这里就存在兼容性问题。

填充字典时，可以使用泛型类型。

```
Dictionary<Integer, Component> labelTable = new Hashtable<>();
labelTable.put(0, new JLabel(new ImageIcon("nine.gif")));
labelTable.put(20, new JLabel(new ImageIcon("ten.gif")));
. . .
```

将 Dictionary<Integer, Component> 对象传递给 setLabelTable 时，编译器会发出一个警告。

```
slider.setLabelTable(labelTable); // warning
```

毕竟，编译器无法确定 setLabelTable 可能会对 Dictionary 对象做什么操作。这个方法可能会把字典的所有键替换为字符串。这就打破了键类型必须为 Integer 的承诺，未来的操作有可能导致糟糕的强制类型转换异常。

要仔细考虑这个问题，想想看 JSlider 到底会用 Dictionary 对象做什么。在这里十分清楚，JSlider 只读取这个信息，因此可以忽略这个警告。

现在看一个相反的情形，由一个遗留类得到一个原始类型的对象。可以将它赋给一个类型使用了泛型的变量，当然，这样做会得到一个警告。例如：

```
Dictionary<Integer, Components> labelTable = slider.getLabelTable(); // warning
```

没关系。查看这个警告，确保标签表确实包含 Integer 和 Component 对象。当然，从来没有绝对的保证。恶意的程序员可能会在滑动条中安装一个不同的 Dictionary。不过，这种情况并不会比有泛型之前的情况更糟糕。最差的情况也就是程序抛出一个异常。

考虑了这个警告之后，可以使用*注解*（annotation）使之消失。可以对一个局部变量加注解，如下所示：

```
@SuppressWarnings("unchecked")
Dictionary<Integer, Components> labelTable = slider.getLabelTable(); // no warning
```

或者，可以对整个方法加注解，如下所示：

```
@SuppressWarnings("unchecked")
public void configureSlider() { . . . }
```

这个注解会关闭对方法中所有代码的检查。

8.6 限制与局限性

在下面几节中，我们将讨论使用 Java 泛型时需要考虑的一些限制。大多数限制都是由类型擦除引起的。

8.6.1 不能用基本类型实例化类型参数

不能用基本类型代替类型参数。因此，没有 Pair<double>，只有 Pair<Double>。当然，其原因就在于类型擦除。擦除之后，Pair 类含有 Object 类型的字段，而 Object 不能存储 double 值。

这的确令人烦恼。但是，这样做与 Java 语言中基本类型的独立状态相一致。这并不是一个致命的缺陷——只有 8 种基本类型，而且即使不能接受包装器类型（wrapper type），也可以使用单独的类和方法来处理。

8.6.2 运行时类型查询只适用于原始类型

虚拟机中的对象总是有一个特定的非泛型类型。因此，所有的类型查询只生成原始类型。例如，

```
if (a instanceof Pair<String>) // ERROR
```

实际上仅仅测试 a 是否是任意类型的一个 Pair。下面的测试同样如此：

```
if (a instanceof Pair<T>) // ERROR
```

或以下强制类型转换也是如此：

```
Pair<String> p = (Pair<String>) a; // warning--can only test that a is a Pair
```

为了提醒这一风险，如果试图查询一个对象是否属于某个泛型类型，你会得到一个编译器错误（使用 instanceof 时），或者得到一个警告（使用强制类型转换时）。

同样的道理，getClass 方法总是返回原始类型。例如：

```
Pair<String> stringPair = . . .;
Pair<Employee> employeePair = . . .;
if (stringPair.getClass() == employeePair.getClass()) // they are equal
```

这个比较的结果是 true，因为两个 getClass 调用都返回 Pair.class。

8.6.3 不能创建参数化类型的数组

不能实例化参数化类型的数组，例如：

```
var table = new Pair<String>[10]; // ERROR
```

这有什么问题呢？擦除之后，table 的类型是 Pair[]。可以把它转换为 Object[]：

```
Object[] objarray = table;
```

数组会记住它的元素类型，如果试图存储类型不正确的元素，就会抛出一个 ArrayStoreException 异常：

```
objarray[0] = "Hello"; // ERROR--component type is Pair
```

不过对于泛型类型，擦除会使这种机制无效。以下赋值

```
objarray[0] = new Pair<Employee>();
```

尽管能够通过数组存储的检查，但仍会导致一个类型错误。出于这个原因，不允许创建参数化类型的数组。

需要说明的是，只是不允许创建这些数组，而声明类型为 Pair<String>[] 的变量仍是合法的。不过不能用 new Pair<String>[10] 初始化这个变量。

注释：可以声明通配类型的数组，然后进行强制类型转换：

```
var table = (Pair<String>[]) new Pair<?>[10];
```

结果将是不安全的。如果在 table[0] 中存储一个 Pair<Employee>，然后对 table[0].getFirst() 调用一个 String 方法，会得到一个 ClassCastException 异常。

提示：如果需要收集参数化类型对象，可以直接使用 ArrayList：ArrayList<Pair<String>> 很安全也很有效。

8.6.4 Varargs 警告

上一节中已经了解到，Java 不支持泛型类型的数组。这一节中我们再来讨论一个相关的问题：向参数个数可变的方法传递一个泛型类型的实例。

考虑下面这个简单的方法，它的参数个数是可变的：

```
public static <T> void addAll(Collection<T> coll, T... ts)
{
   for (T t : ts) coll.add(t);
}
```

回忆一下，实际上参数 ts 是一个数组，包含提供的所有实参。

现在考虑以下调用：

```
Collection<Pair<String>> table = . . .;
Pair<String> pair1 = . . .;
Pair<String> pair2 = . . .;
addAll(table, pair1, pair2);
```

为了调用这个方法，Java 虚拟机必须建立一个 Pair<String> 数组，这就违反了规则。不过，对于这种情况，规则有所放松，你只会得到一个警告，而不是错误。

可以采用两种方法来抑制这个警告。一种方法是为包含 addAll 调用的方法增加注解 @SuppressWarnings("unchecked")。或者在 Java 7 中，还可以用 @SafeVarargs 直接注解 addAll 方法：

```
@SafeVarargs
public static <T> void addAll(Collection<T> coll, T... ts)
```

现在就可以提供泛型类型来调用这个方法了。对于任何只需要读取参数数组元素的方法（这肯定是最常见的情况），都可以使用这个注解。

@SafeVarargs 只能用于声明为 static、final 或（Java 9 中）private 的构造器和方法。所有其他方法都可能被覆盖，这会使这个注解失去意义。

> **注释：** 可以使用 @SafeVarargs 注解来消除创建泛型数组的有关限制，方法如下：
>
> ```
> @SafeVarargs static <E> E[] array(E... array) { return array; }
> ```
>
> 现在可以调用：
>
> ```
> Pair<String>[] table = array(pair1, pair2);
> ```
>
> 这看起来很方便，不过隐藏着危险。以下代码
>
> ```
> Object[] objarray = table;
> objarray[0] = new Pair<Employee>();
> ```
>
> 能顺利运行而不会出现 ArrayStoreException 异常（因为数组存储只会检查擦除后的类型），但在处理 table[0] 时，你会在别处得到一个异常。

8.6.5　不能实例化类型变量

不能在类似 new T(...) 的表达式中使用类型变量。例如，下面的 Pair<T> 构造器就是非法的：

```
public Pair() { first = new T(); second = new T(); } // ERROR
```

类型擦除将 T 变成 Object，而你肯定不希望调用 new Object()。

在 Java 8 之后，最好的解决办法是让调用者提供一个构造器表达式。例如：

```
Pair<String> p = Pair.makePair(String::new);
```

makePair 方法接收一个 Supplier<T>，这是一个函数式接口，表示一个无参数而且返回类型为 T 的函数：

```
public static <T> Pair<T> makePair(Supplier<T> constr)
{
   return new Pair<>(constr.get(), constr.get());
}
```

比较传统的解决方法是通过反射调用 Constructor.newInstance 方法来构造泛型对象。

遗憾的是，细节有点复杂。不能如下调用：

```
first = T.class.getConstructor().newInstance(); // ERROR
```

表达式 T.class 是不合法的，因为它会擦除为 Object.class。必须适当地设计 API 以便得到一个 Class 对象，如下所示：

```
public static <T> Pair<T> makePair(Class<T> cl)
{
   try
```

```
   {
      return new Pair<>(cl.getConstructor().newInstance(),
         cl.getConstructor().newInstance());
   }
   catch (Exception e) { return null; }
}
```

这个方法可以如下调用：

```
Pair<String> p = Pair.makePair(String.class);
```

注意，Class 类本身是泛型的。例如，String.class 是 Class<String> 的一个实例（事实上，它是唯一的实例）。因此，makePair 方法能够推断出所建立的对组（pair）的类型。

8.6.6　不能构造泛型数组

就像不能实例化泛型实例一样，也不能实例化数组。不过原因有所不同，毕竟数组可以填充 null 值，看上去好像可以安全地构造数组。不过，数组本身也带有类型，用来监控虚拟机中的数组存储。这个类型会被擦除。例如，考虑下面的例子：

```
public static <T extends Comparable> T[] minmax(T... a)
{
   T[] mm = new T[2]; // ERROR
   . . .
}
```

类型擦除会让这个方法总是构造 Comparable[2] 数组。

如果数组仅仅作为一个类的私有实例字段，那么可以将这个数组的元素类型声明为擦除后的类型并使用强制类型转换。例如，ArrayList 类可以如下实现：

```
public class ArrayList<E>
{
   private Object[] elements;
   . . .
   @SuppressWarnings("unchecked") public E get(int n) { return (E) elements[n]; }
   public void set(int n, E e) { elements[n] = e; } // no cast needed
}
```

但实际的实现没有这么清晰：

```
public class ArrayList<E>
{
   private E[] elements;
   . . .
   public ArrayList() { elements = (E[]) new Object[10]; }
}
```

这里，强制类型转换 E[] 是一个假象，而类型擦除使其无法察觉。

这个技术并不适用于我们的 minmax 方法，因为 minmax 方法返回一个 T[] 数组，如果我们对类型“作假”，使用擦除后的类型，就会得到运行时错误结果。假设实现以下代码：

```
public static <T extends Comparable> T[] minmax(T... a)
{
   var result = new Comparable[2]; // array of erased type
```

```
   . . .
   return (T[]) result; // compiles with warning
}
```

以下调用

```
String[] names = ArrayAlg.minmax("Tom", "Dick", "Harry");
```

编译时不会有任何警告。当方法返回后 Comparable[] 引用被强制转换为 String[] 时，将会出现 ClassCastException 异常。

在这种情况下，最好让用户提供一个数组构造器表达式：

```
String[] names = ArrayAlg.minmax(String[]::new, "Tom", "Dick", "Harry");
```

构造器表达式 String::new 指示一个函数，给定所需的长度，会构造一个指定长度的 String 数组。minmax 方法使用这个参数生成一个有正确类型的数组：

```
public static <T extends Comparable> T[] minmax(IntFunction<T[]> constr, T... a)
{
   T[] result = constr.apply(2);
   . . .
}
```

比较老式的方法是利用反射，并调用 Array.newInstance：

```
public static <T extends Comparable> T[] minmax(T... a)
{
   var result = (T[]) Array.newInstance(a.getClass().getComponentType(), 2);
   . . .
}
```

ArrayList 类的 toArray 方法就没有这么幸运。它需要生成一个 T[] 数组，但没有元素类型。因此，有下面两种不同的形式：

```
Object[] toArray()
T[] toArray(T[] result)
```

第二个方法接收一个数组参数。如果数组足够大，就使用这个数组。否则，用 result 的元素类型构造一个足够大的新数组。

8.6.7　泛型类的静态上下文中类型变量无效

不能在静态字段或方法中引用类型变量。例如，下面的做法看起来很聪明，但实际上行不通：

```
public class Singleton<T>
{
   private static T singleInstance; // ERROR

   public static T getSingleInstance() // ERROR
   {
      if (singleInstance == null) construct new instance of T
      return singleInstance;
   }
}
```

如果这样可行，程序就可以声明一个 Singleton<Random> 以共享一个随机数生成器，另外声明一个 Singleton<JFileChooser> 以共享一个文件选择器对话框。但是，这样是行不通的。类型擦除之后，只剩下 Singleton 类，它只包含一个 singleInstance 字段。因此，带有类型变量的静态字段和方法是完全非法的。

8.6.8 不能抛出或捕获泛型类的实例

既不能抛出也不能捕获泛型类的对象。实际上，甚至泛型类扩展 Throwable 都是不合法的。例如，以下定义就不能编译：

```
public class Problem<T> extends Exception { /* . . . */ }
   // ERROR--can't extend Throwable
```

catch 子句中不能使用类型变量。例如，以下方法将不能编译：

```
public static <T extends Throwable> void doWork(Class<T> t)
{
   try
   {
      do work
   }
   catch (T e) // ERROR--can't catch type variable
   {
      Logger.getGlobal().info(. . .);
   }
}
```

不过，在异常规范中使用类型变量是允许的。以下方法是合法的：

```
public static <T extends Throwable> void doWork(T t) throws T // OK
{
   try
   {
      do work
   }
   catch (Throwable realCause)
   {
      t.initCause(realCause);
      throw t;
   }
}
```

8.6.9 可以取消对检查型异常的检查

Java 异常处理的一个基本原则是，必须为所有检查型异常提供一个处理器。不过可以利用泛型取消这个机制。关键在于以下方法：

```
@SuppressWarnings("unchecked")
static <T extends Throwable> void throwAs(Throwable t) throws T
{
   throw (T) t;
}
```

假设这个方法包含在接口 Task 中，如果有一个检查型异常 e，并调用

```
Task.<RuntimeException>throwAs(e);
```

编译器就会认为 e 是一个非检查型异常。以下代码会把所有异常都转换为编译器所认为的非检查型异常：

```
try
{
   do work
}
catch (Throwable t)
{
   Task.<RuntimeException>throwAs(t);
}
```

下面使用这个技术解决一个棘手的问题。要在一个线程中运行代码，需要把代码放在一个实现了 Runnable 接口的类的 run 方法中。不过这个方法不允许抛出检查型异常。我们将提供一个从 Task 到 Runnable 的适配器，它的 run 方法可以抛出任意的异常。

```
interface Task
{
   void run() throws Exception;

   @SuppressWarnings("unchecked")
   static <T extends Throwable> void throwAs(Throwable t) throws T
   {
      throw (T) t;
   }

   static Runnable asRunnable(Task task)
   {
      return () ->
         {
            try
            {
               task.run();
            }
            catch (Exception e)
            {
               Task.<RuntimeException>throwAs(e);
            }
         };
   }
}
```

例如，以下程序运行了一个线程，它会抛出一个检查型异常。

```
public class Test
{
   public static void main(String[] args)
   {
      var thread = new Thread(Task.asRunnable(() ->
         {
            Thread.sleep(1000);
            System.out.println("Hello, World!");
            throw new Exception("Check this out!");
         }));
      thread.start();
   }
}
```

Thread.sleep 方法声明为抛出一个 InterruptedException，我们不再需要捕获这个异常。因为我们没有中断这个线程，所以不会抛出这个异常。不过，程序会抛出一个检查型异常。运行程序时，你会得到一个栈轨迹。

这有什么意义呢？正常情况下，你必须捕获一个 Runable 的 run 方法中的所有检查型异常，把它们“包装”到非检查型异常中，因为 run 方法声明为不抛出任何检查型异常。

不过在这里并没有做这种“包装”。我们只是抛出异常，并“哄骗”编译器，让它相信这不是一个检查型异常。

通过使用泛型类、擦除和 @SuppressWarnings 注解，我们就能消除 Java 类型系统的一个基本限制。

8.6.10　注意擦除后的冲突

擦除泛型类型后，不允许创建引发冲突的条件。下面来看一个示例。假定为 Pair 类增加一个 equals 方法，如下所示：

```
public class Pair<T>
{
   public boolean equals(T value) { return first.equals(value) && second.equals(value); }
   . . .
}
```

考虑一个 Pair<String>。从概念上讲，它有两个 equals 方法：

```
boolean equals(String) // defined in Pair<T>
boolean equals(Object) // inherited from Object
```

但是，直觉把我们引入歧途。方法

```
boolean equals(T)
```

擦除后就是

```
boolean equals(Object)
```

这会与 Object.equals 方法发生冲突。

当然，补救的办法是重新命名引发冲突的方法。

泛型规范还指出了另外一个规则：“为了支持擦除转换，我们要施加一个限制：倘若两个接口类型是同一接口的不同参数化，一个类或类型变量就不能同时作为这两个接口类型的子类。”例如，下面的代码是非法的：

```
class Employee implements Comparable<Employee> { . . . }
class Manager extends Employee implements Comparable<Manager> { . . . } // ERROR
```

如果以上代码可行，Manager 就会实现 Comparable<Employee> 和 Comparable<Manager>，而它们是同一接口的不同参数化。

这一限制与类型擦除的关系并不十分明显。毕竟，以下非泛型版本是合法的。

```
class Employee implements Comparable { . . . }
class Manager extends Employee implements Comparable { . . . }
```

其原因非常微妙，这有可能与合成的桥方法产生冲突。实现了 Comparable<X> 的类会获得一个桥方法：

```
public int compareTo(Object other) { return compareTo((X) other); }
```

不可能对不同的类型 X 有两个这样的方法。

8.7 泛型类型的继承规则

使用泛型类时，需要了解有关继承和子类型的一些规则。下面先从许多程序员感觉不太直观的情况开始介绍。考虑一个类和一个子类，如 Employee 和 Manager。Pair<Manager> 是 Pair<Employee> 的一个子类型吗？或许人们会感到奇怪，答案是“不是”。例如，下面的代码将不能成功编译：

```
Pair<Employee> buddies = new Pair<Manager>(ceo, cfo); // illegal
```

一般来讲，无论 S 与 T 有什么关系，Pair<S> 与 Pair<T> 都没有任何关系（如图 8-1 所示）。

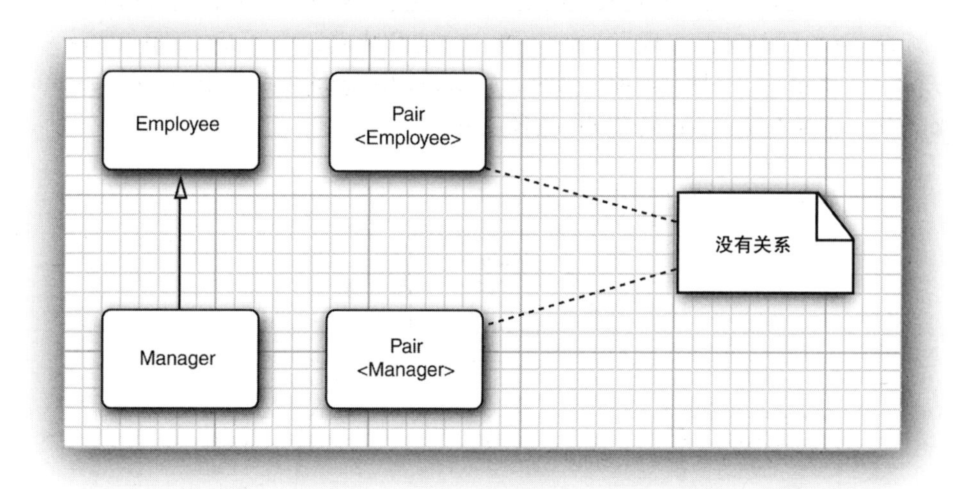

图 8-1　pair 类之间没有继承关系

这看起来是一个很严格的限制，不过对于类型安全非常必要。假设允许将 Pair<Manager> 转换为 Pair<Employee>。考虑下面的代码：

```
var managerBuddies = new Pair<Manager>(ceo, cfo);
Pair<Employee> employeeBuddies = managerBuddies; // illegal, but suppose it wasn't
employeeBuddies.setFirst(lowlyEmployee);
```

显然，最后一句是合法的。但是 employeeBuddies 和 managerBuddies 引用了同样的对象。现在我们会把 CFO 和一个底层员工组成一对，这对于 Pair<Manager> 来说应该是不可能的。

注释： 前面看到的是泛型类型与 Java 数组之间的一个重要区别。可以将一个 Manager[] 数组赋给一个类型为 Employee[] 的变量：

```
Manager[] managerBuddies = { ceo, cfo };
Employee[] employeeBuddies = managerBuddies; // OK
```

不过，数组有特别的保护。如果试图将一个底层员工存储到 employeeBuddies[0]，虚拟机将会抛出 ArrayStoreException 异常。

总是可以将参数化类型转换为一个原始类型。例如，Pair<Employee> 是原始类型 Pair 的一个子类型。在与遗留代码交互时，这个转换非常必要。

转换成原始类型会导致类型错误吗？很遗憾，会！看一看下面这个示例：

```
var managerBuddies = new Pair<Manager>(ceo, cfo);
Pair rawBuddies = managerBuddies; // OK
rawBuddies.setFirst(new File(". . .")); // only a compile-time warning
```

听起来有点吓人。但是，请记住现在的状况不会比更老版本的 Java 更糟糕。虚拟机的安全性还没有到生死攸关的程度。当使用 getFirst 获得外来对象并赋给 Manager 变量时，与以往一样，会抛出 ClassCastException 异常。这里失去的只是泛型程序设计提供的附加安全性。

最后，泛型类可以扩展或实现其他的泛型类。就这一点而言，它们与普通的类没有什么区别。例如，ArrayList<T> 类实现了 List<T> 接口。这意味着，一个 ArrayList<Manager> 可以转换为一个 List<Manager>。但是，如前面所见，ArrayList<Manager> 不是一个 ArrayList<Employee> 或 List<Employee>。图 8-2 展示了它们之间的这种关系。

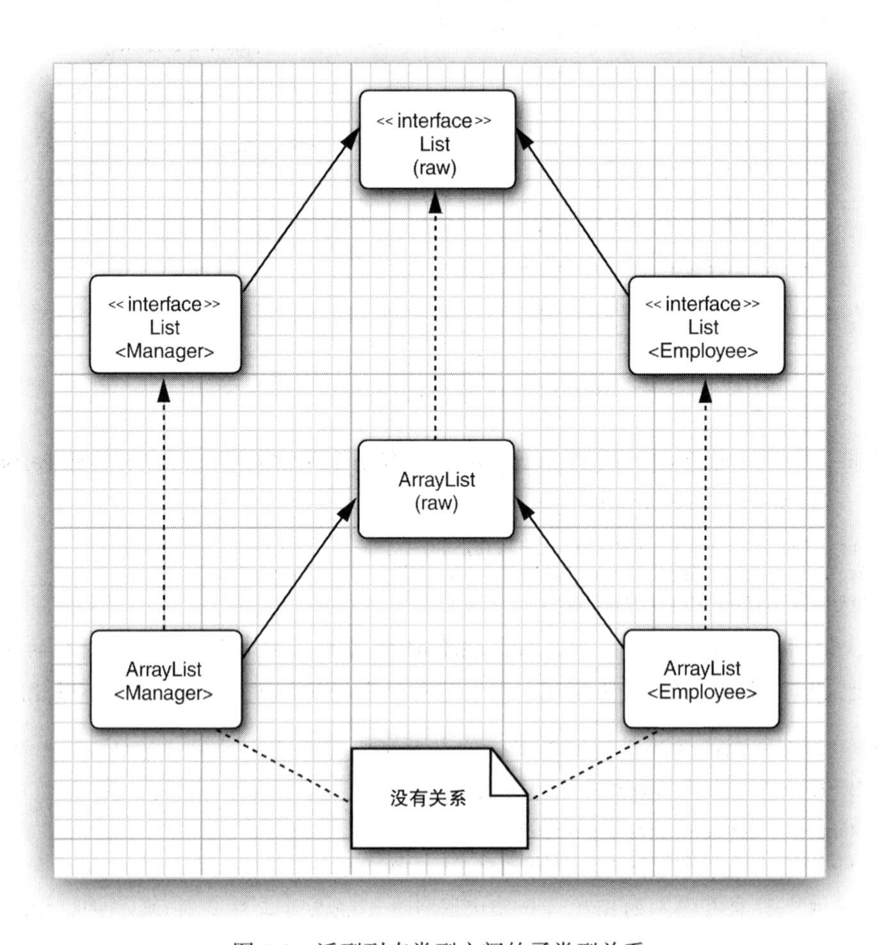

图 8-2　泛型列表类型之间的子类型关系

8.8　通配符类型

严格的泛型类型系统使用起来并不那么令人愉快，类型系统的研究人员知道这一点已经有一段时间了。Java 的设计者发明了一种巧妙的（但很安全的）“逃生出口”：通配符类型（wildcard type）。下面几小节会介绍如何使用通配符。

8.8.1　通配符概念

在通配符类型中，允许类型参数变化。例如，通配符类型

```
Pair<? extends Employee>
```

表示任何泛型 Pair 类型，它的类型参数是 Employee 的子类，如 Pair<Manager>，但不能是 Pair<String>。

假设要编写一个打印员工对的方法，如下所示：

```
public static void printBuddies(Pair<Employee> p)
{
   Employee first = p.getFirst();
   Employee second = p.getSecond();
   System.out.println(first.getName() + " and " + second.getName() + " are buddies.");
}
```

正如前面讲到的，不能将 Pair<Manager> 传递给这个方法，这一点很有限制。不过解决的方法很简单——可以使用一个通配符类型：

```
public static void printBuddies(Pair<? extends Employee> p)
```

类型 Pair<Manager> 是 Pair<? extends Employee> 的子类型（如图 8-3 所示）。

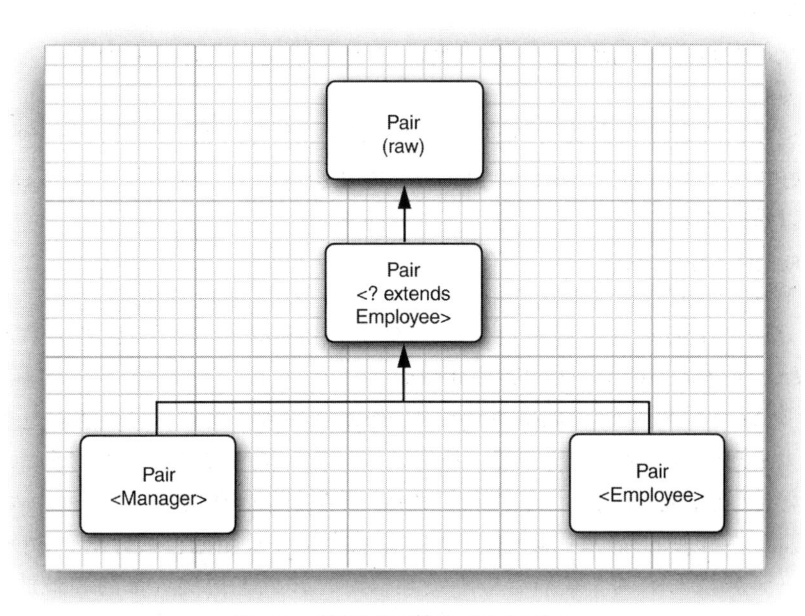

图 8-3　使用通配符的子类型关系

使用通配符会通过 Pair<? extends Employee> 的引用破坏 Pair<Manager> 吗？

```
var managerBuddies = new Pair<Manager>(ceo, cfo);
Pair<? extends Employee> wildcardBuddies = managerBuddies; // OK
wildcardBuddies.setFirst(lowlyEmployee); // compile-time error
```

这不可能引起破坏。对 setFirst 的调用有一个类型错误。要了解其中的缘由，请仔细看一看类型 Pair<? extends Employee>。它的方法如下：

```
? extends Employee getFirst()
void setFirst(? extends Employee)
```

不可能调用 setFirst 方法。考虑调用 wildcardBuddies.setFirst(lowlyEmployee)，编译器知道 setFirst 的参数有某个特定的类型，这个类型扩展了 Employee。这个特定类型是 Employee 吗？是 Manager 吗？还是另外某个子类？编译器无法知道。因此，编译器不能接受 lowlyEmployee。出于同样的原因，调用 wildcardBuddies.setFirst(cio)（其中 cio 是一个 Manager 实例）也会出错。除了 null，编译器必须拒绝传入 setFirst 的所有参数。

getFirst 方法则可以继续工作。getFirst 的返回值是某个特定类型的实例，这是 Employee 的一个子类型。编译器不知道这个特定类型是什么，但它可以保证对 Employee 引用的赋值是安全的。

这就是引入有限定的通配符的关键之处。现在我们已经有办法区分安全的访问器方法和不安全的更改器方法了。

8.8.2　通配符的超类型限定

通配符限定与类型变量限定十分类似，但是，它们还有一个附加的能力，你可以指定一个*超类型限定*（supertype bound），如下所示：

```
? super Manager
```

这个通配符限制为 Manager 的所有超类型。（真是很幸运，已有的 super 关键字十分准确地描述了这种关系。）

为什么想要这样做呢？带有超类型限定的通配符会提供一种行为，这与 8.8 节介绍的通配符行为正好相反。可以为方法提供参数，但不能使用返回值。例如，Pair<? super Manager> 有一些方法可以描述如下：

```
void setFirst(? super Manager)
? super Manager getFirst()
```

这不是真正的 Java 语法，但是可以展示编译器知道什么。setFirst 的参数类型表示为 ? super Manager，这是某个特定类型 T，而 Manager 是 T 的一个子类型。对于 T 实际上有 3 种选择：Object、Employee 或 Manager。（如果 Manager 或 Employee 实现了接口，可能还有更多选择）。不过，编译器无法知道其中哪个选择正确。所以，编译器不能接受参数类型为 Employee 或 Object 的调用。毕竟，T 可能是 Manager。只能传递 Manager 类型或某个子类型（如 Executive）的对象。

另外，如果调用 getFirst，不能保证返回对象的类型。只能把它赋给一个 Object。

下面是一个典型的示例。我们有一个经理数组，并且想把奖金最高和最低的经理放在一个 Pair 对象中。Pair 的类型是什么？在这里，Pair<Employee> 是合理的，或者对此而言，

Pair<Object> 也是合理的（如图 8-4 所示）。下面的方法将接受任何合适的 Pair：

```
public static void minmaxBonus(Manager[] a, Pair<? super Manager> result)
{
   if (a.length == 0) return;
   Manager min = a[0];
   Manager max = a[0];
   for (int i = 1; i < a.length; i++)
   {
      if (min.getBonus() > a[i].getBonus()) min = a[i];
      if (max.getBonus() < a[i].getBonus()) max = a[i];
   }
   result.setFirst(min);
   result.setSecond(max);
}
```

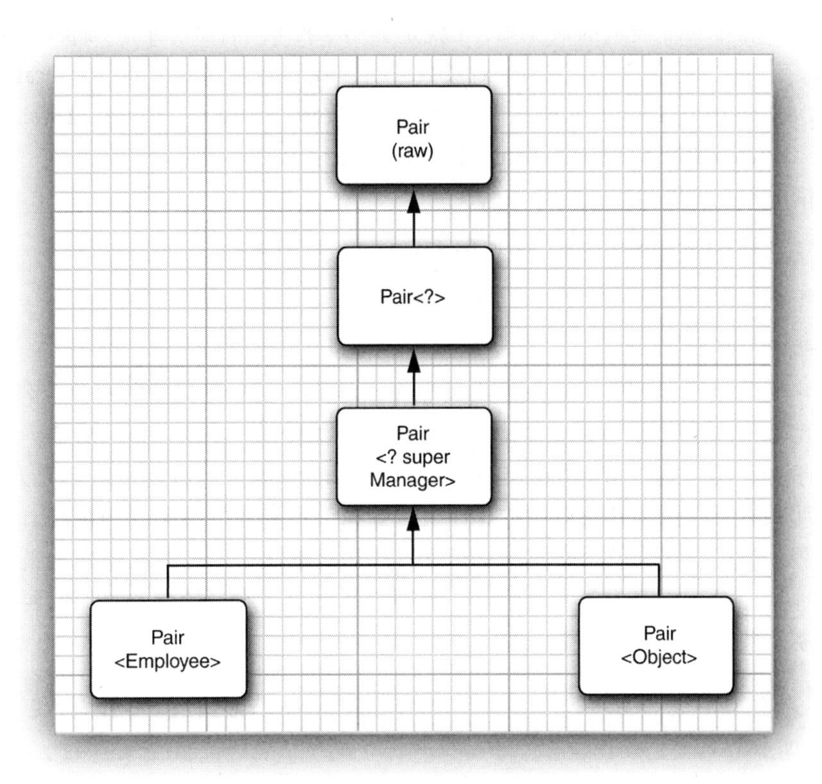

图 8-4 带有超类型限定的通配符

直观地讲，带有超类型限定的通配符允许你写入一个泛型对象，而带有子类型限定的通配符允许你读取一个泛型对象。

下面是超类型限定的另一种应用。Comparable 接口本身就是一个泛型类型。声明如下：

```
public interface Comparable<T>
{
   public int compareTo(T other);
}
```

在这里，类型变量指示了 other 参数的类型。例如，String 类实现了 Comparable<String>，它的 compareTo 方法声明为

```
public int compareTo(String other)
```

这很好，显式参数有正确的类型。接口是泛型接口之前，other 是一个 Object，这个方法的实现中必须有一个强制类型转换。

由于 Comparable 是一个泛型类型，对于 ArrayAlg 类的 minmax 方法，也许我们还能做得更好一些？可以将它声明为：

```
public static <T extends Comparable<T>> Pair<T> minmax(T[] a)
```

看起来，这样比只使用 T extents Comparable 更彻底，而且对于很多类都能很好地工作。例如，如果计算一个 String 数组的最小值，T 就是类型 String，而 String 是 Comparable<String> 的一个子类型。但是，处理一个 LocalDate 对象数组时，我们会遇到一个问题。LocalDate 实现了 ChronoLocalDate，而 ChronoLocalDate 扩展了 Comparable<ChronoLocalDate>。因此，LocalDate 实现的是 Comparable<ChronoLocalDate> 而不是 Comparable<LocalDate>。

在这种情况下，可以利用超类型来解决：

```
public static <T extends Comparable<? super T>> Pair<T> minmax(T[] a)
```

现在 compareTo 方法形式如下：

```
int compareTo(? super T)
```

它可以声明为接受类型 T 的对象，或者也可以是 T 的一个超类型的对象（例如，当 T 是 LocalDate 时）。无论如何，都可以安全地向 compareTo 方法传递一个 T 类型的对象。

对于初学者来说，类似 **<T extends Comparable<? super T>>** 的声明看起来有点吓人。很遗憾，因为这个声明的本意是帮助开发应用的程序员去除对调用参数的不必要的限制。对泛型没有兴趣的应用程序员可能很快就会略过这些声明，想当然地认为库程序员做的都是正确的。如果你是一名库程序员，一定要熟悉通配符，否则，就会受到用户的责备，他们要在代码中随机地添加强制类型转换直至代码能够编译。

> **注释：** 超类型限定的另一个常见的用法是作为一个函数式接口的参数类型。例如，Collection 接口有一个方法：
>
> ```
> default boolean removeIf(Predicate<? super E> filter)
> ```
>
> 这个方法会删除所有满足给定谓词条件的元素。例如，如果你不喜欢有奇怪散列码的员工，就可以如下将他们删除：
>
> ```
> ArrayList<Employee> staff = . . .;
> Predicate<Object> oddHashCode = obj -> obj.hashCode() %2 != 0;
> staff.removeIf(oddHashCode);
> ```
>
> 你希望能够传入一个 Predicate<Object>，而不只是 Predicate<Employee>。super 通配符可以使这个愿望成真。

8.8.3　无限定通配符

甚至还可以使用根本无限定的通配符，例如，Pair<?>。初看起来，这好像与原始的 Pair 类型一样。实际上，这两种类型有很大的不同。类型 Pair<?> 有以下方法：

```
? getFirst()
void setFirst(?)
```

getFirst 的返回值只能赋给一个 Object。setFirst 方法不能调用，甚至不能用 Object 调用。Pair<?> 和 Pair 本质的不同在于：你可以用任意 Object 对象调用原始 Pair 类的 setFirst 方法。

> **注释：** 可以调用 setFirst(null)。

为什么要使用这样一个脆弱的类型？它对于很多简单操作很有用。例如，下面这个方法可用来测试一个对组是否包含一个 null 引用，它不需要具体的类型。

```
public static boolean hasNulls(Pair<?> p)
{
   return p.getFirst() == null || p.getSecond() == null;
}
```

通过将 hasNulls 转换成泛型方法，可以避免使用通配符类型：

```
public static <T> boolean hasNulls(Pair<T> p)
```

但是，带有通配符的版本可读性更好。

8.8.4　通配符捕获

下面编写一个方法来交换对组的元素：

```
public static void swap(Pair<?> p)
```

通配符不是类型变量，因此，不能编写使用 ? 作为一种类型的代码。也就是说，下面的代码是非法的：

```
? t = p.getFirst(); // ERROR
p.setFirst(p.getSecond());
p.setSecond(t);
```

这里有一个问题，因为在交换的时候，必须临时保存第一个元素。幸运的是，这个问题有一个有趣的解决方案。我们可以写一个辅助方法 swapHelper，如下所示：

```
public static <T> void swapHelper(Pair<T> p)
{
   T t = p.getFirst();
   p.setFirst(p.getSecond());
   p.setSecond(t);
}
```

注意，swapHelper 是一个泛型方法，而 swap 不是，它有一个固定的 Pair<?> 类型的参数。

现在可以由 swap 调用 swapHelper：

```
public static void swap(Pair<?> p) { swapHelper(p); }
```

在这种情况下，swapHelper 方法的参数 T 捕获通配符。并不知道通配符指示哪种类型，但是，这是一个明确的类型，并且从 <T>swapHelper 的定义可以清楚地看到 T 指示那个类型。

当然，在这种情况下，并不是一定要使用通配符。我们也可以直接把 <T> void swap(Pair<T> p) 实现为一个没有通配符的泛型方法。不过，考虑下面这个例子，这里通配符类型很自然地出现在一个计算中间：

```
public static void maxminBonus(Manager[] a, Pair<? super Manager> result)
{
   minmaxBonus(a, result);
   PairAlg.swapHelper(result); // OK--swapHelper captures wildcard type
}
```

在这里，通配符捕获机制是不可避免的。

通配符捕获只有在非常有限的情况下是合法的。编译器必须能够保证通配符表示单个确定的类型。例如，ArrayList<Pair<T>> 中的 T 绝对不能捕获 ArrayList<Pair<?>> 中的通配符。数组列表可能包含两个 Pair<?>，其中的 ? 可能分别有不同的类型。

程序清单 8-3 中的测试程序将前几节讨论的各种方法综合在一起，以便我们了解它们的具体使用。

程序清单 8-3 pair3/PairTest3.java

```
 1 package pair3;
 2 
 3 /**
 4  * @version 1.01 2012-01-26
 5  * @author Cay Horstmann
 6  */
 7 public class PairTest3
 8 {
 9    public static void main(String[] args)
10    {
11       var ceo = new Manager("Gus Greedy", 800000, 2003, 12, 15);
12       var cfo = new Manager("Sid Sneaky", 600000, 2003, 12, 15);
13       var buddies = new Pair<Manager>(ceo, cfo);
14       printBuddies(buddies);
15 
16       ceo.setBonus(1000000);
17       cfo.setBonus(500000);
18       Manager[] managers = { ceo, cfo };
19 
20       var result = new Pair<Employee>();
21       minmaxBonus(managers, result);
22       System.out.println("first: " + result.getFirst().getName()
23          + ", second: " + result.getSecond().getName());
24       maxminBonus(managers, result);
25       System.out.println("first: " + result.getFirst().getName()
26          + ", second: " + result.getSecond().getName());
27    }
28 
29    public static void printBuddies(Pair<? extends Employee> p)
30    {
31       Employee first = p.getFirst();
32       Employee second = p.getSecond();
```

```
33         System.out.println(first.getName() + " and " + second.getName() + " are buddies.");
34      }
35
36      public static void minmaxBonus(Manager[] a, Pair<? super Manager> result)
37      {
38         if (a.length == 0) return;
39         Manager min = a[0];
40         Manager max = a[0];
41         for (int i = 1; i < a.length; i++)
42         {
43            if (min.getBonus() > a[i].getBonus()) min = a[i];
44            if (max.getBonus() < a[i].getBonus()) max = a[i];
45         }
46         result.setFirst(min);
47         result.setSecond(max);
48      }
49
50      public static void maxminBonus(Manager[] a, Pair<? super Manager> result)
51      {
52         minmaxBonus(a, result);
53         PairAlg.swapHelper(result); // OK--swapHelper captures wildcard type
54      }
55      // can't write public static <T super manager> . . .
56   }
57
58   class PairAlg
59   {
60      public static boolean hasNulls(Pair<?> p)
61      {
62         return p.getFirst() == null || p.getSecond() == null;
63      }
64
65      public static void swap(Pair<?> p) { swapHelper(p); }
66
67      public static <T> void swapHelper(Pair<T> p)
68      {
69         T t = p.getFirst();
70         p.setFirst(p.getSecond());
71         p.setSecond(t);
72      }
73   }
```

8.9 反射和泛型

反射允许你在运行时分析任意对象。如果对象是泛型类的实例，关于泛型类型参数，你可能得不到多少信息，因为它们已经被擦除了。在下面的小节中，我们将学习利用反射可以获得泛型类的哪些信息。

8.9.1 泛型 Class 类

现在，Class 类是泛型类。例如，String.class 实际上是一个 Class<String> 类的对象（事实上，也是唯一的对象）。

类型参数十分有用，这是因为它允许 Class<T> 的方法有更特定的返回类型。Class<T> 的以下方法就利用了类型参数：

```
T newInstance()
T cast(Object obj)
T[] getEnumConstants()
Class<? super T> getSuperclass()
Constructor<T> getConstructor(Class... parameterTypes)
Constructor<T> getDeclaredConstructor(Class... parameterTypes)
```

newInstance 方法返回这个类的一个实例，由无参数构造器获得。它的返回类型现在声明为 T，其类型与 Class<T> 描述的类相同，这样就免除了强制类型转换。

cast 方法返回给定的对象，如果给定对象的类型实际上是 T 的一个子类型，现在会声明为类型 T，否则，会抛出一个 BadCastException 异常。

如果这个类不是一个 enum 类或 T 类型枚举值的一个数组，getEnumConstants 方法将返回 null。

最后，getConstructor 与 getDeclaredConstructor 方法返回一个 Constructor<T> 对象。Constructor 类也已经变成泛型，使得它的 newInstance 方法有一个正确的返回类型。

API java.lang.Class<T> 1.0

- T newInstance()

  返回无参数构造器构造的一个新实例。
- T cast(Object obj)

  如果 obj 为 null 或者可以转换成类型 T，则返回 obj；否则抛出一个 BadCastException 异常。
- T[] getEnumConstants() **5**

  如果 T 是枚举类型，则返回所有值组成的一个数组，否则返回 null。
- Class<? super T> getSuperclass()

  返回这个类的超类。如果 T 不是一个类或者如果 T 是 Object 类，则返回 null。
- Constructor<T> getConstructor(Class... parameterTypes) **1.1**
- Constructor<T> getDeclaredConstructor(Class... parameterTypes) **1.1**

  获得公共构造器，或者有给定参数类型的构造器。

API java.lang.reflect.Constructor<T> 1.1

- T newInstance(Object... parameters)

  返回用指定参数构造的新实例。

8.9.2 使用 Class<T> 参数进行类型匹配

匹配泛型方法中 Class<T> 参数的类型变量有时会很有用。下面是一个标准的示例：

```
public static <T> Pair<T> makePair(Class<T> c) throws InstantiationException,
      IllegalAccessException
{
```

```
    return new Pair<>(c.newInstance(), c.newInstance());
}
```

如果调用

```
makePair(Employee.class)
```

Employee.class 是一个 Class<Employee> 类型的对象。makePair 方法的类型参数 T 与 Employee 匹配，编译器可以推断出这个方法将返回一个 Pair<Employee>。

8.9.3 虚拟机中的泛型类型信息

Java 泛型的突出特性之一是在虚拟机中擦除泛型类型。令人奇怪的是，擦除的类仍然保留原先泛型的一些微弱记忆。例如，原始 Pair 类知道它源于泛型类 Pair<T>，尽管一个 Pair 类型的对象无法区分它构造为 Pair<String> 还是 Pair<Employee>。

类似地，考虑以下方法：

```
public static Comparable min(Comparable[] a)
```

这是擦除以下泛型方法得到的：

```
public static <T extends Comparable<? super T>> T min(T[] a)
```

可以使用反射 API 确定：

- 这个泛型方法有一个名为 T 的类型参数。
- 这个类型参数有一个子类型限定，其自身又是一个泛型类型。
- 这个限定类型有一个通配符参数。
- 这个通配符参数有一个超类型限定。
- 这个泛型方法有一个泛型数组参数。

换句话说，你可以重新构造实现者声明的泛型类和方法的所有有关内容。但是，你不会知道对于特定的对象或方法调用会如何解析类型参数。

为了描述泛型类型声明，可以使用 java.lang.reflect 包中的接口 Type。这个接口有以下子类型：

- Class 类，描述具体类型。
- TypeVariable 接口，描述类型变量（如 T extends Comparable<? super T>）。
- WildcardType 接口，描述通配符（如 ? super T）。
- ParameterizedType 接口，描述泛型类或接口类型（如 Comparable<? super T>）。
- GenericArrayType 接口，描述泛型数组（如 T[]）。

图 8-5 给出了继承层次结构。注意，最后 4 个子类型是接口，虚拟机会实例化实现这些接口的适当的类。

程序清单 8-4 使用泛型反射 API 来打印它发现的一个给定类的有关信息。如果对 Pair 类运行这个程序，将会得到以下报告：

```
class Pair<T> extends java.lang.Object
public T getFirst()
```

```
public T getSecond()
public void setFirst(T)
public void setSecond(T)
```

如果对 PairTest2 目录下的 ArrayAlg 运行这个程序，报告会显示以下方法：

```
public static <T extends java.lang.Comparable> Pair<T> minmax(T[])
```

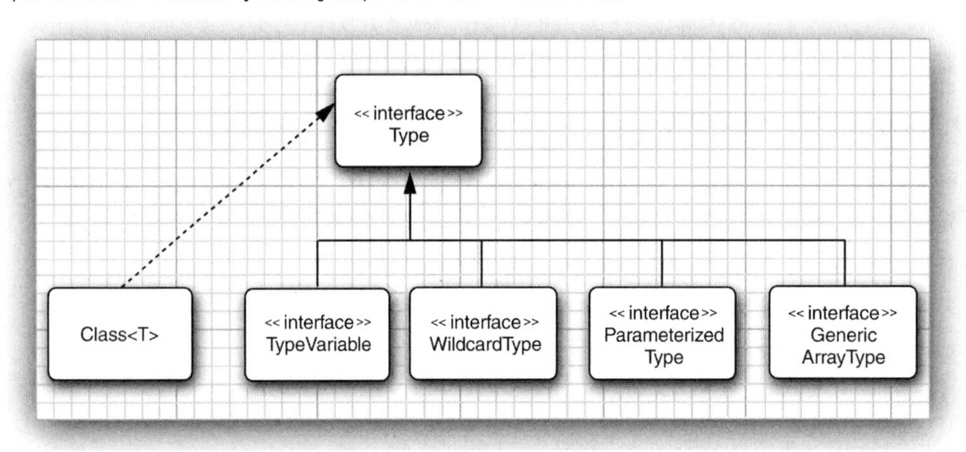

图 8-5 Type 接口及其子类型

程序清单 8-4 genericReflection/GenericReflectionTest.java

```
1  package genericReflection;
2  
3  import java.lang.reflect.*;
4  import java.util.*;
5  
6  /**
7   * @version 1.12 2021-05-30
8   * @author Cay Horstmann
9   */
10 public class GenericReflectionTest
11 {
12    public static void main(String[] args)
13    {
14       // read class name from command line args or user input
15       String name;
16       if (args.length > 0) name = args[0];
17       else
18       {
19          try (var in = new Scanner(System.in))
20          {
21             System.out.println("Enter class name (e.g., java.util.Collections): ");
22             name = in.next();
23          }
24       }
25 
26       try
27       {
28          // print generic info for class and public methods
29          Class<?> cl = Class.forName(name);
```

```
30          printClass(cl);
31          for (Method m : cl.getDeclaredMethods())
32             printMethod(m);
33       }
34       catch (ClassNotFoundException e)
35       {
36          e.printStackTrace();
37       }
38    }
39
40    public static void printClass(Class<?> cl)
41    {
42       System.out.print(cl);
43       printTypes(cl.getTypeParameters(), "<", ", ", ">", true);
44       Type sc = cl.getGenericSuperclass();
45       if (sc != null)
46       {
47          System.out.print(" extends ");
48          printType(sc, false);
49       }
50       printTypes(cl.getGenericInterfaces(), " implements ", ", ", "", false);
51       System.out.println();
52    }
53
54    public static void printMethod(Method m)
55    {
56       String name = m.getName();
57       System.out.print(Modifier.toString(m.getModifiers()));
58       System.out.print(" ");
59       printTypes(m.getTypeParameters(), "<", ", ", ">", true);
60
61       printType(m.getGenericReturnType(), false);
62       System.out.print(" ");
63       System.out.print(name);
64       System.out.print("(");
65       printTypes(m.getGenericParameterTypes(), "", ", ", "", false);
66       System.out.println(")");
67    }
68
69    public static void printTypes(Type[] types, String pre, String sep, String suf,
70          boolean isDefinition)
71    {
72       if (pre.equals(" extends ") && Arrays.equals(types, new Type[] { Object.class }))
73          return;
74       if (types.length > 0) System.out.print(pre);
75       for (int i = 0; i < types.length; i++)
76       {
77          if (i > 0) System.out.print(sep);
78          printType(types[i], isDefinition);
79       }
80       if (types.length > 0) System.out.print(suf);
81    }
82
83    public static void printType(Type type, boolean isDefinition)
```

```
84    {
85       if (type instanceof Class t)
86       {
87          System.out.print(t.getName());
88       }
89       else if (type instanceof TypeVariable t)
90       {
91          System.out.print(t.getName());
92          if (isDefinition)
93             printTypes(t.getBounds(), " extends ", " & ", "", false);
94       }
95       else if (type instanceof WildcardType t)
96       {
97          System.out.print("?");
98          printTypes(t.getUpperBounds(), " extends ", " & ", "", false);
99          printTypes(t.getLowerBounds(), " super ", " & ", "", false);
100      }
101      else if (type instanceof ParameterizedType t)
102      {
103         Type owner = t.getOwnerType();
104         if (owner != null)
105         {
106            printType(owner, false);
107            System.out.print(".");
108         }
109         printType(t.getRawType(), false);
110         printTypes(t.getActualTypeArguments(), "<", ", ", ">", false);
111      }
112      else if (type instanceof GenericArrayType t)
113      {
114         System.out.print("");
115         printType(t.getGenericComponentType(), isDefinition);
116         System.out.print("[]");
117      }
118   }
119 }
```

8.9.4 类型字面量

有时，你会希望由值的类型决定程序的行为。例如，在一种持久存储机制中，你可能希望用户指定一种方法来保存某个特定类的对象。通常的实现方法是将 Class 对象与一个动作关联。

不过，如果有泛型类，擦除会带来问题。比如说，既然 ArrayList<Integer> 和 ArrayList<String> 都擦除为同一个原始类型 ArrayList，如何让它们有不同的动作呢？

这里有一个技巧，在某些情况下可以解决这个问题。可以捕获 Type 接口（上一节介绍过）的一个实例。然后构造一个匿名子类，如下所示：

```
var type = new TypeLiteral<ArrayList<Integer>>(){} // note the {}
```

TypeLiteral 构造器会捕获泛型超类型：

```
class TypeLiteral
{
   public TypeLiteral()
   {
      Type parentType = getClass().getGenericSuperclass();
      if (parentType instanceof ParameterizedType paramType)
         type = paramType.getActualTypeArguments()[0];
      else
         throw new UnsupportedOperationException(
            "Construct as new TypeLiteral<. . .>(){}");
   }
   . . .
}
```

如果运行时有一个泛型类型，可以将它与 TypeLiteral 匹配。我们无法从一个对象得到泛型类型（已经被擦除）。不过，正如上一节看到的，字段和方法参数的泛型类型还留存在虚拟机中。

CDI 和 Guice 等注入框架（Injection framework）就使用类型字面量来控制泛型类型的注入。程序清单 8-5 给出了一个更简单的例子。给定一个对象，我们可以罗列它的字段，哪些有泛型类型，并查找相关联的格式化动作。

程序清单 8-5　genericReflection/TypeLiterals.java

```
1 package genericReflection;
2
3 /**
4    @version 1.02 2021-05-30
5    @author Cay Horstmann
6 */
7
8 import java.lang.reflect.*;
9 import java.util.*;
10 import java.util.function.*;
11
12 /**
13  * A type literal describes a type that can be generic, such as
14  * ArrayList<String>.
15  */
16 class TypeLiteral<T>
17 {
18    private Type type;
19
20    /**
21     * This constructor must be invoked from an anonymous subclass
22     * as new TypeLiteral<. . .>(){}.
23     */
24    public TypeLiteral()
25    {
26       Type parentType = getClass().getGenericSuperclass();
27       if (parentType instanceof ParameterizedType paramType)
28          type = paramType.getActualTypeArguments()[0];
```

```
29          else
30             throw new UnsupportedOperationException(
31                "Construct as new TypeLiteral<. . .>(){}");
32       }
33 
34       private TypeLiteral(Type type)
35       {
36          this.type = type;
37       }
38 
39       /**
40        * Yields a type literal that describes the given type.
41        */
42       public static TypeLiteral<?> of(Type type)
43       {
44          return new TypeLiteral<Object>(type);
45       }
46 
47       public String toString()
48       {
49          if (type instanceof Class clazz) return clazz.getName();
50          else return type.toString();
51       }
52 
53       public boolean equals(Object otherObject)
54       {
55          return otherObject instanceof TypeLiteral otherLiteral
56             && type.equals(otherLiteral.type);
57       }
58 
59       public int hashCode()
60       {
61          return type.hashCode();
62       }
63    }
64 
65    /**
66     * Formats objects, using rules that associate types with formatting functions.
67     */
68    class Formatter
69    {
70       private Map<TypeLiteral<?>, Function<?, String>> rules = new HashMap<>();
71 
72       /**
73        * Add a formatting rule to this formatter.
74        * @param type the type to which this rule applies
75        * @param formatterForType the function that formats objects of this type
76        */
77       public <T> void forType(TypeLiteral<T> type, Function<T, String> formatterForType)
78       {
79          rules.put(type,  formatterForType);
80       }
81 
82       /**
```

```
83      * Formats all fields of an object using the rules of this formatter.
84      * @param obj an object
85      * @return a string with all field names and formatted values
86      */
87     public String formatFields(Object obj)
88           throws IllegalArgumentException, IllegalAccessException
89     {
90        var result = new StringBuilder();
91        for (Field f : obj.getClass().getDeclaredFields())
92        {
93           result.append(f.getName());
94           result.append("=");
95           f.setAccessible(true);
96           Function<?, String> formatterForType = rules.get(TypeLiteral.of(f.getGenericType()));
97           if (formatterForType != null)
98           {
99              // formatterForType has parameter type ?. Nothing can be passed to its apply
100             // method. Cast makes the parameter type to Object so we can invoke it.
101             @SuppressWarnings("unchecked")
102             Function<Object, String> objectFormatter
103                = (Function<Object, String>) formatterForType;
104             result.append(objectFormatter.apply(f.get(obj)));
105          }
106          else
107             result.append(f.get(obj).toString());
108          result.append("\n");
109       }
110       return result.toString();
111    }
112 }
113
114 public class TypeLiterals
115 {
116    public static class Sample
117    {
118       ArrayList<Integer> nums;
119       ArrayList<Character> chars;
120       ArrayList<String> strings;
121       public Sample()
122       {
123          nums = new ArrayList<>();
124          nums.add(42); nums.add(1729);
125          chars = new ArrayList<>();
126          chars.add('H'); chars.add('i');
127          strings = new ArrayList<>();
128          strings.add("Hello"); strings.add("World");
129       }
130    }
131
132    private static <T> String join(String separator, ArrayList<T> elements)
133    {
134       var result = new StringBuilder();
135       for (T e : elements)
136       {
```

```
137         if (result.length() > 0) result.append(separator);
138         result.append(e.toString());
139      }
140      return result.toString();
141   }
142
143   public static void main(String[] args) throws Exception
144   {
145      var formatter = new Formatter();
146      formatter.forType(new TypeLiteral<ArrayList<Integer>>(){},
147         lst -> join(" ", lst));
148      formatter.forType(new TypeLiteral<ArrayList<Character>>(){},
149         lst -> "\"" + join("", lst) + "\"");
150      System.out.println(formatter.formatFields(new Sample()));
151   }
152 }
```

我们将对一个 ArrayList<Integer> 进行格式化，各个值之间用空格分隔；另外还会格式化一个 ArrayList<Character>，将字符连接成一个字符串。所有其他数组列表都由 ArrayList.toString 格式化。

API java.lang.Class<T> 1.0

- TypeVariable[] getTypeParameters() 5

  如果这个类型声明为泛型类型，则获得泛型类型变量，否则获得一个长度为 0 的数组。

- Type getGenericSuperclass() 5

  获得这个类型所声明超类的泛型类型；如果这个类型是 Object 或者不是类类型（class type），则返回 null。

- Type[] getGenericInterfaces() 5

  获得这个类型所声明接口的泛型类型（按照声明的次序），否则，如果这个类型没有实现接口，则返回长度为 0 的数组。

API java.lang.reflect.Method 1.1

- TypeVariable[] getTypeParameters() 5

  如果这个方法声明为一个泛型方法，则获得泛型类型变量，否则返回长度为 0 的数组。

- Type getGenericReturnType() 5

  获得这个方法声明的泛型返回类型。

- Type[] getGenericParameterTypes() 5

  获得这个方法声明的泛型参数类型。如果这个方法没有参数，返回长度为 0 的数组。

API java.lang.reflect.TypeVariable 5

- String getName()

  获得这个类型变量的名字。

- Type[] getBounds()

获得这个类型变量的子类限定，否则，如果该变量无限定，则返回长度为 0 的数组。

java.lang.reflect.WildcardType 5

- Type[] getUpperBounds()

  获得这个类型变量的子类（extends）限定，否则，如果这个变量没有子类限定，则返回长度为 0 的数组。

- Type[] getLowerBounds()

  获得这个类型变量的超类（super）限定，否则，如果这个变量没有超类限定，则返回长度为 0 的数组。

java.lang.reflect.ParameterizedType 5

- Type getRawType()

  获得这个参数化类型的原始类型。

- Type[] getActualTypeArguments()

  获得这个参数化类型声明的类型参数。

- Type getOwnerType()

  如果是内部类型，则返回其外部类类型；如果这是一个顶级类型，则返回 null。

java.lang.reflect.GenericArrayType 5

- Type getGenericComponentType()

  获得这个数组类型声明的泛型元素类型。

现在我们已经了解了如何使用泛型类，以及在必要时如何编写自己的泛型类和泛型方法。同样重要的是，你知道了如何理解 API 文档和错误消息中可能遇到的泛型类型声明。要想全面地了解有关 Java 泛型的详尽信息，可以查看 Angelika Langer 提供的一个很不错的常见问题（也有一些问题不太常见）列表（http://angelikalanger.com/GenericsFAQ/JavaGenericsFAQ.html）。

在下一章中，我们将学习 Java 集合框架如何使用泛型。

第9章 集　合

- ▲ Java 集合框架
- ▲ 集合框架中的接口
- ▲ 具体集合
- ▲ 映射
- ▲ 副本与视图
- ▲ 算法
- ▲ 遗留的集合

以自然的方式实现方法或者非常关注性能时，你选择的不同数据结构会带来很大差异。是否需要快速地搜索成千上万（甚至上百万）个有序的数据项？是否需要快速地在有序序列中间插入元素或删除元素？是否需要在键与值之间建立关联？

本章将介绍如何利用 Java 类库帮助我们实现程序设计所需的传统数据结构。在大学的计算机科学课程中，有一门*数据结构*（Data Structure）课程，通常要讲授一个学期，因此，有许许多多专门探讨这个重要主题的书籍。与大学课程所讲述的内容不同，这里将跳过理论部分，仅介绍如何使用标准库中的集合类。

9.1 Java 集合框架

Java 最初的版本只为最常用的数据结构提供了很少的一组类：`Vector`、`Stack`、`Hashtable`、`BitSet` 与 `Enumeration` 接口，其中 `Enumeration` 接口提供了一种抽象机制，用于访问任意容器中的元素。这是一个很明智的选择，要想建立一个全面的集合类库，这需要大量的时间和高超的技能。

随着 Java 1.2 的问世，设计人员感到是时候推出一组功能完备的数据结构了。面对一大堆相互冲突的设计问题，他们希望让类库规模很小而且要易于学习，不希望像 C++ 的“标准模板库”（即 STL）那样复杂，但又希望能够得到 STL 率先提出的“泛型算法”所具有的优点。他们还希望遗留的类能融入这个新框架。与集合类库的所有设计者一样，他们必须做出一些艰难的选择，于是，在这个过程中，他们做出了一些独具特色的设计决定。这一节将介绍 Java 集合框架的基本设计，展示如何具体使用，并解释一些颇具争议的特性背后的考虑。

9.1.1 集合接口与实现分离

与现代的数据结构类库的常见做法一样，Java 集合类库也将*接口*（interface）与*实现*（implementation）分离。下面利用我们熟悉的一个数据结构——*队列*（queue）来说明接口与实现如何分离。

队列接口（queue interface）指出可以在队尾添加元素，在队头删除元素，并且可以查找

队列中元素的个数。当需要收集对象并按照“先进先出”方式获取对象时，就应该使用队列（见图9-1）。

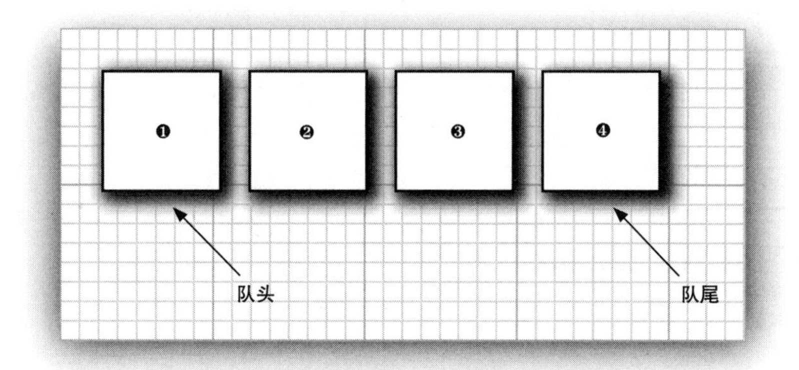

图9-1 队列

队列接口的最简形式可能如下所示：

```
public interface Queue<E> // a simplified form of the interface in the standard library
{
   void add(E element);
   E remove();
   int size();
}
```

这个接口并没有说明队列是如何实现的。队列通常有两种实现方式：一种是使用循环数组；另一种是使用链表（见图9-2）。

每个实现都可以用一个实现了 Queue 接口的类表示。

```
public class CircularArrayQueue<E> implements Queue<E> // not an actual library class
{
   private int head;
   private int tail;

   CircularArrayQueue(int capacity) { . . . }
   public void add(E element) { . . . }
   public E remove() { . . . }
   public int size() { . . . }
   private E[] elements;
}

public class LinkedListQueue<E> implements Queue<E> // not an actual library class
{
   private Link head;
   private Link tail;

   LinkedListQueue() { . . . }
   public void add(E element) { . . . }
   public E remove() { . . . }
   public int size() { . . . }
}
```

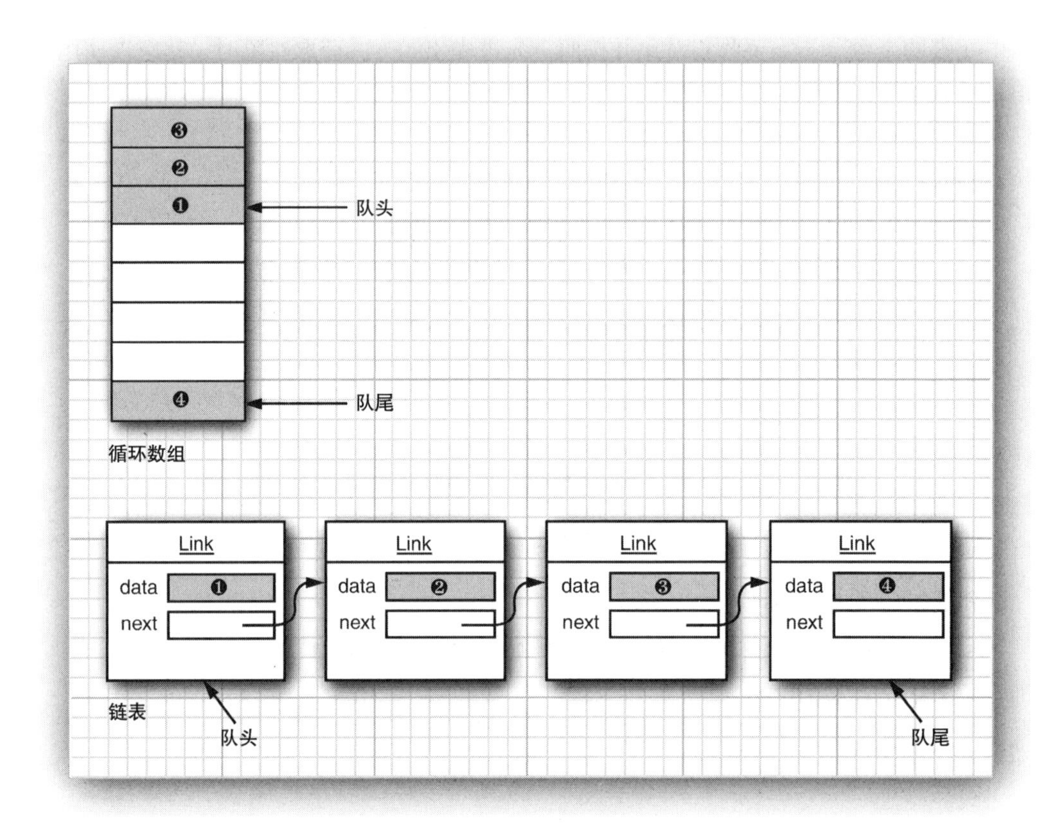

图 9-2 队列的实现

> **注释：** 实际上，Java 类库没有名为 CircularArrayQueue 和 LinkedListQueue 的类。这里只是以这些类为例来解释集合接口与实现在概念上的区分。如果需要一个循环数组队列，可以使用 ArrayDeque 类。如果需要一个链表队列，就直接使用 LinkedList 类，这个类实现了 Queue 接口。

在程序中使用队列时，一旦已经构造了集合，你不需要知道究竟使用了哪种实现。因此，只是在构造集合对象时，才会使用具体的类。可以使用接口类型（interface type）存放集合引用。

```
Queue<Customer> expressLane = new CircularArrayQueue<>(100);
expressLane.add(new Customer("Harry"));
```

利用这种方法，一旦改变了想法，你可以很轻松地使用另外一种不同的实现。只需要修改程序中的一个地方（即调用构造器的语句）。如果觉得 LinkedListQueue 是个更好的选择，就将代码修改为：

```
Queue<Customer> expressLane = new LinkedListQueue<>();
expressLane.add(new Customer("Harry"));
```

为什么选择这种实现，而不选择其他实现呢？接口本身并不能说明一种实现的效率如何。某种程度上讲，循环数组要比链表更高效，因此多数人优先选择循环数组。不过，通常来讲，这样做也需要付出一定的代价。

循环数组是一个有界（bounded）集合，它的容量有限。如果程序中要收集的对象数量没有上限，就最好使用链表实现。

在研究 API 文档时，会发现另外一组名字以 Abstract 开头的类，例如，AbstractQueue。这些类是为类库实现者而设计的。如果想要实现自己的队列类（也许不太可能），会发现扩展 AbstractQueue 类要比实现 Queue 接口中的所有方法更容易。

9.1.2　Collection 接口

在 Java 类库中，集合类的基本接口是 Collection 接口。这个接口有两个基本方法：

```
public interface Collection<E>
{
   boolean add(E element);
   Iterator<E> iterator();
   . . .
}
```

除了这两个方法之外，还有几个方法，稍后将会介绍。

add 方法用于向集合中添加元素。如果添加元素确实改变了集合就返回 true；如果集合没有发生变化就返回 false。例如，如果试图向集（set）中添加一个对象，而这个对象在集中已经存在，这个 add 请求就没有实效，因为集中不允许有重复的对象。

iterator 方法用于返回一个实现了 Iterator 接口的对象。可以使用这个迭代器对象依次访问集合中的元素。下一节讨论迭代器。

9.1.3　迭代器

Iterator 接口包含 4 个方法：

```
public interface Iterator<E>
{
   E next();
   boolean hasNext();
   void remove();
   default void forEachRemaining(Consumer<? super E> action);
}
```

通过反复调用 next 方法，可以逐个访问集合中的每个元素。但是，如果到达了集合的末尾，next 方法将抛出一个 NoSuchElementException。因此，在调用 next 之前需要调用 hasNext 方法。如果迭代器对象还有更多可以访问的元素，这个方法就返回 true。如果想要查看集合中的所有元素，就请求一个迭代器，当 hasNext 返回 true 时就反复地调用 next 方法。例如：

```
Collection<String> c = . . .;
Iterator<String> iter = c.iterator();
while (iter.hasNext())
{
   String element = iter.next();
```

```
   do something with element
}
```

可以更加简洁地将这个循环写为“for each”循环：

```
for (String element : c)
{
   do something with element
}
```

编译器会把“for each”循环转换为一个带迭代器的循环。

“for each”循环可以处理任何实现了 Iterable 接口的对象，这个接口只有一个抽象方法：

```
public interface Iterable<E>
{
   Iterator<E> iterator();
   . . .
}
```

Collection 接口扩展了 Iterable 接口。因此，对于标准类库中的任何集合都可以使用“for each”循环。

也可以不写循环，而是调用 forEachRemaining 方法并提供一个 lambda 表达式（它会处理一个元素）。将对迭代器的每一个元素调用这个 lambda 表达式，直到再没有元素为止。

```
iterator.forEachRemaining(element -> do something with element);
```

访问元素的顺序取决于集合类型。如果迭代处理一个 ArrayList，迭代器将从索引 0 开始，每迭代一次，索引值加 1。不过，如果访问 HashSet 中的元素，会按照一种基本上随机的顺序获得元素。虽然可以确保在迭代过程中能够遍历到集合中的所有元素，但是无法预知访问各元素的顺序。这通常并不是什么问题，因为对于计算总和或统计匹配之类的计算，顺序并不重要。

注释：编程老手会注意到：Iterator 接口的 next 和 hasNext 方法与 Enumeration 接口的 nextElement 和 hasMoreElements 方法的作用一样。Java 集合类库的设计者本来可以选择使用 Enumeration 接口，但是他们不喜欢这个接口累赘的方法名，于是引入了有较短方法名的一个新接口。

Java 集合类库中的迭代器与其他类库中的迭代器在概念上有一个重要的区别。在传统的集合类库中，例如，C++ 的标准模板库，迭代器是根据数组索引创建的。如果给定这样一个迭代器，可以查找存储在指定位置上的元素，就像如果知道数组索引 i，就可以查找数组元素 a[i]。不需要查找元素，也可以将迭代器向前移动一个位置。这与不执行查找而通过调用 i++ 向前移动数组索引的操作一样。但是，Java 迭代器并不是这样处理的。查找操作与位置变化紧密耦合。查找一个元素的唯一方法是调用 next，而在执行查找操作的同时，迭代器的位置就会随之向前移动。

因此，可以认为 Java 迭代器位于两个元素之间。当调用 next 时，迭代器就越过下一个元素，并返回刚刚越过的那个元素的引用（见图 9-3）。

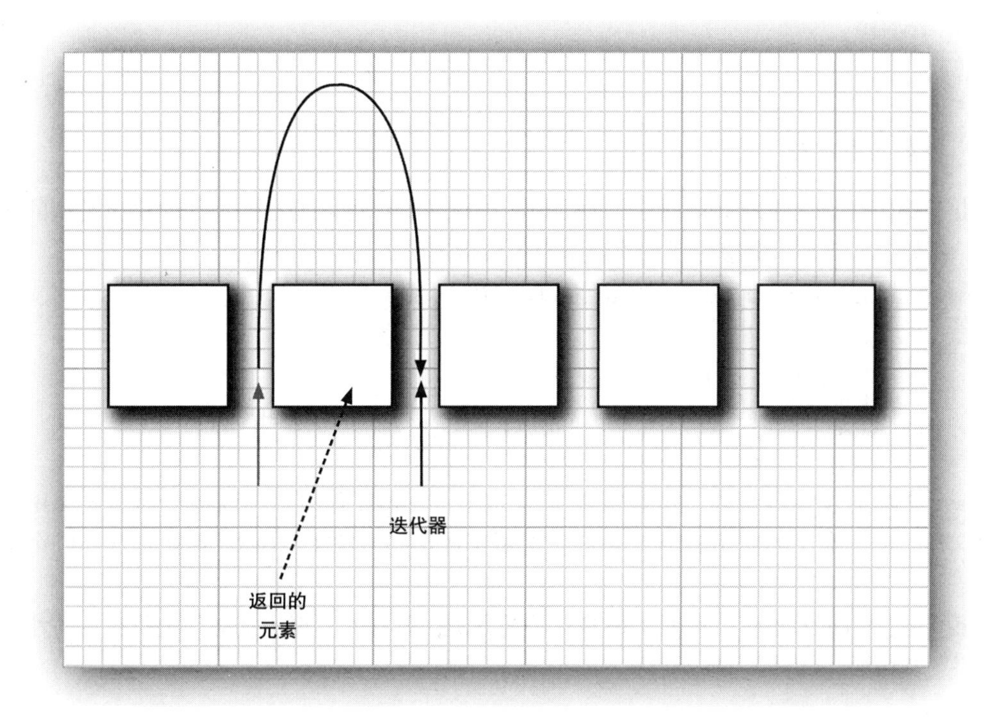

图 9-3 向前移动迭代器

> **注释：** 这里还可以做一个有用的对比。可以认为 Iterator.next 等价于 InputStream.read。从数据流中读取一个字节就会自动地“消耗掉”这个字节。下一次调用 read 将会消耗并返回输入中的下一个字节。类似地，反复地调用 next 就可以读取集合中的所有元素。

Iterator 接口的 remove 方法会删除上次调用 next 方法返回的元素。在大多数情况下，这是有道理的，在决定某个元素确实是要删除的元素之前，应该先看一下这个元素。不过，如果想要删除指定位置上的元素，仍然需要越过这个元素。例如，可以如下删除一个字符串集合中的第一个元素：

```
Iterator<String> it = c.iterator();
it.next(); // skip over the first element
it.remove(); // now remove it
```

更重要的是，next 方法和 remove 方法调用之间存在依赖性。调用 remove 之前没有调用 next，将是不合法的。如果这样做，将会抛出一个 IllegalStateException 异常。

如果想删除两个相邻的元素，不能直接这样调用：

```
it.remove();
it.remove(); // ERROR
```

实际上，必须先调用 next 越过将要删除的元素。

```
it.remove();
it.next();
it.remove(); // OK
```

9.1.4　泛型实用方法

由于 Collection 与 Iterator 都是泛型接口，这意味着你可以编写处理任何集合类型的实用方法。例如，下面是一个检测任意集合是否包含指定元素的泛型方法：

```
public static <E> boolean contains(Collection<E> c, Object obj)
{
   for (E element : c)
      if (element.equals(obj))
         return true;
   return false;
}
```

Java 类库的设计者认为：这些实用方法中有一些非常有用，应该将它们提供给用户使用。这样一来，类库的使用者就不必自己重新实现这些方法了。contains 就是这样一个实用方法。

事实上，Collection 接口声明了很多有用的方法，所有的实现类都必须提供这些方法。下面列举了其中的一部分：

```
int size()
boolean isEmpty()
boolean contains(Object obj)
boolean containsAll(Collection<?> c)
boolean equals(Object other)
boolean addAll(Collection<? extends E> from)
boolean remove(Object obj)
boolean removeAll(Collection<?> c)
void clear()
boolean retainAll(Collection<?> c)
Object[] toArray()
```

在这些方法中，有许多方法的功能非常明确，不需要过多的解释。在本节末尾的 API 注释中可以找到有关它们的完整说明。

当然，如果实现 Collection 接口的每一个类都要提供如此多的例行方法，这将是一件很烦人的事情。为了能够让实现者更轻松一些，Java 类库提供了一个类 AbstractCollection，其中保持基础方法 size 和 iterator 仍为抽象方法，但是为实现者实现了其他例行方法。例如：

```
public abstract class AbstractCollection<E>
      implements Collection<E>
{
   . . .
   public abstract Iterator<E> iterator();

   public boolean contains(Object obj)
   {
      for (E element : this) // calls iterator()
```

```
        if (element.equals(obj))
            return true;
        return false;
    }
    . . .
}
```

这样一来，具体集合类可以扩展 AbstractCollection 类。现在要由具体的集合类提供 iterator 方法，而 contains 方法已由 AbstractCollection 超类提供。不过，如果子类有更加高效的方式实现 contains 方法，也完全可以提供 contains 方法。

这种做法有些过时了。这些方法最好是 Collection 接口的默认方法。但实际上并不是这样。不过，确实已经增加了很多默认方法。其中大部分方法都与流的处理有关（有关内容将在卷 II 中讨论）。另外，还有一个很有用的方法：

```
default boolean removeIf(Predicate<? super E> filter)
```

这个方法用于删除满足某个条件的元素。

API ***java.util.Collection<E>*** **1.2**

- Iterator<E> iterator()

  返回一个迭代器，可以用于访问集合中的元素。

- int size()

  返回当前存储在集合中的元素个数。

- boolean isEmpty()

  如果集合中没有元素，返回 true。

- boolean contains(Object obj)

  如果集合中包含一个与 obj 相等的对象，返回 true。

- boolean containsAll(Collection<?> other)

  如果这个集合中包含 other 集合中的所有元素，返回 true。

- boolean add(E element)

  将一个元素添加到集合中。如果由于这个调用改变了集合，返回 true。

- boolean addAll(Collection<? extends E> other)

  将 other 集合中的所有元素添加到这个集合。如果由于这个调用改变了集合，返回 true。

- boolean remove(Object obj)

  从这个集合中删除等于 obj 的对象。如果有匹配的对象被删除，返回 true。

- boolean removeAll(Collection<?> other)

  从这个集合中删除 other 集合中的所有元素。如果由于这个调用改变了集合，返回 true。

- default boolean removeIf(Predicate<? super E> filter) **8**

  从这个集合删除让 filter 返回 true 的所有元素。如果由于这个调用改变了集合，则返回 true。

- void clear()

  从这个集合中删除所有元素。

- boolean retainAll(Collection<?> other)

  从这个集合中删除所有与 other 集合中元素不同的元素。如果由于这个调用改变了集合，返回 true。

- Object[] toArray()

  返回这个集合中的对象的数组。

- <T> T[] toArray(IntFunction<T[]> generator) **11**

  返回这个集合中的对象的数组。这个数组用 generator 构造，这通常是一个构造器表达式 T[]::new。

API ***java.util.Iterator<E>*** **1.2**

- boolean hasNext()

  如果存在另一个可访问的元素，返回 true。

- E next()

  返回将要访问的下一个对象。如果已经到达了集合的末尾，将抛出一个 NoSuchElement-Exception。

- void remove()

  删除上次访问的对象。这个方法必须紧跟在访问一个元素之后。如果访问上一个元素之后集合已经发生了变化，这个方法将抛出一个 IllegalStateException。

- default void forEachRemaining(Consumer<? super E> action) **8**

  访问元素，并传递到指定的动作，直到再没有更多元素，或者这个动作抛出一个异常。

9.2 集合框架中的接口

Java 集合框架为不同类型的集合定义了大量接口，如图 9-4 所示。

集合有两个基本接口：Collection 和 Map。我们已经看到，可以用以下方法在集合中插入元素：

```
boolean add(E element)
```

不过，映射包含键 / 值对，要用 put 方法在映射中插入元素：

```
V put(K key, V value)
```

要从集合读取元素，可以用迭代器访问元素。不过，可以使用 get 方法从映射中读取值：

```
V get(K key)
```

List 是一个有序集合（ordered collection）。元素会增加到容器中的特定位置。可以采用两种方式访问元素：使用迭代器访问，或者使用一个整数索引来访问。后面这种方法称为随机访问（random access），因为这样可以按任意顺序访问元素。与之不同，使用迭代器访问时，必须顺序地访问元素。

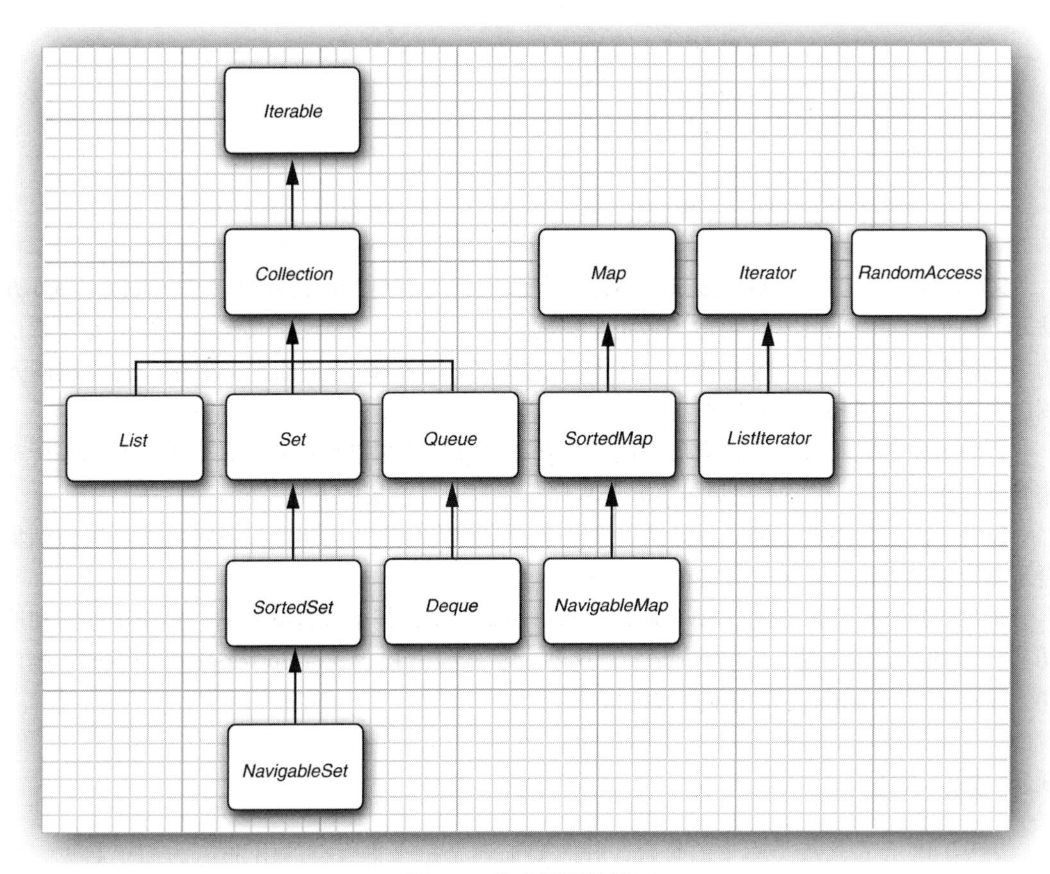

图 9-4 集合框架的接口

List 接口定义了多个用于随机访问的方法：

```
void add(int index, E element)
void remove(int index)
E get(int index)
E set(int index, E element)
```

ListIterator 接口是 Iterator 的一个子接口。它定义了一个方法用于在迭代器位置前面增加一个元素：

```
void add(E element)
```

坦率地讲，集合框架的这个方面设计得很不好。实际上有两种有序集合，其性能开销有很大差异。由数组支持的有序集合可以快速地随机访问，因此适合使用 List 方法并提供一个整数索引来访问。与之不同，链表尽管也是有序的，但是随机访问很慢，所以最好使用迭代器来遍历。如果原先提供两个接口就会容易一些了。

注释：为了避免对链表执行随机访问操作，Java 1.4 引入了一个标记接口 RandomAccess。这个接口不包含任何方法，不过可以用它来测试一个特定的集合是否支持高效的随机访问：

```
if (c instanceof RandomAccess)
{
   use random access algorithm
}
else
{
   use sequential access algorithm
}
```

Set 接口等同于 Collection 接口，不过其方法的行为有更严谨的定义。集（set）的 add 方法不允许增加重复的元素。要适当地定义集的 equals 方法：只要两个集包含同样的元素就认为它们是相等的，而不要求这些元素有同样的顺序。hashCode 方法的定义要保证包含相同元素的两个集会得到相同的散列码。

既然方法签名是一样的，为什么还要建立一个单独的接口呢？从概念上讲，并不是所有集合都是集。建立一个 Set 接口可以允许程序员编写只接受集的方法。

SortedSet 和 SortedMap 接口会提供用于排序的比较器对象，这两个接口定义了可以得到集合子集视图的方法。有关内容将在 9.5 节讨论。

最后，Java 6 引入了接口 NavigableSet 和 NavigableMap，其中包含额外的一些用于搜索和遍历有序集和映射的方法。（理想情况下，这些方法本应直接包含在 SortedSet 和 SortedMap 接口中。）TreeSet 和 TreeMap 类实现了这些接口。

9.3　具体集合

表 9-1 展示了 Java 类库中的集合，并简要描述了每个集合类的用途。（为简单起见，这里省略了线程安全集合，那些集合将在第 12 章中介绍。）

表 9-1　Java 类库中的具体集合

集合类型	描　述	参　见
ArrayList	可以动态增长和缩减的一个索引序列	9.3.2 节
LinkedList	可以在任意位置高效插入和删除的一个有序序列	9.3.1 节
ArrayDeque	实现为循环数组的一个双端队列	9.3.5 节
HashSet	没有重复元素的一个无序集合	9.3.2 节
TreeSet	一个有序集	9.3.4 节
EnumSet	一个包含枚举类型值的集	9.4.6 节
LinkedHashSet	一个可以记住元素插入次序的集	9.4.5 节
PriorityQueue	允许高效删除最小元素的一个集合	9.3.6 节
HashMap	存储键 / 值关联的一个数据结构	9.4.4 节
TreeMap	键有序的一个映射	9.4.1 节
EnumMap	键属于枚举类型的一个映射	9.4.6 节
LinkedHashMap	可以记住键 / 值项添加次序的一个映射	9.4.5 节
WeakHashMap	这个映射中的值如果不在别处使用，就会被垃圾回收器回收	9.4.4 节
IdentityHashMap	用 == 而不是用 equals 比较键的一个映射	9.4.7 节

在表9-1中，除了以Map结尾的类之外，其他类都实现了Collection接口，而以Map结尾的类实现了Map接口。映射的内容将在9.4节介绍。

图9-5显示了这些类之间的关系。

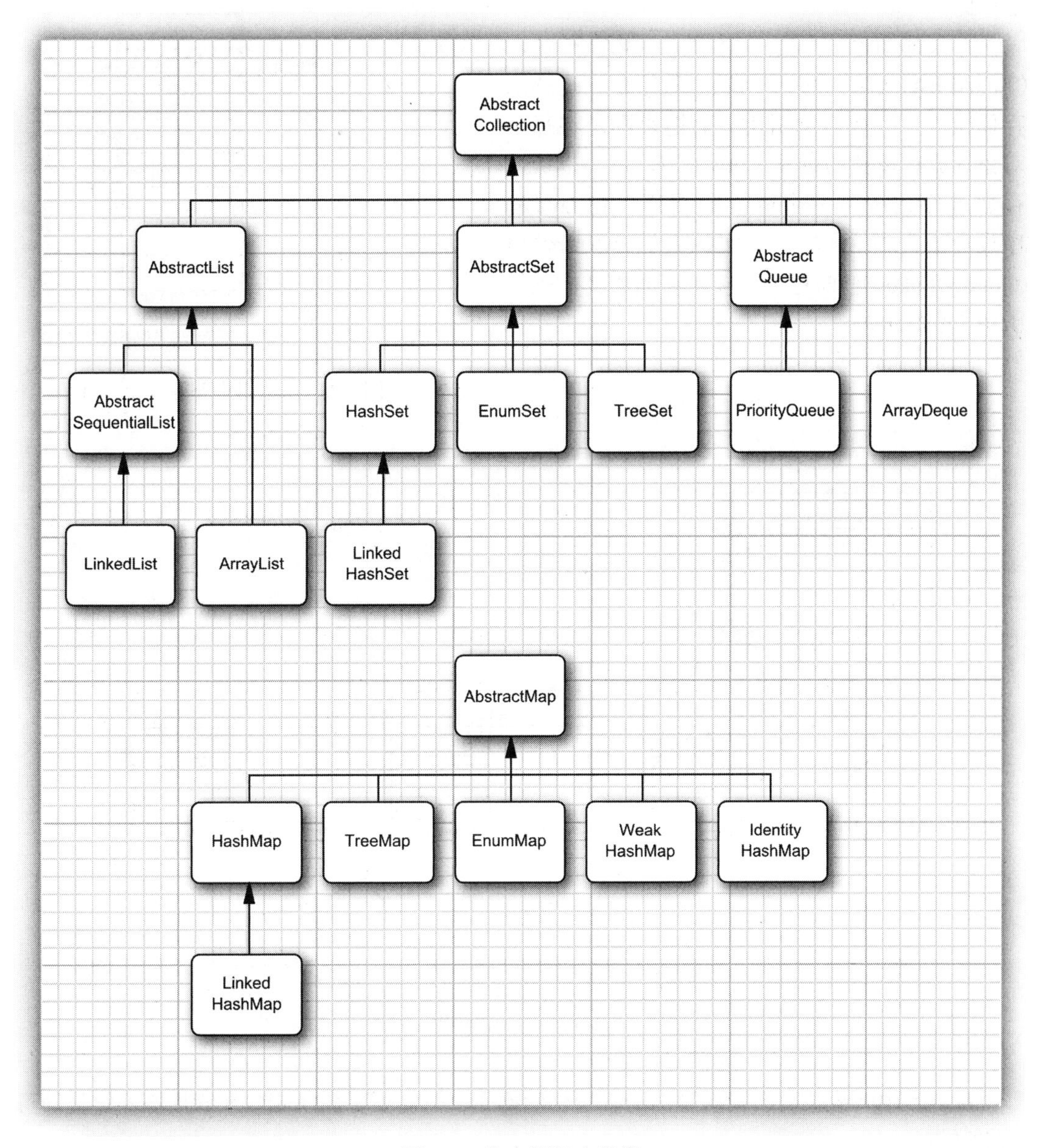

图9-5　集合框架中的类

9.3.1　链表

本书的很多示例中已经使用了数组和它的动态“兄弟”：ArrayList类。不过，数组和数组列表都有一个重大的缺陷。这就是从数组中间删除一个元素开销很大，其原因是数组中位于被删除元素之后的所有元素都要向数组的前端移动（见图 9-6）。在数组中间插入一个元素也是如此。

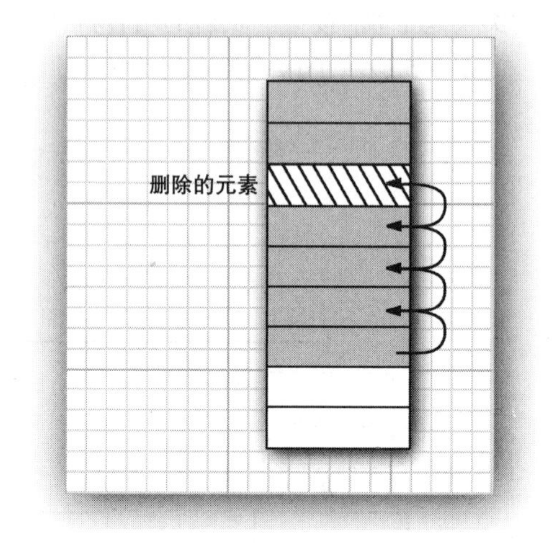

图 9-6　从数组中删除一个元素

大家都知道的另外一个数据结构——链表（linked list）解决了这个问题。数组是在连续的存储位置上存放对象引用，而链表则是将每个对象存放在单独的链接（link）中。每个链接还存放着序列中下一个链接的引用。在 Java 程序设计语言中，所有链表实际上都有双向链接（doubly linked），即每个链接还存储着其前驱的引用（见图 9-7）。

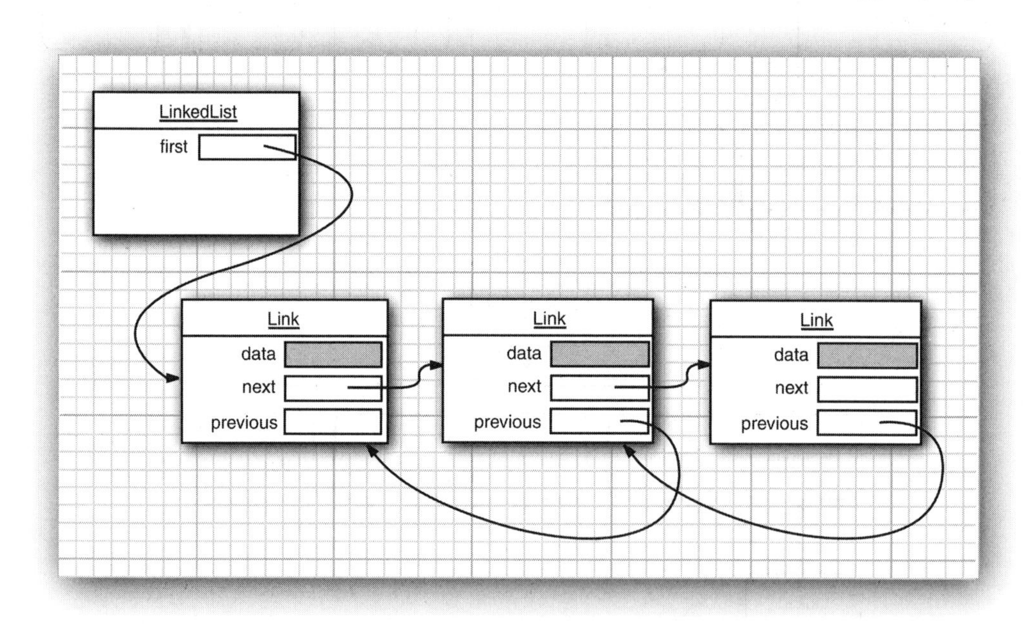

图 9-7　双向链表

从链表中间删除一个元素是一个很轻松的操作，只需要更新所删除元素周围的链接即可（见图 9-8）。

也许你曾经在数据结构课程中学习过如何实现链表。在链表中添加或删除元素时，绕来绕去的链接可能给你留下了糟糕的印象。如果真是如此的话，你肯定会为 Java 集合类库提供了一个可以直接使用的 `LinkedList` 类而感到高兴。

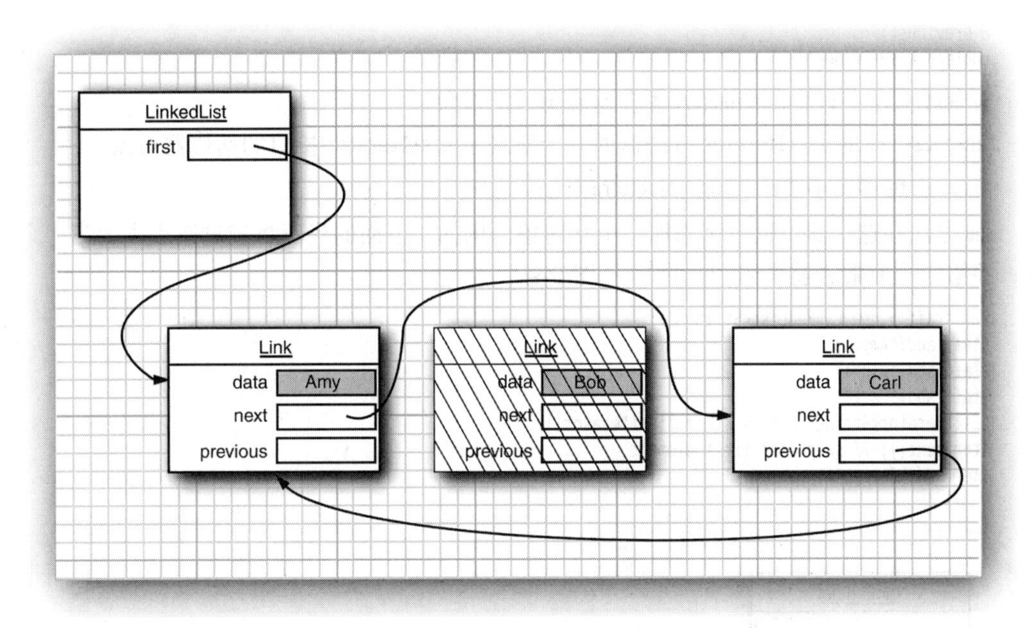

图 9-8 从链表中删除一个元素

在下面的代码示例中，先添加 3 个元素，然后再将第 2 个元素删除：

```
var staff = new LinkedList<String>();
staff.add("Amy");
staff.add("Bob");
staff.add("Carl");
Iterator<String> iter = staff.iterator();
String first = iter.next(); // visit first element
String second = iter.next(); // visit second element
iter.remove(); // remove last visited element
```

不过，链表与泛型集合之间有一个重要的区别。链表是一个有序集合（ordered collection），每个对象的位置十分重要。LinkedList.add 方法将对象添加到链表的尾部。但是，常常需要将元素添加到链表的中间。因为迭代器描述了集合中的位置，所以这种依赖于位置的 add 方法将由迭代器负责。不过，只有对自然有序的集合使用迭代器来添加元素才有意义。例如，下一节将要讨论的集（set）数据类型中，元素是完全无序的。因此，Iterator 接口中没有 add 方法。实际上，集合类库提供了一个子接口 ListIterator，其中包含 add 方法：

```
interface ListIterator<E> extends Iterator<E>
{
   void add(E element);
   . . .
}
```

与 Collection.add 不同，这个方法不返回 boolean 类型的值，它假定 add 操作总会改变链表。

另外，ListIterator 接口有两个方法可以用来反向遍历链表。

```
E previous()
boolean hasPrevious()
```

与 next 方法一样，previous 方法会返回越过的对象。

LinkedList 类的 listIterator 方法返回一个实现了 ListIterator 接口的迭代器对象。

```
ListIterator<String> iter = staff.listIterator();
```

add 方法在迭代器位置之前添加一个新对象。例如，下面的代码将越过链表中的第一个元素，在第二个元素之前添加 "Juliet"（见图 9-9）：

```
var staff = new LinkedList<String>();
staff.add("Amy");
staff.add("Bob");
staff.add("Carl");
ListIterator<String> iter = staff.listIterator();
iter.next(); // skip past first element
iter.add("Juliet");
```

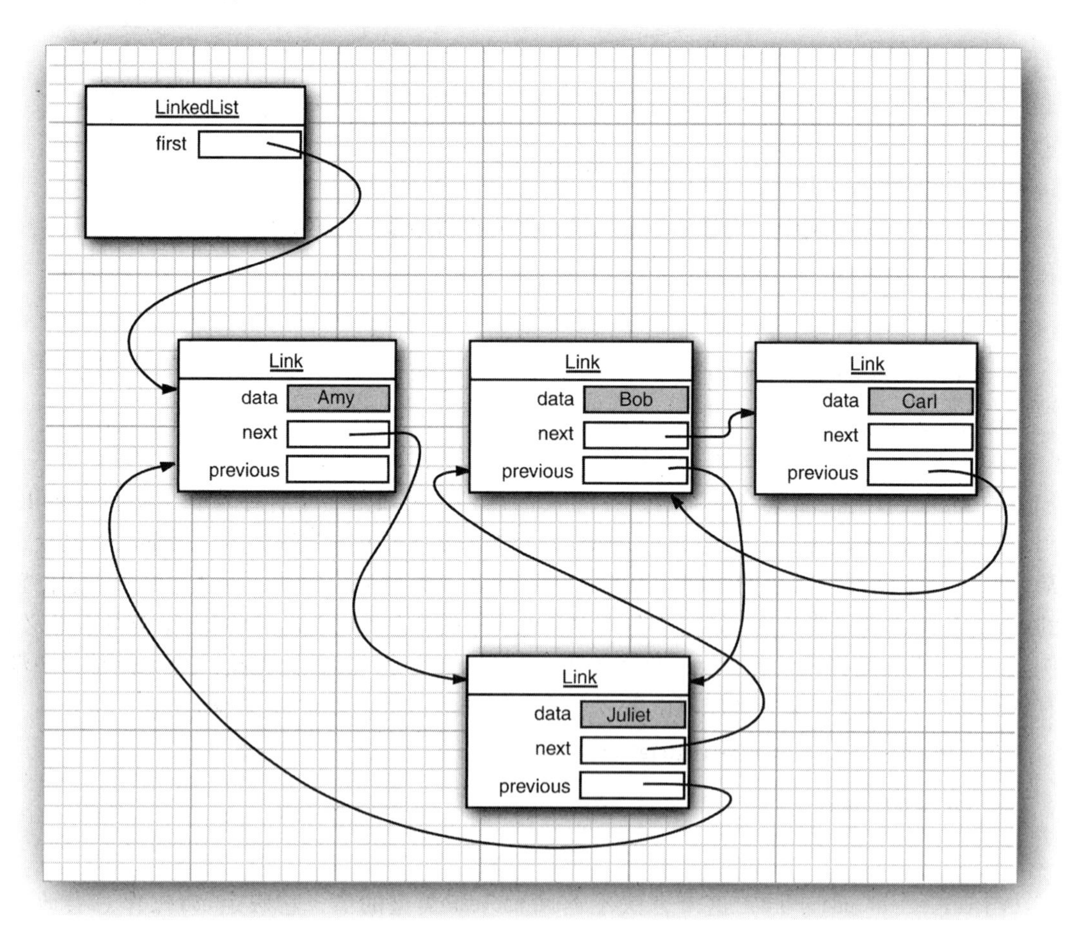

图 9-9 将一个元素添加到链表中

如果多次调用 add 方法，将按照提供元素的次序把元素添加到链表中。它们被依次添加到迭代器当前位置之前。

当用一个刚由 listIterator 方法返回并指向链表表头的迭代器来调用 add 操作时，新添加的元素将变成列表的新表头。当迭代器越过链表的最后一个元素时（即 hasNext 返回 false 时），添加的元素将成为列表的新表尾。如果链表有 n 个元素，会有 $n+1$ 个位置可以添加新元素。这些位置与迭代器的 $n+1$ 个可能的位置相对应。例如，如果链表包含 3 个元素，A、B、C，就有 4 个位置（标记为 |）可以插入新元素：

```
|ABC
A|BC
AB|C
ABC|
```

注释： 在用“光标”做类比时要当心。remove 操作与退格（Backspace）键的工作方式不太一样。在调用 next 之后，remove 方法确实会删除迭代器左侧的元素，这与退格键一样。但是，如果调用了 previous，则会删除迭代器右侧的元素。而且不能连续调用两次 remove。

add 方法只依赖于迭代器的位置，而 remove 方法不同，它依赖于迭代器的状态。

最后需要说明，set 方法会用一个新元素替换调用 next 或 previous 方法返回的上一个元素。例如，下面的代码将用一个新值替换列表的第一个元素：

```
ListIterator<String> iter = list.listIterator();
String oldValue = iter.next(); // returns first element
iter.set(newValue); // sets first element to newValue
```

可以想象，如果在某个迭代器修改集合时，另一个迭代器却在遍历这个集合，可能就会出现混乱。例如，假设一个迭代器指向一个元素前面的位置，而另一个迭代器刚刚删除了这个元素，现在前一个迭代器就是无效的，不能再使用。链表迭代器设计为可以检测到这种修改。如果一个迭代器发现它的集合被另一个迭代器修改了，或是被该集合自身的某个方法修改了，就会抛出一个 ConcurrentModificationException 异常。例如，考虑下面这段代码：

```
List<String> list = . . .;
ListIterator<String> iter1 = list.listIterator();
ListIterator<String> iter2 = list.listIterator();
iter1.next();
iter1.remove();
iter2.next(); // throws ConcurrentModificationException
```

因为 iter2 检测出这个列表被外部修改，所以调用 iter2.next 会抛出一个 ConcurrentModificationException 异常。

为了避免发生并发修改异常，请遵循这样一个简单的规则：可以根据需要为一个集合关联多个迭代器，前提是这些迭代器只能读取集合。或者，可以关联一个能同时读写的迭代器。

检测并发修改的做法很简单。集合会跟踪更改操作（诸如添加或删除元素）的次数。每个迭代器都会为它负责的更改操作维护一个单独的更改操作数。在每个迭代器方法的开始处，迭代器会检查它自己的更改操作数与集合的更改操作数是否相等。如果不一致，就抛出一个 ConcurrentModificationException 异常。

> **注释**：不过，对于并发修改的检测有一个奇怪的例外。链表只跟踪对列表的**结构性**修改，例如，添加和删除链接。set 方法不被视为结构性修改。可以为一个链表关联多个迭代器，所有迭代器都可以调用 set 方法改变现有链接的内容。本章后面介绍的 Collections 类的许多算法都需要使用这个功能。

现在我们已经了解了 LinkedList 类的基本方法。可以使用 ListIterator 类从前后两个方向遍历链表中的元素，以及添加和删除元素。

在 9.2 节已经看到，Collection 接口还声明了操作链表的很多其他有用的方法。其中大部分方法都是在 LinkedList 类的超类 AbstractCollection 中实现的。例如，toString 方法会调用所有元素的 toString，并生成一个格式为 [A, B, C] 的长字符串。这为调试工作提供了便利。可以使用 contains 方法检测某个元素是否出现在链表中。例如，如果链表中已经包含一个等于 "Harry" 的字符串，调用 staff.contains("Harry") 将会返回 true。

Java 类库还提供了许多理论上存在一定争议的方法。链表不支持快速随机访问。如果要查看链表中的第 n 个元素，就必须从头开始，越过 $n - 1$ 个元素。没有捷径可走。鉴于这个原因，需要按整数索引访问元素时，程序员通常不选用链表。

然而，LinkedList 类还是提供了一个 get 方法，用来访问某个特定元素：

```
LinkedList<String> list = . . .;
String obj = list.get(n);
```

当然，这个方法的效率不太高。如果你发现自己正在使用这个方法，说明对于所要解决的问题，你可能使用了错误的数据结构。

绝对不要使用这个"虚假"的随机访问方法来遍历链表。下面这段代码的效率极低：

```
for (int i = 0; i < list.size(); i++)
   do something with list.get(i);
```

每次查找一个元素都要从列表开头重新开始搜索。LinkedList 对象根本不会缓存位置信息。

> **注释**：get 方法做了一个微小的优化：如果索引大于等于 size()/2，就从列表尾端开始搜索元素。

列表迭代器接口还有一个方法，可以告诉你当前位置的索引。实际上，从概念上讲，因为 Java 迭代器指向两个元素之间的位置，所以可以有两个索引：nextIndex 方法返回下一次调用 next 方法时所返回元素的整数索引；previousIndex 方法返回下一次调用 previous 方法时所返回元素的整数索引。当然，这个索引只比 nextIndex 返回的索引值小 1。这两个方法的效率非常高，因为迭代器会维护当前位置的计数值。最后需要说明一点，如果有一个整数索引 n，list.listIterator(n) 将返回一个迭代器，这个迭代器指向索引为 n 的元素前面的位置。也就是说，调用 next 与调用 list.get(n) 会得到同一个元素，只是获得迭代器的效率比较低。

如果链表中只有很少几个元素，就完全没有必要为 get 方法和 set 方法的开销而烦恼。但是，既然如此，最初为什么要使用链表呢？使用链表的唯一理由是尽可能地减少在列表中间插入或删除元素的开销。如果列表只有很少几个元素，就完全可以使用 ArrayList。

建议一定要远离所有使用整数索引表示链表中位置的方法。如果需要对集合进行随机访问，就使用数组或 ArrayList，而不要使用链表。

程序清单 9-1 中的程序具体使用了链表。它创建了两个列表，将它们合并在一起，然后从第二个列表中每隔一个元素删除一个元素，最后测试 removeAll 方法。建议跟踪一下程序流程，要特别注意迭代器。可以画出迭代器位置示意图，你会发现这很有帮助，如下所示：

```
|ACE  |BDFG
A|CE  |BDFG
AB|CE B|DFG
. . .
```

注意以下调用：

```
System.out.println(a);
```

这会调用 AbstractCollection 类中的 toString 方法打印链表 a 中的所有元素。

程序清单 9-1 linkedList/LinkedListTest.java

```
1 package linkedList;
2 
3 import java.util.*;
4 
5 /**
6  * This program demonstrates operations on linked lists.
7  * @version 1.12 2018-04-10
8  * @author Cay Horstmann
9  */
10 public class LinkedListTest
11 {
12    public static void main(String[] args)
13    {
14       var a = new LinkedList<String>();
15       a.add("Amy");
16       a.add("Carl");
17       a.add("Erica");
18 
19       var b = new LinkedList<String>();
20       b.add("Bob");
21       b.add("Doug");
22       b.add("Frances");
23       b.add("Gloria");
24 
25       // merge the words from b into a
26 
27       ListIterator<String> aIter = a.listIterator();
28       Iterator<String> bIter = b.iterator();
29 
30       while (bIter.hasNext())
31       {
32          if (aIter.hasNext()) aIter.next();
33          aIter.add(bIter.next());
```

```
34        }
35
36        System.out.println(a);
37
38        // remove every second word from b
39
40        bIter = b.iterator();
41        while (bIter.hasNext())
42        {
43           bIter.next(); // skip one element
44           if (bIter.hasNext())
45           {
46              bIter.next(); // skip next element
47              bIter.remove(); // remove that element
48           }
49        }
50
51        System.out.println(b);
52
53        // bulk operation: remove all words in b from a
54
55        a.removeAll(b);
56
57        System.out.println(a);
58     }
59  }
```

API *java.util.List<E>* 1.2

- `ListIterator<E> listIterator()`

  返回一个列表迭代器，用来访问列表中的元素。

- `ListIterator<E> listIterator(int index)`

  返回一个列表迭代器，用来访问列表中的元素，第一次调用这个迭代器的 next 会返回给定索引的元素。

- `void add(int i, E element)`

  在指定位置添加一个元素。

- `void addAll(int i, Collection<? extends E> elements)`

  将一个集合中的所有元素添加到指定位置。

- `E remove(int i)`

  删除并返回指定位置的元素。

- `E get(int i)`

  获取指定位置的元素。

- `E set(int i, E element)`

  用一个新元素替换指定位置的元素，并返回原来那个元素。

- `int indexOf(Object element)`

  返回与指定元素相等的元素在列表中第一次出现的位置，如果没有匹配的元素将返

回 -1。

- int lastIndexOf(Object element)

  返回与指定元素相等的元素在列表中最后一次出现的位置，如果没有匹配的元素将返回 -1。

API *java.util.ListIterator<E>* 1.2

- void add(E newElement)

  在当前位置前添加一个元素。

- void set(E newElement)

  用一个新元素替换 next 或 previous 访问的上一个元素。如果在上一个 next 或 previous 调用之后列表结构被修改了，将抛出一个 IllegalStateException 异常。

- boolean hasPrevious()

  当反向迭代处理列表时，如果还有可以访问的元素，返回 true。

- E previous()

  返回前一个对象。如果已经到达列表开头，就抛出一个 NoSuchElementException 异常。

- int nextIndex()

  返回下一次调用 next 方法时将返回的元素的索引。

- int previousIndex()

  返回下一次调用 previous 方法时将返回的元素的索引。

API java.util.LinkedList<E> 1.2

- LinkedList()

  构造一个空链表。

- LinkedList(Collection<? extends E> elements)

  构造一个链表，并将一个集合中所有的元素添加到这个链表中。

- void addFirst(E element)
- void addLast(E element)

  将某个元素添加到列表的开头或末尾。

- E getFirst()
- E getLast()

  返回列表开头或末尾的元素。

- E removeFirst()
- E removeLast()

  删除并返回列表开头或末尾的元素。

9.3.2 数组列表

在上一节中，我们了解了 List 接口和实现了这个接口的 LinkedList 类。List 接口描述一个有序集合，其中每个元素的位置很重要。有两种访问元素的协议：一种是通过迭代器，另一种是通过 get 和 set 方法随机访问。后者不适用于链表，但当然 get 和 set 方法对数组很有用。集合类库提供了我们熟悉的 ArrayList 类，这个类也实现了 List 接口。ArrayList 封装了一个动态再分配的对象数组。

> **注释：** 对于一个经验丰富的 Java 程序员来说，需要一个动态数组时，可能会使用 Vector 类。为什么要用 ArrayList 而不是 Vector 呢？原因很简单：Vector 类的所有方法都是**同步的**。可以安全地从两个线程访问一个 Vector 对象。但是，如果只从一个线程访问 Vector（这种情况更为常见），代码就会在同步操作上白白浪费大量的时间。而与之不同，ArrayList 方法不是同步的，因此，不需要同步时建议使用 ArrayList，而不要使用 Vector。

9.3.3　散列集

链表和数组允许你根据意愿指定元素的次序。但是，如果想要查找某个特定的元素，却又不记得它的位置，就需要访问所有元素，直到找到匹配的元素为止。如果集合中包含的元素很多，这就会耗费很长时间。如果不在意元素的顺序，还有几种数据结构允许你更快速地查找元素。缺点是，这些数据结构不允许你控制元素出现的次序，它们会按照对自己最方便的方式组织元素。

有一种众所周知的数据结构，可以用于快速地查找对象，这就是*散列表*（hash table）。散列表为每个对象计算一个整数，称为*散列码*（hash code）。散列码是以某种方式由对象的实例字段得出的一个整数，这种方式可以尽可能保证有不同数据的对象将生成不同的散列码。表 9-2 列出了几个散列码的示例，它们是由 String 类的 hashCode 方法得到的。

表 9-2　hashCode 方法得到的散列码

字符串	散列码
"Lee"	76268
"lee"	107020
"eel"	100300

如果定义你自己的类，你就要负责实现自己的 hashCode 方法。有关 hashCode 方法的详细内容请参见第 5 章。注意，你的实现应该与 equals 方法兼容，即如果 a.equals(b) 为 true，那么 a 与 b 必须有相同的散列码。

现在，重要的是要能够快速地计算出散列码，并且这个计算只与要计算散列的那个对象的状态有关，与散列表中的其他对象无关。

在 Java 中，散列表实现为链表数组。每个列表被称为*桶*（bucket，参见图 9-10）。要想查找一个对象在表中的位置，就要先计算它的散列码，然后与桶的总数取余，所得到的数就是保存这个元素的那个桶的索引。例如，如果某个对象的散列码为 76268，总共有 128 个桶，那么这个对象应该保存在第 108 号桶中（因为 76 268%128 的余数是 108）。或许很幸运，这个桶中没有其他元素，此时将元素直接插入这个桶中就可以了。当然，有时候会遇到桶已经填充了元素的情况。这种现象被称为*散列冲突*（hash collision）。这时，需要将新对象与那个桶中的所有对象进行比较，查看这个对象是否已经存在。如果散列码合理地随机分布，而且桶的数目足够大，需要比较的次数就会很少。

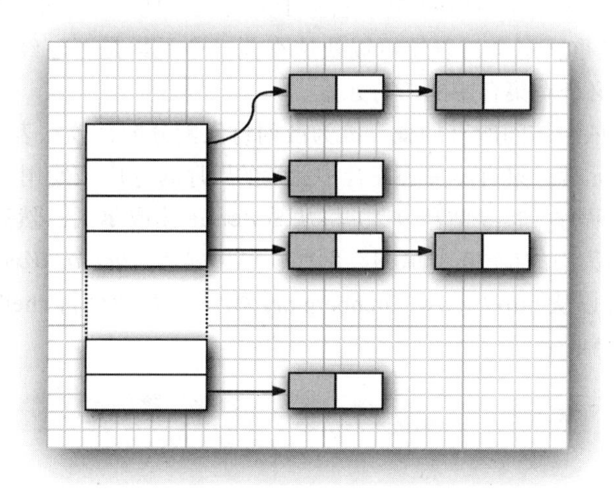

图 9-10　散列表

> **注释**：在 Java 8 中，桶满时会从链表变为平衡二叉树。如果选择的散列函数不好，会产生很多冲突，或者如果有恶意代码试图在散列表中填充多个有相同散列码的值，改为平衡二叉树能提高性能。

> **提示**：散列表的键要尽可能属于一个实现了 Comparable 接口的类。这样一来，就能保证不会由于散列码分布不均匀而导致性能低下。

如果想更多地控制散列表的性能，可以指定一个初始的桶数。桶数是指用于收集有相同散列值的桶的数目。如果要插入到散列表中的元素太多，冲突数就会增加，这会降低检索性能。

如果大致知道最终会有多少个元素要插入散列表中，就可以设置桶数。通常，要将桶数设置为预计元素个数的 75% ～ 150%。有些研究人员认为：将桶数设置为一个素数是一个好主意，以防止键的聚集。不过，对此并没有确凿的证据。标准类库使用的桶数是 2 的幂，默认值为 16（为表大小提供的任何值都将自动调整为 2 的下一个幂值）。

当然，并不总是能够知道需要存储多少个元素，也有可能最初的估计过低。如果散列表太满，就需要再散列（rehashed）。如果要对散列表再散列，就需要创建一个桶数更多的表，并将所有元素插入这个新表中，然后丢弃原来的表。装填因子（load factor）可以确定何时对散列表进行再散列。例如，如果装填因子为 0.75（默认值），而表中已经填满了 75% 以上，就会自动再散列，新表的桶数是原来的两倍。对于大多数应用来说，装填因子为 0.75 是合理的。

散列表可以用于实现很多重要的数据结构。其中最简单的是集类型。集是没有重复元素的元素集合。集的 add 方法首先尝试在这个集中查找要添加的对象，只有这个元素不存在时才会添加这个对象。

Java 集合类库提供了一个 HashSet 类，它基于散列表实现了一个集。可以用 add 方法添加元素。contains 方法被重新定义，以便可以快速查找一个元素是否已经在集中。它只查看一个桶中的元素，而不必查看集合中的所有元素。

散列集迭代器将依次访问所有的桶。因为散列将元素分散存放在表中，所以会以一种看起来随机的顺序访问元素。只有不关心集合中元素的顺序时才应该使用 HashSet。

本节末尾的示例程序（程序清单 9-2）将从 System.in 读取单词，然后将它们添加到一个集中，最后再打印出集中的前 20 个单词。例如，可以输入 *Alice in Wonderland*（《爱丽丝漫游仙境》）的文本（可以从 http://www.gutenberg.org 找到），从命令行 shell 运行这个程序：

```
java SetTest < alice30.txt
```

程序清单 9-2　set/SetTest.java

```
1 package set;
2
3 import java.util.*;
4
5 /**
6  * This program uses a set to print all unique words in System.in.
7  * @version 1.12 2015-06-21
8  * @author Cay Horstmann
9  */
10 public class SetTest
11 {
12    public static void main(String[] args)
13    {
14       var words = new HashSet<String>();
15       long totalTime = 0;
16
17       try (var in = new Scanner(System.in))
18       {
19          while (in.hasNext())
20          {
21             String word = in.next();
22             long callTime = System.currentTimeMillis();
23             words.add(word);
24             callTime = System.currentTimeMillis() - callTime;
25             totalTime += callTime;
26          }
27       }
28
29       Iterator<String> iter = words.iterator();
30       for (int i = 1; i <= 20 && iter.hasNext(); i++)
31          System.out.println(iter.next());
32       System.out.println(". . .");
33       System.out.println(words.size() + " distinct words. " + totalTime + " milliseconds.");
34    }
35 }
```

这个程序将读取输入的所有单词，将它们添加到散列集中。然后迭代处理散列集中的不同单词，最后打印出单词的数量（*Alice in Wonderland* 共有 5909 个不同的单词，包括开头的版权声明）。单词以随机的顺序出现。

警告：在更改集中的元素时要格外小心。如果元素的散列码发生了改变，这个元素在数据结构中的位置也会变化。

API java.util.HashSet<E> 1.2

- HashSet()

  构造一个空散列集。
- HashSet(Collection<? extends E> elements)

  构造一个散列集，并将一个集合中的所有元素添加到这个散列集中。
- HashSet(int initialCapacity)

  构造一个具有指定容量（桶数）的空散列集。
- HashSet(int initialCapacity, float loadFactor)

  构造一个有指定的容量和装填因子的空散列集。如果大小 / 容量比大于这个装填因子，散列表会再散列为一个更大的散列表。

API java.lang.Object 1.0

- int hashCode()

  返回这个对象的散列码。散列码可以是任何整数，包括正数或负数。equals 和 hashCode 的定义必须兼容，即如果 x.equals(y) 为 true，x.hashCode() 必须等于 y.hashCode()。

9.3.4 树集

TreeSet 类与散列集十分类似，不过，它比散列集有所改进。树集是一个有序集合（sorted collection）。可以以任意顺序将元素插入集合中。在对集合进行遍历时，值将自动地按照排序后的顺序出现。例如，假设插入 3 个字符串，然后访问添加的所有元素。

```
var sorter = new TreeSet<String>();
sorter.add("Bob");
sorter.add("Amy");
sorter.add("Carl");
for (String s : sorter) System.out.println(s);
```

这时，值将按照有序顺序打印：Amy Bob Carl。正如 TreeSet 类名所示，排序是用一个树数据结构完成的（当前实现使用的是红黑树（red-black tree）。有关红黑树的详细介绍请参见 *Introduction to Algorithms*[㊀]，作者是 Thomas Cormen、Charles Leiserson、Ronald Rivest 和 Clifford Stein [The MIT Press, 2009]）。每次将一个元素添加到树中时，都会将其放置在正确的排序位置上。因此，迭代器总是以有序的顺序访问每个元素。

㊀ 此书中文版《算法导论》已由机械工业出版社引进出版，ISBN：978-7-111-40701-0。——编辑注

将一个元素添加到树中要比添加到散列表中慢，参见表 9-3 中的比较，但是，与检查数组或链表中的重复元素相比，使用树还是会快得多。如果树中包含 n 个元素，查找新元素的正确位置平均需要 $\log_2 n$ 次比较。例如，如果一棵树包含了 1000 个元素，添加一个新元素大约需要比较 10 次。

表 9-3　将元素添加到散列集和树集

文　档	单词总数	不同单词个数	HashSet	TreeSet
Alice in Wonderland	28 195	5 909	5 秒	7 秒
The Count of Monte Cristo	466 300	37 545	75 秒	98 秒

注释：要使用树集，必须能够比较元素。这些元素必须实现 Comparable 接口，或者构造集时必须提供一个 Comparator（Comparable 和 Comparator 接口在第 6 章介绍过）。

回头看表 9-3，你可能很想知道是否应该总是使用树集而不是散列集。毕竟，添加元素所花费的时间看上去并没有增加太多，而且元素会自动排序。答案取决于所要收集的数据。如果不需要数据有序，就没有必要付出排序的开销。更重要的是，对于某些数据来说，对其进行排序要比给出一个散列函数更加困难。散列函数只需要将对象适当地打乱存放，而比较函数必须精确地区分各个对象。

为了具体地了解它们之间的差异，可以考虑收集一个矩形集的任务。如果使用 TreeSet，就需要提供 Comparator<Rectangle>。如何比较两个矩形呢？按面积比较吗？这行不通。可能会有两个不同的矩形，它们的坐标不同，但面积却相同。树的排序顺序必须是全序（total ordering）。也就是说，任意两个元素都必须是可比较的，只有在两个元素相等时比较结果才为 0。矩形确实有一种排序方式（按照坐标的词典顺序排序），但这很牵强，而且计算很烦琐。相比之下，已经为 Rectangle 类定义了散列函数，它直接对坐标计算散列。

注释：从 Java 6 起，TreeSet 类实现了 NavigableSet 接口。这个接口增加了几个便利方法，用于查找元素以及反向遍历。详细信息请参见 API 注释。

程序清单 9-3 的程序中创建了 Item 对象的两个树集。第一个按照部件编号排序，这是 Item 对象的默认排序顺序。第二个使用一个定制比较器按照描述信息排序。程序清单 9-4 中是 Item 对象。

程序清单 9-3　treeSet/TreeSetTest.java

```
1 package treeSet;
2
3 import java.util.*;
4
5 /**
6  * This program sorts a set of Item objects by comparing their descriptions.
7  * @version 1.13 2018-04-10
8  * @author Cay Horstmann
9  */
```

```
10 public class TreeSetTest
11 {
12    public static void main(String[] args)
13    {
14       var parts = new TreeSet<Item>();
15       parts.add(new Item("Toaster", 1234));
16       parts.add(new Item("Widget", 4562));
17       parts.add(new Item("Modem", 9912));
18       System.out.println(parts);
19 
20       var sortByDescription = new TreeSet<Item>(Comparator.comparing(Item::getDescription));
21 
22       sortByDescription.addAll(parts);
23       System.out.println(sortByDescription);
24    }
25 }
```

程序清单 9-4 treeSet/Item.java

```
1 package treeSet;
2 
3 import java.util.*;
4 
5 /**
6  * An item with a description and a part number.
7  */
8 public class Item implements Comparable<Item>
9 {
10    private String description;
11    private int partNumber;
12 
13    /**
14     * Constructs an item.
15     * @param aDescription the item's description
16     * @param aPartNumber the item's part number
17     */
18    public Item(String aDescription, int aPartNumber)
19    {
20       description = aDescription;
21       partNumber = aPartNumber;
22    }
23 
24    /**
25     * Gets the description of this item.
26     * @return the description
27     */
28    public String getDescription()
29    {
30       return description;
31    }
32 
33    public String toString()
34    {
35       return "[description=" + description + ", partNumber=" + partNumber + "]";
```

```
36    }
37
38    public boolean equals(Object otherObject)
39    {
40       if (this == otherObject) return true;
41       if (otherObject == null) return false;
42       if (getClass() != otherObject.getClass()) return false;
43       var other = (Item) otherObject;
44       return Objects.equals(description, other.description) && partNumber == other.partNumber;
45    }
46
47    public int hashCode()
48    {
49       return Objects.hash(description, partNumber);
50    }
51
52    public int compareTo(Item other)
53    {
54       int diff = Integer.compare(partNumber, other.partNumber);
55       return diff != 0 ? diff : description.compareTo(other.description);
56    }
57 }
```

API java.util.TreeSet<E> 1.2

- `TreeSet()`
- `TreeSet(Comparator<? super E> comparator)`

  构造一个空树集。
- `TreeSet(Collection<? extends E> elements)`
- `TreeSet(SortedSet<E> s)`

  构造一个树集，并增加一个集合或有序集中的所有元素（对于后一种情况，要使用同样的顺序）。

API *java.util.SortedSet<E>* 1.2

- `Comparator<? super E> comparator()`

  返回用于对元素进行排序的比较器。如果元素用 Comparable 接口的 compareTo 方法进行比较则返回 null。
- `E first()`
- `E last()`

  返回有序集中的最小元素或最大元素。

API *java.util.NavigableSet<E>* 6

- `E higher(E value)`
- `E lower(E value)`

  返回大于 value 的最小元素或小于 value 的最大元素，如果没有这样的元素则返回 null。

- E ceiling(E value)
- E floor(E value)

  返回大于等于 value 的最小元素或小于等于 value 的最大元素，如果没有这样的元素则返回 null。
- E pollFirst()
- E pollLast()

  删除并返回这个集中的最大元素或最小元素，这个集为空时返回 null。
- Iterator<E> descendingIterator()

  返回一个按照降序遍历集中元素的迭代器。

9.3.5 队列与双端队列

前面已经讨论过，队列允许高效地在队尾添加元素，并在队头删除元素。双端队列（deuqe）在队头和队尾都能高效地添加或删除元素。不支持在队列中间添加元素。Java 6 中引入了 Deque 接口，ArrayDeque 和 LinkedList 类实现了这个接口。这两个类都可以提供双端队列，其大小可以根据需要扩展。第 12 章会介绍限定队列和限定双端队列。

API *java.util.Queue<E>* 5

- boolean add(E element)
- boolean offer(E element)

  如果队列没有满，将给定的元素添加到这个队列的队尾并返回 true。如果队列已满，第一个方法将抛出一个 IllegalStateException，而第二个方法返回 false。
- E remove()
- E poll()

  如果队列不为空，删除并返回这个队列队头的元素。如果队列是空的，第一个方法抛出 NoSuchElementException，而第二个方法返回 null。
- E element()
- E peek()

  如果队列不为空，返回这个队列队头的元素，但不删除这个元素。如果队列为空，第一个方法将抛出一个 NoSuchElementException，而第二个方法返回 null。

API *java.util.Deque<E>* 6

- void addFirst(E element)
- void addLast(E element)
- boolean offerFirst(E element)
- boolean offerLast(E element)

  将给定的对象添加到双端队列的队头或队尾。如果这个双端队列已满，前面两个方法将抛出一个 IllegalStateException，而后面两个方法返回 false。

- E removeFirst()
- E removeLast()
- E pollFirst()
- E pollLast()

  如果这个双端队列不为空，删除并返回双端队列队头的元素。如果双端队列为空，前面两个方法将抛出一个 NoSuchElementException，而后面两个方法返回 null。

- E getFirst()
- E getLast()
- E peekFirst()
- E peekLast()

  如果这个双端队列非空，返回双端队列队头的元素，但不删除这个元素。如果双端队列为空，前面两个方法将抛出一个 NoSuchElementException，而后面两个方法返回 null。

API java.util.ArrayDeque<E> 6

- ArrayDeque()
- ArrayDeque(int initialCapacity)

  用初始容量 16 或给定的初始容量构造一个无限定双端队列。

9.3.6 优先队列

优先队列（priority queue）中的元素可以按照任意的顺序插入，但会按照有序的顺序获取。也就是说，调用 remove 方法时，总会获得当前优先队列中最小的元素。不过，优先队列并没有对所有元素进行排序。如果迭代处理这些元素，并不需要对它们进行排序。优先队列使用了一个精巧且高效的数据结构，称为堆（heap）。堆是一个自组织的二叉树，其添加（add）和删除（remove）操作会让最小的元素移动到根，而不必花费时间对元素进行排序。

与 TreeSet 一样，优先队列既可以包含实现了 Comparable 接口的类对象，也可以包含构造器中提供的 Comparator 对象。

优先队列的典型用法是任务调度。每一个任务有一个优先级，任务以随机顺序添加到队列中。每当启动一个新的任务时，将从队列中删除优先级最高的任务（因为习惯将 1 作为“最高”优先级，所以 remove 操作将删除最小的元素）。

程序清单 9-5 显示了一个优先队列的具体使用。与 TreeSet 中的迭代不同，这里的迭代并不是按照有序顺序来访问元素。不过，删除操作总是删除剩余元素中最小的那个元素。

程序清单 9-5　priorityQueue/PriorityQueueTest.java

```
1 package priorityQueue;
2
3 import java.util.*;
4 import java.time.*;
5
6 /**
```

```
 7  * This program demonstrates the use of a priority queue.
 8  * @version 1.02 2015-06-20
 9  * @author Cay Horstmann
10  */
11 public class PriorityQueueTest
12 {
13    public static void main(String[] args)
14    {
15       var pq = new PriorityQueue<LocalDate>();
16       pq.add(LocalDate.of(1906, 12, 9)); // G. Hopper
17       pq.add(LocalDate.of(1815, 12, 10)); // A. Lovelace
18       pq.add(LocalDate.of(1903, 12, 3)); // J. von Neumann
19       pq.add(LocalDate.of(1910, 6, 22)); // K. Zuse
20
21       System.out.println("Iterating over elements . . .");
22       for (LocalDate date : pq)
23          System.out.println(date);
24       System.out.println("Removing elements . . .");
25       while (!pq.isEmpty())
26          System.out.println(pq.remove());
27    }
28 }
```

API java.util.PriorityQueue 5

- `PriorityQueue()`
- `PriorityQueue(int initialCapacity)`

  构造一个存放 Comparable 对象的优先队列。
- `PriorityQueue(int initialCapacity, Comparator<? super E> c)`

  构造一个优先队列，并使用指定的比较器对元素进行排序。

9.4 映射

作为一个集合，集允许你快速地查找现有的元素。但是，要查找一个元素，需要有所查找的那个元素的准确副本。这不是一种常见的查找方式。通常，我们知道某些关键信息，希望查找与之关联的元素。映射（map）数据结构就是为此设计的。映射用来存放键/值对。如果提供了键，可以查找一个值。例如，可以存储一个员工记录表，其中键为员工 ID，值为 Employee 对象。在下面的小节中，我们会学习如何使用映射。

9.4.1 基本映射操作

Java 类库为映射提供了两个通用的实现：HashMap 和 TreeMap。这两个类都实现了 Map 接口。

散列映射对键进行散列，树映射根据键的顺序将它们组织为一个搜索树。散列或比较函数只应用于键。与键关联的值不进行散列或比较。

应该选择散列映射还是树映射呢？与集一样，散列稍微快一些，如果不需要按照有序的顺序访问键，最好选择散列映射。

可以如下建立一个散列映射来存储员工信息：

```
var staff = new HashMap<String, Employee>(); // HashMap implements Map
var harry = new Employee("Harry Hacker");
staff.put("987-98-9996", harry);
. . .
```

每当向映射中添加一个对象时，必须同时提供一个键。在这里，键是一个字符串，对应的值是 Employee 对象。

要获取一个对象，必须使用键（因此必须记住键）。

```
var id = "987-98-9996";
Employee e = staff.get(id); // gets harry
```

如果映射中没有存储与指定键对应的信息，get 将返回 null。

null 返回值可能并不方便。有时对于没有出现在映射中的键，可以有一个合适的默认值。然后使用 getOrDefault 方法。

```
Map<String, Integer> scores = . . .;
int score = scores.getOrDefault(id, 0); // gets 0 if the id is not present
```

键必须是唯一的。不能对同一个键存放两个值。如果用同一个键调用两次 put 方法，第二个值就会取代第一个值。实际上，put 将返回与这个键参数关联的上一个值。

remove 方法从映射中删除给定键对应的元素。size 方法返回映射中的元素数。

要迭代处理映射的键和值，最容易的方法是使用 forEach 方法。可以提供一个接收键和值的 lambda 表达式。映射中的每一项会依序调用这个表达式。

```
scores.forEach((k, v) ->
   System.out.println("key=" + k + ", value=" + v));
```

程序清单 9-6 显示了映射的具体使用。首先将键 / 值对添加到映射中。然后，从映射中删除一个键，同时与之关联的值也会删除。接下来，修改与某一个键关联的值，并调用 get 方法查找一个值。最后，迭代处理元素集。

程序清单 9-6 map/MapTest.java

```
1  package map;
2
3  import java.util.*;
4
5  /**
6   * This program demonstrates the use of a map with key type String and value type Employee.
7   * @version 1.12 2015-06-21
8   * @author Cay Horstmann
9   */
10 public class MapTest
11 {
12    public static void main(String[] args)
13    {
14       var staff = new HashMap<String, Employee>();
15       staff.put("144-25-5464", new Employee("Amy Lee"));
```

```
16        staff.put("567-24-2546", new Employee("Harry Hacker"));
17        staff.put("157-62-7935", new Employee("Gary Cooper"));
18        staff.put("456-62-5527", new Employee("Francesca Cruz"));
19
20        // print all entries
21
22        System.out.println(staff);
23
24        // remove an entry
25
26        staff.remove("567-24-2546");
27
28        // replace an entry
29
30        staff.put("456-62-5527", new Employee("Francesca Miller"));
31
32        // look up a value
33
34        System.out.println(staff.get("157-62-7935"));
35
36        // iterate through all entries
37
38        staff.forEach((k, v) ->
39           System.out.println("key=" + k + ", value=" + v));
40     }
41  }
```

API java.util.Map<K, V> 1.2

- `V get(Object key)`

  获得与键关联的值；返回与键关联的对象，或者如果在映射中没有找到这个键，则返回 null。实现类可能禁止键为 null。

- `default V getOrDefault(Object key, V defaultValue)`

  获得与键关联的值；返回与键关联的对象，或者如果在映射中没有找到这个键，则返回 defaultValue。

- `V put(K key, V value)`

  将关联的一对键和值放到映射中。如果这个键已经存在，新对象将取代之前与这个键关联的对象。这个方法将返回键对应的旧值。如果之前没有这个键，则返回 null。实现类可能禁止键或值为 null。

- `void putAll(Map<? extends K, ? extends V> entries)`

  将指定映射中的所有映射条目添加到这个映射中。

- `boolean containsKey(Object key)`

  如果映射中有这个键，返回 true。

- `boolean containsValue(Object value)`

  如果映射中有这个值，返回 true。

- `default void forEach(BiConsumer<? super K,? super V> action)` **8**

对这个映射中的所有键 / 值对应用这个动作。

API java.util.HashMap<K, V> 1.2

- HashMap()
- HashMap(int initialCapacity)
- HashMap(int initialCapacity, float loadFactor)

  构造一个空散列映射，它具有指定的容量和装填因子（装填因子是一个 0.0 ～ 1.0 之间的数。这个数确定散列表填充到多大比例时就要再散列到一个更大的散列表）。默认的装填因子是 0.75。

API java.util.TreeMap<K,V> 1.2

- TreeMap()

  为实现 Comparable 接口的键构造一个空的树映射。
- TreeMap(Comparator<? super K> c)

  构造一个树映射，并使用一个指定的比较器对键进行排序。
- TreeMap(Map<? extends K, ? extends V> entries)

  构造一个树映射，并增加一个映射中的所有映射条目。
- TreeMap(SortedMap<? extends K, ? extends V> entries)

  构造一个树映射，增加一个有序映射中的所有映射条目，并使用与给定有序映射相同的比较器。

API java.util.SortedMap<K, V> 1.2

- Comparator<? super K> comparator()

  返回对键进行排序所用的比较器。如果用 Comparable 接口的 compareTo 方法对键进行比较，则返回 null。
- K firstKey()
- K lastKey()

  返回映射中的最小或最大键。

9.4.2 更新映射条目

处理映射的一个难点是更新映射条目。正常情况下，可以得到与一个键关联的旧值，更新这个值，再放回更新后的值。不过，必须考虑一个特殊情况，即键第一次出现。下面来看一个例子，考虑使用映射来统计一个单词在文件中出现的频度。看到一个单词（word）时，我们将计数器增 1，如下所示：

```
counts.put(word, counts.get(word) + 1);
```

这是可以的，不过有一种情况除外：就是第一次看到 word 时。在这种情况下，get 会返回 null，因此会出现一个 NullPointerException 异常。

一种简单的补救是使用 getOrDefault 方法：

```
counts.put(word, counts.getOrDefault(word, 0) + 1);
```

另一种方法是首先调用 putIfAbsent 方法。只有当键原先不存在（或者映射到 null）时才放入一个值。

```
counts.putIfAbsent(word, 0);
counts.put(word, counts.get(word) + 1); // now we know that get will succeed
```

不过还可以做得更好。merge 方法可以简化这个常见操作。如果键原先不存在，下面的调用：

```
counts.merge(word, 1, Integer::sum);
```

将把 word 与 1 关联，否则使用 Integer::sum 函数组合原值和 1（也就是将原值与 1 求和）。

API 注释还描述了另外一些更新映射条目的方法，不过这些方法不太常用。

API *java.util.Map<K, V>* 1.2

- default V merge(K key, V value, BiFunction<? super V,? super V,? extends V> remappingFunction) **8**

  如果 key 与一个非 null 值 v 关联，将函数应用到 v 和 value，将 key 与结果关联，或者如果结果为 null，则删除这个键。否则，将 key 与 value 关联，返回 get(key)。

- default V compute(K key, BiFunction<? super K,? super V,? extends V> remappingFunction) **8**

  将函数应用到 key 和 get(key)。将 key 与结果关联，或者如果结果为 null，则删除这个键。返回 get(key)。

- default V computeIfPresent(K key, BiFunction<? super K,? super V,? extends V> remappingFunction) **8**

  如果 key 与一个非 null 值 v 关联，将函数应用到 key 和 v，将 key 与结果关联，或者如果结果为 null，则删除这个键。返回 get(key)。

- default V computeIfAbsent(K key, Function<? super K,? extends V> mappingFunction) **8**

  将这个函数应用到 key，除非 key 与一个非 null 值关联。将 key 与结果关联，或者如果结果为 null，则删除这个键。返回 get(key)。

- default void replaceAll(BiFunction<? super K,? super V,? extends V> function) **8**

  在所有映射条目上调用这个函数。将键与非 null 结果关联，如果结果为 null，则将相应的键删除。

- default V putIfAbsent(K key, V value) **8**

  如果 key 不存在或者与 null 关联，则将它与 value 关联，并返回 null。否则返回关联的值。

9.4.3 映射视图

集合框架不认为映射本身是一个集合。（其他数据结构框架则认为映射是一个键/值对集合，或者是按键索引的值集合。）不过，可以得到映射的视图（view）——实现了 Collection 接口或某个子接口的对象。

有3种视图：键集、值集合（不是一个集）以及键/值对集。键和键/值对可以构成一个集，因为映射中一个键只能有一个副本。下面的方法：

```
Set<K> keySet()
Collection<V> values()
Set<Map.Entry<K, V>> entrySet()
```

会分别返回这3个视图。（映射条目集的元素是实现了Map.Entry接口的类的对象。）

需要说明的是，keySet不是HashSet或TreeSet，而是实现了Set接口的另外某个类的对象。Set接口扩展了Collection接口。因此，可以像使用任何集合一样使用keySet。

例如，可以枚举一个映射的所有键：

```
Set<String> keys = map.keySet();
for (String key : keys)
{
   do something with key
}
```

如果想同时查看键和值，可以通过枚举映射条目来避免查找值。可以使用以下代码：

```
for (Map.Entry<String, Employee> entry : staff.entrySet())
{
   String k = entry.getKey();
   Employee v = entry.getValue();
   do something with k, v
}
```

提示： 通过使用var声明可以避免笨拙的Map.Entry。

```
for (var entry : map.entrySet())
{
   do something with entry.getKey(), entry.getValue()
}
```

或者直接使用forEach方法：

```
map.forEach((k, v) ->
   {
      do something with k, v
   });
```

如果在键集视图上调用迭代器的remove方法，实际上会从映射中删除这个键和与它关联的值。不过，不能向键集视图中添加元素。另外，如果只添加一个键而没有同时添加值也是没有意义的。如果试图调用add方法，它会抛出一个UnsupportedOperationException。映射条目集视图有同样的限制，尽管理论上好像可以增加新的键/值对，但实际上并不允许。

API　java.util.Map<K, V> 1.2

- Set<Map.Entry<K, V>> entrySet()

  返回Map.Entry对象（映射中的键/值对）的一个集视图。可以从这个集中删除元素，它们也将从映射中删除，但是不能添加任何元素。

- `Set<K> keySet()`

  返回映射中所有键的一个集视图。可以从这个集中删除元素，这些键和相关联的值也将从映射中删除，但是不能添加任何元素。
- `Collection<V> values()`

  返回映射中所有值的一个集合视图。可以从这个集合中删除元素，所删除的值及相应的键也将从映射中删除，不过不能添加任何元素。

API *java.util.Map.Entry<K, V>* 1.2

- `K getKey()`
- `V getValue()`

  返回这个映射条目的键或值。
- `V setValue(V newValue)`

  将关联映射中的值改为新值，并返回原来的值。
- `static <K, V> Map.Entry<K,V> copyOf(Map.Entry<? extends K,? extends V> map)` **17**

  生成给定映射条目的一个副本。不同于映射条目集的元素，这个副本不是“活动的”。调用 setValue 不会更新任何映射。

9.4.4 弱散列映射

在集合类库中有几个专用的映射类，我们将在这一节和后面几节中对它们做简要介绍。

设计 WeakHashMap 类是为了解决一个有趣的问题。如果有一个值，它对应的键已经不再在程序中的任何地方使用，将会出现什么情况？假设对某个键的最后一个引用已经消失，那么再没有任何途径可以引用这个值对象了。但是，由于程序中的任何部分都不再有这个键，因此无法从映射中删除这个键/值对。为什么垃圾回收器不能删除它呢？删除无用的对象不就是垃圾回收器的工作吗？

遗憾的是，事情没有这么简单。垃圾回收器会跟踪*活动的*对象。只要映射对象是活动的，其中的所有桶就是活动的，它们就不能被回收。因此，需要由程序负责从长期存活的映射中删除那些无用的值。或者，你可以使用 WeakHashMap。当键的唯一引用来自散列表条目时，这个数据结构将与垃圾回收器合作删除键/值对。

下面介绍这种机制的内部工作原理。WeakHashMap 使用*弱引用*（weak reference）保存键。WeakReference 对象将包含另一个对象的引用，在这里，就是一个散列表键。对于这种类型的对象，垃圾回收器采用一种特殊的方式进行处理。正常情况下，如果垃圾回收器发现某个特定的对象已经没有引用了，就会将其回收。不过，如果这个对象*只*能由一个 WeakReference 引用，垃圾回收器也会将其回收，但会将引用这个对象的弱引用放入一个队列。WeakHashMap 的操作会定期地检查这个队列，查找新加入的弱引用。一个弱引用进入这个队列意味着这个键不再由任何人使用，并且已经回收。于是，WeakHashMap 将删除相关联的映射条目。

9.4.5　链接散列集与映射

LinkedHashSet 和 LinkedHashMap 类会记住插入元素项的顺序。这样可以避免散列表中看起来随机的元素顺序。在散列表中插入元素项时，它们会加入一个双向链表中（见图 9-11）。

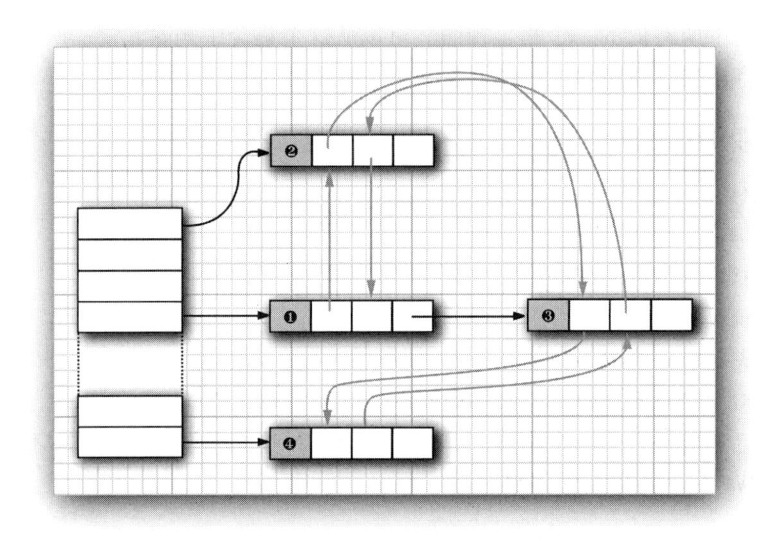

图 9-11　链接散列表

例如，考虑程序清单 9-6 中的以下映射插入操作：

```
var staff = new LinkedHashMap<String, Employee>();
staff.put("144-25-5464", new Employee("Amy Lee"));
staff.put("567-24-2546", new Employee("Harry Hacker"));
staff.put("157-62-7935", new Employee("Gary Cooper"));
staff.put("456-62-5527", new Employee("Francesca Cruz"));
```

然后，staff.keySet().iterator() 会以下面的顺序枚举键：

```
144-25-5464
567-24-2546
157-62-7935
456-62-5527
```

staff.values().iterator() 以下面的顺序枚举值：

```
Amy Lee
Harry Hacker
Gary Cooper
Francesca Cruz
```

或者，链接散列映射可以使用*访问顺序*（access order）而不是插入顺序来迭代处理映射条目。每次调用 get 或 put 时，受到影响的条目将从当前位置删除，并放在条目链表的末尾（只影响条目链表中的位置，而不影响散列表的桶。一个映射条目总是在键散列码对应的桶中）。要构造这样一个散列映射，需要调用

```
LinkedHashMap<K, V>(initialCapacity, loadFactor, true)
```

访问顺序对于实现缓存的“最近最少使用”原则十分重要。例如，你可能希望将访问频率高的元素放在内存中，而从数据库读取访问频率低的元素。如果在映射表中没有找到某个元素，而且此时映射表已经很满，可以得到映射表的一个迭代器，并删除它枚举的前几个元素，它们是最近最少使用的几个元素。

甚至可以自动完成这一过程。构造 LinkedHashMap 的一个子类，然后覆盖下面这个方法：

```
protected boolean removeEldestEntry(Map.Entry<K, V> eldest)
```

每当这个方法返回 true 时，添加一个新映射条目就会导致删除 eldest 映射条目。例如，下面的缓存最多可以存放 100 个元素：

```
var cache = new LinkedHashMap<K, V>(128, 0.75F, true)
   {
   protected boolean removeEldestEntry(Map.Entry<K, V> eldest)
   {
      return size() > 100;
   }
};
```

或者，还可以考虑 eldest 映射条目来决定是否将它删除。例如，可以检查随这个映射条目存储的一个时间戳。

9.4.6 枚举集与映射

EnumSet 是一个高效的集实现，其元素属于一个枚举类型。因为枚举类型只有有限个实例，所以 EnumSet 在内部实现为一个位序列。如果对应的值在集中出现，相应的位则置为 1。

EnumSet 类没有公共构造器。要使用静态工厂方法构造这个集：

```
enum Weekday { MONDAY, TUESDAY, WEDNESDAY, THURSDAY, FRIDAY, SATURDAY, SUNDAY };
EnumSet<Weekday> always = EnumSet.allOf(Weekday.class);
EnumSet<Weekday> never = EnumSet.noneOf(Weekday.class);
EnumSet<Weekday> workday = EnumSet.range(Weekday.MONDAY, Weekday.FRIDAY);
EnumSet<Weekday> mwf = EnumSet.of(Weekday.MONDAY, Weekday.WEDNESDAY, Weekday.FRIDAY);
```

可以使用 Set 接口的常用方法来修改 EnumSet。

EnumMap 是一个映射，它的键属于一个枚举类型。EnumMap 可以简单高效地实现为一个值数组。需要在构造器中指定键类型：

```
var personInCharge = new EnumMap<Weekday, Employee>(Weekday.class);
```

注释： 在 EnumSet 的 API 文档中，会看到形如 E extends Enum<E> 的奇怪的类型参数。简单地说，它的意思就是“E 是一个枚举类型。”所有枚举类型都扩展了泛型 Enum 类。例如，Weekday 扩展了 Enum<Weekday>。

9.4.7 标识散列映射

IdentityHashMap 有一个很特殊的用途。在这里，键的散列值不是用 hashCode 函数计算的，而是用 System.identityHashCode 方法计算的。Object.hashCode 根据对象的内存地址计算散列码时就使用了这个方法。另外，对两个对象进行比较时，IdentityHashMap 使用了 ==，而不是 equals。

也就是说，不同的键对象即使内容相同，也被视为不同的对象。在实现对象遍历算法（如对象串行化）时，如果你想跟踪哪些对象已经遍历过，这个类就很有用。

API java.util.WeakHashMap<K, V> 1.2

- WeakHashMap()
- WeakHashMap(int initialCapacity)
- WeakHashMap(int initialCapacity, float loadFactor)

  用给定的容量和装填因子构造一个空散列映射。

API java.util.LinkedHashSet<E> 1.4

- LinkedHashSet()
- LinkedHashSet(int initialCapacity)
- LinkedHashSet(int initialCapacity, float loadFactor)

  用给定的容量和装填因子构造一个空链接散列集。

API java.util.LinkedHashMap<K, V> 1.4

- LinkedHashMap()
- LinkedHashMap(int initialCapacity)
- LinkedHashMap(int initialCapacity, float loadFactor)
- LinkedHashMap(int initialCapacity, float loadFactor, boolean accessOrder)

  用给定的容量、装填因子和顺序构造一个空链接散列映射。accessOrder 参数为 true 时表示访问顺序，为 false 时表示插入顺序。
- protected boolean removeEldestEntry(Map.Entry<K, V> eldest)

  如果想删除 eldest 元素，就要覆盖为返回 true。eldest 参数是预期可能要删除的元素。这个方法在向映射中添加一个元素之后调用。默认实现会返回 false。即在默认情况下，不会删除老元素。不过，可以重新定义这个方法，从而有选择地返回 true。例如，如果最老的元素符合某个条件，或者如果映射超过了一定大小，则返回 true。

API java.util.EnumSet<E extends Enum<E>> 5

- static <E extends Enum<E>> EnumSet<E> allOf(Class<E> enumType)

  返回一个可变集，包含给定枚举类型的所有值。
- static <E extends Enum<E>> EnumSet<E> noneOf(Class<E> enumType)

  返回一个初始为空的可变集。
- static <E extends Enum<E>> EnumSet<E> range(E from, E to)

  返回一个可变集，包含 from ～ to 之间的所有值（包括 from 和 to）。
- static <E extends Enum<E>> EnumSet<E> of(E e)

  . . .

- static <E extends Enum<E>> EnumSet<E> of(E e1, E e2, E e3, E e4, E e5)
- static <E extends Enum<E>> EnumSet<E> of(E first, E... rest)

  返回一个可变集，包括不为 null 的给定元素。
- public static <E extends Enum<E>> EnumSet<E> copyOf(EnumSet<E> s)
- public static <E extends Enum<E>> EnumSet<E> copyOf(Collection<E> c)

  创建一个初始包含给定元素的可变集。在第二个方法中，c 必须是一个 EnumSet 或者非空（以确定元素类型）。

API java.util.EnumMap<K extends Enum<K>, V> 5

- EnumMap(Class<K> keyType)

  构造一个键为给定类型的空的可变映射。

API java.util.IdentityHashMap<K, V> 1.4

- IdentityHashMap()
- IdentityHashMap(int expectedMaxSize)

  构造一个空的标识散列映射集，其容量是大于 1.5 × expectedMaxSize 的最小的 2 的幂值（expectedMaxSize 的默认值是 21）。

API java.lang.System 1.0

- static int identityHashCode(Object obj) **1.1**

  返回 Object.hashCode 计算的相同散列码（根据对象的内存地址得出），即使 obj 所属的类已经重新定义了 hashCode 方法。

9.5　副本与视图

如果查看图 9-4 和图 9-5，可能会认为用如此多的接口和抽象类来实现数量并不多的具体集合类似乎没有太大必要。不过，这两个图并没有展示出全部。通过使用视图（view），可以得到其他实现了 Collection 接口或 Map 接口的对象。你已经见过使用映射类 keySet 方法的这样一个例子。初看起来，好像这个方法创建了一个新集，并填入映射中的所有键，然后返回这个集。但是，情况并非如此。实际上，keySet 方法返回一个实现了 Set 接口的类对象，这个类的方法可以操纵原映射。这种集合称为视图。

视图技术在集合框架中有许多非常有用的应用。下面几节将讨论这些应用。

9.5.1　小集合

Java 9 引入了一些静态方法，可以生成给定元素的集或列表，以及给定键 / 值对的映射。例如，

```
List<String> names = List.of("Peter", "Paul", "Mary");
Set<Integer> numbers = Set.of(2, 3, 5);
```

会分别生成包含 3 个元素的一个列表和一个集。对于映射，需要指定键和值，如下所示：

```
Map<String, Integer> scores = Map.of("Peter", 2, "Paul", 3, "Mary", 5);
```

元素、键或值不能为 null。集和映射键不能重复：

```
numbers = Set.of(13, null); // Error--null element
scores = Map.of("Peter", 4, "Peter", 2); // Error--duplicate key
```

> **警告**：对于这些集和映射中的迭代顺序，并没有任何保证。实际上，会有意用每次虚拟机启动时随机得到的一个种子搅乱这个顺序。来看看 jshell 的两次运行：
>
> ```
> $ jshell -q
> jshell> Set.of("Peter", "Paul", "Mary")
> $1 ==> [Peter, Mary, Paul]
> jshell> /exit
> $ jshell -q
> jshell> Set.of("Peter", "Paul", "Mary")
> $1 ==> [Paul, Mary, Peter]
> ```
>
> 有些 Java 程序员编写程序时，其程序的正确性依赖于一个假设，即认为实现细节永远不会改变。这样会让实现类库的程序员很难对实现做有用的修改。在这里，道理很明显，编写程序时不要对元素顺序做任何假设。

List 和 Set 接口有 11 个 of 方法，分别有 0 到 10 个参数，另外还有一个参数个数可变的 of 方法。提供这种特定性是为了提高效率。

对于 Map 接口，则无法提供一个参数可变的版本，因为参数类型会交替为键类型和值类型。不过它有一个静态方法 ofEntries，能接受任意多个Map.Entry<K, V> 对象（可以用静态方法 entry 创建这些对象）。例如，

```
import static java.util.Map.*;
. . .
Map<String, Integer> scores = ofEntries(
   entry("Peter", 2),
   entry("Paul", 3),
   entry("Mary", 5));
```

of 和 ofEntries 方法可以生成某些类的对象，这些类对于每个元素会有一个实例变量，或者有一个后备数组提供支持。

这些集合对象是不可修改的（unmodifiable）。如果试图改变它们的内容，会导致一个 UnsupportedOperationException 异常。

如果需要一个可更改的集合，可以把这个不可修改的集合传递到构造器：

```
var names = new ArrayList<>(List.of("Peter", "Paul", "Mary")); // A mutable list of names
```

以下方法调用

```
Collections.nCopies(n, anObject)
```

会返回一个实现了 List 接口的不可变对象，给人一种错觉：就像有 n 个元素，每个元素看起来是一个 anObject。

例如，下面的调用将创建一个包含100个字符串的List，每个串都设置为"DEFAULT"：

```
List<String> settings = Collections.nCopies(100, "DEFAULT");
```

这样存储开销很小。对象只存储一次。

注释： of方法是Java 9新引入的。之前有一个静态方法Arrays.asList，它会返回一个可更改但是大小不可变的列表。也就是说，在这个列表上可以调用set，但是不能使用add或remove。另外还有遗留方法Collections.emptySet和Collections.singleton。

注释： Collections类包含很多实用方法，这些方法的参数或返回值是集合。不要将它与Collection接口混淆。

提示： Java没有Pair类，有些程序员会使用Map.Entry作为对组（pair），但这种做法并不好。在Java 9之前，这会很麻烦，你必须使用new AbstractMap.SimpleImmutableEntry<>(first, second)构造对象。不过现在可以调用Map.entry(first, second)。

9.5.2 不可修改的副本和视图

为了建立一个集合的不可修改的副本（unmodifiable copy），可以使用集合类型的copyOf方法：

```
ArrayList<String> names = . . .;
Set<String> nameSet = Set.copyOf(names); // The names as an unmodifiable set
List<String> nameList = List.copyOf(names); // The names as an unmodifiable list
```

每个copyOf方法会建立集合的一个副本。如果修改了原集合，这个副本不受影响。

如果原集合恰好是不可修改的，而且类型正确，copyOf则会直接返回原集合：

```
Set<String> names = Set.of("Peter", "Paul", "Mary");
Set<String> nameSet = Set.copyOf(names); // No need to make a copy: names == nameSet
```

Collections类还有一些方法可以生成集合的不可修改的视图（unmodifiable view）。这些视图对现有集合增加了一个运行时检查。如果检测到试图修改不可修改的集合，就抛出一个异常。

不过，如果原集合改变，视图会反映这些变化。这正是视图与副本的区别。

可以使用下面8个方法来获得不可修改的视图：

```
Collections.unmodifiableCollection
Collections.unmodifiableList
Collections.unmodifiableSet
Collections.unmodifiableSortedSet
Collections.unmodifiableNavigableSet
Collections.unmodifiableMap
Collections.unmodifiableSortedMap
Collections.unmodifiableNavigableMap
```

每个方法都定义为处理一个接口。例如，Collections.unmodifiableList可以处理ArrayList、LinkedList或者实现了List接口的任何其他类。

例如，假设想要让你的某些代码查看（但不修改）一个集合的内容，可以如下实现：

```
var staff = new LinkedList<String>();
. . .
lookAt(Collections.unmodifiableList(staff));
```

Collections.unmodifiableList 方法将返回实现了 List 接口的一个类的对象。其访问器方法将从 staff 集合中获取值。当然，lookAt 方法可以调用 List 接口中的所有方法，而不只是访问器。但是所有的更改器方法（例如，add）已经重新定义为抛出一个 UnsupportedOperationException 异常，而不是将调用传递给底层集合。

不可修改的视图并不会让集合本身变为不可变。仍然可以通过集合的原始引用（在这里就是 staff）修改这个集合，并且仍然可以对集合的元素调用更改器方法。

因为视图只是包装了接口而不是具体的集合对象，所以只能访问接口中定义的方法。例如，LinkedList 类有一些便利方法，如 addFirst 和 addLast，它们不是 List 接口的方法，不能通过不可修改的视图访问这些方法。

警告：unmodifiableCollection 方法（以及本节稍后讨论的 synchronizedCollection 和 checkedCollection 方法）将返回一个集合，它的 equals 方法不调用底层集合的 equals 方法。实际上，它继承了 Object 类的 equals 方法，这个方法只是检测两个对象是否是同一个对象。如果将集或列表转换成集合，就再也无法检测其内容是否相同了。视图采用了这种工作方式，因为这个层次上的相等性检测没有明确定义。视图会以同样的方式处理 hashCode 方法。

不过，unmodifiableSet 和 unmodifiableList 方法会使用底层集合的 equals 方法和 hashCode 方法。

9.5.3　子范围

可以为很多集合建立子范围（subrange）视图。例如，假设有一个列表 staff，想从中取出第 10 个～第 19 个元素。可以使用 subList 方法来获得这个列表子范围的视图。

```
List<Employee> group2 = staff.subList(10, 20);
```

第一个索引包含在内，而不包含第二个索引。这与 String 类 substring 操作中的参数类似。

可以对子范围应用任何操作，而且这些操作会自动反映到整个列表。例如，可以删除整个子范围：

```
group2.clear(); // staff reduction
```

这些元素会自动地从 staff 列表中清除，并且 group2 变为空。

对于有序集和映射，可以使用排序顺序而不是元素位置建立子范围。SortedSet 接口声明了 3 个方法：

```
SortedSet<E> subSet(E from, E to)
SortedSet<E> headSet(E to)
SortedSet<E> tailSet(E from)
```

这些方法将返回大于等于 from 且小于 to 的所有元素构成的子集。有序映射也有类似的方法：

```
SortedMap<K, V> subMap(K from, K to)
SortedMap<K, V> headMap(K to)
SortedMap<K, V> tailMap(K from)
```

这些方法会返回映射的视图，其中包含落在指定范围内的键相应的所有元素。

Java 6 引入的 NavigableSet 接口允许对这些子范围操作有更多控制。可以指定是否包括边界：

```
NavigableSet<E> subSet(E from, boolean fromInclusive, E to, boolean toInclusive)
NavigableSet<E> headSet(E to, boolean toInclusive)
NavigableSet<E> tailSet(E from, boolean fromInclusive)
```

9.5.4 检查型视图

检查型视图用来对泛型类型可能出现的问题提供调试支持。如同第 8 章中所述，实际上将错误类型的元素混入泛型集合中的情况极有可能发生。例如：

```
var strings = new ArrayList<String>();
ArrayList rawList = strings; // warning only, not an error,
                             // for compatibility with legacy code
rawList.add(new Date()); // now strings contains a Date object!
```

这个错误的 add 命令在运行时检测不到。实际上，只有当另一部分代码调用 get 方法，并将结果强制转换为 String 时，才会出现一个类强制转换异常。

检查型视图可以探测这类问题。下面定义了一个安全列表：

```
List<String> safeStrings = Collections.checkedList(strings, String.class);
```

这个视图的 add 方法将检查插入的对象是否属于给定的类。如果不属于给定的类，就立即抛出一个 ClassCastException。这样做的好处是会在正确的位置报告错误：

```
ArrayList rawList = safeStrings;
rawList.add(new Date()); // checked list throws a ClassCastException
```

> **警告**：检查型视图受限于虚拟机可以完成的运行时检查。例如，对于 ArrayList<Pair<String>>，就无法阻止插入 Pair <Date>，因为虚拟机有一个“原始” Pair 类。

9.5.5 同步视图

如果从多个线程访问集合，就必须确保集合不会被意外地破坏。例如，如果一个线程试图为散列表增加元素，同时另一个线程正在对元素进行再散列，其结果将是灾难性的。

类库的设计者使用视图机制来确保常规集合是线程安全的，而没有实现线程安全的集合类。例如，Collections 类的静态 synchronizedMap 方法可以将任何一个映射转换成有同步访问方法的 Map：

```
var map = Collections.synchronizedMap(new HashMap<String, Employee>());
```

现在就可以从多线程访问这个 map 对象了。get 和 put 等方法是同步的，即每个方法调用必须完全结束，另一个线程才能调用另一个方法。第 12 章将会详细地讨论同步访问数据结构的问题。

9.5.6 关于可选操作的说明

通常，视图有一些限制，可能只读，可能无法改变大小，或者可能只支持删除而不支持插入（如映射的键视图）。如果试图执行不恰当的操作，受限制的视图就会抛出一个 UnsupportedOperationException。

在集合和迭代器接口的 API 文档中，许多方法描述为“可选操作”。这看起来与接口的概念有冲突。毕竟，接口的设计目的难道不就是明确一个类必须实现的方法吗？确实，从理论的角度看，这种安排不太令人满意。一个更好的解决方案是为只读视图和不能改变集合大小的视图建立单独的接口。不过，这将会使接口的数量增至原来的三倍，这让类库设计者无法接受。

是否应该将“可选”方法这一技术扩展到你自己的设计中呢？我们认为不应该。尽管集合被频繁地使用，但实现集合的编码方式未必适用于其他问题领域。集合类库的设计者必须解决一组极其严格而且相互冲突的需求。用户希望类库应该易于学习、使用方便、彻底泛型化、具有通用性，同时又与手写算法一样高效。要同时达到所有这些目标，或者甚至尽量兼顾所有目标都是不可能的。但是，在你自己的编程问题中，很少遇到这种极端的约束。你应该能够找到合适的解决方案，而不必依赖“可选”接口操作这种极端做法。

API java.util.List 1.2

- static <E> List<E> of() **9**
- static <E> List<E> of(E e1) **9**

  . . .
- static <E> List<E> of(E e1, E e2, E e3, E e4, E e5, E e6, E e7, E e8, E e9, E e10) **9**
- static <E> List<E> of(E... elements) **9**

  生成给定元素的一个不可修改的列表，元素不能为 null。
- static <E> List<E> copyOf(Collection<? extends E> coll) **10**

  生成给定集合的一个不可修改的副本。

API java.util.Set 1.2

- static <E> Set<E> of() **9**
- static <E> Set<E> of(E e1) **9**

  . . .
- static <E> Set<E> of(E e1, E e2, E e3, E e4, E e5, E e6, E e7, E e8, E e9, E e10) **9**
- static <E> Set<E> of(E... elements) **9**

  生成给定元素的一个不可修改的集，元素不能为 null。
- static <E> Set<E> copyOf(Collection<? extends E> coll) **10**

  生成给定集合的一个不可修改的副本。

java.util.Map 1.2

- static <K, V> Map<K, V> of() **9**
- static <K, V> Map<K, V> of(K k1, V v1) **9**

  . . .
- static <K,V> Map<K,V> of(K k1, V v1, K k2, V v2, K k3, V v3, K k4, V v4, K k5, V v5, K k6, V v6, K k7, V v7, K k8, V v8, K k9, V v9, K k10, V v10) **9**

  生成给定键和值的一个不可修改的映射，键和值不能为 null。
- static <K,V> Map.Entry<K,V> entry(K k, V v) **9**

  生成给定键和值的一个不可修改的映射条目，键和值不能为 null。
- static <K,V> Map<K,V> ofEntries(Map.Entry<? extends K,? extends V>... entries) **9**

  生成给定映射条目的一个不可修改的映射。
- static <K, V> Map<K,V> copyOf(Map<? extends K,? extends V> map) **10**

  生成给定映射的一个不可修改的副本。

java.util.Collections 1.2

- static <E> Collection unmodifiableCollection(Collection<E> c)
- static <E> List unmodifiableList(List<E> c)
- static <E> Set unmodifiableSet(Set<E> c)
- static <E> SortedSet unmodifiableSortedSet(SortedSet<E> c)
- static <E> SortedSet unmodifiableNavigableSet(NavigableSet<E> c) **8**
- static <K, V> Map unmodifiableMap(Map<K, V> c)
- static <K, V> SortedMap unmodifiableSortedMap(SortedMap<K, V> c)
- static <K, V> SortedMap unmodifiableNavigableMap(NavigableMap<K, V> c) **8**

  构造一个集合视图；视图的更改器方法抛出一个 UnsupportedOperationException。
- static <E> Collection<E> synchronizedCollection(Collection<E> c)
- static <E> List synchronizedList(List<E> c)
- static <E> Set synchronizedSet(Set<E> c)
- static <E> SortedSet synchronizedSortedSet(SortedSet<E> c)
- static <E> NavigableSet synchronizedNavigableSet(NavigableSet<E> c) **8**
- static <K, V> Map<K, V> synchronizedMap(Map<K, V> c)
- static <K, V> SortedMap<K, V> synchronizedSortedMap(SortedMap<K, V> c)
- static <K, V> NavigableMap<K, V> synchronizedNavigableMap(NavigableMap<K, V> c) **8**

  构造一个集合视图；视图的方法是同步的。
- static <E> Collection checkedCollection(Collection<E> c, Class<E> elementType)
- static <E> List checkedList(List<E> c, Class<E> elementType)
- static <E> Set checkedSet(Set<E> c, Class<E> elementType)
- static <E> SortedSet checkedSortedSet(SortedSet<E> c, Class<E> elementType)

- static <E> NavigableSet checkedNavigableSet(NavigableSet<E> c, Class<E> elementType) **8**
- static <K, V> Map checkedMap(Map<K, V> c, Class<K> keyType, Class<V> valueType)
- static <K, V> SortedMap checkedSortedMap(SortedMap<K, V> c, Class<K> keyType, Class<V> valueType)
- static <K, V> NavigableMap checkedNavigableMap(NavigableMap<K, V> c, Class<K> keyType, Class<V> valueType) **8**
- static <E> Queue<E> checkedQueue(Queue<E> queue, Class<E> elementType) **8**

  构造一个集合视图；如果插入一个错误类型的元素，视图的方法抛出一个 ClassCast-Exception。
- static <E> List<E> nCopies(int n, E value)

  生成一个不可修改的列表，包含 n 个相等的值。
- static <E> List<E> singletonList(E value)
- static <E> Set<E> singleton(E value)
- static <K, V> Map<K, V> singletonMap(K key, V value)

  生成一个单例列表、集或映射。在 Java 9 中，要使用相应的 of 方法。
- static <E> List<E> emptyList()
- static <T> Set<T> emptySet()
- static <E> SortedSet<E> emptySortedSet()
- static NavigableSet<E> emptyNavigableSet()
- static <K,V> Map<K,V> emptyMap()
- static <K,V> SortedMap<K,V> emptySortedMap()
- static <K,V> NavigableMap<K,V> emptyNavigableMap()
- static <T> Enumeration<T> emptyEnumeration()
- static <T> Iterator<T> emptyIterator()
- static <T> ListIterator<T> emptyListIterator()

  生成一个空集合、映射或迭代器。

API java.util.Arrays 1.2

- static <E> List<E> asList(E... array)

  返回一个数组中元素的列表视图。这个数组是可修改的，但其大小不可变。

API java.util.List<E> 1.2

- List<E> subList(int firstIncluded, int firstExcluded)

  返回给定位置范围内的所有元素的列表视图。

API *java.util.SortedSet<E>* 1.2

- SortedSet<E> subSet(E firstIncluded, E firstExcluded)
- SortedSet<E> headSet(E firstExcluded)

- SortedSet<E> tailSet(E firstIncluded)

  返回给定范围内元素的视图。

API java.util.NavigableSet<E> 6

- NavigableSet<E> subSet(E from, boolean fromIncluded, E to, boolean toIncluded)
- NavigableSet<E> headSet(E to, boolean toIncluded)
- NavigableSet<E> tailSet(E from, boolean fromIncluded)

  返回给定范围内元素的视图。boolean 标志决定这个视图是否包含边界。

API java.util.SortedMap<K, V> 1.2

- SortedMap<K, V> subMap(K firstIncluded, K firstExcluded)
- SortedMap<K, V> headMap(K firstExcluded)
- SortedMap<K, V> tailMap(K firstIncluded)

  返回映射条目的一个映射视图，这些条目的键在给定范围内。

API java.util.NavigableMap<K, V> 6

- NavigableMap<K, V> subMap(K from, boolean fromIncluded, K to, boolean toIncluded)
- NavigableMap<K, V> headMap(K from, boolean fromIncluded)
- NavigableMap<K, V> tailMap(K to, boolean toIncluded)

  返回映射条目的一个映射视图，这些条目的键在给定范围内。boolean 标志决定这个视图是否包含边界。

9.6 算法

除了实现集合类，Java 集合框架还提供了一些有用的算法。在下面的小节中，你会了解如何使用这些算法，以及如何编写适用于集合框架的你自己的算法。

9.6.1 为什么使用泛型算法

泛型集合接口有一个很大的优点，即算法只需要实现一次。例如，考虑计算集合中最大元素的一个简单算法。使用传统方式，程序设计人员可能会用循环实现这个算法。可以如下找出数组中最大的元素。

```
if (a.length == 0) throw new NoSuchElementException();
T largest = a[0];
for (int i = 1; i < a.length; i++)
   if (largest.compareTo(a[i]) < 0)
      largest = a[i];
```

当然，要找出数组列表中的最大元素，编写的代码会稍有差别。

```
if (v.size() == 0) throw new NoSuchElementException();
T largest = v.get(0);
```

```
for (int i = 1; i < v.size(); i++)
   if (largest.compareTo(v.get(i)) < 0)
      largest = v.get(i);
```

链表呢？链表没有高效的随机访问操作，不过可以使用迭代器。

```
if (l.isEmpty()) throw new NoSuchElementException();
Iterator<T> iter = l.iterator();
T largest = iter.next();
while (iter.hasNext())
{
   T next = iter.next();
   if (largest.compareTo(next) < 0)
      largest = next;
}
```

编写这些循环很烦琐，而且比较容易出错。是否存在“差 1”错误（off-by-one error）？这些循环对于空容器能正常工作吗？对于只含有一个元素的容器又会发生什么情况呢？我们不希望每次都测试和调试这些代码，也不想实现如下的一系列方法：

```
static <T extends Comparable> T max(T[] a)
static <T extends Comparable> T max(ArrayList<T> v)
static <T extends Comparable> T max(LinkedList<T> l)
```

这里就可以使用集合接口。请考虑为了高效地执行这个算法所需要的最小集合接口。使用 get 和 set 方法的随机访问要比直接迭代的层次高。在计算链表中最大元素的过程中已经看到，这项任务并不需要随机访问。可以直接迭代处理元素来得出最大元素。因此，可以将 max 方法实现为能够接收任何实现了 Collection 接口的对象。

```
public static <T extends Comparable> T max(Collection<T> c)
{
   if (c.isEmpty()) throw new NoSuchElementException();
   Iterator<T> iter = c.iterator();
   T largest = iter.next();
   while (iter.hasNext())
   {
      T next = iter.next();
      if (largest.compareTo(next) < 0)
         largest = next;
   }
   return largest;
}
```

现在就可以使用一个方法来计算链表、数组列表或数组中的最大元素了。

这是一个功能很强大的概念。事实上，标准 C++ 类库有几十个有用的算法，每个算法都可以处理泛型集合。Java 类库中的算法没有那么丰富，但是确实包含了一些基本的算法：排序、二分查找和一些实用算法。

9.6.2　排序与混排

计算机行业的前辈们有时会回忆起他们当年不得不使用穿孔卡片以及手动编写排序算法的情形。当然，如今排序算法已经成为大多数编程语言标准库中的一个组成部分，Java 程序设计语言也不例外。

Collections 类中的 sort 方法可以对实现了 List 接口的集合进行排序。

```
var staff = new LinkedList<String>();
fill collection
Collections.sort(staff);
```

这个方法假定列表元素实现了 Comparable 接口。如果想采用其他方式对列表进行排序，可以使用 List 接口的 sort 方法并传入一个 Comparator 对象。可以如下按工资对一个员工列表排序：

```
staff.sort(Comparator.comparingDouble(Employee::getSalary));
```

如果想按照降序对列表进行排序，可以使用静态的便利方法 Collections.reverseOrder()。这个方法将返回一个比较器，这个比较器将返回 b.compareTo(a)。例如，

```
staff.sort(Comparator.reverseOrder());
```

这个方法将根据元素类型的 compareTo 方法所给定的排序顺序，按逆序对列表 staff 中的元素进行排序。同样地，

```
staff.sort(Comparator.comparingDouble(Employee::getSalary).reversed());
```

将按工资逆序排序。

你可能会对 sort 方法如何对列表进行排序感到好奇。通常，在查看有关算法书籍中的排序算法时，会发觉介绍的都是有关数组的排序算法，而且使用的是随机访问方式。但是，链表的随机访问效率很低。实际上，可以使用一种归并排序对链表高效地排序。不过，Java 程序设计语言中的实现并不是这样做的。它只是将所有元素都放在一个数组，对这个数组进行排序，然后再将排序后的序列复制回列表。

集合类库中使用的排序算法比快速排序（QuickSort）要慢一些，快速排序是一种传统的通用排序算法选择。不过，集合类库中使用的排序算法有一个主要的优点：它是*稳定的*，也就是说，它不会改变相等元素的顺序。为什么要关注相等元素的顺序呢？下面来看一种常见的情况。假设有一个已经按照姓名排序的员工列表。现在，要按照工资再进行排序。如果两个员工的工资相等会发生什么情况？如果采用稳定的排序算法，将会保留按名字排序的顺序。换句话说，排序的结果是得到一个首先按照工资排序再按照姓名排序的列表。

集合不需要实现所有的“可选”方法，因此，所有接受集合参数的方法必须描述什么时候可以安全地将集合传递给算法。例如，显然不能将 unmodifiableList 列表传递给 sort 算法。那么，可以传递什么类型的列表呢？根据文档说明，列表必须是可修改的，但不一定可以改变大小。

下面是有关的术语定义：

- 如果列表支持 set 方法，这个列表则是*可修改的*（modifiable）。
- 如果列表支持 add 和 remove 方法，这个列表则是*可改变大小的*（resizable）。

Collections 类有一个算法 shuffle，其功能与排序刚好相反，它会随机地混排列表中元素的顺序。例如：

```
ArrayList<Card> cards = . . .;
Collections.shuffle(cards);
```

如果提供的列表没有实现 RandomAccess 接口，shuffle 方法会将元素复制到数组中，然后打乱数组元素的顺序，最后再将打乱顺序后的元素复制回列表。

程序清单 9-7 中的程序用 1 ～ 49 之间的 49 个 Integer 对象填充数组。然后，随机地混排列表，并从混排后的列表中选择前 6 个值。最后再将选择的数值进行排序并打印。

程序清单 9-7　shuffle/ShuffleTest.java

```
1  package shuffle;
2
3  import java.util.*;
4
5  /**
6   * This program demonstrates the random shuffle and sort algorithms.
7   * @version 1.12 2018-04-10
8   * @author Cay Horstmann
9   */
10 public class ShuffleTest
11 {
12    public static void main(String[] args)
13    {
14       var numbers = new ArrayList<Integer>();
15       for (int i = 1; i <= 49; i++)
16          numbers.add(i);
17       Collections.shuffle(numbers);
18       List<Integer> winningCombination = numbers.subList(0, 6);
19       Collections.sort(winningCombination);
20       System.out.println(winningCombination);
21    }
22 }
```

API　java.util.Collections　1.2

- `static <T extends Comparable<? super T>> void sort(List<T> elements)`

  使用一种稳定的排序算法对列表中的元素进行排序。这个算法的时间复杂度是 $O(n \log n)$，其中 n 为列表的长度。

- `static void shuffle(List<?> elements)`
- `static void shuffle(List<?> elements, Random r)`

  随机地混排列表中的元素。这个算法的时间复杂度是 $O(n\ a(n))$，n 是列表的长度，$a(n)$ 是访问元素的平均时间。

API　java.util.List<E>　1.2

- `default void sort(Comparator<? super T> comparator)`　8

  使用给定比较器对列表排序。

API　java.util.Comparator<T>　1.2

- `static <T extends Comparable<? super T>> Comparator<T> reverseOrder()`　8

  生成一个比较器，将逆置 Comparable 接口提供的顺序。

- `default Comparator<T> reversed()` **8**

  生成一个比较器，将逆置这个比较器提供的顺序。

9.6.3 二分查找

要想在数组中查找一个对象，通常要依次访问数组中的每个元素，直到找到匹配的元素。不过，如果数组是有序的，可以检查中间的元素，查看是否大于要查找的元素。如果是，就在数组的前半部分继续查找；否则，在数组的后半部分继续查找。这样就可以将问题规模缩减一半，并以同样的方式继续下去。例如，如果数组中有 1024 个元素，那么 10 步之后就能找到匹配（或者可以确认数组中不存在这个元素），而线性查找平均需要 512 步（如果元素存在）；倘若元素不存在，需要 1024 步才能够确认。

Collections 类的 binarySearch 方法实现了这个算法。注意，集合必须是有序的，否则算法会返回错误的答案。要想查找某个元素，必须提供集合（这个集合要实现 List 接口，下面还会更加详细地介绍这个问题）以及要查找的元素。如果集合没有采用 Comparable 接口的 compareTo 方法进行排序，那么还要提供一个比较器对象。

```
i = Collections.binarySearch(c, element);
i = Collections.binarySearch(c, element, comparator);
```

如果 binarySearch 方法返回一个非负的值，这表示匹配对象的索引。也就是说，c.get(i) 等于在这个比较顺序下的 element。如果返回负值，则表示没有匹配的元素。不过，可以利用这个返回值来计算*应该*将 element 插入集合的哪个位置，以保持集合的有序性。插入的位置是

```
insertionPoint = -i - 1;
```

而不是简单的 -i，因为 0 值有二义性。也就是说，下面这个操作：

```
if (i < 0)
   c.add(-i - 1, element);
```

将把元素插入正确的位置。

只有采用随机访问方式，二分查找才有意义。如果必须依次查找链表的一半元素来找到中间元素，就会完全失去二分查找的优势。因此，如果为 binarySearch 算法提供了一个链表，它将退化为线性查找。

API java.util.Collections 1.2

- `static <T extends Comparable<? super T>> int binarySearch(List<T> elements, T key)`
- `static <T> int binarySearch(List<T> elements, T key, Comparator<? super T> c)`

  从有序列表中搜索一个键，如果元素类型实现了 RandomAccess 接口，就使用二分查找，其他情况下都使用线性查找。这个方法的时间复杂度为 $O(a(n) \log n)$，n 是列表的长度，$a(n)$ 是访问一个元素的平均时间。这个方法将返回这个键在列表中的索引，如果列表中不存在这个键，将返回负值 i。在这种情况下，这个键应该插入索引 -i - 1 的位置，以保持列表的有序性。

9.6.4　简单算法

Collections 类中包含几个简单但很有用的算法。这一节最前面介绍的例子就是这样一个算法，即查找集合中的最大元素。其他算法还包括：将一个列表中的元素复制到另外一个列表中；用一个常量值填充容器；逆置一个列表的元素顺序。

为什么在标准类库中提供这些简单算法呢？大多数程序员肯定都能很容易地采用简单的循环实现这些任务。我们之所以喜欢这些算法，是因为它们可以让程序员更轻松地读代码。当阅读别人实现的一个循环时，必须揣摩编程者的意图。例如，请看下面这个循环：

```
for (int i = 0; i < words.size(); i++)
   if (words.get(i).equals("C++")) words.set(i, "Java");
```

现在将这个循环与以下调用进行比较：

```
Collections.replaceAll(words, "C++", "Java");
```

看到这个方法调用时，你马上就能知道这个代码要做什么。

本节最后的 API 注释描述了 Collections 类中的简单算法。

默认方法 Collection.removeIf 和 List.replaceAll 稍有些复杂。要提供一个 lambda 表达式来测试或转换元素。例如，下面的代码将删除所有短单词，并把其余单词改为小写：

```
words.removeIf(w -> w.length() <= 3);
words.replaceAll(String::toLowerCase);
```

API java.util.Collections 1.2

- `static <T extends Comparable<? super T>> T min(Collection<T> elements)`
- `static <T extends Comparable<? super T>> T max(Collection<T> elements)`
- `static <T> min(Collection<T> elements, Comparator<? super T> c)`
- `static <T> max(Collection<T> elements, Comparator<? super T> c)`

  返回集合中最小的或最大的元素（为清楚起见，参数限定有所简化）。
- `static <T> void copy(List<? super T> to, List<T> from)`

  将原列表中的所有元素复制到目标列表的相同位置上。目标列表的长度至少与原列表一样。
- `static <T> void fill(List<? super T> l, T value)`

  为列表中的所有位置设置相同的值。
- `static <T> boolean addAll(Collection<? super T> c, T... values)` **5**

  将所有的值添加到给定的集合中。如果集合因此有改变，则返回 true。
- `static <T> boolean replaceAll(List<T> l, T oldValue, T newValue)` **1.4**

  用 newValue 替换所有等于 oldValue 的元素。
- `static int indexOfSubList(List<?> l, List<?> s)` **1.4**
- `static int lastIndexOfSubList(List<?> l, List<?> s)` **1.4**

  返回 l 中第一个或最后一个等于 s 的子列表的索引。如果 l 中不存在等于 s 的子列表，

则返回 -1。例如，l 为 [s, t, a, r]，s 为 [t, a, r]，两个方法都将返回索引 1。

- static void swap(List<?> l, int i, int j) **1.4**
  交换给定偏移位置的两个元素。
- static void reverse(List<?> l)
  逆置列表中元素的顺序。例如，逆置列表 [t, a, r] 后将得到列表 [r, a, t]。这个方法的时间复杂度为 O(n)，n 为列表的长度。
- static void rotate(List<?> l, int d) **1.4**
  旋转列表中的元素，将索引 i 的元素移动到位置 (i + d) % l.size()。例如，将列表 [t, a, r] 旋转移 2 个位置后会得到 [a, r, t]。这个方法的时间复杂度为 O(n)，n 为列表的长度。
- static int frequency(Collection<?> c, Object o) **5**
  返回 c 中与对象 o 相等的元素的个数。
- boolean disjoint(Collection<?> c1, Collection<?> c2) **5**
  如果两个集合没有共同的元素，则返回 true。

API ***java.util.Collection<T>*** **1.2**

- default boolean removeIf(Predicate<? super E> filter) **8**
  删除所有匹配的元素。

API ***java.util.List<E>*** **1.2**

- default void replaceAll(UnaryOperator<E> op) **8**
  对这个列表的所有元素应用这个操作。

9.6.5　批操作

很多操作会“成批”复制或删除元素。以下调用

```
coll1.removeAll(coll2);
```

将从 coll1 中删除 coll2 中出现的所有元素。与之相反，

```
coll1.retainAll(coll2);
```

会从 coll1 中删除所有未在 coll2 中出现的元素。下面是一个典型的应用。

假设希望找出两个集的交集（intersection），也就是两个集中共有的元素。首先，建立一个新集来存放结果：

```
var result = new HashSet<String>(firstSet);
```

在这里，我们利用了一个事实：每一个集合都有这样一个构造器，其参数是包含初始值的另一个集合。

现在来使用 retainAll 方法：

```
result.retainAll(secondSet);
```

这会保留两个集中都出现的所有元素。这样就构成了交集，而无须编写循环。

可以按这个思路更进一步，对视图应用一个批操作。例如，假设有一个映射，将员工 ID 映射到员工对象，另外有一个集包含不再聘用的所有员工的 ID。

```
Map<String, Employee> staffMap = . . .;
Set<String> terminatedIDs = . . .;
```

只需要建立一个键集，并删除终止聘用关系的所有员工的 ID。

```
staffMap.keySet().removeAll(terminatedIDs);
```

因为键集是映射的一个视图，所以键和相关联的员工名会自动从映射中删除。

通过使用子范围视图，可以限制批操作仅应用于子列表和子集。例如，假设希望把一个列表的前 10 个元素增加到另一个容器，可以建立一个子列表选出前 10 个元素：

```
relocated.addAll(staff.subList(0, 10));
```

这个子范围还可以完成更改操作。

```
staff.subList(0, 10).clear();
```

9.6.6　集合与数组的转换

因为 Java 平台 API 的大部分内容都是在集合框架创建之前设计的，所以有时候需要在传统数组和更现代的集合之间进行转换。

如果需要把一个数组转换为集合，List.of 包装器可以达到这个目的。例如：

```
String[] names = . . .;
List<String> staff = List.of(names);
```

从集合得到数组会更困难一些。当然，可以使用 toArray 方法：

```
Object[] names = staff.toArray();
```

不过，这样做的结果是一个对象数组。尽管你知道集合中包含的是一个特定类型的对象，但不能使用强制类型转换：

```
String[] names = (String[]) staff.toArray(); // ERROR
```

toArray 方法返回的数组创建为一个 Object[] 数组，不能改变它的类型。实际上，要向 toArray 方法传入一个数组构造器表达式。这样一来，返回的数组就会有正确的数组类型：

```
String[] values = staff.toArray(String[]::new);
```

注释：在 JDK 11 之前，必须使用另一种形式的 toArray 方法，要传入有正确类型的数组：

```
String[] values = staff.toArray(new String[0]);
```

这个 toArray 方法会构造有相同类型的另一个数组。或者，如果数组足够长，则会重用原数组：

```
staff.toArray(new String[staff.size()]);
```

这种情况下，不会创建新数组。

9.6.7 编写自己的算法

如果编写自己的算法（实际上，或者是以一个集合作为参数的任何方法），应该尽可能使用接口，而不要使用具体的实现。例如，假设你想处理集合元素。当然，可以实现类似下面的方法：

```
public void processItems(ArrayList<Item> items)
{
   for (Item item : items)
      do something with item
}
```

但是，这样会限制方法的调用者，即调用者必须在 ArrayList 中提供元素。如果这些元素正好在另一个集合中，首先必须对它们重新包装，因此，最好接受一个更加通用的集合。

要问问自己：完成这项工作的最通用的集合接口是什么？你关心顺序吗？如果顺序很重要，就应当接受 List。不过，如果顺序不重要，那么可以接受任意类型的集合：

```
public void processItems(Collection<Item> items)
{
   for (Item item : items)
      do something with item
}
```

现在，任何人都可以用 ArrayList 或 LinkedList（甚至用 List.of 方法调用包装的数组）调用这个方法。

> **提示：** 在这里，甚至还可以做得更好：可以接受一个 Iterable<Item>。Iterable 接口有一个抽象方法 iterator，增强的 for 循环在底层就使用了这个方法。Collection 接口扩展了 Iterable。

反过来，如果你的方法返回多个元素，你肯定不希望限制将来的改进。例如，考虑下面的代码：

```
public ArrayList<Item> lookupItems(. . .)
{
   var result = new ArrayList<Item>();
   . . .
   return result;
}
```

这个方法承诺返回一个 ArrayList，尽管调用者并不关心它是什么类型的列表。如果你返回一个 List，任何时候都可以增加一个分支，通过调用 List.of 返回一个空列表或单例列表。

> **注释：** 既然将集合接口作为方法参数和返回类型是个很好的想法，为什么 Java 类库不一致地遵循这个规则呢？例如，JComboBox 有两个构造器：
>
> ```
> JComboBox(Object[] items)
> JComboBox(Vector<?> items)
> ```
>
> 之所以没有这样做，原因很简单：时间问题。Swing 类库是在集合类库之前创建的。

9.7 遗留的集合

从 Java 第 1 版问世以来，在集合框架出现之前已经存在大量“遗留的”容器类。

这些类已经集成到集合框架中，如图 9-12 所示。下面各节将简要介绍这些遗留的集合类。

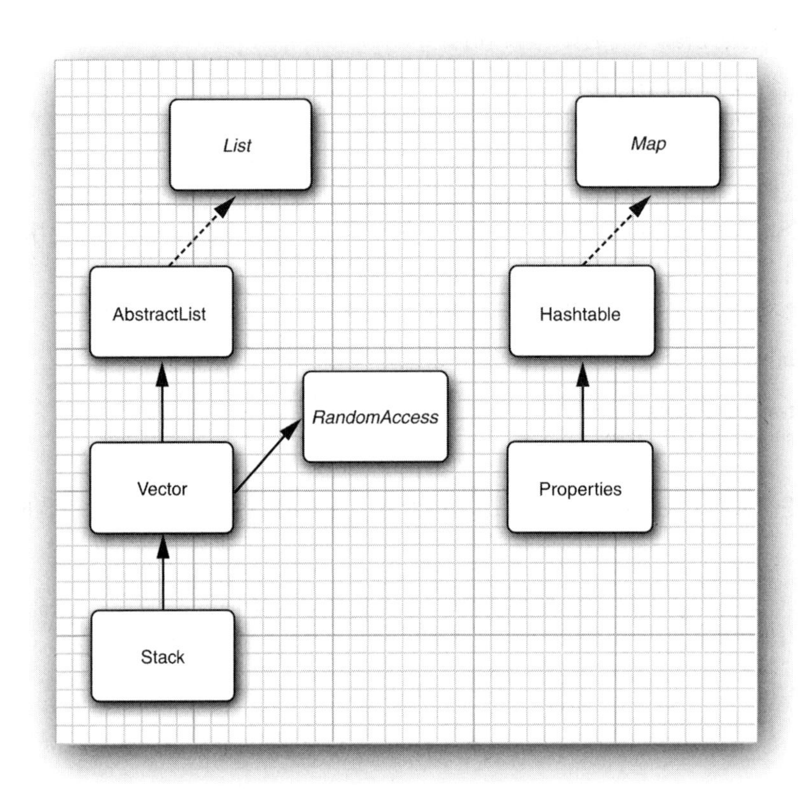

图 9-12　集合框架中的遗留类

9.7.1 Hashtable 类

经典的 Hashtable 类与 HashMap 类的作用一样，实际上，接口也基本相同。类似 Vector 类的方法，Hashtable 方法也是同步的。如果不需要与遗留代码的兼容性，就应该使用 HashMap。如果需要并发访问，则要使用 ConcurrentHashMap，参见第 12 章。

9.7.2 枚举

遗留的集合使用 Enumeration 接口遍历元素序列。Enumeration 接口有两个方法：hasMoreElements 和 nextElement。这两个方法完全类似于 Iterator 接口的 hasNext 方法和 next 方法。

如果发现遗留的类实现了这个接口，可以使用 Collections.list 将元素收集到一个 ArrayList 中。例如，LogManager 类只想将登录者的名字提供为一个 Enumeration。可以如下得到所有登录者的名字：

```
ArrayList<String> loggerNames = Collections.list(LogManager.getLoggerNames());
```

或者，在 Java 9 中，可以把一个枚举转换为一个迭代器：

```
LogManager.getLoggerNames().asIterator().forEachRemaining(n -> { . . . });
```

有时还会遇到希望得到一个枚举参数的遗留方法。静态方法 Collections.enumeration 将生成一个枚举对象，它会枚举集合中的元素。例如：

```
List<InputStream> streams = . . .;
var in = new SequenceInputStream(Collections.enumeration(streams));
   // the SequenceInputStream constructor expects an enumeration
```

注释： 在 C++ 中，用迭代器作为参数十分普遍。幸好，在 Java 平台上，只有极少的程序员沿用这种习惯。传递集合要比传递迭代器更为明智。集合对象的用途更大。如果需要，接受者总能从集合获得迭代器，而且，还可以随时使用集合的所有方法。不过，你可能会在某些遗留代码中发现枚举，因为在 Java 1.2 的集合框架出现之前，这是唯一可以使用的泛型集合机制。

API *java.util.Enumeration<E>* **1.0**

- `boolean hasMoreElements()`

  如果还有更多可以查看的元素，则返回 true。

- `E nextElement()`

  返回下一个要查看的元素。如果 hasMoreElements() 返回 false，则不要调用这个方法。

- `default Iterator<E> asIterator()` **9**

  生成一个迭代器，可以迭代处理枚举的元素。

API java.util.Collections **1.2**

- `static <T> Enumeration<T> enumeration(Collection<T> c)`

  返回一个枚举，可以枚举 c 的元素。

- `public static <T> ArrayList<T> list(Enumeration<T> e)`

  返回一个数组列表，其中包含 e 枚举的元素。

9.7.3 属性映射

属性映射（property map）是一个特殊类型的映射结构。它有下面 3 个特性：

- 键与值都是字符串。
- 这个映射可以很容易地保存到文件以及从文件加载。
- 有一个二级表存放默认值。

实现属性映射的 Java 平台类名为 Properties。属性映射对于指定程序的配置选项很有用。例如：

```
var settings = new Properties();
settings.setProperty("width", "600.0");
settings.setProperty("filename", "/home/cay/books/cj12/code/v1ch09/raven.html");
```

可以使用 store 方法将属性映射列表保存到一个文件中。在这里，我们将属性映射保存在文件 program.properties 中。第二个参数是包含在这个文件中的一个注释。

```
var out = new FileWriter("program.properties", StandardCharsets.UTF_8);
settings.store(out, "Program Properties");
```

这个示例会给出以下输出：

```
#Program Properties
#Sun Dec 31 12:54:19 PST 2017
top=227.0
left=1286.0
width=423.0
height=547.0
filename=/home/cay/books/cj12/code/v1ch09/raven.html
```

要从文件加载属性，可以使用以下调用：

```
var in = new FileReader("program.properties", StandardCharsets.UTF_8);
settings.load(in);
```

> **警告：** 如果使用 load 和 store 方法时提供了输入 / 输出流，则会使用古老的 ISO 8859-1 字符编码。>U+00FF 的字符会保存为 Unicode 转义字符。对于 UTF-8，要像以上代码一样使用读取器 / 书写器。

System.getProperties 方法会生成一个 Properties 对象来描述系统信息。例如，主目录包含键 "user.home"。可以用 getProperties 方法读取这个信息，它将这个键对应的信息作为一个字符串返回：

```
String userDir = System.getProperty("user.home");
```

> **警告：** 出于历史原因，Properties 类实现了 Map<Object, Object>。因此，可以使用 Map 接口的 get 和 put 方法。不过，get 方法返回类型为 Object，而 put 方法允许插入任意的对象。所以最好坚持使用处理字符串而不是对象的 getProperty 和 setProperty 方法。

要得到虚拟机的 Java 版本，可以查找 "java.version" 属性。你会得到一个诸如 "17.0.1" 的字符串（不过，Java 8 之前的形式为 "1.8.0"）。

> **提示：** 可以看到，Java 9 中版本编号发生了变化。这个看起来很小的改变却让大量依赖于老版本格式的工具无法正常工作。如果要解析版本字符串，一定要好好看看 JEP 322（http://openjdk.java.net/jeps/322），了解将来（至少是版本编号机制再次改变之前）版本字符串会采用怎样的格式。

Properties 类有两种提供默认值的机制。第一种方法是，只要查找一个字符串的值，可以指定一个默认值，当查找的键不存在时就会自动使用这个默认值。

```
String filename = settings.getProperty("filename", "");
```

如果属性映射中有一个 "filename" 属性，filename 就会设置为相应的字符串。否则，filename 会设置为空串。

如果觉得在每个 getProperty 调用中指定默认值太麻烦，可以把所有默认值都放在一个二级属性映射中，并在主属性映射的构造器中提供这个二级映射。

```
var defaultSettings = new Properties();
defaultSettings.setProperty("width", "600");
defaultSettings.setProperty("height", "400");
defaultSettings.setProperty("filename", "");
. . .
var settings = new Properties(defaultSettings);
```

没错，如果为 defaultSettings 构造器提供另一个属性映射参数，甚至可以为默认值指定默认值，不过一般不会这么做。

本书随附代码提供了一个示例程序，展示了如何使用属性存储和加载程序状态。这个程序使用第 2 章的 ImageViewer 程序，可以记住帧窗口位置、大小和最后加载的文件。运行这个程序，加载一个文件，然后移动窗口和调整窗口大小。再关闭程序，然后重新打开，看它是否记住了你的文件和你喜欢的窗口配置。还可以手动编辑主目录中的 .corejava/ImageViewer.properties 文件。

属性是没有层次结构的简单表格。通常会用类似 window.main.color、window.main.title 等键名引入一个假想的层次结构。不过 Properties 类没有方法来帮助组织这样一个层次结构。如果要存储复杂的配置信息，就应该改为使用 Preferences 类，参见第 10 章的介绍。

API java.util.Properties 1.0

- Properties()

  创建一个空的属性映射。
- Properties(Properties defaults)

  用一个默认值映射创建一个空的属性映射。
- String getProperty(String key)

  获得一个属性。返回与键（key）关联的字符串，或者如果这个键未在表中出现，则返回默认值表中与这个键关联的字符串，或者如果键在默认值表中也未出现，则返回 null。
- String getProperty(String key, String defaultValue)

  如果键未找到，获得一个有默认值的属性。返回与键关联的字符串，或者如果键在表中未出现，则返回默认字符串。
- Object setProperty(String key, String value)

  设置一个属性。返回给定键之前设置的值。
- Set<String> stringPropertyNames() 6

  返回所有键的一个集，包括默认映射中的键。
- void load(Reader in) throws IOException 6

  从一个读取器加载一个属性映射。
- void store(Writer out, String header) 6

将一个属性映射保存到一个书写器。header 是所存储文件的第一行。

API java.lang.System 1.0

- Properties getProperties()

  获取所有系统属性。应用必须有权限获取所有属性，否则会抛出一个安全异常。

- String getProperty(String key)

  获取给定键名对应的系统属性。应用必须有权限获取这个属性，否则会抛出一个安全异常。以下属性总是允许获取：

```
java.version
java.vendor
java.vendor.url
java.home
java.class.path
java.library.path
java.class.version
os.name
os.version
os.arch
file.separator
path.separator
line.separator
java.io.tempdir
user.name
user.home
user.dir
java.compiler
java.specification.version
java.specification.vendor
java.specification.name
java.vm.specification.version
java.vm.specification.vendor
java.vm.specification.name
java.vm.version
java.vm.vendor
java.vm.name
```

9.7.4 栈

从 1.0 版开始，标准类库中就包含了 Stack 类，其中有大家熟悉的 push 方法和 pop 方法。但是，Stack 类扩展了 Vector 类，从理论角度看，Vector 类并不太令人满意，对于 Vector，你甚至可以使用并非栈操作的 insert 和 remove 方法在任何位置插入和删除值，而不只是在栈顶。

API java.util.Stack<E> 1.0

- E push(E item)

  将 item 压入栈并返回 item。

- E pop()

  弹出并返回栈顶的元素。如果栈为空，不要调用这个方法。

- E peek()

返回栈顶元素，但不弹出。如果栈为空，不要调用这个方法。

9.7.5 位集

Java 平台的 BitSet 类会存储一个位序列（它不是数学意义上的集，如果称为位向量（bitvector）或位数组（bitarray）可能更为合适）。如果需要高效地存储一个位序列（例如，标志），就可以使用位集。由于位集将位包装在字节里，因此使用位集要比使用 Boolean 对象的 ArrayList 高效得多。

BitSet 类提供了一个用于读取、设置或重置各个位的很方便的接口。使用这个接口可以避免掩码和其他调整位的操作，如果将位存储在 int 或 long 变量中就必须做这些烦琐的操作。

例如，对于一个名为 bucketOfBits 的 BitSet，

```
bucketOfBits.get(i)
```

如果第 i 位处于“开”状态，就返回 true；否则返回 false。类似地，

```
bucketOfBits.set(i)
```

将第 i 位置为“开”。最后，

```
bucketOfBits.clear(i)
```

将第 i 位置为“关”。

C++ 注释： C++ 中的 bitset 模板与 Java 平台中的 BitSet 功能相同。

API java.util.BitSet 1.0

- BitSet(int initialCapacity)
  构造一个位集。
- int cardinality() **1.4**
  返回设置的位数，或者，如果认为是一个整数集，则返回元素个数。
- int length() **1.2**
  返回位集的“逻辑长度”（即 1 加上位集的最高位索引），这对于迭代处理元素很有用。
- int size()
  返回内部数据结构中当前可用的位数，而不是集合元素数。
- boolean get(int bit)
  获得一个位。
- void set(int bit)
  设置一个位。
- void clear(int bit)
  清除一个位。
- void and(BitSet set)
  这个位集与另一个位集进行逻辑“与”。
- void or(BitSet set)

这个位集与另一个位集进行逻辑“或”。

- `void xor(BitSet set)`

  这个位集与另一个位集进行逻辑“异或”。

- `void andNot(BitSet set)`

  对应另一个位集中设置为 1 的所有位，清除这个位集中相应的位。

- `IntStream stream()` **8**

  对于已设置的位，生成这些位索引值的一个流，或者如果认为是一个整数集，则生成相应元素的一个流。

作为位集应用的一个示例，这里给出一个“埃拉托色尼筛选法”算法的实现，这个算法用来查找素数（素数是指只能被 1 和本身整除的数，例如 2、3 或 5，“埃拉托色尼筛选法”是最早发现的用来枚举这些基本素数的方法之一）。这并不是查找素数的一种非常好的方法，但是由于某些原因，它已经成为测试编译器性能的一种流行的基准（这也不是一个很好的测试基准，因为它主要用于测试位操作）。

在此，我们要向传统致敬，给出这个算法的一个实现。这个程序将计算 2 ～ 2 000 000 之间的所有素数（一共有 148 933 个素数，所以你可能不希望把它们全部打印出来）。

这里并不想深入程序的细节，关键是要遍历一个包含 200 万个位的位集。首先将所有的位“打开”，然后将已知素数的倍数所对应的位都置为“关”。经过这个操作后保留下来的位对应的就是素数。程序清单 9-8 是用 Java 程序设计语言实现的程序，程序清单 9-9 是用 C++ 实现的代码。

注释：尽管这个筛选法并不是一种好的测试基准，不过我还是利用它测试了这个算法两个实现的运行时间。下面是在 Intel i5-8265U 处理器和 16GB 内存（运行 Ubuntu 20.04）条件下的运行时间结果：

- C++ (g++ 9.3.0)：115 毫秒
- Java (Java 17)：31 毫秒

我们已经对《Java 核心技术》的 11 个版本进行了这项测试，在最近的 7 个版本中，Java 轻松地战胜了 C++。公平地说，如果提高 C++ 编译器的优化级别，会比 Java 快 14 毫秒。只有当程序运行的时间长到触发 Hotspot 即时编译器时，Java 才能与之相当。

程序清单 9-8　sieve/Sieve.java

```
 1 package sieve;
 2 
 3 import java.util.*;
 4 
 5 /**
 6  * This program runs the Sieve of Erathostenes benchmark. It computes all primes
 7  * up to 2,000,000.
 8  * @version 1.22 2021-06-17
 9  * @author Cay Horstmann
10  */
```

```
11 public class Sieve
12 {
13    public static void main(String[] s)
14    {
15       int n = 2000000;
16       long start = System.currentTimeMillis();
17       var bitSet = new BitSet(n + 1);
18       int i;
19       for (i = 2; i <= n; i++)
20          bitSet.set(i);
21       i = 2;
22       while (i * i <= n)
23       {
24          if (bitSet.get(i))
25          {
26             int k = i * i;
27             while (k <= n)
28             {
29                bitSet.clear(k);
30                k += i;
31             }
32          }
33          i++;
34       }
35       long end = System.currentTimeMillis();
36       System.out.println(bitSet.cardinality() + " primes");
37       System.out.println((end - start) + " milliseconds");
38    }
39 }
```

程序清单 9-9 sieve/Sieve.cpp

```
1 /**
2  * @version 1.22 2021-06-17
3  * @author Cay Horstmann
4  */
5
6 #include <bitset>
7 #include <iostream>
8 #include <ctime>
9
10 using namespace std;
11
12 int main()
13 {
14    const int N = 2000000;
15    clock_t cstart = clock();
16
17    bitset<N + 1> b;
18    int i;
19    for (i = 2; i <= N; i++)
20       b.set(i);
21    i = 2;
22    while (i * i <= N)
23    {
```

```
24        if (b.test(i))
25        {
26           int k = i * i;
27           while (k <= N)
28           {
29              b.reset(k);
30              k += i;
31           }
32        }
33        i++;
34     }
35
36     clock_t cend = clock();
37     double millis = 1000.0 * (cend - cstart) / CLOCKS_PER_SEC;
38
39     cout << b.count() << " primes\n" << millis << " milliseconds\n";
40
41     return 0;
42  }
```

到此为止，Java 集合框架的旅程就结束了。正如你所看到的，Java 类库提供了大量集合类以适应程序设计的需要。在下一章中，我们要学习如何编写图形用户界面。

第 10 章　图形用户界面程序设计

- ▲ Java 用户界面工具包简史
- ▲ 显示窗体
- ▲ 在组件中显示信息
- ▲ 事件处理
- ▲ 首选项 API

Java 诞生时，大多数计算机用户都在使用有图形化用户界面（GUI）的桌面应用。如今，基于浏览器的应用以及移动应用则要常见得多。不过，有些时候还是有必要提供一个桌面应用。另外，很多老师和学生都很喜欢通过 GUI 应用来学习 Java。在本章和下一章中，我们将讨论使用 Swing 工具包实现用户界面编程的基础知识。或者，如果你对编写 GUI 程序不感兴趣，那么完全可以跳过这两章。

10.1　Java 用户界面工具包简史

在 Java 1.0 刚刚出现的时候，它包含了一个用于基本 GUI 程序设计的类库，名为抽象窗口工具包（Abstract Window Toolkit，AWT）。基本 AWT 库将处理用户界面元素的任务委托给各个目标平台（Windows、Solaris、Macintosh 等）上的原生 GUI 工具包，由原生 GUI 工具包负责用户界面元素的创建和行为。例如，如果使用最初的 AWT 在 Java 窗口中放置一个文本框，就会有一个底层的"对等"文本框具体处理文本输入。从理论上说，所得到的程序可以运行在任何平台上，而且有目标平台的观感（look and feel）。

对于简单的应用，这种基于"对等元素"的方法是可行的。但是，要想依赖于原生用户界面元素编写高质量、可移植的图形库，显然极其困难。例如，在不同的平台上，菜单、滚动条和文本域这些用户界面元素的行为存在着一些微妙的差别。因此，要想利用这种方法为用户提供一致的、可预见性的体验是相当困难的。而且，有些图形环境（如 X11/Motif）并没有像 Windows 或 Macintosh 那样提供丰富的用户界面组件集合。这就进一步限制了基于"最小公分母"方法实现的可移植库。因此，使用 AWT 构建的 GUI 应用看起来没有原生的 Windows 或 Macintosh 应用那么漂亮，也没有提供那些平台用户所期望的功能。更加糟糕的是，不同平台上的 AWT 用户界面库中存在着不同的 bug。开发人员总是抱怨必须在每一个平台上测试他们的应用，因此人们嘲弄地把这种做法称为"一次编写，到处调试"。

1996 年，Netscape 创建了一种称为 IFC（Internet Foundation Class）的 GUI 库，它采用了与 AWT 完全不同的工作方式。它将按钮、菜单等用户界面元素绘制在空白窗口上。底层窗口系统所需的唯一功能就是能够显示一个窗口，并在这个窗口中绘制。因此，不论程序在哪个平台上运行，Netscape 的 IFC 部件都有着相同的外观和行为。Sun 公司与 Netscape 合作完善了这种方法，创建了一个名为“Swing”的用户界面库。Swing最初作为Java 1.1的一个扩展，现已成为Java 1.2标准库的一部分。

Swing现在是不基于对等元素的GUI工具包的官方名字。

> **注释：** Swing不是完全替代AWT，而是构建在AWT架构之上。Swing只是提供了更加强大的用户界面组件。编写Swing程序时，还是在使用AWT的基本机制，特别是事件处理。从现在开始，我们谈到Swing时是指“绘制的”用户界面类；而谈到“AWT”时是指窗口工具包的底层机制，如事件处理。

Swing必须努力绘制用户界面的每一个像素。Swing最早发布时，用户曾抱怨它的速度太慢了。(如果你在一个类似Raspberry Pi的硬件上运行Swing应用，仍然能感受到这个问题)。后来，桌面计算机变得越来越快，用户又开始抱怨Swing太丑了，确实，与带动画和华丽效果的原生部件相比，Swing很落后。对Swing更不利的是，人们越来越多地使用Adobe Flash来创建效果更酷炫的用户界面，甚至根本不使用任何原生控件。

2007年，Sun Microsystems引入了一种完全不同的用户界面工具包，名为JavaFX，希望与Flash竞争。JavaFX在Java虚拟机上运行，不过有自己的编程语言，名为JavaFX脚本语言。这种语言专门为实现动画和华丽效果做了优化。这一回，程序员又开始抱怨还得学习一种新语言，所以他们并不愿意使用这个工具包。到了2011年，Oracle发布了一个新版本，JavaFX 2.0，它提供了一个Java API，不再需要一种单独的编程语言了。从Java 7 update 6开始，JavaFX已经与JDK和JRE一起打包。不过，写作本书时，Oracle宣布从Java 11开始，JavaFX将不再打包到Java中。

由于本书介绍的是核心Java语言和API，所以我们将重点讨论使用Swing实现用户界面编程。

10.2　显示窗体

在Java中，顶层窗口（就是没有包含在其他窗口中的窗口）称为窗体（frame）。AWT库中有一个名为`Frame`的类，用于描述这个顶层窗口。这个类的Swing版本名为`JFrame`，它扩展了`Frame`类。`JFrame`是极少数几个不在画布上绘制的Swing组件之一。因此，它的修饰部件（按钮、标题栏、图标等）由用户的窗口系统绘制，而不是由Swing绘制。

> **警告：** 绝大多数Swing组件类都以“J”开头，例如，`JButton`、`JFrame`等。在Java中也有`Button`和`Frame`这样的类，但它们属于AWT组件。如果不小心忘记加上“J”，程序仍然可以编译和运行，但是将Swing和AWT组件混合在一起使用将会导致视觉和行为的不一致。

10.2.1　创建窗体

在本节中，我们将介绍使用Swing `JFrame`的最常见的方法。程序清单10-1给出了在屏幕中显示一个空窗体的简单程序，如图 10-1 所示。

图 10-1 最简单的可见窗体

程序清单 10-1 simpleFrame/SimpleFrameTest.java

```
 1 package simpleFrame;
 2 
 3 import java.awt.*;
 4 import javax.swing.*;
 5 
 6 /**
 7  * @version 1.34 2018-04-10
 8  * @author Cay Horstmann
 9  */
10 public class SimpleFrameTest
11 {
12    public static void main(String[] args)
13    {
14       EventQueue.invokeLater(() ->
15          {
16             var frame = new SimpleFrame();
17             frame.setDefaultCloseOperation(JFrame.EXIT_ON_CLOSE);
18             frame.setVisible(true);
19          });
20    }
21 }
22 
23 class SimpleFrame extends JFrame
24 {
25    private static final int DEFAULT_WIDTH = 300;
26    private static final int DEFAULT_HEIGHT = 200;
27 
28    public SimpleFrame()
29    {
30       setSize(DEFAULT_WIDTH, DEFAULT_HEIGHT);
31    }
32 }
```

下面来逐行分析这个程序。

Swing 类位于 javax.swing 包中。包名 javax 表示这是一个 Java 扩展包，而不是核心包。出于历史原因 Swing 被认为是一个扩展。不过从 1.2 版本开始，每个 Java 实现中都包含这些类。

在默认情况下，窗体的大小为 0×0 像素，这样的窗体没有什么实际意义。这里我们定义了一个子类 SimpleFrame，它的构造器将窗体大小设置为 300×200 像素。这是 SimpleFrame 和 JFrame 之间唯一的差别。

在 SimpleFrameTest 类的 main 方法中，我们构造了一个 SimpleFrame 对象并使它可见。

在每个 Swing 程序中，需要解决两个技术问题。

首先，所有 Swing 组件必须由事件分派线程（event dispatch thread）配置，这是控制线程，它将鼠标点击和按键等事件传递给用户界面组件。下面的代码段用来在事件分派线程中执行语句：

```
EventQueue.invokeLater(() ->
   {
      statements
   });
```

注释：你会看到，很多 Swing 程序并没有在事件分派线程中初始化用户界面。原先完全可以接受在主线程中完成初始化。遗憾的是，随着 Swing 组件变得越来越复杂，JDK 开发人员无法保证这种方法的安全性。虽然发生错误的概率非常小，但任何人都不愿意成为遭遇这种间歇性问题的少数倒霉蛋之一。最好采用正确的做法，即使代码看起来有些神秘。

接下来，定义用户关闭这个窗体时会发生什么。对于这个程序而言，我们只是让程序简单地退出。要选择这个行为，可以使用以下语句：

```
frame.setDefaultCloseOperation(JFrame.EXIT_ON_CLOSE);
```

在包含多个窗体的其他程序中，你肯定不希望用户关闭其中一个窗体时程序就退出。在默认情况下，用户关闭窗体时只是将窗体隐藏起来，而程序并没有终止（一旦最后一个窗体不可见，程序才终止，这样处理比较合适，但 Swing 并不是这样工作的）。

如果只是构造窗体，并不会自动显示这个窗体。窗体起初是不可见的。这就给了程序员一个机会，可以在窗体第一次显示之前向其中添加组件。为了显示窗体，main 方法需要调用窗体的 setVisible 方法。

完成了初始化语句后，main 方法退出。需要注意，退出 main 并没有终止程序，终止的只是主线程。事件分派线程会保持程序处于激活状态，直到通过关闭窗体或调用 System.exit 方法终止程序。

图 10-1 中显示的是运行程序清单 10-1 的结果，它只是一个很乏味的顶层窗口。在这个图中可以看到，标题栏和外框装饰（比如，重置窗口大小的拐角）都是由操作系统绘制的，而不是 Swing 库。Swing 库负责绘制窗体内的所有内容。在这个程序中，它只是用一个默认的背景色填充了窗体。

10.2.2　窗体属性

JFrame 类本身只包含若干个改变窗体外观的方法。当然，利用继承的魔力，大多数处理窗体大小和位置的方法都来自 JFrame 的各个超类。其中最重要的有以下方法：

- setLocation 方法和 setBounds 方法用于设置窗体的位置。
- setIconImage 方法用于告诉窗口系统在标题栏、任务切换窗口等位置显示哪个图标。
- setTitle 方法用于改变标题栏的文字。
- setResizable 接受一个 boolean 值来确定是否允许用户改变窗体的大小。

图 10-2 给出了 JFrame 类的继承层次结构。

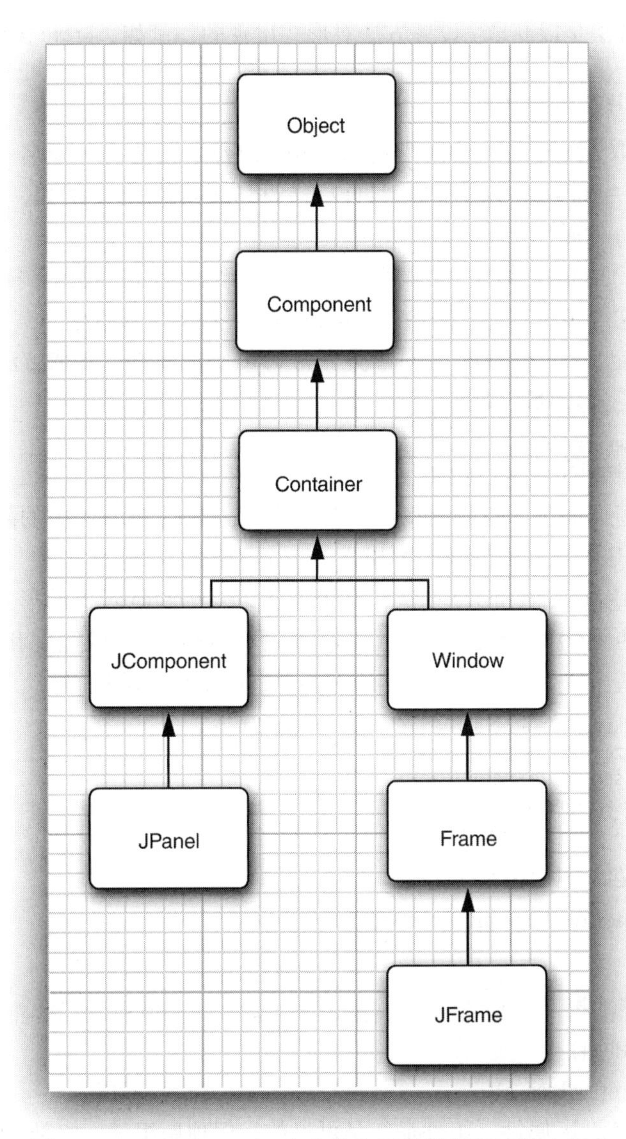

图 10-2　AWT 和 Swing 中窗体和组件类的继承层次结构

正像 API 注解中所示，需要在 Component 类（是所有 GUI 对象的祖先）和 Window 类（Frame

类的超类）中寻找调整窗体大小和改变窗体形状的方法。例如，Component 类中的 setLocation 方法是一个重新指定组件位置的方法。如果调用

```
setLocation(x, y)
```

则窗口左上角位于水平向右 x 像素，垂直向下 y 像素的位置，坐标 (0, 0) 是屏幕的左上角位置。类似地，Component 中的 setBounds 方法可以一步同时调整组件（特别是 JFrame）的大小和位置，例如：

```
setBounds(x, y, width, height)
```

组件类的很多方法是以获取 / 设置方法对形式出现的，例如，Frame 类的以下方法：

```
public String getTitle()
public void setTitle(String title)
```

这样的一对获取 / 设置方法被称为*属性*（property）。属性有一个名和一个类型。将 get 或 set 之后的第一个字母改为小写字母就可以得到相应的属性名。例如，Frame 类有一个名为 title 且类型为 String 的属性。

从概念上讲，title 是窗体的一个属性。当设置这个属性时，我们希望用户屏幕上的标题能够改变。当获取这个属性时，我们希望能够返回已经设置的属性值。

关于 get/set 约定，有一个例外：对于类型为 boolean 的属性，获取方法以 is 开头。例如，下面两个方法定义了 resizable 属性：

```
public boolean isResizable()
public void setResizable(boolean resizable)
```

要确定适当的窗体大小，首先要得出屏幕的大小。调用 Toolkit 类的静态方法 getDefault-Toolkit 得到一个 Toolkit 对象（Toolkit 类相当于一个“基地”，包含大量与原生窗口系统交互的方法）。然后，调用 getScreenSize 方法，这个方法以 Dimension 对象的形式返回屏幕的大小。Dimension 对象用公共（！）实例变量 width 和 height 同时保存屏幕的宽度和高度。然后可以使用屏幕大小的一个适当的百分数指定窗体的大小。下面是相关的代码：

```
Toolkit kit = Toolkit.getDefaultToolkit();
Dimension screenSize = kit.getScreenSize();
int screenWidth = screenSize.width;
int screenHeight = screenSize.height;
setSize(screenWidth / 2, screenHeight / 2);
```

另外，还可以提供窗体图标：

```
Image img = new ImageIcon("icon.gif").getImage();
setIconImage(img);
```

API java.awt.Component 1.0

- boolean isVisible()
- void setVisible(boolean b)

  获取或设置 visible 属性。组件最初是可见的，但顶层组件（如 JFrame）例外。
- void setSize(int width, int height) **1.1**

  将组件大小调整为给定的宽度和高度。

- void setLocation(int x, int y) **1.1**

  将组件移到一个新的位置。如果这个组件不是顶层组件，x 和 y 坐标使用容器的坐标；否则如果组件是顶层组件（例如：JFrame），x 和 y 坐标就使用屏幕坐标。
- void setBounds(int x, int y, int width, int height) **1.1**

  移动并调整组件的大小。
- Dimension getSize() **1.1**
- void setSize(Dimension d) **1.1**

  获取或设置当前组件的 size 属性。

API java.awt.Window 1.0

- boolean isLocationByPlatform() **5**
- void setLocationByPlatform(boolean b) **5**

  获取或设置 locationByPlatform 属性。在窗口显示之前设置这个属性时，将由平台选择一个合适的位置。

API java.awt.Frame 1.0

- boolean isResizable()
- void setResizable(boolean b)

  获取或设置 resizable 属性。设置了这个属性时，用户可以调整窗体的大小。
- String getTitle()
- void setTitle(String s)

  获取或设置 title 属性，这个属性确定窗体标题栏中的文字。
- Image getIconImage()
- void setIconImage(Image image)

  获取或设置 iconImage 属性，这个属性确定窗体的图标。窗口系统可能会显示图标作为窗体装饰的一部分，或者显示在其他位置。

API java.awt.Toolkit 1.0

- static Toolkit getDefaultToolkit()

  返回默认的工具箱。
- Dimension getScreenSize()

  返回用户屏幕的大小。

API javax.swing.ImageIcon 1.2

- ImageIcon(String filename)

  构造一个图标，其图像存储在一个文件中。
- Image getImage()

  获得该图标的图像。

10.3　在组件中显示信息

本节将介绍如何在窗体中显示信息（如图 10-3 所示）。

图 10-3　显示信息的窗体

可以将消息字符串直接绘制在窗体中，但这并不是一种好的编程习惯。在 Java 中，窗体实际上设计为组件的容器，如菜单栏和其他用户界面元素。在通常情况下，应该在添加到窗体的另一个组件上绘制信息。

JFrame 的结构相当复杂。图 10-4 中显示了 JFrame 的组成。可以看到，在 JFrame 中有四层窗格。其中的根窗格、层级窗格和玻璃窗格我们不太感兴趣；它们要用来组织菜单栏和内容窗格以及实现观感。Swing 程序员最关心的是内容窗格（content pane）。添加到窗体的所有组件都会自动放在内容窗格中：

```
Component c = . . .;
frame.add(c); // added to the content pane
```

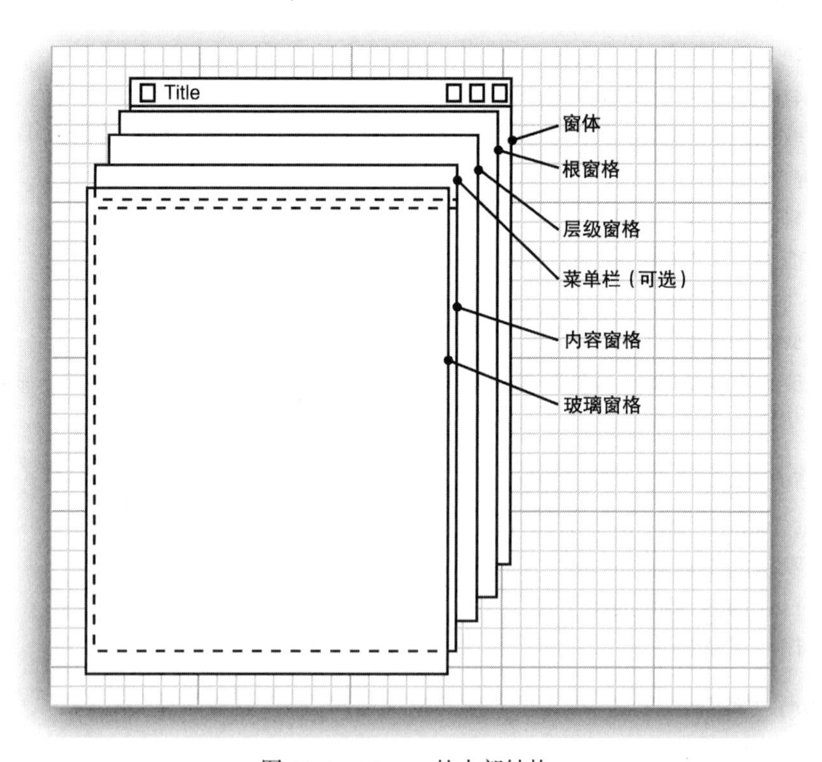

图 10-4　JFrame 的内部结构

在这里，我们打算将一个组件添加到窗体中，并在这个组件上绘制消息。要在一个组件上进行绘制，需要定义一个扩展 JComponent 的类，并覆盖其中的 paintComponent 方法。

paintComponent 方法有一个 Graphics 类型的参数，Graphics 对象保存着用于绘制图像和文本的一组设置，例如，你设置的字体或当前的颜色。在 Java 中，所有的绘制都必须通过 Graphics 对象完成，其中包含了绘制图案、图像和文本的方法。

可以如下创建一个能够进行绘制的组件：

```
class MyComponent extends JComponent
{
   public void paintComponent(Graphics g)
   {
      code for drawing
   }
}
```

无论何种原因，每次窗口需要重新绘制时，事件处理器就会通知组件，从而引发执行所有组件的 paintComponent 方法。

绝对不要自己调用 paintComponent 方法。只要应用的某个部分需要重新绘制，就会自动调用这个方法，不要人为干预这个自动的过程。

哪些动作会触发这个自动响应呢？例如，用户扩大窗口时，或者极小化窗口后又恢复窗口的大小时，就会引发绘制。如果用户弹出了另外一个窗口，并且这个窗口覆盖了一个已有的窗口，然后让这个上层窗口消失，此时被覆盖的那个窗口已被破坏，需要重新绘制（图形系统不保存下层的像素）。当然，窗口第一次显示时，需要处理一些代码，指定如何绘制以及在哪里绘制初始的元素。

> **提示：** 如果需要强制重新绘制屏幕，需要调用 repaint 方法而不是 paintComponent 方法。repaint 方法将引发采用适当配置的 Graphics 对象调用所有组件的 paintComponent 方法。

从以上代码片段可以看到，paintComponent 方法只有一个 Graphics 类型的参数。对于屏幕显示来说，Graphics 对象的度量单位是像素。坐标 (0, 0) 指示所绘制组件的左上角（我们要在这个组件的表面绘制）。

Graphics 类有很多绘制方法，显示文本被认为是一种特殊的绘制。我们的 paintComponent 方法如下所示：

```
public class NotHelloWorldComponent extends JComponent
{
   public static final int MESSAGE_X = 75;
   public static final int MESSAGE_Y = 100;

   public void paintComponent(Graphics g)
   {
      g.drawString("Not a Hello, World program", MESSAGE_X, MESSAGE_Y);
   }
   . . .
}
```

最后，组件要告诉用户它会有多大。覆盖 getPreferredSize 方法，返回一个包含首选宽度和高度的 Dimension 类对象：

```
public class NotHelloWorldComponent extends JComponent
{
   private static final int DEFAULT_WIDTH = 300;
   private static final int DEFAULT_HEIGHT = 200;
   . . .
   public Dimension getPreferredSize()
   {
      return new Dimension(DEFAULT_WIDTH, DEFAULT_HEIGHT);
   }
}
```

在窗体中填入一个或多个组件时，如果你只想使用它们的首选大小，可以调用 pack 方法而不是 setSize 方法：

```
class NotHelloWorldFrame extends JFrame
{
   public NotHelloWorldFrame()
   {
      add(new NotHelloWorldComponent());
      pack();
   }
}
```

程序清单 10-2 给出了完整的代码。

程序清单 10-2 notHelloWorld/NotHelloWorld.java

```
 1 package notHelloWorld;
 2 
 3 import javax.swing.*;
 4 import java.awt.*;
 5 
 6 /**
 7  * @version 1.34 2018-04-10
 8  * @author Cay Horstmann
 9  */
10 public class NotHelloWorld
11 {
12    public static void main(String[] args)
13    {
14       EventQueue.invokeLater(() ->
15          {
16             var frame = new NotHelloWorldFrame();
17             frame.setTitle("NotHelloWorld");
18             frame.setDefaultCloseOperation(JFrame.EXIT_ON_CLOSE);
19             frame.setVisible(true);
20          });
21    }
22 }
23 
24 /**
25  * A frame that contains a message panel.
26  */
27 class NotHelloWorldFrame extends JFrame
28 {
```

```
29    public NotHelloWorldFrame()
30    {
31       add(new NotHelloWorldComponent());
32       pack();
33    }
34 }
35
36 /**
37  * A component that displays a message.
38  */
39 class NotHelloWorldComponent extends JComponent
40 {
41    public static final int MESSAGE_X = 75;
42    public static final int MESSAGE_Y = 100;
43
44    private static final int DEFAULT_WIDTH = 300;
45    private static final int DEFAULT_HEIGHT = 200;
46
47    public void paintComponent(Graphics g)
48    {
49       g.drawString("Not a Hello, World program", MESSAGE_X, MESSAGE_Y);
50    }
51
52    public Dimension getPreferredSize()
53    {
54       return new Dimension(DEFAULT_WIDTH, DEFAULT_HEIGHT);
55    }
56 }
```

API javax.swing.JFrame 1.2

- `Component add(Component c)`

  将一个给定的组件添加到该窗体的内容窗格中，并返回这个组件。

API java.awt.Component 1.0

- `void repaint()`

  导致“尽可能快地”重新绘制组件。

- `Dimension getPreferredSize()`

  覆盖这个方法来返回这个组件的首选大小。

API javax.swing.JComponent 1.2

- `void paintComponent(Graphics g)`

  覆盖这个方法来描述需要如何绘制组件。

API java.awt.Window 1.0

- `void pack()`

  调整窗口大小，要考虑其组件的首选大小。

10.3.1 处理 2D 图形

从 Java 版本 1.0 以来，Graphics 类就包含绘制直线、矩形和椭圆等方法。但是，这些绘制图形的操作非常有限。我们将使用 Java 2D 库的图形类。

要想使用 Java 2D 库绘制图形，需要获得 Graphics2D 类的一个对象。这个类是 Graphics 类的子类。自从 Java 1.2 版本以来，paintComponent 等方法会自动地接收一个 Graphics2D 类对象。只需要使用一个类型强制转换，如下所示：

```
public void paintComponent(Graphics g)
{
   Graphics2D g2 = (Graphics2D) g;
   . . .
}
```

Java 2D 库采用面向对象方式组织几何图形。具体来说，它提供了表示直线、矩形和椭圆的类：

```
Line2D
Rectangle2D
Ellipse2D
```

这些类都实现了 Shape 接口。Java 2D 库支持更加复杂的图形，例如圆弧、二次曲线、三次曲线和通用路径（本章不讨论这些内容）。

要想绘制一个图形，首先要创建一个实现了 Shape 接口的类的对象，然后调用 Graphics2D 类的 draw 方法。例如：

```
Rectangle2D rect = . . .;
g2.draw(rect);
```

Java 2D 库针对像素采用的是浮点数坐标，而不是整数坐标。内部计算采用单精度 float 来完成。单精度就足够了，毕竟，几何计算的最终目的是要在屏幕或打印机上设置像素。只要舍入误差限制在一个像素的范围内，视觉效果就不会受到影响。

不过，对程序员来说，有时候处理 float 并不太方便，这是因为 Java 将 double 值转换成 float 值时必须进行强制类型转换。例如，考虑以下语句：

```
float f = 1.2; // ERROR--possible loss of precision
```

这条语句无法通过编译，因为常量 1.2 为 double 类型，而编译器不允许损失精度。解决方法是给浮点数常量添加一个后缀 F：

```
float f = 1.2F; // OK
```

现在，来看下面这条语句：

```
float f = r.getWidth(); // ERROR
```

这条语句也无法通过编译，其原因与前面一样。getWidth 方法的返回类型是 double。这一次的补救办法是提供一个强制类型转换：

```
float f = (float) r.getWidth(); // OK
```

加后缀和强制类型转换都有点麻烦，所以 2D 库的设计者决定为每个图形类提供两个版本：一个是为那些想节省空间的程序员提供的版本，要使用 float 类型的坐标；另一个是为那些懒惰的程序员提供的版本，会使用 double 类型的坐标（本书采用的是第二个版本，即尽可能使用 double 类型的坐标）。

这个库的设计者采用了一种古怪的机制对这些选择进行打包。请考虑 Rectangle2D 类，这是一个抽象类，有两个具体子类，这两个具体子类也是静态内部类：

```
Rectangle2D.Float
Rectangle2D.Double
```

图 10-5 显示了它们的继承图。

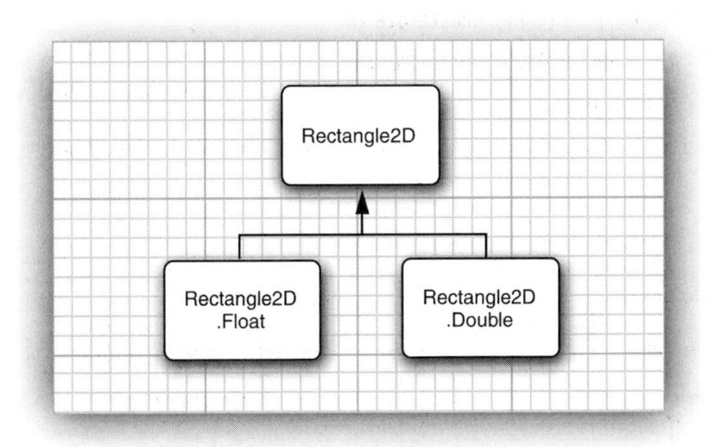

图 10-5　2D 矩形类

最好先不要考虑这两个具体类是静态内部类的事实，这个技巧只是为了避免使用类似 FloatRectangle2D 和 DoubleRectangle2D 的名字。

当构造一个 Rectangle2D.Float 对象时，要为坐标提供 float 数。而构造 Rectangle2D. Double 对象时，应该提供 double 数。

```
var floatRect = new Rectangle2D.Float(10.0F, 25.0F, 22.5F, 20.0F);
var doubleRect = new Rectangle2D.Double(10.0, 25.0, 22.5, 20.0);
```

构造参数表示矩形的左上角位置以及矩形的宽和高。

Rectangle2D 方法的参数和返回值均使用 double 类型。例如，尽管 Rectangle2D.Float 对象将宽度存储为一个 float 值，但 getWidth 方法会返回一个 double 值。

> **提示：** 直接使用 Double 图形类完全避免处理 float 类型的值。不过如果需要构造上千个图形对象，为节省存储空间，可以考虑使用 Float 类。

前面对 Rectangle2D 类的讨论也适用于其他图形类。另外，Point2D 类也有两个子类 Point2D. Float 和 Point2D.Double。可以如下构造一个点对象：

```
var p = new Point2D.Double(10, 20);
```

Rectangle2D 和 Ellipse2D 类都继承公共的超类 RectangularShape。无可否认，椭圆不是矩形，但椭圆有一个外接矩形（bounding rectangle），如图 10-6 所示。

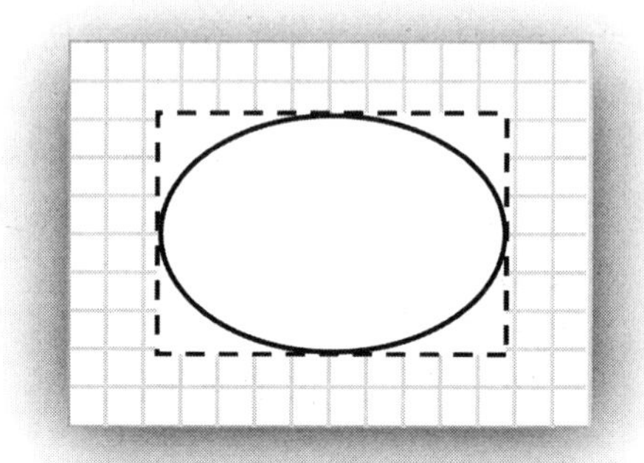

图 10-6　椭圆的外接矩形

RectangularShape 类定义了这些图形公共的 20 多个方法，其中很有用的一些方法包括 getWidth、getHeight、getCenterX、getCenterY（不过很遗憾，在写作本书时，还没有一个返回中心位置（作为一个 Point2D 对象）的 getCenter 方法）。

最后，从 Java 1.0 遗留下来的两个类也被放置在图形类的继承层次中。它们是 Rectangle 和 Point 类，分别扩展了 Rectangle2D 和 Point2D 类，它们用整型坐标存储矩形和点。

图 10-7 给出了图形类之间的关系。不过，这里省略了 Double 和 Float 子类。图中的遗留类用灰色填充。

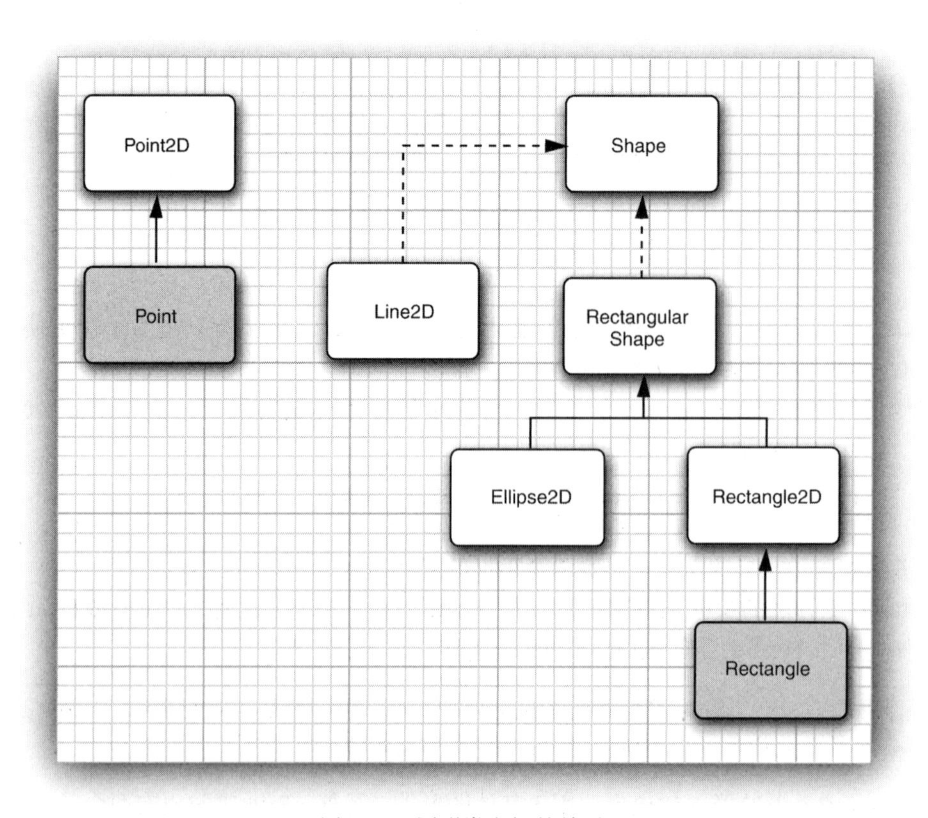

图 10-7　图形类之间的关系

Rectangle2D 和 Ellipse2D 对象很容易构造。需要指定

- 左上角的 x 和 y 坐标；
- 宽和高。

对于椭圆，这些表示外接矩形的属性。例如，

```
var e = new Ellipse2D.Double(150, 200, 100, 50);
```

这会构造一个椭圆，它的外接矩形左上角位于（150，200）、宽为 100、高为 50。

构造椭圆时，通常知道椭圆的中心、宽和高，而不是外接矩形的四角顶点（这些顶点甚至不在椭圆上）。setFrameFromCenter 方法使用中心点，但仍然需要给出四个顶点中的一个。因此，通常采用以下方式构造椭圆：

```
var ellipse =
   new Ellipse2D.Double(centerX - width / 2, centerY - height / 2, width, height);
```

要想构造一条直线，需要提供起点和终点。这两个点既可以使用 Point2D 对象表示，也可以表示为一对数值：

```
var line = new Line2D.Double(start, end);
```

或者

```
var line = new Line2D.Double(startX, startY, endX, endY);
```

程序清单 10-3 中的程序绘制了一个矩形、这个矩形的内接椭圆、矩形的一条对角线以及以矩形中心为圆点的圆。图 10-8 显示了结果。

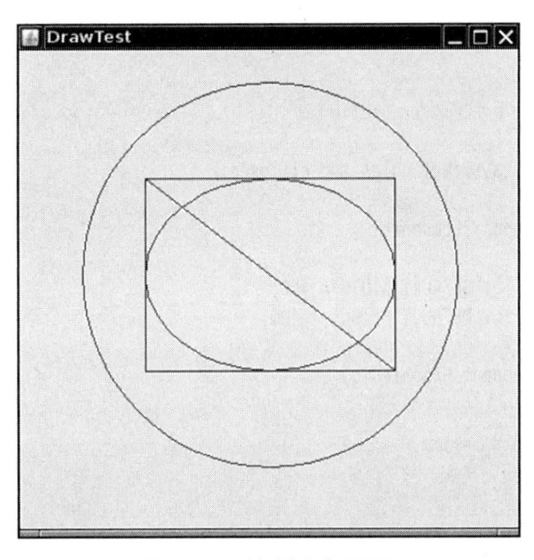

图 10-8 绘制几何图形

程序清单 10-3 draw/DrawTest.java

```
1 package draw;
2
3 import java.awt.*;
4 import java.awt.geom.*;
5 import javax.swing.*;
```

```
 6
 7 /**
 8  * @version 1.34 2018-04-10
 9  * @author Cay Horstmann
10  */
11 public class DrawTest
12 {
13    public static void main(String[] args)
14    {
15       EventQueue.invokeLater(() ->
16          {
17             var frame = new DrawFrame();
18             frame.setTitle("DrawTest");
19             frame.setDefaultCloseOperation(JFrame.EXIT_ON_CLOSE);
20             frame.setVisible(true);
21          });
22    }
23 }
24
25 /**
26  * A frame that contains a panel with drawings.
27  */
28 class DrawFrame extends JFrame
29 {
30    public DrawFrame()
31    {
32       add(new DrawComponent());
33       pack();
34    }
35 }
36
37 /**
38  * A component that displays rectangles and ellipses.
39  */
40 class DrawComponent extends JComponent
41 {
42    private static final int DEFAULT_WIDTH = 400;
43    private static final int DEFAULT_HEIGHT = 400;
44
45    public void paintComponent(Graphics g)
46    {
47       var g2 = (Graphics2D) g;
48
49       // draw a rectangle
50
51       double leftX = 100;
52       double topY = 100;
53       double width = 200;
54       double height = 150;
55
56       var rect = new Rectangle2D.Double(leftX, topY, width, height);
57       g2.draw(rect);
58
59       // draw the enclosed ellipse
```

```
60
61         var ellipse = new Ellipse2D.Double();
62         ellipse.setFrame(rect);
63         g2.draw(ellipse);
64
65         // draw a diagonal line
66
67         g2.draw(new Line2D.Double(leftX, topY, leftX + width, topY + height));
68
69         // draw a circle with the same center
70
71         double centerX = rect.getCenterX();
72         double centerY = rect.getCenterY();
73         double radius = 150;
74
75         var circle = new Ellipse2D.Double();
76         circle.setFrameFromCenter(centerX, centerY, centerX + radius, centerY + radius);
77         g2.draw(circle);
78      }
79
80      public Dimension getPreferredSize()
81      {
82         return new Dimension(DEFAULT_WIDTH, DEFAULT_HEIGHT);
83      }
84   }
```

API java.awt.geom.RectangularShape 1.2

- double getCenterX()
- double getCenterY()
- double getMinX()
- double getMinY()
- double getMaxX()
- double getMaxY()

  返回闭合矩形的中心，以及最小、最大 x 和 y 坐标值。

- double getWidth()
- double getHeight()

  返回闭合矩形的宽和高。

- double getX()
- double getY()

  返回闭合矩形左上角的 x 和 y 坐标。

API java.awt.geom.Rectangle2D.Double 1.2

- Rectangle2D.Double(double x, double y, double w, double h)

  利用给定的左上角、宽和高构造一个矩形。

java.awt.geom.Ellipse2D.Double 1.2

- Ellipse2D.Double(double x, double y, double w, double h)
  利用有给定左上角、宽和高的外接矩形构造一个椭圆。

java.awt.geom.Point2D.Double 1.2

- Point2D.Double(double x, double y)
  利用给定坐标构造一个点。

java.awt.geom.Line2D.Double 1.2

- Line2D.Double(Point2D start, Point2D end)
- Line2D.Double(double startX, double startY, double endX, double endY)
  使用给定的起点和终点构造一条直线。

10.3.2　使用颜色

使用 Graphics2D 类的 setPaint 方法可以为图形上下文上所有后续的绘制操作选择颜色。例如：

```
g2.setPaint(Color.RED);
g2.drawString("Warning!", 100, 100);
```

可以用一种颜色填充一个闭合图形（例如，矩形或椭圆）的内部。为此，只需要将调用 draw 替换为调用 fill：

```
Rectangle2D rect = . . .;
g2.setPaint(Color.RED);
g2.fill(rect); // fills rect with red
```

要想用多种颜色绘制，就需要选择一个颜色、绘制图形、再选择另外一种颜色、再绘制图形。

> **注释**：fill 方法会在右侧和下方少绘制一个像素。例如，如果绘制一个 new Rectangle2D.Double(0, 0, 10, 20)，绘制的矩形将包括 $x = 10$ 和 $y = 20$ 的像素。如果填充这个矩形，则不会绘制 $x = 10$ 和 $y = 20$ 的像素。

Color 类用于定义颜色。java.awt.Color 类中提供了 13 个预定义的常量，分别表示 13 种标准颜色。

```
BLACK, BLUE, CYAN, DARK_GRAY, GRAY, GREEN, LIGHT_GRAY,
MAGENTA, ORANGE, PINK, RED, WHITE, YELLOW
```

可以根据红、绿、蓝三个颜色分量来创建 Color 对象，从而指定一个定制颜色。红、绿、蓝色分量取值为 0 ～ 255 的整数：

```
g2.setPaint(new Color(0, 128, 128)); // a dull blue-green
g2.drawString("Welcome!", 75, 125);
```

> **注释**：除了纯色以外，还可以调用 setPaint 并提供实现了 Paint 接口的类实例作为参数。这样绘制时可以支持灰度和纹理。

要想设置背景颜色，需要使用 Component 类中的 setBackground 方法。Component 类是 JComponent 类的祖先。

```
var component = new MyComponent();
component.setBackground(Color.PINK);
```

另外，还有一个 setForeground 方法，它会指定在组件上进行绘制时使用的默认颜色。

API java.awt.Color 1.0

- Color(int r, int g, int b)

  用给定的红、绿、蓝分量（取值为 0 ～ 255）创建一个颜色对象。

API java.awt.Graphics2D 1.2

- Paint getPaint()
- void setPaint(Paint p)

  获取或设置这个图形上下文的绘制属性。Color 类实现了 Paint 接口。因此，可以使用这个方法将绘制属性设置为一个纯色。
- void fill(Shape s)

  用当前的颜料填充图形。

API java.awt.Component 1.0

- Color getForeground()
- Color getBackground()
- void setForeground(Color c)
- void setBackground(Color c)

  获取或设置前景或背景颜色。

10.3.3 使用字体

在本章开始的“Not a Hello World”程序中用默认字体显示了一个字符串。有时，你可能希望用不同的字体显示文本。可以通过字体名（font face name）指定一种字体。字体名由字体族名（font family name，如“Helvetica”）和一个可选的后缀（如“Bold”）组成。例如，“Helvetica”和“Helvetica Bold”都属于名为“Helvetica”字体族的字体。

要想知道某个特定计算机上有哪些可用的字体，可以调用 GraphicsEnvironment 类的 getAvailableFontFamilyNames 方法。这个方法将返回一个字符串数组，其中包含所有可用的字体名。GraphicsEnvironment 类描述了用户系统的图形上下文，为了得到这个类的对象，需要调用静态的 getLocalGraphicsEnvironment 方法。下面这个程序将打印出你的系统上的所有字体名：

```
import java.awt.*;

public class ListFonts
{
   public static void main(String[] args)
```

```
   {
      String[] fontNames = GraphicsEnvironment
         .getLocalGraphicsEnvironment()
         .getAvailableFontFamilyNames();
      for (String fontName : fontNames)
         System.out.println(fontName);
   }
}
```

AWT 定义了 5 个逻辑（logical）字体名：

```
SansSerif
Serif
Monospaced
Dialog
DialogInput
```

这些字体名总是映射到客户机器上的某些实际字体。例如，在 Windows 系统中，SansSerif 将映射到 Arial。

另外，Oracle JDK 总是包含 3 个字体族，名为"Lucida Sans""Lucida Bright"和"Lucida Sans Typewriter"。

要使用某种字体绘制字符，必须首先创建 Font 类的一个对象。需要指定字体名、字体风格和字体大小。下面是构造一个 Font 对象的例子：

```
var sansbold14 = new Font("SansSerif", Font.BOLD, 14);
```

第三个参数是以点数度量的字体大小。排版中普遍使用点数指示字体大小，每英寸包含 72 个点。

在 Font 构造器中，可以使用逻辑字体名取代具体字体名。可以把 Font 构造器的第二个参数设置为以下值来指定字体的风格（常规、加粗、斜体或加粗斜体）：

```
Font.PLAIN
Font.BOLD
Font.ITALIC
Font.BOLD + Font.ITALIC
```

常规字体的字体大小为 1 点。可以使用 deriveFont 方法得到所需大小的字体：

```
Font f = f1.deriveFont(14.0F);
```

> **警告：** deriveFont 方法有两个重载版本。一个（有一个 float 参数）设置字体的大小；另一个（有一个 int 参数）设置字体风格。所以 f1.deriveFont(14) 设置的是字体风格，而不是大小（其结果为斜体，因为 14 的二进制表示中 ITALIC 位为 1，而 BOLD 位为 0）。

下面这段代码将使用系统中的标准 sans serif 字体（14 点加粗）显示字符串"Hello, World"：

```
var sansbold14 = new Font("SansSerif", Font.BOLD, 14);
g2.setFont(sansbold14);
var message = "Hello, World!";
g2.drawString(message, 75, 100);
```

接下来，将这个字符串在其组件中居中，而不是绘制在任意位置。因此，需要知道字符串占据的宽度和高度（像素数）。这两个值取决于下面三个因素：

- 使用的字体（在这个例子中为 sans serif，加粗，14 点）；
- 字符串（在这个例子中为“Hello,World”）；
- 绘制字体的设备（在这个例子中为用户屏幕）。

要想得到表示屏幕设备字体属性的对象，需要调用 Graphics2D 类中的 getFontRenderContext 方法。它将返回 FontRenderContext 类的一个对象。可以直接将这个对象传递给 Font 类的 getStringBounds 方法：

```
FontRenderContext context = g2.getFontRenderContext();
Rectangle2D bounds = sansbold14.getStringBounds(message, context);
```

getStringBounds 方法将返回包围字符串的矩形。

为了解释这个矩形的大小，需要清楚几个基本的排版术语（如图 10-9 所示）。基线（baseline）是一条虚构的线，例如，字母“e”所在的底线。上坡度（ascent）是从基线到坡顶（ascenter）的距离（坡顶是“b”“k”或大写字母的上面部分）。下坡度（descent）是从基线到坡底（descenter）的距离（坡底是“p”或“g”等字母的下面部分）。

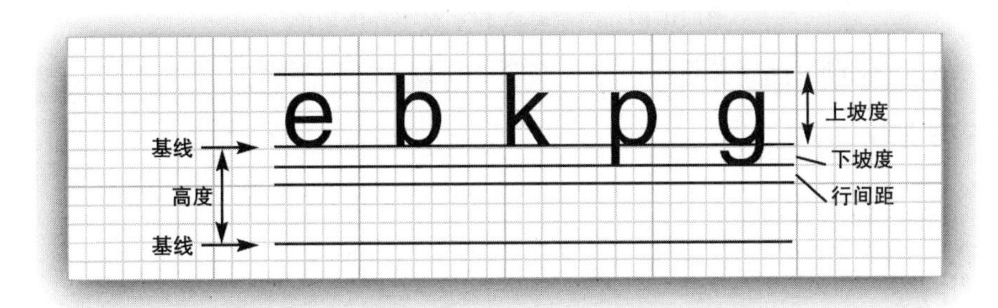

图 10-9　排版术语解释

行间距（leading）是某一行的坡底与其下一行的坡顶之间的空隙（这个术语源于打字机分隔行的间隔带）。字体的高度是连续两个基线之间的距离，它等于下坡度 + 行间距 + 上坡度。

getStringBounds 方法返回的矩形宽度是字符串水平方向的宽度。矩形的高度是上坡度、下坡度和行间距的总和。这个矩形始于字符串的基线，矩形顶部的 *y* 坐标为负值。因此，可以使用下面的方法获得字符串的宽度、高度和上坡度：

```
double stringWidth = bounds.getWidth();
double stringHeight = bounds.getHeight();
double ascent = -bounds.getY();
```

如果需要知道下坡度或行间距，可以使用 Font 类的 getLineMetrics 方法。这个方法将返回 LineMetrics 类的一个对象，其中包含获得下坡度和行间距的方法：

```
LineMetrics metrics = f.getLineMetrics(message, context);
float descent = metrics.getDescent();
float leading = metrics.getLeading();
```

> **注释**：如果需要在 paintComponent 方法外部计算布局大小，不能从 Graphics2D 对象得到字体绘制上下文。应该换作调用 JComponent 类的 getFontMetrics 方法，然后调用 getFontRenderContext：
>
> ```
> FontRenderContext context = getFontMetrics(f).getFontRenderContext();
> ```

为了说明位置是正确的，程序清单 10-4 中的示例程序将字符串在窗体中居中，并绘制了基线和包围这个字符串的矩形。图 10-10 给出了屏幕显示结果。

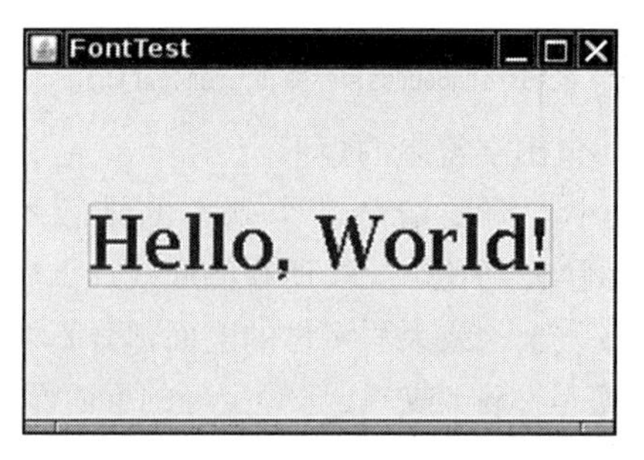

图 10-10　绘制基线和字符串外围矩形

程序清单 10-4　font/FontTest.java

```
 1 package font;
 2 
 3 import java.awt.*;
 4 import java.awt.font.*;
 5 import java.awt.geom.*;
 6 import javax.swing.*;
 7 
 8 /**
 9  * @version 1.35 2018-04-10
10  * @author Cay Horstmann
11  */
12 public class FontTest
13 {
14    public static void main(String[] args)
15    {
16       EventQueue.invokeLater(() ->
17          {
18             var frame = new FontFrame();
19             frame.setTitle("FontTest");
20             frame.setDefaultCloseOperation(JFrame.EXIT_ON_CLOSE);
21             frame.setVisible(true);
22          });
23    }
24 }
25 
26 /**
27  * A frame with a text message component.
28  */
29 class FontFrame extends JFrame
```

```
30 {
31    public FontFrame()
32    {
33       add(new FontComponent());
34       pack();
35    }
36 }
37
38 /**
39  * A component that shows a centered message in a box.
40  */
41 class FontComponent extends JComponent
42 {
43    private static final int DEFAULT_WIDTH = 300;
44    private static final int DEFAULT_HEIGHT = 200;
45
46    public void paintComponent(Graphics g)
47    {
48       var g2 = (Graphics2D) g;
49
50       String message = "Hello, World!";
51
52       var f = new Font("Serif", Font.BOLD, 36);
53       g2.setFont(f);
54
55       // measure the size of the message
56
57       FontRenderContext context = g2.getFontRenderContext();
58       Rectangle2D bounds = f.getStringBounds(message, context);
59
60       // set (x,y) = top left corner of text
61
62       double x = (getWidth() - bounds.getWidth()) / 2;
63       double y = (getHeight() - bounds.getHeight()) / 2;
64
65       // add ascent to y to reach the baseline
66
67       double ascent = -bounds.getY();
68       double baseY = y + ascent;
69
70       // draw the message
71
72       g2.drawString(message, (int) x, (int) baseY);
73
74       g2.setPaint(Color.LIGHT_GRAY);
75
76       // draw the baseline
77
78       g2.draw(new Line2D.Double(x, baseY, x + bounds.getWidth(), baseY));
79
80       // draw the enclosing rectangle
81
82       var rect = new Rectangle2D.Double(x, y, bounds.getWidth(), bounds.getHeight());
83       g2.draw(rect);
```

```
84      }
85
86      public Dimension getPreferredSize()
87      {
88         return new Dimension(DEFAULT_WIDTH, DEFAULT_HEIGHT);
89      }
90 }
```

API java.awt.Font 1.0

- Font(String name, int style, int size)

  创建一个新字体对象。字体名可以是具体的字体名（例如，"Helvetica Bold"），或者逻辑字体名（例如，"Serif""SansSerif"）。字体风格可以是 Font.PLAIN、Font.BOLD、Font.ITALIC 或 Font.BOLD+Font.ITALIC。
- String getFontName()

  获得字体名，例如，"Helvetica Bold"。
- String getFamily()

  获得字体族名，例如，"Helvetica"。
- String getName()

  如果字体采用逻辑字体名创建，这个方法将获得逻辑字体名，例如，"SansSerif"；否则，获得具体字体名。
- Rectangle2D getStringBounds(String s, FontRenderContext context) **1.2**

  返回包围这个字符串的矩形。矩形的起点为基线。矩形顶端的 y 坐标等于上坡度的负值。矩形的高度等于上坡度、下坡度和行间距之和。宽度等于字符串的宽度。
- LineMetrics getLineMetrics(String s, FontRenderContext context) **1.2**

  返回确定字符串宽度的一个度量对象。
- Font deriveFont(int style) **1.2**
- Font deriveFont(float size) **1.2**
- Font deriveFont(int style, float size) **1.2**

  返回一个新字体，除了有给定的大小和字体风格外，其余属性都与原字体一样。

API java.awt.font.LineMetrics 1.2

- float getAscent()

  获得字体的上坡度——从基线到大写字母顶端的距离。
- float getDescent()

  获得字体的下坡度——从基线到坡底的距离。
- float getLeading()

  获得字体的行间距——从一行文本底端到下一行文本顶端之间的空隙。
- float getHeight()

  获得字体的总高度——两行文本的基线之间的距离（下坡度 + 行间距 + 上坡度）。

API java.awt.Graphics2D 1.2

- `FontRenderContext getFontRenderContext()`
  获得一个字体绘制上下文，该字体指定了这个图形上下文中的字体属性。
- `void drawString(String str, float x, float y)`
  采用当前的字体和颜色绘制一个字符串。

API javax.swing.JComponent 1.2

- `FontMetrics getFontMetrics(Font f)` **5**
  获得给定字体的字体度量对象。FontMetrics 类是 LineMetrics 类的前身。

API java.awt.FontMetrics 1.0

- `FontRenderContext getFontRenderContext()` **1.2**
  获得字体的字体绘制上下文。

10.3.4 显示图像

可以使用 ImageIcon 类从文件读取图像：

```
Image image = new ImageIcon(filename).getImage();
```

现在变量 image 包含一个封装了图像数据的对象的引用。可以使用 Graphics 类的 drawImage 方法显示这个图像。

```
public void paintComponent(Graphics g)
{
   . . .
   g.drawImage(image, x, y, null);
}
```

可以再进一步，在一个窗口中平铺显示图像。结果如图 10-11 所示。这里采用 paintComponent 方法实现平铺显示。首先在左上角显示图像的一个副本，然后使用 copyArea 调用将其复制到整个窗口：

```
for (int i = 0; i * imageWidth <= getWidth(); i++)
   for (int j = 0; j * imageHeight <= getHeight(); j++)
      if (i + j > 0)
         g.copyArea(0, 0, imageWidth, imageHeight, i * imageWidth, j * imageHeight);
```

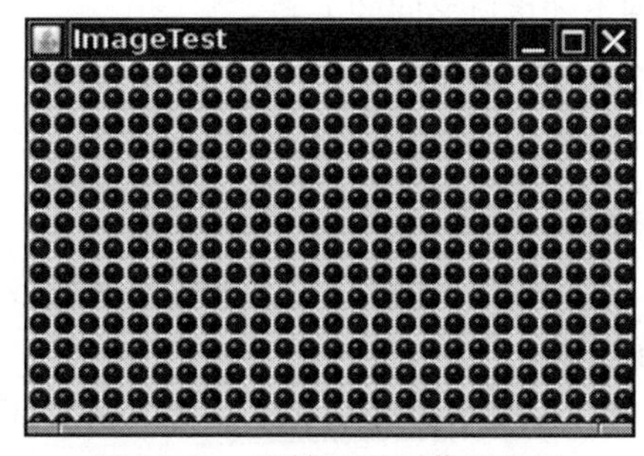

图 10-11 平铺显示图像的窗口

API java.awt.Graphics 1.0

- boolean drawImage(Image img, int x, int y, ImageObserver observer)
- boolean drawImage(Image img, int x, int y, int width, int height, ImageObserver observer)

  绘制一个不缩放或缩放的图像。注意：这个调用可能会在图像绘制完毕前就返回。它会向 imageObserver 对象通知绘制的进展。这在很久以前是一个很有用的特性。不过现在只需要传递 null 作为观察者就可以了。
- void copyArea(int x, int y, int width, int height, int dx, int dy)

  复制屏幕的一个区域。dx 和 dy 是源区域到目标区域的距离。

10.4　事件处理

任何支持 GUI 的操作环境会持续监视按键或点击鼠标之类的事件。这些事件再报告给正在运行的程序。每个程序将决定如何对这些事件做出响应（如果确实有事件发生）。

10.4.1　基本事件处理概念

在 Java AWT 中，事件源（如按钮或滚动条）有一些方法，允许你注册事件监听器（event listener），这些对象会对事件做出所需的响应。

通知一个事件监听器发生了某个事件时，这个事件的相关信息会封装在一个事件对象（event object）中。在 Java 中，所有的事件对象最终都派生于 java.util.EventObject 类。当然，对应各个事件类型有相应的子类，例如，ActionEvent 和 WindowEvent。

不同的事件源可以产生不同类型的事件。例如，按钮可以发送 ActionEvent 对象，而窗口会发送 WindowEvent 对象。

综上所述，下面给出 AWT 事件处理机制的概要说明：

- 事件监听器是一个实现了*监听器接口*（listener interface）的类的实例。
- 事件源对象能够注册监听器对象并向其发送事件对象。
- 当事件发生时，事件源将事件对象发送给所有注册的监听器。
- 监听器对象再使用事件对象中的信息决定如何对事件做出响应。

图 10-12 显示了事件处理类和接口之间的关系。

下面是指定监听器的一个示例：

```
ActionListener listener = . . .;
var button = new JButton("OK");
button.addActionListener(listener);
```

现在，只要按钮产生了一个“动作事件”，listener 对象就会得到通知。对于按钮来说，可以想见，动作事件就是按钮点击。

要实现 ActionListener 接口，监听器类必须有一个名为 actionPerformed 的方法，该方法接收一个 ActionEvent 对象作为参数。

```
class MyListener implements ActionListener
{
   . . .
   public void actionPerformed(ActionEvent event)
   {
      // reaction to button click goes here
      . . .
   }
}
```

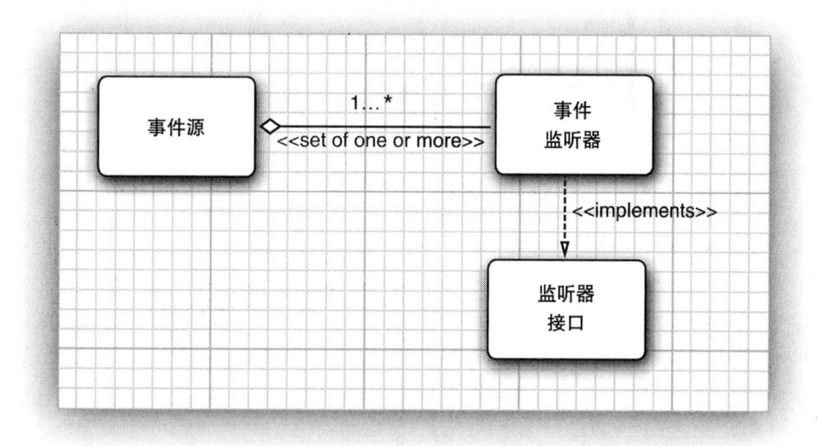

图 10-12　事件源和监听器之间的关系

只要用户点击按钮，JButton 对象就会创建一个 ActionEvent 对象，然后调用 listener.actionPerformed (event)，并传入这个事件对象。一个事件源（如按钮）可以有多个监听器。在这种情况下，只要用户点击按钮，按钮就会调用所有监听器的 actionPerformed 方法。

图 10-13 显示了事件源、事件监听器和事件对象之间的交互。

10.4.2　实例：处理按钮点击事件

为了加深对事件委托模型的理解，下面以一个响应按钮点击事件的简单示例来说明所需的所有细节。在这个示例中，我们想要在一个面板中放置三个按钮，另外添加三个监听器对象作为这些按钮的动作监听器。

在这个情况下，只要用户点击面板上的任何一个按钮，相关的监听器对象就会接收到一个 ActionEvent 对象，指示点击了某个按钮。在示例程序中，监听器对象将改变面板的背景颜色。

在介绍监听按钮点击事件的程序之前，首先需要解释如何创建按钮，以及如何将它们添加到面板。

要想创建一个按钮，需要在按钮构造器中指定一个标签字符串或一个图标，或者两项都指定。下面是两个示例：

```
var yellowButton = new JButton("Yellow");
var blueButton = new JButton(new ImageIcon("blue-ball.gif"));
```

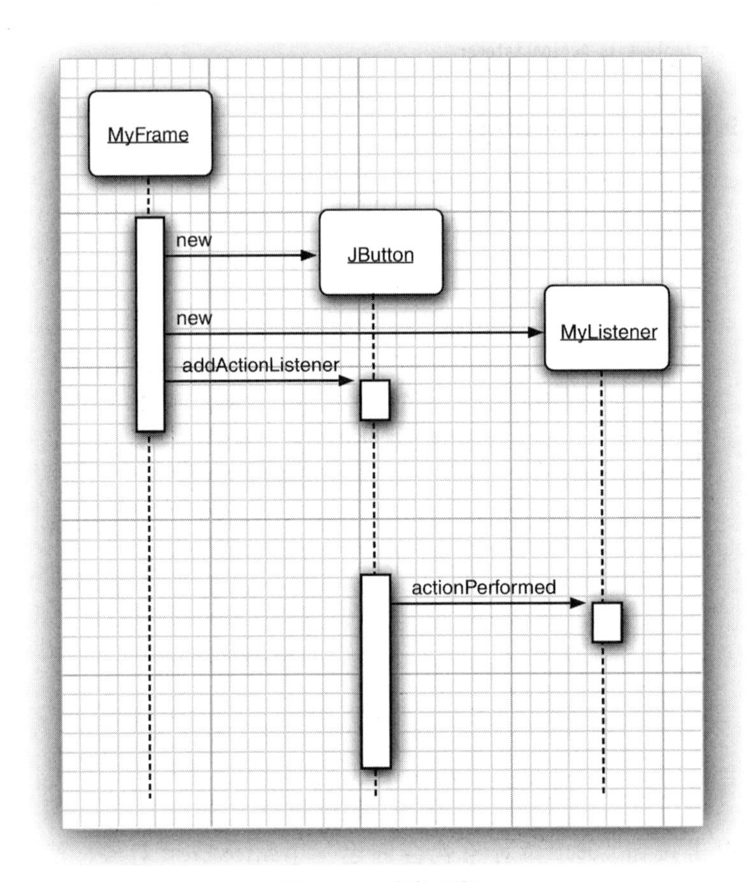

图 10-13　事件通知

调用 add 方法将按钮添加到面板中：

```
var yellowButton = new JButton("Yellow");
var blueButton = new JButton("Blue");
var redButton = new JButton("Red");

buttonPanel.add(yellowButton);
buttonPanel.add(blueButton);
buttonPanel.add(redButton);
```

图 10-14 显示了结果。

接下来需要添加监听这些按钮的代码。这需要一个实现了 ActionListener 接口的类。如前所述，这个类应该包含一个 actionPerformed 方法，方法签名为：

```
public void actionPerformed(ActionEvent event)
```

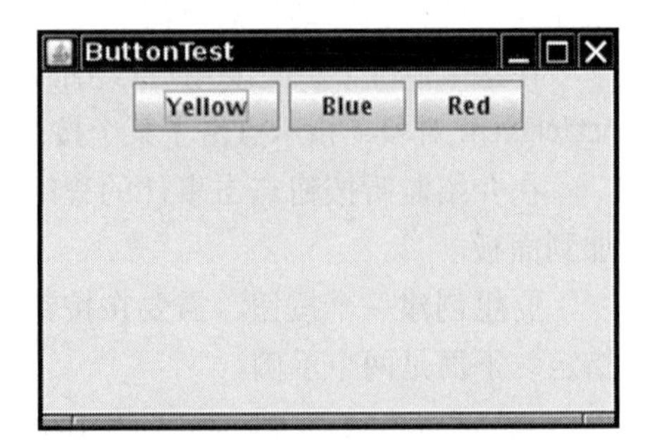

图 10-14　填充了按钮的面板

在所有情况下，使用 ActionListener 接口的方式都是一样的：actionPerformed 方法（ActionListener 中

的唯一方法）将接收一个 ActionEvent 类型的对象作为参数。这个事件对象包含了所发生事件的相关信息。

点击按钮时，我们希望将面板的背景颜色改为指定的颜色。我们把所需的颜色存储在监听器类中：

```
class ColorAction implements ActionListener
{
   private Color backgroundColor;

   public ColorAction(Color c)
   {
      backgroundColor = c;
   }

   public void actionPerformed(ActionEvent event)
   {
      // set panel background color
      . . .
   }
}
```

然后，为每种颜色构造一个对象，并将这些对象设置为按钮监听器。

```
var yellowAction = new ColorAction(Color.YELLOW);
var blueAction = new ColorAction(Color.BLUE);
var redAction = new ColorAction(Color.RED);

yellowButton.addActionListener(yellowAction);
blueButton.addActionListener(blueAction);
redButton.addActionListener(redAction);
```

例如，如果一个用户点击了标有“Yellow”的按钮，就会调用 yellowAction 对象的 actionPerformed 方法。这个对象的 backgroundColor 实例字段会设置为 Color.YELLOW，现在就会将面板的背景色设置为黄色。

这里还有一个需要考虑的问题。ColorAction 对象不能访问 buttonPanel 变量。可以采用两种方法解决这个问题。一种方法是将面板存储在 ColorAction 对象中，并在 ColorAction 的构造器中设置它；或者，更方便的方法是将 ColorAction 设计为 ButtonFrame 类的一个内部类，这样一来，它的方法就自动地能够访问外部面板了。

程序清单 10-5 包含了完整的窗体类。只要点击任何一个按钮，对应的动作监听器就会修改面板的背景颜色。

程序清单 10-5　button/ButtonFrame.java

```
1 package button;
2
3 import java.awt.*;
4 import java.awt.event.*;
5 import javax.swing.*;
6
7 /**
8  * A frame with a button panel.
9  */
```

```
10 public class ButtonFrame extends JFrame
11 {
12    private JPanel buttonPanel;
13    private static final int DEFAULT_WIDTH = 300;
14    private static final int DEFAULT_HEIGHT = 200;
15
16    public ButtonFrame()
17    {
18       setSize(DEFAULT_WIDTH, DEFAULT_HEIGHT);
19
20       // create buttons
21       var yellowButton = new JButton("Yellow");
22       var blueButton = new JButton("Blue");
23       var redButton = new JButton("Red");
24
25       buttonPanel = new JPanel();
26
27       // add buttons to panel
28       buttonPanel.add(yellowButton);
29       buttonPanel.add(blueButton);
30       buttonPanel.add(redButton);
31
32       // add panel to frame
33       add(buttonPanel);
34
35       // create button actions
36       var yellowAction = new ColorAction(Color.YELLOW);
37       var blueAction = new ColorAction(Color.BLUE);
38       var redAction = new ColorAction(Color.RED);
39
40       // associate actions with buttons
41       yellowButton.addActionListener(yellowAction);
42       blueButton.addActionListener(blueAction);
43       redButton.addActionListener(redAction);
44    }
45
46    /**
47     * An action listener that sets the panel's background color.
48     */
49    private class ColorAction implements ActionListener
50    {
51       private Color backgroundColor;
52
53       public ColorAction(Color c)
54       {
55          backgroundColor = c;
56       }
57
58       public void actionPerformed(ActionEvent event)
59       {
60          buttonPanel.setBackground(backgroundColor);
61       }
62    }
63 }
```

API javax.swing.JButton 1.2

- JButton(String label)
- JButton(Icon icon)
- JButton(String label, Icon icon)

  构造一个按钮。标签字符串可以是常规的文本或 HTML。例如，"<html><b>Ok</b></html>"。

API java.awt.Container 1.0

- Component add(Component c)

  将组件 c 添加到这个容器中。

10.4.3 简洁地指定监听器

在 10.4.2 节中，我们为事件监听器定义了一个类并构造了这个类的 3 个对象。一个监听器类有多个实例的情况并不多见。更常见的情况是：每个监听器执行一个单独的动作。在这种情况下，没有必要建立单独的类。只需要使用一个 lambda 表达式：

```
exitButton.addActionListener(event -> System.exit(0));
```

现在考虑这样一种情况：有多个相互关联的动作，如 10.4.2 节中的颜色按钮。在这种情况下，可以实现一个辅助方法：

```
public void makeButton(String name, Color backgroundColor)
{
   var button = new JButton(name);
   buttonPanel.add(button);
   button.addActionListener(event ->
      buttonPanel.setBackground(backgroundColor));
}
```

需要说明的是，lambda 表达式指示参数变量 backgroundColor。

然后只需要调用：

```
makeButton("yellow", Color.YELLOW);
makeButton("blue", Color.BLUE);
makeButton("red", Color.RED);
```

在这里，我们构造了 3 个监听器对象，分别对应一种颜色，但并没有显式定义一个类。每次调用这个辅助方法时，它会建立实现了 ActionListener 接口的一个类的实例。它的 actionPerformed 动作会引用实际上随监听器对象存储的 backGroundColor 值。不过，所有这些会自动完成，而无须你显式定义监听器类、实例变量或设置这些变量的构造器。

注释： 在较早的代码中，通常会看到使用匿名类：

```
exitButton.addActionListener(new ActionListener()
   {
      public void actionPerformed(new ActionEvent)
      {
         System.exit(0);
```

```
        }
    });
```

当然，现在已经不再需要这种烦琐的代码了。使用 lambda 表达式更简单，也更简洁。

10.4.4 适配器类

并不是所有事件的处理都像按钮点击那样简单。假设你想监视用户何时想要关闭主窗体，从而弹出一个对话框，只有在用户确认之后才退出程序。

当程序用户试图关闭一个窗口时，JFrame 对象就是 WindowEvent 的事件源。如果希望捕获这个事件，就必须有一个合适的监听器对象，并将它添加到窗体的窗口监听器列表中。

```
WindowListener listener = . . .;
frame.addWindowListener(listener);
```

窗口监听器必须是实现 WindowListener 接口的类的一个对象。WindowListener 接口中实际上包含 7 个方法。窗体将调用这些方法响应 7 个不同的窗口事件。从它们的名字就可以得知这些方法的作用，只有一点需要说明：在 Windows 下，通常将图标化（iconified）称为最小化（minimized）。下面是完整的 WindowListener 接口：

```
public interface WindowListener
{
   void windowOpened(WindowEvent e);
   void windowClosing(WindowEvent e);
   void windowClosed(WindowEvent e);
   void windowIconified(WindowEvent e);
   void windowDeiconified(WindowEvent e);
   void windowActivated(WindowEvent e);
   void windowDeactivated(WindowEvent e);
}
```

当然，我们可以定义一个实现这个接口的类，在 windowClosing 方法中添加一个 System.exit(0) 调用，并为其他 6 个方法编写什么也不做的函数。不过，为 6 个没有任何操作的方法写代码显然是一个乏味的工作，没有人喜欢这样做。为了简化这个任务，每个包含多个方法的 AWT 监听器接口都配有一个适配器（adapter）类，这个类实现了接口中的所有方法，但每个方法并不做任何事情。例如，WindowAdapter 有 7 个什么也不做的方法。可以扩展适配器类来指定对某些事件的响应动作，而不必实现接口中的每一个方法（类似 ActionListener 的接口只有一个方法，因此不需要适配器类）。

可以如下定义一个窗口监听器，它覆盖了 windowClosing 方法：

```
class Terminator extends WindowAdapter
{
   public void windowClosing(WindowEvent e)
   {
      if (user agrees)
         System.exit(0);
   }
}
```

现在，可以注册一个 Terminator 类型的对象作为事件监听器：

```
var listener = new Terminator();
frame.addWindowListener(listener);
```

> **注释：** 如今，可能有人会把 WindowListener 接口中什么也不做的方法实现为默认方法。不过，Swing 早在有默认方法很多年之前就已经问世了。

API java.awt.event.WindowListener 1.1

- `void windowOpened(WindowEvent e)`

  窗口打开后调用这个方法。
- `void windowClosing(WindowEvent e)`

  用户发出一个窗口管理器命令要关闭窗口时调用这个方法。需要注意的是，仅当调用 hide 或 dispose 方法后窗口才会关闭。
- `void windowClosed(WindowEvent e)`

  窗口关闭后调用这个方法。
- `void windowIconified(WindowEvent e)`

  窗口最小化后调用这个方法。
- `void windowDeiconified(WindowEvent e)`

  窗口取消最小化后调用这个方法。
- `void windowActivated(WindowEvent e)`

  激活窗口后调用这个方法。只有窗体或对话框可以被激活。通常窗口管理器会对活动窗口进行修饰，比如，高亮显示标题栏。
- `void windowDeactivated(WindowEvent e)`

  窗口变为未激活状态后调用这个方法。

API java.awt.event.WindowStateListener 1.4

- `void windowStateChanged(WindowEvent event)`

  窗口最大化、最小化或恢复为正常大小时调用这个方法。

10.4.5 动作

通常，启动同一个命令可以有多种方式。用户可以通过菜单、按键或工具栏上的按钮选择特定的功能。在 AWT 事件模型中这非常容易实现：将所有事件关联到同一个监听器。例如，假设 blueAction 是一个动作监听器，它的 actionPerformed 方法可以将背景颜色变成蓝色。可以关联这一个对象作为多个事件源的监听器：

- 标记“Blue”的工具栏按钮
- 标记“Blue”的菜单项
- 按下组合键 Ctrl+B

然后，无论是通过点击按钮、选择菜单还是按键，都会采用统一的方式处理这个改变背景颜色的命令。

Swing包提供了一种非常实用的机制来封装命令，并将它们关联到多个事件源，这就是Action接口。动作（action）是封装以下内容的一个对象：

- 命令的描述（一个文本字符串和一个可选的图标）;
- 执行命令所需要的参数（例如，以上示例中所请求的颜色）。

Action接口包含以下方法：

```
void actionPerformed(ActionEvent event)
void setEnabled(boolean b)
boolean isEnabled()
void putValue(String key, Object value)
Object getValue(String key)
void addPropertyChangeListener(PropertyChangeListener listener)
void removePropertyChangeListener(PropertyChangeListener listener)
```

第一个方法是ActionListener接口中我们很熟悉的一个方法：实际上，Action接口扩展了Action Listener接口，因此，任何需要ActionListener对象的地方都可以使用Action对象。

接下来的两个方法允许启用或禁用这个动作，并检查这个动作当前是否启用。当一个动作关联到菜单或工具栏而且这个动作禁用时，相应选项就会置灰。

putValue和getvalue方法允许存储和获取动作对象中的任意名/值对。有两个重要的预定义字符串：Action.NAME和Action.SMALL_ICON，用于将动作的名字和图标存储到一个动作对象中：

```
action.putValue(Action.NAME, "Blue");
action.putValue(Action.SMALL_ICON, new ImageIcon("blue-ball.gif"));
```

表10-1给出了所有预定义的动作表名。

表10-1 预定义动作表名

名 称	值
NAME	动作名，显示在按钮和菜单项上
SMALL_ICON	存储小图标的地方，显示在按钮、菜单项或工具栏中
SHORT_DESCRIPTION	图标的一个简短描述，显示在工具提示中
LONG_DESCRIPTION	图标的详细描述；可能用在联机帮助中。没有Swing组件使用这个值
MNEMONIC_KEY	快捷键缩写；显示在菜单项中
ACCELERATOR_KEY	存储加速键的地方；没有Swing组件使用这个值
ACTION_COMMAND_KEY	原先在registerKeyboardAction方法中使用，但这个方法已经过时
DEFAULT	可能很有用的“全能型”属性；没有Swing组件使用这个值

如果动作对象添加到菜单或工具栏上，会自动获取它的名称和图标，并显示在菜单项或工具栏按钮中。SHORT_DESCRIPTION值会转换成工具提示。

Action接口的最后两个方法能够让其他对象（尤其是触发动作的菜单或工具栏）在动作对象的属性发生变化时得到通知。例如，如果增加一个菜单作为动作对象的属性变更监听器，而这个动作对象随后被禁用，就会调用这个菜单，并将动作名置灰。

需要注意，Action是一个*接口*，而不是一个类。实现这个接口的所有类都必须实现刚才讨论的7个方法。庆幸的是，有好心人已经提供了一个类AbstractAction，这个类实现了除

actionPerformed 方法之外的所有其他方法。这个类负责存储所有名 / 值对，并管理属性变更监听器。我们可以直接扩展 AbstractAction 类，并提供一个 actionPerformed 方法。

下面构造一个可以执行改变颜色命令的动作对象。首先存储这个命令的名字、图标和所需的颜色。将颜色存储在 AsbstractAction 类提供的名 / 值对表中。下面是 ColorAction 类的代码。构造器设置名 / 值对，而 actionPerformed 方法执行改变颜色的动作。

```
public class ColorAction extends AbstractAction
{
   public ColorAction(String name, Icon icon, Color c)
   {
      putValue(Action.NAME, name);
      putValue(Action.SMALL_ICON, icon);
      putValue("color", c);
      putValue(Action.SHORT_DESCRIPTION, "Set panel color to " + name.toLowerCase());
   }

   public void actionPerformed(ActionEvent event)
   {
      Color c = (Color) getValue("color");
      buttonPanel.setBackground(c);
   }
}
```

在测试程序中，创建了这个类的三个对象，如下所示：

```
var blueAction = new ColorAction("Blue", new ImageIcon("blue-ball.gif"), Color.BLUE);
```

接下来，将这个动作与一个按钮关联起来。这很容易，因为我们可以使用接受一个 Action 对象的 JButton 构造器：

```
var blueButton = new JButton(blueAction);
```

构造器读取动作的名字和图标，设置简要描述作为工具提示，并将动作设置为监听器。在图 10-15 中可以看到图标和工具提示。

在下一章中我们会看到，将这个动作添加到菜单也非常容易。

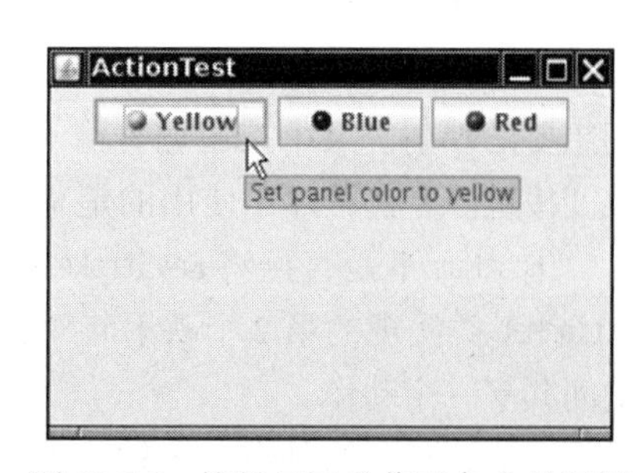

图 10-15 按钮显示动作对象中的图标

最后，我们想要为按键添加动作对象，使得用户键入一个键盘命令时会执行相应的动作。为了将动作与按键关联，首先需要生成 KeyStroke 类对象。这是一个很方便的类，它封装了对按键的描述。要想生成一个 KeyStroke 对象，不要调用构造器，而应当调用 KeyStroke 类中的静态 getKeyStroke 方法：

```
KeyStroke ctrlBKey = KeyStroke.getKeyStroke("ctrl B");
```

为了理解下一个步骤，需要知道键盘焦点（keyboard focus）的概念。用户界面中可能有许多按钮、菜单、滚动条以及其他的组件。当用户按键时，这个动作会被发送给拥有焦点的组件。通常可以从外观上看出拥有焦点的组件（但并不总是这样），例如，在 Java 观感中，有焦点的按钮在按钮文本周围有一个很细的矩形边框。可以使用 Tab 键在组件之间移动焦点。当按下空格键时，就会点击拥有焦点的按钮。还有一些按键会执行其他的动作，例如，箭头键可以移动滚动条。

不过，在这里的示例中，我们并不希望将按键发送给拥有焦点的组件。否则，每个按钮都需要知道如何处理组合键 Ctrl + Y、Ctrl + B 和 Ctrl + R。

这是一个常见的问题，Swing 设计者给出了一种很便捷的解决方案。每个 JComponent 有三个输入映射（imput map），分别将 KeyStroke 对象映射到关联的动作。这三个输入映射对应着三个不同的条件（请参见表 10-2）。

表 10-2　输入映射条件

标　志	调用动作
WHEN_FOCUSED	当这个组件拥有键盘焦点时
WHEN_ANCESTOR_OF_FOCUSED_COMPONENT	当这个组件包含拥有键盘焦点的组件时
WHEN_IN_FOCUSED_WINDOW	当这个组件包含在拥有键盘焦点的组件所在的同一个窗口中时

按键处理将按照以下顺序检查这些映射：

1. 检查有输入焦点的组件的 WHEN_FOCUSED 映射。如果这个按键存在，而且启用了相应的动作，则执行这个动作，并停止处理。

2. 从有输入焦点的组件开始，检查其父组件的 WHEN_ANCESTOR_OF_FOCUSED_COMPONENT 映射。一旦找到这个按键的映射，而且相应的动作已经启用，就执行这个动作，并停止处理。

3. 查看有输入焦点的窗口中的所有可见和已启用的组件，看是否在一个 WHEN_IN_FOCUSED_WINDOW 映射中注册了这个按键。给这些组件一个机会来执行相应的动作（按照按键注册的顺序）。一旦执行第一个启用的动作，就停止处理。

可以使用 getInputMap 方法从组件得到一个输入映射。例如：

```
InputMap imap = panel.getInputMap(JComponent.WHEN_FOCUSED);
```

WHEN_FOCUSED 条件意味着在当前组件拥有键盘焦点时会查看这个映射。在这里，这不是我们想要的映射。某个按钮拥有输入焦点，而不是面板。另外两个映射都能够很好地增加颜色改变按键。示例程序中使用的是 WHEN_ANCESTOR_OF_FOCUSED_COMPONENT。

InputMap 不是直接将 KeyStroke 对象映射到 Action 对象，而是先映射到任意对象，然后由 ActionMap 类实现的第 2 个映射将对象映射到动作。这样可以更容易地在不同输入映射中的按键间共享一个动作。

因此，每个组件有三个输入映射和一个动作映射。为了将它们关联起来，需要为动作命名。可以如下将键关联到一个动作：

```
imap.put(KeyStroke.getKeyStroke("ctrl Y"), "panel.yellow");
ActionMap amap = panel.getActionMap();
amap.put("panel.yellow", yellowAction);
```

习惯上，会使用字符串 "none" 表示空动作。这样可以轻松地取消一个按键：

```
imap.put(KeyStroke.getKeyStroke("ctrl C"), "none");
```

警告：JDK 文档提倡使用动作名作为动作键。我们并不认为这是一个好主意。动作名显示在按钮和菜单项上，所以 UI 设计者可以随心所欲地更改，也可以将其翻译成多种语言。这种不稳定的字符串作为查找键不是一种好的选择，所以我们建议提供独立于显示名的动作名。

下面总结如何完成相同的动作来响应按钮、菜单项或按键：

1. 实现一个扩展 AbstractAction 类的类。可以使用同一个类表示多个相关的动作。
2. 构造动作类的一个对象。
3. 从动作对象构造一个按钮或菜单项。构造器将从动作对象读取标签文本和图标。
4. 对于能够由按键触发的动作，必须额外多执行几步。首先找到窗口的顶层组件，例如，包含所有其他组件的面板。
5. 然后，得到顶层组件的 WHEN_ANCESTOR_OF_FOCUS_COMPONENT 输入映射。为需要的按键创建一个 KeyStroke 对象。创建一个动作键对象，如描述动作的一个字符串。将（按键，动作键）对添加到输入映射中。
6. 最后，得到顶层组件的动作映射。将（动作键，动作对象）对添加到映射中。

API *javax.swing.Action* **1.2**

- boolean isEnabled()
- void setEnabled(boolean b)

  获得或设置这个动作的 enabled 属性。
- void putValue(String key, Object value)

  将键 / 值对放在动作对象中。键可以是任意的字符串，不过很多名字已经有预定义的含义，参见表 10-1。
- Object getValue(String key)

  返回所存储的名 / 值对的值。

API javax.swing.KeyStroke **1.2**

- static KeyStroke getKeyStroke(String description)

  根据一个人类可读的描述（由空白符分隔的字符串序列）构造一个按键。这个描述以 0 个或多个修饰符（shift、control、ctrl、meta、alt、altGraph）开始，以字符串 typed 和紧跟在后面的一个单字符字符串（例如："typed a"）结尾，或者以一个可选的事件说明符（pressed 或 released，默认为 pressed）和紧跟在后面的一个键码结束。如果键码以 VK_ 前缀开头，应该对应一个 KeyEvent 常量，例如，"INSERT" 对应 KeyEvent.VK_INSERT。

API javax.swing.JComponent **1.2**

- ActionMap getActionMap() **1.3**

  返回关联动作映射键（可以是任意的对象）和 Action 对象的映射。
- InputMap getInputMap(int flag) **1.3**

获得将按键映射到动作映射键的输入映射。标志（flag）为表 10-2 中的某个值。

10.4.6　鼠标事件

如果只希望用户能够点击一个按钮或菜单，那么不需要显式地处理鼠标事件。这些鼠标操作将由用户界面中的各种组件内部处理。不过，如果希望用户能使用鼠标画图，就需要捕获鼠标移动、点击和拖动事件。

在本节中，我们将展示一个简单的图形编辑器应用，它允许用户在画布上放置、移动和擦除方块（如图 10-16 所示）。

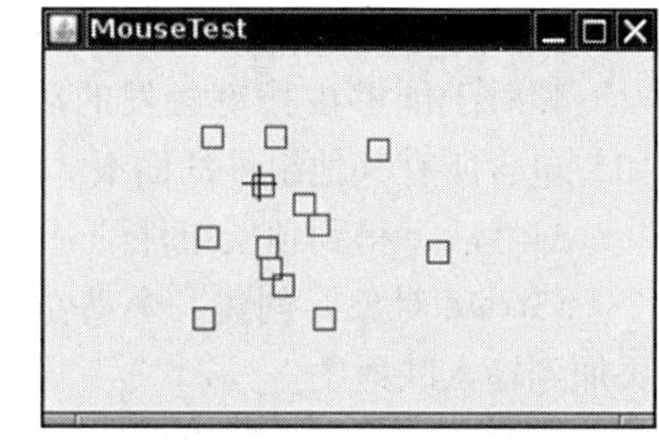

图 10-16　鼠标测试程序

用户点击鼠标按钮时，会调用三个监听器方法：鼠标第一次被按下时调用 mousePressed；松开鼠标时调用 mouseReleased；最后调用 mouseClicked。如果只对最终的点击事件感兴趣，则可以忽略前两个方法。以 MouseEvent 类对象作为参数，调用 getX 和 getY 方法可以获得点击鼠标时鼠标指针所在的 x 和 y 坐标。要想区分单击、双击和三击（!），需要使用 getClickCount 方法。

在我们的示例程序中，提供了 mousePressed 和 mouseClicked 方法。当鼠标点击的像素在所有已绘制的小方块之外时，就会增加一个新的小方块。这个操作是在 mousePressed 方法中实现的，这样用户可以立即得到反馈，而不必等到松开鼠标按钮。如果用户在某个小方块中双击鼠标，就会将这个小方块擦除。由于需要知道点击次数，所以这个操作在 mouseClicked 方法中实现。

```
public void mousePressed(MouseEvent event)
{
   current = find(event.getPoint());
   if (current == null) // not inside a square
      add(event.getPoint());
}

public void mouseClicked(MouseEvent event)
{
   current = find(event.getPoint());
   if (current != null && event.getClickCount() >= 2)
      remove(current);
}
```

当鼠标在窗口上移动时，窗口将会收到一连串的鼠标移动事件。请注意：有两个独立的接口 MouseListener 和 MouseMotionListener。这样做有利于提高效率。当用户移动鼠标时，会有大量鼠标事件，只关心鼠标点击（click）的监听器就不会被多余的鼠标移动事件所干扰。

这里给出的测试程序将捕获鼠标移动事件，光标位于一个小方块之上时变成另外一种形状（十字）。这是使用 Cursor 类中的 getPredefinedCursor 方法完成的。表 10-3 列出了这个方法使用的常量以及 Windows 环境下相应的光标形状。

表 10-3 光标形状示例

图 标	常 量	图 标	常 量
	DEFAULT_CURSOR		NE_RESIZE_CURSOR
	CROSSHAIR_CURSOR		E_RESIZE_CURSOR
	HAND_CURSOR		SE_RESIZE_CURSOR
	MOVE_CURSOR		S_RESIZE_CURSOR
	TEXT_CURSOR		SW_RESIZE_CURSOR
	WAIT_CURSOR		W_RESIZE_CURSOR
	N_RESIZE_CURSOR		NW_RESIZE_CURSOR

下面是示例程序中 MouseMotionListener 类的 mouseMoved 方法：

```
public void mouseMoved(MouseEvent event)
{
   if (find(event.getPoint()) == null)
      setCursor(Cursor.getDefaultCursor());
   else
      setCursor(Cursor.getPredefinedCursor(Cursor.CROSSHAIR_CURSOR));
}
```

如果用户在移动鼠标的同时按下鼠标按钮，就会生成 mouseDragged 调用而不是 mouseMoved 调用。在测试应用中，用户可以拖动光标下的小方块。我们只是更新当前拖动的方块，让它以鼠标位置为中心。然后，重新绘制画布，以显示新的鼠标位置。

```
public void mouseDragged(MouseEvent event)
{
   if (current != null)
   {
      int x = event.getX();
      int y = event.getY();

      current.setFrame(x - SIDELENGTH / 2, y - SIDELENGTH / 2, SIDELENGTH, SIDELENGTH);
      repaint();
   }
}
```

注释：只有鼠标停留在一个组件内部才会调用 mouseMoved 方法。不过，即使鼠标拖动到组件外面，也会调用 mouseDragged 方法。

还有另外两个鼠标事件方法：mouseEntered 和 mouseExited。这两个方法会在鼠标进入或移出组件时调用。

最后来解释如何监听鼠标事件。鼠标点击由 mouseClicked 方法报告，它是 MouseListener 接口的一个方法。很多应用只对鼠标点击感兴趣，而对鼠标移动不感兴趣，由于鼠标移动事件发生的频率很高，因此鼠标移动事件与拖动事件定义在一个单独的 MouseMotionListener 接口中。

在示例程序中，我们对这两种类型的鼠标事件都感兴趣。这里定义了两个内部类：MouseHandler和MouseMotionHandler。MouseHandler类扩展了MouseAdapter类，因为它只定义了5个MouseListener方法中的2个。(MouseAdapter类将5个MouseListener方法都定义为无操作的方法)。MouseMotionHandler实现了MouseMotionListener接口，并定义了这个接口的两个方法。程序清单10-6给出了这个程序的清单。

程序清单 10-6 mouse/MouseComponent.java

```
 1 package mouse;
 2 
 3 import java.awt.*;
 4 import java.awt.event.*;
 5 import java.awt.geom.*;
 6 import java.util.*;
 7 import javax.swing.*;
 8 
 9 /**
10  * A component with mouse operations for adding and removing squares.
11  */
12 public class MouseComponent extends JComponent
13 {
14    private static final int DEFAULT_WIDTH = 300;
15    private static final int DEFAULT_HEIGHT = 200;
16 
17    private static final int SIDELENGTH = 10;
18    private ArrayList<Rectangle2D> squares;
19    private Rectangle2D current; // the square containing the mouse cursor
20 
21    public MouseComponent()
22    {
23       squares = new ArrayList<>();
24       current = null;
25 
26       addMouseListener(new MouseHandler());
27       addMouseMotionListener(new MouseMotionHandler());
28    }
29 
30    public Dimension getPreferredSize()
31    {
32       return new Dimension(DEFAULT_WIDTH, DEFAULT_HEIGHT);
33    }
34 
35    public void paintComponent(Graphics g)
36    {
37       var g2 = (Graphics2D) g;
38 
39       // draw all squares
40       for (Rectangle2D r : squares)
41          g2.draw(r);
42    }
43 
44    /**
45     * Finds the first square containing a point.
```

```
46      * @param p a point
47      * @return the first square that contains p
48      */
49     public Rectangle2D find(Point2D p)
50     {
51        for (Rectangle2D r : squares)
52        {
53           if (r.contains(p)) return r;
54        }
55        return null;
56     }
57
58     /**
59      * Adds a square to the collection.
60      * @param p the center of the square
61      */
62     public void add(Point2D p)
63     {
64        double x = p.getX();
65        double y = p.getY();
66
67        current = new Rectangle2D.Double(x - SIDELENGTH / 2, y - SIDELENGTH / 2,
68           SIDELENGTH, SIDELENGTH);
69        squares.add(current);
70        repaint();
71     }
72
73     /**
74      * Removes a square from the collection.
75      * @param s the square to remove
76      */
77     public void remove(Rectangle2D s)
78     {
79        if (s == null) return;
80        if (s == current) current = null;
81        squares.remove(s);
82        repaint();
83     }
84
85     private class MouseHandler extends MouseAdapter
86     {
87        public void mousePressed(MouseEvent event)
88        {
89           // add a new square if the cursor isn't inside a square
90           current = find(event.getPoint());
91           if (current == null) add(event.getPoint());
92        }
93
94        public void mouseClicked(MouseEvent event)
95        {
96           // remove the current square if double clicked
97           current = find(event.getPoint());
98           if (current != null && event.getClickCount() >= 2) remove(current);
99        }
```

```
100    }
101
102    private class MouseMotionHandler implements MouseMotionListener
103    {
104       public void mouseMoved(MouseEvent event)
105       {
106          // set the mouse cursor to cross hairs if it is inside a rectangle
107
108          if (find(event.getPoint()) == null) setCursor(Cursor.getDefaultCursor());
109          else setCursor(Cursor.getPredefinedCursor(Cursor.CROSSHAIR_CURSOR));
110       }
111
112       public void mouseDragged(MouseEvent event)
113       {
114          if (current != null)
115          {
116             int x = event.getX();
117             int y = event.getY();
118
119             // drag the current rectangle to center it at (x, y)
120             current.setFrame(x - SIDELENGTH / 2, y - SIDELENGTH / 2, SIDELENGTH, SIDELENGTH);
121             repaint();
122          }
123       }
124    }
125 }
```

API java.awt.event.MouseEvent 1.1

- `int getX()`
- `int getY()`
- `Point getPoint()`

  返回事件发生时点（鼠标点击位置）相对于事件源组件左上角的 *x*（水平）和 *y*（竖直）坐标。
- `int getClickCount()`

  返回与事件关联的鼠标连击次数（“连击”的时间间隔与具体系统有关）。

API java.awt.Component 1.0

- `public void setCursor(Cursor cursor)` **1.1**

  为指定光标设置光标图像。

10.4.7　AWT 事件继承层次结构

EventObject 类有一个子类 AWTEvent，它是所有 AWT 事件类的父类。图 10-17 显示了 AWT 事件的继承图。

有些 Swing 组件会生成更多其他事件类型的事件对象；它们都直接扩展自 EventObject，而不是 AWTEvent。

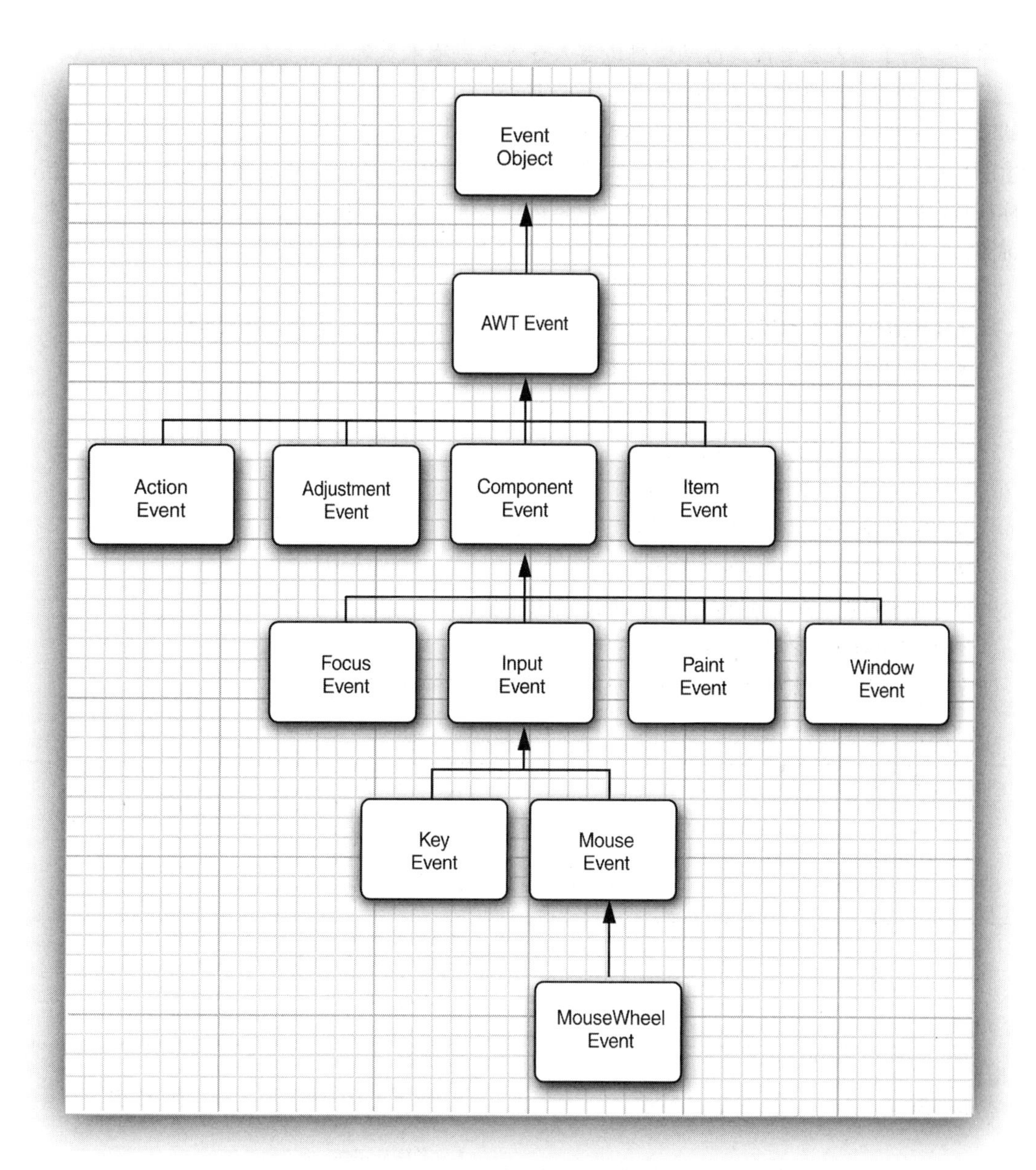

图 10-17 AWT 事件类的继承图

事件对象封装了事件源与监听器通信的有关事件信息。在必要的时候，可以对传递给监听器对象的事件对象进行分析，我们在按钮例子中就利用 `getSource` 和 `getActionCommand` 方法分析了事件对象。

有些 AWT 事件类对 Java 程序员来说并不实用。例如，AWT 会把 `PaintEvent` 对象插入事件队列中，但这些对象并没有传递给监听器。Java 程序员并不监听绘制事件，实际上，它们会覆盖 `paintComponent` 方法来控制重新绘制。另外，AWT 还会生成很多只对系统程序员有用的事件，用于为表意语言、自动检测机器人等等提供输入系统。

AWT 将事件分为底层（low-level）事件和语义（semantic）事件。语义事件是表示用户动作的事件，例如，“点击按钮”；因此，ActionEvent 是一种语义事件。底层事件是使语义事件得以发生的事件。对于点击按钮事件，底层事件包括按下鼠标、一系列移动鼠标和松开鼠标（仅当鼠标在按钮区内松开）。或者底层事件也可以是按键事件，如果用户用 Tab 键选择按钮，再用空格键激活按钮，也能点击按钮。类似地，调整滚动条是一种语义事件，但拖动鼠标是底层事件。

下面是 java.awt.event 包中最常用的语义事件类：

- ActionEvent（对应按钮点击、菜单选择、选择列表项或在文本域中按回车）；
- AdjustmentEvent（用户调整滚动条）；
- ItemEvent（用户从复选框或列表框中选择一项）。

常用的 5 个底层事件类是：

- KeyEvent（一个键按下或松开）；
- MouseEvent（鼠标键按下、松开、移动或拖动）；
- MouseWheelEvent（鼠标滚轮滚动）；
- FocusEvent（某个组件获得焦点或失去焦点）；
- WindowEvent（窗口状态改变）。

表 10-4 显示了最重要的 AWT 监听器接口、事件和事件源。

表 10-4 事件处理总结

接 口	方 法	参数 / 访问方法	事件源
ActionListener	actionPerformed	ActionEvent • getActionCommand • getModifiers	AbstractButton JComboBox JTextField Timer
AdjustmentListener	adjustmentValueChanged	AdjustmentEvent • getAdjustable • getAdjustmentType • getValue	JScrollbar
ItemListener	itemStateChanged	ItemEvent • getItem • getItemSelectable • getStateChange	AbstractButton JComboBox
FocusListener	focusGained focusLost	FocusEvent • isTemporary	Component
KeyListener	keyPressed keyReleased keyTyped	KeyEvent • getKeyChar • getKeyCode • getKeyModifiersText • getKeyText • isActionKey	Component

（续）

接口	方法	参数 / 访问方法	事件源
MouseListener	mousePressed mouseReleased mouseEntered mouseExited mouseClicked	MouseEvent • getClickCount • getX • getY • getPoint • translatePoint	Component
MouseMotionListener	mouseDragged mouseMoved	MouseEvent	Component
MouseWheelListener	mouseWheelMoved	MouseWheelEvent • getWheelRotation • getScrollAmount	Component
WindowListener	windowClosing windowOpened windowIconified windowDeiconified windowClosed windowActivated windowDeactivated	WindowEvent • getWindow	Window
WindowFocusListener	windowGainedFocus windowLostFocus	WindowEvent • getOppositeWindow	Window
WindowStateListener	windowStateChanged	WindowEvent • getOldState • getNewState	Window

10.5 首选项 API

本章的最后我们来讨论 java.util.prefsAPI。在桌面程序中，你通常都会存储用户首选项，如用户最后处理的文件、窗口的最后位置，等等。

在第 9 章我们已经看到，利用 Properties 类可以很容易地加载和保存程序的配置信息。不过，使用属性文件有以下缺点：

- 有些操作系统没有主目录的概念，所以很难为配置文件找到一个统一的位置。
- 关于配置文件的命名没有标准约定，用户安装多个 Java 应用时，就更容易发生命名冲突。

有些操作系统有一个存储配置信息的中心存储库。最著名的例子就是 Microsoft Windows 中的注册表。Preferences 类以一种平台无关的方式提供了这样一个中心存储库。在 Windows 中，Preferences 类使用注册表来存储信息；在 Linux 上，信息则存储在本地文件系统中。当然，存储库实现对使用 Preferences 类的程序员是透明的。

Preferences 存储库有一个树状结构，节点路径名类似于 /com/mycompany/myapp。类似于包名，只要程序员用逆置的域名作为路径的开头，就可以避免命名冲突。实际上，API 的设计者就建议配置节点路径要与程序中的包名一致。

存储库的各个节点分别有一个单独的键 / 值对表，可以用来存储数值、字符串或字节数组，但不能存储可串行化的对象。API 设计者认为对长期存储来说，串行化格式过于脆弱，并不合适。当然，如果你不同意这种看法，也可以用字节数组保存串行化对象。

为了增加灵活性，可以有多个并行的树。每个程序用户分别有一棵树；另外还有一棵系统树，可以用于存放所有用户的公共信息。Preferences 类使用操作系统的“当前用户”概念来访问相应的用户树。

若要访问树中的一个节点，需要从用户或系统根开始：

```
Preferences root = Preferences.userRoot();
```

或

```
Preferences root = Preferences.systemRoot();
```

然后访问节点。可以直接提供一个节点路径名：

```
Preferences node = root.node("/com/mycompany/myapp");
```

如果节点的路径名等于类的包名，还有一种便捷方式可以获得这个节点。只需要得到这个类的一个对象，然后调用

```
Preferences node = Preferences.userNodeForPackage(obj.getClass());
```

或

```
Preferences node = Preferences.systemNodeForPackage(obj.getClass());
```

一般来说，obj 往往是 this 引用。

一旦得到了节点，可以用以下方法访问键 / 值表：

```
String get(String key, String defval)
int getInt(String key, int defval)
long getLong(String key, long defval)
float getFloat(String key, float defval)
double getDouble(String key, double defval)
boolean getBoolean(String key, boolean defval)
byte[] getByteArray(String key, byte[] defval)
```

需要说明的是，读取信息时必须指定一个默认值，以防止没有可用的存储库数据。之所以必须有默认值，有很多原因。可能由于用户从未指定过首选项，所以没有相应的数据。某些资源受限的平台可能没有存储库，移动设备有可能与存储库暂时断开了连接。

相对应地，可以用如下的 put 方法向存储库写数据：

```
put(String key, String value)
putInt(String key, int value)
```

可以用以下方法枚举一个节点中存储的所有键：

```
String[] keys()
```

目前没有办法找出一个特定键相应的值类型。

注释： 节点名和键都最多只能有 80 个字符，字符串值最多可以有 8192 个字符。

以往类似 Windows 注册表的中心存储库存在两个问题：

- 它们会变成充斥着过期信息的“垃圾场”。
- 配置数据与存储库纠缠在一起，所以很难把首选项迁移到新平台。

Preferences 类为第二个问题提供了解决方案。可以调用以下方法导出一个子树（或者比较少见的，也可以是一个节点）的首选项：

```
void exportSubtree(OutputStream out)
void exportNode(OutputStream out)
```

数据用 XML 格式保存。可以通过调用以下方法将这些数据导入到另一个存储库：

```
void importPreferences(InputStream in)
```

下面是一个示例文件：

```
<?xml version="1.0" encoding="UTF-8"?>
<!DOCTYPE preferences SYSTEM "http://java.sun.com/dtd/preferences.dtd">
<preferences EXTERNAL_XML_VERSION="1.0">
   <root type="user">
      <map/>
      <node name="com">
         <map/>
         <node name="horstmann">
            <map/>
            <node name="corejava">
               <map>
            <entry key="height" value="200.0"/>
            <entry key="left" value="1027.0"/>
            <entry key="filename" value="/home/cay/books/cj11/code/v1ch11/raven.html"/>
            <entry key="top" value="380.0"/>
            <entry key="width" value="300.0"/>
               </map>
            </node>
        </node>
      </node>
   </root>
</preferences>
```

如果你的程序使用首选项，要让用户有机会导出和导入首选项，从而可以很容易地将设置从一台计算机迁移到另一台计算机。程序清单 10-7 中的程序展示了这种技术。这个程序只保存了窗口的位置和最后加载的文件名。试着调整窗口的大小，然后导出你的首选项，移动窗口，退出并重启应用。窗口的状态应该与之前退出时是一样的。导入你的首选项，窗口会恢复到之前的位置。

程序清单 10-7　preferences/ImageViewer.java

```
1 package preferences;
2
3 import java.awt.EventQueue;
4 import java.awt.event.*;
5 import java.io.*;
```

```
6  import java.util.prefs.*;
7  import javax.swing.*;
8
9  /**
10  * A program to test preference settings. The program remembers the
11  * frame position, size, and last selected file.
12  * @version 1.10 2018-04-10
13  * @author Cay Horstmann
14  */
15 public class ImageViewer
16 {
17    public static void main(String[] args)
18    {
19       EventQueue.invokeLater(() ->
20          {
21             var frame = new ImageViewerFrame();
22             frame.setTitle("ImageViewer");
23             frame.setDefaultCloseOperation(JFrame.EXIT_ON_CLOSE);
24             frame.setVisible(true);
25          });
26    }
27 }
28
29 /**
30  * An image viewer that restores position, size, and image from user
31  * preferences and updates the preferences upon exit.
32  */
33 class ImageViewerFrame extends JFrame
34 {
35    private static final int DEFAULT_WIDTH = 300;
36    private static final int DEFAULT_HEIGHT = 200;
37    private String image;
38
39    public ImageViewerFrame()
40    {
41       Preferences root = Preferences.userRoot();
42       Preferences node = root.node("/com/horstmann/corejava/ImageViewer");
43       // get position, size, title from properties
44       int left = node.getInt("left", 0);
45       int top = node.getInt("top", 0);
46       int width = node.getInt("width", DEFAULT_WIDTH);
47       int height = node.getInt("height", DEFAULT_HEIGHT);
48       setBounds(left, top, width, height);
49       image = node.get("image", null);
50       var label = new JLabel();
51       if (image != null) label.setIcon(new ImageIcon(image));
52
53       addWindowListener(new WindowAdapter()
54       {
55          public void windowClosing(WindowEvent event)
56          {
57             node.putInt("left", getX());
58             node.putInt("top", getY());
59             node.putInt("width", getWidth());
```

```
60             node.putInt("height", getHeight());
61             if (image != null) node.put("image", image);
62          }
63       });
64 
65       // use a label to display the images
66       add(label);
67 
68       // set up the file chooser
69       var chooser = new JFileChooser();
70       chooser.setCurrentDirectory(new File("."));
71 
72       // set up the menu bar
73       var menuBar = new JMenuBar();
74       setJMenuBar(menuBar);
75 
76       var menu = new JMenu("File");
77       menuBar.add(menu);
78 
79       var openItem = new JMenuItem("Open");
80       menu.add(openItem);
81       openItem.addActionListener(event ->
82          {
83             // show file chooser dialog
84             int result = chooser.showOpenDialog(null);
85 
86             // if file selected, set it as icon of the label
87             if (result == JFileChooser.APPROVE_OPTION)
88             {
89                image = chooser.getSelectedFile().getPath();
90                label.setIcon(new ImageIcon(image));
91             }
92          });
93 
94       var exitItem = new JMenuItem("Exit");
95       menu.add(exitItem);
96       exitItem.addActionListener(event -> System.exit(0));
97    }
98 }
```

API java.util.prefs.Preferences 1.4

- `Preferences userRoot()`

  返回调用程序的用户的首选项根节点。

- `Preferences systemRoot()`

  返回系统范围的首选项根节点。

- `Preferences node(String path)`

  返回从当前节点由给定路径可以到达的节点。如果 path 是绝对路径（也就是说，以一个 / 开头），则从包含这个首选项节点的树的根节点开始查找。如果给定路径不存在相应的节点，则创建这样一个节点。

- Preferences userNodeForPackage(Class cl)
- Preferences systemNodeForPackage(Class cl)

  返回当前用户树或系统树中的一个节点，其绝对节点路径对应类 cl 的包名。
- String[] keys()

  返回属于这个节点的所有键。
- String get(String key, String defval)
- int getInt(String key, int defval)
- long getLong(String key, long defval)
- float getFloat(String key, float defval)
- double getDouble(String key, double defval)
- boolean getBoolean(String key, boolean defval)
- byte[] getByteArray(String key, byte[] defval)

  返回与给定键关联的值，或者如果没有值与这个键关联、关联的值类型不正确或首选项存储库不可用，则返回所提供的默认值。
- void put(String key, String value)
- void putInt(String key, int value)
- void putLong(String key, long value)
- void putFloat(String key, float value)
- void putDouble(String key, double value)
- void putBoolean(String key, boolean value)
- void putByteArray(String key, byte[] value)

  在这个节点存储一个键 / 值对。
- void exportSubtree(OutputStream out)

  将这个节点及其子节点的首选项写至指定的流。
- void exportNode(OutputStream out)

  将这个节点（但不包括其子节点）的首选项写至指定的流。
- void importPreferences(InputStream in)

  导入指定流中包含的首选项。

这一章简要介绍了图形用户界面程序设计。在下一章中，我们将学习如何使用最常用的 Swing 组件。

第 11 章　Swing 用户界面组件

- ▲ Swing 和模型 – 视图 – 控制器设计模式
- ▲ 布局管理概述
- ▲ 文本输入
- ▲ 选择组件
- ▲ 菜单
- ▲ 复杂的布局管理
- ▲ 对话框

上一章主要介绍了如何使用 Java 中的事件模型。通过学习，你已经初步了解了如何构建一个图形用户界面（GUI）。本章将介绍构造功能更完备的图形用户界面所需要的最重要的工具。

我们首先介绍 Swing 的底层架构。要想弄清楚如何有效地使用更高级的组件，了解底层的基础非常重要。然后，我们会介绍 Swing 中最常用的用户界面组件，如文本域、单选按钮以及菜单等。接下来，你会了解如何使用布局管理器排列这些组件。最后，我们将介绍如何在 Swing 中实现对话框。

本章涵盖基本的 Swing 组件，如文本组件、按钮和滑动条等，这些都是最常用的基本用户界面组件。高级 Swing 组件将在卷 Ⅱ 中介绍。

11.1　Swing 和模型 – 视图 – 控制器设计模式

先简单回顾一下，考虑构成用户界面组件（如按钮、复选框、文本域或复杂的树控件）的各个组成部分。每个组件都有三个特征：

- 内容，如，按钮的状态（是否按下），或者文本域中的文本。
- 外观（颜色，大小等）。
- 行为（对事件的反应）。

这三个特征之间存在相当复杂的交互，即使是最简单的组件（如按钮）也能体现出这一点。很明显，按钮的外观显示取决于它的观感。Metal 按钮的外观与 Windows 按钮或者 Motif 按钮的外观就不一样。另外，外观显示还取决于按钮的状态：当按钮被按下时，按钮需要重新绘制，使它看起来不一样。状态取决于按钮接收到的事件。当用户在按钮上点击鼠标时，按钮就被按下。

当然，在程序中使用按钮时，只需要简单地把它看成一个*按钮*，而不需要太多地考虑它的内部工作原理和特征。毕竟，这些是实现按钮的程序员的工作。不过，实现按钮以及所有其他用户界面组件的程序员要更仔细地考虑这些组件的实现，使得无论实际观感如何，这些组件都能正常工作。

为了做到这一点，Swing 设计者采用了一种很有名的设计模式（design pattern）：模型 - 视图 - 控制器（model-view-controller，MVC）模式。这种设计模式要求我们提供三个不同的对象：

- 模型（model）：存储内容。
- 视图（view）：显示内容。
- 控制器（controller）：处理用户输入。

这种模式明确地规定了三个对象如何交互。模型存储内容，它没有用户界面。按钮的内容非常简单，只有很少的一组标志，用来表示当前按钮是否按下，是否处于活动状态，等等。文本域的内容更有意思，这是一个字符串对象，包含当前文本。它与内容的视图不同——如果内容的长度大于文本域的大小，用户就只能看到可以显示的那一部分文本，如图 11-1 所示。

图 11-1　文本域的模型和视图

模型必须实现改变内容和查找内容的方法。例如，一个文本模型会提供一些方法，用来在当前文本中添加或者删除字符，以及把当前文本作为一个字符串返回。重申一次，要记住模型是完全不可见的。显示存储在模型中的数据是视图的工作。

> **注释：**“模型”这个术语可能不太贴切，因为人们通常把模型视为一个抽象概念的具体表示。汽车和飞机的设计者制造模型来模拟真实的汽车和飞机。但这种类比可能会使你对模型 - 视图 - 控制器模式产生误解。在这个设计模式中，模型存储完整的内容，视图给出内容的（完整或者不完整的）可视化显示。一个更恰当的比喻应当是模特为画家摆好姿势。此时，就要看画家如何看模特，并由此来画一幅画（即视图）。那幅画是一幅规矩的肖像画，或是一幅印象派作品，还是一幅立体派作品（以古怪的曲线来描绘四肢），则完全取决于画家。

模型 - 视图 - 控制器模式的一个优点是，一个模型可以有多个视图，其中每个视图可以显示全部内容的不同部分或不同方面。例如，一个 HTML 编辑器可以为同一内容同时提供两个视图：一个 WYSIWYG（所见即所得）视图和一个“原始标记”视图（见图 11-2）。当通过某一个视图的控制器对模型进行更新时，模型会通知关联的两个视图发生了改变。视图得到通知以后就会自动地刷新。当然，对于一个简单的用户界面组件（如按钮），并不需要为同一个模型提供多个视图。

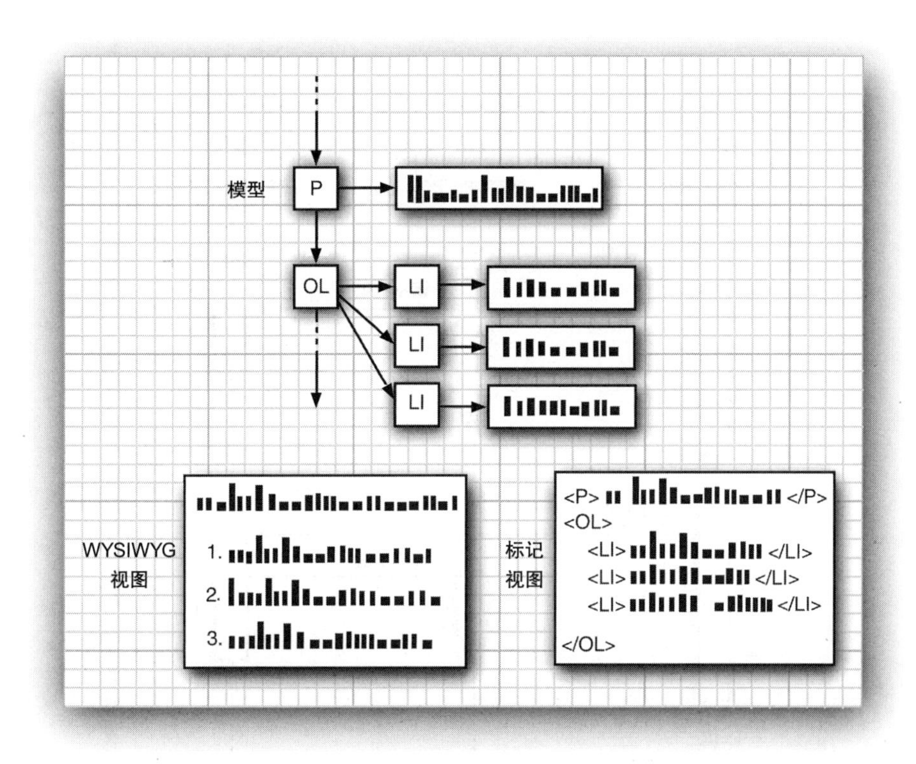

图 11-2　同一个模型的两个不同视图

控制器负责处理用户输入事件，如点击鼠标和按键，然后决定是否把这些事件转换成对模型或视图的更改。例如，如果用户在一个文本框中按下了一个字符键，控制器调用模型的“插入字符”命令，然后模型告诉视图进行更新，而视图永远不会知道文本为什么改变了。但是如果用户按下了一个箭头键，那么控制器会通知视图滚动。滚动视图对底层文本不会有任何影响，因此模型永远不会知道这个事件的发生。

图 11-3 显示了模型、视图和控制器对象之间的交互。

对大多数 Swing 组件来说，模型类将实现一个名字以 Model 结尾的接口，在这里，接口就名为 ButtonModel。实现了此接口的类可以定义各种按钮的状态。实际上，按钮并不复杂，Swing 库中有一个名为 DefaultButtonModel 的类实现了这个接口。

可以通过查看 ButtonModel 接口的属性来了解按钮模型维护了哪些数据（参见表 11-1）。

每个 JButton 对象都存储着一个按钮模型对象，可以如下访问。

```
var button = new JButton("Blue");
ButtonModel model = button.getModel();
```

实际上，你不必关心按钮状态的细节，只有绘制它的视图才对此感兴趣。所有重要的信息（如按钮是否启用）可以通过 JButton 类得到（当然，JButton 类会向它的模型获取这些信息）。

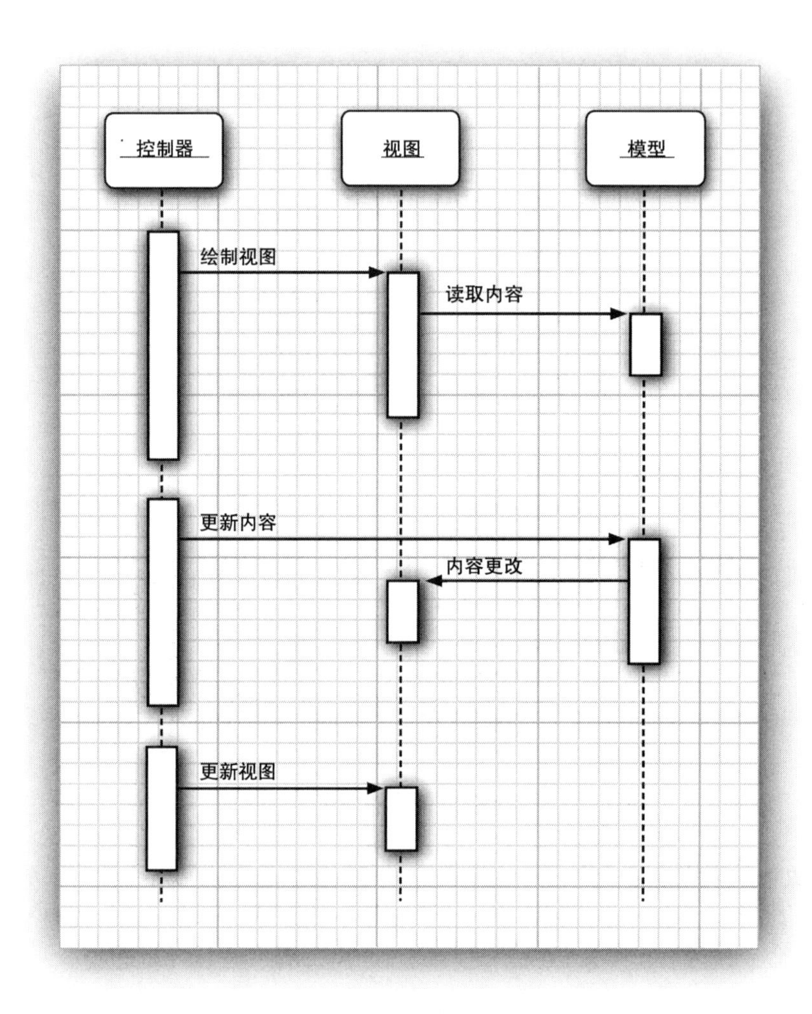

图 11-3 模型、视图、控制器对象之间的交互

表 11-1 ButtonModel 接口的属性

属性名	值
actionCommand	与按钮关联的动作命令字符串
mnemonic	按钮的助记快捷键
armed	如果按钮按下且鼠标仍在按钮上则为 true
enabled	如果按钮是可选择的则为 true
pressed	如果按钮按下且鼠标按键没有松开则为 true
rollover	如果鼠标在按钮上则为 true
selected	如果按钮已经被选择（用于复选框和单选按钮）则为 true

下面再来查看 ButtonModel 接口中不包含哪些信息。模型不存储按钮标签或者图标。对于

一个按钮来说，仅查看模型无法知道按钮上显示什么（实际上，在有关单选按钮的 11.4.2 节中将会看到，这种设计的纯粹性会给程序员带来一些麻烦）。

另外还需要注意，同样的模型（例如 DefaultButtonModel）可用于下压按钮、单选按钮、复选框，甚至菜单项。当然，这些按钮都有各自不同的视图和控制器。当使用 Metal 观感时，JButton 类用 BasicButtonUI 类作为其视图；用 ButtonUIListener 类作为其控制器。通常，每个 Swing 组件都有一个相关的视图对象（以 UI 结尾），但并不是所有的 Swing 组件都有专用的控制器对象。

在简单了解了 JButton 的底层工作之后，你可能想知道：JButton 究竟是什么？事实上，它就是一个继承自 JComponent 的包装器类，其中包含 DefaultButtonModel 对象，一些视图数据（例如按钮标签和图标）以及一个对按钮视图负责的 BasicButtonUI 对象。

11.2　布局管理概述

在讨论各个 Swing 组件（例如文本域和单选按钮）之前，首先介绍如何在窗体中排列这些组件。

当然，Java 开发环境提供了拖放式 GUI 生成器。不过，弄清楚底层的实现方式非常重要，因为即使最好的工具也往往需要手动调整。

11.2.1　布局管理器

先来回顾程序清单 10-4 中的程序，在那个程序中，我们使用按钮来改变窗体的背景颜色。

这几个按钮包含在一个 JPanel 对象中，用流布局管理器（flow layout manager）管理，这是面板的默认布局管理器。图 11-4 展示了向面板中添加更多按钮后的效果。可以看到，当一行的空间不够时，会显示在新的一行上。

另外，按钮总是在面板中居中，即使用户调整了窗体大小也是如此，如图 11-5 所示。

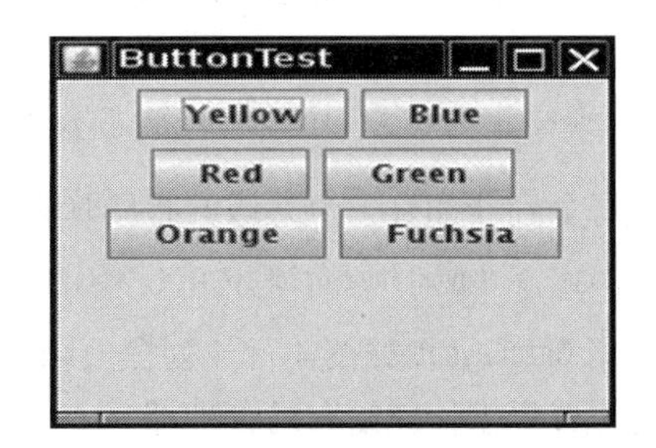

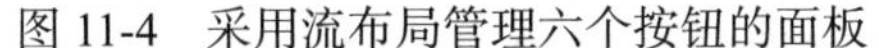

图 11-4　采用流布局管理六个按钮的面板

图 11-5　改变面板大小会自动重新排列按钮

通常，组件放置在容器中，布局管理器决定容器中组件的位置和大小。

按钮、文本域和其他的用户界面元素都会扩展 Component 类，组件可以放置在容器（如面板）中。由于 Container 类扩展了 Component 类，所以容器本身也可以放置在另一个容器中。图 11-6 显示了 Component 的继承层次结构。

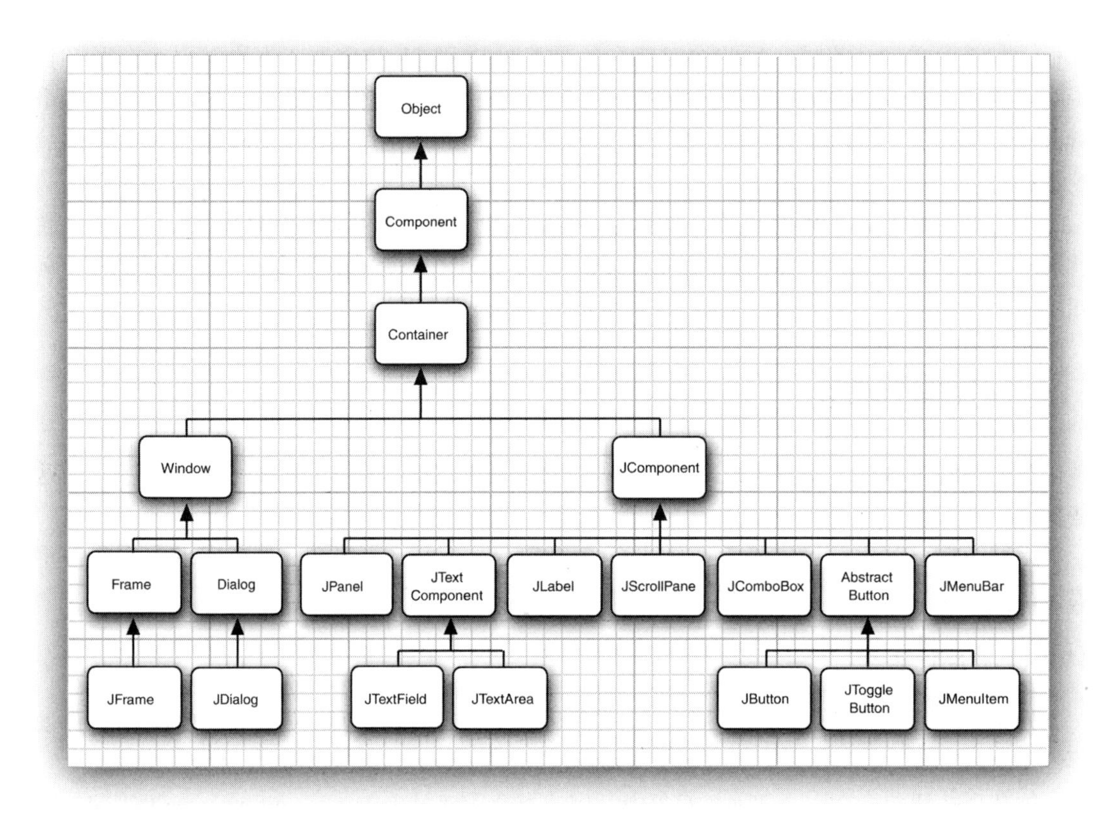

图 11-6　Component 类的继承层次结构

> **注释：** 遗憾的是，这个继承层次结构在两方面有些不太清楚。首先，顶层窗口（如 JFrame）是 Container 的子类，所以也是 Component 的子类，却不能放在其他容器内。另外，JComponent 是 Container 的子类，而不是 Component 的子类，因此，可以将其他组件添加到 JButton 中。（但这些组件不会显示。）

每个容器都有一个默认的布局管理器，但可以重新进行设置。例如，以下语句：

```
panel.setLayout(new GridLayout(4, 4));
```

会使用 GridLayout 类按 4 行 4 列摆放组件。往容器中添加组件时，容器的 add 方法将把组件和所有位置要求传递给布局管理器。

API java.awt.Container 1.0

- void setLayout(LayoutManager m)

  为容器设置布局管理器。

- `Component add(Component c)`
- `Component add(Component c, Object constraints)` **1.1**

  将组件添加到容器中，并返回组件引用。

API java.awt.FlowLayout 1.0

- `FlowLayout()`
- `FlowLayout(int align)`
- `FlowLayout(int align, int hgap, int vgap)`

  构造一个新的 FlowLayout 对象。align 参数可以是 LEFT、CENTER 或者 RIGHT。

11.2.2　边框布局

边框布局管理器（border layout manager）是每个 JFrame 的内容窗格的默认布局管理器。流布局管理器会完全控制每个组件的位置，边框布局管理器则不然，它允许你为每个组件选择一个位置。可以选择把组件放在内容窗格的中间、北部、南部、东部或者西部。如图 11-7 所示。

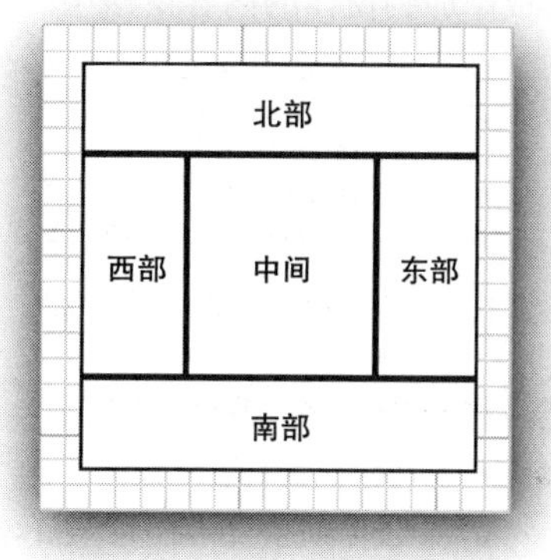

图 11-7　边框布局

例如：

```
frame.add(component, BorderLayout.SOUTH);
```

先放置边缘组件，剩余的可用空间由中间组件占据。当容器调整大小时，边缘组件的尺寸不会改变，而中间组件的大小会发生变化。添加组件时可以指定 BorderLayout 类的 CENTER、NORTH、SOUTH、EAST 和 WEST 常量。不是所有的位置都需要占据，如果没有提供任何值，则默认为 CENTER。

> **注释：** BorderLayout 常量定义为字符串。例如，BorderLayout.SOUTH 定义为字符串 "SOUTH"。这比使用字符串要更安全。如果字符串不慎拼写有误，例如写为 frame.add (component, "south")，编译器不会捕获这个错误。

与流布局不同，边框布局会扩展所有组件的尺寸从而填满可用空间（流布局将维持每个组件的最佳尺寸）。添加一个按钮时，这会有问题：

```
frame.add(yellowButton, BorderLayout.SOUTH); // don't
```

图 11-8 显示了执行上述语句的结果。按钮会扩展至填满窗体的整个南部区域。而且，如果再将另外一个按钮添加到南部区域，就会取代第一个按钮。

解决这个问题的常见方法是使用另外的面板（panel），例如，如图 11-9 所示。屏幕底部的三个按钮全部包含在一个面板中。这个面板放置在内容窗格的南部区域。

图 11-8　边框布局管理一个按钮

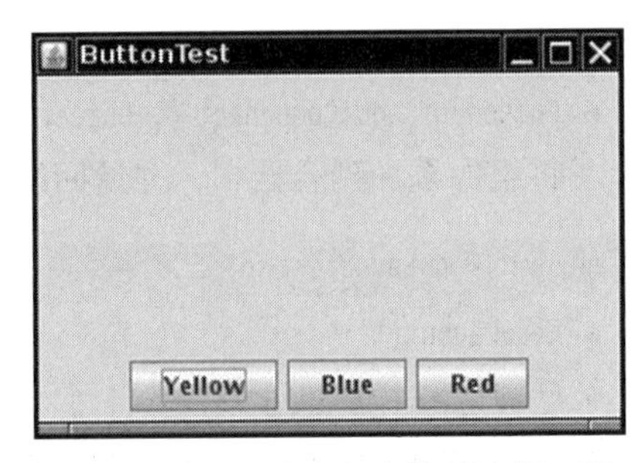

图 11-9　面板放置在窗体的南部区域

要想得到这种配置，首先需要创建一个新的 JPanel 对象，然后将各个按钮添加到这个面板中。面板的默认布局管理器是 FlowLayout，在这里这是个不错的选择。随后使用前面已经见过的 add 方法将每个按钮添加到面板中。每个按钮的位置和大小完全由 FlowLayout 布局管理器控制。这意味着这些按钮将在面板中居中，并不会扩展至填满整个面板区域。最后，将这个面板添加到窗体的内容窗格中。

```
var panel = new JPanel();
panel.add(yellowButton);
panel.add(blueButton);
panel.add(redButton);
frame.add(panel, BorderLayout.SOUTH);
```

边框布局管理器将扩展面板大小，以填满整个南部区域。

API java.awt.BorderLayout 1.0

- BorderLayout()
- BorderLayout(int hgap, int vgap)

  构造一个新的 BorderLayout 对象。

11.2.3　网格布局

网格布局像电子数据表格一样，按行列排列所有的组件。所有组件的大小都是一样的。图 11-10 显示的计算器程序就使用了网格布局来排列计算器按钮。当调整窗口大小时，计算器按钮将随之变大或变小，但所有按钮的尺寸始终保持一致。

图 11-10　计算器

在网格布局对象的构造器中，需要指定所需的行数和列数：

```
panel.setLayout(new GridLayout(4, 4));
```

添加组件，从第一行的第一项开始，然后是第一行的第二项，以此类推。

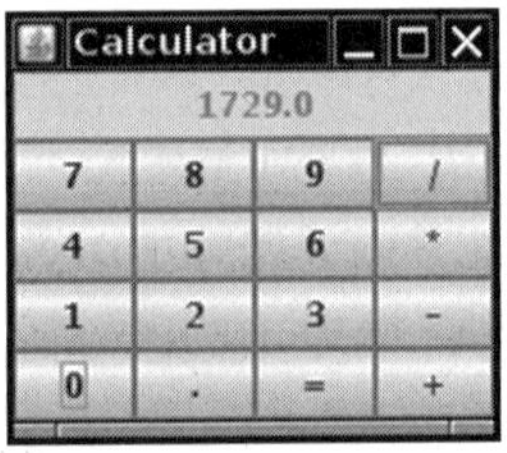

```
panel.add(new JButton("1"));
panel.add(new JButton("2"));
```

当然，极少应用会有像计算器这样整齐的布局。在实际中，小网格（通常只有一行或者一列）对于组织窗口的部分区域会很有用。例如，如果想放置一行大小相等的按钮，就可以将这些按钮放置在一个面板中，而且这个面板使用只有一行的网格布局进行管理。

API java.awt.GridLayout 1.0

- `GridLayout(int rows, int columns)`
- `GridLayout(int rows, int columns, int hgap, int vgap)`

  构造一个新的 GridLayout 对象。rows 或者 columns 可以为零，但不能同时为零，指示每行或每列任意的组件数。

11.3 文本输入

终于可以开始介绍 Swing 用户界面组件了。首先来介绍允许用户输入和编辑文本的组件。可以使用文本域（JTextField）和文本区（JTextArea）组件输入文本。文本域只能接受单行文本，而文本区能够接受多行文本。JPasswordField 也只能接受单行文本，但不会将输入的内容显示出来。

这三个类都继承自 JTextComponent 类。由于 JTextComponent 是一个抽象类，所以你自己不能构造这个类的对象。另外，在 Java 中常会看到这种情况，查看 API 文档时，你可能发现所找的方法实际上来自父类 JTextComponent，而不是来自派生类自身。例如，获取或设置一个文本域或文本区中文本的方法实际上都是 JTextComponent 类中的方法。

API javax.swing.text.JTextComponent 1.2

- `String getText()`
- `void setText(String text)`

  获取或设置文本组件的文本。
- `boolean isEditable()`
- `void setEditable(boolean b)`

  获取或设置 editable 属性，这个属性决定了用户是否可以编辑这个文本组件的内容。

11.3.1 文本域

把文本域添加到窗口的常用办法是将它添加到一个面板或者其他容器中，这与添加按钮完全一样：

```
var panel = new JPanel();
var textField = new JTextField("Default input", 20);
panel.add(textField);
```

这段代码将添加一个文本域，初始化时在其中放入字符串 "Default input"。构造器的第二个参数设置了文本域的宽度。在这个示例中，宽度值为 20 “列”。但是，这里所说的列不是一个精确的度量单位。一列是指按当前使用的字体一个字符的宽度。其想法是，如果希望文本域最多能够输入 n 个字符，就应该把宽度设置为 n 列。但在实际中，这样做效果并不理想，为稳妥一些，最好将最大输入长度再多加1～2个字符。另外要记住，列数只是给AWT的一个提示，提供了首选（preferred）大小。如果布局管理器需要缩放这个文本域，它会调整文本域的大小。在JTextField的构造器中设定的列宽并不是用户能输入的字符个数的上限。用户仍然可以输入更长的字符串，但是当文本长度超过文本域长度时输入就会滚动。用户通常不喜欢滚动文本域，因此应该尽量把文本域设置得宽一些。如果需要在运行时重新设置列数，可以使用setColumns方法。

提示： 使用setColumns方法改变一个文本框的大小之后，需要调用外围容器的revalidate方法。

```
textField.setColumns(10);
panel.revalidate();
```

revalidate方法会重新计算容器内所有组件的大小，并且对它们重新进行布局。调用revalidate方法后，布局管理器会调整容器的大小，然后就可以看到改变大小后的文本域了。

revalidate方法是JComponent类中的方法。它并不是立即改变组件大小，而只是将组件标记为要改变大小。这种方法可以避免多个组件请求调整大小时带来的重复计算。但是，如果想重新计算一个JFrame中的所有组件，就必须调用validate方法——JFrame没有扩展JComponent。

通常情况下，用户会在文本域中添加文本（或者编辑已有的文本）。这些文本域一般初始为空白。要构造一个空白文本域，只需要省略JTextField构造器的字符串参数：

```
var textField = new JTextField(20);
```

可以在任何时候调用setText方法来改变文本域的内容，之前提到过，这个方法是从JTextComponent父类继承而来的。例如：

```
textField.setText("Hello!");
```

另外，正如之前提到的，可以调用getText方法来获取用户键入的文本。这个方法原样返回用户输入的文本。如果想要去掉文本域数据中前后多余的空格，可以对getText的返回值应用strip方法：

```
String text = textField.getText().strip();
```

如果想改变显示文本的字体，可以使用setFont方法。

API javax.swing.JTextField 1.2

- JTextField(int cols)
  构造一个有指定列数的空JTextField对象。
- JTextField(String text, int cols)
  构造一个有初始字符串和指定列数的JTextField对象。
- int getColumns()

- void setColumns(int cols)

  获得或设置文本域使用的列数。

API javax.swing.JComponent 1.2

- void revalidate()

  导致重新计算组件的位置和大小。

- void setFont(Font f)

  设置这个组件的字体。

API java.awt.Component 1.0

- void validate()

  重新计算组件的位置和大小。如果组件是容器，容器中包含的所有组件的位置和大小也会重新计算。

- Font getFont()

  获得组件的字体。

11.3.2　标签和标签组件

标签是容纳文本的组件，它们没有任何修饰（例如没有边界），也不能响应用户输入。可以利用标签标识组件。例如，与按钮不同，文本域没有标识它们的标签。要对这种本身不带标识的组件加标签，应该：

1. 用正确的文本构造一个 JLabel 组件。
2. 将它放置在与所要标识的组件足够近的地方，以便用户看到这个标签标识的组件。

JLabel 的构造器允许指定初始文本和图标，可选地，也可以指定内容的对齐方式。可以用 SwingConstants 接口中的常量来指定对齐方式。这个接口中定义了一些很有用的常量，如 LEFT、RIGHT、CENTER、NORTH、EAST 等。JLabel 类是实现这个接口的众多 Swing 类之一。因此，可以如下指定右对齐标签：

```
var label = new JLabel("User name: ", SwingConstants.RIGHT);
```

或者

```
var label = new JLabel("User name: ", JLabel.RIGHT);
```

利用 setText 和 setIcon 方法可以在运行期间设置标签的文本和图标。

> **提示：** 可以在按钮、标签和菜单项上使用纯文本或 HTML 文本。我们不推荐在按钮上使用 HTML 文本——这样会影响观感。但是标签中使用 HTML 文本很有意义。只需要简单地将标签字符串包围在 <html>...</html> 之间，如下所示：
>
> ```
> label = new JLabel("<html>Required entry:</html>");
> ```
>
> 需要说明的是，包含 HTML 标签的第一个组件需要延迟一段时间才能显示出来，这是因为需要加载相当复杂的 HTML 渲染代码。

与其他组件一样，标签也可以放在容器中。这就是说，可以利用前面介绍的技术将标签放置在任何需要的地方。

API javax.swing.JLabel 1.2

- JLabel(String text)
- JLabel(Icon icon)
- JLabel(String text, int align)
- JLabel(String text, Icon icon, int align)

  构造一个标签。align 参数是一个 SwingConstants 常量：LEFT（默认）、CENTER 或者 RIGHT。
- String getText()
- void setText(String text)

  获得或设置标签的文本。
- Icon getIcon()
- void setIcon(Icon icon)

  获得或设置标签的图标。

11.3.3　密码域

密码域是一种特殊的文本域。为了避免有不良企图的人站在一旁看到密码，用户输入的字符不真正显示出来。每个输入的字符都用回显字符（echo character）表示，如星号（*）。Swing 提供了 JPasswordField 类来实现这样的文本域。

密码域也是一个体现模型 – 视图 – 控制器架构模式强大功能的例子。密码域使用与常规文本域相同的模型来存储数据，但是，它的视图改为将所有字符显示为回显字符。

API javax.swing.JPasswordField 1.2

- JPasswordField(String text, int columns)

  构造一个新的密码域。
- void setEchoChar(char echo)

  为密码域设置回显字符。这只是建议性的；特定的观感可能坚持使用自己的回显字符。值 0 会重新设置为默认的回显字符。
- char[] getPassword()

  返回密码域中包含的文本。为了得到更好的安全性，在使用之后应该覆写所返回数组的内容（密码并不是作为 String 返回，这是因为字符串在被垃圾回收之前会一直驻留在虚拟机中）。

11.3.4　文本区

有时，用户的输入可能超过一行。正像前面提到的，可以使用 JTextArea 组件来接收这样的输入。在程序中放置一个文本区组件时，用户就可以输入多行文本，并用回车键换行。每

行都以一个 '\n' 结尾。图 11-11 显示了一个正在使用的文本区。

图 11-11　文本组件

在 JTextArea 组件的构造器中，可以指定文本区的行数和列数。例如：

```
textArea = new JTextArea(8, 40); // 8 lines of 40 columns each
```

这里参数 columns 与之前的做法相同，而且出于稳妥的考虑，应该再增加几列。另外，用户并不受限于指定的行数和列数。当输入过长时，文本会滚动。还可以用 setColumns 方法改变列数，用 setRows 方法改变行数。这些值只是指示首选大小——布局管理器可能还会对文本区进行缩放。

如果文本区的文本超出了可显示的范围，那么剩下的文本就会被剪裁掉。可以通过开启自动换行属性来避免裁剪长文本行：

```
textArea.setLineWrap(true); // long lines are wrapped
```

自动换行只是视觉效果，文档中的文本没有改变，并没有在文本中自动插入 '\n' 字符。

11.3.5　滚动窗格

在 Swing 中，文本区没有滚动条。如果需要滚动条，必须将文本区放在滚动窗格（scroll pane）中。

```
textArea = new JTextArea(8, 40);
var scrollPane = new JScrollPane(textArea);
```

现在滚动窗格管理文本区的视图。如果文本超出了文本区可以显示的范围，滚动条就会自动出现，删除部分文本后，如果剩余文本能够在文本区范围内显示，滚动条会再次消失。滚动是由滚动窗格内部处理的，编写程序时无须处理滚动事件。

这是一种适用于所有组件的通用机制，而不是文本区特有的。也就是说，要想为组件添加滚动条，只需将它们放入一个滚动窗格中即可。

程序清单 11-1 展示了各种文本组件。这个程序显示了一个文本域、一个密码域和一个带滚动条的文本区。文本域和密码域都有标签。点击“Insert”会将输入域中的内容插入到文本区中。

> **注释：** JTextArea 组件只显示纯文本，没有特殊字体或者格式。如果想显示格式化文本（如 HTML），就需要使用 JEditorPane 类，这将在卷 II 中详细讨论。

程序清单 11-1 text/TextComponentFrame.java

```java
 1 package text;
 2 
 3 import java.awt.BorderLayout;
 4 import java.awt.GridLayout;
 5 
 6 import javax.swing.JButton;
 7 import javax.swing.JFrame;
 8 import javax.swing.JLabel;
 9 import javax.swing.JPanel;
10 import javax.swing.JPasswordField;
11 import javax.swing.JScrollPane;
12 import javax.swing.JTextArea;
13 import javax.swing.JTextField;
14 import javax.swing.SwingConstants;
15 
16 /**
17  * A frame with sample text components.
18  */
19 public class TextComponentFrame extends JFrame
20 {
21    public static final int TEXTAREA_ROWS = 8;
22    public static final int TEXTAREA_COLUMNS = 20;
23 
24    public TextComponentFrame()
25    {
26       var textField = new JTextField();
27       var passwordField = new JPasswordField();
28 
29       var northPanel = new JPanel();
30       northPanel.setLayout(new GridLayout(2, 2));
31       northPanel.add(new JLabel("User name: ", SwingConstants.RIGHT));
32       northPanel.add(textField);
33       northPanel.add(new JLabel("Password: ", SwingConstants.RIGHT));
34       northPanel.add(passwordField);
35 
36       add(northPanel, BorderLayout.NORTH);
37 
38       var textArea = new JTextArea(TEXTAREA_ROWS, TEXTAREA_COLUMNS);
39       var scrollPane = new JScrollPane(textArea);
40 
41       add(scrollPane, BorderLayout.CENTER);
42 
43       // add button to append text into the text area
44 
45       var southPanel = new JPanel();
46 
```

```
47        var insertButton = new JButton("Insert");
48        southPanel.add(insertButton);
49        insertButton.addActionListener(event ->
50           textArea.append("User name: " + textField.getText() + " Password: "
51              + new String(passwordField.getPassword()) + "\n"));
52
53        add(southPanel, BorderLayout.SOUTH);
54        pack();
55     }
56  }
```

API javax.swing.JTextArea 1.2

- `JTextArea()`
- `JTextArea(int rows, int cols)`
- `JTextArea(String text, int rows, int cols)`

  构造一个新的文本区。
- `void setColumns(int cols)`

  设置文本区要使用的首选列数。
- `void setRows(int rows)`

  设置文本区要使用的首选行数。
- `void append(String newText)`

  将给定的文本追加到文本区中已有文本的末尾。
- `void setLineWrap(boolean wrap)`

  打开或关闭自动换行。
- `void setWrapStyleWord(boolean word)`

  如果 word 是 true，长文本行会在单词边界自动换行。如果为 false，长文本行会直接截断而不考虑单词边界。
- `void setTabSize(int c)`

  每 c 列设置一个制表符（tab stop）。注意，制表符不会被转换为空格，但会让文本对齐到下一个制表符处。

API javax.swing.JScrollPane 1.2

- `JScrollPane(Component c)`

  创建一个滚动窗格，用来显示指定组件的内容。当组件内容超过可显示的范围时，会提供滚动条。

11.4 选择组件

现在我们已经了解了如何收集用户输入的文本。不过，在很多情况下，可能更应该为用户提供有限的一组选项，而不是让用户在文本组件中输入数据。可以使用一组按钮或者选项列表让用户做出选择（这样也免去了检查错误的麻烦）。在本节中，将介绍如何编写程序来使用复选框、单选按钮、选项列表以及滑动条。

11.4.1　复选框

如果想要收集的输入只是“是”或“否”，就可以使用复选框组件。复选框自动提供标签作为标识。用户通过点击一个复选框将它选中，再次点击可以取消选中。当复选框获得焦点时，按下空格键也可以切换复选框的选中状态。

图 11-12 所示的简单程序中有两个复选框，其中一个用于打开或关闭字体倾斜属性，而另一个用于控制加粗属性。注意，第二个复选框有焦点，这一点由标签周围的矩形框可以看出。每次用户点击其中一个复选框时，就会使用新的字体属性刷新屏幕。

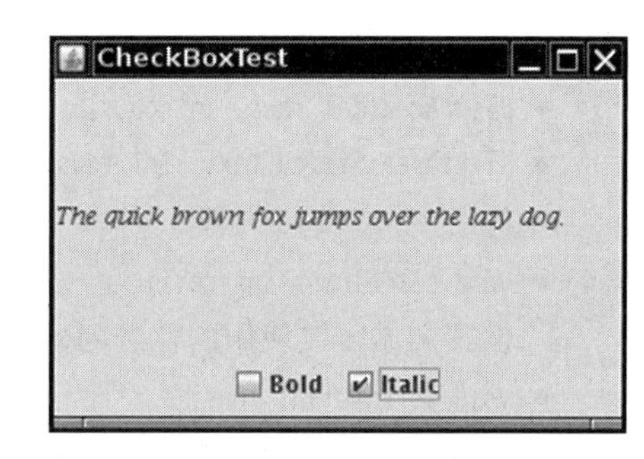

图 11-12　复选框

复选框需要一个紧邻的标签来明确其用途。在构造器中指定标签文本。

```
bold = new JCheckBox("Bold");
```

可以使用 setSelected 方法来选中或取消选中复选框。例如：

```
bold.setSelected(true);
```

isSelected 方法将获取每个复选框的当前状态。如果没有选中则为 false，如果选中这个复选框则为 true。

用户点击复选框时将触发一个动作事件。与以往一样，可以为复选框关联一个动作监听器。在这个程序中，两个复选框使用了同一个动作监听器。

```
ActionListener listener = . . .;
bold.addActionListener(listener);
italic.addActionListener(listener);
```

监听器查询 bold 和 italic 复选框的状态，并且把面板中的字体设置为常规、加粗、倾斜或者粗斜字体。

```
ActionListener listener = event ->
   {
      int mode = 0;
      if (bold.isSelected()) mode += Font.BOLD;
      if (italic.isSelected()) mode += Font.ITALIC;
      label.setFont(new Font(Font.SERIF, mode, FONTSIZE));
   };
```

程序清单 11-2 给出了这个复选框例子的全部代码。

程序清单 11-2　checkBox/ CheckBoxFrame.java

```
1 package checkBox;
2
```

```
3 import java.awt.*;
4 import java.awt.event.*;
5 import javax.swing.*;
6
7 /**
8  * A frame with a sample text label and check boxes for selecting font
9  * attributes.
10  */
11 public class CheckBoxFrame extends JFrame
12 {
13    private JLabel label;
14    private JCheckBox bold;
15    private JCheckBox italic;
16    private static final int FONTSIZE = 24;
17
18    public CheckBoxFrame()
19    {
20       // add the sample text label
21
22       label = new JLabel("The quick brown fox jumps over the lazy dog.");
23       label.setFont(new Font("Serif", Font.BOLD, FONTSIZE));
24       add(label, BorderLayout.CENTER);
25
26       // this listener sets the font attribute of
27       // the label to the check box state
28
29       ActionListener listener = event ->
30          {
31             int mode = 0;
32             if (bold.isSelected()) mode += Font.BOLD;
33             if (italic.isSelected()) mode += Font.ITALIC;
34             label.setFont(new Font("Serif", mode, FONTSIZE));
35          };
36
37       // add the check boxes
38       var buttonPanel = new JPanel();
39
40       bold = new JCheckBox("Bold");
41       bold.addActionListener(listener);
42       bold.setSelected(true);
43       buttonPanel.add(bold);
44
45       italic = new JCheckBox("Italic");
46       italic.addActionListener(listener);
47       buttonPanel.add(italic);
48
49       add(buttonPanel, BorderLayout.SOUTH);
50       pack();
51    }
52 }
```

API javax.swing.JCheckBox 1.2

- JCheckBox(String label)

- `JCheckBox(String label, Icon icon)`
  构造一个复选框，初始未选中。
- `JCheckBox(String label, boolean state)`
  用给定的标签和初始状态构造一个复选框。
- `boolean isSelected()`
- `void setSelected(boolean state)`
  获得或设置复选框的选择状态。

11.4.2　单选按钮

在前一个例子中，对于这两个复选框，用户既可以选择一个、两个，也可以两个都不选。在很多情况下，我们需要用户只选择几个选项当中的一个。当用户选择另一项的时候，前一项就自动地取消选中。这样一组选项通常称为单选按钮组（radio button group），这是因为这些按钮的工作很像收音机上的电台选钮。当按下一个按钮时，前一个按下的按钮就会自动弹起。图 11-13 给出了一个典型的例子。这里允许用户在多个选择中选择一个字体大小，即小（Small）、中（Medium）、大（Large）和超大（Extra large），但是，当然每次只允许用户选择一个字体大小。

图 11-13　单选按钮组

在 Swing 中实现单选按钮组非常简单。为每组单选按钮构造一个 ButtonGroup 类型的对象。然后，再为这个按钮组添加 JRadioButton 类型的对象。按钮组对象负责在点击一个新按钮时取消前一个选中按钮的选中状态。

```
var group = new ButtonGroup();

var smallButton = new JRadioButton("Small", false);
group.add(smallButton);

var mediumButton = new JRadioButton("Medium", true);
group.add(mediumButton);
. . .
```

对于初始要选中的按钮，构造器的第二个参数为 true，对于其他按钮，这个参数为 false。注意，按钮组只控制按钮的行为，如果为了布局想把这些按钮分组在一起，还需要把它们添加到一个容器中（如 JPanel）。

如果再看图 11-12 和图 11-13，你会发现，单选按钮与复选框的外观是不一样的。复选框为正方形，如果被选中，这个正方形中会出现一个对勾符号。单选按钮是圆形，选中后圆圈内包含一个圆点。

单选按钮的事件通知机制与其他按钮一样。当用户点击一个单选按钮时，这个按钮将产生一个动作事件。在这里的示例程序中，我们定义了一个动作监听器，会把字体大小设置为一个特定值：

```
ActionListener listener = event ->
   label.setFont(new Font("Serif", Font.PLAIN, size));
```

将这个监听器与复选框示例的监听器做一个对比。每个单选按钮会得到一个不同的监听器对象。每个监听器对象都非常清楚所要做的事情——把字体大小设置为一个特定值。对于复选框，使用的是一种不同的方法：两个复选框共享同一个动作监听器，这个监听器调用一个方法来检查两个复选框的当前状态。

对于单选按钮可以使用同样的方法吗？我们也可以使用一个监听器来计算字体大小，如下所示：

```
if (smallButton.isSelected()) size = 8;
else if (mediumButton.isSelected()) size = 12;
. . .
```

不过，我们更愿意使用单独的动作监听器，因为这样可以将大小值与按钮更紧密地绑定在一起。

> **注释：** 如果有一组单选按钮，可以知道它们之中只能有一个被选中。要是能够不查询组内所有的按钮就可以很快地知道哪个按钮被选中就好了。由于 ButtonGroup 对象控制着所有的按钮，所以如果这个对象能够提供选中按钮的引用就方便多了。事实上，ButtonGroup 类中有一个 getSelection 方法，但是这个方法并不返回被选中的单选按钮，而是返回与那个按钮关联的模型的 ButtonModel 引用。很遗憾，ButtonModel 的所有方法都没有什么帮助。ButtonModel 接口从 ItemSelectable 接口继承了一个 getSelectedObjects 方法，但是这个方法没有用，它只返回 null。getActionCommand 方法看起来似乎可用，这是因为一个单选按钮的“动作命令”是它的文本标签，但是它的模型的动作命令是 null。只有用 setActionCommand 方法明确地为所有单选按钮设定了动作命令，才会设置模型的动作命令值。然后可以调用方法 buttonGroup.getSelection().getActionCommand() 获得当前选中的按钮的动作命令。

程序清单 11-3 是一个用于选择字体大小的程序的完整代码，这里使用了一组单选按钮。

程序清单 11-3 radioButton/RadioButtonFrame.java

```
1  package radioButton;
2
3  import java.awt.*;
4  import java.awt.event.*;
5  import javax.swing.*;
6
7  /**
8   * A frame with a sample text label and radio buttons for selecting font sizes.
9   */
10 public class RadioButtonFrame extends JFrame
11 {
```

```
12    private JPanel buttonPanel;
13    private ButtonGroup group;
14    private JLabel label;
15    private static final int DEFAULT_SIZE = 36;
16
17    public RadioButtonFrame()
18    {
19       // add the sample text label
20
21       label = new JLabel("The quick brown fox jumps over the lazy dog.");
22       label.setFont(new Font("Serif", Font.PLAIN, DEFAULT_SIZE));
23       add(label, BorderLayout.CENTER);
24
25       // add the radio buttons
26
27       buttonPanel = new JPanel();
28       group = new ButtonGroup();
29
30       addRadioButton("Small", 8);
31       addRadioButton("Medium", 12);
32       addRadioButton("Large", 18);
33       addRadioButton("Extra large", 36);
34
35       add(buttonPanel, BorderLayout.SOUTH);
36       pack();
37    }
38
39    /**
40     * Adds a radio button that sets the font size of the sample text.
41     * @param name the string to appear on the button
42     * @param size the font size that this button sets
43     */
44    public void addRadioButton(String name, int size)
45    {
46       boolean selected = size == DEFAULT_SIZE;
47       var button = new JRadioButton(name, selected);
48       group.add(button);
49       buttonPanel.add(button);
50
51       // this listener sets the label font size
52
53       ActionListener listener = event -> label.setFont(new Font("Serif", Font.PLAIN, size));
54
55       button.addActionListener(listener);
56    }
57 }
```

API javax.swing.JRadioButton 1.2

- `JRadioButton(String label, Icon icon)`

  构造一个初始没有选中的单选按钮。

- `JRadioButton(String label, boolean state)`

用给定的标签和初始状态构造一个单选按钮。

API javax.swing.ButtonGroup 1.2

- `void add(AbstractButton b)`

  将按钮添加到组中。

- `ButtonModel getSelection()`

  返回选中按钮的按钮模型。

API javax.swing.ButtonModel 1.2

- `String getActionCommand()`

  返回按钮模型的动作命令。

API javax.swing.AbstractButton 1.2

- `void setActionCommand(String s)`

  设置按钮及其模型的动作命令。

11.4.3 边框

如果在一个窗口中有多组单选按钮，你可能希望用可见的方式来指明哪些按钮属于同一组。Swing 提供了一组很有用的边框（border）来解决这个问题。可以对任何扩展了 JComponent 的组件应用边框。最常见的用法是在面板周围放置一个边框，然后用其他用户界面元素（如单选按钮）填充面板。

有很多不同的边框可供选择，不过使用它们的步骤完全一样。

1. 调用 BorderFactory 的静态方法创建边框。可以选择以下风格（如图 11-14 所示）：

- 凹斜面
- 凸斜面
- 蚀刻
- 直线
- 蒙版
- 空（只是在组件外围创建一些空白空间）

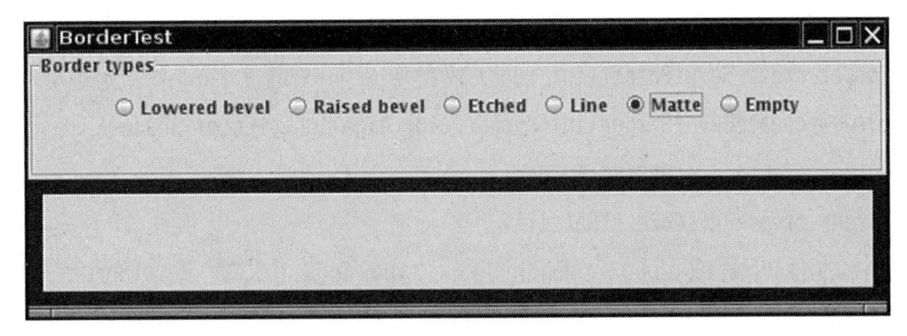

图 11-14 测试边框类型

2. 如果愿意的话，可以为边框加标题，为此要将边框传递到 BroderFactory.createTitledBorder。

3. 如果确实想充分使用边框，可以调用以下方法组合多种边框：BorderFactory.createCompoundBorder。

4. 调用 JComponent 类的 setBorder 方法将得到的边框添加到组件。

例如，下面的代码展示了如何把一个带标题的蚀刻边框添加到一个面板：

```
Border etched = BorderFactory.createEtchedBorder();
Border titled = BorderFactory.createTitledBorder(etched, "A Title");
panel.setBorder(titled);
```

不同的边框有不同的选项用于设置边框的宽度和颜色。详情请参见 API 注释。偏爱使用边框的人会很高兴地发现，还有一个 SoftBevelBorder 类用于构造有柔和圆角的斜面边框，另外还有一个 LineBorder 类也可以有圆角。只能使用类的某个构造器构造这些边框，它们没有相应的 BorderFactory 方法。

API javax.swing.BorderFactory 1.2

- static Border createLineBorder(Color color)
- static Border createLineBorder(Color color, int thickness)

  创建一个简单的直线边框。
- static MatteBorder createMatteBorder(int top, int left, int bottom, int right, Color color)
- static MatteBorder createMatteBorder(int top, int left, int bottom, int right, Icon tileIcon)

  创建一个用颜色或重复图标填充的粗边框。
- static Border createEmptyBorder()
- static Border createEmptyBorder(int top, int left, int bottom, int right)

  创建一个空边框。
- static Border createEtchedBorder()
- static Border createEtchedBorder(Color highlight, Color shadow)
- static Border createEtchedBorder(int type)
- static Border createEtchedBorder(int type, Color highlight, Color shadow)

  创建一个具有 3D 效果的直线边框。type 参数可以是常量 EtchedBorder.RAISED 或 EtchedBorder.LOWERED。
- static Border createBevelBorder(int type)
- static Border createBevelBorder(int type, Color highlight, Color shadow)
- static Border createLoweredBevelBorder()
- static Border createRaisedBevelBorder()

  创建一个具有凹面或凸面效果的边框。type 参数可以是 BevelBorder.LOWERED 或 BevelBorder.RAISED。
- static TitledBorder createTitledBorder(String title)

- static TitledBorder createTitledBorder(Border border)
- static TitledBorder createTitledBorder(Border border, String title)
- static TitledBorder createTitledBorder(Border border, String title, int justification, int position)
- static TitledBorder createTitledBorder(Border border, String title, int justification, int position, Font font)
- static TitledBorder createTitledBorder(Border border, String title, int justification, int position, Font font, Color color)

  创建一个有指定属性的带标题的边框。justification 参数是 TitledBorder 常量 LEFT、CENTER、RIGHT、LEADING、TRAILING 或 DEFAULT_JUSTIFICATION（左对齐）之一，position 是 ABOVE_TOP、TOP、BELOW_TOP、ABOVE_BOTTOM、BOTTOM、BELOW_BOTTOM 或 DEFAULT_POSITION（上）之一。
- static CompoundBorder createCompoundBorder(Border outsideBorder, Border insideBorder)

  将两个边框组合成一个新的边框。

API javax.swing.border.SoftBevelBorder 1.2

- SoftBevelBorder(int type)
- SoftBevelBorder(int type, Color highlight, Color shadow)

  创建一个有柔和圆角的斜面边框。type 参数可以是 BevelBorder.LOWERED 或 BevelBorder.RAISED。

API javax.swing.border.LineBorder 1.2

- public LineBorder(Color color, int thickness, boolean roundedCorners)

  用指定的颜色和粗细创建一个直线边框。如果 roundedCorners 为 true，则边框有圆角。

API javax.swing.JComponent 1.2

- void setBorder(Border border)

  设置这个组件的边框。

11.4.4 组合框

如果有较多选择项，使用单选按钮就不太适合了，因为它们会占据太多屏幕空间。这时就可以选择组合框。当用户点击这个组件时，会下拉一个选择列表，用户可以从中选择一项（见图 11-15）。

如果下拉列表框被设置成可编辑（editable），则可以编辑当前的选项，就好像这是一个文本域一样。鉴于这个原因，这种组件被称为组合框（combo box），它组合了文本域的灵活性与一组预定义的选项。JComboBox 类提供了组合框组件。

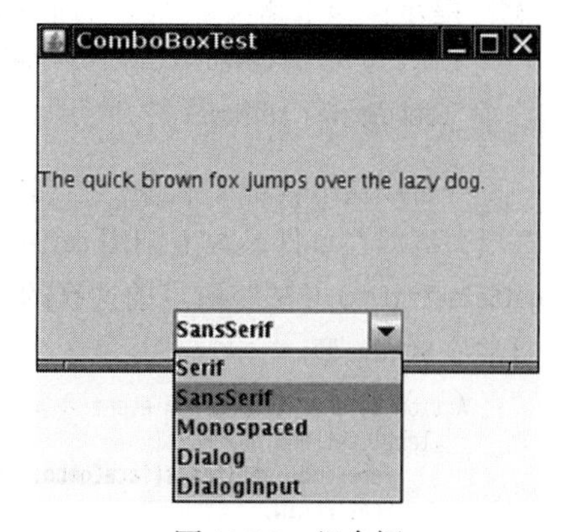

图 11-15　组合框

在 Java 7 中，JComboBox 类是一个泛型类。例如，JCombo-Box<String> 包含 String 类型的对象，JComboBox<Integer> 包含整数。

调用 setEditable 方法会设置组合框可编辑。注意，编辑只会影响所选择的项，而不会改变选项列表。

可以调用 getSelectedItem 方法获得当前的选项，如果组合框是可编辑的，当前选项可能已经编辑过。不过，对于可编辑组合框，其中的选项可以是任何类型，这取决于编辑器（编辑器要接受用户编辑并将结果转换为一个对象）。（关于编辑器的讨论请参见卷 II 中的第 6 章。）如果组合框不是可编辑的，最好调用：

```
combo.getItemAt(combo.getSelectedIndex())
```

这会为所选择的选项提供正确的类型。

在示例程序中，用户可以从字体列表（Serif、SansSerif、Monospaced 等）中选择一种字体，用户也可以键入其他的字体。

可以用 addItem 方法增加选项。在示例程序中，只在构造器中调用了 addItem 方法，实际上，可以在任何时候调用这个方法。

```
var faceCombo = new JComboBox<String>();
faceCombo.addItem("Serif");
faceCombo.addItem("SansSerif");
. . .
```

这个方法将字符串添加到列表末尾。可以使用 insertItemAt 方法在列表的任何位置插入新选项：

```
faceCombo.insertItemAt("Monospaced", 0); // add at the beginning
```

可以增加任何类型的选项，组合框会调用每个选项的 toString 方法显示这个选项。

如果需要在运行时删除某些选项，可以使用 removeItem 或者 removeItemAt 方法，使用哪个方法取决于参数提供的是想要删除的选项，还是选项位置。

```
faceCombo.removeItem("Monospaced");
faceCombo.removeItemAt(0); // remove first item
```

removeAllItems 方法会一次删除所有的选项。

> **提示：** 如果需要在组合框中添加大量选项，addItem 方法的性能会很差。实际上，可以构造一个 DefaultComboBoxModel，并调用 addElement 方法填充这个模型，然后再调用 JComboBox 的 setModel 方法。

当用户从组合框中选择一个选项时，组合框将产生一个动作事件。为了得出选择了哪个选项，可以在事件参数上调用 getSource 方法来得到发送这个事件的组合框的引用，接着调用 getSelectedItem 方法获取当前选择的选项。需要把这个方法的返回值强制转换为适当的类型，通常是 String 型。

```
ActionListener listener = event ->
   label.setFont(new Font(
      faceCombo.getItemAt(faceCombo.getSelectedIndex()),
      Font.PLAIN,
      DEFAULT_SIZE));
```

程序清单 11-4 给出了完整的程序。

程序清单 11-4　comboBox/ComboBoxFrame.java

```
1  package comboBox;
2
3  import java.awt.BorderLayout;
4  import java.awt.Font;
5
6  import javax.swing.JComboBox;
7  import javax.swing.JFrame;
8  import javax.swing.JLabel;
9  import javax.swing.JPanel;
10
11 /**
12  * A frame with a sample text label and a combo box for selecting font faces.
13  */
14 public class ComboBoxFrame extends JFrame
15 {
16    private JComboBox<String> faceCombo;
17    private JLabel label;
18    private static final int DEFAULT_SIZE = 24;
19
20    public ComboBoxFrame()
21    {
22       // add the sample text label
23
24       label = new JLabel("The quick brown fox jumps over the lazy dog.");
25       label.setFont(new Font("Serif", Font.PLAIN, DEFAULT_SIZE));
26       add(label, BorderLayout.CENTER);
27
28       // make a combo box and add face names
29
30       faceCombo = new JComboBox<>();
31       faceCombo.addItem("Serif");
32       faceCombo.addItem("SansSerif");
33       faceCombo.addItem("Monospaced");
34       faceCombo.addItem("Dialog");
35       faceCombo.addItem("DialogInput");
36
37       // the combo box listener changes the label font to the selected face name
38
39       faceCombo.addActionListener(event ->
40          label.setFont(
41             new Font(faceCombo.getItemAt(faceCombo.getSelectedIndex()),
42                Font.PLAIN, DEFAULT_SIZE)));
43
44       // add combo box to a panel at the frame's southern border
45
46       var comboPanel = new JPanel();
47       comboPanel.add(faceCombo);
48       add(comboPanel, BorderLayout.SOUTH);
49       pack();
50    }
51 }
```

API javax.swing.JComboBox 1.2

- `boolean isEditable()`
- `void setEditable(boolean b)`

  获得或设置组合框的 editable 属性。
- `void addItem(Object item)`

  把一个选项添加到选项列表中。
- `void insertItemAt(Object item, int index)`

  将一个选项插入到选项列表的指定索引位置。
- `void removeItem(Object item)`

  从选项列表中删除一个选项。
- `void removeItemAt(int index)`

  删除指定索引位置的选项。
- `void removeAllItems()`

  从选项列表中删除所有选项。
- `Object getSelectedItem()`

  返回当前选择的选项。

11.4.5 滑动条

组合框允许用户从一组离散值中进行选择。滑动条则允许从连续值中选择，例如，1 ～ 100 的任意数值。

构造滑动条最常用的方法如下所示：

```
var slider = new JSlider(min, max, initialValue);
```

如果省略最小值、最大值和初始值，其默认值分别为 0、100 和 50。

或者如果需要垂直滑动条，可以调用以下构造器：

```
var slider = new JSlider(SwingConstants.VERTICAL, min, max, initialValue);
```

这些构造器会创建一个无格式的滑动条，如图 11-16 中最上面的滑动条。下面来看如何为滑动条添加装饰。

当用户滑动滑动条时，滑动条的值会在最小值和最大值之间变化。当值发生变化时，会向所有变更监听器发送一个 ChangeEvent。为了得到变更通知，需要调用 addChangeListener 方法并且安装一个实现了 ChangeListener 接口的对象。在回调中，获取滑动条的值：

```
ChangeListener listener = event ->
   {
      JSlider slider = (JSlider) event.getSource();
      int value = slider.getValue();
      . . .
   };
```

可以通过显示刻度（tick）对滑动条进行修饰。例如，在示例程序中，第二个滑动条使用了下面的设置：

```
slider.setMajorTickSpacing(20);
slider.setMinorTickSpacing(5);
```

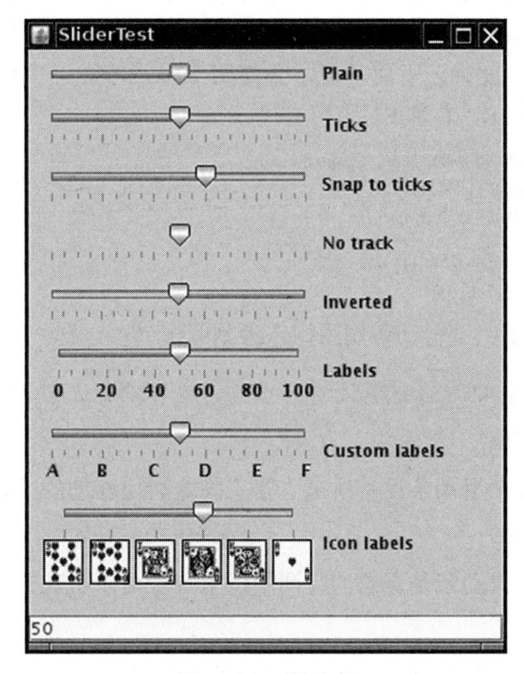

图 11-16 滑动条

这个滑动条在每 20 个单位的位置显示一个大刻度标记，每 5 个单位的位置显示一个小刻度标记。这里的单位是指滑动条值，而不是像素。

这些指令只设置了刻度标记的单位数，要想将它们真正显示出来，还需要调用：

```
slider.setPaintTicks(true);
```

大刻度和小刻度标记是相互独立的。例如，可以每 20 个单位设置一个大刻度标记，同时每 7 个单位设置一个小刻度尺标记，但是这样设置滑动条看起来会显得非常凌乱。

可以强制滑块对齐刻度（snap to tick）。这样一来，只要用户采用对齐模式完成拖放滑块的操作，它就会立即移到最接近的刻度。激活这种模式需要调用：

```
slider.setSnapToTicks(true);
```

警告："对齐刻度"的行为与你想象的做法并不太一样。在滑块真正对齐之前，变更监听器报告的滑动条值并没有对应刻度。如果点击滑块附近，这个动作通常会让滑块向着点击的方向移动一小段距离，"对齐刻度"的滑块并不移动到下一个刻度。

可以调用以下方法为大刻度添加刻度标记标签（tick mark label）：

```
slider.setPaintLabels(true);
```

例如，对于一个范围为 0 到 100 的滑动条，如果大刻度的间距是 20，每个大刻度就应该分别标为 0、20、40、60、80 和 100。

还可以提供其他刻度标记，如字符串或者图标（见图 11-16）。这个过程有些烦琐。首先需要填充一个键为 Integer 类型且值为 Component 类型的散列表。然后再调用 setLabelTable 方法，这些组件会放置在刻度标记下面。通常会使用 JLabel 对象。下面的代码说明了如何将刻度标签设置为 A、B、C、D、E 和 F。

```
var labelTable = new Hashtable<Integer, Component>();
labelTable.put(0, new JLabel("A"));
labelTable.put(20, new JLabel("B"));
. . .
labelTable.put(100, new JLabel("F"));
slider.setLabelTable(labelTable);
```

程序清单 11-5 显示了一个滑动条用图标作为刻度标签。

> **提示**：如果刻度的标记或者标签没有显示，请检查确认是否调用了 setPaintTicks(true) 和 setPaintLabels(true)。

在图 11-16 中，第 4 个滑动条没有轨迹。要想隐藏滑块移动的“轨迹”，可以调用：

```
slider.setPaintTrack(false);
```

图 11-16 中的第 5 个滑动条是逆向的，调用以下方法可以实现这个效果：

```
slider.setInverted(true);
```

程序清单 11-5 中的示例程序演示了一组滑动条的不同视觉效果。每个滑动条都安装了一个变更事件监听器，它负责把当前的滑动条值显示到窗体底部的文本域中。

程序清单 11-5　slider/SliderFrame.java

```
1 package slider;
2 
3 import java.awt.*;
4 import java.util.*;
5 import javax.swing.*;
6 import javax.swing.event.*;
7 
8 /**
9  * A frame with many sliders and a text field to show slider values.
10  */
11 public class SliderFrame extends JFrame
12 {
13    private JPanel sliderPanel;
14    private JTextField textField;
15    private ChangeListener listener;
16 
17    public SliderFrame()
18    {
19       sliderPanel = new JPanel();
20       sliderPanel.setLayout(new GridBagLayout());
21 
```

```
22        // common listener for all sliders
23        listener = event ->
24           {
25              // update text field when the slider value changes
26              JSlider source = (JSlider) event.getSource();
27              textField.setText("" + source.getValue());
28           };
29
30        // add a plain slider
31
32        var slider = new JSlider();
33        addSlider(slider, "Plain");
34
35        // add a slider with major and minor ticks
36
37        slider = new JSlider();
38        slider.setPaintTicks(true);
39        slider.setMajorTickSpacing(20);
40        slider.setMinorTickSpacing(5);
41        addSlider(slider, "Ticks");
42
43        // add a slider that snaps to ticks
44
45        slider = new JSlider();
46        slider.setPaintTicks(true);
47        slider.setSnapToTicks(true);
48        slider.setMajorTickSpacing(20);
49        slider.setMinorTickSpacing(5);
50        addSlider(slider, "Snap to ticks");
51
52        // add a slider with no track
53
54        slider = new JSlider();
55        slider.setPaintTicks(true);
56        slider.setMajorTickSpacing(20);
57        slider.setMinorTickSpacing(5);
58        slider.setPaintTrack(false);
59        addSlider(slider, "No track");
60
61        // add an inverted slider
62
63        slider = new JSlider();
64        slider.setPaintTicks(true);
65        slider.setMajorTickSpacing(20);
66        slider.setMinorTickSpacing(5);
67        slider.setInverted(true);
68        addSlider(slider, "Inverted");
69
70        // add a slider with numeric labels
71
72        slider = new JSlider();
73        slider.setPaintTicks(true);
74        slider.setPaintLabels(true);
75        slider.setMajorTickSpacing(20);
```

```
76          slider.setMinorTickSpacing(5);
77          addSlider(slider, "Labels");
78
79          // add a slider with alphabetic labels
80
81          slider = new JSlider();
82          slider.setPaintLabels(true);
83          slider.setPaintTicks(true);
84          slider.setMajorTickSpacing(20);
85          slider.setMinorTickSpacing(5);
86
87          var labelTable = new Hashtable<Integer, Component>();
88          labelTable.put(0, new JLabel("A"));
89          labelTable.put(20, new JLabel("B"));
90          labelTable.put(40, new JLabel("C"));
91          labelTable.put(60, new JLabel("D"));
92          labelTable.put(80, new JLabel("E"));
93          labelTable.put(100, new JLabel("F"));
94
95          slider.setLabelTable(labelTable);
96          addSlider(slider, "Custom labels");
97
98          // add a slider with icon labels
99
100         slider = new JSlider();
101         slider.setPaintTicks(true);
102         slider.setPaintLabels(true);
103         slider.setSnapToTicks(true);
104         slider.setMajorTickSpacing(20);
105         slider.setMinorTickSpacing(20);
106
107         labelTable = new Hashtable<Integer, Component>();
108
109         // add card images
110
111         labelTable.put(0, new JLabel(new ImageIcon("nine.gif")));
112         labelTable.put(20, new JLabel(new ImageIcon("ten.gif")));
113         labelTable.put(40, new JLabel(new ImageIcon("jack.gif")));
114         labelTable.put(60, new JLabel(new ImageIcon("queen.gif")));
115         labelTable.put(80, new JLabel(new ImageIcon("king.gif")));
116         labelTable.put(100, new JLabel(new ImageIcon("ace.gif")));
117
118         slider.setLabelTable(labelTable);
119         addSlider(slider, "Icon labels");
120
121         // add the text field that displays the slider value
122
123         textField = new JTextField();
124         add(sliderPanel, BorderLayout.CENTER);
125         add(textField, BorderLayout.SOUTH);
126         pack();
127      }
128
129      /**
```

```
130      * Adds a slider to the slider panel and hooks up the listener
131      * @param slider the slider
132      * @param description the slider description
133      */
134     public void addSlider(JSlider slider, String description)
135     {
136        slider.addChangeListener(listener);
137        var panel = new JPanel();
138        panel.add(slider);
139        panel.add(new JLabel(description));
140        panel.setAlignmentX(Component.LEFT_ALIGNMENT);
141        var gbc = new GridBagConstraints();
142        gbc.gridy = sliderPanel.getComponentCount();
143        gbc.anchor = GridBagConstraints.WEST;
144        sliderPanel.add(panel, gbc);
145     }
146 }
```

API javax.swing.JSlider 1.2

- `JSlider()`
- `JSlider(int direction)`
- `JSlider(int min, int max)`
- `JSlider(int min, int max, int initialValue)`
- `JSlider(int direction, int min, int max, int initialValue)`

  用给定的方向、最大值、最小值和初始值构造一个水平滑动条。direction 参数是 SwingConstants.HORIZONTAL 或 SwingConstants.VERTICAL。默认为水平方向。滑动条的最小值、初始值和最大值的默认值分别为 0、50 和 100。
- `void setPaintTicks(boolean b)`

  如果 b 为 true，显示刻度。
- `void setMajorTickSpacing(int units)`
- `void setMinorTickSpacing(int units)`

  用给定的滑动条单位的倍数设置最大刻度和最小刻度。
- `void setPaintLabels(boolean b)`

  如果 b 是 true，显示刻度标签。
- `void setLabelTable(Dictionary table)`

  设置用作刻度标签的组件。表中的每一个键 / 值对采用 Integer.valueOf(*value*)/*component* 形式。
- `void setSnapToTicks(boolean b)`

  如果 b 是 true，每一次调整后滑块都对齐到最接近的刻度。
- `void setPaintTrack(boolean b)`

  如果 b 是 true，显示滑块滑动的轨迹。

11.5　菜单

前面介绍了可能想放在窗口中的几种最常用的组件，如各种按钮、文本域以及组合框等。Swing 还支持另一种用户界面元素，即 GUI 应用中我们很熟悉的下拉式菜单。

位于窗口顶部的菜单栏（menu bar）包含各个下拉菜单的名字。点击一个名字会打开包含菜单项（menu item）和子菜单（submenu）的菜单。当用户点击一个菜单项时，所有的菜单都关闭，并向程序发送一个消息。图 11-17 显示了一个带子菜单的典型菜单。

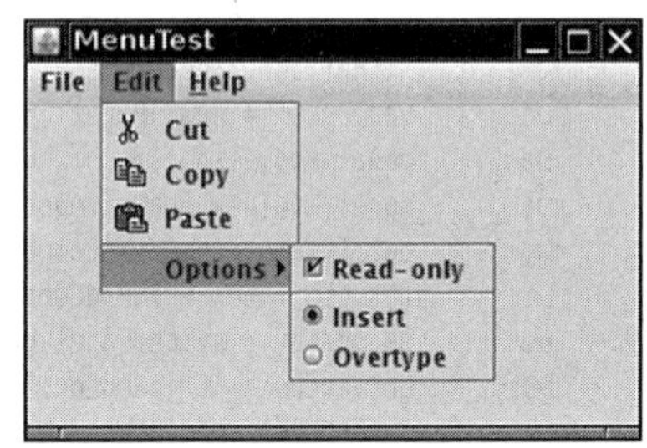

图 11-17　有子菜单的菜单

11.5.1　菜单构建

构建菜单是一件非常容易的事情。首先要创建一个菜单栏：

```
var menuBar = new JMenuBar();
```

菜单栏是一个可以添加到任何位置的组件。正常情况下会放置在窗体的顶部。可以调用 setJMenuBar 方法将菜单栏添加到那里：

```
frame.setJMenuBar(menuBar);
```

需要为每个菜单创建一个菜单对象：

```
var editMenu = new JMenu("Edit");
```

然后将顶层菜单添加到菜单栏：

```
menuBar.add(editMenu);
```

向菜单对象添加菜单项、分隔线和子菜单：

```
var pasteItem = new JMenuItem("Paste");
editMenu.add(pasteItem);
editMenu.addSeparator();
JMenu optionsMenu = . . .; // a submenu
editMenu.add(optionsMenu);
```

可以看到图 11-17 中位于 Paste 和 Read-only 菜单项之间的分隔线。

用户选择一个菜单项时，将触发一个动作事件。需要为每个菜单项安装一个动作监听器：

```
ActionListener listener = . . .;
pasteItem.addActionListener(listener);
```

JMenu.add(String s) 方法可以很方便地将一个菜单项增加到菜单末尾，例如：

```
editMenu.add("Paste");
```

add 方法会返回所创建的菜单，所以可以获取这个菜单项，并添加监听器，如下所示：

```
JMenuItem pasteItem = editMenu.add("Paste");
pasteItem.addActionListener(listener);
```

在通常情况下，菜单项触发的命令也可以通过其他用户界面元素（如工具栏按钮）激活。在 10.4.5 节中，我们已经看到了如何通过 Action 对象来指定命令。要定义一个实现 Action 接口的类，为此通常会扩展 AbstractAction 便利类，在 AbstractAction 对象的构造器中指定菜单项标签，并且覆盖 actionPerformed 方法来指定菜单动作处理器。例如：

```
var exitAction = new AbstractAction("Exit") // menu item text goes here
   {
      public void actionPerformed(ActionEvent event)
      {
         // action code goes here
         System.exit(0);
      }
   };
```

然后将这个动作添加到菜单：

```
JMenuItem exitItem = fileMenu.add(exitAction);
```

这个命令会用动作名为菜单增加一个菜单项。这个动作对象将作为它的监听器。上面这条语句是下面两条语句的快捷形式：

```
var exitItem = new JMenuItem(exitAction);
fileMenu.add(exitItem);
```

API javax.swing.JMenu 1.2

- JMenu(String label)

  用给定标签构造一个菜单。
- JMenuItem add(JMenuItem item)

  添加一个菜单项（或一个菜单）。
- JMenuItem add(String label)

  为这个菜单增加一个有给定标签的菜单项，并返回这个菜单项。
- JMenuItem add(Action a)

  为这个菜单增加一个有给定动作的菜单项，并返回这个菜单项。
- void addSeparator()

  为菜单增加一个分隔线（separator line）。
- JMenuItem insert(JMenuItem menu, int index)

  将一个新菜单项（或子菜单）添加到菜单的指定索引位置。
- JMenuItem insert(Action a, int index)

  将有指定动作的新菜单项增加到菜单的指定索引位置。
- void insertSeparator(int index)

  将一个分隔线添加到菜单的指定索引位置。

- void remove(int index)
- void remove(JMenuItem item)

  从菜单中删除指定的菜单项。

API javax.swing.JMenuItem 1.2

- JMenuItem(String label)

  用给定标签构造一个菜单项。
- JMenuItem(Action a) **1.3**

  为给定动作构造一个菜单项。

API javax.swing.AbstractButton 1.2

- void setAction(Action a) **1.3**

  为这个按钮或菜单项设置动作。

API javax.swing.JFrame 1.2

- void setJMenuBar(JMenuBar menubar)

  为这个窗体设置菜单栏。

11.5.2 菜单项中的图标

菜单项与按钮很相似。实际上，JMenuItem 类扩展了 AbstractButton 类。与按钮一样，菜单可以只包含文本标签、只包含图标，或者两者都包含。可以使用 JMenuItem(String, Icon) 或者 JMenuItem(Icon) 构造器为菜单指定一个图标，也可以使用 JMenuItem 类从 AbstractButton 类继承的 setIcon 方法设置一个图标。例如：

```
var cutItem = new JMenuItem("Cut", new ImageIcon("cut.gif"));
```

在图 11-17 中可以看到多个菜单项旁边的图标。在默认情况下，菜单项文本放在图标的右侧。如果喜欢将文本放置在左侧，可以调用 JMenuItem 类从 AbstractButton 类继承的 setHorizontal-TextPosition 方法。例如：

```
cutItem.setHorizontalTextPosition(SwingConstants.LEFT);
```

这个调用把菜单项文本移动到图标的左侧。

也可以为动作增加一个图标：

```
cutAction.putValue(Action.SMALL_ICON, new ImageIcon("cut.gif"));
```

当使用动作构造菜单项时，Action.NAME 值将会作为菜单项的文本，而 Action.SMALL_ICON 值将会作为图标。

或者，可以在 AbstractAction 构造器中设置图标：

```
cutAction = new
   AbstractAction("Cut", new ImageIcon("cut.gif"))
      {
         public void actionPerformed(ActionEvent event)
```

```
    {
        . . .
    }
};
```

javax.swing.JMenuItem 1.2

- JMenuItem(String label, Icon icon)

  用给定的标签和图标构造一个菜单项。

javax.swing.AbstractButton 1.2

- void setHorizontalTextPosition(int pos)

  设置文本相对于图标的水平位置。pos 参数可以是 SwingConstants.RIGHT（文本在图标的右侧）或 SwingConstants.LEFT。

javax.swing.AbstractAction 1.2

- AbstractAction(String name, Icon smallIcon)

  用给定的名字和图标构造一个抽象动作。

11.5.3 复选框和单选按钮菜单项

复选框和单选按钮菜单项会在菜单名旁边显示了一个复选框或一个单选按钮（参见图 11-17）。当用户选择一个菜单项时，相应的复选框或单选按钮会自动切换选择状态。

除了按钮装饰外，复选框和单选按钮菜单项同其他菜单项的处理一样。例如，可以如下创建复选框菜单项：

```
var readonlyItem = new JCheckBoxMenuItem("Read-only");
optionsMenu.add(readonlyItem);
```

单选按钮菜单项与普通单选按钮的工作方式一样，必须将它们加入到按钮组中。当按钮组中的一个按钮被选中时，其他按钮都会自动地变为未选中。

```
var group = new ButtonGroup();
var insertItem = new JRadioButtonMenuItem("Insert");
insertItem.setSelected(true);
var overtypeItem = new JRadioButtonMenuItem("Overtype");
group.add(insertItem);
group.add(overtypeItem);
optionsMenu.add(insertItem);
optionsMenu.add(overtypeItem);
```

使用这些菜单项，不需要立刻得到用户选择菜单项的通知。实际上，可以使用 isSelected 方法来测试菜单项的当前状态（当然，这意味着应该保留这个菜单项的一个引用，保存在一个实例字段中）。可以使用 setSelected 方法设置状态。

javax.swing.JCheckBoxMenuItem 1.2

- JCheckBoxMenuItem(String label)

  用给定的标签构造一个复选框菜单项。

- JCheckBoxMenuItem(String label, boolean state)

  用给定的标签和给定的初始状态（true 为选中）构造一个复选框菜单。

API javax.swing.JRadioButtonMenuItem 1.2

- JRadioButtonMenuItem(String label)

  用给定的标签构造一个单选按钮菜单项。
- JRadioButtonMenuItem(String label, boolean state)

  用给定的标签和给定的初始状态（true 为选中）构造一个单选按钮菜单项。

API javax.swing.AbstractButton 1.2

- boolean isSelected()
- void setSelected(boolean state)

获得或设置这个菜单项的选择状态（true 为选中）。

11.5.4　弹出菜单

弹出菜单（pop-up menu）是不固定在菜单栏中而是随处浮动的菜单（参见图 11-18）。

创建一个弹出菜单与创建一个常规菜单的方法类似，只不过弹出菜单没有标题。

```
var popup = new JPopupMenu();
```

然后用常规的方法添加菜单项：

```
var item = new JMenuItem("Cut");
item.addActionListener(listener);
popup.add(item);
```

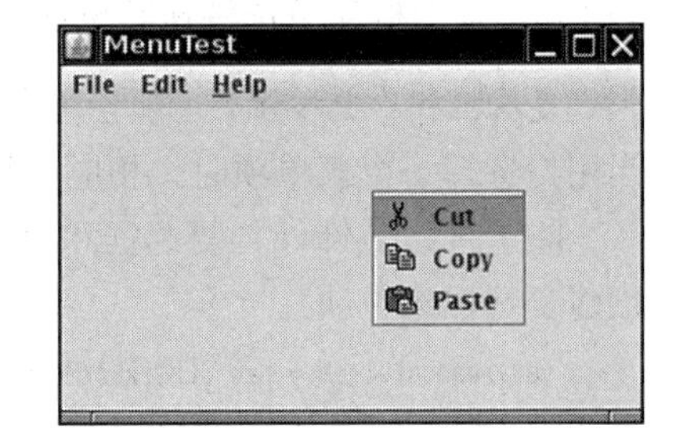

图 11-18　弹出菜单

弹出菜单不像常规菜单栏那样总是显示在窗体的顶部，必须调用 show 方法显式地显示弹出菜单。需要指定父组件，并使用父组件的坐标系统指定弹出菜单的位置。例如：

```
popup.show(panel, x, y);
```

通常，你可能希望当用户点击某个鼠标键时弹出一个菜单，这就是所谓的弹出式触发器（pop-up trigger）。在 Windows 或者 Linux 中，弹出式触发器是鼠标次键（通常是右键）。要使用弹出式解发器在用户点击一个组件时弹出一个菜单，可以调用以下方法：

```
component.setComponentPopupMenu(popup);
```

偶尔可能会把一个组件放在另一个有弹出菜单的组件中。通过调用以下方法，这个子组件可以继承父组件的弹出菜单：

```
child.setInheritsPopupMenu(true);
```

API javax.swing.JPopupMenu 1.2

- void show(Component c, int x, int y)

  在组件 c 上显示弹出菜单，组件 c 的左上角坐标为 (x, y)（c 的坐标空间内）。

- `boolean isPopupTrigger(MouseEvent event)` **1.3**

  如果鼠标事件是弹出菜单触发器，则返回 true。

API java.awt.event.MouseEvent 1.1

- `boolean isPopupTrigger()`

  如果鼠标事件是弹出菜单触发器，则返回 true。

API javax.swing.JComponent 1.2

- `JPopupMenu getComponentPopupMenu()` **5**
- `void setComponentPopupMenu(JPopupMenu popup)` **5**

  获得或设置这个组件的弹出菜单。
- `boolean getInheritsPopupMenu()` **5**
- `void setInheritsPopupMenu(boolean b)` **5**

  获得或设置 inheritsPopupMenu 属性。如果这个属性设置为 true 而且这个组件的弹出菜单为 null，则使用其父组件的弹出菜单。

11.5.5　键盘助记符和加速器

对于有经验的用户来说，通过键盘助记符（keyboard mnomonic）选择菜单项确实非常便捷。可以在菜单项构造器中指定一个助记字母来为菜单项创建一个键盘助记符：

```
var aboutItem = new JMenuItem("About", 'A');
```

键盘助记符会在菜单中自动显示，助记字母下面有一条下画线（如图 11-19 所示）。例如，在上面的例子中，菜单项中的标签显示为“About”，字母 A 带有一个下画线。菜单显示时，用户只需要按下“A”键就可以选择这个菜单项（如果助记字母不在菜单字符串中，同样可以按下这个字母选择菜单项，不过助记符不会在菜单中显示。很自然地，这种不可见的助记符没有多大作用）。

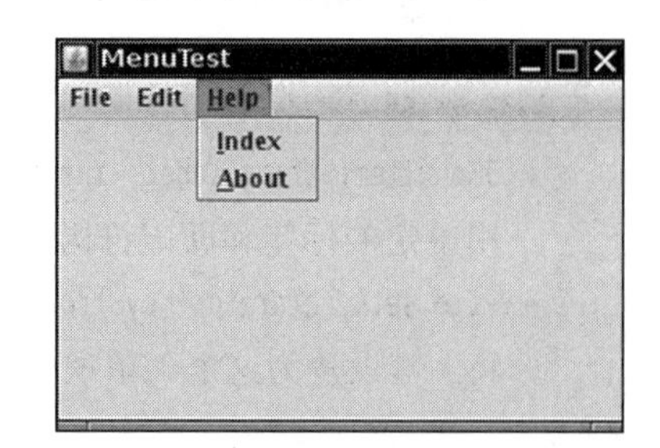

图 11-19　键盘助记符

有时候不希望将菜单项中第一个与助记符匹配的字母加下画线。例如，如果对于菜单项“Save As”有一个助记符“A”，则在第二个“A”（Save As）下面加下画线更为合理。可以调用 setDisplayedMnemonicIndex 方法指定希望对哪个字符加下画线。

如果有一个 Action 对象，可以增加助记符作为 Action. MNEMONIC_KEY 键的值。如：

```
aboutAction.putValue(Action.MNEMONIC_KEY, Integer.valueOf('A'));
```

只能在菜单项的构造器中提供助记字母，而不是在菜单构造器中。如果想为菜单关联助记符，需要调用 setMnemonic 方法：

```
var helpMenu = new JMenu("Help");
helpMenu.setMnemonic('H');
```

要从菜单栏选择一个顶层菜单，可以同时按下 Alt 键和那个菜单的助记字母。例如，按下组合键 Alt + H 可以从菜单栏选择 Help 菜单。

利用键盘助记符，可以从当前打开的菜单中选择一个子菜单或者菜单项。与之不同，键盘加速器是在不打开菜单的情况下选择菜单项的快捷键。例如很多程序把加速器 Ctrl + O 和 Ctrl + S 关联到 File 菜单中的 Open 和 Save 菜单项。可以使用 setAccelerator 方法将加速器按键关联到一个菜单项。这个方法使用 KeyStroke 类型的对象作为参数。例如，下面的调用将加速器 Ctrl + O 关联到 OpenItem 菜单项。

```
openItem.setAccelerator(KeyStroke.getKeyStroke("ctrl O"));
```

当用户按下加速器按键组合时，就会自动地选择相应的菜单项，并激活一个动作事件，就好像用户手动地选择了这个菜单项一样。

加速器只能关联到菜单项，不能关联到菜单。加速键并不真正打开菜单。实际上，它们会直接触发与菜单关联的动作事件。

从概念上讲，把加速器添加到菜单项就类似于为 Swing 组件增加加速器的技术。但是，当加速器添加到菜单项时，会自动在菜单中显示它的按键组合（见图 11-20）。

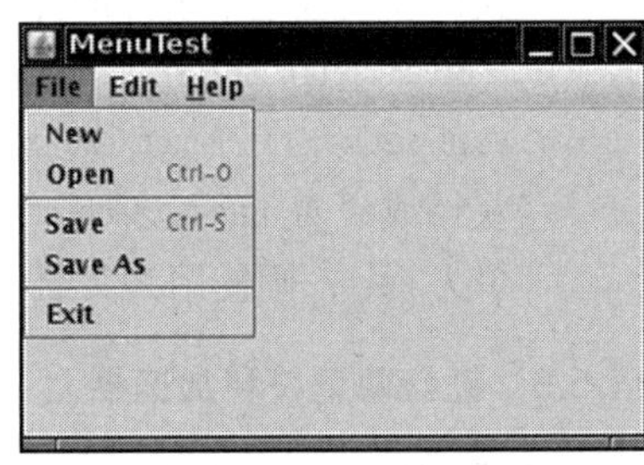

图 11-20 加速器

注释：在 Windows 下，组合键 Alt+F4 用于关闭窗口。但这不是 Java 程序设定的加速器，而是操作系统定义的快捷键。这个按键组合总会触发活动窗口的 WindowClosing 事件，而不论菜单上是否有 Close（关闭）菜单项。

API javax.swing.JMenuItem 1.2

- JMenuItem(String label, int mnemonic)

  用给定的标签和助记符构造一个菜单项。
- void setAccelerator(KeyStroke k)

  将 k 键设置为这个菜单项的加速器。加速键显示在标签旁边。

API javax.swing.AbstractButton 1.2

- void setMnemonic(int mnemonic)

  设置按钮的助记字符。标签中该字符会加下画线。
- void setDisplayedMnemonicIndex(int index) **1.4**

  设置按钮文本中加下画线字符的索引。如果不希望第一个出现的助记字符带下画线，就可以使用这个方法。

11.5.6 启用和禁用菜单项

有些时候，某个特定的菜单项可能只在某种特定的环境下才能选择。例如，当文档以只读方式打开时，Save 菜单项就没有意义。当然，可以使用 JMenu.remove 方法将这个菜单项从菜单中删掉，但用户会对内容不断变化的菜单感到奇怪。实际上，最好禁用这个菜单项，以免触发暂时不适用的命令。被禁用的菜单项显示为灰色，不允许选择（见图 11-21）。

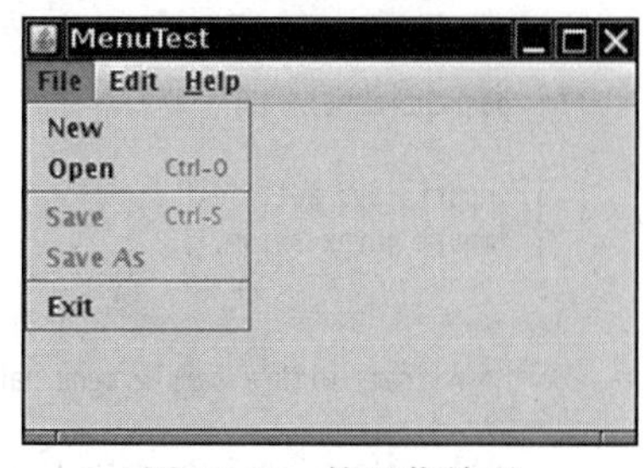

图 11-21 禁用菜单项

启用或禁用菜单项需要调用 setEnabled 方法：

```
saveItem.setEnabled(false);
```

启用和禁用菜单项有两种策略。每次环境发生变化时，就可以对相关的菜单项或动作调用 setEnabled。例如：一旦文档设置为只读模式，就可以找到并禁用 Save 和 Save As 菜单项。另一种方法是在显示菜单之前禁用这些菜单项。为此，必须为“菜单选中”事件注册一个监听器。javax.swing.event 包定义了一个 MenuListener 接口，它包含三个方法：

```
void menuSelected(MenuEvent event)
void menuDeselected(MenuEvent event)
void menuCanceled(MenuEvent event)
```

menuSelected 方法在菜单显示之前调用，所以可以用这个方法禁用或启用菜单项。下面的代码显示了选中只读复选框菜单项时如何禁用 Save 和 Save As 动作。

```
public void menuSelected(MenuEvent event)
{
   saveAction.setEnabled(!readonlyItem.isSelected());
   saveAsAction.setEnabled(!readonlyItem.isSelected());
}
```

> **警告**：在显示菜单之前禁用菜单项是一种明智的选择，但这种方式不适用于带有加速键的菜单项。这是因为按下加速键时并没有打开菜单，动作没有被禁用，加速键还会触发这个动作。

API javax.swing.JMenuItem 1.2

- `void setEnabled(boolean b)`
  启用或禁用菜单项。

API javax.swing.event.MenuListener 1.2

- `void menuSelected(MenuEvent e)`
  选择菜单时调用这个方法（打开菜单之前）。
- `void menuDeselected(MenuEvent e)`
  取消选择菜单时调用这个方法（关闭菜单之后）。
- `void menuCanceled(MenuEvent e)`
  取消菜单时调用这个方法。例如，用户点击菜单以外的区域。

程序清单 11-6 的示例程序创建了一组菜单。这个程序演示了本节介绍的所有特性，包括嵌套菜单、禁用菜单项、复选框和单选按钮菜单项、弹出菜单以及键盘助记符和加速器。

程序清单 11-6　menu/MenuFrame.java

```
 1 package menu;
 2 
 3 import java.awt.event.*;
 4 import javax.swing.*;
 5 
 6 /**
 7  * A frame with a sample menu bar.
 8  */
 9 public class MenuFrame extends JFrame
10 {
11    private static final int DEFAULT_WIDTH = 300;
12    private static final int DEFAULT_HEIGHT = 200;
13    private Action saveAction;
14    private Action saveAsAction;
15    private JCheckBoxMenuItem readonlyItem;
16    private JPopupMenu popup;
17 
18    /**
19     * A sample action that prints the action name to System.out.
20     */
21    class TestAction extends AbstractAction
22    {
23       public TestAction(String name)
24       {
25          super(name);
26       }
27 
28       public void actionPerformed(ActionEvent event)
29       {
30          System.out.println(getValue(Action.NAME) + " selected.");
31       }
32    }
33 
34    public MenuFrame()
35    {
36       setSize(DEFAULT_WIDTH, DEFAULT_HEIGHT);
37 
38       var fileMenu = new JMenu("File");
39       fileMenu.add(new TestAction("New"));
40 
41       // demonstrate accelerators
42 
43       var openItem = fileMenu.add(new TestAction("Open"));
44       openItem.setAccelerator(KeyStroke.getKeyStroke("ctrl O"));
45 
46       fileMenu.addSeparator();
47 
48       saveAction = new TestAction("Save");
49       JMenuItem saveItem = fileMenu.add(saveAction);
50       saveItem.setAccelerator(KeyStroke.getKeyStroke("ctrl S"));
51 
```

```
52        saveAsAction = new TestAction("Save As");
53        fileMenu.add(saveAsAction);
54        fileMenu.addSeparator();
55
56        fileMenu.add(new AbstractAction("Exit")
57           {
58              public void actionPerformed(ActionEvent event)
59              {
60                 System.exit(0);
61              }
62           });
63
64        // demonstrate checkbox and radio button menus
65
66        readonlyItem = new JCheckBoxMenuItem("Read-only");
67        readonlyItem.addActionListener(new ActionListener()
68           {
69              public void actionPerformed(ActionEvent event)
70              {
71                 boolean saveOk = !readonlyItem.isSelected();
72                 saveAction.setEnabled(saveOk);
73                 saveAsAction.setEnabled(saveOk);
74              }
75           });
76
77        var group = new ButtonGroup();
78
79        var insertItem = new JRadioButtonMenuItem("Insert");
80        insertItem.setSelected(true);
81        var overtypeItem = new JRadioButtonMenuItem("Overtype");
82
83        group.add(insertItem);
84        group.add(overtypeItem);
85
86        // demonstrate icons
87
88        var cutAction = new TestAction("Cut");
89        cutAction.putValue(Action.SMALL_ICON, new ImageIcon("cut.gif"));
90        var copyAction = new TestAction("Copy");
91        copyAction.putValue(Action.SMALL_ICON, new ImageIcon("copy.gif"));
92        var pasteAction = new TestAction("Paste");
93        pasteAction.putValue(Action.SMALL_ICON, new ImageIcon("paste.gif"));
94
95        var editMenu = new JMenu("Edit");
96        editMenu.add(cutAction);
97        editMenu.add(copyAction);
98        editMenu.add(pasteAction);
99
100       // demonstrate nested menus
101
102       var optionMenu = new JMenu("Options");
103
104       optionMenu.add(readonlyItem);
105       optionMenu.addSeparator();
```

```
106         optionMenu.add(insertItem);
107         optionMenu.add(overtypeItem);
108 
109         editMenu.addSeparator();
110         editMenu.add(optionMenu);
111 
112         // demonstrate mnemonics
113 
114         var helpMenu = new JMenu("Help");
115         helpMenu.setMnemonic('H');
116 
117         var indexItem = new JMenuItem("Index");
118         indexItem.setMnemonic('I');
119         helpMenu.add(indexItem);
120 
121         // you can also add the mnemonic key to an action
122         var aboutAction = new TestAction("About");
123         aboutAction.putValue(Action.MNEMONIC_KEY, Integer.valueOf('A'));
124         helpMenu.add(aboutAction);
125 
126         // add all top-level menus to menu bar
127 
128         var menuBar = new JMenuBar();
129         setJMenuBar(menuBar);
130 
131         menuBar.add(fileMenu);
132         menuBar.add(editMenu);
133         menuBar.add(helpMenu);
134 
135         // demonstrate pop-ups
136 
137         popup = new JPopupMenu();
138         popup.add(cutAction);
139         popup.add(copyAction);
140         popup.add(pasteAction);
141 
142         var panel = new JPanel();
143         panel.setComponentPopupMenu(popup);
144         add(panel);
145     }
146 }
```

11.5.7　工具栏

工具栏是一个按钮栏，通过它可以快速访问程序中最常用的命令，如图 11-22 所示。

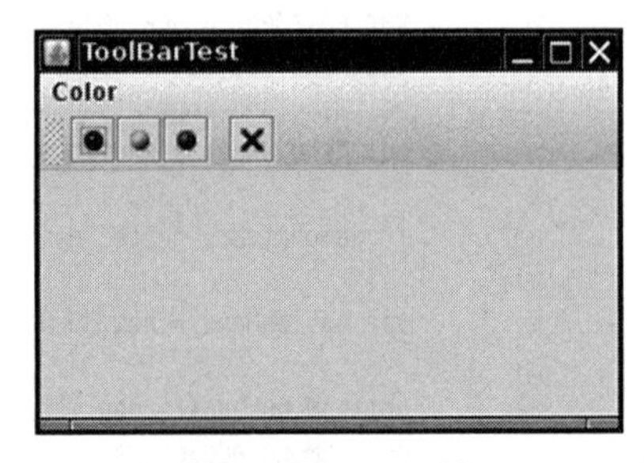

图 11-22　工具栏

工具栏的特殊之处在于可以将它随处移动。可以将工具栏拖曳到窗体的四个边框上，如图 11-23 所示。松开鼠标按钮后，工具栏将会落在新的位置上，如图 11-24 所示。

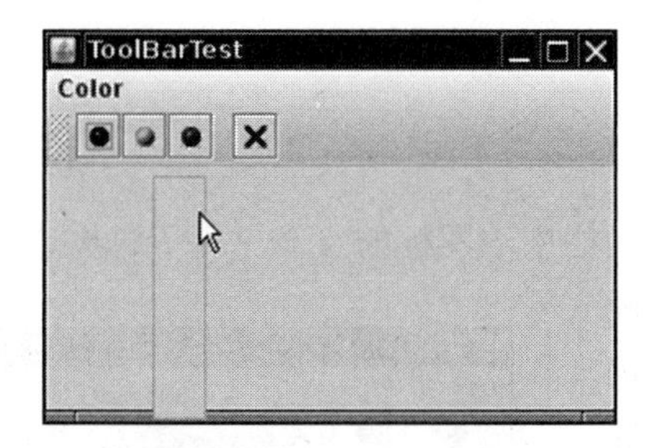

图 11-23　拖曳工具栏

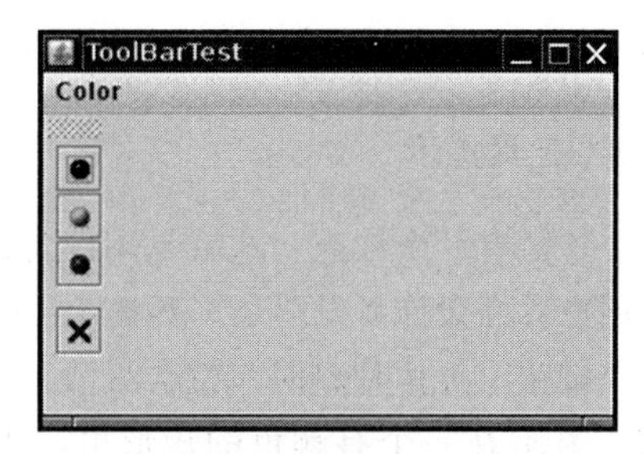

图 11-24　将工具栏拖曳到另一个边框

注释：只有当工具栏位于采用边框布局（或者任何支持 North、East、South 和 West 约束的其他布局管理器）的容器内才能够拖曳。

工具栏甚至可以完全脱离窗体。这种分离的工具栏包含在自己的窗体中，如图 11-25 所示。关闭包含分离式工具栏的窗体时，工具栏会回到原窗体中。

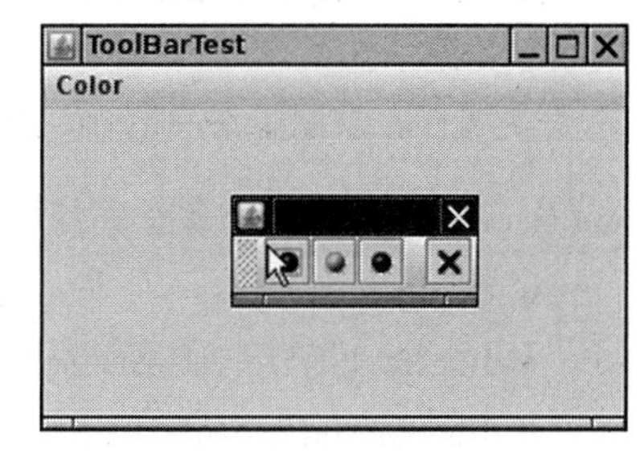

图 11-25　分离工具栏

工具栏代码很容易编写。可以将组件添加到工具栏：

```
var toolbar = new JToolBar();
toolbar.add(blueButton);
```

JToolBar 类还有一个添加 Action 对象的方法，可以用 Action 对象填充工具栏，如下所示：

```
toolbar.add(blueAction);
```

这个动作的小图标将会出现在工具栏中。

可以用分隔线将按钮分组：

```
toolbar.addSeparator();
```

例如，图 11-22 中的工具栏有一个分隔线，它位于第 3 个按钮和第 4 个按钮之间。

然后，将工具栏添加到窗体：

```
add(toolbar, BorderLayout.NORTH);
```

还可以指定工具栏的标题，当工具栏未固定时就会显示这个标题：

```
toolbar = new JToolBar(titleString);
```

在默认情况下，工具栏初始为水平的。如果希望工具栏初始是垂直的，可以使用以下代码：

```
toolbar = new JToolBar(SwingConstants.VERTICAL)
```

或者

```
toolbar = new JToolBar(titleString, SwingConstants.VERTICAL)
```

按钮是工具栏中最常用的组件。不过对于工具栏中可以增加哪些组件并没有任何限制。

例如，你也可以在工具栏中加入组合框。

11.5.8　工具提示

工具栏有一个缺点，这就是用户常常需要猜测工具栏中小图标的含义。为了解决这个问题，用户界面设计者发明了工具提示（tooltip）。当光标在一个按钮上停留片刻时，就会激活工具提示。工具提示文本显示在一个有颜色的矩形里。当用户移开鼠标时，工具提示就会消失。如图 11-26 所示。

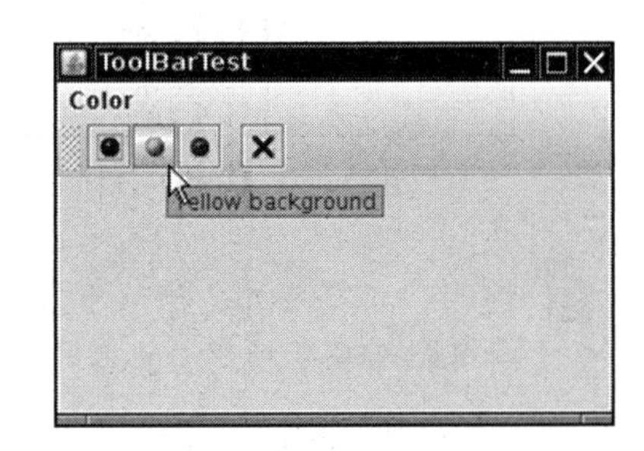

图 11-26　工具提示

在 Swing 中，可以调用 setToolTipText 方法为任何 JComponent 增加工具提示：

```
exitButton.setToolTipText("Exit");
```

或者，如果使用 Action 对象，可以用 SHORT_DESCRIPTION 关联工具提示：

```
exitAction.putValue(Action.SHORT_DESCRIPTION, "Exit");
```

API javax.swing.JToolBar 1.2

- JToolBar()
- JToolBar(String titleString)
- JToolBar(int orientation)
- JToolBar(String titleString, int orientation)

  用给定的标题字符串和方向构造一个工具栏。orientation 可以是 SwingConstants.HORIZONTAL（默认）或 SwingConstants.VERTICAL。
- JButton add(Action a)

  在工具栏中用给定动作的名字、图标、简要描述和动作回调构造一个新按钮，并把这个按钮增加到工具栏末尾。
- void addSeparator()

  将一个分隔线添加到工具栏的末尾。

API javax.swing.JComponent 1.2

- void setToolTipText(String text)

  设置当鼠标停留在组件上时要作为工具提示显示的文本。

11.6　复杂的布局管理

迄今为止，在示例应用的用户界面中，我们只使用了边框布局、流布局和网格布局。对于更复杂的任务，只有这些还不够。

从 Java 1.0 以来，AWT 就含有*网格包布局*（grid bag layout），这种布局将组件按行和列排列。行和列的大小可以灵活改变，而且组件可以跨多行多列。这种布局管理器非常灵活，但也非常复杂。仅仅提到“网格包布局”一词就会让一些 Java 程序员胆战心惊。

Swing 设计者有一个失败的尝试：他们想设计一个布局管理器，能够将程序员从使用网格包布局的麻烦中解脱出来，为此他们提出了一种*箱式布局*（box layout）。根据 BoxLayout 类的 JDK 文档所述：“采用水平和垂直 [原文如此] 的不同组合嵌套多个面板可以获得与 GridBagLayout 类似的效果，而且降低了复杂度。”不过，由于每个箱子是独立放置的，所以不能使用箱式布局排列水平和垂直方向都相邻的组件。

Java 1.4 还做了一个尝试：设计网格包布局的一种替代布局——*弹性布局*（spring layout）。这种布局使用假想的弹簧连接一个容器中的组件。当容器改变大小时，弹簧会伸展或收缩，从而调整组件的位置。这听起来似乎很枯燥而且让人很困惑，其实也确实如此。弹性布局很快就变得销声匿迹。

NetBeans IDE 组合了一个布局工具（名为“Matisse”）和一个布局管理器。用户界面设计者可以使用这个工具将组件拖放到一个容器中，并指出哪些组件要对齐。工具再将设计者的意图转换成*组布局管理器*（group layout manager）可以理解的指令。与手动编写布局管理代码相比，这样要便捷得多。

在接下来的小节中，我们将介绍网格包布局，因为这种布局很常用，而且依然是编程生成布局代码的最简单的机制。我们会介绍一种策略，在通常情况下可以让网格包布局使用相对简单些。

最后，你会了解如何编写自己的布局管理器。

11.6.1　网格包布局

网格包布局是所有布局管理器之母。可以将网格包布局看成没有任何限制的网格布局。在网格包布局中，行和列的大小可以改变。可以将相邻的单元合并以容纳较大的组件（很多字处理器以及 HTML 都为表格提供了类似的功能：可以先建立一个表格，然后根据需要合并相邻的单元格）。组件不需要填充整个单元格区域，而且可以指定它们在单元格内的对齐方式。

考虑图 11-27 中所示的字体选择器，其中包含下面的组件：

- 两个用于指定字体和字体大小的组合框
- 两个组合框的标签
- 两个用于选择粗体和斜体的复选框
- 一个用于显示示例字符串的文本区

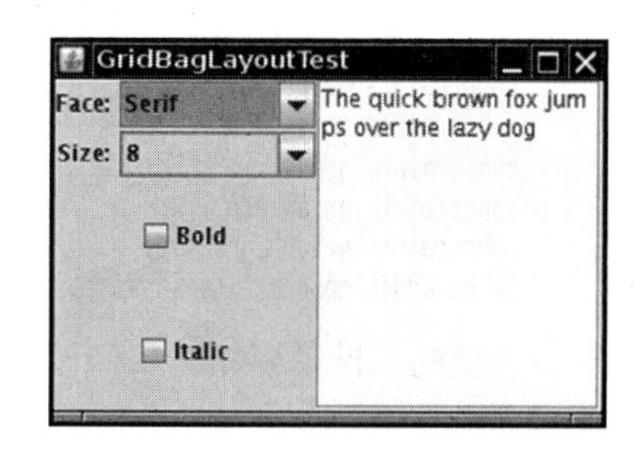

图 11-27　字体选择器

现在将容器分解为由单元格组成的网格，如图 11-28 所示（行和列的大小不必相同）。每个复选框横跨两列，文本区跨四行。

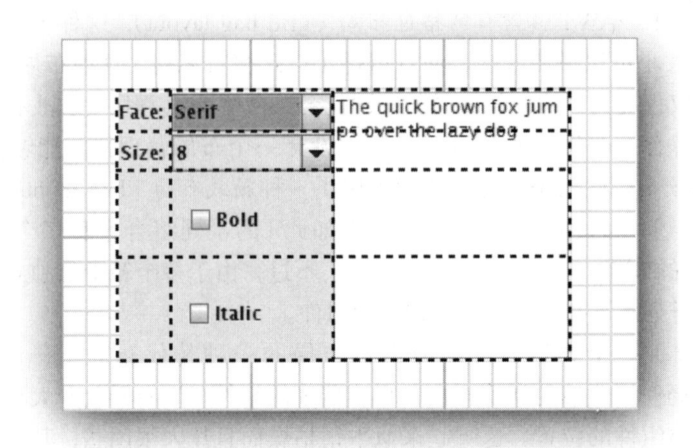

图 11-28 设计中使用的对话框网格

为了向网格包管理器描述这个布局，需要完成以下过程：

1. 创建一个 GridBagLayout 类型的对象。不需要指定底层网格的行数和列数。实际上，布局管理器会根据后面所给的信息猜测行数和列数。

2. 将这个 GridBagLayout 对象设置为组件的布局管理器。

3. 对于每个组件，创建一个 GridBagConstraints 类型的对象。设置 GridBagConstraints 对象的字段值来指定组件在网格包中如何摆放。

4. 最后，通过下面的调用为各个组件增加约束：

```
add(component, constraints);
```

下面给出所需的示例代码（稍后将更加详细地介绍各种约束，所以如果现在不明白某些约束的作用，也不必担心）。

```
var layout = new GridBagLayout();
panel.setLayout(layout);
var constraints = new GridBagConstraints();
constraints.weightx = 100;
constraints.weighty = 100;
constraints.gridx = 0;
constraints.gridy = 2;
constraints.gridwidth = 2;
constraints.gridheight = 1;
panel.add(component, constraints);
```

这里的关键是要知道如何设置 GridBagConstraints 对象的状态。在后面的小节中将讨论这个对象。

11.6.1.1 gridx、gridy、gridwidth 和 gridheight 参数

gridx、gridy、gridwidth 和 gridheight 约束定义了组件在网格中的位置。gridx 和 gridy 值指定了所添加组件左上角的行、列位置。gridwidth 和 gridheight 值确定组件占据的行数和列数。

网格的坐标从 0 开始。具体地，gridx=0 和 gridy=0 指示最左上角。例如，示例程序中，文

本区的 gridx=2，gridy=0。这是因为这个文本区起始于 0 行 2 列（即第 3 列），它的 girdwidth=1，gridheight=4，因为它占据 4 行 1 列。

11.6.1.2　权重字段

总是需要为网格包布局中的每个区域设置权重字段（weightx 和 weighty）。如果将权重设置为 0，那么这个区域在该方向上永远为初始大小，不会扩大或收缩。在图 11-27 所示的网格包布局中，我们将标签的 weightx 设置为 0，所以在调整窗口大小时，标签大小始终保持不变。另一方面，如果将所有区域的权重都设置为 0，所有区域就会挤在容器所分配区域的中间，而不会拉伸来填充空间。

从概念上讲，权重参数的问题在于权重是行和列的属性，而不是各个单元格的属性。但你需要为单元格指定权重，因为网格包布局并不提供行和列。行和列的权重计算为每行或每列中单元格权重的最大值。因此，如果想让一行或一列的大小保持不变，就需要将其中所有组件的权重都设置为 0。

注意，权重并不实际给出列的相对大小。当容器大小超过首选大小时，权重会指出“闲散”空间按什么比例分配给各个区域。这么说不太直观。我们建议将所有的权重设置为 100，然后运行程序，查看布局情况。调整这个对话框的大小，来看行和列是如何调整的。如果发现某行或某列不应该扩大，就将那一行或那一列中的所有组件的权重设置为 0。也可以调整为其他权重值，但是那么做的意义不大。

11.6.1.3　fill 和 anchor 参数

如果不希望一个组件拉伸至填满整个区域，就需要设置 fill 约束。这个参数有 4 个可取值：GridBagConstraints.NONE、GridBagConstraints.HORIZONTAL、GridBagConstraints.VERTICAL 和 GridBagConstraints.BOTH。

如果组件没有填充整个区域，可以通过设置 anchor 字段指定它在这个区域中的位置。有效值为 GridBagConstraints.CENTER（默认值）、GridBagConstraints.NORTH、GridBagConstraints.NORTHEAST 和 GridBagConstraints.EAST 等。

11.6.1.4　边距

可以通过设置 GridBagConstraints 的 insets 字段在组件周围增加额外的空白区域。可以设置 Insets 对象的 left、top、right 和 bottom 值指定你希望的组件周围的空间大小。这称作外边距（external padding）。

ipadx 和 ipady 值可以指定内边距（internal padding）。这些值会增加到组件的最小宽度和最小高度上，这样可以保证组件不会收缩至其最小尺寸以下。

11.6.1.5　指定 gridx、gridy、gridwidth 和 gridheight 参数的候选方法

AWT 文档建议不要将 gridx 和 gridy 设置为绝对位置，而应该将它们设置为常量 GridBagConstraints.RELATIVE。然后，按照标准的顺序将组件添加到网格包布局中，即首先在第一行从左向右增加，然后再转到下一行，如此继续。

还需要为 gridheight 和 gridwidth 字段提供适当的值来指定组件所跨的行数和列数。不过，如果组件扩展至最后一行或最后一列，则不需要指定具体的数，而是可以使用常量 GridBag-

Constraints.REMAINDER，这样会告诉布局管理器这个组件是该行上的最后一个组件。

这种方案看起来是可行的，但似乎有点笨拙。这是因为这样做会对布局管理器隐藏具体的位置信息，并希望它能够重新发现这些信息。

11.6.1.6 网格包布局技巧

在实际中，利用下面的技巧，可以让网格包布局的使用没那么麻烦：

1. 在纸上画出组件布局草图。
2. 找出一个网格，其中小组件分别包含在一个单元格内，较大的组件跨越多个单元格。
3. 用 0，1，2，3……标记网格的行和列。现在可以得出 gridx、gridy、gridwidth 和 gridheight 的值。
4. 对于每个组件，需要考虑以下问题：是否需要水平或者垂直填充它所在的单元格？如果不需要，希望如何对齐？这样就能得到 fill 和 anchor 参数的值。
5. 将所有的权重设置为 100。不过，如果希望某行或某列始终保持默认的大小，就将这行或这列中所有组件的 weightx 和 weighty 设置为 0。
6. 编写代码。仔细地检查 GridBagConstraints 的设置。一个错误的约束可能会毁了你的整个布局。
7. 编译并运行，你会看到满意的布局。

11.6.1.7 使用辅助类管理网格包约束

网格包布局最麻烦的方面就是要编写代码设置约束。为此，大多数程序员会编写辅助函数或者一个小辅助类。下面将在字体对话框示例的完整代码后面给出一个辅助类。这个类有以下特性：

- 名字简短：是 GBC 而不是 GridBagConstraints。
- 它扩展了 GridBagConstraints，因此常量可以使用更短的名字，如 GBC.EAST。
- 当添加组件时，使用 GBC 对象，如：

  ```
  add(component, new GBC(1, 2));
  ```

- 有两个构造器可以用来设置最常用的参数：gridx 和 gridy，或者 gridx、gridy、gridwidth 和 gridheight。

  ```
  add(component, new GBC(1, 2, 1, 4));
  ```

- 对于采用 x/y 值对形式的字段，提供了便捷的设置方法：

  ```
  add(component, new GBC(1, 2).setWeight(100, 100));
  ```

- 设置器方法将返回 this，所以可以把这些方法调用串起来：

  ```
  add(component, new GBC(1, 2).setAnchor(GBC.EAST).setWeight(100, 100));
  ```

- setInsets 方法将为你构造 Insets 对象。要得到 1 个像素的边距，只需要调用：

  ```
  add(component, new GBC(1, 2).setAnchor(GBC.EAST).setInsets(1));
  ```

程序清单 11-7 显示了字体对话框示例的窗体类。GBC 辅助类见程序清单 11-8。下面是将组件添加到网格包中的代码：

```
add(faceLabel, new GBC(0, 0).setAnchor(GBC.EAST));
add(face, new GBC(1, 0).setFill(GBC.HORIZONTAL).setWeight(100, 0).setInsets(1));
add(sizeLabel, new GBC(0, 1).setAnchor(GBC.EAST));
add(size, new GBC(1, 1).setFill(GBC.HORIZONTAL).setWeight(100, 0).setInsets(1));
add(bold, new GBC(0, 2, 2, 1).setAnchor(GBC.CENTER).setWeight(100, 100));
add(italic, new GBC(0, 3, 2, 1).setAnchor(GBC.CENTER).setWeight(100, 100));
add(sample, new GBC(2, 0, 1, 4).setFill(GBC.BOTH).setWeight(100, 100));
```

一旦理解了网格包约束，就会发现这些代码很容易阅读和调试。

程序清单 11-7 gridbag/FontFrame.java

```
1 package gridbag;
2
3 import java.awt.Font;
4 import java.awt.GridBagLayout;
5 import java.awt.event.ActionListener;
6
7 import javax.swing.BorderFactory;
8 import javax.swing.JCheckBox;
9 import javax.swing.JComboBox;
10 import javax.swing.JFrame;
11 import javax.swing.JLabel;
12 import javax.swing.JTextArea;
13
14 /**
15  * A frame that uses a grid bag layout to arrange font selection components.
16  */
17 public class FontFrame extends JFrame
18 {
19    public static final int TEXT_ROWS = 10;
20    public static final int TEXT_COLUMNS = 20;
21
22    private JComboBox<String> face;
23    private JComboBox<Integer> size;
24    private JCheckBox bold;
25    private JCheckBox italic;
26    private JTextArea sample;
27
28    public FontFrame()
29    {
30       var layout = new GridBagLayout();
31       setLayout(layout);
32
33       ActionListener listener = event -> updateSample();
34
35       // construct components
36
37       var faceLabel = new JLabel("Face: ");
38
39       face = new JComboBox<>(new String[] { "Serif", "SansSerif", "Monospaced",
40          "Dialog", "DialogInput" });
41
42       face.addActionListener(listener);
43
```

```
44        var sizeLabel = new JLabel("Size: ");
45
46        size = new JComboBox<>(new Integer[] { 8, 10, 12, 15, 18, 24, 36, 48 });
47
48        size.addActionListener(listener);
49
50        bold = new JCheckBox("Bold");
51        bold.addActionListener(listener);
52
53        italic = new JCheckBox("Italic");
54        italic.addActionListener(listener);
55
56        sample = new JTextArea(TEXT_ROWS, TEXT_COLUMNS);
57        sample.setText("The quick brown fox jumps over the lazy dog");
58        sample.setEditable(false);
59        sample.setLineWrap(true);
60        sample.setBorder(BorderFactory.createEtchedBorder());
61
62        // add components to grid, using GBC convenience class
63
64        add(faceLabel, new GBC(0, 0).setAnchor(GBC.EAST));
65        add(face, new GBC(1, 0).setFill(GBC.HORIZONTAL).setWeight(100, 0).setInsets(1));
66        add(sizeLabel, new GBC(0, 1).setAnchor(GBC.EAST));
67        add(size, new GBC(1, 1).setFill(GBC.HORIZONTAL).setWeight(100, 0).setInsets(1));
68        add(bold, new GBC(0, 2, 2, 1).setAnchor(GBC.CENTER).setWeight(100, 100));
69        add(italic, new GBC(0, 3, 2, 1).setAnchor(GBC.CENTER).setWeight(100, 100));
70        add(sample, new GBC(2, 0, 1, 4).setFill(GBC.BOTH).setWeight(100, 100));
71        pack();
72        updateSample();
73     }
74
75     public void updateSample()
76     {
77        var fontFace = (String) face.getSelectedItem();
78        int fontStyle = (bold.isSelected() ? Font.BOLD : 0)
79           + (italic.isSelected() ? Font.ITALIC : 0);
80        int fontSize = size.getItemAt(size.getSelectedIndex());
81        var font = new Font(fontFace, fontStyle, fontSize);
82        sample.setFont(font);
83        sample.repaint();
84     }
85  }
```

程序清单 11-8 gridbag/GBC.java

```
1 package gridbag;
2
3 import java.awt.*;
4
5 /**
6  * This class simplifies the use of the GridBagConstraints class.
7  * @version 1.01 2004-05-06
8  * @author Cay Horstmann
9  */
```

```
10 public class GBC extends GridBagConstraints
11 {
12    /**
13     * Constructs a GBC with a given gridx and gridy position and all other grid
14     * bag constraint values set to the default.
15     * @param gridx the gridx position
16     * @param gridy the gridy position
17     */
18    public GBC(int gridx, int gridy)
19    {
20       this.gridx = gridx;
21       this.gridy = gridy;
22    }
23
24    /**
25     * Constructs a GBC with given gridx, gridy, gridwidth, gridheight and all
26     * other grid bag constraint values set to the default.
27     * @param gridx the gridx position
28     * @param gridy the gridy position
29     * @param gridwidth the cell span in x-direction
30     * @param gridheight the cell span in y-direction
31     */
32    public GBC(int gridx, int gridy, int gridwidth, int gridheight)
33    {
34       this.gridx = gridx;
35       this.gridy = gridy;
36       this.gridwidth = gridwidth;
37       this.gridheight = gridheight;
38    }
39
40    /**
41     * Sets the anchor.
42     * @param anchor the anchor value
43     * @return this object for further modification
44     */
45    public GBC setAnchor(int anchor)
46    {
47       this.anchor = anchor;
48       return this;
49    }
50
51    /**
52     * Sets the fill direction.
53     * @param fill the fill direction
54     * @return this object for further modification
55     */
56    public GBC setFill(int fill)
57    {
58       this.fill = fill;
59       return this;
60    }
61
62    /**
63     * Sets the cell weights.
```

```
64      * @param weightx the cell weight in x-direction
65      * @param weighty the cell weight in y-direction
66      * @return this object for further modification
67      */
68     public GBC setWeight(double weightx, double weighty)
69     {
70        this.weightx = weightx;
71        this.weighty = weighty;
72        return this;
73     }
74 
75     /**
76      * Sets the insets of this cell.
77      * @param distance the spacing to use in all directions
78      * @return this object for further modification
79      */
80     public GBC setInsets(int distance)
81     {
82        this.insets = new Insets(distance, distance, distance, distance);
83        return this;
84     }
85 
86     /**
87      * Sets the insets of this cell.
88      * @param top the spacing to use on top
89      * @param left the spacing to use to the left
90      * @param bottom the spacing to use on the bottom
91      * @param right the spacing to use to the right
92      * @return this object for further modification
93      */
94     public GBC setInsets(int top, int left, int bottom, int right)
95     {
96        this.insets = new Insets(top, left, bottom, right);
97        return this;
98     }
99 
100    /**
101     * Sets the internal padding
102     * @param ipadx the internal padding in x-direction
103     * @param ipady the internal padding in y-direction
104     * @return this object for further modification
105     */
106    public GBC setIpad(int ipadx, int ipady)
107    {
108       this.ipadx = ipadx;
109       this.ipady = ipady;
110       return this;
111    }
112 }
```

API java.awt.GridBagConstraints 1.0

- `int gridx, gridy`

  指定单元格的起始行和列。默认值为 0。

- `int gridwidth, gridheight`

  指定单元格的行和列大小。默认值为 1。
- `double weightx, weighty`

  指定单元格扩大的容量。默认值为 0。
- `int anchor`

  表示组件在单元格内的对齐方式。可以选择的绝对位置包括：

NORTHWEST	NORTH	NORTHEAST
WEST	CENTER	EAST
SOUTHWEST	SOUTH	SOUTHEAST

  或者可以使用与方向无关的位置：

FIRST_LINE_START	LINE_START	FIRST_LINE_END
PAGE_START	CENTER	PAGE_END
LAST_LINE_START	LINE_END	LAST_LINE_END

  如果你的应用要本地化为从右向左或者从上向下排列文本，就应该使用后者。默认值为 CENTER。
- `int fill`

  指定组件在单元格内的填充行为，可取值为 NONE、BOTH、HORIZONTAL 或者 VERTICAL。默认值为 NONE。
- `int ipadx, ipady`

  指定组件周围的“内”边距。默认值为 0。
- `Insets insets`

  指定单元格边框周围的“外”边距。默认为无边距。
- `GridBagConstraints(int gridx, int gridy, int gridwidth, int gridheight, double weightx, double weighty, int anchor, int fill, Insets insets, int ipadx, int ipady)` **1.2**

  用参数中指定的所有字段值构造 GridBagConstraints。这个构造器只用于自动代码生成器，因为它会让你的源代码很难阅读。

11.6.2 定制布局管理器

可以设计你自己的 LayoutManager 类以一种特殊的方式管理组件。作为一个有趣的例子，可以将容器中的所有组件摆成一个圆形。如图 11-29 所示。

定制布局管理器必须实现 LayoutManager 接口，并且需要覆盖下面 5 个方法：

```
void addLayoutComponent(String s, Component c)
void removeLayoutComponent(Component c)
Dimension preferredLayoutSize(Container parent)
Dimension minimumLayoutSize(Container parent)
void layoutContainer(Container parent)
```

添加或删除一个组件时会调用前面两个方法。如果不需要保存组件的任何附加信息，那么可以让这两个方法什么都不做。接下来的两个方法计算组件的最小布局和首选布局所需要的空间。这二者通常是相等的。第 5 个方法具体完成工作，会调用所有组件的 setBounds 方法。

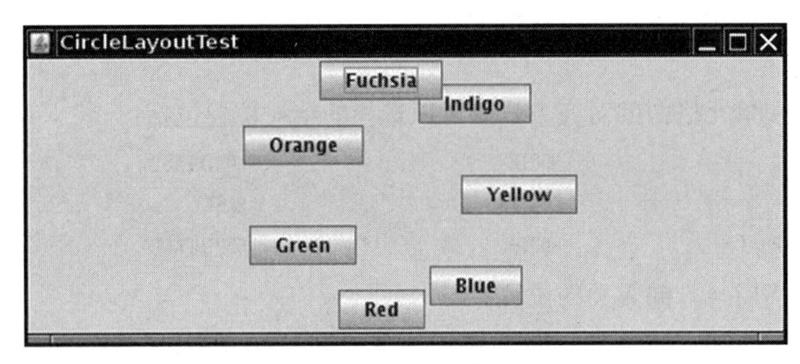

图 11-29　圆形布局

> **注释：** AWT 还有第二个接口 LayoutManager2，其中包含 10 个需要实现的方法，而不是 5 个。这个 LayoutManager2 接口的主要特点是允许使用带有约束的 add 方法。例如，BorderLayout 和 GridBagLayout 都实现了 LayoutManager2 接口。

程序清单 11-9 显示了 CircleLayout 管理器的代码，会在父组件中沿着一个圆形摆放组件。这个管理器很有趣，但是没有什么实用价值。示例程序的窗体类见程序清单 11-10。

程序清单 11-9　circleLayout/CircleLayout.java

```
 1 package circleLayout;
 2 
 3 import java.awt.*;
 4 
 5 /**
 6  * A layout manager that lays out components along a circle.
 7  */
 8 public class CircleLayout implements LayoutManager
 9 {
10    private int minWidth = 0;
11    private int minHeight = 0;
12    private int preferredWidth = 0;
13    private int preferredHeight = 0;
14    private boolean sizesSet = false;
15    private int maxComponentWidth = 0;
16    private int maxComponentHeight = 0;
17 
18    public void addLayoutComponent(String name, Component comp)
19    {
20    }
21 
22    public void removeLayoutComponent(Component comp)
23    {
24    }
25 
```

```
26     public void setSizes(Container parent)
27     {
28        if (sizesSet) return;
29        int n = parent.getComponentCount();
30
31        preferredWidth = 0;
32        preferredHeight = 0;
33        minWidth = 0;
34        minHeight = 0;
35        maxComponentWidth = 0;
36        maxComponentHeight = 0;
37
38        // compute the maximum component widths and heights
39        // and set the preferred size to the sum of the component sizes
40        for (int i = 0; i < n; i++)
41        {
42           Component c = parent.getComponent(i);
43           if (c.isVisible())
44           {
45              Dimension d = c.getPreferredSize();
46              maxComponentWidth = Math.max(maxComponentWidth, d.width);
47              maxComponentHeight = Math.max(maxComponentHeight, d.height);
48              preferredWidth += d.width;
49              preferredHeight += d.height;
50           }
51        }
52        minWidth = preferredWidth / 2;
53        minHeight = preferredHeight / 2;
54        sizesSet = true;
55     }
56
57     public Dimension preferredLayoutSize(Container parent)
58     {
59        setSizes(parent);
60        Insets insets = parent.getInsets();
61        int width = preferredWidth + insets.left + insets.right;
62        int height = preferredHeight + insets.top + insets.bottom;
63        return new Dimension(width, height);
64     }
65
66     public Dimension minimumLayoutSize(Container parent)
67     {
68        setSizes(parent);
69        Insets insets = parent.getInsets();
70        int width = minWidth + insets.left + insets.right;
71        int height = minHeight + insets.top + insets.bottom;
72        return new Dimension(width, height);
73     }
74
75     public void layoutContainer(Container parent)
76     {
77        setSizes(parent);
78
79        // compute center of the circle
```

```
80
81        Insets insets = parent.getInsets();
82        int containerWidth = parent.getSize().width - insets.left - insets.right;
83        int containerHeight = parent.getSize().height - insets.top - insets.bottom;
84
85        int xcenter = insets.left + containerWidth / 2;
86        int ycenter = insets.top + containerHeight / 2;
87
88        // compute radius of the circle
89
90        int xradius = (containerWidth - maxComponentWidth) / 2;
91        int yradius = (containerHeight - maxComponentHeight) / 2;
92        int radius = Math.min(xradius, yradius);
93
94        // lay out components along the circle
95
96        int n = parent.getComponentCount();
97        for (int i = 0; i < n; i++)
98        {
99           Component c = parent.getComponent(i);
100          if (c.isVisible())
101          {
102             double angle = 2 * Math.PI * i / n;
103
104             // center point of component
105             int x = xcenter + (int) (Math.cos(angle) * radius);
106             int y = ycenter + (int) (Math.sin(angle) * radius);
107
108             // move component so that its center is (x, y)
109             // and its size is its preferred size
110             Dimension d = c.getPreferredSize();
111             c.setBounds(x - d.width / 2, y - d.height / 2, d.width, d.height);
112          }
113       }
114    }
115 }
```

程序清单 11-10 circleLayout/CircleLayoutFrame.java

```
1 package circleLayout;
2
3 import javax.swing.*;
4
5 /**
6  * A frame that shows buttons arranged along a circle.
7  */
8 public class CircleLayoutFrame extends JFrame
9 {
10    public CircleLayoutFrame()
11    {
12       setLayout(new CircleLayout());
13       add(new JButton("Yellow"));
14       add(new JButton("Blue"));
15       add(new JButton("Red"));
16       add(new JButton("Green"));
```

```
17         add(new JButton("Orange"));
18         add(new JButton("Fuchsia"));
19         add(new JButton("Indigo"));
20         pack();
21     }
22 }
```

API java.awt.LayoutManager 1.0

- `void addLayoutComponent(String name, Component comp)`
  为布局增加一个组件。
- `void removeLayoutComponent(Component comp)`
  从布局删除一个组件。
- `Dimension preferredLayoutSize(Container cont)`
  返回这个布局中容器的首选尺寸。
- `Dimension minimumLayoutSize(Container cont)`
  返回这个布局中容器的最小尺寸。
- `void layoutContainer(Container cont)`
  在容器中摆放组件。

11.7 对话框

在 GUI 应用中，通常希望弹出单独的对话框向用户显示信息或者获取用户提供的信息。

与大多数窗口系统一样，AWT 也区分了模式（modal）对话框和无模式（modeless）对话框。所谓模式对话框是指，在结束对这个对话框的处理之前，不允许用户与应用的其余窗口进行交互。如果需要先获取用户提供的信息，程序才能继续运行，这种情况下就要使用模式对话框。例如，用户想要读取一个文件时，就会弹出一个模式文件对话框。用户必须指定一个文件名，然后程序才能够开始读操作。只有用户关闭这个模式对话框之后，应用才能够继续执行。

无模式对话框允许用户在这个对话框中输入信息，同时也允许在应用的其他部分输入信息。工具栏就是无模式对话框的一个例子。只要需要，就可以显示工具栏，用户可以同时与应用窗口和工具栏进行交互。

本节从最简单的对话框开始介绍——只有一个消息的模式对话框。Swing 有一个很便利的类 JOptionPane，利用这个类，无须编写任何特殊的对话框代码，就可以创建一个简单的对话框。随后，你将看到如何实现自己的对话框窗口来编写更复杂的对话框。最后，我们将介绍如何在应用程序与对话框之间来回传递数据。

之后，我们会介绍 Swing 的 JFileChooser 来结束有关对话框的讨论。

11.7.1 选项对话框

Swing 有一组现成的简单对话框，足以让用户提供一些信息。JOptionPane 有 4 个静态方法来显示这些简单的对话框：

- showMessageDialog：显示一条消息并等待用户点击 OK；
- showConfirmDialog：显示一条消息并得到用户确认（如 OK/Cancel）；
- showOptionDialog：显示一条消息并获得用户在一组选项中的选择；
- showInputDialog：显示一条消息并获得用户输入的一行文本。

图 11-30 显示了一个典型的对话框。可以看到，对话框有以下组件：

- 一个图标
- 一条消息
- 一个或多个选项按钮

图 11-30　选项对话框

输入对话框有一个额外的组件用于接收用户输入。这可能是一个文本域，用户可以输入任意的字符串，也可能是一个组合框，用户可以从中选择一项。

这些对话框的具体布局和标准消息类型选择的图标都取决于可插拔式观感（pluggable look-and-feel）。

左侧的图标取决于下面 5 种消息类型：

- ERROR_MESSAGE
- INFORMATION_MESSAGE
- WARNING_MESSAGE
- QUESTION_MESSAGE
- PLAIN_MESSAGE

PLAIN_MESSAGE 类型没有图标。每个对话框类型还有一个方法，可以用来提供你自己的图标，以替代原来的图标。

可以为每个对话框类型指定一条消息。这里的消息既可以是字符串、图标、用户界面组件，或者任何其他类型的对象。可以如下显示消息对象：

- String：绘制字符串；
- Icon：显示图标；
- Component：显示组件；
- Object[]：显示数组中的所有对象，依次叠加；
- 任何其他对象：应用 toString 方法来显示结果字符串。

当然，提供字符串消息是目前为止最常见的情况，而提供一个 Component 会得到最大的灵活性，这是因为可以让 paintComponent 方法绘制你想要的任何内容。

位于底部的按钮取决于对话框类型和选项类型（option type）。当调用 showMessageDialog 和 showInputDialog 时，只能看到一组标准按钮（分别是 OK 和 OK/Cancel）。当调用 showConfirmDialog 时，可以在下面四种选项类型中选择：

- DEFAULT_OPTION
- YES_NO_OPTION

- YES_NO_CANCEL_OPTION
- OK_CANCEL_OPTION

使用 showOptionDialog 时，可以指定一组任意的选项。你要提供一个对象数组作为选项。每个数组元素会如下显示：

- String：创建一个按钮，使用字符串作为标签；
- Icon：创建一个按钮，使用图标作为标签；
- Component：显示这个组件；
- 其他类型的对象：应用 toString 方法，然后创建一个按钮，用结果字符串作为标签。

这些方法的返回值如下：

- showMessageDialog：无；
- showConfirmDialog：表示所选选项的一个整数；
- showOptionDialog：表示所选选项的一个整数；
- showInputDialog：用户提供或选择的一个字符串。

showConfirmDialog 和 showOptionDialog 返回一个整数，表示用户选择了哪个按钮。对于选项对话框来说，这个值就是所选选项的索引值，或者如果用户没有选择选项，而是关闭了对话框，则返回 CLOSED_OPTION。对于确认对话框，返回值可以是以下值之一：

- OK_OPTION
- CANCEL_OPTION
- YES_OPTION
- NO_OPTION
- CLOSED_OPTION

看起来这些选择让人眼花缭乱，但实际上很简单。步骤如下：

1. 选择对话框的类型（消息、确认、选项或者输入对话框）。
2. 选择图标（错误、信息、警告、问题、无或者自定义）。
3. 选择消息（字符串、图标、自定义组件或者它们的组合）。
4. 对于确认对话框，选择选项类型（默认、Yes/No、Yes/No/Cancel 或者 OK/Cancel）。
5. 对于选项对话框，选择选项（字符串、图标或者自定义组件）和默认选项。
6. 对于输入对话框，选择文本域或者组合框。
7. 调用 JOptionPane API 中的相应方法。

例如，假设需要显示图 11-30 所示的对话框。这个对话框显示了一条消息，并请求用户确认或者取消。所以，这是一个确认对话框。图标是一个问题图标，消息是字符串，选项类型是 OK_CANCEL_OPTION。调用如下：

```
int selection = JOptionPane.showConfirmDialog(parent,
   "Message", "Title",
   JOptionPane.OK_CANCEL_OPTION,
   JOptionPane.QUESTION_MESSAGE);
if (selection == JOptionPane.OK_OPTION) . . .
```

提示：消息字符串中可以包含换行符（'\n'）。这样一个字符串会多行显示。

javax.swing.JOptionPane 1.2

- static void showMessageDialog(Component parent, Object message, String title, int messageType, Icon icon)
- static void showMessageDialog(Component parent, Object message, String title, int messageType)
- static void showMessageDialog(Component parent, Object message)
- static void showInternalMessageDialog(Component parent, Object message, String title, int messageType, Icon icon)
- static void showInternalMessageDialog(Component parent, Object message, String title, int messageType)
- static void showInternalMessageDialog(Component parent, Object message)

  显示一个消息对话框或者一个内部消息对话框（内部对话框完全显示在其父组件窗体内）。父组件可以为 null。显示在对话框中的消息可以是字符串、图标、组件或者它们的一个数组。messageType 参数取值为 ERROR_MESSAGE、INFORMATION_MESSAGE、WARNING_MESSAGE、QUESTION_MESSAGE 和 PLAIN_MESSAGE 之一。
- static int showConfirmDialog(Component parent, Object message, String title, int optionType, int messageType, Icon icon)
- static int showConfirmDialog(Component parent, Object message, String title, int optionType, int messageType)
- static int showConfirmDialog(Component parent, Object message, String title, int optionType)
- static int showConfirmDialog(Component parent, Object message)
- static int showInternalConfirmDialog(Component parent, Object message, String title, int optionType, int messageType, Icon icon)
- static int showInternalConfirmDialog(Component parent, Object message, String title, int optionType, int messageType)
- static int showInternalConfirmDialog(Component parent, Object message, String title, int optionType)
- static int showInternalConfirmDialog(Component parent, Object message)

  显示一个确认对话框或者内部确认对话框（内部对话框完全显示在其父组件窗体内）。返回用户选择的选项（取值为 OK_OPTION、CANCEL_OPTION、YES_OPTION、NO_OPTION 之一）；或者如果用户关闭了对话框则返回 CLOSED_OPTION。父组件可以为 null。显示在对话框中的消息可以是字符串、图标、组件或者它们的一个数组。messageType 参数取值为 ERROR_MESSAGE、INFORMATION_MESSAGE、WARNING_MESSAGE、QUESTION_MESSAGE、PLAIN_MESSAGE 之一。optionType 取值为 DEFAULT_OPTION、YES_NO_OPTION、YES_NO_CANCEL_OPTION、OK_CANCEL_OPTION 之一。
- static int showOptionDialog(Component parent, Object message, String title, int optionType, int messageType, Icon icon, Object[] options, Object default)

- static int showInternalOptionDialog(Component parent, Object message, String title, int optionType, int messageType, Icon icon, Object[] options, Object default)

  显示一个选项对话框或者内部选项对话框（内部对话框完全显示在其父组件窗体内）。返回用户所选选项的索引；或者如果用户取消了对话框则返回 CLOSED_OPTION。父组件可以为 null。显示在对话框中的消息可以是字符串、图标、组件或者它们的一个数组。messageType 参数取值为 ERROR_MESSAGE、INFORMATION_MESSAGE、WARNING_MESSAGE、QUESTION_MESSAGE、PLAIN_MESSAGE 之一。optionType 取值为 DEFAULT_OPTION、YES_NO_OPTION、YES_NO_CANCEL_OPTION、OK_CANCEL_OPTION 之一。options 参数是字符串、图标或者组件的一个数组。
- static Object showInputDialog(Component parent, Object message, String title, int messageType, Icon icon, Object[] values, Object default)
- static String showInputDialog(Component parent, Object message, String title, int messageType)
- static String showInputDialog(Component parent, Object message)
- static String showInputDialog(Object message)
- static String showInputDialog(Component parent, Object message, Object default) **1.4**
- static String showInputDialog(Object message, Object default) **1.4**
- static Object showInternalInputDialog(Component parent, Object message, String title, int messageType, Icon icon, Object[] values, Object default)
- static String showInternalInputDialog(Component parent, Object message, String title, int messageType)
- static String showInternalInputDialog(Component parent, Object message)

  显示一个输入对话框或者内部输入对话框（内部对话框完全显示在其父组件窗体内）。返回用户输入的字符串；或者如果用户取消了对话框则返回 null。父组件可以为 null。显示在对话框中的消息可以是字符串、图标、组件或者它们的一个数组。messageType 参数取值为 ERROR_MESSAGE、INFORMATION_MESSAGE、WARNING_MESSAGE、QUESTION_MESSAGE、PLAIN_MESSAGE 之一。

11.7.2 创建对话框

在 11.7.1 节中，我们了解了如何使用 JOptionPane 类来显示一个简单的对话框。这一节将介绍如何手动创建这样一个对话框。

图 11-31 显示了一个典型的模式对话框。当用户点击 About 按钮时就会出现这样一个显示程序信息的对话框。

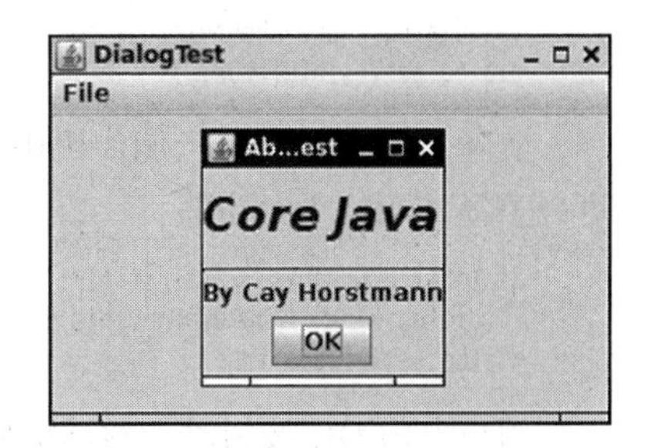

图 11-31 About 对话框

要想实现一个对话框，需要扩展 JDialog 类。这与应用的主窗口扩展 JFrame 的过程基本上是一样的。具体过程如下：

1. 在对话框构造器中，调用超类 JDialog 的构造器。
2. 添加对话框的用户界面组件。
3. 添加事件处理器。
4. 设置对话框的大小。

调用超类构造器时，需要提供所有者窗体（owner frame）、对话框标题及模式特征（modality）。

所有者窗体控制对话框的显示位置，如果提供 null 作为所有者，那么这个对话框将属于一个隐藏窗体。

模式特征将指定显示这个对话框时，将阻塞应用的哪些其他窗口。无模式对话框不会阻塞其他窗口，而模式对话框将阻塞应用的所有其他窗口（当前对话框的子窗口除外）。用户经常使用的工具栏要用无模式对话框实现。另一方面，如果想强制用户在继续操作之前必须提供一些必要的信息，就应该使用模式对话框。

下面是一个对话框的代码：

```
public AboutDialog extends JDialog
{
   public AboutDialog(JFrame owner)
   {
      super(owner, "About DialogTest", true);
      add(new JLabel(
         "<html><h1><i>Core Java</i></h1><hr>By Cay Horstmann</html>"),
         BorderLayout.CENTER);
      var panel = new JPanel();
      var ok = new JButton("OK");

      ok.addActionListener(event -> setVisible(false));
      panel.add(ok);
      add(panel, BorderLayout.SOUTH);
      setSize(250, 150);
   }
}
```

可以看到，构造器添加了用户界面组件，在本例中添加的是标签和一个按钮，并且为按钮添加了处理器，然后还设置了对话框的大小。

要想显示对话框，需要创建一个新的对话框对象，并让它可见：

```
var dialog = new AboutDialog(this);
dialog.setVisible(true);
```

实际上，在下面的示例代码中只创建了一次对话框，无论用户何时点击 About 按钮，都可以重复使用这个对话框。

```
if (dialog == null) // first time
   dialog = new AboutDialog(this);
dialog.setVisible(true);
```

用户点击 OK 按钮时，对话框要关闭。这会在 OK 按钮的事件处理器中处理：

```
ok.addActionListener(event -> setVisible(false));
```

当用户点击 Close 按钮关闭对话框时，对话框也会隐藏起来。与 JFrame 一样，可以用 setDefaultCloseOperation 方法覆盖这个行为。

程序清单 11-11 是测试程序窗体类的代码。程序清单 11-12 显示了对话框类。

程序清单 11-11 dialog/DialogFrame.java

```
1 package dialog;
2
3 import javax.swing.JFrame;
4 import javax.swing.JMenu;
5 import javax.swing.JMenuBar;
6 import javax.swing.JMenuItem;
7
8 /**
9  * A frame with a menu whose File->About action shows a dialog.
10  */
11 public class DialogFrame extends JFrame
12 {
13    private static final int DEFAULT_WIDTH = 300;
14    private static final int DEFAULT_HEIGHT = 200;
15    private AboutDialog dialog;
16
17    public DialogFrame()
18    {
19       setSize(DEFAULT_WIDTH, DEFAULT_HEIGHT);
20
21       // construct a File menu
22
23       var menuBar = new JMenuBar();
24       setJMenuBar(menuBar);
25       var fileMenu = new JMenu("File");
26       menuBar.add(fileMenu);
27
28       // add About and Exit menu items
29
30       // the About item shows the About dialog
31
32       var aboutItem = new JMenuItem("About");
33       aboutItem.addActionListener(event ->
34          {
35             if (dialog == null) // first time
36                dialog = new AboutDialog(DialogFrame.this);
37             dialog.setVisible(true); // pop up dialog
38          });
39       fileMenu.add(aboutItem);
40
41       // the Exit item exits the program
42
43       var exitItem = new JMenuItem("Exit");
44       exitItem.addActionListener(event -> System.exit(0));
45       fileMenu.add(exitItem);
46    }
47 }
```

程序清单 11-12 dialog/AboutDialog.java

```
1 package dialog;
2
3 import java.awt.BorderLayout;
4
5 import javax.swing.JButton;
6 import javax.swing.JDialog;
7 import javax.swing.JFrame;
8 import javax.swing.JLabel;
9 import javax.swing.JPanel;
10
11 /**
12  * A sample modal dialog that displays a message and waits for the user to click
13  * the OK button.
14  */
15 public class AboutDialog extends JDialog
16 {
17    public AboutDialog(JFrame owner)
18    {
19       super(owner, "About DialogTest", true);
20
21       // add HTML label to center
22
23       add(
24          new JLabel(
25             "<html><h1><i>Core Java</i></h1><hr>By Cay Horstmann</html>"),
26          BorderLayout.CENTER);
27
28       // OK button closes the dialog
29
30       var ok = new JButton("OK");
31       ok.addActionListener(event -> setVisible(false));
32
33       // add OK button to southern border
34
35       var panel = new JPanel();
36       panel.add(ok);
37       add(panel, BorderLayout.SOUTH);
38
39       pack();
40    }
41 }
```

API javax.swing.JDialog 1.2

- `public JDialog(Frame parent, String title, boolean modal)`

  构造一个对话框。在显式地显示对话框之前，这个对话框是不可见的。

11.7.3 数据交换

使用对话框最常见的原因是获取用户的输入信息。在前面已经看到，构造对话框对象非常简单：只需要提供初始数据，然后调用 setVisible(true) 在屏幕上显示对话框。下面来看如何将数据传入传出对话框。

考虑如图 11-32 所示的对话框，这个对话框可以用来获得用户名和密码来连接某个在线服务。

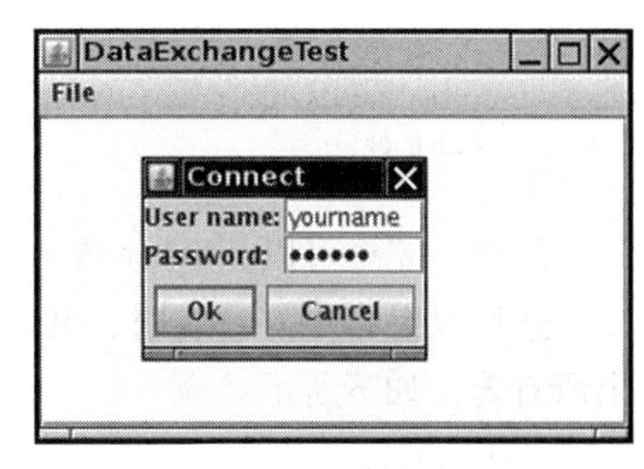

图 11-32 密码对话框

你的对话框应该提供设置默认数据的方法。例如，示例程序中的 PasswordChooser 类提供了一个 setUser 方法，在输入域中放入默认值：

```
public void setUser(User u)
{
   username.setText(u.getName());
}
```

一旦设置了默认值（如果需要），可以调用 setVisible(true) 显示对话框。现在对话框会显示在屏幕上。

然后用户输入信息，点击 OK 或者 Cancel 按钮。这两个按钮的事件处理器都会调用 setVisible(false)，这会终止 setVisible(true) 调用。或者，用户也可能关闭对话框。如果没有为对话框安装窗口监听器，就会执行默认的窗口关闭操作：对话框变为不可见，这也会终止 setVisible(true) 调用。

有一点很重要：在用户关闭这个对话框之前，setVisible(true) 调用会阻塞。这样就能很容易地实现模式对话框。

你希望知道用户是接受还是取消了这个对话框。示例代码中设置了 ok 标志，在显示对话框之前 ok 标志设置为 false。只有 OK 按钮的事件处理器将 ok 标志设置为 true，我们就是利用这种方法从对话框获取用户输入。

注释： 从无模式对话框传输数据就没有那么简单了。显示一个无模式对话框时，setVisible(true) 调用并不阻塞，对话框显示的同时，程序会继续运行。如果用户选择了无模式对话框中的一项，然后点击 OK，对话框需要向程序中的某个监听器发送一个事件。

示例程序中还包含另外一个很有用的改进。构造一个 JDialog 对象时，需要指定所有者窗体。但是，在很多情况下，你往往希望在不同的所有者窗体中显示同一个对话框，所以最好在准备显示对话框时再选择所有者窗体，而不是在构造 PasswordChooser 对象时指定所有者。

这里的技巧是让 PasswordChooser 扩展 JPanel，而不是扩展 JDialog，在 showDialog 方法中动态构建一个 JDialog 对象：

```
public boolean showDialog(Frame owner, String title)
{
   ok = false;

   if (dialog == null || dialog.getOwner() != owner)
   {
      dialog = new JDialog(owner, true);
      dialog.add(this);
      dialog.pack();
```

```
    }

    dialog.setTitle(title);
    dialog.setVisible(true);
    return ok;
}
```

注意，完全可以让 owner 等于 null。

还可以做得更好。有时，并不总能得到所有者窗体。不过可以很容易地从 parent 组件得出所有者，如下所示：

```
Frame owner;
if (parent instanceof Frame)
   owner = (Frame) parent;
else
   owner = (Frame) SwingUtilities.getAncestorOfClass(Frame.class, parent);
```

我们在示例程序中使用了这个改进。JOptionPane 类也使用了这种机制。

很多对话框都有一个*默认按钮*（default button）。如果用户按下触发键（大多数“观感”实现中，触发键通常是回车键），就会自动地选择这个默认按钮。默认按钮有特殊的标记，通常有加粗的轮廓。

可以在对话框的*根窗格*（root pane）中设置默认按钮：

```
dialog.getRootPane().setDefaultButton(okButton);
```

如果遵循在面板中放置对话框的建议，就必须特别小心，只有将这个面板包装为一个对话框后才能设置默认按钮。面板本身没有根窗格。

程序清单 11-13 是程序的窗体类，这个程序展示了对话框如何传入传出数据。程序清单 11-14 给出了对话框类。

程序清单 11-13　dataExchange/DataExchangeFrame.java

```
1 package dataExchange;
2
3 import java.awt.*;
4 import java.awt.event.*;
5 import javax.swing.*;
6
7 /**
8  * A frame with a menu whose File->Connect action shows a password dialog.
9  */
10 public class DataExchangeFrame extends JFrame
11 {
12    public static final int TEXT_ROWS = 20;
13    public static final int TEXT_COLUMNS = 40;
14    private PasswordChooser dialog = null;
15    private JTextArea textArea;
16
17    public DataExchangeFrame()
18    {
19       // construct a File menu
20
```

```
21       var mbar = new JMenuBar();
22       setJMenuBar(mbar);
23       var fileMenu = new JMenu("File");
24       mbar.add(fileMenu);
25 
26       // add Connect and Exit menu items
27 
28       var connectItem = new JMenuItem("Connect");
29       connectItem.addActionListener(new ConnectAction());
30       fileMenu.add(connectItem);
31 
32       // the Exit item exits the program
33 
34       var exitItem = new JMenuItem("Exit");
35       exitItem.addActionListener(event -> System.exit(0));
36       fileMenu.add(exitItem);
37 
38       textArea = new JTextArea(TEXT_ROWS, TEXT_COLUMNS);
39       add(new JScrollPane(textArea), BorderLayout.CENTER);
40       pack();
41    }
42 
43    /**
44     * The Connect action pops up the password dialog.
45     */
46    private class ConnectAction implements ActionListener
47    {
48       public void actionPerformed(ActionEvent event)
49       {
50          // if first time, construct dialog
51 
52          if (dialog == null) dialog = new PasswordChooser();
53 
54          // set default values
55          dialog.setUser(new User("yourname", null));
56 
57          // pop up dialog
58          if (dialog.showDialog(DataExchangeFrame.this, "Connect"))
59          {
60             // if accepted, retrieve user input
61             User u = dialog.getUser();
62             textArea.append("user name = " + u.getName() + ", password = "
63                + (new String(u.getPassword())) + "\n");
64          }
65       }
66    }
67 }
```

程序清单 11-14 dataExchange/PasswordChooser.java

```
1 package dataExchange;
2 
3 import java.awt.BorderLayout;
4 import java.awt.Component;
```

```
 5 import java.awt.Frame;
 6 import java.awt.GridLayout;
 7
 8 import javax.swing.JButton;
 9 import javax.swing.JDialog;
10 import javax.swing.JLabel;
11 import javax.swing.JPanel;
12 import javax.swing.JPasswordField;
13 import javax.swing.JTextField;
14 import javax.swing.SwingUtilities;
15
16 /**
17  * A password chooser that is shown inside a dialog.
18  */
19 public class PasswordChooser extends JPanel
20 {
21    private JTextField username;
22    private JPasswordField password;
23    private JButton okButton;
24    private boolean ok;
25    private JDialog dialog;
26
27    public PasswordChooser()
28    {
29       setLayout(new BorderLayout());
30
31       // construct a panel with user name and password fields
32
33       var panel = new JPanel();
34       panel.setLayout(new GridLayout(2, 2));
35       panel.add(new JLabel("User name:"));
36       panel.add(username = new JTextField(""));
37       panel.add(new JLabel("Password:"));
38       panel.add(password = new JPasswordField(""));
39       add(panel, BorderLayout.CENTER);
40
41       // create Ok and Cancel buttons that terminate the dialog
42
43       okButton = new JButton("Ok");
44       okButton.addActionListener(event ->
45          {
46             ok = true;
47             dialog.setVisible(false);
48          });
49
50       var cancelButton = new JButton("Cancel");
51       cancelButton.addActionListener(event -> dialog.setVisible(false));
52
53       // add buttons to southern border
54
55       var buttonPanel = new JPanel();
56       buttonPanel.add(okButton);
57       buttonPanel.add(cancelButton);
58       add(buttonPanel, BorderLayout.SOUTH);
```

```
59     }
60
61     /**
62      * Sets the dialog defaults.
63      * @param u the default user information
64      */
65     public void setUser(User u)
66     {
67        username.setText(u.getName());
68     }
69
70     /**
71      * Gets the dialog entries.
72      * @return a User object whose state represents the dialog entries
73      */
74     public User getUser()
75     {
76        return new User(username.getText(), password.getPassword());
77     }
78
79     /**
80      * Show the chooser panel in a dialog.
81      * @param parent a component in the owner frame or null
82      * @param title the dialog window title
83      */
84     public boolean showDialog(Component parent, String title)
85     {
86        ok = false;
87
88        // locate the owner frame
89
90        Frame owner = null;
91        if (parent instanceof Frame)
92           owner = (Frame) parent;
93        else
94           owner = (Frame) SwingUtilities.getAncestorOfClass(Frame.class, parent);
95
96        // if first time, or if owner has changed, make new dialog
97
98        if (dialog == null || dialog.getOwner() != owner)
99        {
100          dialog = new JDialog(owner, true);
101          dialog.add(this);
102          dialog.getRootPane().setDefaultButton(okButton);
103          dialog.pack();
104       }
105
106       // set title and show dialog
107
108       dialog.setTitle(title);
109       dialog.setVisible(true);
110       return ok;
111    }
112 }
```

API javax.swing.SwingUtilities 1.2

- Container getAncestorOfClass(Class c, Component comp)

  返回属于给定类或其某个子类的给定组件的最内层父容器。

API javax.swing.JComponent 1.2

- JRootPane getRootPane()

  获得包含这个组件的根窗格，如果这个组件没有带根窗格的祖先，则返回 null。

API javax.swing.JRootPane 1.2

- void setDefaultButton(JButton button)

  设置根窗格的默认按钮。要想禁用默认按钮，可以提供 null 参数来调用这个方法。

API javax.swing.JButton 1.2

- boolean isDefaultButton()

  如果这个按钮是其根窗格的默认按钮，返回 true。

11.7.4 文件对话框

在一个应用中，通常希望可以打开和保存文件。一个好的文件对话框应该可以显示文件和目录，允许用户浏览文件系统，这样一个文件对话框很难编写，你肯定不愿意从头做起。很幸运，Swing 中提供了 JFileChooser 类，它显示的文件对话框类似于大多数原生应用所用的对话框。JFileChooser 对话框总是模式对话框。注意，JFileChooser 类并不是 JDialog 类的子类。需要调用 showOpenDialog 显示打开文件的对话框，或者调用 showSaveDialog 显示保存文件的对话框，而不是调用 setVisible(true)。接收文件的按钮会自动地使用标签 Open 或者 Save。也可以调用 showDialog 方法为按钮提供你自己的标签。图 11-33 显示了文件选择器对话框的一个示例。

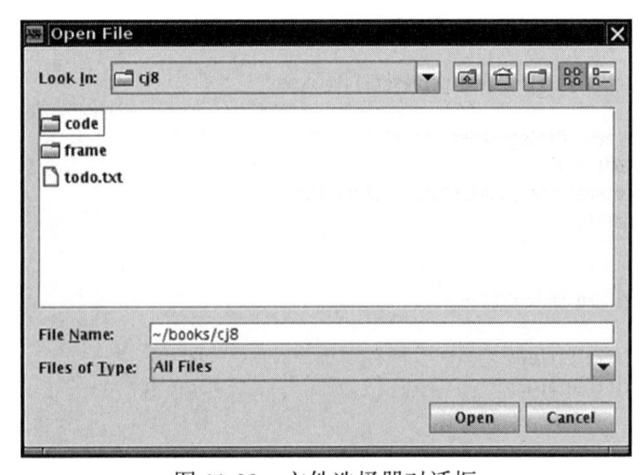

图 11-33 文件选择器对话框

下面是建立文件对话框并获取用户选择信息的步骤：

1. 建立一个 JFileChooser 对象。与 JDialog 类的构造器不同，不需要提供父组件。这就允许你在多个窗体中重用一个文件选择器。例如：

```
var chooser = new JFileChooser();
```

> **提示：** 重用文件选择器对象是一个很好的想法，其原因是 JFileChooser 构造器可能相当慢。特别是在 Windows 上，用户有可能映射了很多网络驱动器。

2. 调用 setCurrentDirectory 方法设置目录。

例如，要使用当前工作目录：

```
chooser.setCurrentDirectory(new File("."));
```

需要提供一个 File 对象。File 对象将在卷 II 的第 2 章中详细介绍。这里只需要知道构造器 File(String fileName) 能够将一个文件或目录名转换为一个 File 对象。

3. 如果有一个希望用户选择的默认文件名，可以使用 setSelectedFile 方法指定：

```
chooser.setSelectedFile(new File(filename));
```

4. 如果允许用户在对话框中选择多个文件，需要调用 setMultiSelectionEnabled 方法。当然，这是可选的，而且并不常见。

```
chooser.setMultiSelectionEnabled(true);
```

5. 如果想限制对话框只显示某种特定类型的文件（如，所有扩展名为 .gif 的文件），需要设置文件过滤器（file filter），本节稍后将会讨论文件过滤器。

6. 在默认情况下，用户只能在文件选择器中选择文件。如果希望用户选择目录，需要使用 setFileSelectionMode 方法。调用时可以提供以下参数：JFileChooser.FILES_ONLY（默认值）、JFileChooser.DIRECTORIES_ONLY 或者 JFileChooser.FILES_AND_DIRECTORIES。

7. 调用 showOpenDialog 或者 showSaveDialog 方法显示对话框。在这些调用中必须提供父组件：

```
int result = chooser.showOpenDialog(parent);
```

或者

```
int result = chooser.showSaveDialog(parent);
```

这些调用的唯一区别是“确认按钮”的标签不同。“确认按钮”就是用户点击来完成文件选择的那个按钮。也可以调用 showDialog 方法，并为确认按钮传入一个显式的文本：

```
int result = chooser.showDialog(parent, "Select");
```

仅当用户确认、取消或者关闭对话框时这些调用才返回。返回值可以是 JFileChooser.APPROVE_OPTION、JFileChooser.CANCEL_OPTION 或者 JFileChooser.ERROR_OPTION。

8. 调用 getSelectedFile() 或者 getSelectedFiles() 方法获得用户选择的一个或多个文件。这些方法将返回一个 File 对象或者一个 File 对象数组。如果需要知道文件对象名，可以调用

getPath 方法。例如：

```
String filename = chooser.getSelectedFile().getPath();
```

在大多数情况下，这些步骤都很简单。使用文件对话框的主要困难在于指定一个文件子集，让用户从中选择文件。例如，假设用户应该选择 GIF 图像文件。那么，文件选择器应该只显示扩展名为 .gif 的文件。另外，还应该为用户提供某种反馈信息，指出所显示的文件属于某个特定文件类别，如“GIF 图像”。不过，情况有可能会更加复杂。如果用户应该选择 JPEG 图像文件，扩展名就可以是 .jpg 或者 .jpeg。文件选择器的设计者没有编写代码来实现这种复杂性，而是提供了一种更优雅的机制：要想限制所显示的文件，可以提供一个扩展了抽象类 javax.swing.filechooser.FileFilter 的对象。文件选择器将各个文件传递到这个文件过滤器，只显示文件过滤器接受的文件。

在写本书的时候，提供了两个子类：一个是可以接受所有文件的默认过滤器，另一个过滤器可以接受有给定扩展名的所有文件。不过，很容易编写专用的文件过滤器，只需实现 FileFilter 超类中的两个抽象方法：

```
public boolean accept(File f);
public String getDescription();
```

第一个方法检测是否应该接受一个文件，第二个方法返回可以在文件选择对话框中显示的文件类型的一个描述。

注释： java.io 包中有一个无关的 FileFilter 接口，其中只包含一个方法：boolean accept(File f)。File 类中的 listFiles 方法利用它列出一个目录中的文件。我们不知道 Swing 的设计者为什么不扩展这个接口，可能是因为 Java 类库现在变得过于复杂，以致 Sun 的程序员也不了解所有的标准类和接口。

如果同时导入了 javax.io 包和 javax.swing.filechooser 包，就需要解决这两个同名类型的命名冲突问题。最简单的补救方法是导入 javax.swing.filechooser.FileFilter，而不是 javax.swing.filechooser.*。

一旦有了文件过滤器对象，可以调用 JFileChooser 类的 setFileFilter 方法，将这个对象安装到文件选择器对象中：

```
chooser.setFileFilter(new FileNameExtensionFilter("Image files", "gif", "jpg"));
```

可以为一个文件选择器安装多个过滤器，如下：

```
chooser.addChoosableFileFilter(filter1);
chooser.addChoosableFileFilter(filter2);
. . .
```

用户可以从文件对话框底部的组合框中选择过滤器。在默认情况下，组合框中总是显示“All files”过滤器。这是一个好主意，因为使用这个程序的用户可能需要选择一个有非标准扩展名的文件。不过，如果你想禁用“All files”过滤器，需要调用：

```
chooser.setAcceptAllFileFilterUsed(false)
```

> **警告**：如果重用一个文件选择器加载和保存不同类型的文件，就需要调用：
>
> `chooser.resetChoosableFilters()`
>
> 在添加新的文件过滤器之前清除老的文件过滤器。

最后，可以为文件选择器显示的每个文件提供特定的图标和文件描述来定制文件选择器。为此，需要提供一个类对象，这个类要扩展 javax.swing.filechooser 包中的 FileView 类。这确实是一种高级技术。通常情况下，你并不需要提供文件视图——可插拔式观感会为你提供一个视图。不过，如果想为特殊的文件类型显示不同的图标，也可以安装你自己的文件视图。需要扩展 FileView 类并实现下面 5 个方法：

- Icon getIcon(File f)
- String getName(File f)
- String getDescription(File f)
- String getTypeDescription(File f)
- Boolean isTraversable(File f)

然后，使用 setFileView 方法将文件视图安装到文件选择器中。

文件选择器会为希望显示的每个文件或目录调用这些方法。如果方法返回的图标、名字或描述信息为 null，那么文件选择器会使用观感（look-and-feel）的默认文件视图。这种做法很好，因为这意味着只需要处理那些希望有不同显示的文件类型。

文件选择器调用 isTraversable 方法来决定用户点击一个目录时是否打开这个目录。请注意，这个方法返回一个 Boolean 对象，而不是 boolean 值。看起来似乎有点怪，但实际上很方便——如果只需要使用默认文件视图而不关心其他视图，则返回 null。文件选择器就会使用默认的文件视图。换句话说，这个方法返回的 Boolean 对象能给出 3 种选择：真（Boolean.TRUE）、假（Boolean.FALSE）和不关心（null）。

示例程序中包含了一个简单的文件视图类。只要一个文件匹配文件过滤器，这个类将会显示一个特定的图标。可以利用这个类为所有图像文件显示一个调色板图标。

```
class FileIconView extends FileView
{
   private FileFilter filter;
   private Icon icon;

   public FileIconView(FileFilter aFilter, Icon anIcon)
   {
      filter = aFilter;
      icon = anIcon;
   }

   public Icon getIcon(File f)
   {
      if (!f.isDirectory() && filter.accept(f))
         return icon;
      else return null;
   }
}
```

可以调用 setFileView 方法将这个文件视图安装到文件选择器：

```
chooser.setFileView(new FileIconView(filter,
   new ImageIcon("palette.gif")));
```

文件选择器会在通过 filter 过滤的所有文件旁边显示调色板图标，而使用默认的文件视图显示所有其他文件。很自然地，我们使用了文件选择器中设置的过滤器。

最后，可以添加一个附件（accessory）组件来定制文件对话框。例如，图 11-34 在文件列表旁边显示了一个预览附件。这个附件显示了当前选中文件的一个缩略视图。

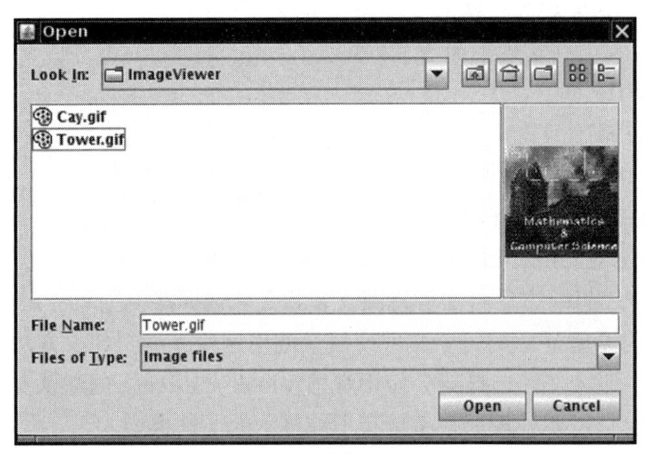

图 11-34 带预览附件的文件对话框

附件可以是任何 Swing 组件。在这个示例中，我们扩展了 JLabel 类，并将它的图标设置为图像文件的一个缩小副本。

```
class ImagePreviewer extends JLabel
{
   public ImagePreviewer(JFileChooser chooser)
   {
      setPreferredSize(new Dimension(100, 100));
      setBorder(BorderFactory.createEtchedBorder());
   }

   public void loadImage(File f)
   {
      var icon = new ImageIcon(f.getPath());
      if(icon.getIconWidth() > getWidth())
         icon = new ImageIcon(icon.getImage().getScaledInstance(
            getWidth(), -1, Image.SCALE_DEFAULT));
      setIcon(icon);
      repaint();
   }
}
```

这里还有一个挑战。我们希望只要用户选择不同的文件就更新预览图像。文件选择器使用了“JavaBeans”机制：只要某个属性发生变化，就会通知感兴趣的监听器。选中的文件是一个属性，可以通过安装 PropertyChangeListener 来监听。需要下面的代码来捕获通知：

```
chooser.addPropertyChangeListener(event ->
   {
      if (event.getPropertyName() == JFileChooser.SELECTED_FILE_CHANGED_PROPERTY)
      {
         var newFile = (File) event.getNewValue();
         // update the accessory
         . . .
      }
   });
```

API javax.swing.JFileChooser 1.2

- `JFileChooser()`

  创建一个可用于多个窗体的文件选择器对话框。

- `void setCurrentDirectory(File dir)`

  设置文件对话框的初始目录。

- `void setSelectedFile(File file)`
- `void setSelectedFiles(File[] file)`

  设置文件对话框的默认文件选择。

- `void setMultiSelectionEnabled(boolean b)`

  设置或清除多选模式。

- `void setFileSelectionMode(int mode)`

  允许用户只选择文件（默认），只选择目录，或者文件和目录均可以选择。mode 参数的取值可以是 JFileChooser.FILES_ONLY、JFileChooser.DIRECTORIES_ONLY 和 JFileChooser.FILES_AND_DIRECTORIES 之一。

- `int showOpenDialog(Component parent)`
- `int showSaveDialog(Component parent)`
- `int showDialog(Component parent, String approveButtonText)`

  显示一个对话框，其中确认按钮标签为“Open”“Save”或者 approveButtonText 字符串，并返回 APPROVE_OPTION、CANCEL_OPTION（如果用户选择取消按钮或者关闭了对话框）或者 ERROR_OPTION（如果发生错误）。

- `File getSelectedFile()`
- `File[] getSelectedFiles()`

  获得用户选择的一个文件或多个文件（如果用户没有选择文件，返回 null）。

- `void setFileFilter(FileFilter filter)`

  设置文件对话框的文件过滤器。所有让 filter.accept 返回 true 的文件都会显示。另外将这个过滤器添加到可选择过滤器列表中。

- `void addChoosableFileFilter(FileFilter filter)`

  将一个文件过滤器添加到可选择过滤器列表中。

- `void setAcceptAllFileFilterUsed(boolean b)`

在过滤器组合框中包括或者取消“All files”过滤器。

- void resetChoosableFileFilters()

  清除可选择过滤器列表。除非显式地取消了“All files”过滤器，否则它仍然保留。

- void setFileView(FileView view)

  设置一个文件视图来提供文件选择器显示的文件的有关信息。

- void setAccessory(JComponent component)

  设置一个附件组件。

API javax.swing.filechooser.FileFilter 1.2

- boolean accept(File f)

  如果文件选择器要显示这个文件，返回 true。

- String getDescription()

  返回这个文件过滤器的一个描述，例如，"Image files (*.gif, *.jpeg)"。

API javax.swing.filechooser.FileNameExtensionFilter 6

- FileNameExtensionFilter(String description, String... extensions)

  利用给定的描述构造一个文件过滤器，它接受名字以特定方式结尾的所有目录和文件，即有一个点号，后面紧跟给定的扩展名字符串之一。

API javax.swing.filechooser.FileView 1.2

- String getName(File f)

  返回文件 f 的文件名，或者返回 null。正常情况下这个方法会简单地返回 f.getName()。

- String getDescription(File f)

  返回文件 f 的人类可读的一个描述，或者返回 null。例如，如果 f 是 HTML 文档，那么这个方法可能返回它的标题。

- String getTypeDescription(File f)

  对于文件 f 的类型，返回人类可读的一个描述，或者返回 null。例如，如果文件 f 是 HTML 文档，那么这个方法可能返回字符串 "Hypertext document"。

- Icon getIcon(File f)
- 返回文件 f 的图标，或者返回 null。例如，如果 f 是 JPEG 文件，那么这个方法可能返回一个缩略图标。
- Boolean isTraversable(File f)

  如果 f 是用户可以打开的目录，返回 Boolean.TRUE。如果一个目录在概念上是复合文档，那么这个方法可能返回 Boolean.false。与所有的 FileView 方法一样，这个方法有可能返回 null，表示文件选择器应该使用默认视图。

这样我们就结束了关于 Swing 编程的讨论。卷 II 将介绍更高级的 Swing 组件和复杂的图形技术。

第12章 并　　发

▲ 什么是线程
▲ 线程状态
▲ 线程属性
▲ 同步
▲ 线程安全的集合
▲ 任务和线程池
▲ 异步计算
▲ 进程

你可能已经很熟悉*多任务*（multitasking），这是操作系统的一种能力，看起来可以在同一时刻运行多个程序。例如，你在编辑或下载电子邮件的同时可以打印文件。如今，人们往往使用多CPU的计算机，但是，并发执行的进程数并不受限于CPU数。操作系统会为每个进程分配CPU时间片，给人并行处理的感觉。

多线程程序在更低一层扩展了多任务的概念：单个程序看起来在同时完成多个任务。每个任务在一个*线程*（thread）中执行，线程是控制线程的简称。如果一个程序可以同时运行多个线程，则称这个程序是*多线程程序*（multithreaded）。

那么，多*进程*（process）与多*线程*有什么区别呢？本质的区别在于每个进程都拥有自己的一整套变量，线程则共享数据。这听起来似乎有些风险，的确是这样，本章稍后将介绍这个问题。不过，共享变量使线程之间的通信比进程之间的通信更高效、更容易。此外，在有些操作系统中，与进程相比较，线程更"轻量级"，创建、撤销单个线程比启动新进程的开销要小得多。

在实际应用中，多线程非常有用。例如，一个浏览器应该能够同时下载多个图片。一个Web服务器需要能够同时服务并发的请求。图形用户界面（GUI）程序用一个独立的线程从主机操作环境收集用户界面事件。本章将介绍如何为Java应用添加多线程功能。

温馨提示：多线程编程可能会变得相当复杂。本章涵盖了应用程序员可能需要的所有工具。尽管如此，对于更复杂的系统级编程，建议参见更高级的参考文献，例如，Brian Goetz等撰写的*Java Concurrency in Practice*[⊖]（Addison-Wesley Professional，2006）。

12.1 什么是线程

首先来看一个使用了两个线程的简单程序。这个程序可以在银行账户之间完成资金转账。我们使用了一个`Bank`类，它可以存储给定数目的账户的余额。`transfer`方法将一定金额从一个账户转移到另一个账户。具体实现见程序清单12-2。

⊖ 此书中文版《Java并发编程实战》已由机械工业出版社引进出版，ISBN：978-7-111-37004-8。——编辑注在第一个线程中，我们将钱从账户 0 转移到账户 1。第二个线程将钱从账户 2 转移到账户 3。

下面是在一个单独的线程中运行一个任务的简单过程：

1. 将执行这个任务的代码放在一个类的 run 方法中，这个类要实现 Runnable 接口。Runnable 接口非常简单，只有一个方法：

```
public interface Runnable
{
   void run();
}
```

由于 Runnable 是一个函数式接口，可以用一个 lambda 表达式创建一个实例：

```
Runnable r = () ->
   {
      task code
   };
```

2. 从这个 Runnable 构造一个 Thread 对象：

```
var t = new Thread(r);
```

3. 启动线程：

```
t.start();
```

为了创建单独的线程来完成转账，我们只需要把转账代码放在一个 Runnable 的 run 方法中，然后启动一个线程：

```
Runnable r = () ->
   {
      try
      {
         for (int i = 0; i < STEPS; i++)
         {
            double amount = MAX_AMOUNT * Math.random();
            bank.transfer(0, 1, amount);
            Thread.sleep((int) (DELAY * Math.random()));
         }
      }
      catch (InterruptedException e)
      {
      }
   };
var t = new Thread(r);
t.start();
```

在一个 for 循环中（对于给定的步数 STEPS），这个线程会转账一个随机金额，然后休眠随机的延迟时间。

我们要捕获 sleep 方法有可能抛出的 InterruptedException 异常。这个异常将在 12.3.1 节讨论。一般来说，中断用来请求终止一个线程。相应地，出现 InterruptedException 时，run 方法会退出。

这个程序还会启动第二个线程，它从账户 2 向账户 3 转账。运行这个程序时，可以得到类似这样的输出：

```
Thread[Thread-1,5,main]     606.77 from 2 to 3 Total Balance:  400000.00
Thread[Thread-0,5,main]      98.99 from 0 to 1 Total Balance:  400000.00
Thread[Thread-1,5,main]     476.78 from 2 to 3 Total Balance:  400000.00
Thread[Thread-0,5,main]     653.64 from 0 to 1 Total Balance:  400000.00
Thread[Thread-1,5,main]     807.14 from 2 to 3 Total Balance:  400000.00
Thread[Thread-0,5,main]     481.49 from 0 to 1 Total Balance:  400000.00
Thread[Thread-0,5,main]     203.73 from 0 to 1 Total Balance:  400000.00
Thread[Thread-1,5,main]     111.76 from 2 to 3 Total Balance:  400000.00
Thread[Thread-1,5,main]     794.88 from 2 to 3 Total Balance:  400000.00
. . .
```

可以看到，两个线程的输出是交错的，这说明它们在并发运行。实际上，两个输出行交错显示时，输出有时会有些混乱。

你要了解的就是这些！现在你已经知道了如何并发地运行任务。这一章余下的部分会介绍如何控制线程之间的交互。

这个程序的完整代码见程序清单 12-1。

注释：还可以通过建立 Thread 类的一个子类来定义线程，如下所示：

```
class MyThread extends Thread
{
   public void run()
   {
      task code
   }
}
```

然后可以构造这个子类的一个对象，并调用它的 start 方法。不过，现在不再推荐这种方法。应当把要并行运行的任务与运行机制解耦合。如果有多个任务，为每个任务分别创建一个单独的线程开销太大。实际上，可以使用一个线程池，参见 12.6.2 节的介绍。

警告：不要调用 Thread 类或 Runnable 对象的 run 方法。直接调用 run 方法只会在**同一个**线程中执行这个任务，而没有启动新的线程。实际上，应当调用 Thread.start 方法，这会创建一个新线程来执行 run 方法。

程序清单 12-1　threads/ThreadTest.java

```
1 package threads;
2 
3 /**
4  * @version 1.30 2004-08-01
5  * @author Cay Horstmann
6  */
7 public class ThreadTest
8 {
9    public static final int DELAY = 10;
10   public static final int STEPS = 100;
11   public static final double MAX_AMOUNT = 1000;
```

```
12
13     public static void main(String[] args)
14     {
15        var bank = new Bank(4, 100000);
16        Runnable task1 = () ->
17           {
18              try
19              {
20                 for (int i = 0; i < STEPS; i++)
21                 {
22                    double amount = MAX_AMOUNT * Math.random();
23                    bank.transfer(0, 1, amount);
24                    Thread.sleep((int) (DELAY * Math.random()));
25                 }
26              }
27              catch (InterruptedException e)
28              {
29              }
30           };
31
32        Runnable task2 = () ->
33           {
34              try
35              {
36                 for (int i = 0; i < STEPS; i++)
37                 {
38                    double amount = MAX_AMOUNT * Math.random();
39                    bank.transfer(2, 3, amount);
40                    Thread.sleep((int) (DELAY * Math.random()));
41                 }
42              }
43              catch (InterruptedException e)
44              {
45              }
46           };
47
48        new Thread(task1).start();
49        new Thread(task2).start();
50     }
51  }
```

程序清单 12-2 threads/Bank.java

```
1  package threads;
2
3  import java.util.*;
4
5  /**
6   * A bank with a number of bank accounts.
7   */
8  public class Bank
9  {
10    private final double[] accounts;
11
```

```
12    /**
13     * Constructs the bank.
14     * @param n the number of accounts
15     * @param initialBalance the initial balance for each account
16     */
17    public Bank(int n, double initialBalance)
18    {
19       accounts = new double[n];
20       Arrays.fill(accounts, initialBalance);
21    }
22
23    /**
24     * Transfers money from one account to another.
25     * @param from the account to transfer from
26     * @param to the account to transfer to
27     * @param amount the amount to transfer
28     */
29    public void transfer(int from, int to, double amount)
30    {
31       if (accounts[from] < amount) return;
32       System.out.print(Thread.currentThread());
33       accounts[from] -= amount;
34       System.out.printf(" %10.2f from %d to %d", amount, from, to);
35       accounts[to] += amount;
36       System.out.printf(" Total Balance: %10.2f%n", getTotalBalance());
37    }
38
39    /**
40     * Gets the sum of all account balances.
41     * @return the total balance
42     */
43    public double getTotalBalance()
44    {
45       double sum = 0;
46
47       for (double a : accounts)
48          sum += a;
49
50       return sum;
51    }
52
53    /**
54     * Gets the number of accounts in the bank.
55     * @return the number of accounts
56     */
57    public int size()
58    {
59       return accounts.length;
60    }
61 }
```

API java.lang.Thread 1.0

- Thread(Runnable target)

构造一个新线程，它会调用指定目标的 run() 方法。

- void start()

启动这个线程，从而调用 run() 方法。这个方法将立即返回。新线程会并发运行。

- void run()

调用相关 Runnable 的 run 方法。

- static void sleep(long millis)

休眠指定的毫秒数。

API java.lang.Runnable 1.0

- void run()

必须覆盖这个方法，提供你希望执行的任务指令。

12.2　线程状态

线程可以有如下 6 种状态：

- New（新建）
- Runnable（可运行）
- Blocked（阻塞）
- Waiting（等待）
- Timed waiting（计时等待）
- Terminated（终止）

下面几节分别对每一种状态进行解释。

要确定一个线程的当前状态，只需要调用 getState 方法。

12.2.1　新建线程

当用 new 操作符创建一个新线程时，如 new Thread(r)，这个线程还没有开始运行。这意味着它的状态是*新建*（new）。当一个线程处于新建状态时，程序还没有开始运行线程中的代码。线程可以运行之前还有一些基础工作要做。

12.2.2　可运行线程

一旦调用 start 方法，线程就处于*可运行*（runnable）状态。一个可运行的线程可能正在运行也可能没有运行。要由操作系统为线程提供具体的运行时间。（不过，Java 规范没有将“正在运行”作为一个单独的状态。一个正在运行的线程仍然处于可运行状态。）

一旦一个线程开始运行，它不一定始终保持运行。事实上，运行中的线程有时需要暂停，让其他线程有机会运行。线程调度的细节依赖于操作系统提供的服务。抢占式调度系统给每一个可运行线程一个时间片来执行任务。当时间片用完时，操作系统会剥夺该线程的运行权，并给另一个线程一个机会来运行（见图 12-2）。当选择下一个线程时，操作系统会考虑线程的优先级（priority）——更多的内容见12.3.5节。

所有现代桌面和服务器操作系统都使用抢占式调度。但是，像手机这样的小型设备可能使用协作式调度。在这样的设备中，一个线程只有在调用yield方法或者被阻塞或等待时才失去控制权。

在有多个处理器的机器上，每个处理器可以运行一个线程，而且可以有多个线程并行运行。当然，如果线程数多于处理器的数目，调度器还是需要分配时间片。

一定要记住，在任何给定时刻，一个可运行的线程可能正在运行也可能没有运行（正是出于该原因，这个状态称为“可运行”而不是“正在运行”）。

API java.lang.Thread 1.0

- static void yield()

  使当前正在执行的线程向另一个线程交出运行权。注意这是一个静态方法。

12.2.3　阻塞和等待线程

当线程处于阻塞或等待状态时，它暂时是不活动的。它不执行任何代码，并且消耗最少的资源。要由线程调度器重新激活这个线程。具体细节取决于它是怎样到达非活动状态的。

- 当一个线程试图获取一个内部的对象锁（而不是java.util.concurrent库中的Lock），而这个锁目前被其他线程占有，该线程就会被阻塞（我们将在12.4.3节讨论java.util.concurrent锁，并在12.4.5节讨论内部对象锁）。当所有其他线程都释放了这个锁，并且线程调度器允许该线程持有这个锁时，它将变成非阻塞状态。
- 当线程等待另一个线程通知调度器出现某个条件时，这个线程会进入等待状态。我们会在12.4.4节讨论条件。调用Object.wait方法或Thread.join方法，或者是等待java.util.concurrent库中的Lock或Condition时，就会出现这种情况。实际上，阻塞状态与等待状态并没有太大区别。
- 有几个方法有超时参数，调用这些方法会让线程进入计时等待（timed waiting）状态。这一状态将一直保持到超时期满或者接收到适当的通知。带有超时参数的方法有Thread.sleep和计时版的Object.wait、Thread.join、Lock.tryLock以及Condition.await。

图12-1展示了线程可能的状态以及从一个状态到另一个状态可能的转换。当一个线程阻塞或等待时（或者终止时），可以调度另一个线程运行。当一个线程被重新激活（例如，因为超时期满或成功地获得了一个锁），调度器检查它是否具有比当前运行线程更高的优先级。如果是这样，调度器会剥夺某个当前运行线程的运行权，选择运行一个新线程。

12.2.4　终止线程

线程会由于以下两个原因之一而终止：

- 由于run方法正常退出，线程自然终止。
- 因为一个没有捕获的异常终止了run方法，使线程意外终止。

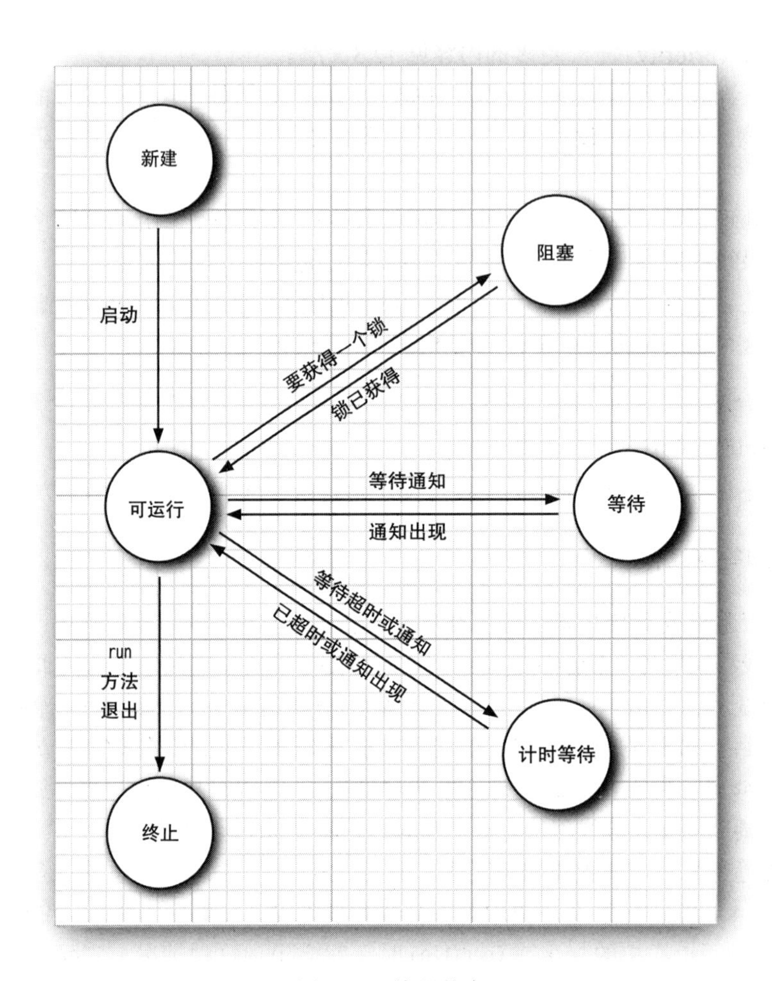

图 12-1 线程状态

具体来说，可以调用线程的 stop 方法杀死一个线程。该方法抛出一个 ThreadDeath 错误对象，这会杀死线程。不过，stop 方法已经废弃，不要在你自己的代码中调用这个方法。

API java.lang.Thread 1.0

- void join()

  等待指定的线程终止。

- void join(long millis)

  等待指定的线程终止或者等待经过指定的毫秒数。

- Thread.State getState() **5**

  得到这个线程的状态：取值为 NEW、RUNNABLE、BLOCKED、WAITING、TIMED_WAITING 或 TERMINATED。

- void stop()

  停止该线程。这个方法已经废弃。

- void suspend()

  暂停这个线程的执行。这个方法已经废弃，将来会删除。

- void resume()

  恢复线程。这个方法只能在调用 suspend() 之后使用。这个方法已经废弃，将来会删除。

12.3 线程属性

下面几节将讨论线程的各种属性，包括中断的状态、守护线程、未捕获异常的处理器以及不应使用的一些遗留特性。

12.3.1 中断线程

当一个线程的 run 方法返回时（执行了方法体中最后一条语句后，执行 return 语句返回），或者如果出现方法中未捕获的异常，这个线程将终止。在 Java 的早期版本中，还有一个 stop 方法，其他线程可以调用这个方法来终止一个线程。但是，这个方法现在已经废弃。12.4.12 节将讨论它被废弃的缘由。

除了已经废弃的 stop 方法，没有办法强制一个线程终止。不过，interrupt 方法可以用来请求终止一个线程。

当对一个线程调用 interrupt 方法时，就会设置线程的*中断状态*（interrupted status）。这是每个线程都有的一个 boolean 标志。各个线程都应该不时地检查这个标志，以判断线程是否被中断。

要确定是否设置了中断状态，首先调用静态方法 Thread.currentThread 获得当前线程，然后调用 isInterrupted 方法：

```
while (!Thread.currentThread().isInterrupted() && more work to do)
{
   do more work
}
```

但是，如果线程被阻塞，就无法检查中断状态。这里就要引入 InterruptedException 异常。在一个被 sleep 或 wait 调用阻塞的线程上调用 interrupt 方法时，那个阻塞调用（即 sleep 或 wait 调用）将被一个 InterruptedException 异常中断。（有一些阻塞 I/O 调用不能被中断，对此应该考虑选择可中断的调用。有关细节请参见卷Ⅱ的第 2 章和第 4 章。）

Java 语言并没有要求中断的线程应当终止。中断一个线程只是要引起它的注意。被中断的线程可以决定如何响应中断。某些线程非常重要，所以应该处理这个异常，然后再继续执行。但是，更普遍的情况是，线程只希望将中断解释为一个终止请求。这种线程的 run 方法有如下形式：

```
Runnable r = () ->
   {
```

```
      try
      {
         . . .
         while (!Thread.currentThread().isInterrupted() && more work to do)
         {
            do more work
         }
      }
      catch(InterruptedException e)
      {
         // thread was interrupted during sleep or wait
      }
      finally
      {
         cleanup, if required
      }
      // exiting the run method terminates the thread
   };
```

如果在每次工作迭代之后都调用 sleep 方法（或者其他可中断方法），isInterrupted 检查既没有必要也没有用处。如果设置了中断状态，此时倘若调用 sleep 方法，它不会休眠。实际上，它会清除中断状态（！）并抛出 InterruptedException。因此，如果你的循环调用了 sleep，不要检查中断状态，而应当捕获 InterruptedException 异常，如下所示：

```
Runnable r = () ->
   {
      try
      {
         . . .
         while (more work to do)
         {
            do more work
            Thread.sleep(delay);
         }
      }
      catch(InterruptedException e)
      {
         // thread was interrupted during sleep
      }
      finally
      {
         cleanup, if required
      }
      // exiting the run method terminates the thread
   };
```

注释： 有两个非常类似的方法，interrupted 和 isInterrupted。interrupted 方法是一个静态方法，它检查**当前**线程是否被中断。而且，调用 interrupted 方法会**清除**该线程的中断状态。另一方面，isInterrupted 方法是一个实例方法，可以用来检查是否有线程被中断。调用这个方法不会改变中断状态。

你可能会发现以前发布的大量代码在底层抑制了 InterruptedException 异常，如下所示：

```
void mySubTask()
{
   . . .
   try
   {
      sleep(delay);
   }
   catch (InterruptedException e)
   {
   }
   // don't ignore!
   . . .
}
```

不要这样做！如果想不出在 catch 子句中可以做什么有意义的工作，仍然有两个合理的选择：

- 在 catch 子句中调用 Thread.currentThread().interrupt() 来设置中断状态。这样一来，调用者就可以检测中断状态。

```
void mySubTask()
{
   . . .
   try
   {
      sleep(delay);
   }
   catch (InterruptedException e)
   {
      Thread.currentThread().interrupt();
   }
   . . .
}
```

- 或者，更好的选择是，用 throws InterruptedException 标记你的方法，并去掉 try 语句块。这样一来，调用者（或者最终的 run 方法）就可以捕获这个异常。

```
void mySubTask() throws InterruptedException
{
   . . .
   sleep(delay);
   . . .
}
```

API java.lang.Thread 1.0

- void interrupt()

  向线程发送中断请求。线程的中断状态将被设置为 true。如果当前该线程被一个 sleep 调用阻塞，则抛出一个 InterruptedException 异常。

- static boolean interrupted()

  测试当前线程（即正在执行这个指令的线程）是否被中断。注意，这是一个静态方法。这个调用有一个副作用——它会将当前线程的中断状态重置为 false。

- boolean isInterrupted()

测试一个线程是否被中断。与 static interrupted 方法不同，这个调用不改变线程的中断状态。

- static Thread currentThread()

  返回表示当前正在执行的线程的 Thread 对象。

12.3.2 守护线程

可以通过调用

```
t.setDaemon(true);
```

将一个线程转换为守护线程（daemon thread）。守护线程并没有什么魔力，它的唯一用途是为其他线程提供服务。计时器线程就是一个例子，它定时地向其他线程发送“计时器嘀嗒”信号，另外清空过时缓存项的线程也是守护线程。只剩下守护线程时，虚拟机就会退出。因为如果只剩下守护线程，就没必要继续运行程序了。

API java.lang.Thread 1.0

- void setDaemon(boolean isDaemon)

  标记该线程为守护线程或用户线程。这一方法必须在线程启动之前调用。

12.3.3 线程名

默认情况下，线程有容易记的名字，如 Thread-2。可以用 setName 方法为线程设置任何名字：

```
var t = new Thread(runnable);
t.setName("Web crawler");
```

这在线程转储时可能很有用。

12.3.4 未捕获异常的处理器

线程的 run 方法不能抛出任何检查型异常，但是，非检查型异常可能会导致线程终止。在这种情况下，线程会死亡。

不过，对于可以传播的异常，并没有任何 catch 子句。实际上，在线程死亡之前，异常会传递到一个用于处理未捕获异常的处理器。

这个处理器必须属于一个实现了 Thread.UncaughtExceptionHandler 接口的类。这个接口只有一个方法。

```
void uncaughtException(Thread t, Throwable e)
```

可以用 setUncaughtExceptionHandler 方法为任何线程安装一个处理器。也可以用 Thread 类的静态方法 setDefaultUncaughtExceptionHandler 为所有线程安装一个默认的处理器。替代处理器可以使用日志 API 将未捕获异常的报告发送到一个日志文件。

如果没有安装默认处理器，默认处理器则为 null。但是，如果没有为单个线程安装处理器，那么处理器就是该线程的 ThreadGroup 对象。

> **注释：** 线程组是可以一起管理的线程的集合。默认情况下，你创建的所有线程都属于同一个线程组，不过也可以建立其他线程组。由于现在引入了更好的特性来处理线程集合，所以建议不要在你自己的程序中使用线程组。

ThreadGroup 类实现了 Thread.UncaughtExceptionHandler 接口。它的 uncaughtException 方法执行以下操作：

1. 如果该线程组有父线程组，那么调用父线程组的 uncaughtException 方法。
2. 否则，如果 Thread.getDefaultUncaughtExceptionHandler 方法返回一个非 null 的处理器，则调用该处理器。
3. 否则，如果 Throwable 是 ThreadDeath 的一个实例，什么都不做。
4. 否则，将线程的名字以及 Throwable 的栈轨迹输出到 System.err。

你在程序中肯定看到过许多这样的栈轨迹。

API java.lang.Thread 1.0

- static void setDefaultUncaughtExceptionHandler(Thread.UncaughtExceptionHandler handler) **5**
- static Thread.UncaughtExceptionHandler getDefaultUncaughtExceptionHandler() **5**

  设置或获得未捕获异常的默认处理器。
- void setUncaughtExceptionHandler(Thread.UncaughtExceptionHandler handler) **5**
- Thread.UncaughtExceptionHandler getUncaughtExceptionHandler() **5**

  设置或获得未捕获异常的处理器。如果没有安装处理器，则将线程组对象作为处理器。

API *java.lang.Thread.UncaughtExceptionHandler* 5

- void uncaughtException(Thread t, Throwable e)

  当线程因一个未捕获异常而终止时，要记录一个定制报告。

API java.lang.ThreadGroup 1.0

- void uncaughtException(Thread t, Throwable e)

  如果有父线程组，调用父线程组的这个方法，或者，如果有默认处理器，就调用 Thread 类的默认处理器，否则，将栈轨迹打印到标准错误流（不过，如果 e 是一个 ThreadDeath 对象，则会抑制栈轨迹。ThreadDeath 对象由已经废弃的 stop 方法生成）。

12.3.5 线程优先级

在 Java 程序设计语言中，每一个线程有一个优先级。默认情况下，一个线程会继承构造它的那个线程的优先级。可以用 setPriority 方法提高或降低任何一个线程的优先级。可以将优先级设置为 MIN_PRIORITY（在 Thread 类中定义为 1）与 MAX_PRIORITY（定义为 10）之间的任何值。NORM_PRIORITY 定义为 5。

每当线程调度器有机会选择新线程时，它首先选择有较高优先级的线程。但是，线程优先级高度依赖于系统。当虚拟机依赖于主机平台的线程实现时，Java线程的优先级会映射到主机平台的优先级，平台的线程优先级可能有更多级别，也可能更少。

例如，Windows有7个优先级别。Java的一些优先级会映射到相同的操作系统优先级。在面向Linux的Oracle JVM中，会完全忽略线程优先级，即所有线程都有相同的优先级。

在没有使用操作系统线程的Java早期版本中，线程优先级可能很有用。不过现在不要使用线程优先级了。

API java.lang.Thread 1.0

- `void setPriority(int newPriority)`

  设置这个线程的优先级。优先级必须在`Thread.MIN_PRIORITY`与`Thread.MAX_PRIORITY`之间。一般使用`Thread.NORM_PRIORITY`优先级。

- `static int MIN_PRIORITY`

  这是`Thread`可以有的最小优先级。最小优先级的值为`1`。

- `static int NORM_PRIORITY`

  这是`Thread`的默认优先级。默认优先级为`5`。

- `static int MAX_PRIORITY`

  这是`Thread`可以有的最大优先级。最大优先级的值为`10`。

12.4 同步

在大多数实际的多线程应用中，两个或两个以上的线程需要共享存取相同的数据。如果两个线程存取同一个对象，并且每个线程分别调用了一个修改该对象状态的方法，会发生什么呢？可以想见，这两个线程会相互覆盖。取决于线程访问数据的次序，可能会导致对象被破坏。这种情况通常称为竞态条件（race condition）。

12.4.1 竞态条件的一个例子

为了避免多线程破坏共享数据，必须学习如何同步存取（synchronize the access）。在本节中，你会看到如果没有使用同步会发生什么。在12.4.2节中，你将会看到如何同步数据存取。

在下面的测试程序中，还是考虑我们模拟的银行。与12.1节中的例子不同，我们要随机地选择从哪个源账户转账到哪个目标账户。由于这会产生问题，所以下面再来仔细查看`Bank`类`transfer`方法的代码。

```
public void transfer(int from, int to, double amount)
   // CAUTION: unsafe when called from multiple threads
{
   System.out.print(Thread.currentThread());
   accounts[from] -= amount;
   System.out.printf(" %10.2f from %d to %d", amount, from, to);
   accounts[to] += amount;
   System.out.printf(" Total Balance: %10.2f%n", getTotalBalance());
}
```

下面是Runnable实例的代码。run方法不断地从一个给定银行账户取钱。在每次迭代中，run方法选择一个随机的目标账户和一个随机金额，调用bank对象的transfer方法，然后休眠。

```
Runnable r = () ->
   {
      try
      {
         while (true)
         {
            int toAccount = (int) (bank.size() * Math.random());
            double amount = MAX_AMOUNT * Math.random();
            bank.transfer(fromAccount, toAccount, amount);
         Thread.sleep((int) (DELAY * Math.random()));
      }
   }
   catch (InterruptedException e)
   {
   }
};
```

这个模拟程序运行时，我们不清楚在某一时刻某个银行账户中有多少钱，但是我们知道所有账户的总金额应该保持不变，因为我们所做的只是把钱从一个账户转移到另一个账户。

每一次交易结束时，transfer方法会重新计算总金额并打印出来。

这个程序永远不会结束。只能按下组合键Ctrl+C来终止这个程序。

下面是典型的输出：

```
. . .
Thread[Thread-11,5,main]     588.48 from 11 to 44 Total Balance:  100000.00
Thread[Thread-12,5,main]     976.11 from 12 to 22 Total Balance:  100000.00
Thread[Thread-14,5,main]     521.51 from 14 to 22 Total Balance:  100000.00
Thread[Thread-13,5,main]     359.89 from 13 to 81 Total Balance:  100000.00
. . .
Thread[Thread-36,5,main]     401.71 from 36 to 73 Total Balance:   99291.06
Thread[Thread-35,5,main]     691.46 from 35 to 77 Total Balance:   99291.06
Thread[Thread-37,5,main]      78.64 from 37 to 3 Total Balance:   99291.06
Thread[Thread-34,5,main]     197.11 from 34 to 69 Total Balance:   99291.06
Thread[Thread-36,5,main]      85.96 from 36 to 4 Total Balance:   99291.06
. . .
Thread[Thread-4,5,main]Thread[Thread-33,5,main]       7.31 from 31 to 32 Total Balance:
99979.24
     627.50 from 4 to 5 Total Balance:  99979.24
. . .
```

可以看到，这里出现了错误。对于最初的几次交易，银行余额保持在\$100 000，这是正确的，因为共100个账户，每个账户\$1000。不过，经过一段时间后，余额有细微的变化。运行这个程序的时候，可能很快就能发现出错了，有时则可能需要很长的时间才能发现余额不对。这种情况很影响人们的信任，你可能不希望将辛苦挣来的钱存进这样一个银行。

看你能不能找出程序清单12-3和程序清单12-2中Bank类的问题。12.4.2节就会揭晓答案。

程序清单 12-3　unsynch/UnsynchBankTest.java

```
1 package unsynch;
2 
3 /**
4  * This program shows data corruption when multiple threads access a data structure.
5  * @version 1.32 2018-04-10
6  * @author Cay Horstmann
7  */
8 public class UnsynchBankTest
9 {
10    public static final int NACCOUNTS = 100;
11    public static final double INITIAL_BALANCE = 1000;
12    public static final double MAX_AMOUNT = 1000;
13    public static final int DELAY = 10;
14 
15    public static void main(String[] args)
16    {
17       var bank = new Bank(NACCOUNTS, INITIAL_BALANCE);
18       for (int i = 0; i < NACCOUNTS; i++)
19       {
20          int fromAccount = i;
21          Runnable r = () ->
22             {
23                try
24                {
25                   while (true)
26                   {
27                      int toAccount = (int) (bank.size() * Math.random());
28                      double amount = MAX_AMOUNT * Math.random();
29                      bank.transfer(fromAccount, toAccount, amount);
30                      Thread.sleep((int) (DELAY * Math.random()));
31                   }
32                }
33                catch (InterruptedException e)
34                {
35                }
36             };
37          var t = new Thread(r);
38          t.start();
39       }
40    }
41 }
```

12.4.2　竞态条件详解

12.4.1 节中运行了一个程序，其中有多个线程更新银行账户余额。一段时间之后，不知不觉地出现了错误，可能有些钱会丢失，也可能凭空有钱进账。当两个线程试图同时更新同一个账户时，就会出现这个问题。假设两个线程同时执行指令

```
accounts[to] += amount;
```

问题在于这不是原子操作。这个指令可能如下处理：

1. 将 accounts[to] 加载到寄存器。

2. 增加 amount。

3. 将结果写回 accounts[to]。

现在，假定第 1 个线程执行步骤 1 和步骤 2，然后，它的运行权被抢占。再假设第 2 个线程被唤醒，更新 account 数组中的同一个元素。然后，第 1 个线程被唤醒并完成其第 3 步。

这个动作会抹去第 2 个线程所做的修改。这样一来，总金额就不再正确了（见图 12-2）。

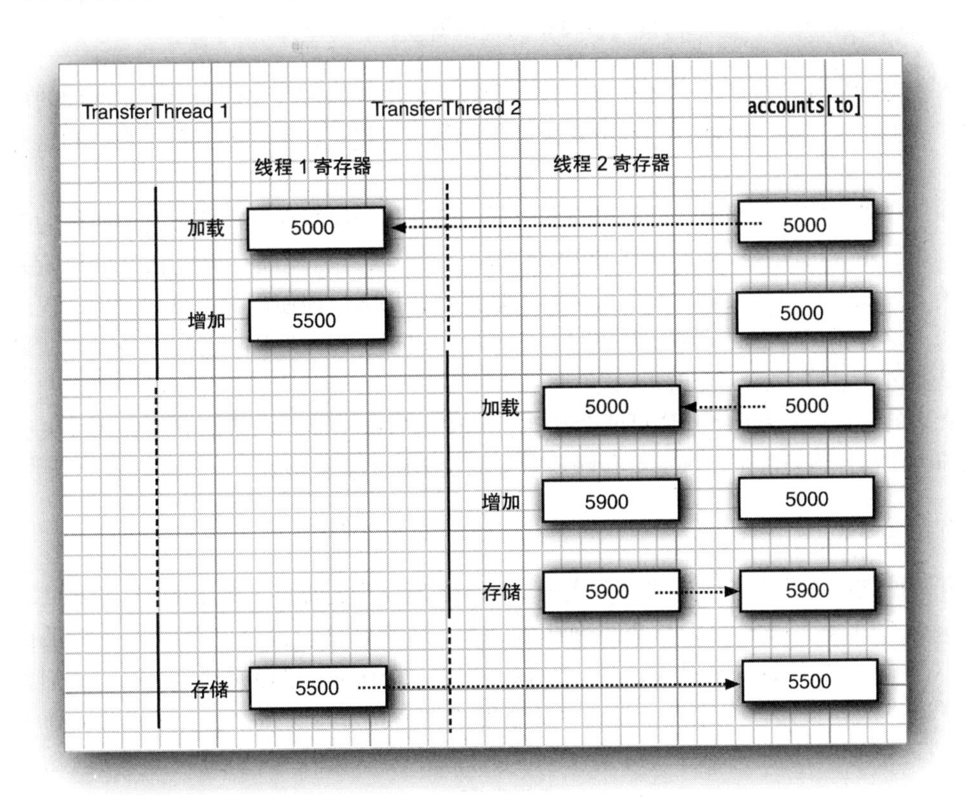

图 12-2　两个线程同时访问

我们的测试程序可以检测到这种破坏。（当然，如果线程在完成测试时被中断，尽管概率很小，不过确实有可能出现误报！）

> **注释：** 实际上可以查看执行这个类中每一个语句的虚拟机字节码。运行以下命令
>
> ```
> javap -c -v Bank
> ```
>
> 对 Bank.class 文件进行反编译。例如，以下代码行
>
> ```
> accounts[to] += amount;
> ```
>
> 会转换为下面的字节码：
>
> ```
> aload_0
> ```

```
getfield      #2; //Field accounts:[D
iload_2
dup2
daload
dload_3
dadd
dastore
```

这些代码的含义无关紧要。重要的是这个自增命令是由多条指令组成的，执行这些指令的线程有可能在任何一条指令上被中断。

出现这种破坏的可能性有多大呢？在一个有多个内核的现代处理器上，出问题的风险相当高。我们将交错执行打印语句和更新余额的语句，以提高在单核处理器上观察到这种问题的概率。

如果删除打印语句，出问题的风险会降低，因为每个线程在再次休眠之前所做的工作很少，调度器不太可能在线程的计算过程中间抢占它的运行权。但是，产生破坏的风险并没有完全消失。如果在负载很重的机器上运行大量线程，那么，即使删除了打印语句，程序依然会出错。这种错误可能几分钟、几小时或几天后才出现。坦白地说，对程序员而言，最糟糕的事情莫过于这种不定期地出现错误。

真正的问题是 transfer 方法可能会在执行到中间时被中断。如果能够确保线程失去控制权之前方法已经运行完成，那么银行账户对象的状态就不会被破坏。

12.4.3　锁对象

有两种机制可防止并发访问一个代码块。Java 语言为此提供了一个 synchronized 关键字，另外 Java 5 引入了 ReentrantLock 类。synchronized 关键字会自动提供一个锁以及相关的“条件”，对于大多数需要显式锁的情况，这种机制功能很强大，也很便利。不过，我们相信在分别了解锁和条件的内容之后，能更容易地理解 synchronized 关键字。java.util.concurrent 框架为这些基础机制提供了单独的类，有关内容会在本节以及 12.4.4 节解释。一旦理解了这些基础，我们会在 12.4.5 节介绍 synchronized 关键字。

用 ReentrantLock 保护代码块的基本结构如下：

```
myLock.lock(); // a ReentrantLock object
try
{
   critical section
}
finally
{
   myLock.unlock(); // make sure the lock is unlocked even if an exception is thrown
}
```

这个结构确保任何时刻只有一个线程进入临界区。一旦一个线程锁定了锁对象，任何其他线程都无法通过 lock 语句。当其他线程调用 lock 时，它们会暂停，直到第一个线程释放这个锁对象。

> **警告**：要把 unlock 操作包在 finally 子句中，这一点至关重要。如果临界区中的代码抛出一个异常，必须释放锁。否则，其他线程将永远阻塞。

> **注释**：使用锁时，就不能使用 try-with-resources 语句。首先，解锁方法名不是 close。不过，即使将它重命名（例如，重命名为 close），try-with-resources 语句也无法正常工作。它的首部希望声明一个新变量。但是如果使用一个锁，你可能想使用由多个线程共享的同一个变量，而不是使用一个新变量。

下面使用一个锁来保护 Bank 类的 transfer 方法。

```
public class Bank
{
   private Lock bankLock = new ReentrantLock();
   . . .
   public void transfer(int from, int to, int amount)
   {
      bankLock.lock();
      try
      {
         System.out.print(Thread.currentThread());
         accounts[from] -= amount;
         System.out.printf(" %10.2f from %d to %d", amount, from, to);
         accounts[to] += amount;
         System.out.printf(" Total Balance: %10.2f%n", getTotalBalance());
      }
      finally
      {
         bankLock.unlock();
      }
   }
}
```

假设一个线程调用了 transfer，但是在执行结束前被抢占。再假设第二个线程也调用了 transfer，由于第二个线程不能获得锁，将在调用 lock 方法时被阻塞。它会暂停，必须等待第一个线程执行完 transfer 方法。当第一个线程释放锁时，第二个线程才能开始运行（见图 12-3）。

尝试一下。把加锁代码增加到 transfer 方法并再次运行程序。这个程序可以一直运行下去，银行余额绝对不会有错误。

注意每个 Bank 对象都有自己的 ReentrantLock 对象。如果两个线程试图访问同一个 Bank 对象，那么锁可以用来保证串行化访问。不过，如果两个线程访问不同的 Bank 对象，每个线程会得到不同的锁对象，两个线程都不会阻塞。本该如此，因为线程在处理不同的 Bank 实例时，线程之间不会相互影响。

这个锁称为重入（reentrant）锁，因为线程可以反复获得已拥有的锁。锁有一个持有计数（hold count）来跟踪对 lock 方法的嵌套调用。线程每一次调用 lock 后都要调用 unlock 来释放锁。由于这个特性，由一个锁保护的代码可以调用另一个同样使用这个锁的方法。

例如，transfer 方法调用 getTotalBalance 方法，这也会锁定 bankLock 对象，此时 bankLock 对象的持有计数为 2。当 getTotalBalance 方法退出时，持有计数变回 1。当 transfer 方法退出的时候，持有计数变为 0，线程释放锁。

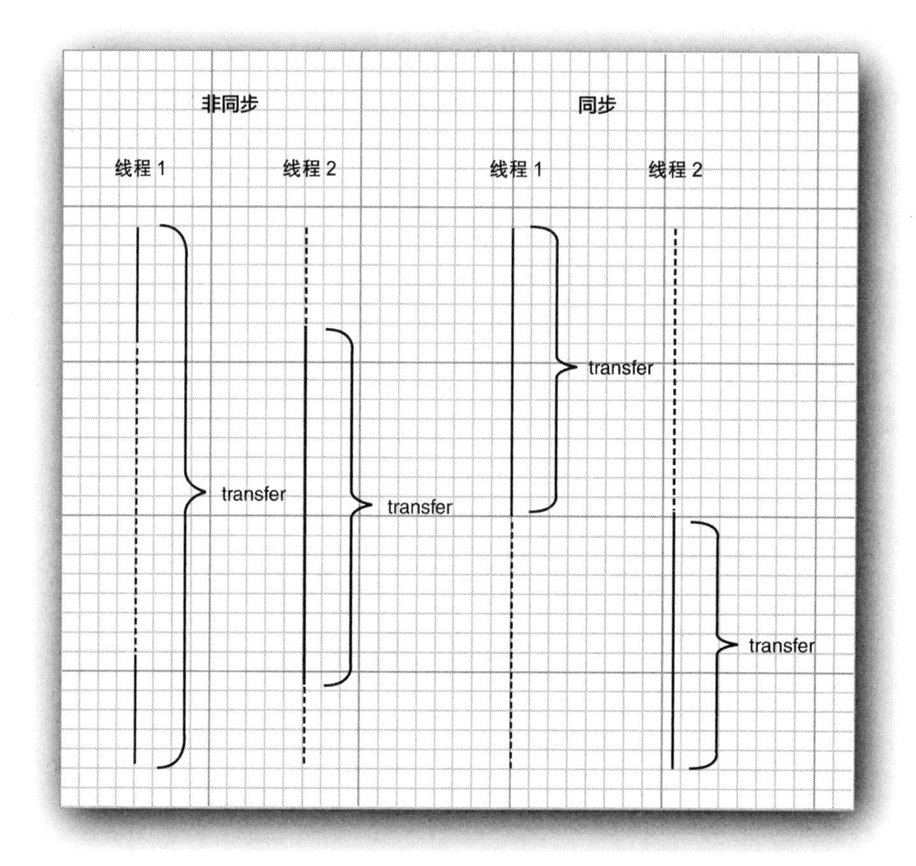

图 12-3　非同步线程与同步线程的比较

通常我们可能希望保护会更新或检查共享对象的代码块，从而能确信当前操作执行完之后其他线程才能使用同一个对象。

> **警告：** 要注意确保不能由于抛出异常而绕过临界区中的代码。如果在临界区代码结束之前抛出了异常，finally 子句将释放锁，但是对象可能处于被破坏的状态。

API java.util.concurrent.locks.Lock 5

- `void lock()`

  获得这个锁；如果锁当前被另一个线程占有，则阻塞。

- `void unlock()`

  释放这个锁。

API java.util.concurrent.locks.ReentrantLock 5

- `ReentrantLock()`

构造一个重入锁，可以用来保护一个临界区。

- `ReentrantLock(boolean fair)`

  构造一个采用公平策略的锁。一个公平锁倾向于等待时间最长的线程。不过，这种公平保证可能严重影响性能。所以，默认情况下，不要求锁是公平的。

> **警告**：听起来公平锁很不错，但是公平锁要比常规锁**慢得多**。只有当你确实了解自己要做什么，而且对于你要解决的问题，有一个特定的理由确实要考虑公平性时，才应使用公平锁。即使使用公平锁，也不能保证线程调度器是公平的。如果线程调度器选择忽略一个已经为锁等待很长时间的线程，它就没有机会得到锁的公平处理。

12.4.4 条件对象

通常，线程进入临界区后却发现只有满足了某个条件之后它才能执行。可以使用一个条件对象（condition object）来管理那些已经获得了一个锁却不能有效工作的线程。在这一节里，我们会介绍Java库中条件对象的实现［由于历史原因，条件对象经常被称为条件变量（conditional variable）］。

现在来优化银行的模拟程序。如果一个账户没有足够的资金用于转账，则我们不希望从这样的账户转出资金。注意不能使用类似下面的代码：

```
if (bank.getBalance(from) >= amount)
   bank.transfer(from, to, amount);
```

在成功地通过这个测试之后，但在调用 `transfer` 方法之前，当前线程完全有可能被中断。

```
if (bank.getBalance(from) >= amount)
      // thread might be deactivated at this point
   bank.transfer(from, to, amount);
```

在这个线程再次运行时，账户余额可能已经低于提款金额。必须确保在检查余额与转账动作之间没有其他线程修改余额。为此，可以使用一个锁来保护这个测试和转账动作：

```
public void transfer(int from, int to, int amount)
{
   bankLock.lock();
   try
   {
      while (accounts[from] < amount)
      {
         // wait
         . . .
      }
      // transfer funds
      . . .
   }
   finally
   {
      bankLock.unlock();
   }
}
```

现在，当账户中没有足够的资金时，我们会做什么呢？我们会等待，直到另一个线程增加了该账户的资金。但是，这个线程刚刚获得了对 bankLock 的独占访问权，因此别的线程没有存款的机会。这里就要引入条件对象。

一个锁对象可以有一个或多个关联的条件对象。可以用 newCondition 方法获得一个条件对象。习惯上会给每个条件对象一个合适的名字来反映它表示的条件。例如，在这里我们建立了一个条件对象来表示“资金充足”条件。

```
class Bank
{
   private Condition sufficientFunds;
   . . .
   public Bank()
   {
      . . .
      sufficientFunds = bankLock.newCondition();
   }
}
```

如果 transfer 方法发现资金不足，它会调用

```
sufficientFunds.await();
```

当前线程现在暂停，并放弃锁。这就允许另一个线程执行，我们希望它能增加账户余额。

等待获得锁的线程和调用了 await 方法的线程存在本质上的不同。一旦一个线程调用了 await 方法，它就进入这个条件的等待集（wait set）。当锁可用时，该线程并不会变为可运行状态。实际上，它仍保持非活动状态，直到另一个线程在同一条件上调用 signalAll 方法。

当另一个线程完成转账时，它应该调用

```
sufficientFunds.signalAll();
```

这个调用会重新激活等待这个条件的所有线程。当这些线程从等待集中移出时，它们再次变为可运行状态，调度器最终将它们再次激活。同时，它们会尝试重新进入该对象。一旦锁可用，它们中的某个线程将从 await 调用返回，得到这个锁，并从之前暂停的地方继续执行。

此时，线程应当再次测试条件。不能保证现在一定满足条件——signalAll 方法仅仅是通知等待的线程：现在有可能满足条件，有必要再次检查条件。

注释：通常，await 调用应该放在如下形式的一个循环中：

```
while (!(OK to proceed))
   condition.await();
```

最终需要有某个其他线程调用 signalAll 方法，这一点至关重要。当一个线程调用 await 时，它没有办法自行重新激活。它寄希望于其他线程。如果没有其他线程来重新激活这个等待的线程，它就再也不能运行了。这将导致令人不快的*死锁*（deadlock）现象。如果所有其他线程都被阻塞，最后一个活动线程调用了 await 方法但没有先解除另外某个线程的阻塞，现

在这个线程也会阻塞。此时没有线程可以解除其他线程的阻塞状态，程序会永远挂起。

应该什么时候调用 signalAll 呢？从经验上讲，只要一个对象的状态有变化，而且可能有利于正在等待的线程，就可以调用 signalAll。例如，当一个账户余额发生改变时，就应该再给等待的线程一个机会来检查余额。在这个例子中，完成转账时，我们就会调用 signalAll 方法。

```
public void transfer(int from, int to, int amount)
{
   bankLock.lock();
   try
   {
      while (accounts[from] < amount)
         sufficientFunds.await();
      // transfer funds
      . . .
      sufficientFunds.signalAll();
   }
   finally
   {
      bankLock.unlock();
   }
}
```

注意 signalAll 调用不会立即激活一个等待的线程。它只是解除等待线程的阻塞，使这些线程可以在当前线程释放锁之后竞争访问对象。

另一个方法 signal 只是随机选择等待集中的一个线程，并解除这个线程的阻塞状态。这比解除所有线程的阻塞更高效，但也存在危险。如果随机选择的线程发现自己仍然不能运行，它就会再次阻塞。如果没有其他线程再次调用 signal，系统就会进入死锁。

警告： 只有当线程拥有一个条件的锁时，它才能在这个条件上调用 await、signalAll 或 signal 方法。

如果运行程序清单 12-4 中的程序，你会注意到不再有任何错误。总余额永远是 \$100 000。任何账户都不会出现负的余额（同样地，还是需要按下组合键 Ctrl + C 来终止程序）。你可能还会注意到，这个程序运行起来要慢一些——这是为实现同步机制所涉及的额外工作付出的代价。

实际上，正确使用条件很有挑战性。开始实现你自己的条件对象之前，应该考虑使用 12.5 节中描述的某个结构。

程序清单 12-4 synch/Bank.java

```
1 package synch;
2
3 import java.util.*;
4 import java.util.concurrent.locks.*;
5
6 /**
7  * A bank with a number of bank accounts that uses locks for serializing access.
8  */
9 public class Bank
```

```
10 {
11    private final double[] accounts;
12    private Lock bankLock;
13    private Condition sufficientFunds;
14
15    /**
16     * Constructs the bank.
17     * @param n the number of accounts
18     * @param initialBalance the initial balance for each account
19     */
20    public Bank(int n, double initialBalance)
21    {
22       accounts = new double[n];
23       Arrays.fill(accounts, initialBalance);
24       bankLock = new ReentrantLock();
25       sufficientFunds = bankLock.newCondition();
26    }
27
28    /**
29     * Transfers money from one account to another.
30     * @param from the account to transfer from
31     * @param to the account to transfer to
32     * @param amount the amount to transfer
33     */
34    public void transfer(int from, int to, double amount) throws InterruptedException
35    {
36       bankLock.lock();
37       try
38       {
39          while (accounts[from] < amount)
40             sufficientFunds.await();
41          System.out.print(Thread.currentThread());
42          accounts[from] -= amount;
43          System.out.printf(" %10.2f from %d to %d", amount, from, to);
44          accounts[to] += amount;
45          System.out.printf(" Total Balance: %10.2f%n", getTotalBalance());
46          sufficientFunds.signalAll();
47       }
48       finally
49       {
50          bankLock.unlock();
51       }
52    }
53
54    /**
55     * Gets the sum of all account balances.
56     * @return the total balance
57     */
58    public double getTotalBalance()
59    {
60       bankLock.lock();
61       try
62       {
63          double sum = 0;
64
```

```
65          for (double a : accounts)
66             sum += a;
67
68          return sum;
69       }
70       finally
71       {
72          bankLock.unlock();
73       }
74    }
75
76    /**
77     * Gets the number of accounts in the bank.
78     * @return the number of accounts
79     */
80    public int size()
81    {
82       return accounts.length;
83    }
84 }
```

API java.util.concurrent.locks.Lock 5

- `Condition newCondition()`

  返回一个与这个锁相关联的条件对象。

API java.util.concurrent.locks.Condition 5

- `void await()`

  将该线程放在这个条件的等待集中。

- `void signalAll()`

  解除该条件等待集中所有线程的阻塞状态。

- `void signal()`

  从该条件的等待集中随机选择一个线程，解除其阻塞状态。

12.4.5 synchronized 关键字

在前面的小节中，我们已经了解了如何使用 Lock 和 Condition 对象。在进一步深入之前，先对锁和条件的要点做一个总结：

- 锁用来保护代码段，一次只允许一个线程执行被保护的代码。
- 锁可以管理试图进入被保护代码段的线程。
- 一个锁可以有一个或多个关联的条件对象。
- 每个条件对象管理那些已经进入被保护代码段但还不能运行的线程。

Lock 和 Condition 接口允许程序员充分控制锁定。不过，大多数情况下，你并不需要那样控制，完全可以使用 Java 语言内置的一种机制。从 1.0 版开始，Java 中的每个对象都有一个内部锁（intrinsic lock）。如果一个方法声明时有 synchronized 关键字，那么对象的锁将保护整个方法。也就是说，要调用这个方法，线程必须获得内部对象锁。

换句话说，

```
public synchronized void method()
{
   method body
}
```

等价于

```
public void method()
{
   this.intrinsicLock.lock();
   try
   {
      method body
   }
   finally
   {
      this.intrinsicLock.unlock();
   }
}
```

例如，可以简单地将 Bank 类的 transfer 方法声明为 synchronized，而不必使用一个显式的锁。

内部对象锁只有一个关联条件。wait 方法将一个线程增加到等待集中，notifyAll/notify 方法可以解除等待线程的阻塞。换句话说，调用 wait 或 notifyAll 等价于

```
intrinsicCondition.await();
intrinsicCondition.signalAll();
```

> **注释：** wait、notifyAll 以及 notify 方法是 Object 类的 final 方法。Condition 方法必须命名为 await、signalAll 和 signal，从而不会与那些方法发生冲突。

例如，可以用 Java 如下实现 Bank 类：

```
class Bank
{
   private double[] accounts;

   public synchronized void transfer(int from, int to, int amount)
         throws InterruptedException
   {
      while (accounts[from] < amount)
         wait(); // wait on intrinsic object lock's single condition
      accounts[from] -= amount;
      accounts[to] += amount;
      notifyAll(); // notify all threads waiting on the condition
   }

   public synchronized double getTotalBalance()
   {
      . . .
   }
}
```

可以看到，使用 synchronized 关键字可以得到更为简洁的代码。当然，要理解这个代码，

你必须知道每个对象都有一个内部锁，并且这个锁有一个内部条件。这个锁会管理试图进入 synchronized 方法的线程，这个条件会管理调用了 wait 的线程。

提示：同步方法相当简单。但是，初学者常常对条件感到困惑。在使用 wait/notifyAll 之前，应该考虑使用 12.5 节描述的某个结构。

将静态方法声明为同步也是合法的。如果调用这样一个方法，它会获得关联类对象的内部锁。例如，如果 Bank 类有一个静态同步方法，调用这个方法时，会锁定 Bank.class 对象的锁。因此，没有其他线程可以调用 Bank 类的这个方法或任何其他同步静态方法。

内部锁和条件存在一些限制。包括：

- 不能中断一个正在尝试获得锁的线程。
- 不能指定尝试获得锁的超时时间。
- 每个锁只有一个条件，这很低效。

在代码中应该使用哪一种做法呢？ Lock 和 Condition 对象还是同步方法？下面是我们的一些建议：

- 最好既不使用 Lock/Condition 也不使用 synchronized 关键字。在许多情况下，可以使用 java.util.concurrent 包中的某种机制，它会为你处理所有的锁定。例如，在 12.5.1 节中，你会看到如何使用阻塞队列来同步那些完成一个共同任务的线程。还应当研究并行流，有关内容参见卷Ⅱ第 1 章。
- 如果 synchronized 关键字适合你的程序，那么尽量使用这种做法，这样可以减少编写的代码量，还能减少出错。程序清单 12-5 给出了用同步方法实现的银行示例。
- 如果特别需要 Lock/Condition 结构提供的额外能力，则使用 Lock/Condition。

程序清单 12-5 synch2/Bank.java

```
1 package synch2;
2
3 import java.util.*;
4
5 /**
6  * A bank with a number of bank accounts that uses synchronization primitives.
7  */
8 public class Bank
9 {
10    private final double[] accounts;
11
12    /**
13     * Constructs the bank.
14     * @param n the number of accounts
15     * @param initialBalance the initial balance for each account
16     */
17    public Bank(int n, double initialBalance)
18    {
19       accounts = new double[n];
20       Arrays.fill(accounts, initialBalance);
21    }
```

```
22
23     /**
24      * Transfers money from one account to another.
25      * @param from the account to transfer from
26      * @param to the account to transfer to
27      * @param amount the amount to transfer
28      */
29     public synchronized void transfer(int from, int to, double amount)
30           throws InterruptedException
31     {
32        while (accounts[from] < amount)
33           wait();
34        System.out.print(Thread.currentThread());
35        accounts[from] -= amount;
36        System.out.printf(" %10.2f from %d to %d", amount, from, to);
37        accounts[to] += amount;
38        System.out.printf(" Total Balance: %10.2f%n", getTotalBalance());
39        notifyAll();
40     }
41
42     /**
43      * Gets the sum of all account balances.
44      * @return the total balance
45      */
46     public synchronized double getTotalBalance()
47     {
48        double sum = 0;
49
50        for (double a : accounts)
51           sum += a;
52
53        return sum;
54     }
55
56     /**
57      * Gets the number of accounts in the bank.
58      * @return the number of accounts
59      */
60     public int size()
61     {
62        return accounts.length;
63     }
64  }
```

API java.lang.Object 1.0

- void notifyAll()

  解除在这个对象上调用 wait 方法的那些线程的阻塞状态。该方法只能在同步方法或同步块中调用。如果当前线程不是对象锁的所有者，该方法会抛出一个 IllegalMonitor-StateException 异常。

- void notify()

  随机选择一个在这个对象上调用 wait 方法的线程，解除其阻塞状态。该方法只能在一个同步方法或同步块中调用。如果当前线程不是对象锁的所有者，该方法会抛出一个 IllegalMonitorStateException 异常。

- void wait()

  导致一个线程进入等待状态，直到它得到通知。该方法只能在一个同步方法或同步块中调用。如果当前线程不是对象锁的所有者，该方法会抛出一个 IllegalMonitorStateException 异常。

- void wait(long millis)
- void wait(long millis, int nanos)

  导致一个线程进入等待状态，直到它得到通知或者经过了指定的时间。这些方法只能在一个同步方法或同步块中调用。如果当前线程不是对象锁的所有者，这些方法会抛出 IllegalMonitorStateException 异常。纳秒数不能超过 1 000 000。

12.4.6 同步块

正如前面讨论的，每个 Java 对象都有一个锁。线程可以通过调用同步方法获得这个锁。还有另一种机制可以获得这个锁：即进入一个同步块（synchronized block）。当线程进入有如下形式的一个块时：

```
synchronized (obj) // this is the syntax for a synchronized block
{
   critical section
}
```

它会获得 obj 的锁。

有时我们会看到一些“专用”(ad hoc) 锁，例如：

```
public class Bank
{
   private double[] accounts;
   private Lock lock = new Object();
   . . .
   public void transfer(int from, int to, int amount)
   {
      synchronized (lock) // an ad-hoc lock
      {
         accounts[from] -= amount;
         accounts[to] += amount;
      }
      System.out.println(. . .);
   }
}
```

在这里，创建 lock 对象只是为了使用每个 Java 对象拥有的锁。

警告：使用同步块时，要注意锁对象。例如，下面的代码是有问题的：

```
private final String lock = "LOCK";
. . .
synchronized (lock) { . . . } // Don't lock on string literal!
```

> 如果这个代码在同一个程序中出现两次，锁将是**同一个对象**，因为字符串字面量会共享。这可能导致死锁。
>
> 另外，要避免使用基本类型包装器作为锁：
>
> ```
> private final Integer lock = new Integer(42); // Don't lock on wrappers
> ```
>
> 构造器调用 new Integer(0) 已经废弃，而且你也不希望维护程序的程序员将这个调用改为 Integer.valueOf(42)。如果将同一个魔法数使用两次，这会意外地共享锁。
>
> 如果需要修改一个静态字段，会从特定的类上获得锁，而不是从 getClass() 返回的值上获得：
>
> ```
> synchronized (MyClass.class) { staticCounter++; } // OK
> synchronized (getClass()) { staticCounter++; } // Don't
> ```
>
> 如果从一个子类调用包含这个代码的方法，getClass() 会返回一个不同的 Class 对象！这就不再能保证互斥！
>
> 一般来讲，如果必须使用同步块，一定要了解你的锁对象！必须对所有受保护的访问路径使用相同的锁，而且别人不能使用你的锁。

有时程序员使用一个对象的锁来实现额外的原子操作，这种做法称为客户端锁定（client-side locking）。例如，考虑 Vector 类，这是一个列表，它的方法是同步的。现在，假设我们将银行余额存储在一个 Vector <Double> 中。下面是 transfer 方法的一个原生实现：

```
public void transfer(Vector<Double> accounts, int from, int to, int amount) // ERROR
{
   accounts.set(from, accounts.get(from) - amount);
   accounts.set(to, accounts.get(to) + amount);
   System.out.println(. . .);
}
```

Vector 类的 get 和 set 方法是同步的，但是，这对于我们并没有什么帮助。一个线程完全有可能在 transfer 方法中执行完第一个 get 调用之后被抢占。然后另一个线程可能会在相同的位置存储一个不同的值。不过，我们可以截获这个锁：

```
public void transfer(Vector<Double> accounts, int from, int to, int amount)
{
   synchronized (accounts)
   {
      accounts.set(from, accounts.get(from) - amount);
      accounts.set(to, accounts.get(to) + amount);
   }
   System.out.println(. . .);
}
```

这个方法是可行的，但是完全依赖于这样一个事实：Vector 类会对自己的所有更改器方法使用内部锁。不过，确实如此吗？ Vector 类的文档没有给出这样的承诺。你必须仔细研究源代码，而且还得希望将来的版本不会引入非同步的更改器方法。可以看到，客户端锁定是非常脆弱的，通常不建议使用。

> 注释：Java 虚拟机对同步方法提供了内置支持。不过，同步块会编译为很长的字节码序列来管理内部锁。

12.4.7 监视器概念

锁和条件是实现线程同步的强大工具，但是，严格地讲，它们不是面向对象的。多年来，研究人员在努力寻找方法，希望不要求程序员考虑显式锁就可以保证多线程的安全性。最成功的解决方案之一是监视器（monitor），这一概念最早是由 Per Brinch Hansen 和 Tony Hoare 在 20 世纪 70 年代提出的。用 Java 的术语来讲，监视器有如下属性：

- 监视器是只包含私有字段的类。
- 监视器类的每个对象有一个关联的锁。
- 所有方法由这个锁锁定。换句话说，如果客户端调用 `obj.method()`，那么在方法调用开始时会自动获得 `obj` 对象的锁，并在方法返回时自动释放这个锁。因为所有的字段是私有的，这样的安排可以确保一个线程处理字段时，没有其他线程能够访问这些字段。
- 锁可以有任意多个关联的条件。

监视器的早期版本只有单一的条件，使用一种很优雅的语法。可以简单地调用 `await accounts[from] >= amount`，而不使用任何显式的条件变量。不过，研究表明，盲目地重新测试条件是很低效的。可以利用显式的条件变量解决这一问题，每一个条件变量管理单独的一组线程。

Java 设计者以不太严格的方式调整了监视器概念，Java 中的每一个对象都有一个内部锁和一个内部条件。如果一个方法用 `synchronized` 关键字声明，那么，它表现得就像是一个监视器方法。可以通过调用 `wait/notifyAll/notify` 来访问条件变量。

不过，Java 对象在以下 3 个重要方面不同于监视器，这削弱了线程安全性：

- 字段不要求是 `private`。
- 方法不要求是 `synchronized`。
- 内部锁对客户是可用的。

对安全性的这种轻视让 Per Brinch Hansen 大为光火。在对 Java 中多线程原语的一个严厉评论中，他写道："这实在是令我震惊，在监视器和 Concurrent Pascal 出现四分之一个世纪后，Java 的这种不安全的并行机制仍被编程社区所接受。这没有任何益处。" [Java's Insecure Parallelism, ACM SIGPLAN Notices 34:38-45, April 1999.]

12.4.8 volatile 字段

有时，如果只是为了读写一两个实例字段而使用同步，所带来的开销好像有些不合算。毕竟，怎么可能出错呢？遗憾的是，由于使用现代的处理器与编译器，出错的可能性很大。

- 有多处理器的计算机能够暂时在寄存器或本地内存缓存中保存内存值。其结果是，运行在不同处理器上的线程可能看到同一个内存位置有不同的值。

- 编译器可能改变指令执行的顺序以得到最大的吞吐量。编译器不会选择可能改变代码语义的顺序，但是编译器有一个假定，认为内存值只在代码中有显式的修改指令时才会改变。不过，内存值有可能被另一个线程改变！

如果你使用锁来保护可能被多个线程访问的代码，那么不存在这些问题。编译器必须遵守锁的要求，为此要在必要的时候刷新输出本地缓存，而且不能不适当地重排指令顺序。详细的解释见 JSR 133 的 Java 内存模型和线程规范（参见 http://www.jcp.org/en/jsr/detail?id=133）。该规范的大部分内容都很复杂而且技术性很强，不过这个文档中还包含很多解释得很清楚的例子。Brian Goetz 写了一个更易懂的概述文章（www.ibm.com/developerworks/library/j-jtp02244）。

> **注释：** Brian Goetz 创造了以下“同步格言”：“如果写一个变量，而这个变量接下来可能会被另一个线程读取，或者，如果读一个变量，而这个变量可能已经被另一个线程写入值，那么必须使用同步。”

volatile 关键字为实例字段的同步访问提供了一种免锁机制。如果声明一个字段为 volatile，那么编译器和虚拟机就会考虑到该字段可能被另一个线程并发更新。

例如，假设一个对象有一个 boolean 标记 done，它的值由一个线程设置，而由另一个线程查询，如同我们讨论过的，你可以使用锁：

```
private boolean done;
public synchronized boolean isDone() { return done; }
public synchronized void setDone() { done = true; }
```

或许使用内部对象锁不是个好主意。如果另一个线程已经对该对象加锁，isDone 和 setDone 方法可能会阻塞。如果这是个问题，可以只为这个变量使用一个单独的锁。但是，这会很麻烦。

在这种情况下，将字段声明为 volatile 就很合适：

```
private volatile boolean done;
public boolean isDone() { return done; }
public void setDone() { done = true; }
```

编译器会插入适当的代码，以确保如果一个线程中对 done 变量做了修改，这个修改对读取这个变量的所有其他线程都可见。

> **警告：** volatile 变量不能提供原子性。例如，方法
>
> ```
> public void flipDone() { done = !done; } // not atomic
> ```
>
> 不能确保将字段中的值取反。无法保证读取、取反和写入不被中断。

12.4.9　final 变量

12.4.8 节已经了解到，除非使用锁或 volatile 修饰符，否则无法从多个线程安全地读取一个字段。

还有一种情况可以安全地访问一个共享字段，即这个字段声明为 final 时。考虑以下声明：

```
final var accounts = new HashMap<String, Double>();
```

其他线程会在构造器完成构造之后才看到这个 accounts 变量。

如果不使用 final，就不能保证其他线程看到的是 accounts 更新后的值，它们可能都只是看到 null，而不是新构造的 HashMap。

当然，映射的操作并不是线程安全的。如果有多个线程更改和读取这个映射，仍然需要进行同步。

12.4.10 原子性

假设对共享变量除了赋值之外并不做其他操作，那么可以将这些共享变量声明为 volatile。

java.util.concurrent.atomic 包中有很多类使用了很高效的机器级指令来保证其他操作的原子性（而没有使用锁）。例如，AtomicInteger 类提供了方法 incrementAndGet 和 decrementAndGet，它们分别以原子方式对一个整数完成自增或自减操作。例如，可以安全地生成一个数值序列，如下所示：

```
public static AtomicLong nextNumber = new AtomicLong();
// in some thread. . .
long id = nextNumber.incrementAndGet();
```

incrementAndGet 方法以原子方式将 AtomicLong 自增，并返回自增后的值。也就是说，获得值、增 1、设置值和生成新值的操作不会被中断。可以保证即使是多个线程并发地访问同一个实例，也会计算并返回正确的值。

有很多方法可以以原子方式设置和增减值，不过，如果希望完成更复杂的更新，就必须使用 compareAndSet 方法。例如，假设希望跟踪不同线程观察的最大值。下面的代码是不可行的：

```
public static AtomicLong largest = new AtomicLong();
// in some thread. . .
largest.set(Math.max(largest.get(), observed)); // ERROR--race condition!
```

这个更新不是原子的。实际上，可以提供一个 lambda 表达式更新变量，它会为你完成更新。对于这个例子，我们可以调用：

```
largest.updateAndGet(x -> Math.max(x, observed));
```

或

```
largest.accumulateAndGet(observed, Math::max);
```

accumulateAndGet 方法利用一个二元操作符来合并原子值和所提供的参数。

还有 getAndUpdate 和 getAndAccumulate 方法可以返回原值。

注释： 类 AtomicInteger、AtomicIntegerArray、AtomicIntegerFieldUpdater、AtomicLongArray、AtomicLongFieldUpdater、AtomicReference、AtomicReferenceArray 和 AtomicReferenceFieldUpdater 也提供了这些方法。

如果有大量线程要访问相同的原子值，性能会大幅下降，因为乐观更新需要太多次重试。LongAdder 和 LongAccumulator 类解决了这个问题。LongAdder 包括多个变量（加数），其总和为当前值。可以有多个线程更新不同的加数，线程数增加时会自动提供新的加数。通常情况下，只有当所有工作都完成之后才需要总和的值，对于这种情况，这种方法会很高效。性能会有显著的提升。

如果预期可能存在大量竞争，只需要使用 LongAdder 而不是 AtomicLong。方法名稍有区别。要调用 increment 让一个计数器自增，或者调用 add 来增加一个量，另外调用 sum 来获取总和。

```
var adder = new LongAdder();
for (. . .)
   pool.submit(() ->
      {
         while (. . .)
         {
            . . .
            if (. . .) adder.increment();
         }
      });
. . .
long total = adder.sum();
```

注释： 当然，increment 方法不返回原值。这样做会消除将求和分解到多个加数所带来的性能提升。

LongAccumulator 将这种思想推广到任意的累加操作。在构造器中，可以提供这个操作以及它的零元素。要加入新的值，可以调用 accumulate。调用 get 来获得当前值。下面的代码可以得到与 LongAdder 同样的效果：

```
var adder = new LongAccumulator(Long::sum, 0);
// in some thread. . .
adder.accumulate(value);
```

在内部，这个累加器包含变量 a_1，a_2，…，a_n。每个变量初始化为零元素（这个例子中零元素为 0）。

调用 accumulate 并提供值 v 时，其中一个变量会以原子方式更新为 $a_i = a_i\ op\ v$，这里 op 是中缀形式的累加操作。在我们这个例子中，调用 accumulate 会对某个 i 计算 $a_i = a_i + v$。

get 的结果是 $a_1\ op\ a_2\ op \cdots op\ a_n$。在我们的例子中，这就是累加器的总和：$a_1 + a_2 + \cdots + a_n$。

如果选择一个不同的操作，可以计算最小值或最大值。一般来说，这个操作必须满足结合律和交换律。这说明，最终结果不能依赖于以什么顺序结合这些中间值。

另外 DoubleAdder 和 DoubleAccumulator 做法也相同，只不过处理的是 double 值。

12.4.11　死锁

锁和条件不能解决多线程中可能出现的所有问题。考虑下面的情况：

1. 账户 1：$200

2. 账户 2：$300

3. 线程 1：从账户 1 转 $300 到账户 2

4. 线程 2：从账户 2 转 $400 到账户 1

如图 12-4 所示，线程 1 和线程 2 显然都被阻塞。因为账户 1 以及账户 2 中的余额都不足以进行转账，两个线程都无法继续执行。

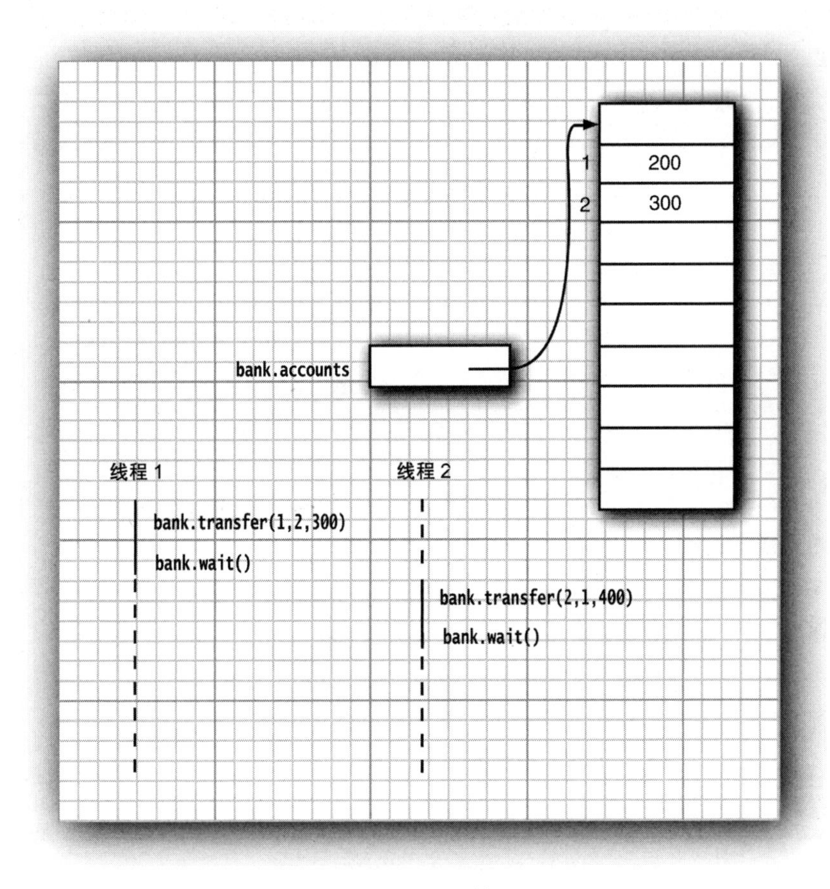

图 12-4 死锁情况

有可能因为每一个线程都在等待更多的钱款存入而导致所有线程都被阻塞。这样的状态称为死锁（deadlock）。

在这个程序里，死锁不会发生，原因很简单。每一次转账金额至多 $1000。因为总共有 100 个账户，而且所有账户的总金额是 $100 000，在任意时刻，至少有一个账户的余额高于 $1000。所以，从该账户转账的线程可以继续运行。

但是，如果修改线程的 `run` 方法，把每次转账至多 $1000 的限制去掉，很快就会发生死锁。试试看。将 `NACCOUNTS` 设置为 `10`。使用 `max` 值 `2 * INITIAL_BALANCE` 构造各个转账线程。然后运行该程序。程序运行一段时间后就会挂起。

> **提示**：当程序挂起时，按下组合键 Ctrl + \，将得到一个线程转储，这会列出所有线程。每一个线程有一个栈轨迹，告诉你线程当前在哪里阻塞。如第 7 章所述，可以运行 jconsole 并查看线程（Threads）面板（见图 12-5）。

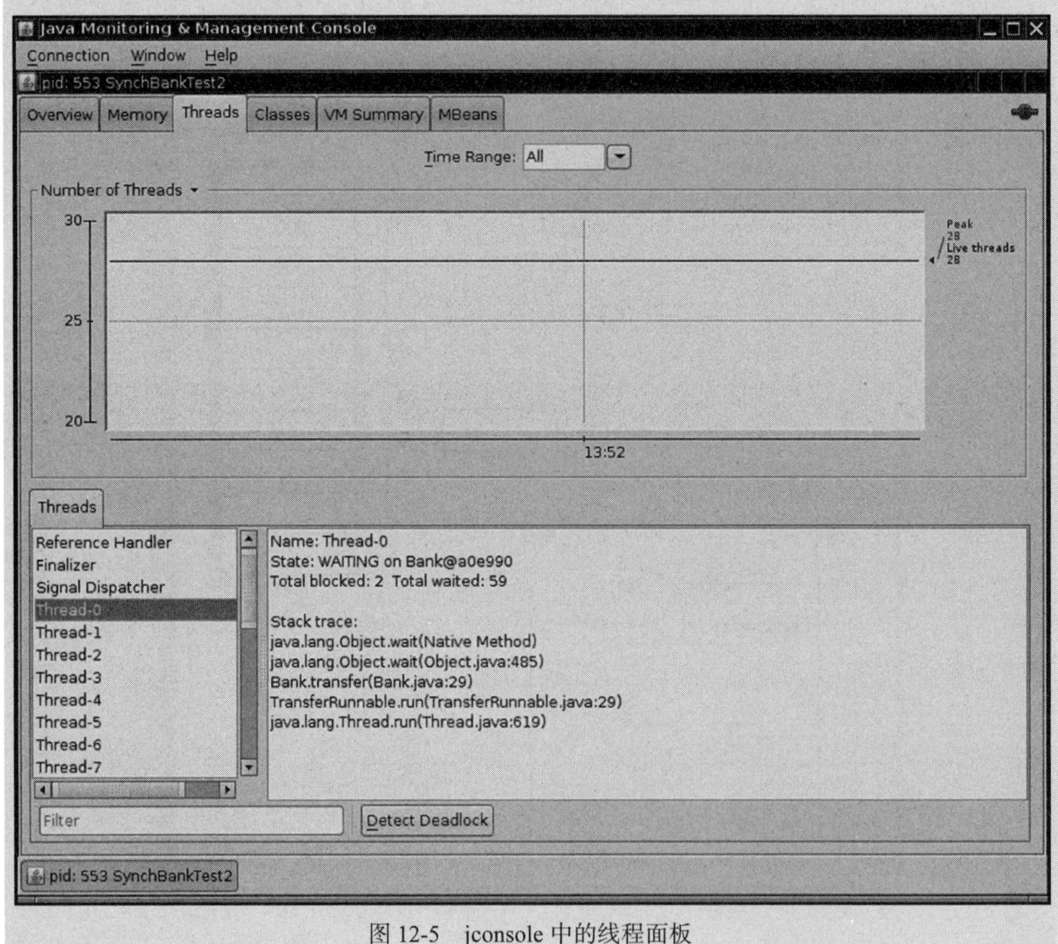

图 12-5 jconsole 中的线程面板

还有一种做法会导致死锁，让第 i 个线程负责向第 i 个账户存钱，而不是从第 i 个账户取钱。这样一来，有可能所有线程都集中到一个账户上，每一个线程都试图从这个账户中取出大于该账户余额的钱。试试看。在 SynchBankTest 程序中，来看 TransferRunnable 类的 run 方法。在 transfer 调用中，交换 fromAccount 和 toAccount。运行程序，会看到它几乎会立即死锁。

还有一种很容易导致死锁的情况：在 SynchBankTest 程序中，将 signalAll 方法改为 signal 方法，会发现程序最终会挂起。（同样，将 NACCOUNTS 设为 10 可以更快地看到这个结果。）signalAll 方法会通知所有等待增加资金的线程，与此不同，signal 方法只解除一个线程的阻塞。如果该线程不能继续运行，所有的线程都会阻塞。考虑下面的场景，这就可能发生死锁：

1. 账户 1：$1990

2. 所有其他账户：分别有 $990

3. 线程 1：从账户 1 转 $995 到账户 2

4. 所有其他线程：从它们的账户转 $995 到另一个账户

显然，除了线程 1，所有的线程都被阻塞，因为它们的账户中没有足够的金额。

线程 1 继续执行，现在情况如下：

1. 账户 1：$995

2. 账户 2：$1985

3. 所有其他账户：分别有 $990

然后，线程 1 调用 signal 方法。signal 方法随机选择一个线程将它解除阻塞。假定它选择了线程 3。该线程被唤醒，发现在它的账户里没有足够的金额，它再次调用 await。但是，线程 1 仍在运行，将随机地产生一个新的交易，例如，

1. 线程 1：从账户 1 转 $997 到账户 2

现在，线程 1 也调用 await，所有的线程都被阻塞。系统死锁。

这里的罪魁祸首是 signal 调用。它只为一个线程解除阻塞，而且，它很可能选择一个根本不能继续运行的线程（在我们的例子中，线程 2 必须从账户 2 中取钱）。

遗憾的是，Java 程序设计语言中没有提供任何特性可以避免或打破这些死锁。你必须仔细设计程序，确保不会出现死锁。

12.4.12 为什么废弃 stop 和 suspend 方法

最初的 Java 版本定义了一个 stop 方法来终止一个线程，另外还有一个 suspend 方法来阻塞一个线程直至另一个线程调用 resume。stop 和 suspend 方法有一些共同点：它们都试图控制一个给定线程的行为，而没有线程的互操作。

stop、suspend 和 resume 方法已经被废弃。stop 方法天生就不安全，经验证明，suspend 方法经常会导致死锁。在本节中，你将看到这些方法为什么有问题，以及怎样避免这些问题。

首先来看看 stop 方法，该方法会终止所有未完成的方法，包括 run 方法。一个线程终止时，它会立即释放被它锁定的所有对象的锁。这会导致对象处于不一致的状态。例如，假设一个 TransferRunnable 在从一个账户向另一个账户转账的过程中被终止，钱已经取出，但还没有存入目标账户，现在银行对象就被破坏了。因为锁已经释放，其他未停止的线程也可以观察到这种破坏。

当一个线程想要终止另一个线程时，它无法知道什么时候调用 stop 方法是安全的，而什么时候会导致对象被破坏。因此，这个方法已经被废弃。希望停止一个线程的时候应该中断该线程，然后被中断的线程可以在安全的时候终止。

> **注释：** 一些作者声称 stop 方法被废弃是因为它会导致对象被一个已停止的线程永久锁定。但是，这一说法是错误的。从技术上讲，停止的线程会抛出 ThreadDeath 异常，从而退出它调用的所有同步方法。因此，这个线程会释放它持有的内部对象锁。

接下来看看 suspend 方法有什么问题。与 stop 不同，suspend 不会破坏对象。但是，如果用 suspend 挂起一个持有锁的线程，那么，在这个线程恢复运行之前这个锁是不可用的。如果调用 suspend 方法的线程试图获得同一个锁，程序就会死锁：被挂起的线程等着被恢复，而将其挂起的线程等待获得锁。

在图形用户界面中经常出现这种情况。假设我们有一个图形化的银行模拟程序。Pause 按钮用来挂起转账线程，还有一个 Resume 按钮用来恢复线程。

```
pauseButton.addActionListener(event ->
   {
      for (int i = 0; i < threads.length; i++)
         threads[i].suspend(); // don't do this
   });

resumeButton.addActionListener(event ->
   {
      for (int i = 0; i < threads.length; i++)
         threads[i].resume();
   });
```

假设有一个 paintComponent 方法，它通过调用 getBalances 方法获得一个余额数组，从而绘制每个账户的一个图表。

就像在 12.7.3 节将要看到的，按钮动作和重绘动作都在同一个线程中，即事件分派线程（event dispatch thread）。考虑下面的情况：

1. 某个转账线程获得 bank 对象的锁。
2. 用户点击 Pause 按钮。
3. 所有转账线程被挂起；其中之一仍然持有 bank 对象的锁。
4. 因为某种原因，需要重新绘制账户图表。
5. paintComponent 方法调用 getBalances 方法。
6. 该方法试图获得 bank 对象的锁。

现在程序会被冻结。

事件分派线程不能继续运行，因为锁由一个挂起的线程持有。因此，用户不能点击 Resume 按钮，这些线程永远无法恢复。

如果想安全地挂起线程，可以引入一个变量 suspendRequested，并在 run 方法的某个安全的地方测试这个变量，安全的地方是指在这里该线程没有锁定其他线程需要的对象。当该线程发现 suspendRequested 变量已经设置，就要继续等待，直到再次可用。

12.4.13　按需初始化

有时候，对于某些数据结构，你可能希望第一次需要它时才进行初始化。而且你希望确保这种初始化只发生一次。与其设计你自己的机制，不如利用这样一个事实：虚拟机会在第一次使用类时执行一个静态初始化器，而且只执行一次。虚拟机利用一个锁来确保这一点，所以你不需要自己编程实现。

```
public class OnDemandData
{
   // private constructor to ensure only one object is constructed
   private OnDemandData()
   {
      . . .
   }

   public static OnDemandData getInstance()
   {
      return Holder.INSTANCE;
   }

   // only initialized on first use, i.e. in the first call to getInstance
   private static Holder
   {
      // VM guarantees that this happens at most once
      static final OnDemandData INSTANCE = new OnDemandData();
   }
}
```

警告：要采用这种用法，必须确保构造器不会抛出任何异常。虚拟机不会做第二次尝试来初始化 Holder 类。

12.4.14 线程局部变量

前面几节中，我们讨论了在线程间共享变量的风险。有时可能要避免共享变量，使用 ThreadLocal 辅助类为各个线程提供各自的实例。例如，SimpleDateFormat 类不是线程安全的。假设有一个静态变量：

```
public static final SimpleDateFormat dateFormat = new SimpleDateFormat("yyyy-MM-dd");
```

如果两个线程都执行以下操作：

```
String dateStamp = dateFormat.format(new Date());
```

结果可能很混乱，因为 dateFormat 使用的内部数据结构可能会被并发访问所破坏。当然可以使用同步，但这样开销很大；或者也可以在需要时构造一个局部 SimpleDateFormat 对象，不过这也很浪费。

要为每个线程构造一个实例，可以使用以下代码：

```
public static final ThreadLocal<SimpleDateFormat> dateFormat =
   ThreadLocal.withInitial(() -> new SimpleDateFormat("yyyy-MM-dd"));
```

要访问具体的格式化方法，可以调用：

```
String dateStamp = dateFormat.get().format(new Date());
```

在一个给定线程中首次调用 get 时，会调用构造器中的 lambda 表达式。在此之后，get 方法会返回属于当前线程的那个实例。

在多个线程中生成随机数也存在类似的问题。java.util.Random 类是线程安全的，但是如果多个线程需要等待一个共享的随机数生成器，这会很低效。

可以使用 ThreadLocal 辅助类为各个线程提供一个单独的生成器，不过 Java 7 还另外提供了一个便利类。只需要调用以下方法：

```
int random = ThreadLocalRandom.current().nextInt(upperBound);
```

ThreadLocalRandom.current() 调用会返回特定于当前线程的一个随机数生成器实例。

线程局部变量有时用于向协作完成某个任务的所有方法提供对象，而不必在调用者之间传递这个对象。例如，假设你想共享一个数据库连接。声明以下变量：

```
public static final ThreadLocal<Connection> connection =
   ThreadLocal.withInitial(() -> null);
```

任务开始时，为这个线程初始化这个连接：

```
connection.set(connect(url, username, password));
```

任务调用某些方法，所有方法都在同一个线程中，最终其中一个方法需要这个连接：

```
var result = connection.get().executeQuery(query);
```

需要说明，同一个调用可以出现在多个线程中。每个线程会得到它自己的连接对象。

> **警告：** 在前面的例子中，至关重要的一点是：只有一个任务使用线程。如果使用一个线程池执行任务，你可能不希望向共享相同线程的其他任务提供你的数据库连接。

API java.lang.ThreadLocal<T> 1.2

- T get()

  得到这个线程的当前值。如果是首次调用 get，会调用 initialize 来得到这个值。

- void set(T t)

  为这个线程设置一个新值。

- void remove()

  删除对应这个线程的值。

- static <S> ThreadLocal<S> withInitial(Supplier<? extends S> supplier) **8**

  创建一个线程局部变量，其初始值通过调用给定的提供者（supplier）生成。

API java.util.concurrent.ThreadLocalRandom 7

- static ThreadLocalRandom current()

  返回特定于当前线程的 Random 类的一个实例。

12.5　线程安全的集合

如果多个线程要并发地修改一个数据结构，例如散列表，那么很容易破坏这个数据结构（有关散列表的详细信息见第 9 章）。例如，一个线程可能开始向表中插入一个新元素。假设在调整散列表各个桶之间的链接关系的过程中，这个线程的控制权被抢占。如果另一个线程开始遍历同一个散列表，可能会使用无效的链接并造成混乱，有可能抛出异常或者陷入无限循环。

可以通过提供锁来保护共享的数据结构，但是通常更容易的做法是选择线程安全的实现。在下面各小节中，将讨论 Java 类库提供的另外一些线程安全的集合。

12.5.1 阻塞队列

很多线程问题可以使用一个或多个队列以优雅而安全的方式来解决。生产者线程向队列插入元素，消费者线程则获取元素。使用队列，可以安全地从一个线程向另一个线程传递数据。例如，考虑银行转账程序，转账线程可以将转账指令对象插入一个队列，而不是直接访问银行对象。另一个线程从队列中取出指令并完成转账。只有这个线程可以访问银行对象的内部。因此不需要同步。（当然，线程安全的队列类的实现者必须考虑锁和条件，但那是他们的问题，而不是你要考虑的问题。）

当试图向队列添加元素而队列已满，或是想从队列移出元素而队列为空的时候，阻塞队列（blocking queue）将导致线程阻塞。在协调多个线程的工作时，阻塞队列是一个有用的工具。工作线程可以周期性地将中间结果存储在阻塞队列中。其他工作线程移除中间结果，并进一步修改。队列会自动地平衡负载。如果第一组线程运行得比第二组慢，第二组在等待结果时会阻塞。如果第一组线程运行得更快，队列会填满，直到第二组赶上来。表 12-1 给出了阻塞队列的方法。

表 12-1 阻塞队列方法

方 法	正常动作	特殊情况下的动作
add	添加一个元素	如果队列满，则抛出 IllegalStateException 异常
element	返回队头元素	如果队列空，则抛出 NoSuchElementException 异常
offer	添加一个元素并返回 true	如果队列满，则返回 false
peek	返回队头元素	如果队列空，则返回 null
poll	移除并返回队头元素	如果队列空，则返回 null
put	添加一个元素	如果队列满，则阻塞
remove	移除并返回队头元素	如果队列空，则抛出 NoSuchElementException 异常
take	移除并返回队头元素	如果队列空，则阻塞

阻塞队列方法分为以下 3 类，它们的区别在于当队列满或空时它们完成的动作。如果使用队列作为线程管理工具，要用到 put 和 take 方法。试图向满队列添加元素或者想从空队列得到队头元素时，add、remove 和 element 操作会抛出异常。当然，在一个多线程程序中，队列可能会在任何时候变空或变满，因此，你可能更想使用 offer、poll 和 peek 方法。如果不能完成任务，这些方法只是返回一个错误提示而不会抛出异常。

注释：poll 和 peek 方法返回 null 来指示失败。因此，向这些队列中插入 null 值是非法的。

还有带有超时时间的 offer 方法和 poll 方法。例如，下面的调用：

```
boolean success = q.offer(x, 100, TimeUnit.MILLISECONDS);
```

尝试在100毫秒时间内在队尾插入一个元素。如果成功返回 true；否则，如果超时，则返回 false。类似地，下面的调用：

```
Object head = q.poll(100, TimeUnit.MILLISECONDS);
```

尝试在100毫秒时间内移除队头元素；如果成功返回队头元素，否则，如果超时，则返回 null。

如果队列满，则 put 方法阻塞；如果队列空，则 take 方法阻塞。它们与不带超时参数的 offer 和 poll 方法等效。

java.util.concurrent 包提供了阻塞队列的几个变体。默认情况下，LinkedBlockingQueue 的容量没有上界，但是，也可以选择指定一个最大容量。LinkedBlockingDeque 是一个双端队列。ArrayBlockingQueue 在构造时需要指定容量，另外可以有一个可选的参数来指定是否需要公平性。若指定了公平性，那么等待了最长时间的线程会优先得到处理。与以往一样，公平性会降低性能，应当在确实非常需要时才使用公平性参数。

PriorityBlockingQueue 是一个优先队列，而不是先进先出队列。元素按照它们的优先级顺序移除。这个队列没有容量上限，但是，如果队列是空的，获取元素的操作会阻塞。（有关优先队列的详细内容参见第9章。）

DelayQueue 包含实现了 Delayed 接口的对象：

```
interface Delayed extends Comparable<Delayed>
{
   long getDelay(TimeUnit unit);
}
```

getDelay 方法返回对象的剩余延迟。负值表示延迟已经结束。元素只有在延迟结束的情况下才能从 DelayQueue 移除。还需要实现 compareTo 方法。DelayQueue 使用这个方法对元素排序。

Java 7 增加了一个 TransferQueue 接口，允许生产者线程等待，直到消费者准备就绪可以接收元素。如果生产者调用

```
q.transfer(item);
```

这个调用会阻塞，直到另一个线程将元素删除。LinkedTransferQueue 类实现了这个接口。

程序清单12-6中的程序展示了如何使用阻塞队列来控制一组线程。程序在一个目录及其所有子目录下搜索所有文件，打印出包含指定关键字的行。

程序清单12-6 blockingQueue/BlockingQueueTest.java

```
1 package blockingQueue;
2 
3 import java.io.*;
4 import java.nio.charset.*;
5 import java.nio.file.*;
6 import java.util.*;
7 import java.util.concurrent.*;
8 import java.util.stream.*;
```

```
9
10 /**
11  * @version 1.03 2018-03-17
12  * @author Cay Horstmann
13  */
14 public class BlockingQueueTest
15 {
16    private static final int FILE_QUEUE_SIZE = 10;
17    private static final int SEARCH_THREADS = 100;
18    private static final Path DUMMY = Path.of("");
19    private static BlockingQueue<Path> queue = new ArrayBlockingQueue<>(FILE_QUEUE_SIZE);
20
21    public static void main(String[] args)
22    {
23       try (var in = new Scanner(System.in))
24       {
25          System.out.print("Enter base directory (e.g. /opt/jdk-11-src): ");
26          String directory = in.nextLine();
27          System.out.print("Enter keyword (e.g. volatile): ");
28          String keyword = in.nextLine();
29
30          Runnable enumerator = () ->
31             {
32                try
33                {
34                   enumerate(Path.of(directory));
35                   queue.put(DUMMY);
36                }
37                catch (IOException e)
38                {
39                   e.printStackTrace();
40                }
41                catch (InterruptedException e)
42                {
43                }
44             };
45
46          new Thread(enumerator).start();
47          for (int i = 1; i <= SEARCH_THREADS; i++)
48          {
49             Runnable searcher = () ->
50                {
51                   try
52                   {
53                      boolean done = false;
54                      while (!done)
55                      {
56                         Path file = queue.take();
57                         if (file == DUMMY)
58                         {
59                            queue.put(file);
60                            done = true;
61                         }
62                         else search(file, keyword);
```

```
63                      }
64                   }
65                   catch (IOException e)
66                   {
67                      e.printStackTrace();
68                   }
69                   catch (InterruptedException e)
70                   {
71                   }
72                };
73             new Thread(searcher).start();
74          }
75       }
76    }
77 
78    /**
79     * Recursively enumerates all files in a given directory and its subdirectories.
80     * See Chapters 1 and 2 of Volume II for the stream and file operations.
81     * @param directory the directory in which to start
82     */
83    public static void enumerate(Path directory) throws IOException, InterruptedException
84    {
85       try (Stream<Path> children = Files.list(directory))
86       {
87          for (Path child : children.toList())
88          {
89             if (Files.isDirectory(child))
90                enumerate(child);
91             else
92                queue.put(child);
93          }
94       }
95    }
96 
97    /**
98     * Searches a file for a given keyword and prints all matching lines.
99     * @param file the file to search
100    * @param keyword the keyword to search for
101    */
102   public static void search(Path file, String keyword) throws IOException
103   {
104      try (var in = new Scanner(file, StandardCharsets.UTF_8))
105      {
106         int lineNumber = 0;
107         while (in.hasNextLine())
108         {
109            lineNumber++;
110            String line = in.nextLine();
111            if (line.contains(keyword))
112               System.out.printf("%s:%d:%s%n", file, lineNumber, line);
113         }
114      }
115   }
116 }
```

生产者线程枚举所有子目录下的所有文件并把它们放到一个阻塞队列中。这个操作很快，如果队列没有上限的话，很快就会包含文件系统中的所有文件。

我们同时启动了大量搜索线程。每个搜索线程从队列中取出一个文件，打开它，打印包含指定关键字的所有行，然后取出下一个文件。我们使用了一个小技巧，从而在没有更多工作时终止这个应用。为了发出完成信号，枚举线程会在队列中放置一个虚拟对象（这就像在行李传送带上放一个标着“ last bag”的虚拟行李箱）。当搜索线程取到这个虚拟对象时，将其放回并终止。

注意，这里不需要显式的线程同步。在这个应用中，我们使用了队列数据结构作为一种同步机制。

API java.util.concurrent.ArrayBlockingQueue<E> 5

- `ArrayBlockingQueue(int capacity)`
- `ArrayBlockingQueue(int capacity, boolean fair)`

  用指定的容量和公平性设置构造一个阻塞队列。队列实现为一个循环数组。

API java.util.concurrent.LinkedBlockingQueue<E> 5
java.util.concurrent.LinkedBlockingDeque<E> 6

- `LinkedBlockingQueue()`
- `LinkedBlockingDeque()`

  构造一个无上限的阻塞队列或双向队列，实现为一个链表。
- `LinkedBlockingQueue(int capacity)`
- `LinkedBlockingDeque(int capacity)`

  根据指定容量构建一个有上限的阻塞队列或双向队列，实现为一个链表。

API java.util.concurrent.DelayQueue<E extends Delayed> 5

- `DelayQueue()`

  构造一个包含 Delayed 元素的无上限阻塞队列。只有那些延迟结束的元素可以从队列中移除。

API *java.util.concurrent.Delayed* 5

- `long getDelay(TimeUnit unit)`

  得到该对象的延迟，用给定的时间单位度量。

API java.util.concurrent.PriorityBlockingQueue<E> 5

- `PriorityBlockingQueue()`
- `PriorityBlockingQueue(int initialCapacity)`
- `PriorityBlockingQueue(int initialCapacity, Comparator<? super E> comparator)`

  构造一个无上限阻塞优先队列，实现为一个堆。优先队列的默认初始容量为 11。如果没有指定比较器，则元素必须实现 Comparable 接口。

API java.util.concurrent.BlockingQueue<E> 5

- void put(E element)

  添加元素，在必要时阻塞。

- E take()

  移除并返回队头元素，必要时阻塞。

- boolean offer(E element, long time, TimeUnit unit)

  添加给定的元素，如果成功返回 true，必要时阻塞，直至元素已经添加或者时间已到。

- E poll(long time, TimeUnit unit)

  移除并返回队头元素，必要时阻塞，直至元素可用或时间已到。失败时返回 null。

API java.util.concurrent.BlockingDeque<E> 6

- void putFirst(E element)
- void putLast(E element)

  添加元素，必要时阻塞。

- E takeFirst()
- E takeLast()

  移除并返回队头或队尾元素，必要时阻塞。

- boolean offerFirst(E element, long time, TimeUnit unit)
- boolean offerLast(E element, long time, TimeUnit unit)

  添加给定的元素，成功时返回 true，必要时阻塞，直至元素已经添加或时间已到。

- E pollFirst(long time, TimeUnit unit)
- E pollLast(long time, TimeUnit unit)

  移除并返回队头或队尾元素，必要时阻塞，直至元素可用或时间已到。失败时返回 null。

API java.util.concurrent.TransferQueue<E> 7

- void transfer(E element)
- boolean tryTransfer(E element, long time, TimeUnit unit)

  传输一个值，或者尝试在给定的超时时间内传输这个值，这个调用将阻塞，直到另一个线程将元素删除。第二个方法会在调用成功时返回 true。

12.5.2 高效的映射、集和队列

java.util.concurrent 包提供了映射、有序集和队列的高效实现：ConcurrentHashMap、ConcurrentSkipListMap、ConcurrentSkipListSet 和 ConcurrentLinkedQueue。

这些集合使用复杂的算法，通过允许并发地访问数据结构的不同部分尽可能减少竞争。

与大多数集合不同，这些类的 size 方法不一定在常量时间内完成操作。确定这些集合的当前大小通常需要遍历。

> **注释：** 有些应用使用庞大的并发散列映射，这些映射太过庞大，以至于无法用 size 方法得到它的大小，因为这个方法只能返回 int。如果一个映射包含超过20亿个条目，该如何处理？ mappingCount 方法可以把大小作为 long 返回。

集合返回弱一致性（weakly consistent）的迭代器。这意味着迭代器不一定能反映出它们构造之后所做的全部更改，但是，它们不会将同一个值返回两次，也不会抛出 ConcurrentModificationException 异常。

> **注释：** 与之形成对照的是，对于 java.util 包中的集合，如果集合在迭代器构造之后发生改变，集合的迭代器将抛出一个 ConcurrentModificationException 异常。

并发散列映射可以高效地支持大量阅读器线程和有限的书写器线程。

> **注释：** 散列映射将有相同散列码的所有条目放在同一个“桶”中。有些应用使用的散列函数不太好，以至于所有条目最后都放在很少的桶中，这会使性能严重恶化。即使是通常还算合理的散列函数，如 String 类的散列函数，也可能存在问题。例如，攻击者可以制造大量能得出相同散列值的字符串，让程序速度减慢。在较新的 Java 版本中，并发散列映射将桶组织为树，而不是列表，键类型实现 Comparable，从而可以保证 $O(\log(n))$ 的性能。

API java.util.concurrent.ConcurrentLinkedQueue<E> 5

- ConcurrentLinkedQueue<E>()

  构造一个可以由多个线程安全访问的无上限非阻塞的队列。

API java.util.concurrent.ConcurrentSkipListSet<E> 6

- ConcurrentSkipListSet<E>()
- ConcurrentSkipListSet<E>(Comparator<? super E> comp)

  构造一个可以由多个线程安全访问的有序集。第一个构造器要求元素实现 Comparable 接口。

API java.util.concurrent.ConcurrentHashMap<K, V> 5
java.util.concurrent.ConcurrentSkipListMap<K, V> 6

- ConcurrentHashMap<K, V>()
- ConcurrentHashMap<K, V>(int initialCapacity)
- ConcurrentHashMap<K, V>(int initialCapacity, float loadFactor, int concurrencyLevel)

  构造一个可以由多个线程安全访问的散列映射。默认的初始容量为 16。如果每个桶的平均负载超过装填因子，表的大小会重新调整。装填因子默认值为 0.75。并发级别是估计的并发书写器线程数。

- ConcurrentSkipListMap<K, V>()
- ConcurrentSkipListSet<K, V>(Comparator<? super K> comp)

  构造一个可以由多个线程安全访问的有序映射。第一个构造器要求键实现 Comparable 接口。

12.5.3 映射条目的原子更新

ConcurrentHashMap 原来的版本只有为数不多的方法可以实现原子更新，这使得编程有些麻烦。假设我们希望统计观察到某些特性的频度。作为一个简单的例子，假设多个线程会遇到单词，我们想统计它们的频率。

可以使用 ConcurrentHashMap<String, Long> 吗？考虑让计数自增的代码。显然，下面的代码不是线程安全的：

```
Long oldValue = map.get(word);
Long newValue = oldValue == null ? 1 : oldValue + 1;
map.put(word, newValue); // ERROR--might not replace oldValue
```

可能会有另一个线程在同时更新同一个计数。

> **注释：** 有些程序员很奇怪为什么原本线程安全的数据结构会允许非线程安全的操作。有两种完全不同的情况。如果多个线程修改一个普通的 HashMap，它们可能会破坏内部结构（一个链表数组）。有些链接可能丢失，或者甚至会构成环，使得这个数据结构不再可用。对于 ConcurrentHashMap 绝对不会发生这种情况。在上面的例子中，get 和 put 代码永远不会破坏数据结构。不过，由于操作序列不是原子的，所以结果不可预知。

在老版本的 Java 中，必须使用 replace 操作，它会以原子方式用一个新值替换原值，前提是之前没有其他线程把原值替换为其他值。必须一直这么做，直到替换成功：

```
do
{
   oldValue = map.get(word);
   newValue = oldValue == null ? 1 : oldValue + 1;
}
while (!map.replace(word, oldValue, newValue));
```

或者，可以使用一个 ConcurrentHashMap<String, AtomicLong>，以及以下更新代码：

```
map.putIfAbsent(word, new AtomicLong());
map.get(word).incrementAndGet();
```

很遗憾，这会为每个自增构造一个新的 AtomicLong，而不管是否需要。

如今，Java API 提供了一些新方法，可以更方便地完成原子更新。调用 compute 方法时可以提供一个键和一个计算新值的函数。这个函数接收键和相关联的值（如果没有值，则为 null），它会计算新值。例如，可以如下更新一个整数计数器映射：

```
map.compute(word, (k, v) -> v == null ? 1 : v + 1);
```

> **注释：** ConcurrentHashMap 中不允许有 null 值。很多方法都使用 null 值来指示映射中某个给定的键不存在。

另外还有 computeIfPresent 和 computeIfAbsent 方法，它们分别只在已经有原值的情况下计算新值，或者只在没有原值的情况下计算新值。可以如下更新一个 LongAdder 计数器映射：

```
map.computeIfAbsent(word, k -> new LongAdder()).increment();
```

这与之前看到的 putIfAbsent 调用几乎是一样的，不过 LongAdder 构造器只在确实需要一个新的计数器时才会调用。

首次增加一个键时通常需要做些特殊的处理。利用 merge 方法可以非常方便地做到这一点。这个方法有一个参数表示键不存在时使用的初始值。否则，就会调用你提供的函数来结合原值与初始值。（与 compute 不同，这个函数不处理键。）

```
map.merge(word, 1L, (existingValue, newValue) -> existingValue + newValue);
```

或者，可以简单地写为：

```
map.merge(word, 1L, Long::sum);
```

再不能比这更简洁了。

> **注释：** 如果传入 compute 或 merge 的函数返回 null，将从映射中删除现有的条目。

> **警告：** 使用 compute 或 merge 时，要记住你提供的函数不能做太多工作。这个函数运行时，可能会阻塞对映射的其他更新。当然，这个函数也不能更新映射的其他部分。

程序清单 12-7 中的程序使用了一个并发散列映射来统计一个目录树的 Java 文件中的所有单词。

程序清单 12-7 concurrentHashMap/CHMDemo.java

```
1 package concurrentHashMap;
2
3 import java.io.*;
4 import java.nio.file.*;
5 import java.util.*;
6 import java.util.concurrent.*;
7 import java.util.stream.*;
8
9 /**
10  * This program demonstrates concurrent hash maps.
11  * @version 1.0 2018-01-04
12  * @author Cay Horstmann
13  */
14 public class CHMDemo
15 {
16    public static ConcurrentHashMap<String, Long> map = new ConcurrentHashMap<>();
17
```

```
18     /**
19      * Adds all words in the given file to the concurrent hash map.
20      * @param file a file
21      */
22     public static void process(Path file)
23     {
24        try (var in = new Scanner(file))
25        {
26           while (in.hasNext())
27           {
28              String word = in.next();
29              map.merge(word, 1L, Long::sum);
30           }
31        }
32        catch (IOException e)
33        {
34           e.printStackTrace();
35        }
36     }
37
38     /**
39      * Returns all descendants of a given directory--see Chapters 1 and 2 of Volume II
40      * @param rootDir the root directory
41      * @return a set of all descendants of the root directory
42      */
43     public static Set<Path> descendants(Path rootDir) throws IOException
44     {
45        try (Stream<Path> entries = Files.walk(rootDir))
46        {
47           return entries.collect(Collectors.toSet());
48        }
49     }
50
51     public static void main(String[] args)
52           throws InterruptedException, ExecutionException, IOException
53     {
54        int processors = Runtime.getRuntime().availableProcessors();
55        ExecutorService executor = Executors.newFixedThreadPool(processors);
56        Path pathToRoot = Path.of(".");
57        for (Path p : descendants(pathToRoot))
58        {
59           if (p.getFileName().toString().endsWith(".java"))
60              executor.execute(() -> process(p));
61        }
62        executor.shutdown();
63        executor.awaitTermination(10, TimeUnit.MINUTES);
64        map.forEach((k, v) ->
65           {
66              if (v >= 10)
67                 System.out.println(k + " occurs " + v + " times");
68           });
69     }
70  }
```

12.5.4 并发散列映射的批操作

Java API 为并发散列映射提供了批操作，即使有其他线程在处理映射，这些操作也能安全地执行。批操作会遍历映射，处理遍历过程中找到的元素。这里不会冻结映射的当前快照。除非你恰好知道批操作运行时映射不会被修改，否则就要把结果看作映射状态的一个近似。

有 3 种不同的操作：

- search（搜索）为每个键和 / 或值应用一个函数，直到函数生成一个非 null 的结果。然后搜索终止，返回这个函数的结果。
- reduce（归约）组合所有键和 / 或值，这里要使用所提供的一个累加函数。
- forEach 为所有键和 / 或值应用一个函数。

每个操作都有 4 个版本：

- *operation*Keys：处理键。
- *operation*Values：处理值。
- *operation*：处理键和值。
- *operation*Entries：处理 Map.Entry 对象。

对于上述各个操作，需要指定一个参数化阈值（parallelism threshold）。如果映射包含的元素多于这个阈值，就会并行完成批操作。如果希望批操作在一个线程中运行，可以使用阈值 Long.MAX_VALUE。如果希望用尽可能多的线程运行批操作，可以使用阈值 1。

下面先来看 search 方法。有以下版本：

```
U searchKeys(long threshold, Function<? super K, ? extends U> f)
U searchValues(long threshold, Function<? super V, ? extends U> f)
U search(long threshold, BiFunction<? super K, ? super V,? extends U> f)
U searchEntries(long threshold, Function<Map.Entry<K, V>, ? extends U> f)
```

例如，假设我们希望找出第一个出现次数超过 1000 次的单词。需要搜索键和值：

```
String result = map.search(threshold, (k, v) -> v > 1000 ? k : null);
```

result 会设置为第一个匹配的单词，或者如果搜索函数对所有输入都返回 null，则返回 null。

forEach 方法有两种形式。第一种形式只对各个映射条目应用一个消费者函数，例如：

```
map.forEach(threshold,
   (k, v) -> System.out.println(k + " -> " + v));
```

第二种形式还接受一个额外的转换器（transformer）函数作为参数，要先应用这个函数，其结果会传递到消费者：

```
map.forEach(threshold,
   (k, v) -> k + " -> " + v, // transformer
   System.out::println); // consumer
```

转换器可以用作一个过滤器。只要转换器返回 null，这个值就会被悄无声息地跳过。例如，下面只打印值很大的条目：

```
map.forEach(threshold,
   (k, v) -> v > 1000 ? k + " -> " + v : null, // filter and transformer
   System.out::println); // the nulls are not passed to the consumer
```

reduce操作用一个累加函数组合其输入。例如，可以如下计算所有值的总和：

```
Long sum = map.reduceValues(threshold, Long::sum);
```

与forEach类似，也可以提供一个转换器函数。可以如下计算最长的键的长度：

```
Integer maxlength = map.reduceKeys(threshold,
   String::length, // transformer
   Integer::max); // accumulator
```

转换器可以作为一个过滤器，通过返回null来排除不想要的输入。在这里，我们要统计多少个条目的值 > 1000：

```
Long count = map.reduceValues(threshold,
   v -> v > 1000 ? 1L : null,
   Long::sum);
```

注释： 如果映射为空，或者所有条目都被过滤掉，reduce操作会返回null。如果只有一个元素，则返回其转换结果，不会应用累加器。

对于int、long和double输出还有相应的特殊化操作，分别有后缀ToInt、ToLong和ToDouble。需要把输入转换为一个基本类型值，并指定一个默认值和一个累加器函数。映射为空时返回默认值。

```
long sum = map.reduceValuesToLong(threshold,
   Long::longValue, // transformer to primitive type
   0, // default value for empty map
   Long::sum); // primitive type accumulator
```

警告： 这些特殊化版本与对象版本的操作有所不同，对象版本的操作中只考虑一个元素。这里不是返回转换得到的元素，而是要与默认值累加。因此，默认值必须是累加器的零元素。

12.5.5 并发集视图

假设你想要的是一个很大的线程安全的集而不是映射。并没有ConcurrentHashSet类，而且你肯定不想自己创建这样一个类。当然，可以使用包含“假”值的ConcurrentHashMap，不过这会得到一个映射而不是集，而且不能应用Set接口的操作。

静态newKeySet方法会生成一个Set<K>，这实际上是ConcurrentHashMap<K, Boolean>的一个包装器。（所有映射值都为Boolean.TRUE，不过因为只是要把它用作一个集，所以并不关心映射值。）

```
Set<String> words = ConcurrentHashMap.<String>newKeySet();
```

当然，如果原来有一个映射，keySet方法可以生成这个映射的键集。这个集是可更改的。如果删除这个集的元素，键（以及相应的值）也会从映射中删除。不过，向键集增加元素没有意义，因为没有相应的值可以增加。ConcurrentHashMap还有第二个keySet方法，它包含一个默认值，为集增加元素时可以使用这个方法：

```
Set<String> words = map.keySet(1L);
words.add("Java");
```

如果 "Java" 在 words 中不存在，现在它会有一个值 1。

12.5.6 写时拷贝数组

CopyOnWriteArrayList 和 CopyOnWriteArraySet 是线程安全的集合，其中所有更改器会建立底层数组的一个副本。如果迭代访问集合的线程数超过更改集合的线程数，这样的安排会很有用。构造一个迭代器时，它包含当前数组的一个引用。如果这个数组后来被更改了，迭代器仍然引用原来的数组，但是，集合的数组已经替换。因而，原来的迭代器可以访问一致的（但可能过时的）视图，而不存在任何同步开销。

12.5.7 并行数组算法

Arrays 类提供了大量并行化操作。静态 Arrays.parallelSort 方法可以对一个基本类型值或对象的数组排序。例如，

```
var contents = new String(Files.readAllBytes(
   Path.of("alice.txt")), StandardCharsets.UTF_8); // read file into string
String[] words = contents.split("[\\P{L}]+"); // split along nonletters
Arrays.parallelSort(words);
```

对对象排序时，可以提供一个 Comparator。

```
Arrays.parallelSort(words, Comparator.comparing(String::length));
```

对于所有方法都可以提供一个范围的边界，如：

```
Arrays.parallelSort(words, words.length / 2, words.length); // sort the upper half
```

> **注释：** 乍一看，这些方法名中的 parallel 可能有些奇怪，因为用户不用关心排序具体怎样完成。不过，API 设计者希望清楚地指出这里的排序是并行化的。这样一来，用户就会注意避免使用有副作用的比较器。

parallelSetAll 方法会用由一个函数计算得到的值填充一个数组。这个函数接收元素索引，然后计算相应位置上的值。

```
Arrays.parallelSetAll(values, i -> i % 10);
   // fills values with 0 1 2 3 4 5 6 7 8 9 0 1 2 . . .
```

显然，并行化对这个操作很有好处。这个操作对于所有基本类型数组和对象数组都有相应的版本。

最后还有一个 parallelPrefix 方法，它会用一个给定结合操作的前缀累加结果替换各个数组元素。这是什么意思？这里给出一个例子。考虑数组 [1, 2, 3, 4, . . .] 和 × 操作。执行 Arrays.parallelPrefix(values, (x, y) -> x * y) 之后，数组将包含：

```
[1, 1 × 2, 1 × 2 × 3, 1 × 2 × 3 × 4, . . .]
```

看起来可能很奇怪，不过这个计算确实可以并行化。首先，结合相邻元素，如下所示：

```
[1, 1 × 2, 3, 3 × 4, 5, 5 × 6, 7, 7 × 8]
```

灰值保持不变。显然，可以在不同的数组区中并行完成这个计算。下一步中，更新所指示的元素，将它们与下面一个或两个位置上的元素相乘：

```
[1, 1 × 2, 1 × 2 × 3, 1 × 2 × 3 × 4, 5, 5 × 6, 5 × 6 × 7, 5 × 6 × 7 × 8]
```

这同样可以并行完成。$\log(n)$ 步之后，这个过程结束。如果有足够多的处理器，这会远远胜过直接的线性计算。这个算法在特殊用途的硬件上很常用，使用这些硬件的用户很有创造力，会相应地调整算法来解决各种不同的问题。

12.5.8　较早的线程安全集合

从 Java 的初始版本开始，Vector 和 Hashtable 类就提供了动态数组和散列表的线程安全的实现。现在这些类被认为已经过时，而被 ArrayList 和 HashMap 类所取代。不过，那些类不是线程安全的，实际上，集合库中提供了一种不同的机制。任何集合类都可以通过使用同步包装器（synchronization wrapper）变成线程安全的：

```
List<E> synchArrayList = Collections.synchronizedList(new ArrayList<E>());
Map<K, V> synchHashMap = Collections.synchronizedMap(new HashMap<K, V>());
```

所得到的集合的方法会用一个锁加以保护，可以提供线程安全的访问。

应该确保没有任何线程通过原始的非同步方法访问数据结构。要确保这一点，最容易的方法是不要保存原始对象的任何引用，就像我们的例子中所做的那样，可以简单地构造一个集合并立即传递给包装器。

如果希望迭代访问一个集合，同时另一个线程仍有机会更改这个集合，那么还需要使用“客户端”锁定：

```
synchronized (synchHashMap)
{
   Iterator<K> iter = synchHashMap.keySet().iterator();
   while (iter.hasNext()) . . .;
}
```

如果使用“for each”循环，就必须使用同样的代码，因为循环使用了一个迭代器。注意：在迭代过程中，如果另一个线程更改了集合，迭代器会失效，抛出 ConcurrentModificationException 异常。同步仍然是需要的，这样才能可靠地检测到并发修改。

通常最好使用 java.util.concurrent 包中定义的集合，而不是同步包装器。特别是，ConcurrentHashMap 经过了精心实现，假如多个线程访问的是不同的桶，那么它们都能访问 ConcurrentHashMap 而不会相互阻塞。经常更改的数组列表是一个例外。在这种情况下，同步的 ArrayList 要胜过 CopyOnWriteArrayList。

API java.util.Collections 1.2

- static <E> Collection<E> synchronizedCollection(Collection<E> c)

- static <E> List synchronizedList(List<E> c)
- static <E> Set synchronizedSet(Set<E> c)
- static <E> SortedSet synchronizedSortedSet(SortedSet<E> c)
- static <K, V> Map<K, V> synchronizedMap(Map<K, V> c)
- static <K, V> SortedMap<K, V> synchronizedSortedMap(SortedMap<K, V> c)

  构造集合的一个视图，其方法是同步的。

12.6 任务和线程池

构造一个新的线程开销有些大，因为这涉及与操作系统的交互。如果你的程序中创建了大量的生命期很短的线程，那么不应该把每个任务映射到一个单独的线程，而应该使用线程池（thread pool）。线程池中包含许多准备运行的线程。为线程池提供一个 Runnable，其中会有一个线程调用 run 方法。当 run 方法退出时，这个线程不会死亡，而是留在池中准备为下一个请求提供服务。

在后面几节中，你将了解 Java 并发框架为协调并发任务提供的一些工具。

12.6.1 Callable 与 Future

Runnable 封装了一个异步运行的任务，可以把它想象成一个没有参数和返回值的异步方法。Callable 与 Runnable 类似，但是有返回值。Callable 接口是一个参数化类型，只有一个方法 call。

```
public interface Callable<V>
{
   V call() throws Exception;
}
```

类型参数是返回值的类型。例如，Callable<Integer> 表示一个最终返回 Integer 对象的异步计算。

Future 保存异步计算的结果。可以启动一个计算，将 Future 对象交给某个方法，然后忘掉它。那个计算得出结果时，Future 对象的所有者就会得到这个结果。

Future<V> 接口有下面的方法：

```
V get()
V get(long timeout, TimeUnit unit)
void cancel(boolean mayInterrupt)
boolean isCancelled()
boolean isDone()
```

第一个 get 方法的调用会阻塞，直到计算完成。第二个 get 方法也会阻塞，不过在计算完成之前如果调用超时，会抛出一个 TimeoutException 异常。如果运行该计算的线程被中断，这两个方法都将抛出 InterruptedException。如果计算已经完成，get 方法立即返回。

如果计算还在进行，isDone 方法返回 false；如果已经完成，则返回 true。

可以用 cancel 方法取消计算。如果计算还没有开始，它会被取消而且永远不会开始。如果计算正在进行，当 mayInterrupt 参数为 true 时，计算会被中断。

> **警告**：取消一个任务涉及两个步骤。必须找到并中断底层线程。另外任务实现（在 call 方法中）必须感知到中断，并放弃它的工作。如果一个 Future 对象不知道任务在哪个线程中执行，或者如果任务没有监视执行该任务的线程的中断状态，那么取消任务没有任何效果。

执行 Callable 的一种方法是使用 FutureTask，它实现了 Future 和 Runnable 接口，所以可以构造一个线程来运行这个任务：

```
Callable<Integer> task = . . .;
var futureTask = new FutureTask<Integer>(task);
var t = new Thread(futureTask); // it's a Runnable
t.start();
. . .
Integer result = futureTask.get(); // it's a Future
```

更常见的情况是，可以将一个 Callable 传递到一个执行器。这个主题将在 12.6.2 节介绍。

API java.util.concurrent.Callable<V> 5

- V call()

  运行一个任务，它将生成一个结果。

API java.util.concurrent.Future<V> 5

- V get()
- V get(long time, TimeUnit unit)

  获取结果，这个方法会阻塞，直到结果可用或者超过了指定的时间。如果不成功，第二个方法会抛出 TimeoutException 异常。
- boolean cancel(boolean mayInterrupt)

  尝试取消这个任务的运行。如果任务已经开始，并且 mayInterrupt 参数值为 true，它就会被中断。如果成功执行了取消操作，则返回 true。
- boolean isCancelled()

  如果任务在完成前被取消，则返回 true。
- boolean isDone()

  如果任务结束，无论是正常完成、中途取消，还是发生异常，都返回 true。

API java.util.concurrent.FutureTask<V> 5

- FutureTask(Callable<V> task)
- FutureTask(Runnable task, V result)

  构造一个既是 Future<V> 又是 Runnable 的对象。

12.6.2　执行器

执行器（Executors）类有许多用来构造线程池的静态工厂方法，表 12-2 中对这些方法进行了汇总。

表 12-2　执行者工厂方法

方　法	描　述
newCachedThreadPool	必要时创建新线程；空闲线程会保留 60 秒
newFixedThreadPool	池中包含固定数目的线程；空闲线程会一直保留
newWorkStealingPool	一种适合“fork-join”任务（参见 12.6.4 节）的线程池，其中复杂的任务会分解为更简单的任务，空闲线程会“密取”较简单的任务
newSingleThreadExecutor	只有一个线程的“池”，会顺序地执行所提交的任务
newScheduledThreadPool	用于调度执行的固定线程池
newSingleThreadScheduledExecutor	用于调度执行的单线程“池”

newCachedThreadPool 方法构造一个线程池，会立即执行各个任务，如果有空闲线程可用，就使用现有空闲线程执行任务；否则如果没有可用的空闲线程，则创建一个新线程。newFixedThreadPool 方法构造一个有固定大小的线程池。如果提交的任务数多于空闲线程数，就把未得到服务的任务放到队列中。当其他任务完成以后再运行这些排队的任务。newSingleThreadExecutor 是一个退化的大小为 1 的线程池：由一个线程顺序地执行所提交的任务（一个接着一个执行）。这 3 个方法返回一个实现了 ExecutorService 接口的 ThreadPoolExecutor 类的对象。

如果线程生存期很短，或者大量时间都在阻塞，那么可以使用一个缓存线程池。不过，如果线程在努力工作而并不阻塞，你肯定不希望运行太多线程。

为了得到最优的运行速度，并发线程数等于处理器内核数。在这种情况下，就应当使用固定线程池，即并发线程总数有一个上限。

单线程执行器对于性能分析很有帮助。如果临时用一个单线程池替换缓存或固定线程池，可以测量不使用并发的情况下应用的运行速度会慢多少。

> **注释：** Java EE 提供了一个 ManagedExecutorService 子类，很适用于 Java EE 环境中的并发任务。类似地，诸如 Play 的 Web 框架也提供了适用于该框架内任务的执行器服务。

可以用下面的方法之一向 ExecutorService 提交一个 Runnable 或 Callable 对象：

- Future<T> submit(Callable<T> task)
- Future<?> submit(Runnable task)
- Future<T> submit(Runnable task, T result)

线程池会在方便的时候尽早执行提交的任务。调用 submit 时，会得到一个 Future 对象，可用来得到结果或者取消任务。

第二个 submit 方法返回一个看起来有些奇怪的 Future<?>。可以使用这样一个对象来调用 isDone、cancel 或 isCancelled。但是，get 方法在完成的时候只是简单地返回 null。

第三个版本的 Submit 也生成一个 Future，它的 get 方法会在完成的时候返回指定的 result 对象。

使用完一个线程池时，调用shutdown。这个方法启动线程池的关闭序列。被关闭的执行器不再接受新的任务。当所有任务都完成时，线程池中的线程死亡。另一种方法是调用shutdownNow。线程池会取消所有尚未开始的任务。

下面总结了使用连接池时所做的工作：

1. 调用Executors类的静态方法newCachedThreadPool或newFixedThreadPool。
2. 调用submit提交Runnable或Callable对象。
3. 保留返回的Future对象，以便得到结果或者取消任务。
4. 不想再提交任何任务时，调用shutdown。

ScheduledExecutorService接口为调度执行或重复执行的任务提供了一些方法。这是对支持线程池的java.util.Timer的泛化。Executors类的newScheduledThreadPool和newSingleThreadScheduledExecutor方法会返回实现了ScheduledExecutorService接口的对象。

可以调度Runnable或Callable在一个初始延迟之后运行一次。也可以调度Runnable定期运行。有关详细内容参见API注释。

API java.util.concurrent.Executors 5

- ExecutorService newCachedThreadPool()

  返回一个缓存线程池，会在必要的时候创建线程，如果线程已经空闲60秒则终止该线程。

- ExecutorService newFixedThreadPool(int threads)

  返回一个线程池，使用给定数目的线程执行任务。

- ExecutorService newSingleThreadExecutor()

  返回一个执行器，它在一个单独的线程中顺序地执行任务。

- ScheduledExecutorService newScheduledThreadPool(int threads)

  返回一个线程池，使用给定数目的线程调度任务。

- ScheduledExecutorService newSingleThreadScheduledExecutor()

  返回一个执行器，在一个单独的线程中调度任务。

API *java.util.concurrent.ExecutorService* 5

- Future<T> submit(Callable<T> task)
- Future<T> submit(Runnable task, T result)
- Future<?> submit(Runnable task)

  提交指定的任务来执行。

- void shutdown()

  关闭服务，完成已经提交的任务但不再接受新提交的任务。

API java.util.concurrent.ThreadPoolExecutor 5

- int getLargestPoolSize()

  返回该执行器生命周期中线程池的最大大小。

API java.util.concurrent.ScheduledExecutorService 5

- ScheduledFuture<V> schedule(Callable<V> task, long time, TimeUnit unit)
- ScheduledFuture<?> schedule(Runnable task, long time, TimeUnit unit)

  调度给定任务在指定的时间之后执行。
- ScheduledFuture<?> scheduleAtFixedRate(Runnable task, long initialDelay, long period, TimeUnit unit)

  调度给定任务在初始延迟之后周期性地运行，周期为 period 个单位。
- ScheduledFuture<?> scheduleWithFixedDelay(Runnable task, long initialDelay, long delay, TimeUnit unit)

  调度给定任务在初始延迟之后周期性地运行，在一次调用完成和下一次调用开始之间有一个延迟，长度为 delay 个单位。

12.6.3 控制任务组

我们已经了解了如何使用一个执行器服务作为线程池来提高任务执行的效率。有时，使用执行器有更策略性的原因：需要控制一组相关的任务。例如，可以使用 shutdownNow 方法取消执行器中的所有任务。

invokeAny 方法提交一个 Callable 对象集合中的所有对象，并返回某个已完成任务的结果。我们不知道返回的究竟是哪个任务的结果，这往往是最快完成的那个任务。对于搜索问题，如果我们愿意接受任何一种答案，就可以使用这个方法。例如，假设需要对一个大整数进行因数分解，这是 RSA 解码时需要完成的一种计算。可以提交很多任务，每个任务尝试对不同范围内的数进行分解。只要其中一个任务得到了答案，计算就可以停止了。

invokeAll 方法提交一个 Callable 对象集合中的所有对象，这个方法会阻塞，直到所有任务都完成，并返回表示所有任务答案的一个 Future 对象列表。得到计算结果后，可以进行处理，如下所示：

```
List<Callable<T>> tasks = . . .;
List<Future<T>> results = executor.invokeAll(tasks);
for (Future<T> result : results)
   processFurther(result.get());
```

在 for 循环中，第一个 result.get() 调用会阻塞，直到第一个结果可用。如果所有任务几乎同时完成，这不会有问题。不过，很有必要按计算出结果的顺序得到这些结果。这可以利用 ExecutorCompletionService 来管理。

首先以通常的方式得到一个执行器。然后构造一个 ExecutorCompletionService。将任务提交到这个完成服务。该服务会管理 Future 对象的一个阻塞队列，其中包含所提交任务的结果（一旦结果可用，就会放入队列）。因此，要完成之前的计算，以下组织更为高效：

```
var service = new ExecutorCompletionService<T>(executor);
for (Callable<T> task : tasks) service.submit(task);
for (int i = 0; i < tasks.size(); i++)
   processFurther(service.take().get());
```

程序清单 12-8 中的程序展示了如何使用 Callable 和执行器。在第一个计算中，我们统计了一个目录树中包含一个给定单词的文件数。为每个文件创建了一个单独的任务：

```
Set<Path> files = descendants(Path.of(start));
var tasks = new ArrayList<Callable<Long>>();
for (Path file : files)
{
   Callable<Long> task = () -> occurrences(word, file);
   tasks.add(task);
}
```

然后把这些任务传递到一个执行器服务：

```
ExecutorService executor = Executors.newCachedThreadPool();
List<Future<Long>> results = executor.invokeAll(tasks);
```

为了得到组合后的统计结果，要将所有结果相加，这个工作会阻塞，直到所有结果都可用：

```
long total = 0;
for (Future<Long> result : results)
   total += result.get();
```

这个程序还会显示搜索过程所花费的时间。将 JDK 源代码解压缩到某个位置，然后运行这个搜索程序。再用一个单线程执行器替换执行器服务，再次尝试运行，看看并发计算是否更快。

在程序的第二部分，要搜索包含指定单词的第一个文件。我们使用 invokeAny 来并行化这个搜索。在这里，更要注意任务的建立。一旦有任务返回，invokeAny 方法就会终止。所以不能让搜索任务返回一个 boolean 来指示成功或失败。我们不希望一个任务失败时就停止搜索。实际上，失败的任务要抛出一个 NoSuchElementException 异常。另外，当一个任务成功时，其他任务就要取消。因此，我们要监视中断状态。如果底层线程被中断，搜索任务在终止之前要打印一个消息，使我们能看到取消操作确实生效。

```
public static Callable<Path> searchForTask(String word, Path path)
{
   return () ->
      {
         try (var in = new Scanner(path))
         {
            while (in.hasNext())
            {
               if (in.next().equals(word)) return path;
               if (Thread.currentThread().isInterrupted())
               {
                  System.out.println("Search in " + path + " canceled.");
                  return null;
               }
            }
            throw new NoSuchElementException();
         }
      };
}
```

为了提供更多信息，这个程序会打印执行期间线程池的最大大小。这个信息无法由 ExecutorService 接口提供。出于这个原因，我们必须把线程池对象强制转换为 ThreadPoolExecutor 类。

> **提示：** 读这个程序时，你会发现执行器服务非常有用。在你自己的程序中，应当使用执行器服务来管理线程而不要单个地启动线程。

程序清单 12-8　executors/ExecutorDemo.java

```
 1 package executors;
 2 
 3 import java.io.*;
 4 import java.nio.file.*;
 5 import java.time.*;
 6 import java.util.*;
 7 import java.util.concurrent.*;
 8 import java.util.stream.*;
 9 
10 /**
11  * This program demonstrates the Callable interface and executors.
12  * @version 1.01 2021-05-30
13  * @author Cay Horstmann
14  */
15 public class ExecutorDemo
16 {
17    /**
18     * Counts occurrences of a given word in a file.
19     * @return the number of times the word occurs in the given word
20     */
21    public static long occurrences(String word, Path path)
22    {
23       try (var in = new Scanner(path))
24       {
25          int count = 0;
26          while (in.hasNext())
27             if (in.next().equals(word)) count++;
28          return count;
29       }
30       catch (IOException ex)
31       {
32          return 0;
33       }
34    }
35 
36    /**
37     * Returns all descendants of a given directory--see Chapters 1 and 2 of Volume II.
38     * @param rootDir the root directory
39     * @return a set of all descendants of the root directory
40     */
41    public static Set<Path> descendants(Path rootDir) throws IOException
42    {
43       try (Stream<Path> entries = Files.walk(rootDir))
44       {
45          return entries.filter(Files::isRegularFile)
```

```
46              .collect(Collectors.toSet());
47        }
48     }
49
50     /**
51      * Yields a task that searches for a word in a file.
52      * @param word the word to search
53      * @param path the file in which to search
54      * @return the search task that yields the path upon success
55      */
56     public static Callable<Path> searchForTask(String word, Path path)
57     {
58        return () ->
59           {
60              try (var in = new Scanner(path))
61              {
62                 while (in.hasNext())
63                 {
64                    if (in.next().equals(word)) return path;
65                    if (Thread.currentThread().isInterrupted())
66                    {
67                       System.out.println("Search in " + path + " canceled.");
68                       return null;
69                    }
70                 }
71                 throw new NoSuchElementException();
72              }
73           };
74     }
75
76     public static void main(String[] args)
77           throws InterruptedException, ExecutionException, IOException
78     {
79        try (var in = new Scanner(System.in))
80        {
81           System.out.print("Enter base directory (e.g. /opt/jdk-9-src): ");
82           String start = in.nextLine();
83           System.out.print("Enter keyword (e.g. volatile): ");
84           String word = in.nextLine();
85
86           Set<Path> files = descendants(Path.of(start));
87           var tasks = new ArrayList<Callable<Long>>();
88           for (Path file : files)
89           {
90              Callable<Long> task = () -> occurrences(word, file);
91              tasks.add(task);
92           }
93           ExecutorService executor = Executors.newCachedThreadPool();
94           // use a single thread executor instead to see if multiple threads
95           // speed up the search
96           // ExecutorService executor = Executors.newSingleThreadExecutor();
97
98           Instant startTime = Instant.now();
99           List<Future<Long>> results = executor.invokeAll(tasks);
```

```
100         long total = 0;
101         for (Future<Long> result : results)
102            total += result.get();
103         Instant endTime = Instant.now();
104         System.out.println("Occurrences of " + word + ": " + total);
105         System.out.println("Time elapsed: "
106            + Duration.between(startTime, endTime).toMillis() + " ms");
107 
108         var searchTasks = new ArrayList<Callable<Path>>();
109         for (Path file : files)
110            searchTasks.add(searchForTask(word, file));
111         Path found = executor.invokeAny(searchTasks);
112         System.out.println(word + " occurs in: " + found);
113 
114         if (executor instanceof ThreadPoolExecutor tpExecutor)
115            // the single thread executor isn't
116            System.out.println("Largest pool size: "
117               + tpExecutor.getLargestPoolSize();
118         executor.shutdown();
119      }
120   }
121 }
```

API java.util.concurrent.ExecutorService 5

- `T invokeAny(Collection<Callable<T>> tasks)`
- `T invokeAny(Collection<Callable<T>> tasks, long timeout, TimeUnit unit)`

  执行给定的任务，返回其中一个任务的结果。如果超时，第二个方法会抛出一个 TimeoutException 异常。
- `List<Future<T>> invokeAll(Collection<Callable<T>> tasks)`
- `List<Future<T>> invokeAll(Collection<Callable<T>> tasks, long timeout, TimeUnit unit)`

  执行给定的任务，返回所有任务的结果。如果超时，第二个方法会抛出一个 TimeoutException 异常。

API java.util.concurrent.ExecutorCompletionService<V> 5

- `ExecutorCompletionService(Executor e)`

  构造一个执行器完成服务来收集给定执行器的结果。
- `Future<V> submit(Callable<V> task)`
- `Future<V> submit(Runnable task, V result)`

  向底层执行器提交一个任务。
- `Future<V> take()`

  移除下一个已完成的结果，如果没有可用的已完成结果，则阻塞。
- `Future<V> poll()`
- `Future<V> poll(long time, TimeUnit unit)`

移除并返回下一个已完成的结果，如果没有可用的已完成结果，则返回 null。第二个方法会等待给定的时间。

12.6.4 fork-join 框架

有些应用使用了大量线程，但其中大多数都是空闲的。举例来说，一个 Web 服务器可能会为每个连接分别使用一个线程。另外一些应用可能对每个处理器内核分别使用一个线程，来完成计算密集型任务，如图像或视频处理。Java 7 中新引入了 fork-join 框架，专门用来支持后一类应用。假设有一个处理任务，它可以很自然地分解为子任务，如下所示：

```
if (problemSize < threshold)
   solve problem directly
else
{
   break problem into subproblems
   recursively solve each subproblem
   combine the results
}
```

图像处理就是这样一个例子。要增强一个图像，可以变换上半部分和下半部分。如果有足够多空闲的处理器，这些操作可以并行运行（除了分解为两部分外，还需要做一些额外的工作，不过这属于技术细节，我们不做讨论）。

在这里，我们将讨论一个更简单的例子。假设想统计一个数组中有多少个元素满足某个特定的属性。可以将这个数组一分为二，分别对这两部分进行统计，再将结果相加。

要采用框架可用的一种形式完成这种递归计算，需要提供一个扩展 RecursiveTask<T> 的类（如果计算会生成一个类型为 T 的结果）或者提供一个扩展 RecursiveAction 的类（如果不生成任何结果）。再覆盖 compute 方法来生成并调用子任务，然后合并其结果。

```
class Counter extends RecursiveTask<Integer>
{
   . . .
   protected Integer compute()
   {
      if (to - from < THRESHOLD)
      {
         solve problem directly
      }
      else
      {
         int mid = from + (to - from) / 2;
         var first = new Counter(values, from, mid, filter);
         var second = new Counter(values, mid, to, filter);
         invokeAll(first, second);
         return first.join() + second.join();
      }
   }
}
```

在这里，invokeAll 方法接收到很多任务并阻塞，直到所有这些任务全部完成。join 方法将生成结果。我们对每个子任务应用 join，并返回其总和。

> **注释：** 还有一个 get 方法可以得到当前结果，不过一般不太使用，因为它可能抛出检查型异常，而在 compute 方法中不允许抛出这种异常。

程序清单 12-9 给出了完整的示例代码。

程序清单 12-9 forkJoin/ForkJoinTest.java

```
1  package forkJoin;
2
3  import java.util.concurrent.*;
4  import java.util.function.*;
5
6  /**
7   * This program demonstrates the fork-join framework.
8   * @version 1.02 2021-06-17
9   * @author Cay Horstmann
10  */
11 public class ForkJoinTest
12 {
13    public static void main(String[] args)
14    {
15       final int SIZE = 10000000;
16       var numbers = new double[SIZE];
17       for (int i = 0; i < SIZE; i++) numbers[i] = Math.random();
18       var counter = new Counter(numbers, 0, numbers.length, x -> x > 0.5);
19       var pool = new ForkJoinPool();
20       pool.invoke(counter);
21       System.out.println(counter.join());
22    }
23 }
24
25 class Counter extends RecursiveTask<Integer>
26 {
27    public static final int THRESHOLD = 1000;
28    private double[] values;
29    private int from;
30    private int to;
31    private DoublePredicate filter;
32
33    public Counter(double[] values, int from, int to, DoublePredicate filter)
34    {
35       this.values = values;
36       this.from = from;
37       this.to = to;
38       this.filter = filter;
39    }
40
41    protected Integer compute()
42    {
43       if (to - from < THRESHOLD)
44       {
45          int count = 0;
46          for (int i = from; i < to; i++)
47          {
```

```
48              if (filter.test(values[i])) count++;
49           }
50           return count;
51        }
52        else
53        {
54           int mid = from + (to - from) / 2;
55           var first = new Counter(values, from, mid, filter);
56           var second = new Counter(values, mid, to, filter);
57           invokeAll(first, second);
58           return first.join() + second.join();
59        }
60     }
61  }
```

在后台，fork-join 框架使用了一种有效的启发式方法来平衡可用线程的工作负载，这种方法称为工作密取（work stealing）。每个工作线程都有任务的一个双端队列（deque）。一个工作线程将子任务压入其双端队列的队头。（只有一个线程可以访问队头，所以不需要加锁。）一个工作线程空闲时，它会从另一个双端队列的队尾“密取”一个任务。由于大的子任务都在队尾，这种密取很少见。

> **警告：** fork-join 池是针对非阻塞工作负载优化的。如果向一个 fork-join 池增加很多阻塞任务，会让它无法有效工作。可以让任务实现 ForkJoinPool.ManagedBlocker 接口来解决这个问题，不过这是一种高级技术，在这里不做讨论。

12.7 异步计算

到目前为止，我们的并发计算方法都是先分解一个任务，然后等待，直到所有部分都已经完成。不过等待并不总是个好主意。在接下来几节中，你会了解如何实现无等待或异步的计算。

12.7.1 可完成 Future

如果有一个 Future 对象，需要调用 get 来获得值，这个方法会阻塞，直到值可用。CompletableFuture 类实现了 Future 接口，它提供了获得结果的另一种机制。你要注册一个回调（callback），一旦结果可用，就会（在某个线程中）利用该结果调用这个回调。

```
CompletableFuture<String> f = . . .;
f.thenAccept(s -> Process the result string s);
```

采用这种方式，一旦结果可用就可以对结果进行处理而无须阻塞。

有一些 API 方法会返回 CompletableFuture 对象。例如，可以用 HttpClient 类异步地获取一个网页，这个类会在卷Ⅱ的第 4 章介绍：

```
HttpClient client = HttpClient.newHttpClient();
HttpRequest request = HttpRequest.newBuilder(URI.create(urlString)).GET().build();
CompletableFuture<HttpResponse<String>> f = client.sendAsync(
   request, BodyHandlers.ofString());
```

如果能有方法生成一个现成的 CompletableFuture 就好了，不过，大多数情况下，你都需要建立自己的 CompletableFuture。要想异步运行任务并得到 CompletableFuture，不要把它直接提交给执行器服务，而应当调用静态方法 CompletableFuture.supplyAsync。如果不利用 HttpClient 类，可以如下读取网页：

```
public CompletableFuture<String> readPage(URL url)
{
   return CompletableFuture.supplyAsync(() ->
      {
         try
         {
            return new String(url.openStream().readAllBytes(), "UTF-8");
         }
         catch (IOException e)
         {
            throw new UncheckedIOException(e);
         }
      }, executor);
}
```

如果省略执行器，任务会在一个默认执行器（具体就是 ForkJoinPool.commonPool() 返回的执行器）上运行。通常你可能并不希望这么做。

> **警告：** 注意 supplyAsync 方法的第一个参数是一个 Supplier<T>，而不是 Callable<T>。这两个接口都描述了无参数而且返回值类型为 T 的函数，不过 Supplier 函数不能抛出检查型异常。从上面的代码可以看到，这不是一个令人鼓舞的选择。

CompletableFuture 可能以两种方式完成：得到一个结果，或者有一个未捕获的异常。要处理这两种情况，可以使用 whenComplete 方法。对结果（或者如果没有就为 null）和异常（或者如果没有就为 null）调用所提供的函数。

```
f.whenComplete((s, t) ->
   {
      if (t == null)
      {
         Process the result s;
      }
      else
      {
         Process the Throwable t;
      }
   });
```

CompletableFuture 之所以被称为是可完成的（completable），是因为你可以手动地设置一个完成值。（在其他并发库中，这样的对象称为承诺（promise）。）当然，用 supplyAsync 创建一个 CompletableFuture 时，任务完成时就会隐式地设置完成值。不过，显式地设置结果可以提供更大的灵活性。例如，两个任务可以同时计算一个答案：

```
var f = new CompletableFuture<Integer>();
executor.execute(() ->
   {
```

```
        int n = workHard(arg);
        f.complete(n);
    });
executor.execute(() ->
    {
        int n = workSmart(arg);
        f.complete(n);
    });
```

要用一个异常完成 future，需要调用：

```
Throwable t = . . .;
f.completeExceptionally(t);
```

> **注释：** 可以在多个线程中对同一个 future 安全地调用 complete 或 completeExceptionally。如果这个 future 已经完成，这些调用没有任何作用。

isDone 方法指出一个 Future 对象是否已经完成（正常完成或者产生一个异常）。在前面的例子中，如果结果已经由另一个方法得出，workHard 和 workSmart 方法可以使用这个信息停止工作。

> **警告：** 与普通的 Future 不同，调用 cancel 方法时，CompletableFuture 的计算不会中断。取消只会把这个 Future 对象设置为以异常方式完成（有一个 CancellationException 异常）。一般来讲，这是有道理的，因为 CompletableFuture 可能没有一个线程负责它的完成。不过，这个限制也适用于 supplyAsync 等方法返回的 CompletableFuture 实例，这些方法原则上讲是可以中断的。

12.7.2　组合可完成 Future

非阻塞调用通过回调来实现。程序员为任务完成之后要出现的动作注册一个回调。当然，如果下一个动作也是异步的，在它之后的下一个动作就会在一个不同的回调中。尽管程序员会以“先做步骤 1，然后完成步骤 2，再完成步骤 3”的思路考虑，但实际上程序逻辑会分散到不同的回调中。如果必须增加错误处理，情况会更糟糕。假设步骤 2 是“用户登录”。可能需要重复这个步骤，因为用户输入凭据时可能会出错。要尝试在一组回调中实现这样一个控制流，或者想要理解这样实现的控制流，会很有难度。

CompletableFuture 类提供了一种机制来解决这个问题，可以将异步任务组合为一个处理流水线。

例如，假设我们希望从一个 Web 页面抽取所有图像。假设有这样一个方法：

```
public CompletableFuture<String> readPage(URL url)
```

Web 页面可用时，这会生成这个页面的文本。如果方法：

```
public List<URL> getImageURLs(String page)
```

可以生成一个 HTML 页面中图像的 URL，可以调度当页面可用时调用这个方法：

```
CompletableFuture<String> contents = readPage(url);
CompletableFuture<List<URL>> imageURLs = contents.thenApply(this::getLinks);
```

thenApply 方法也不会阻塞。它会返回另一个 future。第一个 future 完成时，其结果会提供给 getImageURLs 方法，这个方法的返回值就是最终的结果。

利用可完成 future，可以指定你希望做什么，以及希望以什么顺序执行这些工作。当然，这不会立即发生，不过重要的是所有代码都放在一个地方。

从概念上讲，CompletableFuture 是一个简单 API，不过有很多不同形式的方法来组合可完成 future。下面先来看处理单个 future 的方法（如表 12-3 所示）。在这个表中，我使用了简写记法来表示复杂的函数式接口，这里会把 Function<? super T, U> 写为 T -> U。当然这并不是真正的 Java 类型。

对于这里所示的每个方法，还有相应的两个 Async 形式（不过这里没有显示），其中一种形式使用一个公共的 ForkJoinPool，另一种形式有一个 Executor 参数。

你已经见过 thenApply 方法。假设 f 是一个函数，接收类型为 T 的值，并返回类型为 U 的值。以下调用：

```
CompletableFuture<U> future.thenApply(f);
CompletableFuture<U> future.thenApplyAsync(f, executor);
```

会返回一个 future，结果可用时，会对 future 的结果应用函数 f。第二个调用会用另一个执行器运行 f。

thenCompose 方法不是接受将 T 映射到 U 的一个函数，而是接受一个将 T 映射到 CompletableFuture<U> 的函数。这听上去相当抽象，不过实际上也很自然。考虑从一个给定 URL 读取一个 Web 页面的动作。不用提供以下方法：

```
public String blockingReadPage(URL url)
```

更精巧的做法是让方法返回一个 future：

```
public CompletableFuture<String> readPage(URL url)
```

现在，假设我们还有一个方法可以从用户输入得到 URL，这可能从一个对话框得到，而在用户点击 OK 按钮之前不会得到答案。这也是将来的一个事件：

```
public CompletableFuture<URL> getURLInput(String prompt)
```

这里我们有两个函数 T ->CompletableFuture<U> 和 U ->CompletableFuture<V>。显然，如果第二个函数在第一个函数已经完成时调用，它们就可以组合为一个函数 T ->CompletableFuture<V>。这正是 thenCompose 所做的。

在 12.7.1 节中，我们已经了解 whenComplete 方法用于处理异常。还有一个 handle 方法，它需要一个函数处理结果或异常，并计算一个新结果。在很多情况下，更简单的做法是调用 exceptionally 方法。出现一个异常时，这个方法会计算一个虚值（dummy value）：

```
CompletableFuture<List<URL>> imageURLs = readPage(url)
   .exceptionally(ex -> "<html></html>")
   .thenApply(this::getImageURLs)
```

可以采用同样的方式处理超时：

```
CompletableFuture<List<URL>> imageURLs = readPage(url)
   .completeOnTimeout("<html></html>", 30, TimeUnit.SECONDS)
   .thenApply(this::getImageURLs)
```

或者，也可以在超时的时候抛出一个异常：

```
CompletableFuture<String> = readPage(url).orTimeout(30, TimeUnit.SECONDS)
```

表 12-3 中结果为 void 的方法通常都在处理流水线的最后使用。

表 12-3 为 CompletableFuture<T> 对象增加一个动作

方 法	参 数	描 述
thenApply	T -> U	对结果应用一个函数
thenAccept	T -> void	类似于 thenApply，不过结果为 void
thenCompose	T ->CompletableFuture<U>	对结果调用函数并执行返回的 future
thenRun	Runnable	执行 Runnable，结果为 void
handle	(T, Throwable) -> U	处理结果或错误，生成一个新结果
whenComplete	(T, Throwable) -> void	类似于 handle，不过结果为 void
exceptionally	Throwable -> T	从错误计算一个结果
exceptionallyCompose	Throwable ->CompletableFuture<U>	对异常调用函数并执行返回的 future
completeOnTimeout	T, long, TimeUnit	如果超时，生成给定值作为结果
orTimeout	long, TimeUnit	如果超时，生成一个 TimeoutException 异常

下面来看组合多个 future 的方法（见表 12-4）。

表 12-4 组合多个组合对象

方 法	参 数	描 述
thenCombine	CompletableFuture<U>, (T, U) -> V	执行两个动作并用给定函数组合结果
thenAcceptBoth	CompletableFuture<U>, (T, U) -> void	与 thenCombine 类似，不过结果为 void
runAfterBoth	CompletableFuture<?>, Runnable	两个动作都完成后执行 runnable
applyToEither	CompletableFuture<T>, T -> V	其中一个动作的结果可用时，将它传入给定的函数
acceptEither	CompletableFuture<T>, T -> void	与 applyToEither 类似，不过结果为 void
runAfterEither	CompletableFuture<?>, Runnable	其中一个动作完成后执行 runnable
static allOf	CompletableFuture<?>...	所有给定的 future 都完成后则完成，结果为 void
static anyOf	CompletableFuture<?>...	任意给定的 future 完成后则完成，结果为 void

前 3 个方法并发运行一个 CompletableFuture<T> 和一个 CompletableFuture<U> 动作，并组合结果。

接下来 3 个方法并发运行两个 CompletableFuture<T> 动作。一旦其中一个动作完成，就传递它的结果，并忽略另一个结果。

最后的静态 allOf 和 anyOf 方法接受数目可变的一组可完成 future，并生成一个 CompletableFuture<Void>，这个可完成 future 会在所有这些 future 都完成时或者其中任意一个 future 完成时完成。allOf 方法不会生成任何结果。anyOf 方法不会终止其余的任务。

> **注释：** 理论上讲，这一节介绍的方法接受 CompletionStage 类型的参数，而不是 CompletableFuture。这个 CompletionStage 接口描述了如何组合异步计算，而 Future 接口强调的是计算的结果。CompletableFuture 既是 CompletionStage 也是 Future。

程序清单 12-10 给出了一个完整的程序，它会读取一个 Web 页面、扫描页面得到其中的图像，加载图像并保存在本地。注意所有耗时的方法都返回一个 CompletableFuture。为了启动异步计算，我们使用了一个小技巧。这里没有直接调用 readPage 方法，而是用 URL 参数建立了一个完成的 future，然后将这个 future 与 this::readPage 组合。这样一来，这个流水线看起来很一致：

```
CompletableFuture.completedFuture(url)
   .thenComposeAsync(this::readPage, executor)
   .thenApply(this::getImageURLs)
   .thenCompose(this::getImages)
   .thenAccept(this::saveImages);
```

程序清单 12-10　completableFutures/CompletableFutureDemo.java

```
 1 package completableFutures;
 2 
 3 import java.awt.image.*;
 4 import java.io.*;
 5 import java.net.*;
 6 import java.nio.charset.*;
 7 import java.util.*;
 8 import java.util.concurrent.*;
 9 import java.util.regex.*;
10 
11 import javax.imageio.*;
12 
13 public class CompletableFutureDemo
14 {
15    private static final Pattern IMG_PATTERN = Pattern.compile(
16       "[<]\\s*[iI][mM][gG]\\s*[^>]*[sS][rR][cC]\\s*[=]\\s*['\"]([^'\"]*)['\"][^>]*[>]");
17    private ExecutorService executor = Executors.newCachedThreadPool();
18    private URL urlToProcess;
19 
20    public CompletableFuture<String> readPage(URL url)
21    {
22       return CompletableFuture.supplyAsync(() ->
23          {
24             try
25             {
26                var contents = new String(url.openStream().readAllBytes(),
27                   StandardCharsets.UTF_8);
28                System.out.println("Read page from " + url);
29                return contents;
30             }
31             catch (IOException e)
32             {
```

```
33              throw new UncheckedIOException(e);
34           }
35        }, executor);
36     }
37
38     public List<URL> getImageURLs(String webpage) // not time consuming
39     {
40        try
41        {
42           var result = new ArrayList<URL>();
43           Matcher matcher = IMG_PATTERN.matcher(webpage);
44           while (matcher.find())
45           {
46              var url = new URL(urlToProcess, matcher.group(1));
47              result.add(url);
48           }
49           System.out.println("Found URLs: " + result);
50           return result;
51        }
52        catch (IOException e)
53        {
54           throw new UncheckedIOException(e);
55        }
56     }
57
58     public CompletableFuture<List<BufferedImage>> getImages(List<URL> urls)
59     {
60        return CompletableFuture.supplyAsync(() ->
61           {
62              try
63              {
64                 var result = new ArrayList<BufferedImage>();
65                 for (URL url : urls)
66                 {
67                    result.add(ImageIO.read(url));
68                    System.out.println("Loaded " + url);
69                 }
70                 return result;
71              }
72              catch (IOException e)
73              {
74                 throw new UncheckedIOException(e);
75              }
76           }, executor);
77     }
78
79     public void saveImages(List<BufferedImage> images)
80     {
81        System.out.println("Saving " + images.size() + " images");
82        try
83        {
84           for (int i = 0; i < images.size(); i++)
85           {
86              String filename = "/tmp/image" + (i + 1) + ".png";
```

```
87              ImageIO.write(images.get(i), "PNG", new File(filename));
88           }
89        }
90        catch (IOException e)
91        {
92           throw new UncheckedIOException(e);
93        }
94        executor.shutdown();
95     }
96 
97     public void run(URL url)
98           throws IOException, InterruptedException
99     {
100       urlToProcess = url;
101       CompletableFuture.completedFuture(url)
102          .thenComposeAsync(this::readPage, executor)
103          .thenApply(this::getImageURLs)
104          .thenCompose(this::getImages)
105          .thenAccept(this::saveImages);
106 
107       /*
108       // or use the HTTP client:
109 
110       HttpClient client = HttpClient.newBuilder().build();
111       HttpRequest request = HttpRequest.newBuilder(urlToProcess.toURI()).GET()
112          .build();
113       client.sendAsync(request, BodyProcessors.ofString())
114          .thenApply(HttpResponse::body)
115          .thenApply(this::getImageURLs)
116          .thenCompose(this::getImages)
117          .thenAccept(this::saveImages);
118       */
119    }
120 
121    public static void main(String[] args)
122          throws IOException, InterruptedException
123    {
124       new CompletableFutureDemo().run(new URL("http://horstmann.com/index.html"));
125    }
126 }
```

12.7.3　用户界面回调中的长时间运行任务

在程序中使用线程的理由之一是为了提高程序的响应性。对于有用户界面的应用，这一点尤其重要。当程序需要做某些耗时的工作时，不能在用户界面线程完成这些工作，否则用户界面会冻结。应该启动另一个工作线程。

例如，如果希望用户点击一个按钮时读取一个文件，不要这么做：

```
var open = new JButton("Open");
open.addActionListener(event ->
   { // BAD--long-running action is executed on UI thread
      var in = new Scanner(file);
```

```
      while (in.hasNextLine())
      {
         String line = in.nextLine();
         . . .
      }
   });
```

而应该在一个单独的线程中完成这个工作：

```
open.addActionListener(event ->
   { // GOOD--long-running action in separate thread
      Runnable task = () ->
         {
            var in = new Scanner(file);
            while (in.hasNextLine())
            {
               String line = in.nextLine();
               . . .
            }
         };
      executor.execute(task);
   });
```

不过，如果工作线程要执行长时间运行的任务，就不要从这样一个工作线程更新用户界面。Swing、JavaFX 或 Android 等用户界面都不是线程安全的。不能从多个线程操纵用户界面元素，否则它们有可能会被破坏。实际上，JavaFX 和 Android 会检查这一点，如果你试图从 UI 线程以外的某个线程访问用户界面，会抛出一个异常。

因此，需要调度所有 UI 更新都在 UI 线程中执行。每个用户界面库都提供了一些机制，可以调度一个 Runnable 在 UI 线程中执行。例如，在 Swing 中，要调用：

```
EventQueue.invokeLater(() -> label.setText(percentage + "% complete"));
```

在工作线程中实现用户反馈很烦琐，所以每个用户界面库都提供了某种辅助类来管理有关的细节，如 Swing 中的 SwingWorker、JavaFX 中的 Task 以及 Android 中的 AsyncTask。你要为长时间运行的任务（在一个单独的线程中运行）指定动作，还要指定进度更新以及最终的布局（这在 UI 线程中运行）。

程序清单 12-11 中的程序提供了加载文本文件的命令和取消加载过程的命令。应该用一个长文件来测试这个程序，例如 *The Count of Monte Cristo*（基督山伯爵）的全文，本书随附代码的 gutenberg 目录下提供了这个文件。该文件在一个单独的线程中加载。在读取文件的过程中，Open 菜单项被禁用，Cancel 菜单项为启用状态（见图 12-6）。读取每一行后，状态栏中的行计数器会更新。读取过程完成之后，Open 菜单项重新启用，Cancel

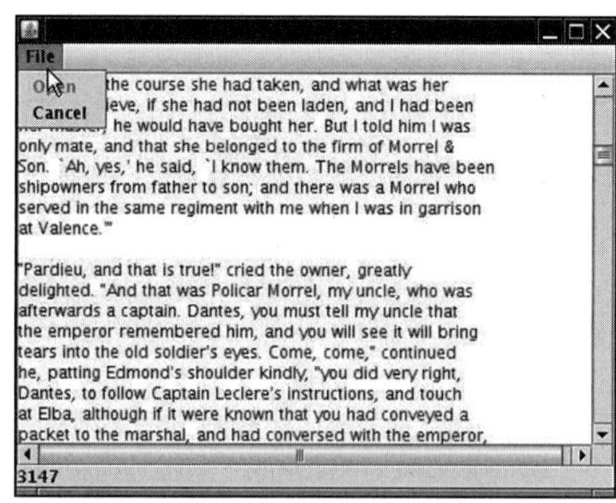

图 12-6　在一个单独的线程中加载文件

项被禁用，状态栏文本置为 Done。

这个例子展示了后台任务的典型 UI 活动：

- 在每一个工作单元完成之后，更新 UI 来显示进度。
- 整个工作完成之后，对 UI 做最后的修改。

SwingWorker 类使得实现这个任务轻而易举。覆盖 doInBackground 方法来完成耗时的工作，不时地调用 publish 来报告工作进度。这个方法在一个工作线程中执行。publish 方法会导致在事件分派线程中执行一个 process 方法来处理进度数据。当工作完成时，在事件分派线程中调用 done 方法从而能完成 UI 的更新。

每当要在工作线程中做一些工作时，可以构造一个新的工作器（worker）。（每个工作器对象只使用一次。）然后调用 execute 方法。通常会在事件分派线程中调用 execute，但对此没有严格的要求。

假设工作器要生成某种类型的结果；因此，SwingWorker<T, V> 实现 Future<T>。这个结果可以通过 Future 接口的 get 方法获得。由于 get 方法会一直阻塞，直到结果可用，因此不要在调用 execute 之后马上调用它。对此有一个好主意：只有当你知道工作已经完成时再调用 get。一般来说，可以从 done 方法调用 get。（没有要求必须调用 get，有时只需要处理进度数据。）

中间的进度数据以及最终的结果可以是任何类型。SwingWorker 类使用这些类型作为类型参数。SwingWorker<T, V> 会生成类型为 T 的结果以及类型为 V 的进度数据。

要取消正在进行的工作，可以使用 Future 接口的 cancel 方法。工作取消的时候，get 方法会抛出一个 CancellationException 异常。

正如前面已经提到的，工作线程中的 publish 调用会导致在事件分派线程中调用 process。为了提高效率，几个 publish 调用的结果可以用一个 process 调用成批处理。process 方法接收一个 List<V>，其中包含所有中间结果。

下面利用这个机制来读取文本文件。正如我们看到的，JTextArea 相当慢。从一个很长的文本文件（比如，*The Count of Monte Cristo*）追加文本行会花费相当长的时间。

为了向用户展示进度，我们想在状态栏中显示读入的行数。因此，进度数据包含当前行号以及当前文本行。我们将它们打包到一个简单的内部类中：

```
private class ProgressData
{
   public int number;
   public String line;
}
```

最后的结果是读入 StringBuilder 的文本。因此，需要一个 SwingWorker<StringBuilder, ProgressData>。

在 doInBackground 方法中，要读取一个文件，一次读入一行。在读取每一行之后，调用 publish 方法发布行号和当前行的文本。

```
@Override public StringBuilder doInBackground() throws IOException, InterruptedException
{
   int lineNumber = 0;
```

```
    var in = new Scanner(new FileInputStream(file), StandardCharsets.UTF_8);
    while (in.hasNextLine())
    {
       String line = in.nextLine();
       lineNumber++;
       text.append(line).append("\n");
       var data = new ProgressData();
       data.number = lineNumber;
       data.line = line;
       publish(data);
       Thread.sleep(1); // to test cancellation; no need to do this in your programs
    }
    return text;
 }
```

读取每一行之后还要休眠 1 毫秒，以便检测取消操作，而不会太紧张，不过，你可能不希望由于休眠减慢程序的速度。如果把这一行注释掉，你会发现 *The Count of Monte Cristo* 的加载其实相当快，只有几次批量用户界面更新。

在 process 方法中，忽略除最后一行之外的所有行号，然后，我们把所有的行拼接在一起来完成文本区的一次更新。

```
@Override public void process(List<ProgressData> data)
{
   if (isCancelled()) return;
   var b = new StringBuilder();
   statusLine.setText("" + data.get(data.size() - 1).number);
   for (ProgressData d : data) b.append(d.line).append("\n");
   textArea.append(b.toString());
}
```

在 done 方法中，文本区会更新为完整的文本，而且 Cancel 菜单项将会被禁用。

注意如何在 Open 菜单项的事件监听器中启动工作器。

利用这个简单的技术，就能在执行耗时任务的同时，保证用户界面仍能响应用户。

程序清单 12-11　swingWorker/SwingWorkerTest.java

```
1  package swingWorker;
2
3  import java.awt.*;
4  import java.io.*;
5  import java.nio.charset.*;
6  import java.util.*;
7  import java.util.List;
8  import java.util.concurrent.*;
9
10 import javax.swing.*;
11
12 /**
13  * This program demonstrates a worker thread that runs a potentially time-consuming task.
14  * @version 1.12 2018-03-17
15  * @author Cay Horstmann
16  */
17 public class SwingWorkerTest
```

```
18 {
19    public static void main(String[] args) throws Exception
20    {
21       EventQueue.invokeLater(() ->
22          {
23             var frame = new SwingWorkerFrame();
24             frame.setDefaultCloseOperation(JFrame.EXIT_ON_CLOSE);
25             frame.setVisible(true);
26          });
27    }
28 }
29 
30 /**
31  * This frame has a text area to show the contents of a text file, a menu to open a file and
32  * cancel the opening process, and a status line to show the file loading progress.
33  */
34 class SwingWorkerFrame extends JFrame
35 {
36    private JFileChooser chooser;
37    private JTextArea textArea;
38    private JLabel statusLine;
39    private JMenuItem openItem;
40    private JMenuItem cancelItem;
41    private SwingWorker<StringBuilder, ProgressData> textReader;
42    public static final int TEXT_ROWS = 20;
43    public static final int TEXT_COLUMNS = 60;
44 
45    public SwingWorkerFrame()
46    {
47       chooser = new JFileChooser();
48       chooser.setCurrentDirectory(new File("."));
49 
50       textArea = new JTextArea(TEXT_ROWS, TEXT_COLUMNS);
51       add(new JScrollPane(textArea));
52 
53       statusLine = new JLabel(" ");
54       add(statusLine, BorderLayout.SOUTH);
55 
56       var menuBar = new JMenuBar();
57       setJMenuBar(menuBar);
58 
59       var menu = new JMenu("File");
60       menuBar.add(menu);
61 
62       openItem = new JMenuItem("Open");
63       menu.add(openItem);
64       openItem.addActionListener(event ->
65          {
66             // show file chooser dialog
67             int result = chooser.showOpenDialog(null);
68 
69             // if file selected, set it as icon of the label
70             if (result == JFileChooser.APPROVE_OPTION)
71             {
```

```
72                 textArea.setText("");
73                 openItem.setEnabled(false);
74                 textReader = new TextReader(chooser.getSelectedFile());
75                 textReader.execute();
76                 cancelItem.setEnabled(true);
77              }
78           });
79
80        cancelItem = new JMenuItem("Cancel");
81        menu.add(cancelItem);
82        cancelItem.setEnabled(false);
83        cancelItem.addActionListener(event -> textReader.cancel(true));
84        pack();
85     }
86
87     private class ProgressData
88     {
89        public int number;
90        public String line;
91     }
92
93     private class TextReader extends SwingWorker<StringBuilder, ProgressData>
94     {
95        private File file;
96        private StringBuilder text = new StringBuilder();
97
98        public TextReader(File file)
99        {
100          this.file = file;
101       }
102
103       // the following method executes in the worker thread; it doesn't touch Swing components
104
105       public StringBuilder doInBackground() throws IOException, InterruptedException
106       {
107          int lineNumber = 0;
108          try (var in = new Scanner(new FileInputStream(file), StandardCharsets.UTF_8))
109          {
110             while (in.hasNextLine())
111             {
112                String line = in.nextLine();
113                lineNumber++;
114                text.append(line).append("\n");
115                var data = new ProgressData();
116                data.number = lineNumber;
117                data.line = line;
118                publish(data);
119                Thread.sleep(1); // to test cancellation; no need to do this in your programs
120             }
121          }
122          return text;
123       }
124
125       // the following methods execute in the event dispatch thread
```

```
126
127        public void process(List<ProgressData> data)
128        {
129           if (isCancelled()) return;
130           var builder = new StringBuilder();
131           statusLine.setText("" + data.get(data.size() - 1).number);
132           for (ProgressData d : data) builder.append(d.line).append("\n");
133           textArea.append(builder.toString());
134        }
135
136        public void done()
137        {
138           try
139           {
140              StringBuilder result = get();
141              textArea.setText(result.toString());
142              statusLine.setText("Done");
143           }
144           catch (InterruptedException ex)
145           {
146           }
147           catch (CancellationException ex)
148           {
149              textArea.setText("");
150              statusLine.setText("Cancelled");
151           }
152           catch (ExecutionException ex)
153           {
154              statusLine.setText("" + ex.getCause());
155           }
156
157           cancelItem.setEnabled(false);
158           openItem.setEnabled(true);
159        }
160     };
161 }
```

API javax.swing.SwingWorker<T, V> 6

- abstract T doInBackground()

  要覆盖这个方法来执行后台任务并返回这个工作的结果。
- void process(List<V> data)

  要覆盖这个方法在事件分派线程中处理中间进度数据。
- void publish(V... data)

  将中间进度数据转发到事件分派线程。通过 doInBackground 调用这个方法。
- void execute()

  调度这个工作器在一个工作线程中执行。
- SwingWorker.StateValue getState()

  得到这个工作器的状态，可以是 PENDING、STARTED 或 DONE。

12.8 进程

到目前为止，我们已经了解了如何在同一个程序的不同线程中执行 Java 代码。有时你还需要执行另一个程序。为此，可以使用 ProcessBuilder 和 Process 类。Process 类在一个单独的操作系统进程（process）中执行一个命令，允许我们与标准输入、输出和错误流交互。ProcessBuilder 类允许我们配置 Process 对象。

> **注释：** ProcessBuilder 类可以取代 Runtime.exec 调用，而且更为灵活。

12.8.1 建立进程

首先指定你想要执行的命令。可以提供一个 List<String>，或者直接提供命令字符串。

```
var builder = new ProcessBuilder("gcc", "myapp.c");
```

> **警告：** 第一个字符串必须是一个可执行的命令，而不是一个 shell 内置命令。例如，要在 Windows 中运行 dir 命令，就需要提供字符串 "cmd.exe" "/C" 和 "dir" 来建立进程。

每个进程都有一个工作目录，用来解析相对目录名。默认情况下，进程的工作目录与虚拟机相同，通常是启动 java 程序的那个目录。可以用 directory 方法改变工作目录：

```
builder = builder.directory(path.toFile());
```

> **注释：** 配置 ProcessBuilder 的各个方法都返回其自身，所以可以把命令串起来。最终会调用：
>
> ```
> Process p = new ProcessBuilder(command).directory(file)....start();
> ```

接下来，要指定如何处理进程的标准输入、输出和错误流。默认情况下，它们分别是一个管道，可以用以下方法访问：

```
OutputStream processIn = p.getOutputStream();
InputStream processOut = p.getInputStream();
InputStream processErr = p.getErrorStream();
```

注意，进程的输入流是 JVM 的一个输出流！我们会写这个流，而我们写的内容会成为进程的输入。反过来，我们会读取进程写入输出和错误流的内容。对我们来说，它们都是输入流。

可以指定新进程的输入、输出和错误流与 JVM 的这 3 个流相同。如果用户在一个控制台运行 JVM，所有用户输入都会转发到进程，而进程的输出将显示在控制台上。可以调用：

```
builder.inheritIO()
```

为这 3 个流指定这个设置。如果你只想继承其中某些流，可以把值：

```
ProcessBuilder.Redirect.INHERIT
```

传入 redirectInput、redirectOutput 或 redirectError 方法。例如，

```
builder.redirectOutput(ProcessBuilder.Redirect.INHERIT);
```

通过提供 File 对象，可以将进程流重定向到文件：

```
builder.redirectInput(inputFile)
   .redirectOutput(outputFile)
   .redirectError(errorFile)
```

进程启动时，会创建或删除输出和错误文件。要追加到现有的文件，可以使用：

```
builder.redirectOutput(ProcessBuilder.Redirect.appendTo(outputFile));
```

合并输出和错误流通常很有用，这样就能按进程生成消息的顺序显示输出和错误消息。可以调用：

```
builder.redirectErrorStream(true)
```

启用合并。如果这样做，就不能再在 ProcessBuilder 上调用 redirectError，也不能在 Process 上调用 getErrorStream。

你可能还想修改进程的环境变量。在这里，构建器的串链语法就不能用了。你需要得到构建器的环境（由运行 JVM 的那个进程的环境变量初始化），然后加入或删除环境变量条目。

```
Map<String, String> env = builder.environment();
env.put("LANG", "fr_FR");
env.remove("JAVA_HOME");
Process p = builder.start();
```

如果希望利用管道将一个进程的输出作为另一个进程的输入（类似于 shell 中的 | 操作符），Java 9 提供了一个 startPipeline 方法。可以传入一个进程构建器列表，并从最后一个进程读取结果。下面给出一个例子，这里会枚举一个目录树中不同的扩展：

```
List<Process> processes = ProcessBuilder.startPipeline(List.of(
   new ProcessBuilder("find", "/opt/jdk-17"),
   new ProcessBuilder("grep", "-o", "\\.[^./]*$"),
   new ProcessBuilder("sort"),
   new ProcessBuilder("uniq")
));
Process last = processes.get(processes.size() - 1);
var result = new String(last.getInputStream().readAllBytes());
```

当然，对于这个特定的任务，用 Java 建立目录遍历（directory walk）来解决要比运行 4 个进程更高效。卷Ⅱ的第 2 章会介绍如何实现。

12.8.2 运行进程

配置了构建器之后，要调用它的 start 方法启动进程。如果把输入、输出和错误流配置为管道，现在可以写输入流，并读取输出和错误流。例如，

```
Process process = new ProcessBuilder("/bin/ls", "-l")
   .directory(Path.of("/tmp").toFile())
   .start();
try (var in = new Scanner(process.getInputStream()))
{
   while (in.hasNextLine())
      System.out.println(in.nextLine());
}
```

◆ **警告：** 进程流的缓冲空间是有限的。不能写入太多输入，而且要及时读取输出。如果有大量输入和输出，可能需要在单独的线程中生产和消费这些输入和输出。

要等待进程完成，可以调用：

```
int result = process.waitFor();
```

或者，如果不想无限期地等待，可以这样做：

```
long delay = . . .;
if (process.waitFor(delay, TimeUnit.SECONDS))
{
   int result = process.exitValue();
   . . .
}
else
{
   process.destroyForcibly();
}
```

第一个 waitFor 调用返回过程的退出值（按惯例，0 表示成功，或者返回一个非 0 的错误码）。如果进程没有超时，第二个调用返回 true。然后需要调用 exitValue 方法获取退出值。

你可能并不会等待进程结束，而只是让它继续运行，不时调用 isAlive 来查看进程是否仍存活。要杀死这个进程，可以调用 destroy 或 destroyForcibly。这两个调用之间的区别取决于平台。在 UNIX 上，前者会以 SIGTERM 终止进程，后者会以 SIGKILL 终止进程。（如果 destroy 方法可以正常终止进程，supportsNormalTermination 方法将返回 true。）

最后会在进程完成时接收到一个异步通知。调用 process.onExit() 会生成一个 Completable-Future<Process>，可以用来调度任何动作。

```
process.onExit().thenAccept(
   p -> System.out.println("Exit value: " + p.exitValue()));
```

12.8.3 进程句柄

要获得程序启动的一个进程的更多信息，或者想更多地了解你的计算机上正在运行的任何其他进程，可以使用 ProcessHandle 接口。可以用 4 种方式得到一个 ProcessHandle：

1. 给定一个 Process 对象 p，p.toHandle() 会生成它的 ProcessHandle。

2. 给定一个 long 类型的操作系统进程 ID，ProcessHandle.of(id) 可以生成这个进程的句柄。

3. Process.current() 是运行这个 Java 虚拟机的进程的句柄。

4. ProcessHandle.allProcesses() 可以生成对当前进程可见的所有操作系统进程的 Stream<ProcessHandle>。

给定一个进程句柄，可以得到它的进程 ID、父进程、子进程和后代进程：

```
long pid = handle.pid();
Optional<ProcessHandle> parent = handle.parent();
Stream<ProcessHandle> children = handle.children();
Stream<ProcessHandle> descendants = handle.descendants();
```

注释： allProcesses、children 和 descendants 方法返回的 Stream<ProcessHandle> 实例只是当时的快照。流中的一些进程在你看到它们的时候可能已经终止了，另外在此期间可能又启动了原本不在流中的其他进程。

info 方法生成一个 ProcessHandle.Info 对象，它提供了一些方法来获得进程的有关信息。

```
Optional<String[]> arguments()
Optional<String> command()
Optional<String> commandLine()
Optional<String> startInstant()
Optional<String> totalCpuDuration()
Optional<String> user()
```

所有这些方法都返回 Optional 值，因为可能某个特定的操作系统不能报告这个信息。

与 Process 类一样，要监视或强制进程终止，ProcessHandle 接口也有 isAlive、supportsNormalTermination、destroy、destroyForcibly 和 onExit 方法。不过，没有对应 waitFor 的方法。

API java.lang.ProcessBuilder 5

- ProcessBuilder(String... command)
- ProcessBuilder(List<String> command)

  用给定的命令和参数构造一个进程构建器。
- ProcessBuilder directory(File directory)

  设置进程的工作目录。
- ProcessBuilder inheritIO() **9**

  让进程使用虚拟机的标准输入、输出和错误流。
- ProcessBuilder redirectErrorStream(boolean redirectErrorStream)

  如果 redirectErrorStream 为 true，进程的标准错误流与标准输出流合并。
- ProcessBuilder redirectInput(File file) **7**
- ProcessBuilder redirectOutput(File file) **7**
- ProcessBuilder redirectError(File file) **7**

  将进程的标准输入、输出和错误流重定向到给定的文件。
- ProcessBuilder redirectInput(ProcessBuilder.Redirect source) **7**
- ProcessBuilder redirectOutput(ProcessBuilder.Redirect destination) **7**
- ProcessBuilder redirectError(ProcessBuilder.Redirect destination) **7**

  重定向进程的标准输入、输出和错误流，目标（destination）可以是：
  - Redirect.PIPE——默认行为，通过 Process 对象访问
  - Redirect.INHERIT——虚拟机的流
  - Redirect.DISCARD
  - Redirect.from(file)
  - Redirect.to(file)

- Redirect.appendTo(file)

- Map<String,String> environment()

  生成一个可更改的映射，用于为进程设置环境变量。

- Process start()

  启动进程，并生成它的 Process 对象。

- static List<Process> startPipeline(List<ProcessBuilder> builders) **9**

  启动一个进程流水线，将各个进程的标准输出连接到下一个进程的标准输入。

API java.lang.Process 1.0

- abstract OutputStream getOutputStream()

  得到一个流，用于写进程的输入流。

- abstract InputStream getInputStream()
- abstract InputStream getErrorStream()

  得到一个输入流，用于读取进程的输出或错误流。

- abstract int waitFor()

  等待进程完成并生成退出值。

- boolean waitFor(long timeout, TimeUnit unit) **8**

  等待进程完成，不过不能超出给定的超时时间。如果进程退出，则返回 true。

- abstract int exitValue()

  返回进程的退出值。按惯例，非 0 的退出值表示一个错误。

- boolean isAlive() **8**

  检查这个进程是否仍存活。

- abstract void destroy()
- Process destroyForcibly() **8**

  终止这个进程，可能正常终止，也可能强制终止。

- boolean supportsNormalTermination() **9**

  检查这个进程是否可以正常终止，或者是否必须强制撤销。

- ProcessHandle toHandle() **9**

  生成描述这个进程的 ProcessHandle。

- CompletableFuture<Process> onExit() **9**

  生成一个 CompletableFuture，会在这个进程退出时执行。

API java.lang.ProcessHandle 9

- static Optional<ProcessHandle> of(long pid)
- static Stream<ProcessHandle> allProcesses()
- static ProcessHandle current()

  生成有给定 PID 的进程、所有进程或者虚拟机进程的进程句柄。

- `Stream<ProcessHandle> children()`
- `Stream<ProcessHandle> descendants()`

  生成这个进程的子进程或后代进程的进程句柄。
- `long pid()`

  生成这个进程的 PID。
- `ProcessHandle.Info info()`

  生成这个进程的详细信息。

API *java.lang.ProcessHandle.Info* 9

- `Optional<String[]> arguments()`
- `Optional<String> command()`
- `Optional<String> commandLine()`
- `Optional<Instant> startInstant()`
- `Optional<Instant> totalCpuDuration()`
- `Optional<String> user()`

  生成给定的详细信息（如果可用）。

现在你已经读完了这套书的卷 I 。这一卷涵盖了 Java 程序设计语言的基础知识以及大多数编程项目需要的标准库内容。希望你喜欢这个 Java 基础知识学习之旅，并从中获得了有用的信息。有关高级主题，如 Java 平台模块系统、网络、高级用户界面和图形编程、安全性以及国际化，请阅读卷 II 。

附录　Java 关键字

本附录列出了 Java 语言的所有关键字和“类关键字的单词”。“受限关键字”是指，它们只在模块声明中是关键字，在其他情况下则是标识符。“受限标识符”是指，除非用在某些特定位置，否则它们只是标识符。例如，var 一般都是标识符，除非它出现在需要指定类型的位置上。符号 null、false 和 true 不是关键字而是字面量。

附表 1　Java 关键字

关键字	含　义	类　型	参见的章号
abstract	抽象类或方法	关键字	5
assert	用来查找内部程序错误	关键字	7
boolean	布尔类型	关键字	3
break	跳出一个 switch 语句或循环	关键字	3
byte	8 位整数类型	关键字	3
case	switch 的一个分支	关键字	3
catch	try 语句块中捕获异常的子句	关键字	7
char	Unicode 字符类型	关键字	3
class	定义一个类类型	关键字	4
const	未使用	关键字	
continue	在循环末尾继续	关键字	3
default	switch 的默认子句，或者接口的默认方法	关键字	3，6
do	do/while 循环最前面的语句	关键字	3
double	双精度浮点数类型	关键字	3
else	if 语句的 else 子句	关键字	3
enum	枚举类型	关键字	3
exports	导出一个模块的包	受限关键字	9（卷 II）
extends	定义一个类的父类，或者一个通配符的上界	关键字	4
false	两个布尔值之一	字面量	3
final	一个常量，或一个不能覆盖的类或方法	关键字	5
finally	try 语句块中总会执行的部分	关键字	7
float	单精度浮点数类型	关键字	3
for	一种循环类型	关键字	3
goto	未使用	关键字	
if	一个条件语句	关键字	3

（续）

关键字	含 义	类 型	参见的章号
implements	定义一个类实现的接口	关键字	6
import	导入一个包	关键字	4
instanceof	测试一个对象是否为一个类的实例	关键字	5
int	32 位整数类型	关键字	3
interface	一种抽象类型，其中包含可以由类实现的方法	关键字	6
long	64 位长整数类型	关键字	3
native	由宿主系统实现的一个方法	关键字	12（卷Ⅱ）
new	分配一个新对象或数组	关键字	3
non-sealed	密封类型的一个子类型，可以构造它的任意子类型	关键字	5
null	一个空引用	字面量	3
module	声明一个模块	受限关键字	9（卷Ⅱ）
open	修改一个 module 声明	受限关键字	9（卷Ⅱ）
opens	打开一个模块的包	受限关键字	9（卷Ⅱ）
package	包含类的一个包	关键字	4
permits	引入密封类允许的子类型的一个列表	受限关键字	3
private	这个特性只能由该类的方法访问	关键字	4
protected	这个特性只能由该类、其子类以及同一个包中的其他类的方法访问	关键字	5
provides	指示一个模块使用一个服务	受限关键字	9（卷Ⅱ）
public	这个特性可以由所有类的方法访问	关键字	4
record	声明一个类，它有一组给定的 final 实例变量	受限关键字	4
return	从一个方法返回	关键字	3
sealed	这个类型有一组受控制的直接子类型	受限关键字	5
short	16 位整数类型	关键字	3
static	这个特性是类或接口特有的，而不属于类的实例	关键字	3，6
strictfp	对浮点数计算使用严格的规则（过时）	关键字	2
super	超类对象或构造器，或一个通配符的下界	关键字	5
switch	一个选择语句或表达式	关键字	3
synchronized	对线程而言具有原子性的方法或代码块	关键字	12
this	当前类的一个方法或构造器的隐式参数	关键字	4
throw	抛出一个异常	关键字	7
throws	一个方法可能抛出的异常	关键字	7
to	exports 或 opens 声明的一部分	受限关键字	9（卷Ⅱ）
transient	标记非永久的数据	关键字	2（卷Ⅱ）
transitive	修饰一个 requires 声明	受限关键字	9（卷Ⅱ）

（续）

关键字	含　义	类　型	参见的章号
true	两个布尔值之一	字面量	3
try	捕获异常的代码块	关键字	7
uses	指示一个模块使用一个服务	受限关键字	9（卷Ⅱ）
var	声明一个变量的类型是推导得出的	受限关键字	3
void	指示一个方法不返回任何值	关键字	3
volatile	确保一个字段可以由多个线程一致地访问	关键字	12
while	一种循环	关键字	3
with	在一个 provides 语句中定义服务类	受限关键字	9（卷Ⅱ）
yield	生成 switch 表达式的值	受限关键字	3
_（下画线）	当前未使用	关键字	

推荐阅读

Java核心技术 卷II 高级特性（原书第12版）

书号：978-7-111-71974-8 作者：Cay S. Horstmann 定价：149.00元

本书由获Jolt大奖并拥有20多年教学与研究经验的资深Java技术专家撰写，针对Java 17进行了全面更新。本书对Java复杂的新特性进行了深入而全面的阐释，展示了如何使用它们来构建具有专业品质的应用程序。对经验丰富的程序员来说，如果希望为实际应用编写出健壮的代码，那么《Java核心技术》绝对是一本业内领先的、言简意赅的宝典。

推荐阅读

Effective Java 中文版（原书第 3 版）

作者：［美］约书亚·布洛克（ Joshua Bloch ）著 ISBN :978-7-111-61272-8 定价：119.00 元

Java 之父 James Gosling 鼎力推荐、 Jolt 获奖作品全新升级，针对 Java 7、8、9 全面更新， Java 程序员必备参考书。

本书包含大量完整的示例代码和透彻的技术分析，通过 90 条经验规则，这些规则反映了最有经验的优秀程序员在实践中常用的一些有益的做法，探索新的设计模式和语言习惯用法，帮助读者更加有效地使用 Java 编程语言及其基本类库。全书以一种比较松散的方式将这些条目组织成 11 章，每一章都涉及软件设计的一个主要方面。

Java 并发编程实战

作者：［美］ Brian Goetz , Tim Peierls 等著 ISBN :978-7-111-37004-8 定价：69.00 元

本书中不仅讲解了并发的理论基础，还介绍各种实际的开发技术，这些知识对于构建可靠的、可伸缩的以及可维护的并发应用程序来说是非常有用的。本书并不仅是简单地罗列出各种并发 API 以及机制，而是详细地介绍了许多设计原则，设计模式以及思维模式，这些内容使得开发人员更容易构建出正确的并且高性能的并发程序。本书涵盖的内容包括：并发性与线程安全性的基本概念；构建及组合各种线程安全类的技术；使用 java . util . concurrent 包中的各种并发构建基础模块；性能优化中的注意事项；如何测试并发程序以及一些高级主题，包括原子变量，无阻塞算法以及 Java 内存模型。

Java 虚拟机规范（ Java SE 8 版）

作者：蒂姆·林霍尔姆（ Tim Lindholm ）弗兰克·耶林（ Frank Yellin ）等著
ISBN :978-7-111-50159-6 定价：79.00 元

本书完整而准确地阐释了 Java 虚拟机各方面的细节，围绕 Java 虚拟机整体架构、编译器、class 文件格式、加载、链接与初始化、指令集等核心主题对 Java 虚拟机进行全面而深入的分析，深刻揭示 Java 虚拟机的工作原理。同时，书中不仅完整地讲述了由 Java SE 8 所引入的新特性，例如对包含默认实现代码的接口方法所做的调用，还讲述了为支持类型注解及方法参数注解而对 class 文件格式所做的扩展，并阐明了 class 文件中各属性的含义，以及字节码验证的规则。